U0297998

# 农药毒性手册·杀虫剂分册

环境保护部南京环境科学研究所　著

科学出版社

北京

# 内 容 简 介

为系统了解我国登记农药品种(有效成分)的相关信息,在环境保护部科技标准司的支持下,作者在系统调研和整理国内外相关研究成果的基础上,编制了《农药毒性手册·杀虫剂分册》。本书共包含了125个杀虫剂品种,每个品种分别列出了农药的基本信息、理化性质、环境行为、生态毒理学、毒理学、人类健康效应、危害分类与管制情况及限值标准8个方面的内容,其中对环境行为、毒理学和人类健康效应部分着重做了详细描述,力求提供准确、实用、完整的杀虫剂毒性资料。

本书将为我国农药的环境与健康管理提供基础数据资料,也可作为农药专业工具性手册,为农药的生产使用、环境管理及相关科学研究提供参考。

图书在版编目(CIP)数据

农药毒性手册·杀虫剂分册 / 环境保护部南京环境科学研究所著.
—北京:科学出版社,2016.11
ISBN 978-7-03-050526-2

Ⅰ. ①农… Ⅱ. ①环… Ⅲ. ①农药毒理学-手册②杀虫剂-农药毒理学-手册 Ⅳ. ①S481-62②TQ453-62

中国版本图书馆 CIP 数据核字(2016)第 267703 号

责任编辑:惠 雪 曾佳佳 王 希/责任校对:杜子昂 彭珍珍
责任印制:张 倩/封面设计:许 瑞

**科 学 出 版 社** 出版
北京东黄城根北街16号
邮政编码:100717
http://www.sciencep.com
**北京佳信达欣艺术印刷有限公司** 印刷

科学出版社发行 各地新华书店经销
*

2016 年 11 月第 一 版 开本:720×1000 1/16
2016 年 11 月第一次印刷 印张:33
字数:665 000
**定价:199.00 元**
(如有印装质量问题,我社负责调换)

## 《农药毒性手册》编委会

顾　　问：蔡道基

主　　编：石利利　吉贵祥

副 主 编：宋宁慧　韩志华　刘济宁

编　　委（以姓名汉语拼音为序）：

陈子易　范德玲　郭　敏　李秀婷

刘家曾　王　蕾　吴晟旻　徐怀洲

杨先海　张　芹　张圣虎　周林军

# 序　言

《中华人民共和国农药管理条例》指明，农药是指用于预防、消灭或者控制危害农业、林业的病、虫、草和其他有害生物以及有目的地调节植物、昆虫生长的化学合成物或者几种物质的混合物及其制剂。农药对于农业生产十分重要，由于病虫草害，全世界每年损失的粮食约占总产量的一半，使用农药可以挽回总产量的 15% 左右。

我国是农药生产与使用大国。据中国农药工业协会统计，2015 年我国农药生产总量（折百量）为 132.8 万吨，其中杀虫剂为 30.3 万吨，杀菌剂为 16.9 万吨，除草剂为 82.7 万吨，其他农药为 2.9 万吨。2015 年全国规模以上农药企业数量为 829 家。

我国目前由农药引起的较为突出的环境问题主要是农药三废的点源污染与高毒农药使用造成的危害问题。相关报道表明，农药利用率一般为 10%~30%，大量散失的农药挥发到空气中，流入水体中，沉降进入土壤，对土壤、空气、地表水、地下水和农产品造成污染，并可能进一步通过生物链富集，对环境生物和人类健康产生长期和潜在的危害。因此，农药污染所带来的环境与健康问题应列为我国环境保护工作的重要内容。

农药的理化性质、环境行为、毒性数据、健康危害资料，是科学有效地评价和管理农药的重要依据。在我国，迄今尚无系统描述农药理化性质、环境行为、动物毒性和人类健康危害的数据资料。在环境保护部科技标准司的支持下，我们在系统调研和整理国内外相关研究成果的基础上，编制了《农药毒性手册》（以下简称《手册》）。《手册》按杀虫剂、除草剂和杀菌剂 3 个部分，详细介绍了我国主流农药品种的基本信息、理化性质、环境行为、生态毒理学、毒理学、人类健康效应、危害分类与管制情况及限值标准 8 个方面的内容。《手册》将为我国农药的环境与健康管理提供基础数据资料，也可作为农药专业工具性手册，为农药的生产使用、环境管理及相关科学研究提供参考。

中国工程院院士

蔡道基

2016 年 6 月 15 日于南京

# 编 制 说 明

## 一、目的和意义

农药是现代农业生产中大量应用的一类化学物质,对于防治病虫草害和提高农业生产量起着重大作用。中国农药工业经过几十年的快速发展,已经形成了较为完整的农药工业体系,现已成为全球第一大农药生产国和第一大农药出口国。目前,我国可生产的农药品种有 500 多个,常年生产农药品种有 300 多个,制剂产品有上万种,覆盖了杀虫剂、杀菌剂、除草剂和植物调节剂等主要类型。据统计,截至 2013 年年底,我国已登记农药产品近 3 万个,有效成分 645 种。农药定点生产企业共有 2000 多家,上市公司有 10 多家,全行业从业人员超过 20 万人。2014 年全国化学农药原药生产量已达 374.4 万吨。

随着农药的大量生产和使用,农药不正当使用所带来的环境污染问题也越来越严重。据估算,农药生产所使用的化工原料利用率仅为 40%,其余 60%均通过废水、废气和废渣等形式排出。全国农药工业每年有超过百万吨高毒剧毒原料、中间体及副产物、农药残留等排出,对环境和人群健康带来严重的负面影响。农药污染所带来的环境与健康问题应列为我国环境保护工作的重要内容。

为系统了解我国登记农药品种(有效成分)的相关信息,在环境保护部科技标准司支持下,我们在系统调研和整理国内外相关研究成果的基础上,编制了《农药毒性手册》(以下简称《手册》)。《手册》按杀虫剂、除草剂和杀菌剂三个部分,详细介绍了我国主流农药品种的基本信息、理化性质、环境行为、生态毒理学、毒理学、人类健康效应、危害分类与管制情况及限值标准 8 个方面的内容。《手册》将为我国农药的环境与健康管理提供基础数据资料,也可作为农药专业工具性手册,为农药的生产使用、环境管理及相关科学研究提供参考。

## 二、与已有手册的比较

为适应广大读者及科研工作者的需要,我国相继出版了《农药每日允许摄入量手册》、《FAO/WHO 农药产品标准手册》、《新编农药手册》(第 2 版)、《新编农药品种手册》、《农药手册》(原著第 16 版)、《农药使用技术手册》等参考书籍。这些书籍为专业人员查阅有关数据资料提供了很好的信息,但其大多数着重于农药制剂的加工合成、制剂类型、科学使用方法、药效评价、毒性机理、分析方法等方面(表 1),难以满足环境与健康管理工作的需要。而《手册》注重对农药环境行为和健康危害方面的信息进行描述,以期为农药的环境与健康管理工作提供基础信息。

**表 1　国内已有的汇编资料及其特点**

| 汇编资料 | 主要内容 | 出版时间 |
|---|---|---|
| 农药每日允许摄入量手册 | 介绍了我国已经制定的 554 种农药的每日允许摄入量及制定依据 | 2015 年 7 月 |
| FAO/WHO 农药产品标准手册 | 介绍了 220 种当前主要农药有效成分的结构式、相对分子质量、CAS 号和理化性质等信息。收集整理了共计 225 个最新 FAO/WHO 标准，介绍了原药及其相关制剂的组成与外观、技术指标与有效成分含量的分析方法等 | 2015 年 5 月 |
| 新编农药手册（第 2 版） | 介绍了农药基本知识、药效与药害、毒性与中毒、农药选购、农药品种的使用方法，以及我国关于高毒农药禁用、限用产品的相关规定 | 2015 年 5 月 |
| 新编农药品种手册 | 按杀虫剂、杀菌剂、除草剂、植物生长调节剂、杀鼠剂五部分，介绍了每个农药品种的中英文通用名称、结构式、分子式、相对分子质量、其他名称、化学名称、理化性质、毒性、应用、合成路线、常用剂型等内容 | 2015 年 5 月 |
| 农药手册(原著第 16 版) | 英国农作物保护委员会(BCPC)出版的《农药手册》(原著第 16 版)译稿，介绍了 920 个农药品种的中英文通用名称、结构式、分子式、相对分子质量、结构类型、活性用途、化学名称、CAS 号、理化性质、加工剂型、应用、生产企业、商品名、哺乳动物毒性、生态毒性和环境行为等内容 | 2015 年 5 月 |
| 哥伦比亚农药手册 | 收录了 2013 年 8 月 23 日前在哥伦比亚取得登记的 1296 个农药产品的相关信息，包括农药登记证号、有效成分名称及含量、剂型、毒性、类别、使用作物、原产地，以及农药登记企业的名称、地址和联系方式等 | 2014 年 4 月 |
| 常用农药使用手册(修订版) | 指导农民及种植业主合理使用农药的常用技术手册 | 2014 年 2 月 |
| 农药使用技术手册 | 介绍了 366 种农药品种的使用技术，农药的毒性与安全使用及农药的中毒与治疗方法 | 2009 年 1 月 |
| 农药使用手册 | 介绍了 54 种病害、56 种虫害和多种杂草的杀虫剂(含杀螨剂)、杀菌剂、除草剂及施用于粮食作物、经济作物等的新农药，包括名称、剂型、用量、方法和时期、注意事项，以及中毒与急救方法等内容 | 2006 年 12 月 |

### 三、《手册》的特点

本手册主要为从事农药环境与健康管理及相关研究的人员提供基础性资料，包含了农药的基本性质、理化性质、环境行为、生态毒理学、毒理学、人类健康效应、危害分类与管制情况、限值标准 8 个方面的基础信息，其中对环境行为、毒理学和人类健康效应部分着重做了详细描述，力求提供准确、实用、完整的农药毒性资料。

### 四、任务来源

本项目为环境保护部科技标准司 2015 年度环境与健康工作任务之一，项目依据分批次、分步实施的策略，每年编制包含约 100 种农药的毒性参数手册，项目执行期为 3~4 年。

### 五、数据来源

手册中的毒性参数主要来源于农药性质数据库（PPDB）（网址：http://sitem.herts.ac.uk/aeru/ppdb/en/atoz.htm）。PPDB 数据库是由英国赫特福德郡大学农业与环境研究所开发的农药性质搜索引擎，可提供农药特性，包括理化性质、环境归趋、人类健康和生态毒理学等方面的信息。数据来源于已发表的科学文献和数据库、手册、登记数据库、档案、公司的技术数据等。进入数据库的数据资料经过了严格的质量控制，通过了同行评审，以及不同数据库和数据源之间的交叉对比。

对农药环境行为及健康效应的详细描述主要来源于美国国立医学图书馆毒理学数据网（TOXNET）（网址：http://toxnet.nlm.nih.gov/index.html）中的 HSDB 数据库（Hazardous Substances Data Bank，有害物质数据库），数据库包括 5000 余种对人类和动物有害的危险物质的毒性、安全管理及对环境的影响，以及人类健康危险评估等方面的信息。每一种化学物质含有大约 150 个方面的数据。全部数据选自相关核心图书、政府文献、科技报告及科学文献，并由专门的科学审查小组（SRP）审定，可直接为用户提供原始信息。

部分危害分类与管制情况和限值标准来自北美农药行动网（Pesticide Action Network North America，PANNA）农药数据库（网址：http://www.pesticideinfo.org/）。PAN 数据库汇集了许多不同来源的农药信息，提供约 6400 种农药活性成分及其转化产品的人体毒性（急性和慢性）、水体污染情况、生态毒性，以及使用和监管信息。数据库中的大部分毒性信息直接来自官方，如美国环境保护署（EPA）、世界卫生组织（WHO）、国家毒理学计划（NTP）、国立卫生研究院（NIH）、国际癌症研究机构（IARC）和欧洲联盟（简称欧盟，EU）。

除上述三个数据库外，编制过程中还查阅了国内外发表的 1000 多篇 SCI 论文和国内核心期刊，并在具体引用部分给出了文献来源，以方便使用者能够直接追溯数据来源。

### 六、编制原则

#### （一）《手册》编写基本原则

《手册》的编写本着科学性、客观性、针对性、时效性、可扩充和可操作性的原则。

（1）科学性是指《手册》中农药的各项信息必须来自科学研究的结果和政府权威机构的公开资料，并科学地进行资料的质量评估和质量控制，从而保证《手册》的科学参考价值。

（2）客观性是指对各农药的生物学性状、环境行为参数、毒性数据、健康效应等方面的数据采取客观的分析，避免主观和缺乏证据的推测。

(3)针对性是指《手册》涉及农药种类必须包含我国常用的农药品种，同时农药的各项参数必须针对环境与健康工作的需要，并且兼顾农药环境管理的需求，提供农药理化性质、环境行为、人类健康效应及限值标准等翔实的资料，为开展农药的环境与健康风险评估提供有价值的参考。

(4)时效性是指农药的品种是动态变化的，农药研究的信息积累也是不断变化的，因此《手册》也只针对近一段时期内农药参数的相关信息。随着我国新品种农药的不断出现或农药毒性参数相关信息出现重大变化，《手册》就需要进行相应的修订。

(5)可扩充性是指当《手册》需要进行修订时，不需要改变编排方式，只对新增农药的排序或相关信息进行更正和补充即可，这样将减少修订时的时间和资金成本，提高修订效率和时效性。

(6)可操作性是指《手册》的编写力求条目清晰、便于查阅；内容综合，具有广泛参考价值；重点突出，特别是能为环境与健康领域的管理决策、事故应急、农药风险评估提供可操作的指导读本。

## (二) 纳入《手册》的农药品种选定原则

(1)优先选择我国目前正在生产或使用的农药品种。

(2)优先选择我国禁止和限制使用的农药品种。

(3)优先选择鹿特丹公约(PIC)所规定的极其危险的农药品种及持久性有机污染物(POPs)类杀虫剂。

## 七、《手册》的框架结构

该框架设计的特点主要体现在逻辑性强、层次清晰、信息全面、便于查阅、易于扩充。其结构如下。

(1)基本性质：包括化学名称、其他名称、CAS 号、分子式、相对分子质量、SMILES 码、类别、结构式。

(2)理化性质：包括外观与性状、密度、熔点、沸点、饱和蒸气压、水溶解度、有机溶剂溶解度、辛醇/水分配系数、亨利常数。

(3)环境行为：包括环境生物降解性、环境非生物降解性、环境生物蓄积性、土壤吸附/移动性。

(4)生态毒理学：包括鸟类急性毒性、鱼类急慢性毒性、水生无脊椎动物急慢性毒性、水生甲壳动物急性毒性、底栖生物慢性毒性、藻类急慢性毒性、蜜蜂急性毒性、蚯蚓急慢性毒性。

(5)毒理学:包括农药对哺乳动物的毒性阈值,急性中毒表现及慢性毒性效应,如神经毒性、发育与生殖毒性、内分泌干扰性、致癌及致突变性。

(6)人类健康效应:包括人类急性中毒的表现、慢性毒性效应的流行病学研究资料。

(7)危害分类与管制情况:介绍了农药是否列入POPs与PIC等国际公约,以及PAN优控名录与WHO淘汰品种等信息。

(8)限值标准:包括了每日允许摄入量(ADI)、急性参考剂量(ARfD)、国外饮用水健康标准及水质基准等信息。

(9)参考文献。

八、《手册》中的名词和术语

(1)化学名称(chemical name):根据国际纯粹与应用化学联合会(IUPAC)或美国化学文摘社(CAS)命名规则命名的化合物名称。

(2)相对分子质量(relative molecular weight):组成分子的所有原子的相对原子质量总和。

(3)SMILES:简化分子线性输入规范(the simplified molecular input line entry specification,SMILES),是一种用ASCII字符串描述分子结构的规范。SMILES字符串输入分子编辑器后,可转换成分子结构图或模型。

(4)溶解度(solubility):在一定温度下,物质在100g溶剂中达到饱和状态时所溶解的质量,以单位体积溶液中溶质的质量表示,其标准单位为 $kg/m^3$ ,但通常使用单位为mg/L。

(5)熔点(melting point):一个标准大气压下(101.325kPa)给定物质的物理状态由固态变为液态时的温度,单位为℃。

(6)沸点(boiling point):液体物质的蒸气压等于标准大气压(101.325kPa)时的温度,单位为℃。

(7)辛醇-水分配系数(octanol-water partition coefficient, $K_{ow}$ ):平衡状态下化合物在正辛醇和水两相中的平衡浓度之比,通常用以10为底的对数($lgK_{ow}$)表示。

(8)蒸气压(vapour pressure):一定温度下,与液体或固体相平衡的蒸气所具有的压力, 它是物质气化倾向的量度。蒸气压越高,气化倾向越大。通常使用单位mPa。

(9)亨利常数(Henry's law constant):一定温度下,气体在气相和溶解相间的平衡常数,它表示化学物质在水和空气间的分配倾向,即挥发性,通常单位为 $Pa \cdot m^3/mol$ 或20℃条件下量纲为一的形式。

(10)降解半衰期(half-life time of degradation,$DT_{50}$):化合物在环境(土壤、

空气、水体等)中的浓度降解到初始浓度一半时所需要的时间,可用于化学物质持久性的量度。

(11)吸附系数(organic-carbon sorption constant,$K_{oc}$):经有机碳含量标准化的,平衡状态下化合物在水和沉积物或土壤两相中的浓度之比。它是表征非极性有机化合物在土壤或沉积物中的有机碳与水之间分配特性的参数。

(12)生物富集系数(bioconcentration factor,BCF):生物体内某种物质的浓度与其所生存的环境介质中该物质的浓度比值,可用于表示生物浓缩的程度,又称生物浓缩系数。

(13)每日允许摄入量(acceptable daily intake,ADI):人一生中每日摄入某种物质而对健康无已知不良效应的量,一般以人的体重为基础计算,单位为 mg/(kg bw·d)。

(14)急性参考剂量(acute reference dose,ARfD):食品或饮水中某种物质在较短时间内(通常指一餐或一天内)被吸收后不致引起目前已知的任何可观察到的健康损害的剂量,单位为 mg/(kg bw·d)。

(15)操作者允许接触水平(acceptable operator exposure level,AOEL):在数日、数周或数月的一段时期内,操作者每日有规律地接触某种化学物质时,不产生任何副作用的水平,单位为 mg/(kg bw·d)。

(16) 最高容许浓度 (maximum allowable concentration,MAC):大气、水体、土壤的介质中有毒物质的限量标准。接触人群中最敏感的个体即刻暴露或终生接触该水平的外源化学物,不会对其本人或后代产生有害影响。

(17)半数效应浓度(non-lethal effect in 50% of test population,$EC_{50}$):引起 50%受试种群指定非致死效应的化学物质浓度。

(18)半数致死量(lethal dose in 50% of test population,$LD_{50}/LC_{50}$):化学物质引起一半受试对象出现死亡所需要的剂量,又称致死中量。它是评价化学物质急性毒性大小最重要的参数,也是对不同化学物质进行急性毒性分级的基础数据。

(19)观察到有害作用的最低剂量水平(lowest observed adverse effect level,LOAEL):在规定的暴露条件下,通过实验和观察,一种物质引起机体(人或实验动物)形态、功能、生长、发育或寿命发生某种有害改变的最低剂量或浓度,此种有害改变与同一物种、品系的正常(对照)机体是可以区别的。

(20)未观察到有害作用的水平(no observed adverse effect level,NOAEL):在规定的暴露条件下,通过实验和观察,一种外源化学物不引起机体(人或实验动物)发生可检测到的有害作用的最高剂量或浓度。

(21)阈值(threshold limit values,TLV):一种物质使机体(人或实验动物)开始发生效应的剂量或者浓度,即低于阈值时效应不发生,而达到阈值时效应将发生。

**九、致谢**

《手册》得到环境保护部科技标准司提供的经费资助，感谢环境保护部科技标准司的大力支持和指导，感谢对《手册》提供了指导和帮助的各位专家与领导。《手册》在编写过程中引用了大量国际权威机构的出版物、技术报告以及国内外的文献资料、教材、相关书籍的内容，在此对原作者表示衷心的感谢。

《手册》的内容涉及的学科较多，加之编者水平有限，时间仓促，书中难免有疏漏和不妥之处，恳请各位读者多提宝贵意见。

# 目　录

# α-氯氰菊酯（alpha-cypermethrin）

## 【基本信息】

化学名称：（1R,S）-顺，反式-2,2-二甲基-3-（2,2-二氯乙烯基）-环丙烷羧酸-（R,S）-α-氰基-3-苯氧基苄基酯

其他名称：快杀敌，高效安绿宝，顺式氯氰菊酯

CAS 号：67375-30-8

分子式：$C_{22}H_{19}Cl_2NO_3$

相对分子质量：416.3

SMILES：Cl/C（Cl）=C/C3C（C（=O）OC（C#N）c2cccc（Oc1ccccc1）c2）C3（C）C

类别：拟除虫菊酯类杀虫剂

结构式：

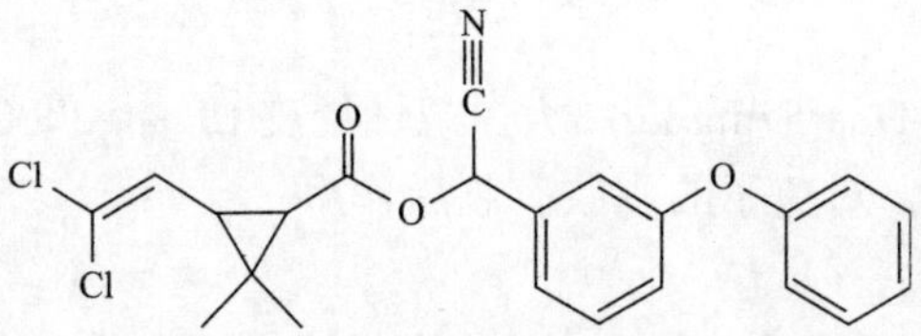

## 【理化性质】

黄棕色至深红褐色黏稠液体，密度 1.33g/mL，熔点 81.5℃，沸腾前分解，饱和蒸气压 0.00034mPa（25℃）。水溶解度（20℃）为 0.004mg/L。有机溶剂溶解度（20℃）：甲苯，596000mg/L；甲醇，21300mg/L；乙酸乙酯，584000mg/L。辛醇/水分配系数 $\lg K_{ow} = 5.5$（pH=7, 20℃）。

## 【环境行为】

### (1)环境生物降解性

好氧条件下，活性污泥作接种物时的生物降解半衰期为 7~14d（初始浓度 50mg/L）[1]。

**(2)环境非生物降解性**

pH 为 7 和 8 时,水解半衰期分别为 36a 和 4a[2]。20℃时,气态 $\alpha$-氯氰菊酯与光化学反应产生的羟基自由基和臭氧发生反应,间接光解半衰期分别为 18h 和 49d (估测值)[3],在环境中可较快光解[4]。

**(3)环境生物蓄积性**

BCF 值为 990,具有潜在生物蓄积性[5]。

**(4)土壤吸附/移动性**

$K_{oc}$ 值为 142000,在土壤中不可移动[3]。

## 【生态毒理学】

鸟类(山齿鹑)急性 $LD_{50}$ > 2025mg/kg,鱼类(虹鳟鱼)96h $LC_{50}$=0.0028mg/L、96h NOEC(最大无影响浓度)= 0.00003mg/L,溞类(大型溞)48h $LC_{50}$=0.0003mg/L、21d NOEC = 0.00003mg/L,蜜蜂经口 48h $LD_{50}$=0.059μg,蚯蚓 14d $LC_{50}$>100mg/kg[6]。

## 【毒理学】

**(1)一般毒性**

大鼠急性经口 $LD_{50}$=57mg/kg,大鼠急性经皮 $LD_{50}$ >2000mg/kg,大鼠急性吸入 $LC_{50}$ = 0.593mg/L。对兔子的皮肤有刺激作用[6]。

**(2)神经毒性**

通过钠通道作用于哺乳动物和昆虫的神经末梢区域和中枢神经系统的轴突。哺乳动物中毒症状表现为震颤、兴奋过度、流涎、舞蹈徐动症和瘫痪。在接近致死剂量水平可引起神经系统的瞬态变化,如轴突肿胀和 (或)断裂,坐骨神经髓鞘变性[7]。

**(3)发育与生殖毒性**

暂无数据。

**(4)致突变性**

暂无数据。

## 【人类健康效应】

具有致敏性,可引发接触性皮炎和呼吸道过敏,对豚草花粉过敏的人对拟除虫菊酯类杀虫剂易感[8]。皮肤接触拟除虫菊酯类杀虫剂,可能造成短暂的瘙痒和灼烧感[7]。吸入暴露的临床表现可以是局部的或全身的,上呼吸道局部反应包括鼻炎、打喷嚏、喉咙沙哑、口腔黏膜水肿甚至喉黏膜水肿；下呼吸道局部反应包括咳嗽、呼吸急促、喘息和胸痛。致敏患者急性暴露可能会引起哮喘。过敏性肺炎表现为胸痛、咳嗽、呼吸困难，人长期暴露可能发生支气管痉挛[9]。

## 【危害分类与管制情况】

| 序号 | 毒性指标 | PPDB 分类 | PAN 分类 |
|------|----------|-----------|----------|
| 1 | 高毒 | 是 | 否 |
| 2 | 致癌性 | 无数据 | 可能 |
| 3 | 致突变性 | 无数据 | — |
| 4 | 内分泌干扰性 | 疑似 | 疑似 |
| 5 | 生殖发育毒性 | 无数据 | 无充分证据 |
| 6 | 胆碱酯酶抑制剂 | 否 | 否 |
| 7 | 神经毒性 | 无数据 | — |
| 8 | 呼吸道刺激性 | 可能 | — |
| 9 | 皮肤刺激性 | 是 | — |
| 10 | 眼刺激性 | 否 | — |
| 11 | 国际公约或优控名录 | 无 | |

注：PPDB 数据库由英国赫特福德郡大学农业与环境研究所开发；PAN 数据库来自北美农药行动网(PANNA)；"—"表示无此项。

## 【限值标准】

每日允许摄入量(ADI)为 0.015mg/(kg bw · d)，急性参考剂量(ARfD)为 0.04mg/(kg bw · d)[6]。

## 参 考 文 献

[1] Maloney S E, Maule A, Smith A R. Microbial transformation of the pyrethroid insecticides: permethrin, deltamethrin, fastac, fenvalerate, and fluvalinate. Appl Environ Microbiol, 1988, 54(11): 2874-2876.

[2] Mill T, Haag W, Penwell P, et al. Environmental fate and exposure studies. Development of a PC-SAR for hydrolysis: esters, alkyl halides and epoxides. EPA Contract No. 68-02-4254. Menlo Park: SRI International, 1987.

[3] PAN Pesticides Database—Chemicals. http://www.pesticideinfo.org/Detail_Chemical. jsp? Rec_Id = PC37663[2015-06-03].

[4]　Crosby D G, Casida J E, Quidstad G B. Pyrethrum Flowers. New York: Oxford University Press, 1995: 194-213.

[5]　Tomlin C D S. The Pesticide Manual: A World Compendium. 11th ed. Surrey: British Crop Protection Council, 1997.

[6]　PPDB:Pesticide Properties Database. http://sitem.herts.ac.uk/aeru/ppdb/en/Reports/24.htm [2015-06-03].

[7]　WHO. Environmental Health Criteria 99: Cyhalothrin. 1990: 13.

[8]　Hardman J G, Limbird L E, Molinoff P B. et al. Goodman and Gilman's The Pharmacological Basis of Therapeutics. 9th ed. New York: McGraw-Hill, 1996.

[9]　Ellenhorn M J, Schonwald S, Ordog G, et al. Ellenhorn's Medical Toxicology: Diagnosis and Treatment of Human Poisoning. 2nd ed. Baltimore: Williams and Wilkins, 1997.

# 艾氏剂(aldrin)

## 【基本信息】

化学名称：1,2,3,4,10,10-六氯-1,4,4a,5,8,8a-六氢挂-1,4-桥-5,8-挂-二甲撑萘

其他名称：六氯-六氢-二甲撑萘，aldrite, alerosol, octalene, altox, seedrin

CAS 号：309-00-2

分子式：$C_{12}H_8Cl_6$

相对分子质量：364.91

SMILES：Cl\C3=C(/Cl)C4(Cl)C2C(C1/C=C\C2C1)C3(Cl)C4(Cl)Cl

类别：有机氯杀虫剂

结构式：

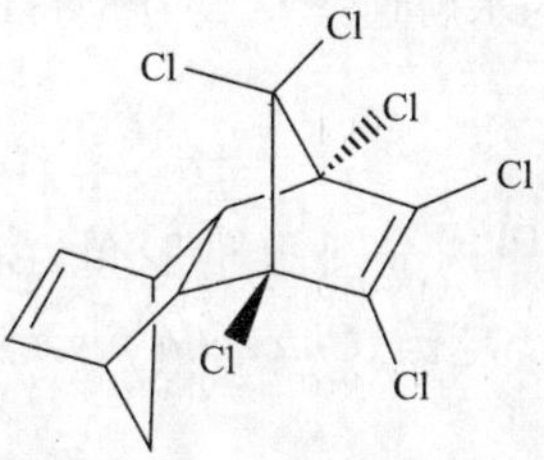

## 【理化性质】

白色晶体，密度1.6g/mL，熔点104℃，沸点145℃，饱和蒸气压3.0mPa(25℃)。水溶解度(20℃)为0.027mg/L。有机溶剂溶解度(20℃)：丙酮，6000000mg/L；苯，6000000mg/L；二甲苯，6000000mg/L。辛醇/水分配系数 $\lg K_{ow} = 5.28$(pH=7, 20℃)。

## 【环境行为】

《关于持久性有机污染物的斯德哥尔摩公约》首批禁止使用的 12 种持久性有机污染物之一，也是环境中狄氏剂的主要来源(高达 97%)。

### (1)环境生物降解性

好氧条件下，固有生物降解性试验(MITI)接种物浓度为30mg/L、艾氏剂浓度为 100mg/L 时，14 周后耗氧量值为 0[1]。5mg/L 和 10mg/L 的艾氏剂，在污水中经

混合种群接种物第三个继代培养后，未发生生物降解[2]。在来源于夏威夷的地表水中培养 30d 后，大约 8.1%降解为二醇。在海洋盐藻(*Dunaliella* sp.)的作用下有23.3%降解为狄氏剂、5.2%降解为二醇[3]。

在产气杆菌(*Aerobacter aerogenes*)作用下 24h 降解率为 36%~46%[3]。在活性污泥(pH=7~8，35℃)中厌氧生物降解半衰期小于 1 周[4]。

土壤降解半衰期为 20~100d，具有中等持久性。在有氧且具有生物活性的土壤中，可通过环氧化作用转化为狄氏剂[3]，残留物中 50%~75%为狄氏剂[4]。

**(2)环境非生物降解性**

在太阳光及人工荧光灯照射下，河水中艾氏剂(10μg/L)的残留率分别为 1h，100%；7d，80%；28d，40%；56d，20%[5]。根据结构估算，气态艾氏剂与光化学产生的羟基自由基的反应速率常数约为 6.5×10$^{-11}$cm$^3$/(mol·s) (25℃)，大气中间接光解半衰期约为 6h[6]。艾氏剂最大吸收波长为 227nm，直接光解半衰期为 113h。艾氏剂可与环境空气中的二氧化氮反应生成狄氏剂。在暴露于二氧化氮和大于290nm 紫外辐射条件下，32%的气态艾氏剂转化为狄氏剂。但在充氧水溶液中经紫外光照射后几乎不发生降解[4]。因缺少可水解的官能团，在环境中不会发生水解[6]。基于 75℃测定值外推的水解速率常数为 3.8×10$^{-5}$h$^{-1}$(25℃，pH=7)，水解半衰期为 760d[4]。

**(3)环境生物蓄积性**

软体动物 BCF = 4571[7]、金圆腹雅罗鱼 BCF= 3890[8]、鲤鱼(*Cyprinus carpio*)BCF= 735~20000[1]、小球藻(*Chlorella fusca*)BCF = 12260[3]。在生物体内具有非常强的生物富集性。

**(4)土壤吸附/移动性**

在不同土壤中的吸附系数($K_{oc}$)为 400~28000，在土壤中具有中等移动性或难移动性[3]。

将艾氏剂以 1.5kg/hm$^2$ 剂量喷施于粉砂土，经模拟降雨后，5.2%的艾氏剂随径流损失。在含有粉质黏壤土或砂壤土的土柱中淋溶 3d，艾氏剂未发生移动[3]。将艾氏剂施用于粉砂壤土表层 12.7cm，10a 后艾氏剂在土壤中的分布为 0~5cm(土表层深度)，11%(艾氏剂的含量)；5~10cm，33%；10~15cm，33%；15~22.8cm，23%。而在犁种土壤中，0~5cm，13%；5~10cm，29%；10~15cm，29%；15~22.8cm，29%[9]。

## 【生态毒理学】

鸟类(山齿鹑)急性 LD$_{50}$ = 6.6mg/kg，鱼类(蓝鳃太阳鱼)96h LC$_{50}$ = 0.0046mg/L，溞类(大型溞)48h EC$_{50}$ = 0.028mg/L，水生甲壳动物(糠虾)96h LC$_{50}$ = 0.00014mg/L，蜜蜂经口 48h LD$_{50}$ = 0.00035mg，蚯蚓 14d LC$_{50}$ = 60mg/kg[10]。

## 【毒理学】

**(1)一般毒性**

大鼠急性经口 $LD_{50}$ = 39mg/kg(高毒)[10]。5mg/kg 剂量饲喂大鼠 2a，无致病影响；以 25mg/kg 剂量饲喂时，则引起肝脏毒性[3]。

**(2)神经毒性**

艾氏剂和狄氏剂以及其他环戊二烯类杀虫剂抑制 $\gamma$-氨基丁酸诱导骨骼肌吸收氯离子以及细胞膜结合氚化二氢苦毒宁，从而导致 $\gamma$-氨基丁酸信号转移受阻，诱导中枢神经系统兴奋及抽搐。

以 1mg/kg 饲喂或 $0.1mg/m^3$ 吸入的方式，使大鼠暴露艾氏剂一段时间后，大鼠会出现条件反射和非条件定向反射的显著减弱，6~8d 恢复正常[11]。

**(3)发育与生殖毒性**

在孕期饲喂艾氏剂，雌鼠的雄性和雌性后代未见任何生殖功能损害[12]。

**(4)致突变性**

动物试验中，包括肝细胞腺肿瘤在内的肝脏肿瘤发病率有所增加；可导致胎儿死亡率增加，腭裂和蹼脚发生率增加，产后生存率下降[13]。

## 【人类健康效应】

主要引起中枢神经系统损害，并使嗜酸细胞减少。中毒后产生头痛、恶心、呕吐、眩晕、四肢肌肉痉挛、共济失调。重症出现中枢性发热，全身性抽搐，多呈强直性阵挛性抽搐，可反复发作，并出现昏迷。吸入艾氏剂可发生肺水肿、肝肾功能异常。对人具有高毒性，成人致死剂量约为 80mg/kg bw。

流行病学研究未发现致癌风险。艾氏剂的毒性主要由其在体内快速代谢的产物狄氏剂造成。进入体内的艾氏剂等有机氯农药，主要储存在脂肪组织，尤以肾周围和大网膜脂肪中含量最多，其次是骨髓、肾上腺、卵巢、脑、肝等中。艾氏剂快速转化为狄氏剂的过程主要发生在肝脏，在哺乳动物体内的代谢方式主要为脱氯化氢、脱氯和氧化反应。在人类慢性经口给药后，血液狄氏剂浓度呈指数下降，符合一级反应动力学，半衰期约为 369d，主要通过胆汁和粪便排出，9-羟基狄氏剂是主要代谢产物。狄氏剂也通过母乳排出。在局部给药后，少量狄氏剂代谢物也通过尿液排出。胎儿摄入含有艾氏剂的母乳会增加婴幼儿中枢神经系统效应发生的风险。经常施用艾氏剂的花匠体内的姐妹染色单体互换和交换型染色体畸变率有所增加，同时出现心血管系统并发症，包括血压波动和心动过速。艾氏剂过量暴露可导致血尿素氮水平(含量)升高、肉眼血尿和蛋白尿[13]。

Damgaard 等[14]在丹麦及芬兰开展了一项病例对照研究。选取在 1997~2001 年出生的 62 名患有先天性隐睾症的男婴以及 68 名健康的男婴。在这些男婴出生后 1~3 个月内采集其母亲的乳汁，检测其中的 27 种有机氯农药。结果发现，$p,p'$-DDE、$\beta$-HCH、六氯苯（HCB）、$\alpha$-硫丹、氧化氯丹、$p,p'$-DDT、狄氏剂、外环氧七氯在所有乳汁样品中均可检出，隐睾症儿童暴露于这些物质的水平的中位数分别为 97.3ng/g 脂肪、13.6ng/g 脂肪、10.6ng/g 脂肪、7.0ng/g 脂肪、4.5ng/g 脂肪、4.6ng/g 脂肪、4.1ng/g 脂肪和 2.5ng/g 脂肪；健康儿童暴露于这些物质的水平的中位数分别为 83.8ng/g 脂肪、12.3ng/g 脂肪、8.8ng/g 脂肪、6.7ng/g 脂肪、4.1ng/g 脂肪、4.0ng/g 脂肪、3.1ng/g 脂肪和 2.2ng/g 脂肪。当对检测的农药进行单一分析时，发现除了反式氯丹外（$P = 0.012$），其他有机氯农药在病例组及对照组中的差异没有统计学意义。但是当对 8 种体内含量最高的有机氯农药浓度进行联合分析时，发现有机氯农药在病例组及对照组之间有显著性差异（$P = 0.032$）。有机氯农药具有类雌激素及抗雄激素活性，这可能会阻碍睾丸的下降。同时由于各种有机氯农药之间存在协同作用，它们阻碍睾丸下降的能力增强。

## 【危害分类与管制情况】

| 序号 | 毒性指标 | PPDB 分类 | PAN 分类 |
|---|---|---|---|
| 1 | 高毒 | 是 | 是 |
| 2 | 致癌性 | 否 | 可能(B2，USEPA 分类) |
| 3 | 内分泌干扰性 | 可能 | 疑似 |
| 4 | 生殖发育毒性 | 可能 | 无充分证据 |
| 5 | 胆碱酯酶抑制剂 | 否 | 否 |
| 6 | 神经毒性 | 是 | — |
| 7 | 呼吸道刺激性 | 可能 | — |
| 8 | 皮肤刺激性 | 可能 | — |
| 9 | 眼刺激性 | 可能 | — |
| 10 | 国际公约或优控名录 | 列入 PIC 公约、POPs 公约、WHO 淘汰名录及 PAN 名录 | |

注：PPDB 数据库由英国赫特福德郡大学农业与环境研究所开发；PAN 数据库来自北美农药行动网(PANNA)；"—"表示无此项。

## 【限值标准】

每日允许摄入量（ADI）为 0.0001mg/(kg bw·d)，急性参考剂量（ARfD）为 0.003mg/(kg bw·d)[10]。美国饮用水健康标准：RfD 为 0.03μg/(kg·d)；美国淡

水水质基准：基准最大浓度（criteria maximum concentration，CMC）为 3.00μg/L；加拿大饮用水标准为 0.70μg/L，WHO 水质基准为 0.03μg/L[3]。

# 参 考 文 献

[1] Chemicals Evaluation Research Institute (Japan). Biodegradation and bioaccumulation, data of existing chemicals (aldrin). http://www.cerij. or.jp/ceri_en/index_e4.shtml[2015-06-03].

[2] Tabak H H, Quave S A, Mashni C I, et al.Biodegradability studies for predicting the environmental fate of organic priority pollutants// Test Protocols for Environmental Fate and Movement of Toxicants. Washington DC: Proc Sym Assoc Off Anal Chem 94th Ann Mtg,1981:267-327.

[3] PAN Pesticides Database —Chemicals. http://www.pesticideinfo.org/Detail_Chemical.jsp? Rec_Id= PC35039[2015-06-03].

[4] ATSDR. Toxicological Profile for Aldrin/Dieldrin (Draft for Public Comment). Washington DC: Agency for Toxic Substances and Disease Registry, 2000: 174-177.

[5] Verschueren K. Handbook of Environmental Data on Organic Chemicals. 3rd ed. New York: Van Nostrand Reinhold Company,1996.

[6] Lyman W J , Reehl W F, Rosenblatt D H. Handbook of Chemical Property Estimation Methods:Environmental of organic compounds. Washington DC: American Chemical Society, 1990: 4-9.

[7] Hawker D W, Connell D W. Bioconcentration of lipophilic compounds by some aquatic organisms. Ecotoxicol Environ Saf, 1986,11(2):184-197.

[8] Freitag D, Geyer H, Kraus A, et al. Ecotoxicological profile analysis.Ⅶ. Screening chemicals for their environmental behavior by comparative evaluation. Ecotoxicol Environ Saf, 1982, 6(1):60-81.

[9] Lichtenstein E P, Fuhremann T W, Schulz K R. Persistence and vertical distribution of DDT, lindane, and aldrin residues, 10 and 15 years after a single soil application. J Agric Food Chem, 1971,19(4):718-721.

[10] PPDB: Pesticide Properties DataBase. http: //sitem.herts.ac.uk/aeru/ppdb/en/Reports/21.htm[2015-06-03].

[11] The National Institute for Occupational Safety and Health(NIOSH). Special Occupational Hazard Review for Aldrin/Dieldrin. DHHS Pub No. 78-201. 1978: 46.

[12] Gellert R J, Wilson C. Reproductive function in rats exposed prenatally to pesticides and polychlorinated biphenyls (PCB). Environ Res, 1979,18(2):437-443.

[13] World Health Organization, International Programme on Chemical Safety. Poisons Information Monoographs #573 Aldrin. 1995: 7-29.

[14] Damgaard I N, Skakkebaek N E, Toppari J, et al. Persistent pesticides in human breast milk and cryptorchidism. Environ Health Perspect, 2006, 114(7):1133-1138.

# 八甲磷(schradan)

## 【基本信息】

化学名称：双(二甲胺基)磷酸酐

其他名称：希拉登，双磷酰胺，八甲磷胺，杀丹，八甲基焦磷酰胺

CAS 号：152-16-9

分子式：$C_8H_{24}N_4O_3P_2$

相对分子质量：286.25

SMILES：P(N(C)C)(N(C)C)(OP(N(C)C)(N(C)C)=O)=O

类别：内吸性有机磷类杀虫剂

结构式：

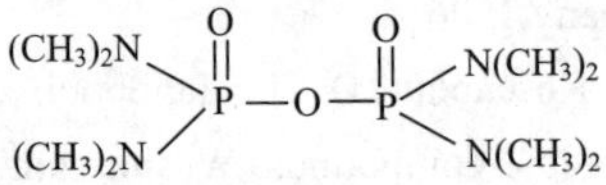

## 【理化性质】

无色黏稠状液体，有胡椒气味，遇明火、高热可燃。受热分解，放出氮、磷的氧化物等毒性气体。密度 1.13g/mL，熔点 17℃，沸点 137℃，饱和蒸气压 0.13Pa(20℃)。水溶解度1000000mg/L(20℃)。辛醇/水分配系数 $\lg K_{ow} = -1.01$(pH=7,20℃)，亨利常数 $6.3×10^{-17}$atm·m$^3$/mol(估测值)。

## 【环境行为】

**(1)环境生物降解性**

八甲磷在瘤胃液作用下，经过酶或非酶解作用可轻微发生水解[1]。

**(2)环境非生物降解性**

25℃时，大气中气态八甲磷与光化学产生的羟基自由基之间的反应速率常数估值为 $1.2×10^{-10}$cm$^3$/(mol·s)，间接光解半衰期约为 3h[1]。

25℃、酸性和碱性条件下，水解速率常数分别为 0.23mol/(L·h)和 $1×10^{-4}$mol/(L·h)[2]。在酸性条件下易水解，而在中性与碱性条件下难水解[3]。

**(3)环境生物蓄积性**

基于 $\lg K_{ow}$ 估算的 BCF 为 0.1，生物蓄积性弱[4]。

**(4)土壤吸附/移动性**

基于 $\lg K_{ow}$ 估算的 $K_{oc}$ 约为 7，在土壤中具有非常强的移动性[4]。

## 【生态毒理学】

鸟类急性 $LD_{50} = 19mg/kg$[5]。

## 【毒理学】

**(1)一般毒性**

大鼠急性经口 $LD_{50} = 5.0mg/kg$（高毒），大鼠急性经皮 $LD_{50} = 15mg/kg$，大鼠吸入 $LC_{50} = 8mg/m^3$[5]。

**(2)神经毒性**

以 50mg/kg 饲喂暴露 1a，雄性大鼠表现出中毒迹象、生长抑制以及显著的胆碱酯酶抑制，但未发生组织病理学改变。在 10mg/kg 和 50mg/kg 剂量下，血液胆碱酯酶活性受到抑制，而脑胆碱酯酶活性未受影响[6]。

与其他有机磷杀虫剂不同，八甲磷不会造成机体强烈的肌肉抽搐或痉挛。5mg/kg 暴露 56d，可观察到大鼠红细胞胆碱酯酶活性显著抑制，而 1mg/kg 可造成轻微抑制。在 10mg/kg 暴露浓度下，雄性和雌性大鼠脑胆碱酯酶活性抑制率仅为 16% 和 21%，而血胆碱酯酶值分别为 76% 和 66%[1]。

在神经母细胞瘤培养中，八甲磷可抑制神经毒素酶的活性(77%)，与母鸡或其大脑有机磷酸盐毒性结果相吻合[1]。

**(3)生殖毒性**

在 0.5mg、5mg、10mg 剂量水平下，研究对鸡蛋孵化率的影响时发现，八甲磷在 5mg 浓度下完全抑制孵化。有机磷杀虫剂可引起孵化/未孵化的小鸡骨骼畸形、发育不良或羽毛变白[7]。

**(4)致突变性**

暂无数据。

## 【人类健康效应】

轻度中毒：有头痛、头晕、恶心、呕吐、多汗、胸闷、视力模糊、无力等症状，全血胆碱酯酶活性为 50%～70%。中度中毒：除上述症状外，还有肌束震颤、瞳孔缩小、轻度呼吸困难、流涎、腹痛、腹泻等，全血胆碱酯酶活性为 30%~50%。重度中毒：上述症状加重，可有肺水肿、昏迷、呼吸麻痹、脑水肿症状，全血胆碱酯酶活性在 30%以下。

将 15 名健康志愿者男性分为 3 组(每组 5 人)给予八甲磷暴露：0.75mg/(人·d)组男性在暴露 16d 后，血清胆碱酯酶活性降低了 11%，20d 后胆碱酯酶活性恢复正常，红细胞胆碱酯酶活性降低了 15%；1.125mg/(人·d)组男性血清胆碱酯酶活性未受影响，但是红细胞胆碱酯酶活性降低至暴露前的 16%；1.5mg/(人· d)组男性暴露 30d 后血清胆碱酯酶活性降低了 23.5%，暴露 5d 后红细胞胆碱酯酶活性达到最大抑制率(34%)，血清和红细胞胆碱酯酶活性暴露 19d 后恢复正常[8]。

慢性暴露可导致神经衰弱综合征、腹胀、多汗、肌纤维震颤等，全血胆碱酯酶活性降至 50%以下[9]。

## 【危害分类与管制情况】

| 序号 | 毒性指标 | PPDB 分类 | PAN 分类 |
| --- | --- | --- | --- |
| 1 | 高毒 | 是 | 无充分证据 |
| 2 | 致癌性 | 无数据 | 无充分证据 |
| 3 | 内分泌干扰性 | 无数据 | 无充分证据 |
| 4 | 生殖发育毒性 | 无数据 | 无充分证据 |
| 5 | 胆碱酯酶抑制剂 | 是 | 否 |
| 6 | 神经毒性 | 是 | — |
| 7 | 呼吸道刺激性 | 可能 | — |
| 8 | 皮肤刺激性 | 可能 | — |
| 9 | 眼刺激性 | 可能 | — |
| 10 | 国际公约或优控名录 | 列入 WHO 淘汰名录 | |

注：PPDB 数据库由英国赫特福德郡大学农业与环境研究所开发；PAN 数据库来自北美农药行动网(PANNA)；"—"表示无此项。

## 【限值标准】

苏联规定车间空气中有害物质的最高容许浓度为 $0.02mg/m^3$，苏联(1975 年)规定居民区大气中最高容许浓度为 $0.005mg/m^3$(日均值)，苏联(1978 年)规定环境空气中最高容许浓度为 $0.002mg/m^3$(一次值)、$0.0004mg/m^3$(日均值)。

# 参 考 文 献

[1]  TOXNET (Toxicology Data Network). https://toxnet. nlm. nih. gov/cgi-bin/sis/search2/f ?. /temp/~ zKhVft: 3: enex[2015-06-03].

[2]  Ellington J J. Hydrolysis Rate Constants for Enhancing Property-Reactivity Relationships. Washington DC: USEPA/600/3-89/063 NTIS PB89-220479, 1989.

[3]  Lewis R J. Hawley's Condensed Chemical Dictionary. 12th ed. New York: Van Nostrand Reinhold Company, 1991: 1025.

[4]  Meylan W M, Howard P H. Atom/fragment contribution method for estimating octanol-water partition coefficients. J Pharm Sci, 1995, 84(1):83-92.

[5]  PPDB: Pesticide Properties DataBase. http://sitem.herts.ac.uk/aeru/ppdb/en/Reports/1678.htm [2015-06-03].

[6]  Clayton G D, Clayton F E. Patty's Industrial Hygiene and Toxicology. Volume 2A, 2B, 2C: Toxicology. 3rd ed. New York: John Wiley and Sons, 1981—1982.

[7]  Dumachie J F, Fletcher W W. Effect of some insecticides on the hatching rate of hens' eggs. Nature, 1966, 212(5066):1062-1063.

[8]  Hayes W J. Pesticides Studied in Man. Baltimore/London: Williams and Wilkins, 1982.

[9]  Ellenhorn M J, Barceloux D G. Medical Toxicology—Diagnosis and Treatment of Human Poisoning. New York: Elsevier Science Publishing Company, 1988.

# 百治磷(dicrotophos)

## 【基本信息】

化学名称：*O,O*-二甲基-*O*-(2-二甲氨基甲酰基甲基乙烯基)磷酸酯

其他名称：百特磷

**CAS 号**：141-66-2

分子式：$C_8H_{16}NO_5P$

相对分子质量：237.19

**SMILES**：O=P(O/C(=C/C(=O)N(C)C)C)(OC)OC

类别：有机磷类杀虫剂

结构式：

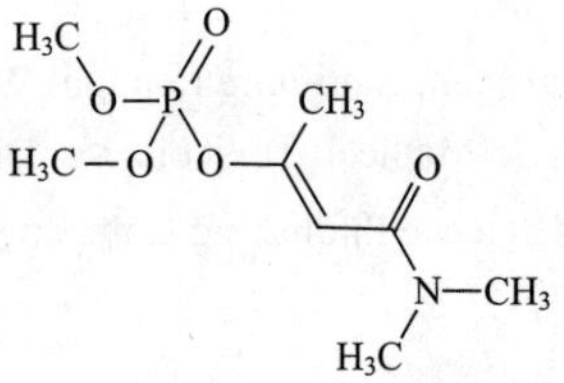

## 【理化性质】

黄色液体，密度 1.22g/mL，沸点 400℃，饱和蒸气压 9.3mPa(25℃)。水溶解度 1000000mg/L(20℃)，与丙酮、二甲苯、二氯甲烷互溶。辛醇/水分配系数 $\lg K_{ow}$ = −0.5(估算值)。

## 【环境行为】

### (1)环境生物降解性

土壤降解半衰期小于14d(估测值)。好氧和厌氧条件下，使用 $^{14}C$ 标记的百治磷在砂壤土中的降解半衰期为 3~7d(实验室)[1]；田间条件(50%持水量)下，7~8d 后仅能检测到 18.5%[2]。以颗粒施用的百治磷在田间土壤中的降解半衰期仅为几天[1]。

### (2)环境非生物降解性

大气中，气态百治磷与光化学产生的羟基自由基反应的速率常数为

$5.2×10^{-11}cm^{3}/(mol·s)(25℃)$，间接光解半衰期约为 24h。与臭氧的反应速率常数估值为 $1.1×10^{-17}cm^{3}/(mol·s)(25℃)$，间接光解半衰期约为 24h[1]。含有波长大于 290nm 的生色团，在太阳光下可直接光解[3]。

25℃，pH 分别为 5、7、9 条件下，则水解半衰期相应地为 117d、72d、28d[1]。

**(3)环境生物蓄积性**

鱼类 BCF 估测值为 3，在水生生物体内的生物富集性弱[4]。

**(4)土壤吸附/移动性**

砂土、砂壤土、粉砂壤土与黏壤土中的吸附常数($K_f$)分别为 0.07、0.40、0.92 和 3.58；相应的 $K_{oc}$ 值分别为 16、53、43 和 188[1]。另有报道，6 种土壤中的平均吸附分配系数($K_d$)为 1.01[5]。土壤薄层层析试验结果显示，在土壤中具有中等偏高移动性[1]。

## 【生态毒理学】

鸟类(绿头鸭)急性 $LD_{50}$ = 9.63mg/kg，鱼类(虹鳟鱼)96h $LC_{50}$ = 6.3mg/L，大型溞 48h $EC_{50}$=0.013mg/L，水生甲壳动物(*Americamysis bahia*)96h $LC_{50}$ = 0.077mg/L，蜜蜂经口 48h $LD_{50}$ = 0.068mg[6]。

## 【毒理学】

**(1)一般毒性**

大鼠急性经口 $LD_{50}$ 为 17mg/kg、急性经皮 $LD_{50}$ 为 110mg/kg、急性吸入 $LC_{50}$ 为 0.09mg/L；大鼠短期饮食暴露 NOAEL 为 0.05mg/kg[6]。

**(2)神经毒性**

大鼠和狗为期两年的饲喂研究表明，百治磷对乙酰胆碱酯酶抑制的临界值分别为 10mg/kg 和 16mg/kg[7]。大鼠饲喂暴露 0mg/kg、15mg/kg 和 150mg/kg 的百治磷 4 周，暴露组大鼠血浆总胆碱酯酶活性和血清胆碱酯酶活性受到显著抑制，但是未出现胆碱能中毒症状[1]。

**(3)生殖毒性**

大鼠三代繁殖试验，百治磷每天暴露 NOAEL 为 2mg/kg。怀孕小鼠腹腔内注射试验，未造成子代小鼠形态异常。大鼠两代繁殖试验，饲料中加入 2mg/kg 和 3mg/kg 百治磷，未出现生殖毒性效应。但更高的浓度水平可观察到生殖或胎鼠毒性效应，百治磷可以穿透胎盘[1]。另有研究报道，怀孕大鼠饲喂暴露 50mg/kg 百治磷，孕期第 17 天引起宫内胎鼠死亡和吸收率明显增加。100mg/kg 剂量下，孕体数量减少 6.5%。存活胎鼠未观测到异常现象，母体中未观测到毒性[8]。

**(4)致突变性**

具有潜在致突变性，对哺乳动物是一种可疑的诱变剂[1]。

## 【人类健康效应】

急性中毒：轻度中毒出现头痛、头晕、多汗、流涎、视力模糊、乏力、恶心、呕吐和胸闷等症状，全血胆碱酯酶活性可下降至正常值的70%以下；中度中毒以肌束震颤为特征，出现瞳孔缩小、呼吸困难、神态模糊、步态蹒跚等症状，全血胆碱酯酶活性可下降至正常值的50%以下；重度中毒出现昏迷、惊厥、肺水肿、呼吸抑制和脑水肿等症状，全血胆碱酯酶活性在正常值的30%以下。

在两项人体中毒的案例中，百治磷喷雾作业暴露可造成工人痉挛、恶心、呕吐、腹泻、呼吸困难、全身无力等症状；摄入百治磷后出现脉搏和呼吸停止的症状。阿托品和解磷定可以缓解中毒症状，然而在中毒后7~10d内，患者中毒复发，于22~33d恢复正常。

百治磷人类急性口服 $LD_{10}$ 为 5mg/kg[9]。

## 【危害分类与管制情况】

| 序号 | 毒性指标 | PPDB 分类 | PAN 分类 |
|---|---|---|---|
| 1 | 高毒 | 是 | 是 |
| 2 | 致癌性 | 可疑 | 可能 |
| 3 | 致突变性 | 可疑 | — |
| 4 | 内分泌干扰性 | 可疑 | 无充分证据 |
| 5 | 生殖发育毒性 | 无数据 | 无充分证据 |
| 6 | 胆碱酯酶抑制剂 | 是 | 是 |
| 7 | 皮肤刺激性 | 可疑 | — |
| 8 | 眼刺激性 | 可疑 | — |
| 9 | 污染地下水 | — | 可能 |
| 10 | 国际公约或优控名录 | 列入 PAN 名录 | |

注：PPDB 数据库由英国赫特福德郡大学农业与环境研究所开发；PAN 数据库来自北美农药行动网(PANNA)；"—"表示无此项。

## 【限值标准】

急性参考剂量(ARfD)为 0.0001mg/(kg bw·d)，允许接触浓度(PEL)为 0.25mg/m³，

阈值(TLV)为 0.25mg/m$^3$[8]。

# 参 考 文 献

[1]  TOXNET(Toxicology Data Network). https://toxnet.nlm.nih.gov/cgi-bin/sis/search2/f?./temp/~ DdZQFM:3:enex[2015-06-08].

[2]  Goring C A I. Haque R, Freed V H. Environmental Dynamics of Pesticides. New York: Plenum Press, 1975: 135-172.

[3]  Lyman W J, Reehl W F, Rosenblatt D H. Handbook of Chemical Property Estimation Methods. Washington DC: American Chemical Society, 1990: 8-12.

[4]  Hansch C, Leo A, Hoekman D. Exploring QSAR: Hydrophobic, Electronic, and Steric Constants. Washington DC: American Chemical Society, 1995: 49.

[5]  Weber J B, Wilkerson G G, Reinhardt C F. Calculating pesticide sorption coefficients ($K_d$) using selected soil properties. Chemosphere, 2004, 55(2):157-166.

[6]  PPDB:Pesticide Properties DataBase. http://sitem.herts.ac.uk/aeru/ppdb/en/Reports/224.htm [2015-06-08].

[7]  Bingham E Cohrssen B, Powell C H. Patty's Toxicology. Volumes 1-9. 5th ed. New York: John Wiley and Sons, 2001.

[8]  Moser V C. Age-related differences in acute neurotoxicity produced by mevinphos, monocrotophos, dicrotophos, and phosphamidon. Neurotoxicol Teratol, 2011, 33(4):451-457.

[9]  American Conference of Governmental Industrial Hygienists. Documentation of Threshold Limit Values for Chemical Substances and Physical Agents and Biological Exposure Indices for 2001. 2001.

# 保棉磷（azinphos-methyl）

## 【基本信息】

化学名称：*O,O*-二甲基-*S*-[（4-氧代-1,2,3-苯并三氮苯-3[4*H*]-基）甲基]二硫代磷酸酯

其他名称：谷硫磷,甲基谷硫磷,谷赛昂,甲基谷赛昂

CAS 号：86-50-0

分子式：$C_{10}H_{12}N_3O_3PS_2$

相对分子质量：317.32

SMILES：S=P（OC）（OC）SCN1\N=N/c2ccccc2C1=O

类别：有机磷类杀虫剂

结构式：

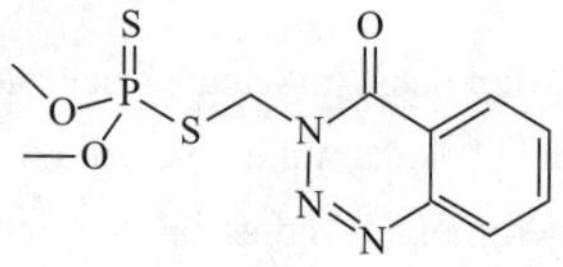

## 【理化性质】

白色晶体，密度 1.52g/mL，熔点 73℃，沸腾前分解，饱和蒸气压 $5.00×10^{-4}$mPa（25℃）。水溶解度（20℃）为 28mg/L。有机溶剂溶解度（20℃）：丙酮，250000mg/L；乙酸乙酯，250000mg/L；二甲苯，170000mg/L；正庚烷，1200mg/L。辛醇/水分配系数 $\lg K_{ow}$=2.96（20℃,pH=7）。亨利常数为 $5.70×10^{-6}$Pa·$m^3$/mol（25℃）。

## 【环境行为】

### （1）环境生物降解性

土壤降解半衰期为 31d（20℃，实验室），主要降解产物为苯甲酰替苯胺、硫代甲基苯甲酰替苯胺、二（甲基苯甲酰替苯胺）二硫、邻氨基苯甲酸[1]。30℃条件下，粉砂壤土中 22d 降解率达 95%[2]。另有报道，好氧条件下土壤降解半衰期为 21d，厌氧条件下为 68d，灭菌条件下则为 355d[3]。在无光、22℃条件下，海水（pH=8.1）中半衰期为 26d，河水（pH=7.3）中半衰期为 42d（未过滤）、35d（过滤）[4]。

### (2)环境非生物降解性

大气中，气态保棉磷可与羟基自由基反应发生光化学降解，间接光解半衰期约为 2.5h[1]。含有吸收波长大于 290nm 的生色团，在太阳光下可直接光解[5]。水中直接光解半衰期为 77h，土壤表面光解半衰期为 180d[6]。太阳光照射条件下，海水中半衰期为 11d，河水中半衰期为 8d[1]。

在酸性和中性条件下稳定，但在高 pH 时很快水解(数天)，主要水解产物为苯甲酰替苯胺和羟甲基苯甲酰替苯胺[6]。pH 为 8.6，温度为 6℃、25℃、40℃时，水解半衰期分别为 36.4d、27.9d、7.2d[7]。另有报道，水解半衰期为 415d(pH=6.1，超纯水)、278d(pH=7.3，河水)、4506d(pH=7.3，过滤后的河水)以及未见降解(pH=8.1，海水)[4]。

### (3)环境生物蓄积性

BCF 估测值为 30，提示其在水生生物体内的生物富集能力弱[8]。

### (4)土壤吸附/移动性

在 5 种土壤中的 $K_{oc}$ 值分别为 1990(75.0%黏土，3.29%有机碳)、783(22.6%黏土，2.39%有机碳)、570(17.0%黏土，3.32%有机碳)、630(20.3%黏土，1.36% 有机碳)以及 1700(6.0%黏土，4.43%有机碳)[9]。在土壤中具有轻度到中等的移动性。

## 【生态毒理学】

鸟类(山齿鹑)急性 $LD_{50}$ = 32mg/kg、鱼类(虹鳟鱼)96h $LC_{50}$ = 0.02mg/L、21d NOEC= 0.00017mg/L，大型溞 48h $EC_{50}$=0.0011mg/L、21d NOEC = 0.0004mg/L，水生甲壳动物(糠虾)96h $LC_{50}$ = 0.00022mg/L，蜜蜂经口 48h $LD_{50}$ = 0.42mg，蚯蚓 14d $LC_{50}$=59mg/kg[10]。

## 【毒理学】

### (1)一般毒性

大鼠急性经口 $LD_{50}$= 92.0mg/kg，兔子急性经皮 $LD_{50}$ = 354mg/kg，大鼠急性吸入 $LC_{50}$= 0.36mg/L。对兔子的皮肤和眼睛有刺激作用[10]。

### (2)神经毒性

主要表现为对胆碱酯酶活性的抑制作用。用含有195mg/kg 保棉磷的饲料喂养田鼠，5d 后 42%田鼠的脑胆碱酯酶活性受到抑制，侵略性行为(有利于田鼠保持社会地位和控制数量增长的行为)减少，15d 后侵略性行为大大减少[11]。用含有 50~400mg/kg 保棉磷的饲料喂养大鼠，对大鼠生长、食物消耗量、肾功能、造血功能及存活率未见不良影响，但少数雌性大鼠有痉挛性发作，脑、血浆和红细胞胆碱酯酶活性降低[12]。

**(3)生殖毒性**

暂无资料。

**(4)致突变性**

雄鼠整体动物致突变试验：暴露组精母细胞的染色体畸变率与阴性对照组相比无显著性差异。在体内经代谢一般在短时间内经尿液排出，不会在睾丸中蓄积。无致癌、致畸和致突变作用[13]。

## 【人类健康效应】

5 名男性志愿者服用 18mg/d 或 20mg/d 的保棉磷 30d；受试者无临床症状或临床体征，血液学、凝血酶原时间和尿常规分析等无明显异常；20mg/d 剂量组受试者也无血浆或红细胞的胆碱酯酶活性抑制现象；基于血浆和红细胞的胆碱酯酶活性的 NOAEL 为 20mg/d[相当于 0.29mg/（kg bw · d）][13]。

8 名从事保棉磷可湿性粉剂生产的工人，暴露量可达 9.6mg/m$^3$，血浆中最低胆碱酯酶活性为暴露前的 78%，但无明显临床或疾病表征[14]。对眼睛和皮肤有一定的刺激性。

保棉磷引起的慢性中毒症状主要表现为头痛、乏力、头部沉重、记忆力下降、易感疲劳、睡眠不安、食欲缺乏和失去方向感。某些中毒者也会表现出精神错乱、眼球震颤、手部颤抖和一些其他神经系统混乱症状。

## 【危害分类与管制情况】

| 序号 | 毒性指标 | PPDB 分类 | PAN 分类 |
|---|---|---|---|
| 1 | 高毒 | 是 | 是 |
| 2 | 致癌性 | 否 | 否 |
| 3 | 致突变性 | 否 | — |
| 4 | 内分泌干扰性 | 否 | 疑似 |
| 5 | 生殖发育毒性 | 无数据 | 无充分证据 |
| 6 | 胆碱酯酶抑制剂 | 是 | 是 |
| 7 | 神经毒性 | 是 | — |
| 8 | 呼吸道刺激性 | 否 | — |
| 9 | 皮肤刺激性 | 疑似 | — |
| 10 | 眼刺激性 | 疑似 | — |
| 11 | 污染地下水 | | 可能 |
| 12 | 国际公约或优控名录 | 列入 PIC 公约、POPs 公约名录、WHO 淘汰名录及 PAN 名录 | |

注：PPDB 数据库由英国赫特福德郡大学农业与环境研究所开发；PAN 数据库来自北美农药行动网（PANNA）；"—"表示无此项。

## 【限值标准】

每日允许摄入量（ADI）为 0.005mg/（kg bw · d），急性参考剂量（ARfD）为 0.1mg/（kg bw · d）[10]。加拿大饮用水中污染物最大允许浓度（MAC）为 20.0μg/L[15]。

# 参 考 文 献

[1]  TOXNET(Toxicology Data Network). https://toxnet.nlm.nih.gov/cgi-bin/sis/search2/f?./temp/ ~ zgIgLb: 3: enex[2015-06-09].

[2]  Schulz K R, Lichtenstein E P, Liang T T. Persistence and degradation of azinphosmethyl in soils, as affected by formulation and mode of application. J Econ Entomol, 1970, 63(2):432-438.

[3]  Purdue University. National Pesticide Information Retrieval System. 1988.

[4]  Lartiges S B, Garrigues P P. Degradation kinetics of organophosphorus and organonitrogen pesticides in different waters under various environmental conditions. Environ Sci Technol, 1995, 29(5):1246-1254.

[5]  Lyman W J , Reehl W F, Rosenblatt D H. Handbook of Chemical Property Estimation Methods. Washington DC: American Chemical Society, 1990: 8-12.

[6]  USEPA. Interim Reregistration Eligibility Decisions (IREDs) for Azinphosmethyl (86-50-0). Case No. 0235. 2015.

[7]  Heuer B, Yaron B, Birk Y. Guthion half-life in aqueous solutions and on glass surfaces.  Bull Environ Contam Toxicol, 1974, 11(6):532-537.

[8]  Hansch C, Leo A, Hoekman D. Exploring QSAR: Hydrophobic, Electronic, and Steric Constants. Washington DC: American Chemical Society ,1995.

[9]  Gawlik B M, Kettrup A, Muntau H. Estimation of soil adsorption coefficients of organic compounds by HPLC screening using the second generation of the European reference soil set. Chemosphere, 2000, 41(9):1337-1347.

[10] PPDB: Pesticide Properties DataBase. http://sitem.herts.ac.uk/aeru/ppdb/en/Reports/51.htm [2015-06-09].

[11] Shore R F, Rattner B A. Ecotoxicology of Wild Mammals. Ecological and Environmental Toxicology Series 2001. New York: John Wiley and Sons, 2001.

[12] Löser E, Lorke D. Die Aktivität der Cholinesterase bei Hunden nach Verabreichung von Gusathion mit dem Futter. Farbenfabriken Bayer. Unpublished report, 1967.

[13] WHO, FAO. Joint Meeting on Pesticide Residues on Azinphos Methyl (86-50-0). http://www.inchem.org/pages/jmpr.html [2012-4-23].

[14] American Conference of Governmental Industrial Hygienists. Documentation of Threshold Limit Values for Chemical Substances and Physical Agents and Biological Exposure Indices for 2001. Cincinnati:ACGIH, 2001.

[15] PAN pesticides Database—Chemicals. http://www.pesticideinfo.org/Detail_Chemical.jsp? Rec_ Id=PC33348 [2015-06-09].

# 倍硫磷（fenthion）

## 【基本信息】

化学名称：*O,O*-二甲基-*O*-(3-甲基-4-甲硫基苯基)硫代磷酸酯
其他名称：百治屠
CAS 号：55-38-9
分子式：$C_{10}H_{15}O_3PS_2$
相对分子质量：278.33
SMILES：S=P(OC)(OC)Oc1ccc(SC)c(c1)C
类别：有机磷类杀虫剂
结构式：

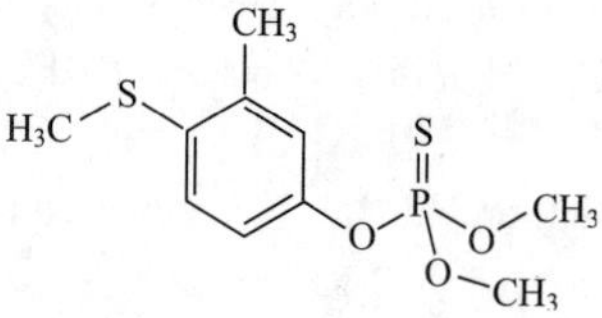

## 【理化性质】

无色油状液体,密度 1.25g/mL,熔点 7.5℃,沸点 90℃,饱和蒸气压 0.37mPa(25℃)。水溶解度(20℃)：4.2mg/L。有机溶剂溶解度(20℃)：正己烷,100000mg/L；甲苯,250000mg/L；二氯甲烷,250000mg/L；异丙醇,250000mg/L。辛醇/水分配系数 lg$K_{ow}$=4.84(估算值)。亨利常数为 $2.4×10^{-2}$Pa·m³/mol。

## 【环境行为】

### (1)环境生物降解性

土壤降解半衰期为 1~34d(平均 22d)，其中，实验室条件下为 34d(20℃)[1]。在黑暗、无菌条件下，降解半衰期为 46.9d；在黑暗、未灭菌条件下，降解半衰期为 19.7d[2]。生物降解为环境中降解的重要途径。

### (2)环境非生物降解性

大气中，气态倍硫磷与羟基自由基反应的速率常数为 $7.6×10^{-11}$cm³/(mol·s)(25℃)，间接光解半衰期约为 5h。太阳光条件下，在土壤表面可发生光

猝灭降解，生成倍硫磷亚砜，4 种不同土壤表面 4d 的光解率为 25%~53%[1]。

23.5℃，pH 分别为 3、9 和 11 条件下，水解半衰期分别为 116.5d、101.7d 和 14.4d。黑暗条件下，灭菌天然水中半衰期为 46.9d；太阳光条件下半衰期为 10.9d。黑暗条件下，非灭菌天然水中半衰期为 19.7d；太阳光条件下半衰期为 2.9d[2]。光解产物主要为 $O,S,S$-三甲基二硫代磷酸酯和 $O,O,O$-三甲基硫逐磷酸酯[1]。

**(3)环境生物蓄积性**

BCF 为 200~760，具有潜在生物蓄积性[3]。

**(4)土壤吸附/移动性**

$K_{oc}$ 值为 1500，在土壤中移动性弱[1]。

## 【生态毒理学】

鸟类(山齿鹑)急性 $LD_{50}$ = 7.2mg/kg，鱼类(虹鳟鱼)96h $LC_{50}$ = 0.8mg/L，大型溞 48h $EC_{50}$ = 0.0057mg/L，水生甲壳动物(糠虾)96h $LC_{50}$ = 0.00018mg/L，蜜蜂经口 48h $LD_{50}$>0.308μg，蚯蚓 14d $LC_{50}$ = 375mg/kg[4]。

## 【毒理学】

**(1)一般毒性**

大鼠急性经口 $LD_{50}$ 约为 250mg/kg(中等毒性)，大鼠饲喂暴露 NOAEL =5mg/kg(食物)。对兔子的皮肤和眼睛有刺激作用[4]。

**(2)神经毒性**

母鸡单次口服 25mg/kg 倍硫磷时，未见对神经的延迟破坏[5]。小鸡以 100mg/kg 喂养 30d，未发现脱髓鞘反应[6]。

**(3)生殖毒性**

大鼠 3 代繁殖试验，当暴露浓度分别为 0mg/kg、3mg/kg、15mg/kg 和 75mg/kg 时，除最高浓度处理组出现轻微的生长抑制外，其余剂量未产生生殖毒性效应，子代第 3 代(F3 代)未发现任何组织病理异常[7]。

**(4)致突变性**

小鼠试验结果显示致突变作用[8]。对人体淋巴细胞的细胞毒性、细胞抑制和细胞遗传学效应检查中，发现可显著增加姐妹染色体的交换频率[9]。

## 【人类健康效应】

急性中毒症状：恶心、呕吐、腹部绞痛、腹泻、过度流涎；头痛、头晕眼花、眩晕和无力；流鼻涕、胸闷(吸入暴露)；视力模糊、瞳孔缩小、睫状肌痉挛、眼部疼痛、瞳孔放大、有时失明；失去肌肉协调性、说话含糊、束状肌肉抽搐(特别是舌头、眼睑)；精神错乱、定向障碍和嗜睡；呼吸困难、唾液过度分泌、呼吸道黏液过度分泌、口鼻起泡、发绀、肺啰音、高血压(可能是由窒息引起)；随机不平稳的运动、大小便失禁、抽搐、昏迷；死亡，主要是由呼吸失败引起的呼吸骤停、呼吸肌瘫痪、强烈的支气管收缩引起，或者三者共同作用造成的[10]。

22 名接触较高浓度倍硫磷 8 年以上的工人，以头痛、眩晕、眼部不适及感觉异常为主要症状，血液中胆碱酯酶活性明显抑制，但脱离作业 3 周后，症状消失，胆碱酯酶活性恢复正常[1]。用倍硫磷灭蚊的工人由于皮肤大量接触，血浆中胆碱酯酶活性明显抑制，但红细胞胆碱酯酶活性未见明显改变[1]。

山东省胶县农药厂的调查结果显示，倍硫磷生产车间空气浓度达 0.027~0.15mg/m³时，33 名工人中个别出现头晕、恶心等症状，其他未发现异常，全血中胆碱酯酶活性也无明显降低。浙江黄岩农药厂从 1972 年开始生产倍硫磷，每年生产 2~8 个月。1995 年该厂 21 名工人(工龄 2~24a)体检发现，患鼻咽炎者 3 人、窦性心动过速者 2 人、胆碱酯酶活力轻度下降者 2 人(车间空气浓度：未检出~2.36mg /m³)。1999 年对开工 2a 的黄岩环合化工厂进行调查，车间空气浓度为未检出~0.122mg /m³，个别工人有胸闷、咽部不适症状，心电图和全血中胆碱酯酶活性与对照组比较无显著性差异[11]。

## 【危害分类与管制情况】

| 序号 | 毒性指标 | PPDB 分类 | PAN 分类 |
|---|---|---|---|
| 1 | 高毒 | 否 | 否 |
| 2 | 致癌性 | 疑似 | 否 |
| 3 | 致突变性 | 疑似 | — |
| 4 | 内分泌干扰性 | 无数据 | 疑似 |
| 5 | 生殖发育毒性 | 否 | 无充分证据 |
| 6 | 胆碱酯酶抑制剂 | 是 | 是 |
| 7 | 神经毒性 | 疑似 | |
| 8 | 呼吸道刺激性 | 是 | |
| 9 | 皮肤刺激性 | 是 | — |
| 10 | 眼刺激性 | 是 | |
| 11 | 污染地下水 | — | 疑似 |
| 12 | 国际公约或优控名录 | 列入 PAN 名录 | |

注：PPDB 数据库由英国赫特福德郡大学农业与环境研究所开发；PAN 数据库来自北美农药行动网(PANNA)；"—"表示无此项。

## 【限值标准】

每日允许摄入量(ADI)为 0.007mg/(kg bw · d),急性参考剂量(ARfD)为 0.01mg/(kg bw · d)[4]。

## 参 考 文 献

[1] TOXNET (Toxicology Data Network). https://toxnet.nlm.nih.gov/cgi-bin/sis/search2/f?./temp/ ~ xqHMqj: 3:enex[2015-06-09].

[2] Wang T, Kadlac T, Lenahan R. Persistence of fenthion in the aquatic environment. Bull Environ Contam Toxicol, 1989, 42(3):389-394.

[3] Hansch C, Leo A J. Medchem Project Issue No.26. Claremont: Pomona College, 1985.

[4] PDDB: Pesticide Properties DataBase. http://sitem.herts.ac.uk/aeru/ppdb/en/Reports/310.htm [2015-06-09].

[5] Kimmerle G. Neurotoxische untersuch-ungen mit S-1752-Werkstoff. Unpublished report submitted by Farbenfabriken Bayer A G, 1965.

[6] Dieckmann W, Farbenfabriken Bayer A G. Neurotoxizctatsunter-suchungen an Huhnern-Histopathologie. Unpublished report of Farbenfabriken Bayer A G, 1971.

[7] Spicer E J F, Farbenfabriken Bayer A G. Pathology Report of Bay 29493. Generation study in rats. Unpublished report Submitted by Farbenfabriken Bayer A G, 1971.

[8] ACGIH. Documentation of Threshold Limit Values and Biological Exposure Indices. Cincinnati: Publications Office, ACGIH, 1986.

[9] Chen H H, Sirianni S R, Huang C C. Sister-chromatid exchanges and cell-cycle delay in Chinese hamster V79 cells treated with 9 organophosphorus compounds (8 pesticides and 1 defoliant). Mutat Res, 1982 ,103(3-6):307-313.

[10] Gosselin R E. Clinical Toxicology of Commercial Products. 5th ed. Baltimore: Williams and Wilkins, 1984.

[11] 盛琴琴, 汪严华, 杨锦蓉. 倍硫磷车间劳动卫生学调查. 中国卫生监督杂志, 2000, 7(4):147.

# 苯丁锡(fenbutatin oxide)

## 【基本信息】

化学名称：双[三(2-甲基苯基丙基)锡]氧化物

其他名称：托尔克

CAS 号：13356-08-6

分子式：$C_{60}H_{78}OSn_2$

相对分子质量：1052.68

SMILES：CC(C)(C[Sn](CC(C)(C)c1ccccc1)(CC(C)(C)c2ccccc2)O[Sn](CC(C)(C)c3ccccc3)(CC(C)(C)c4ccccc4)CC(C)(C)c5ccccc5)c6ccccc6

类别：有机锡类杀螨剂

结构式：

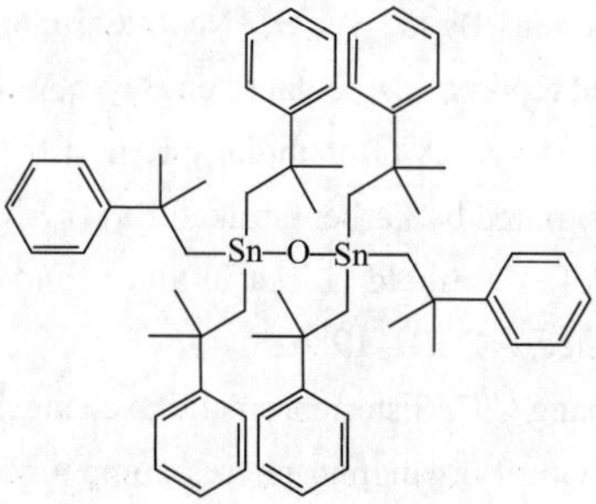

## 【理化性质】

白色粉末状固体，密度 1.31g/mL，熔点 147.8℃，沸腾前分解，饱和蒸气压 $3.9×10^{-5}$mPa(25℃)。水溶解度(20℃)：0.015mg/L。有机溶剂溶解度(20℃)：正己烷，3490mg/L；甲苯，70100mg/L；丙酮，4920mg/L；二氯甲烷，310000mg/L。辛醇/水分配系数 $\lg K_{ow} = 5.15$。亨利常数为 $2.70 × 10^{-3}$ Pa·$m^3$/mol(25℃)。

## 【环境行为】

### (1)环境生物降解性

在土壤中较为稳定。实验室条件下，土壤降解半衰期为 243~795d(平均 365d)，田间条件下为 95d[1]。

**(2)环境非生物降解性**

25℃、黑暗，pH 为 5、7、9 条件下，难水解；在 20℃、pH 为 7 条件下，水解半衰期为 100d。pH 为 7 时，光解半衰期为 55d，光解产物为 1,3-二羟基-1,1,3,3-四(2-甲基-2-苯丙基)二锡[2]。

**(3)环境生物蓄积性**

在鱼肌肉组织中 BCF 为 340~500，在内脏组织中 BCF 为 1110~1600，在其他组织中 BCF 为 450~640[2]。水中暴露浓度为 0.00013mg/L 或 0.00068mg/L 时，BCF 为 490~730(太阳鱼)；14d 清除率为 51%~75%。在生物体内生物蓄积性较强[2]。

**(4)吸附/移动性**

吸附系数 $K_{oc}$ 值为 44353~298490，在土壤中移动性极低[1]。

## 【生态毒理学】

鸟类(绿头鸭)急性 $LD_{50}$ > 969mg/kg，鱼类(虹鳟鱼)96h $LC_{50}$= 0.00114mg/L、21d NOEC = 0.00127mg/L，溞类(大型溞)48h $EC_{50}$ = 0.048mg/L、21d NOEC = 0.016mg/L，蜜蜂经口 48h $LD_{50}$>200μg，蚯蚓 14d $LC_{50}$> 500mg/kg[1]。

## 【毒理学】

**(1)一般毒性**

大鼠急性经口 $LD_{50}$> 3000mg/kg，大鼠急性经皮 $LD_{50}$> 2000mg/kg，大鼠急性吸入 $LC_{50}$= 0.046mg/L[1]。

**(2)神经毒性**

15 只雄性大鼠灌胃暴露 1000mg/kg 的苯丁锡，在暴露 24h 及 48h 后，大鼠未出现脑水肿或大脑组织异常[3]。

**(3)生殖毒性**

大鼠 3 代繁殖试验结果：300mg/kg 剂量组母代和子代均表现出个体变小、活跃并且易激惹，F3 代中出现睾丸/体重比下降。50mg/kg 或 100mg/kg 剂量组，F2 代成年鼠尸检未发现任何与暴露相关的病变。F3 代刚断奶大鼠也未发现任何异常。兔子经口暴露苯丁锡，精子数量降低，并出现多核精细胞[4]。

**(4)致突变性**

小鼠口服暴露 0mg/kg、500mg/kg、2500mg/kg、5000mg/kg 剂量的苯丁锡，24h 后致突变性结果为阴性(体内微核试验)。人类淋巴细胞暴露剂量为 0μg/L、0.7μg/L、1.0μg/L、2.5μg/L、4.0μg/L、5.0μg/L、7.0μg/L 时，24h 后未见致突变效应。小鼠骨髓细胞染色体畸变阴性[5]。

一项 8 周的显性致死研究，单次给予 8 只雄性小鼠 250mg/kg 和 500mg/kg 苯丁锡暴露，然后每周与 3 只雌性小鼠交配。怀孕比例、着床率、早期再吸收速率等与对照组相比均未见显著差异[6]。

## 【人类健康效应】

经口暴露具有中等毒性，并产生强烈的胃肠刺激。可通过粪便快速排泄，大多数未发生变化，表明其在体内吸收较弱。

根据大鼠和狗的每日允许摄入量估算人体无效应浓度为 15mg/kg[7]。

## 【危害分类与管制情况】

| 序号 | 毒性指标 | PPDB 分类 | PAN 分类 |
| --- | --- | --- | --- |
| 1 | 高毒 | 否 | 否 |
| 2 | 致癌性 | 否 | 否 |
| 3 | 致突变性 | 无数据 | — |
| 4 | 内分泌干扰性 | 无数据 | 疑似 |
| 5 | 生殖发育毒性 | 是 | 是 |
| 6 | 胆碱酯酶抑制剂 | 否 | 否 |
| 7 | 神经毒性 | 否 | — |
| 8 | 呼吸道刺激性 | 是 | — |
| 9 | 皮肤刺激性 | 是 | — |
| 10 | 眼刺激性 | 是 | — |
| 11 | 国际公约或优控名录 | 列入 PAN 名录 | |

注：PPDB 数据库由英国赫特福德郡大学农业与环境研究所开发；PAN 数据库来自北美农药行动网（PANNA）；"—"表示无此项。

## 【限值标准】

每日允许摄入量(ADI)为 0.05mg/(kg bw·d )，急性参考剂量(ARfD)为 0.1mg/(kg bw·d)[1]。

## 参 考 文 献

[1] PPDB: Pesticide Properties DataBase. http://sitem.herts.ac.uk/aeru/ppdb/en/Reports/294.htm [2015-06-12].

[2] USEPA. Reregistration Eligibility Decisions (REDs) Database. R.E.D. Facts on fenbutatin-oxide (13356-08-6). USEPA-738-F-94-021. http://www.epa.gov/REDs/factsheets/0245fact. Pdf. 2001.

[3] Samules G M R, Dix K M. Toxicology of the pesticide SD 14114. Unpublished report from Tunstall Laboratory submitted to the World Health Organization by Shell Chemical Company, 1972.

[4] Hine C H, Eisenlord G, Loguvan G S. Results of reproduction study of rats fed diets containing SD 14114-V over three generations. Unpublished report from Hine Laboratories Inc. submitted to the World Health Organization by the Shell Chemical Company, 1973.

[5] Vlachos D A. Mouse bone marrow micronucleus assay of Vendex technical. Unpublished report No. HLR-71-88 from Haskell Laboratory for Toxicology and Industrial Medicine, E.I. du Pont de Nemours and Co., Inc., Newark, Delaware, USA. Submitted to WHO by Shell International Chemical Co. Ltd, London, UK, and E.I. du Pont de Nemours and Co., Inc., Wilmington, Delaware, USA, 1988.

[6] Dean B J, Doak S M. Toxicity studies with SD 14114. Unpublished report from Tunstall Laboratory submitted to the World Health Organization by the Shell Chemical Company, 1972.

[7] Tomlin C D S. The Pesticide Manual: A World Compendium. 10th ed. Surrey: The British Crop Protection Council, 1994.

# 吡丙醚(pyriproxyfen)

## 【基本信息】

化学名称：4-苯氧基苯基(*R/S*)-2-(2-吡啶基氧)丙基醚

其他名称：灭幼宝，蚊蝇醚

CAS 号：95737-68-1

分子式：C$_{20}$H$_{19}$NO$_3$

相对分子质量：321.37

SMILES：O(c1ncccc1)C(COc3ccc(Oc2ccccc2)cc3)C

类别：烷氧吡啶保幼激素类几丁质合成抑制剂、杀虫剂

结构式：

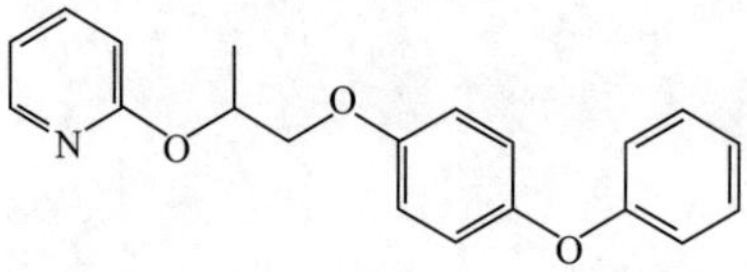

## 【理化性质】

白色颗粒状固体，密度 1.26g/mL，熔点 49℃，沸点 318℃，饱和蒸气压 1.33×10$^{-2}$ mPa(25℃)。水溶解度(20℃)为 0.37mg/L。有机溶剂溶解度(20℃)：正庚烷，27000mg/L；甲醇，27000mg/L；丙酮，1000000mg/L；乙酸乙酯，1000000mg/L。辛醇/水分配系数 lg$K_{ow}$= 5.37，亨利常数 1.16× 10$^{-2}$Pa·m$^3$/mol(25℃)。

## 【环境行为】

**(1)环境生物降解性**

土壤降解半衰期为 6.7d(实验室，20℃)、4.2d(田间试验)[1]。

**(2)环境非生物降解性**

大气中，气态吡丙醚与羟基自由基反应的速率常数为 5.2×10$^{-11}$cm$^3$/(mol·s)(25℃)，间接光解半衰期约为 7.4h。由于缺乏水解基团，不发生水解。50℃、pH 为 4~9 时在水中稳定[2]。

**(3)环境生物蓄积性**

BCF 测定值为 1379[1]，估测值为 3700[3]，提示生物蓄积性强。

**(4)土壤吸附/移动性**

吸附系数 $K_{oc}$ 值为 40500，在土壤中难移动[4]。4 种不同类型土壤的淋溶试验结果表明，50%以上的吡丙醚位于 30cm 土柱的上部 6cm 内[4]。

## 【生态毒理学】

鸟类(山齿鹑)急性 $LD_{50} > 1906mg/kg$，鱼类 96h $LC_{50} > 0.27mg/L$(蓝鳃太阳鱼)、21d NOEC $= 0.0043mg/L$(虹鳟鱼)，溞类(大型溞)48h $EC_{50} = 0.4mg/L$、21d NOEC $= 0.00015mg/L$，水生甲壳动物 96h $LC_{50} = 0.047mg/L$，底栖生物(摇蚊)28d NOEC $= 0.01mg/L$，水生植物 7d $EC_{50} > 0.18mg/L$[1]。

## 【毒理学】

**(1)一般毒性**

大鼠急性经口 $LD_{50}$ 为 5000mg/kg，大鼠急性经皮 $LD_{50}$ 为 2000mg/kg，大鼠急性吸入 $LC_{50}$ 为 1.3mg/L，狗 NOAEL 为 0.1mg/(kg bw·d)[1]。

**(2)神经毒性**

300mg/(kg bw·d)吡丙醚可影响大鼠的生长，500mg/(kg bw·d)未见发育神经毒性[5]。

**(3)生殖毒性**

雌性大鼠 NOAEL 和 LOAEL 分别为 100mg/(kg bw·d)和 300mg/(kg bw·d)；雌兔 NOAEL 为 100mg/(kg bw·d)，LOAEL 为 300mg/(kg bw·d)，毒性作用表现为早产、流产、软便、消瘦、活动减少、呼吸缓慢[4]。

**(4)致突变性**

基因突变试验(Ames 试验)/回复突变试验：在 10~5000μg/皿剂量下，测定 5S 沙门氏菌和大肠杆菌 WP2 *uvrA* 营养型组蛋白(histineprotrophy)逆转，在有/无 S-9 激活的情况下，均未见诱导基因突变性[4]。

哺乳动物细胞体外染色体畸变试验：在 CHO(中国仓鼠卵巢)V79 细胞中，细胞染毒剂量为 300μg/L 时，无致突变性。人子宫颈癌传代细胞暴露于剂量为 6.4μg/mL 和 51.2μg/mL 的吡丙醚中，未导致非程序 DNA 合成增加。另有研究表明，最高暴露剂量为 3000mg/kg 时，小鼠肿瘤发生率未显著增加[4]。

## 【人类健康效应】

暂无数据。

## 【危害分类与管制情况】

| 序号 | 毒性指标 | PPDB 分类 | PAN 分类 |
|------|----------|-----------|----------|
| 1 | 高毒 | 否 | 否 |
| 2 | 致癌性 | 否 | 否 |
| 3 | 致突变性 | 无数据 | — |
| 4 | 内分泌干扰性 | 无数据 | 无充分证据 |
| 5 | 生殖发育毒性 | 否 | 无充分证据 |
| 6 | 胆碱酯酶抑制剂 | 否 | 否 |
| 7 | 神经毒性 | 否 | — |
| 8 | 呼吸道刺激性 | 否 | — |
| 9 | 皮肤刺激性 | 否 | — |
| 10 | 眼刺激性 | 否 | — |
| 11 | 国际公约或优控名录 | 未见列入相关公约名录 | |

注：PPDB 数据库由英国赫特福德郡大学农业与环境研究所开发；PAN 数据库来自北美农药行动网（PANNA）；"—"表示无此项。

## 【限值标准】

每日允许摄入量（ADI）为 0.1mg/（kg bw·d）[1]。

## 参 考 文 献

[1] PPDB:Pesticide Properties DataBase. http://sitem.herts.ac.uk/aeru/ppdb/en/Reports/574.htm [2015-06-12].

[2] Lyman W J, Reehl W F, Rosenblatt D H. Handbook of Chemical Property Estimation Methods. Washington DC: American Chemistry Society, 1990.

[3] Meylan W M, Howard P H. Atom/fragment contribution method for estimating octanol-water partition coefficients. J Pharm Sci, 1995,84(1):83-92.

[4] TOXNET(Toxicology Data Network). https://toxnet.nlm.nih. gov/cgi-bin/sis/search2/f?./ temp/~v7plew: 3: enex[2015-06-12].

[5] Misaki Y, Nakatuka I. Acute oral toxicity study of pyriproxyphen metabolites, 4'-OH-Pyr, 5"-OH-Pyr, DPH-Pyr, POPA and PYPAC in mice. Unpublished study reference No. NNT-30-0107. Submitted to WHO by Sumitomo Chemical Co., Ltd., 1993.

# 吡虫啉（imidacloprid）

## 【基本信息】

化学名称：1-(6-氯-3-吡啶基甲基)-*N*-硝基亚咪唑烷-2-基胺

其他名称：咪蚜胺

CAS 号：138261-41-3

分子式：$C_9H_{10}ClN_5O_2$

相对分子质量：255.66

SMILES：[O–][N+](=O)NC/1=N/CCN\1Cc2cnc(Cl)cc2

类别：烟碱类杀虫剂

结构式：

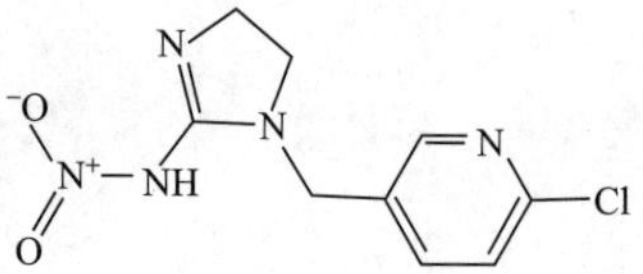

## 【理化性质】

无色乳状固体或晶体粉末，密度 1.54g/mL，熔点 144℃，沸腾前分解，饱和蒸气压 $4.0×10^{-7}$mPa(25℃)。水溶解度(20℃)为 610mg/L。有机溶剂溶解度(20℃)：二氯甲烷，67000mg/L；甲苯，690mg/L；正己烷，100mg/L；异丙醇，2300mg/L。辛醇/水分配系数 $\lg K_{ow} = 0.57$。

## 【环境行为】

**(1)环境生物降解性**

实验室研究土壤降解半衰期为 77~341d，田间试验研究土壤降解半衰期为 104~228d[1]。另有研究表明，吡虫啉土壤降解半衰期分别为 48d(有植物)和 190d(无植物)[2]。在 pH 为 7.9，有机质、黏土、淤泥和沙粒的含量分别为 0.52%、16.6%、31.3%和 52.1%的土壤中，降解半衰期为 34d[2]。

**(2)环境非生物降解性**

常温、pH 为 4 和 7 时，水解半衰期分别为 36.2d 和 41.6d[3]。在水和土壤表面的光解半衰期从数小时到数月不等[2]。

**(3) 环境生物蓄积性**

基于 $K_{ow}$ 的 BCF 估测值为 3.2，生物富集性弱[4]。

**(4) 土壤吸附/移动性**

在土壤中具中等移动性。吸附系数 $K_{oc}$ 为 200~800（德国），4 种代谢产物吡虫啉硝胺、吡虫啉鸟嘌呤、吡虫鸟嘌呤烯烃和吡虫脲的 $K_{oc}$ 分别为 1500、2000、2000 和 200[5]。另有报道，$K_{oc}$ 值为 158~779（6 种土壤，巴西）[2]。

## 【生态毒理学】

鸟类（鹌鹑）急性 $LD_{50}$= 31mg/kg，鱼类（虹鳟鱼）96h $LC_{50}$ >83mg/L、21d NOEC= 9.02mg/L，溞类（大型溞）48h $EC_{50}$=85mg/L、21d NOEC=1.8mg/L，水生甲壳类动物 96h $LC_{50}$=0.034mg/L，底栖生物 96h $LC_{50}$=0.055mg/L、28d NOEC>0.0021mg/L。蜜蜂急性接触 48h $LD_{50}$=0.081μg，急性经口 48h $LD_{50}$= 0.0037μg[1]。

## 【毒理学】

**(1) 一般毒性**

大鼠急性经口 $LD_{50}$ = 131mg/kg，大鼠急性经皮 $LD_{50}$ = 5000mg/kg，大鼠急性吸入 4h $LC_{50}$ = 0.069mg/L[1]。

**(2) 神经毒性**

307mg/kg 给药 90min 后，大鼠动作震颤，步调失调，笼中饲养的大鼠表现出活动水平异常；野外试验中大鼠表现为运动缓慢。一些动物在高剂量接触后，听觉或捏刺激没有反应；151mg/kg 时，12 只雌性大鼠表现出震颤；307mg/kg 时雄性大鼠后肢强度较低，雄性大鼠绝对平均脑质量明显降低[6]。

**(3) 生殖毒性**

不影响大鼠的产仔数，但是仔鼠体重降低，可引起子代雄性比例增加；能导致雌兔流产，胎鼠体重降低[6]。

**(4) 致突变性**

采用昆明种健康小鼠经口灌胃染毒吡虫啉原药，小鼠骨髓多染红细胞微核试验的暴露剂量分别为 90mg/kg、45mg/kg、23mg/kg，睾丸细胞染色体畸变试验的剂量分别为 150mg/kg、75mg/kg、38mg/kg。取其股骨或睾丸组织，常规制片，观察分散良好的中期分裂相。鼠伤寒沙门氏菌回复突变（Ames）试验采用平板掺入法，染毒剂量分别为 5000μg/皿、1000μg/皿、200μg/皿、40μg/皿。小鼠骨髓多染红细胞微核试验与睾丸细胞染色体畸变试验显示，吡虫啉原药组与阴性对照组相比，差异无统计学意义（$P>0.05$）；Ames 试验显示，不同浓度下各菌株的回变菌落数均未超过自发回变菌落数的 2 倍，提示吡虫啉原药无致突变性[7]。另外，对啮齿动物的实验室饲喂研究证明，高剂量的吡虫啉有弱致突变作用[6]。

## 【人类健康效应】

经口急性中毒可造成四肢间断痉挛，且在 1 个月后仍存在中上腹持续性闷痛、腹胀、呕吐等现象。另有患者一次性口服大剂量吡虫啉，出现神经系统毒性反应，短时间出现致病性呼吸肌麻痹、心脏骤停，造成死亡。其主要致毒机理为：吡虫啉分子以烟碱型乙酰胆碱酯酶受体为分子靶目标，属于烟碱型乙酰胆碱酯酶拮抗剂，与烟碱竞争同一受体，且具有比烟碱更高的结合能力。吡虫啉与烟碱型乙酰胆碱酯酶结合后不易被乙酰胆碱酯酶分解，可拮抗干扰神经系统的刺激、传导，引起神经通路阻碍，继而造成乙酰胆碱蓄积，出现中毒症状：昏迷、四肢痉挛、呕吐、全身大汗、气道分泌增多、呼吸衰竭等。其毒性作用机制不同于常用杀虫剂，它可引起自发性突触后点位增强和随后的突触传递的可逆性阻断[8]。另有报道，吡虫啉曾造成两名男性(33 岁和 66 岁)死亡，两人血液中吡虫啉浓度分别为 12.5mg/L 和 2.05mg/L[9]。

## 【危害分类与管制情况】

| 序号 | 毒性指标 | PPDB 分类 | PAN 分类 |
|---|---|---|---|
| 1 | 高毒 | 否 | 否 |
| 2 | 致癌性 | 否 | 否 |
| 3 | 内分泌干扰性 | 无数据 | 无充分证据 |
| 4 | 生殖发育毒性 | 否 | 无充分证据 |
| 5 | 胆碱酯酶抑制剂 | 否 | 否 |
| 6 | 神经毒性 | 否 | — |
| 7 | 呼吸道刺激性 | 否 | — |
| 8 | 皮肤刺激性 | 否 | — |
| 9 | 眼刺激性 | 否 | — |
| 10 | 国际公约或优控名录 | 列入 PAN 名录 | |

注：PPDB 数据库由英国赫特福德郡大学农业与环境研究所开发；PAN 数据库来自北美农药行动网(PANNA)；"—"表示无此项。

## 【限值标准】

　　每日允许摄入量(ADI)为 0.06mg/(kg bw · d)，急性参考剂量(ARfD)为 0.08mg/(kg bw · d)[1]。

## 参 考 文 献

[1] PPDB: Pesticide Properties DataBase. http://sitem.herts.ac.uk/aeru/ppdb/en/Reports/397.htm [2015-06-12].

[2] TOXNET(Toxicology Data Network). https://toxnet.nlm.nih.gov/cgi-bin/sis/search2/f?./temp/~uHEqmJ: 3: enex[2015-06-12].

[3] Sarkar MA, Biswas P K, Roy S, et al. Effect of pH and type of formulation on the persistence of imidacloprid in water. Bull Environ Contam Toxicol, 1999, 63(5):604-609.

[4] Tomlin C D S. The Pesticide Manual: A World Compendium. 13th ed. Surrey: British Crop Protection Council, 2003.

[5] Oi M. Time-dependent sorption of imidacloprid in two different soils. J Agric Food Chem, 1999, 47(1):327-332.

[6] California Environmental Protection Agency, Department of Pesticide Regulation. Toxicology Data Review Summaries. http://www.cdpr.ca.gov/docs/toxsums/toxsumlist.htm[2005-09-27].

[7] 贾强, 郭启明, 谢琳. 吡虫啉原药致突变实验研究. 中国工业医学杂志, 2008, 21(2):114-115.

[8] 闫文, 张忠彬, 胡俊峰, 等. 吡虫啉毒性研究进展与展望. 环境与职业医学, 2003, 20(2):431-432.

[9] Proença P, Teixeira H, Castanheira F. Two fatal intoxication cases with imidacloprid: LC/MS analysis. Forensic Sci Int, 2005, 153(1):75-80.

# 丙溴磷（profenofos）

## 【基本信息】

化学名称：$O$-(4-溴-2-氯苯基)-$O$-乙基-$S$-丙基硫代磷酸酯
其他名称：溴氯磷，多虫清
CAS 号：41198-08-7
分子式：$C_{11}H_{15}BrClO_3PS$
相对分子质量：373.63
SMILES：CCCSP(=O)(OCC)OC1=C(C=C(C=C1)Br)Cl
类别：有机磷类杀虫剂
结构式：

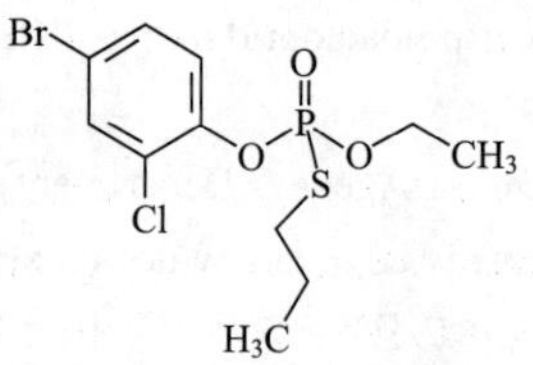

## 【理化性质】

浅黄色液体，密度 1.46g/mL，沸点 100℃(1.80Pa)，饱和蒸气压 2.53mPa(25℃)。水溶解度 28mg/L(20℃)，可溶于大多数有机溶剂。辛醇/水分配系数 $\lg K_{ow}=$ 1.7(pH=7，20℃)。

## 【环境行为】

### (1)环境生物降解性

好氧条件下，在碱性土壤(pH=7.8)中的降解半衰期为 2d，中性和酸性土壤中降解速率较慢，主要降解产物是 4-溴-2-氯酚和 $O$-乙基-$S$-丙基硫代磷酸酯[1]。厌氧条件下，在碱性(pH=7.8)土壤中的降解半衰期为 3d。在水(pH=7.3)和沉积物(pH=5.1)中的厌氧降解半衰期为 3d，主要降解产物是 4-溴-2-氯酚和 $O$-乙基-$S$-丙基硫代磷酸酯，180d 后逐渐生成新的降解产物，包括 4-溴-2-氯苯乙醚、环己二烯硫酸盐和酚[1]。

**(2)环境非生物降解性**

大气中，气态丙溴磷与羟基自由基反应的速率常数为 $4.5×10^{-11}$ cm$^3$/(mol · s)(25℃)，间接光解半衰期约 8.6h[2]。在水和土壤中具有光稳定性。

当 pH 分别为 5、7、9 时，水解半衰期分别为 104~108d、24~62d、0.33d，水解产物主要为 O-乙基-S-丙基硫代磷酸酯和 4-溴-2-氯酚[1]。

**(3)环境生物蓄积性**

斑马鱼 BCF 为 134，具有中等生物蓄积性[3]。

**(4)土壤吸附/移动性**

吸附系数 $K_{oc}$ 值为 869~3162，在土壤中移动性较弱[1]。

## 【生态毒理学】

鸟类(日本鹌鹑，)急性 $LD_{50}$ = 70mg/kg，鱼类(虹鳟鱼)96h $LC_{50}$ = 0.08mg/L，水生无脊椎动物(大型溞)48h $EC_{50}$ = 0.5mg/L，水生甲壳类动物(糠虾，*Americamysis bahia*)96h $LC_{50}$ = 0.0016mg/L，蜜蜂接触 48h $LD_{50}$ = 0.095μg[4]。

## 【毒理学】

**(1)一般毒性**

大鼠急性经口 $LD_{50}$=358mg/kg，兔子急性经皮 $LD_{50}$=472mg/kg，大鼠急性吸入 $LC_{50}$=3.0mg/L[4]。

**(2)神经毒性**

鸡经口暴露剂量为 21.7mg/(kg bw·d)、46.4mg/(kg bw·d)、60mg/(kg bw·d)时，低剂量组出现流涎、步态异常、冷漠、羽毛竖起现象，未观测到延迟神经毒性症状或脊髓和周围神经的组织学变化[5]。

**(3)生殖毒性**

小鼠连续 5d 暴露浓度分别为 20mg/kg、40mg/kg 和 60mg/kg，精子存活率出现异常，且存在剂量效应关系。60mg/kg 剂量组，小鼠精子数量减少 40.2%，精子存活率下降 74.5%[6]。

**(4)致突变性**

小鼠亚急性实验结果显示，暴露浓度为 12mg/kg、36mg/kg 和 72mg/kg 时，可显著增加小鼠染色体畸变率，且存在剂量-效应关系，同时发现可抑制有丝分裂[6]。

## 【人类健康效应】

抑制人胆碱酯酶活性，刺激神经系统，主要表现为恶心、头晕、眩晕[1]。

## 【危害分类与管制情况】

| 序号 | 毒性指标 | PPDB 分类 | PAN 分类 |
|------|----------|-----------|----------|
| 1 | 高毒 | 否 | 否 |
| 2 | 致癌性 | 否 | 否 |
| 3 | 内分泌干扰性 | 无数据 | 无充分证据 |
| 4 | 生殖发育毒性 | 否 | 无充分证据 |
| 5 | 胆碱酯酶抑制剂 | 是 | 是 |
| 6 | 神经毒性 | 否 | — |
| 7 | 皮肤刺激性 | 否 | — |
| 8 | 眼刺激性 | 可疑 | — |
| 9 | 污染地下水 | — | 可能 |
| 10 | 国际公约或优控名录 | 列入 PAN 名录 | |

注：PPDB 数据库由英国赫特福德郡大学农业与环境研究所开发；PAN 数据库来自北美农药行动网（PANNA）；"—"表示无此项。

## 【限值标准】

每日允许摄入量（ADI））为 0.03mg/（kg bw · d），急性参考剂量（ARfD）为 1.0mg/（kg bw · d）[4]。

# 参 考 文 献

[1] USEPA. Revised EFED environmental risk assessment for profenofos. http://www.epa.gov/pesticides/op/profenofos/prof_efed.pdf[2002-01-07].

[2] TOXNET(Toxicology Data Network).https://toxnet.nlm.nih.gov/cgi-bin/sis/search2/f?./temp/~yAUGFn:3:enex[2015-06-18].

[3] Min K J, Cha C G. Determination of the bioconcentration of phosphamidon and profenofos in zebrafish (Brachydanio rerio). Bull Environ Contam Toxicol, 2000, 65(5):611-617.

[4] PPDB:Pesticide Properties DataBase. http://sitem.herts.ac.uk/aeru/ppdb/en/Reports/538.htm [2015-06-18].

[5] Krinke G, Ullmann L, Sachsse K. Acute oral LD$_{50}$ and neurotoxicity Study of technical CGA 15324 in the domestic fowl (*Gallus domesticus*). Project No.: Siss 2850. Unpublished report from Ciba-Geigy Ltd., Basle,Switzerland. 1974.

[6] el Nahas S M, de Hondt H A, Abdou H E. Chromosome aberrations in spermatogonia and sperm abnormalities in curacron-treated mice. Mutat Res, 1989, 222(4):409-414.

# 残杀威(propoxur)

## 【基本信息】

化学名称：邻异丙氧基苯基-*N*-甲基氨基甲酸酯

其他名称：残杀畏，残虫畏

CAS 号：114-26-1

分子式：$C_{11}H_{15}NO_3$

相对分子质量：209.24

SMILES：O=C(Oc1ccccc1OC(C)C)NC

类别：氨基甲酸酯类杀虫剂

结构式：

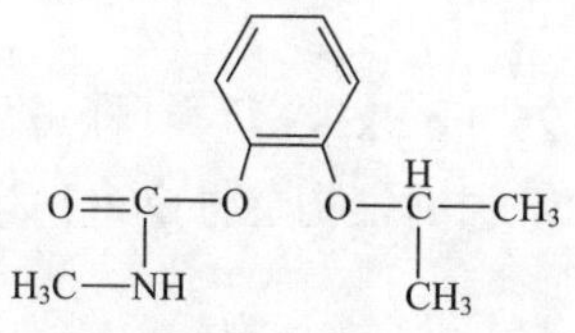

## 【理化性质】

白色结晶固体，密度 1.18g/mL，熔点 90℃，沸腾前分解，饱和蒸气压 1.3mPa(25℃)。水溶解度为 1800mg/L(20℃)。有机溶剂溶解度(20℃)：异丙醇，200000mg/L；甲苯，94000mg/L；正己烷，1300mg/L。辛醇/水分配系数 $\lg K_{ow}$= 0.14。亨利常数为 $1.5\times 10^{-4}$Pa·$m^3$/mol(25℃)。

## 【环境行为】

### (1)环境生物降解性

好氧条件下，在粉砂壤土和砂壤土中的降解半衰期分别为 80d 和 210d[1]。在未施用呋喃丹的土壤中，残杀威的生物降解半衰期为 146d；而在施用呋喃丹的土壤中，降解半衰期为 9.3d[2]。厌氧条件下，在粉砂壤土中的降解半衰期为 80d。在洪水浸没过的砂壤土中，厌氧降解半衰期为 108d[1]。

**(2)环境非生物降解性**

大气中，气态残杀威与羟基自由基的反应速率常数为 $3.7 \times 10^{-11} cm^3/(mol \cdot s)$ (25℃)，间接光解半衰期约为 12h。当光照波长大于 290nm 时，水中光解半衰期为 87.9h[2]。在 pH 为 8.2 的砂壤土中光解半衰期为 77d[1]。土壤中添加 10mg/kg 和 100mg/kg 胡敏酸后，光解半衰期分别为 40.8h 和 13h。主要光解产物为异丙氧基苯酚和二氧化碳[2]。

在 22℃，pH 为 4、7、9 条件下，水解半衰期分别为 1a、93d 和 30h，水解产物主要为 2-异丙氧基苯酚和二氧化碳[3]。

**(3)环境生物蓄积性**

BCF 值为 5(估测值)[4]，在生物体内的生物蓄积性很弱。

**(4)土壤吸附/移动性**

在砂壤土、粉砂壤土和粉质黏土中的 $K_{oc}$ 值分别为 3.4、11.2、102.6[1]。另有报道，$K_{oc}$ 值范围为 28~68[2]，在土壤中移动性强。

## 【生态毒理学】

鸟类(鹌鹑)急性 $LD_{50} = 25.9mg/kg$，鱼类(虹鳟鱼)96h $LC_{50} = 6.2mg/L$，溞类(大型溞)48h $EC_{50} = 0.15mg/L$，底栖生物急性 96h $LC_{50} = 38.1mg/L$，蜜蜂 48h $LD_{50} > 1.35\mu g$[5]。

## 【毒理学】

**(1)一般毒性**

大鼠急性经口 $LD_{50} = 50mg/kg$(高毒)，兔子急性经皮 $LD_{50} > 5000mg/kg$，大鼠急性吸入 $LC_{50} > 0.5mg/L$[5]。

**(2)神经毒性**

大鼠饲喂暴露剂量大于 50mg/kg 时，1~10min 后出现肌肉痉挛、流涎症状，伴有呼吸困难和反应抑制，症状与胆碱酯酶活性受到抑制有关，毒性症状在暴露 1~2d 后消失。10mg/kg 暴露剂量，大鼠未出现不良症状[1]。

5 只雄兔和 5 只雌兔经皮暴露于 2000mg/kg 残杀威 24h，均未发生死亡，但 10 只兔子均出现肌痉挛、运动能力降低、胆碱酯酶活性抑制，症状在第 3 天消失[1]。

大鼠吸入暴露 28.7mg/m³、110.1mg/m³、330.4mg/m³ 或 497.5mg/m³ 的残杀威 4h，未出现死亡。但高剂量组(330.4mg/m³ 和 497.5mg/m³)出现颤抖、活动能力降低、竖毛、不梳理毛发等症状[1]。

大鼠静脉注射 5mg/kg 残杀威，5min 后体内乙酰胆碱酯酶活性降到最低(血液和大脑中乙酰胆碱酯酶活性抑制率分别为 30%和 45%），2h 后恢复。大鼠一次口服 50mg/kg 残杀威后，血液和大脑中乙酰胆碱酯酶活性抑制率分别在 15min 和 30min 后达到最大(60%)，2h 后大脑中的乙酰胆碱酯酶活性恢复正常，但血液中乙酰胆碱酯酶活性在 12h 后依然受抑制[6]。

**(3)生殖毒性**

大鼠 3 代繁殖试验结果显示，2000mg/kg 和 6000mg/kg 暴露剂量(饲喂暴露)对母代产生毒性作用，导致泌乳减少，进而使子代体重下降、体重增长率降低，子代(F3 代)器官质量降低。器官的组织学检查并未发现明显畸变，病理检查也没有表现出与暴露剂量相关的症状改变。750mg/kg 及以下剂量并未对母体生育能力、子代大小和哺乳造成影响[7]。

**(4)致突变性**

小鼠显性致死试验结果为阴性，无明显致突变效应[1]。

## 【人类健康效应】

短期暴露：吸入残杀威后，可快速进入人体，影响人类健康。通过皮肤接触即可发生严重中毒现象。残杀威暴露可导致严重的氨基甲酸酯类中毒现象，包括：头痛、出汗、恶心、呕吐、腹泻、肌肉抽搐、运动协调性丧失，甚至死亡。其暴露可能影响神经系统、肝脏、肾脏等。同时残杀威也是胆碱酯酶抑制剂。

长期暴露：残杀威可能导致基因突变，可能对胎儿发育造成损害，胆碱酯酶抑制效应可能累加。反复暴露于残杀威，可损坏神经系统，造成抽搐、呼吸衰竭；可能造成肝脏损害。人类慢性致癌剂量水平(chronic human carcinogen level, CHCL)为 94.8μg/kg[8]。

## 【危害分类与管制情况】

| 序号 | 毒性指标 | PPDB 分类 | PAN 分类 |
| --- | --- | --- | --- |
| 1 | 高毒 | 是 | 是 |
| 2 | 致癌性 | 可能 | B2 类，人类可疑致癌物(美国 EPA 分类) |
| 3 | 致突变性 | 否 | — |
| 4 | 内分泌干扰性 | 无数据 | 无充分证据 |
| 5 | 生殖发育毒性 | 否 | 无充分证据 |
| 6 | 胆碱酯酶抑制剂 | 可疑 | 是 |

续表

| 序号 | 毒性指标 | PPDB 分类 | PAN 分类 |
|---|---|---|---|
| 7 | 神经毒性 | 可疑 | — |
| 8 | 皮肤刺激性 | 否 | — |
| 9 | 眼刺激性 | 可疑 | — |
| 10 | 污染地下水 | — | 无充分证据 |
| 11 | 国际公约或优控名录 | 列入 PAN 名录 | |

注：PPDB 数据库由英国赫特福德郡大学农业与环境研究所开发；PAN 数据库来自北美农药行动网（PANNA）；"—"表示无此项。

## 【限值标准】

每日允许摄入量（ADI）为 0.02mg/（kg bw · d）[5]。美国饮水暴露参考剂量为 4.0μg/（kg · d），终身暴露剂量推荐值为 3.0μg/（kg · d）[9]。

# 参 考 文 献

[1] USEPA/OPPTS. R.E.D Facts. Propoxur (114-26-1). Reregistration Eligibility Decisions (REDs) Database. USEPA 738-R-97-009. http://www.epa.gov/pesticides/reregistration/status.htm [2010-09-02].

[2] TOXNET（Toxicology Data Network）. https://toxnet.nlm.nih.gov/cgi-bin/sis/search2/f?./temp/~08PCQQ:3:enex[2015-06-19].

[3] Tomlin C D S. The Pesticide Manual: A World Compendium. 11th ed. Surrey: British Crop Protection Council,1997: 1037.

[4] Hansch C, Leo A, Hoekman D. Exploring QSAR: Hydrophobic, Electronic, and Steric Constants Washington DC: American Chemical Society ,1995.

[5] PPDB: Pesticide Properties DataBase. http://sitem.herts.ac.uk/aeru/ppdb/en/Reports/553.htm [2015-06-19].

[6] Hayes W J, Laws E R. Handbook of Pesticide Toxicology. Volume 3. Classes of Pesticides. New York: Academic Press, 1991.

[7] Löser E. BAY 39 007/Generationsversuche an ratten. Unpublished report submitted by Bayer A G, 1968.

[8] Pohanish R P. Sittig's Handbook of Toxic and Hazardous Chemical Carcinogens Volume 1: A-H,Volume 2: I-Z. 5th Ed. Norwich:William Andrew, 2008.

[9] PAN Pesticides Database—Chemicals. http://www.pesticideinfo.org/Detail_Chemical.jsp? Rec_Id=PC35769 [2015-06-19].

# 虫螨磷(chlorthiophos)

## 【基本信息】

化学名称：$O$-2,5-二氯-4-甲硫基苯基二乙基硫逐磷酸酯（Ⅰ），同时含有少量的 $O$-4,5-二氯-2-甲硫基苯基二乙基硫逐磷酸酯（Ⅱ）和 $O$-2,4-二氯-5-(甲硫基)苯基乙基硫逐磷酸酯（Ⅲ）

其他名称：氯甲硫磷，西拉硫磷

CAS 号：60238-56-4[21923-23-9（Ⅰ），77503-29-8（Ⅱ），77503-28-7（Ⅲ）]

分子式：$C_{11}H_{15}Cl_2O_3PS_2$

相对分子质量：361.24

SMILES：CCOP(=S)(OCC)Oc1cc(Cl)c(SC)cc1Cl

类别：有机磷类杀虫剂

结构式：

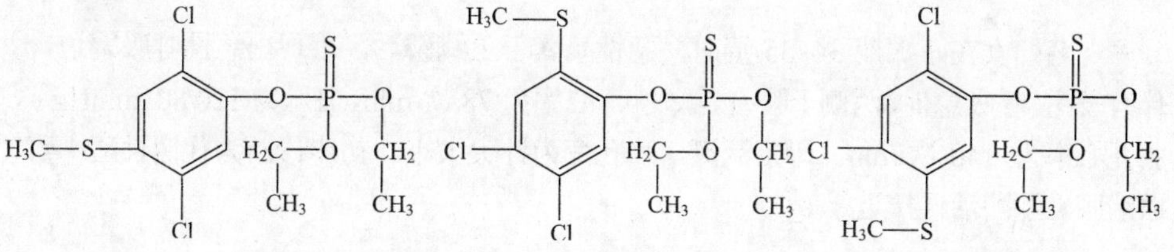

（Ⅰ）　　　　　　　　（Ⅱ）　　　　　　　　（Ⅲ）

## 【理化性质】

黄色液体，密度 1.46g/mL，沸点 150℃(0.001mmHg)，饱和蒸气压 0.122mPa (25℃)，不溶于水，溶于大多数有机溶剂。辛醇/水分配系数 $lgK_{ow}$= 4.34(估算值)。

## 【环境行为】

(1)环境生物降解性

暂无数据。

(2)环境非生物降解性

大气中，气态虫螨磷与羟基自由基反应的速率常数为 $6.5\times10^{-11}cm^3/(mol \cdot s)$ (25℃)，间接光解半衰期约为 4.1h[1]。

**(3) 环境生物蓄积性**

BCF 估测值为 $1.5 \times 10^4$[2]，生物富集性强[1]。

**(4) 土壤吸附/移动性**

吸附系数 $K_{oc}$ 测定值为 5461[3]，估测值为 $1.3 \times 10^4$，在土壤中移动性很弱。

# 【生态毒理学】

鱼类(蓝鳃太阳鱼) 96h $LC_{50} = 1.3 mg/L$[3]。

# 【毒理学】

大鼠急性经口 $LD_{50} = 12 mg/kg$，兔子急性经皮 $LD_{50} = 31 mg/kg$，大鼠急性吸入 $LD_{50} = 0.05 mg/L$[3]。

虫螨磷属于有机磷杀虫剂，通过干扰乙酰胆碱的代谢，导致神经受体传播位点乙酰胆碱的积累，从而抑制胆碱酯酶活性[4]。

# 【人类健康效应】

一名妇女在妊娠期 34~35 周时，急性暴露于虫螨磷后，表现出急性呼吸窘迫，并伴有发绀、呼吸急促、两侧干啰音、捻发声。心率为 78 次/min，血压为 120/80(mmHg*)，胎儿心率为 140 次/min。母亲流涎，瞳孔变为针尖大小。初步诊断为代谢性酸中毒，血清胆碱酯酶活性接近于 0[5]。

# 【危害分类与管制情况】

| 序号 | 毒性指标 | PPDB 分类 | PAN 分类 |
|---|---|---|---|
| 1 | 高毒 | 是 | 无充分证据 |
| 2 | 致癌性 | 否 | 无充分证据 |
| 3 | 内分泌干扰性 | 无数据 | 无充分证据 |
| 4 | 生殖发育毒性 | 无数据 | 无充分证据 |
| 5 | 胆碱酯酶抑制剂 | 是 | 是 |
| 6 | 神经毒性 | 是 | — |
| 7 | 呼吸道刺激性 | 是 | — |
| 8 | 国际公约或优控名录 | 列入 PAN 名录 | |

注: PPDB 数据库由英国赫特福德郡大学农业与环境研究所开发; PAN 数据库来自北美农药行动网(PANNA);
"—"表示无此项。

---

* 1mmHg=$6.33322 \times 10^2$Pa。

## 【限值标准】

每日允许摄入量(ADI)为 0.0005mg/(kg bw · d)[3]。

## 参 考 文 献

[1] TOXNET(Toxicology Data Network). https://toxnet.nlm.nih.gov/cgi-bin/sis/search2/f?./temp/~ nhqo9J:2[2015-06-19].

[2] Meylan W M, Howard P H. Atom/fragment contribution method for estimating octanol-water partition coefficients. J Pharm Sci, 1995, 84(1):83-92.

[3] PPDB: Pesticide Properties DataBase. http://sitem.herts.ac.uk/aeru/ppdb/en/Reports/1110.htm [2015-06-19].

[4] Clarke M L.Veterinary Toxicology. 2nd ed. London: Bailliere Tindall, 1981.

[5] Haddad L M. Clinical Management of Poisoning and Drug Overdose. 2nd ed. Philadelphia: W.B. Saunders Company, 1990.

# 除虫菊素 I(pyrethrin I)

## 【基本信息】

化学名称：除虫菊酯单羧酸醇酮酯

其他名称：除虫菊酯 I

CAS 号：121-21-1

分子式：$C_{21}H_{28}O_3$

相对分子质量：328.45

SMILES：CC1=C(C(=O)CC1OC(=O)C2C(C2(C)C)C=C(C)C)CC=CC=C

类别：菊酯类杀虫剂

结构式：

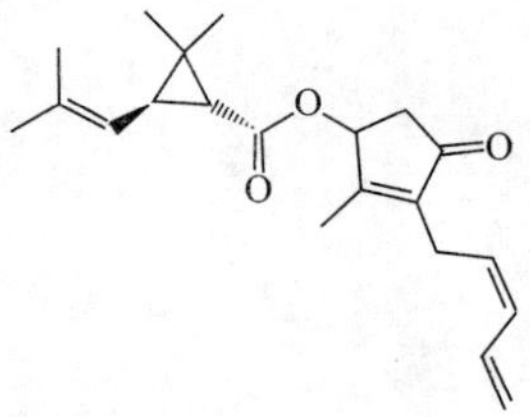

## 【理化性质】

黏稠状液体，密度 1.52g/mL，沸点 170℃，饱和蒸气压 2.70mPa(25℃)。水溶解度为 0.2mg/L(20℃)，溶解于乙醇、乙醚、四氯化碳、石油醚、煤油、二氯甲烷。辛醇/水分配系数 $\lg K_{ow} = 5.9$。亨利常数为 $4.4 \times 10^{-5}$ atm·$m^3$/mol。

## 【环境行为】

**(1)环境生物降解性**

除虫菊素类杀虫剂能够被微生物降解[1]。基于结构分析，除虫菊素 I 可进行生物降解。

**(2)环境非生物降解性**

在 pH 分别为 7、8 条件下，其水解半衰期分别为 24a 和 2.4a[2]。由亨利常数可知，从水体表面挥发是除虫菊素 I 重要的环境归趋。河流和湖泊模型预测研究结果得，除虫菊素 I 挥发半衰期分别为 42h 和 18d[3]。

大气中，气态除虫菊素 I 与羟基自由基反应的速率常数为 $3.0×10^{-10}cm^3/(mol·s)$（25℃），间接光解半衰期约为 1.3h。除虫菊素 I 与臭氧反应速率估值为 $9.6×10^{-16}cm^3/(mol·s)$（25℃），间接光解半衰期为 17min。在模拟太阳光条件下，在玻璃薄层中的除虫菊素 I 0.2h 光解率为 90%，而避光条件下除虫菊素 I 未发生降解。水体悬浮物中的除虫菊素 I 暴露于太阳光下，15min 降解率为 23.2%[4]。

**（3）环境生物蓄积性**

BCF 估测值为 200，但一些与除虫菊素 I 结构类似化合物的 BCF 实测值比估算值低[5]。

**（4）土壤吸附/移动性**

吸附系数 $K_{oc}$ 估测值为 10200，在土壤中不可移动[6]。

## 【生态毒理学】

鱼类 96h $LC_{50}$=114~132μg/L（斑马鱼）、24h $LC_{50}$ = 56μg/L（虹鳟鱼），溞类（大型溞，*Daphnia pulex*）48h $EC_{50}$ = 25~42μg/L，水生甲壳动物 96h $LC_{50}$ = 12μg/L，鸟类（绿头鸭）慢性 $LD_{50}$ = 10000mg/kg[7]。

## 【毒理学】

**（1）一般毒性**

大鼠急性经口 $LD_{50}$ 为 200~2600mg/kg，猪急性经口 $LD_{50}$=1500mg/kg。大鼠饮食暴露于 0mg/kg、200mg/kg、1000mg/kg 除虫菊素 I，生长和存活不受影响，但最高剂量可造成大鼠肝脏损伤[7]。

**（2）神经毒性**

15 只雄性 SD 大鼠饲喂暴露 0mg/kg、40mg/kg、125mg/kg 和 400mg/kg 除虫菊素 I，15 只雌性 SD 大鼠饲喂暴露 0mg/kg、20mg/kg、63mg/kg 和 200mg/kg 除虫菊素 I，第 1 天最高剂量组 5 只雄性大鼠和 2 只雌性大鼠死亡，其余存活大鼠出现颤抖、尿生殖区潮湿、流涎、鼻周结垢、过渡性惊吓、抓地力下降、后肢张开以及体温升高症状。第 7 天和第 14 天，高剂量组雄性大鼠体重减轻，坐骨神经（包括神经分支）及周围神经出现神经原纤维和髓鞘分散性退化[4]。

**（3）生殖毒性**

母兔在怀孕敏感期经口摄入高剂量除虫菊素 I 后，子代正常。大鼠在交配前给予高剂量除虫菊素 I 暴露 21d，子代体重明显低于正常水平[8]。

## 【人类健康效应】

除虫菊素 I 慢性暴露主要体现为过敏反应而不是直接毒作用，临床表现类似于花粉病，症状包括打喷嚏、严重流涕和鼻塞。报道显示除虫菊素 I 可引起外源性哮喘，极少数会诱发严重的过敏反应，如周围血管塌陷。除虫菊素 I 也能引起接触性皮炎，包括中度红斑疹、水泡皮炎，伴有严重瘙痒。有些案例出现大水泡、水肿和开裂。太阳光下暴露会加重接触性皮炎。夏季身体多汗时可增加对除虫菊素 I 的敏感性[9]。

## 【危害分类与管制情况】

| 序号 | 毒性指标 | PPDB 分类 | PAN 分类 |
|---|---|---|---|
| 1 | 高毒 | — | 无充分证据 |
| 2 | 致癌性 | — | 无充分证据 |
| 3 | 内分泌干扰性 | — | 无充分证据 |
| 4 | 生殖发育毒性 | — | 无充分证据 |
| 5 | 胆碱酯酶抑制剂 | — | 否 |
| 6 | 国际公约或优控名录 | 列入 PAN 名录 | |

注：PPDB 数据库由英国赫特福德郡大学农业与环境研究所开发；PAN 数据库来自北美农药行动网（PANNA）；"—"表示无此项。

## 【限值标准】

每日允许摄入量（ADI）为 0.04mg/（kg bw · d）[8]。

## 参 考 文 献

[1] Casida J E, Ueda K, Gaughan L C. Structure-biodegradability relationships in pyrethroid insecticides. Arch Environ Contam Toxicol, 1975—1976, 3(4):491-500.

[2] Mill T, Haag W, Penwell P. Environmental fate and exposure studies. Development of a PC-SAR for hydrolysis: esters, alkyl hhalides and epoxides. EPA Contract No. 68-02-4254. Menlo Park: SRI International, 1987.

[3] Lyman W J, Reehl W F, Rosenblatt D H. Handbook of Chemical Property Estimation Methods. Washington DC: American Chemical Society, 1990.

[4] TOXNET (Toxicology Data Network). https://toxnet.nlm.nih.gov/cgi-bin/sis/search2/f?./temp/ ~YB2Nlq:3:enex[2015-06-22].

[5] Crosby D G, Casida J E, Quidstad G B. Pyrethrum Flowers. New York: Oxford University Press, 1995.

[6] USEPA. Estimation Program Interface (EPI) Suite. Ver. 4.1. Jan, 2011. http://www.epa.gov/oppt/exposure/pubs/episuitedl.htm[2012-05-02].

[7] Lehman A J. Summaries of pesticide toxicity. Austin: Association of Food and Drug Officials of the United States, 1965.

[8] Vettorazzi G. International Regulatory Aspects for Pesticide Chemicals. Boca Raton: CRC Press, 1979.

[9] Ecobichon D J. Toxic Effects of Pesticides. 3rd ed. New York: Macmillan Publishing Company, 1991.

# 除虫脲(diflubenzuron)

## 【基本信息】

化学名称：1-(4-氯苯基)-3-(2,6-二氟苯甲酰基)脲
其他名称：敌灭灵，伏虫脲，氟脲杀，灭幼脲
**CAS 号**：35367-38-5
分子式：$C_{14}H_9ClF_2N_2O_2$
相对分子质量：310.68
**SMILES**：Clc2ccc(NC(=O)NC(=O)c1c(F)cccc1F)cc2
类别：苯甲酰脲类昆虫生长调节剂
结构式：

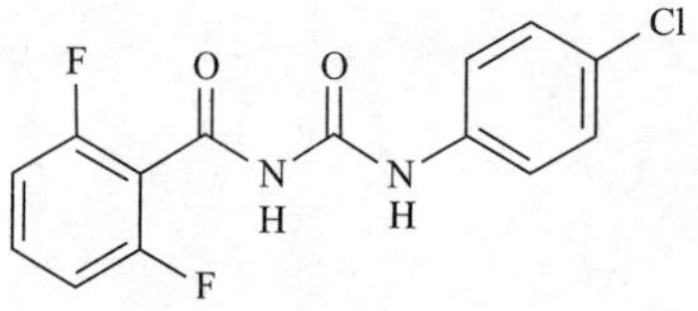

## 【理化性质】

白色结晶固体，密度 1.57g/mL，熔点 227.6℃，沸点 257℃，饱和蒸气压 0.00012mPa(25℃)。水溶解度(20℃)为 0.08mg/L。有机溶剂溶解度(20℃)：丙酮，6980mg/L；正己烷，63mg/L；甲苯，290mg/L；甲醇，1100mg/L。辛醇/水分配系数 $\lg K_{ow}= 3.89$。亨利常数估算值为 $4.6×10^{-9}$atm·$m^3$/mol。

## 【环境行为】

### (1)环境生物降解性

好氧条件下土壤降解半衰期为 2~14d(实验室)，主要降解产物为 2,6-二氟苯甲酸、2,6-苯甲胺和 4-氯苯胺[1]。在砂壤土和粉砂土中的降解半衰期分别为 19d 和 27d(28℃)；土壤经灭菌处理后，12 周后的残留量为 80%~87%(初始浓度 10mg/kg)[2]。土壤微生物对除虫脲的降解具有重要作用。厌氧渍水条件下，在粉砂壤土中的降解半衰期是 34d(24℃)，产物为 2,6-二氟苯甲酸、4-氯苯基脲和对氯苯胺[1]。

**(2)环境非生物降解性**

在 25℃、pH 为 5~7 条件下，水解半衰期大于 180d；pH 为 9 时水解半衰期为 32.5d。在波长大于 290nm 紫外光照条件下，pH 为 7 和 9 的缓冲溶液中的光解半衰期分别为 17h 和 8h。在模拟太阳光下，河水中光解半衰期为 12h(pH=9)，避光条件下不降解[2]。

**(3)环境生物蓄积性**

BCF 为 78~360；但在鱼体内能快速清除，14d 清除率达 99%[1]。

**(4)土壤吸附/移动性**

$K_{oc}$ 为 6790~10600[3]，在土壤中移动性弱。亨利常数估算值为 $4.6 \times 10^{-9}$ atm·$m^3$/mol，提示除虫脲挥发性弱，不会从水体或土壤表面挥发[2]。

## 【生态毒理学】

鸟类(花脸齿鹑)急性 $LD_{50}$ >5000mg/kg，鱼类(虹鳟鱼)96h $LC_{50}$> 0.13mg/L、慢性 21d NOEC=0.2mg/L，大型溞 48 h$EC_{50}$=0.0026mg/L、21d NOEC = 0.00004mg/L，水生甲壳动物 96h $LC_{50}$ = 0.0021mg/L，蜜蜂接触 48h $LD_{50}$ > 30μg，蜜蜂经口 48h $LD_{50}$> 25μg，蚯蚓 14d $LC_{50}$ >500mg/kg[4]。

## 【毒理学】

**(1)一般毒性**

大鼠急性经口毒性 $LD_{50}$ >4640mg/kg，兔经皮 $LD_{50}$ >2000mg/kg，大鼠吸入 $LC_{50}$ >2.5mg/L[4]。

绵羊饲喂暴露 10000mg/kg 除虫脲 13 周，食物消耗量、体重增长率、血液学检查、尿液分析均未出现异常[2]。大鼠饲喂 0mg/kg、800mg/kg、4000mg/kg、20000mg/kg 和 100000mg/kg 除虫脲，持续 4 周，所有剂量组大鼠的行为、体重、食物和水的消耗量均未受影响。除 800mg/kg 剂量组雌性大鼠外，其余剂量组大鼠血液高铁血红蛋白和硫血红蛋白含量显著升高[5,6]。100000mg/kg 剂量组，雌雄大鼠出现红细胞数量、血细胞比容(Hct)和血红蛋白含量降低。除 800mg/kg 剂量组外，其余剂量组大鼠脾脏和肝脏质量均增加[5,6]。

**(2)生殖毒性**

大鼠 3 代繁殖试验表明，160mg/(kg bw·d)除虫脲暴露未对大鼠的生殖能力产生影响；4mg/(kg bw·d)暴露组，未产生胚胎毒性或致畸作用。4mg/(kg bw·d)的暴露剂量未对兔子造成胚胎毒性或致畸作用。因此，对受试动物没有明显的生殖损害作用[7]。

**(3) 致突变性**

哺乳动物细胞和细菌致突变试验结果表明，除虫脲无致突变效应[7]。

## 【人类健康效应】

除虫脲为人类非致癌物(E 类，美国 EPA 分类)，经口暴露低毒。研究发现除虫脲的代谢产物对氯苯胺可引起职业暴露工人和新生儿(无意暴露)高铁血红蛋白血症。对氯苯胺对缺乏 NADH(还原型辅酶 I)高铁血红蛋白还原酶的人群敏感[8]。

## 【危害分类与管制情况】

| 序号 | 毒性指标 | PPDB 分类 | PAN 分类 |
|---|---|---|---|
| 1 | 高毒 | 否 | 否 |
| 2 | 致癌性 | 否 | 否 |
| 3 | 致突变性 | 否 | — |
| 4 | 内分泌干扰性 | 否 | 疑似 |
| 5 | 生殖发育毒性 | 否 | 无充分证据 |
| 6 | 胆碱酯酶抑制剂 | 否 | 否 |
| 7 | 神经毒性 | 否 | — |
| 8 | 呼吸道刺激性 | 是 | — |
| 9 | 皮肤刺激性 | 否 | |
| 10 | 眼刺激性 | 疑似 | |
| 11 | 国际公约或优控名录 | 列入 PAN 名录 | |

注：PPDB 数据库由英国赫特福德郡大学农业与环境研究所开发；PAN 数据库来自北美农药行动网(PANNA)；"—"表示无此项。

## 【限值标准】

每日允许摄入量(ADI)为 0.1mg/(kg bw·d)[2]。

## 参 考 文 献

[1] USEPA/OPPTS. Reregistration Eligibility Decisions (REDs) Database on Diflubenzuron (35367-38-5). USEPA 738-R-97-008. http://www. epa.gov/pesticides/reregistration/status.htm [2014-03-13].

[2] TOXNET(Toxicology Data Network). https://toxnet.nlm.nih.gov/cgi-bin/sis/search2/f?./temp/~Nc9e01:3:enex[2015-06-19].

[3] USDA. Agric Res Service. ARS Pesticide Properties Database. Diflubenzuron(35367-38-5). http://www.epa.gov/reg3hwmd/risk/human/rb-concentration_table/userguide/ARSPesticideData

baseUSDA2009.pdf[2009-11-06].

[4] PPDB: Pesticide Properties DataBase. http://sitem.herts.ac.uk/aeru/ppdb/en/Reports/234.htm [2015-06-19].

[5] Burdock G A. Subchronic dietary toxicity study in rats, diflubenzuron. Hazleton Project No. 533-119 (unpublished), 1980.

[6] Goodman D G. Histopathologic evaluation of rats administered diflubenzuron in the diet. Clement associates. Submitted by Duphar (Unpublished), 1980.

[7] Purdue University. National Pesticide Information Retrieval System. Diflubenzuron Fact Sheet No. 68.1, 1987.

[8] USEPA Office of Pesticide Programs, Health Effects Division, Science Information Management Branch. Chemicals Evaluated for Carcinogenic Potential. 2006.

# 稻丰散(phenthoate)

## 【基本信息】

化学名称：O,O-二甲基-S-(α-乙氧基羰基苄基)二硫代磷酸酯

其他名称：爱乐散，益尔散

CAS 号：2597-03-7

分子式：$C_{12}H_{17}O_4PS_2$

相对分子质量：320.37

SMILES：O=C(OCC)C(SP(=S)(OC)OC)c1ccccc1

类别：有机磷类杀虫剂

结构式：

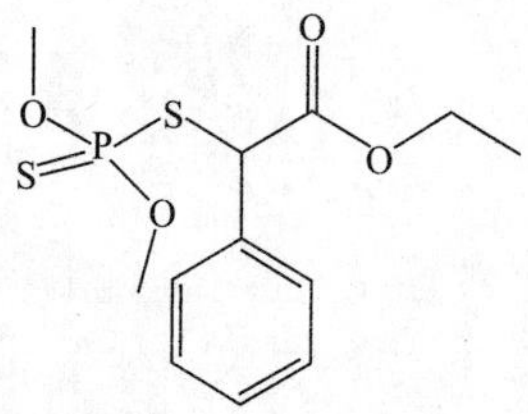

## 【理化性质】

无色液体，密度 1.23g/mL，熔点 17.5℃，饱和蒸气压 5.3mPa(25℃)。水溶解度(20℃)为 11mg/L；有机溶剂溶解度(20℃)：正己烷，116000mg/L；氯仿，340000mg/L。辛醇/水分配系数 $lgK_{ow}$ = 3.69。

## 【环境行为】

### (1)环境生物降解性

在柑橘、柠檬、橙子等作物叶片上的降解半衰期为 1.5~3.6d[1]。28d 固有生物降解率为 0~3%(MITI Ⅱ试验)[2]。另有报道，在粉砂质黏壤土、黏土和砂质壤土中 10d 降解率为 50%，30d 降解率为 95%。在干燥细砂质壤土中 75d 后残留率达 62%，但 150d 降解率达 99%。降解主要归因于土壤微生物作用[1]。

**(2)环境非生物降解性**

pH 为 8.0 时水解半衰期为 12d，主要水解产物是稻丰散酸(phenthoate acid)、二甲基稻丰散(dimethylphenthoate)、去甲基稻丰散硫酸氢钾(demethylphenthoateoxone)。25℃条件下，稻丰散与羟基自由基反应的速率常数估值为 $7.7×10^{-11}cm^3/(mol·s)$，大气中间接光解半衰期为 5h。在太阳光下可直接光解，主要是 P═S 基团转变为 P═O 基团，光解半衰期为 11min[1]。

**(3)环境生物蓄积性**

鲤鱼 BCF 值为 3.7~34[2]，麦穗鱼 BCF 值为 36[1]，孔雀鱼 BCF 值为 381[3]。生物富集性为低到中等。

**(4)土壤吸附/移动性**

吸附系数 $K_{oc}$ 为 1000[3]，估测值约为 2420[4]，在土壤中移动性弱。

## 【生态毒理学】

鸟类(雏鸟)急性 $LD_{50}=300mg/kg$，鱼类(鲤鱼)96h $LC_{50}=2.5mg/L$，溞类(隆线溞)48h $EC_{50}=0.0017mg/L$，蜜蜂 48h $LD_{50}=0.306μg$[3]。

## 【毒理学】

**(1)一般毒性**

大鼠急性经口 $LD_{50}=249mg/kg$，兔子经皮 $LD_{50}=72.0mg/kg$，大鼠吸入 $LC_{50}=3.17mg/L$[3]。

**(2)神经毒性**

主要通过与动物体内的胆碱酯酶结合生成磷酰化胆碱酯酶，抑制胆碱酯酶分解乙酰胆碱的作用，使乙酰胆碱蓄积而过度刺激副交感神经系统，导致正常的神经传导受阻，从而产生中毒现象。中毒机理通常可分为 3 类：毒蕈碱类(muscarinic)、烟碱类(nicotinic)和中枢类(central)。其中，毒蕈碱类症状包括多涎、流泪、流汗、流鼻涕、瞳孔缩小、呼吸困难、呕吐、腹泻和排尿次数增加等。烟碱类的效应包括自发性收缩的肌肉无力和瘫痪。中枢神经系统影响包括紧张、忧虑、共济失调、抽搐和昏迷[5]。

**(3)生殖毒性**

大鼠 3 代繁殖试验显示，大鼠饲喂暴露 0mg/kg、10mg/kg、30mg/kg 和 100mg/kg 稻丰散，100mg/kg 剂量组母代和子代均出现轻微的乙酰胆碱酯酶活性抑制，其余剂量组未观测到生殖毒性效应[6]。

**(4)致突变性**

无致癌、致畸和致突变作用[7]。

## 【人类健康效应】

急性中毒多在 12h 内发病，口服立即发病。轻度中毒者出现头痛、头昏、恶心、呕吐、多汗、无力、胸闷、视力模糊、胃口不佳等，全血胆碱酯酶活性降至正常值的 50%~70%。中度中毒者除上述症状外还出现轻度呼吸困难、肌肉震颤、瞳孔缩小、精神恍惚、步态不稳、大汗、流涎、腹疼、腹泻。重者还会出现昏迷、抽搐、呼吸困难、口吐白沫、大小便失禁、惊厥、呼吸麻痹[8]。

## 【危害分类与管制情况】

| 序号 | 毒性指标 | PPDB 分类 | PAN 分类 |
| --- | --- | --- | --- |
| 1 | 高毒 | 否 | 否 |
| 2 | 致癌性 | 否 | 无有效证据 |
| 3 | 致突变性 | 无数据 | — |
| 4 | 内分泌干扰性 | 无数据 | 疑似 |
| 5 | 生殖发育毒性 | 是 | 无有效证据 |
| 6 | 胆碱酯酶抑制剂 | 是 | 是 |
| 7 | 神经毒性 | 否 | — |
| 8 | 呼吸道刺激性 | 无数据 | — |
| 9 | 皮肤刺激性 | 无数据 | — |
| 10 | 眼刺激性 | 无数据 | — |
| 11 | 国际公约或优控名录 | 列入 PAN 名录 | |

注：PPDB 数据库由英国赫特福德郡大学农业与环境研究所开发；PAN 数据库来自北美农药行动网（PANNA）；"—"表示无此项。

## 【限值标准】

每日允许摄入量（ADI）为 0.003mg/（kg bw · d）[3]。

## 参 考 文 献

[1]　TOXNET(Toxicology Data Network). https://toxnet.nlm.nih.gov/cgi-bin/sis/search2/f?./temp/~Myc8vj:3:enex[2015-06-19].

[2]　Chemicals Inspection and Testing Institute. Biodegradation and Bioaccumulation Data of Existing Chemicals Based on the CSCL Japan. Japan Chemical Industry Ecology-Toxicology and Information Center, 1992.

[3]　PPDB:Pesticide Properties DataBase. http://sitem.herts.ac.uk/aeru/ppdb/en/Reports/518.htm [2015-06-19].

[4]　Hansch C, Leo A, Hoekman D. Exploring QSAR: Hydrophobic, Electronic, and Steric Constants. Washington DC: American Chemical Society ,1995.

[5]　Amdur M O, Doull J, Kleassen C D. Casarett and Doull's Toxicology. 4th ed. New York: Pergamon Press, 1991.

[6]　Pfeifer W D, Smith S, Kennedy G L, et al. Three-generation reproduction study with elsan in albino rats. Unpublished report from Industrial Bio-Test Laboratories, Inc. (No. 623-03513), submitted to the World Health Organization by Montedison, 1975.

[7]　Moriya M, Ohta T, Watanabe K, et al. Further mutagenicity studies on pesticides in bacterial reversion assay systems. Mutat Res, 1983,116(3-4):185-216.

[8]　稻丰散的中毒急救.农村实用技术. 2009, 4: 49.

# 滴滴涕(DDT)

## 【基本信息】

化学名称：2,2-双(对氯苯基)-1,1,1-三氯乙烷

其他名称：二二三，*p,p'*-DDT，2,2-bis(4-chlorophenyl)-1,1,1-trichloroethane

CAS 号：50-29-3

分子式：$C_{14}H_9Cl_5$

相对分子质量：354.49

SMILES：Clc1ccc(cc1)C(c2ccc(Cl)cc2)C(Cl)(Cl)Cl

分类：有机氯杀虫剂

结构式：

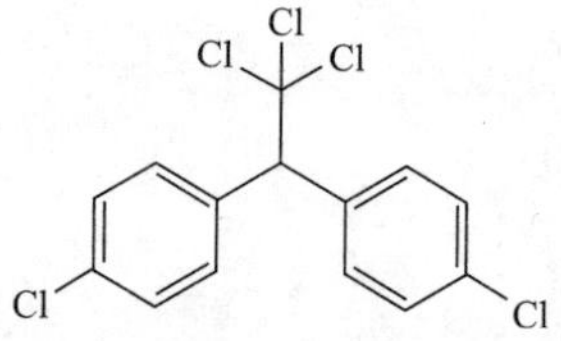

## 【理化性质】

所有异构体均为白色结晶状固体或淡黄色粉末，无味，几乎无嗅。熔点 109℃，沸点 185℃，饱和蒸气压 0.025mPa。水溶解度(20℃)为0.006mg/L。有机溶剂溶解度(20℃)：环己酮，1000000mg/L；二氯甲烷，850000mg/L；苯，770000mg/L；二甲苯，600000mg/L。辛醇/水分配系数 $\lg K_{ow}=6.91$。

## 【环境行为】

DDT 作为一种有机氯农药曾被广泛应用于农业生产，20 世纪 60 年代到 80 年代初，我国累计使用 DDT 约 $40\times10^5$t，占世界用量的 20%。自 1982 年我国开始实施农药登记制度以来，已先后停止了氯丹、七氯和毒杀芬的生产和使用，但仍保留 DDT 的生产，主要作为大范围疟疾病菌消杀用药和生产农药三氯杀螨醇的原料。尽管我国于 1983 年在农业上全面禁止使用 DDT，但其对生态环境的影响依然存在。在不少农产品中检出的 DDT 残留与土壤 DDT 污染密

切相关。

**(1)环境生物降解性**

DDT 的生物降解作用受多种因素的影响,尤其是厌氧条件及敏感微生物。DDT 在厌氧条件下可发生降解,而在好氧条件下未观察到降解。在洪水浸没过的土壤中,DDT 完全降解大约需要 31d。有研究报道,土壤中 DDT 的降解半衰期为 2~15a,提示 DDT 在好氧陆地环境中具有持久性[1]。江河水样中 DDT 浓度经过 8 周未发生变化。在 6 份湖水样本中发现 DDT 转化为 DDD[2,2-双(对氯苯基)-1,1-二氯乙烯],尤其在有大量浮游生物的样本中转化率达到 95%。沉积物中的 DDT 经过 24 周降解率为 67%,DDT 的生物降解产物包含 DDD 和 DDE[2,2-双(4-氯苯基)-1,1-二氯乙烯]。

**(2)环境非生物降解性**

20℃时,DDT 饱和蒸气压为 $1.6×10^{-7}$ mmHg,提示 DDT 会同时以气态和颗粒态形式存在于大气环境中。25℃时,大气中气态 DDT 与羟基自由基之间的反应速率常数估值为 $3.4×10^{-12}$ $cm^3/(mol·s)$,间接光解半衰期为 4.7d[2]。DDT 在 pH 9 条件下的水解半衰期为 81d,水解产物为 DDE,然而水解产生 DDE 和 DDD 并非是 DDT 的主要过程[3]。酸性条件下 DDT 的水解速率很慢,有报道称 DDT 在 27℃、pH 为 3~5 条件下水解半衰期为 12a。DDT 在水中直接光解半衰期预计大于 150a[2]。

**(3)环境生物蓄积性**

水生生物 BCF 值:600~84500(鱼);5000~100000(黑头呆鱼)[2]。暴露在 DDT 浓度为 1μg/L 的水中 10 周,鲤鱼 BCF 为 5100~24400,而 DDT 暴露浓度为 0.1μg/L 时,鲤鱼 BCF 值达 6080~25900[4]。DDT 在水生生物体内的生物富集性很强。

**(4)土壤吸附/移动性**

$K_{oc}$ 值范围为 $1.13×10^5$ ~ $3.5×10^{5[2]}$,在土壤中吸附性强,不易移动。

**(5)远距离迁移性**

大气中气态 DDT 的间接光解半衰期约为 4.7d,可通过大气远距离传输进入极地环境。

## 【生态毒理学】

鸟类(绿头鸭)急性 $LD_{50}$ = 2240mg/kg,鱼类(虹鳟鱼)96h $LC_{50}$ = 7mg/L、21d NOEC = 0.015mg/L,潘类(大型潘)48h $EC_{50}$ = 0.005mg/L,底栖动物(摇蚊属)28d NOEC = 0.0001mg/L[5]。

## 【毒理学】

**(1)一般毒性**

大鼠急性经口 $LD_{50}$ = 113mg/kg,经皮 $LD_{50}$ > 2510mg/kg[5]。

给予大鼠一次口服 200mg/(kg bw·d)DDT，24h 后肝细胞膜 $\gamma$-谷氨酰转肽酶（$\gamma$-GT)活性增加 2 倍，48h 后酶活性恢复正常。16 种 DDT 同分异构体以 100mg/kg 连续染毒 5d，雄性 CF-1 小鼠体内混合功能氧化酶(MFO)的环氧化作用、氧化作用，以及细胞色素 P450 的 O-去甲基化和环羟基化作用增加。DDT 和 DDE 在诱导混合功能氧化酶方面具有类似作用。

DDT 和代谢产物 DDE 及 DDD 可诱导小鼠的干细胞色素 P450 2B(CYP2B)表达。在雄性 F344/NCr 大鼠体内 DDT、DDE 及 DDD 为纯巴比妥类细胞色素 P450 诱导剂，可诱导肝细胞 CYP2B 和 CYP3A 表达，而非 CYP1A 的表达。

**(2)生殖毒性**

大量动物实验表明：DDT 具有类雌激素作用，属于环境雌激素。孕期暴露于 DDT 或其代谢物 DDE 中的实验动物，他们的雄性子代可能会发生生殖系统畸形[6,7]。

**(3)神经毒性**

0.5mg/(kg bw·d)DDT 连续暴露 10d，可导致小鼠行为改变(学习过程非联想性的精神分裂)。DDT 也会影响成年人脑中乙酰胆碱的新陈代谢[8]。

**(4)致突变性**

DDT 具有与环磷酰胺相似的细胞毒性，能够降低 V79 细胞的细胞活性，抑制细胞增殖。在体外活化系统 S9 作用下，DDT 可促使 V79 细胞微核率和染色体畸变发生率的增加，而无体外活化系统 S9 时此作用不明显。其作用机制可能是在细胞有丝分裂的过程中，造成 DNA 和染色体的损伤，致使染色体发生突变、断裂，从而表现出潜在的致畸作用。

**(5)致癌性**

小鼠经口摄入 DDT，患肝肿瘤的危险性提高数倍，其后代患肝肿瘤的危险性也有提高。但没有直接证据证明 DDT 对人类也有致癌作用。

## 【人类健康效应】

致癌性：B2 类，人类可疑致癌物(美国 EPA 分类)。国际癌症研究机构(IARC)将 DDT 列为可疑致癌物(2B)。

**(1)体内代谢**

DDT 在人体内的代谢主要有两个方面，一是脱去氯化氢生成 DDE。在人体内 DDT 转化成 DDE 相对较为缓慢，3 年间转化成 DDE 的 DDT 还不到 20%。1964 年对美国民众体内脂肪中的 DDT 的调查表明，DDT 总量平均为 10mg/kg，其中约 70%为 DDE，DDE 从体内代谢尤为缓慢，生物半衰期约 8a。DDT 还可以通过一级还原作用生成 DDD，同时转化成更易溶解于水的 DDA[二脱氧腺(嘌呤核)苷]而消除，生物降解半衰期约为 1a。

　　DDT 极易在人体和动物体的脂肪中蓄积，反复给药后，DDT 在脂肪组织中的蓄积作用最初很强，以后逐渐有所减慢，直至达到稳定的水平。与大多数动物一样，人可以将 DDT 转变成 DDE。DDE 比其母体化合物更易蓄积。不同国家的普通人群血中总 DDT 含量范围为 0.01～0.07mg/L，平均值最高为 0.136mg/L。人乳中 DDT 含量通常为 0.01～0.10mg/L。如果将 DDT 含量与其代谢物(特别是 DDE)含量相加，大约比上述含量高 1 倍。DDT 在普通人群尿中平均含量为 0.014mg/L左右。一般情况下，职业接触使 DDT 和总 DDT 在脂肪中的平均蓄积浓度分别达到 50～175mg/kg 和 100～300mg/kg。

　　**(2)人体效应**

　　DDT 中毒的早期症状是口及脸中下部感觉异常，之后出现舌部感觉异常、头晕眼花(描述身体平衡的客观指标)、四肢震颤、心神不安、头痛、疲劳、延迟性呕吐。严重中毒时，如大剂量吸入 DDT 30min 后或者小剂量持续吸入 6h 后会发生抽搐。吸入低剂量 DDT 后可在 24h 内恢复，吸入高剂量后需数天才能恢复[2]。

　　慢性毒性作用：连续接触、吸入或食用极小量(低于急性中毒剂量)DDT，可在人体组织内逐步蓄积，将引起慢性中毒。中毒者主要表现为食欲缺乏、上腹部和肋下疼痛、头晕、头痛、乏力、失眠、做噩梦等；影响酶类：许多有机氯杀虫剂可以诱导肝细胞微粒体氧化酶类，从而改变体内某些生化过程。一名 13 岁的墨西哥儿童由于贫血症、高烧、意识不清送至医院。就医前，该儿童居室每年持续4 个月喷洒 DDT，隔天喷洒一次。生化检查发现，儿童出现低血红蛋白、低红细胞血症、低白细胞计数、血小板减少症。尸检结果显示缺乏骨髓细胞，肺部大量出血。

　　有机氯农药可以干扰子代早期的神经发育，从而影响其行为能力和认知能力。1997~1999 年，Ribas-Fitó 等[9]对西班牙地区 92 名 1 岁婴儿的调查发现，出生前暴露于 *p,p'*-DDE 中与 1 岁婴儿的智力发育及运动发育延迟有关。*p,p'*-DDE 的浓度每增加一倍，婴儿智力量表的得分降低 3.50 分，运动量表的得分则下降 4.01 分。随后他们又基于该出生队列以及在梅诺卡岛(Menorca)开展的另一个出生队列，测定这些婴儿在 4 岁时的神经发育水平[10]。结果发现，孕期 DDT 暴露可导致学龄前儿童的语言能力、记忆能力、定量分析能力以及感知能力的降低。脐血中 DDT 的浓度高于 0.2ng/mL 与浓度低于 0.05ng/mL 相比，儿童的语言量表得分降低 7.86 分，记忆量表得分则降低 10.86 分。不管是在个体发育时期还是在成人期，中枢神经系统都是雌激素作用的重要部位。雌激素有利于胆碱能的神经传递以及乙酰胆碱的释放[10]，从而影响学习和记忆能力。DDT 作为一种外源性雌激素，可以与雌激素受体相结合，从而影响体内的雌激素水平，继而影响个体的认知能力。

　　Torres-Sánchez 等[11]在 2001 年 1 月至 2005 年 6 月招募了 1585 名处于生育

年龄并且正准备结婚的女性，对她们孕前、孕早期、孕中期以及孕晚期的 DDE 水平进行了检测，在婴儿出生后 1、3、6 和 12 个月用量表评测他们的运动发育指数(PDI)以及智力发育指数(MDI)，结果发现孕早期 DDE 暴露与 PDI 的显著下降有关，DDE 的浓度每增加一倍，PDI 下降 0.5 分。孕早期是中枢神经系统以及神经元发育的关键时期，因此处在这个时期的胎儿对环境中有害因子的反应更为敏感。

2003 年 3 月至 2004 年 6 月，Asawasinsopon 等[12]在泰国北部进行了一项研究，发现脐血中总甲状腺激素(TT4)水平的降低与 $p,p'$-DDE、$p,p'$-DDT 以及 $o,p'$-DDE 浓度的增加有关。因此，在胎儿的发育时期暴露于 DDT 及其代谢产物中，可能会影响子代的甲状腺激素水平。

有研究表明,乳腺脂肪组织及血浆中 DDT 浓度与乳腺癌有极强的相关性[13]。Costabeber 等研究发现，在乳腺癌患者的乳房组织中，有机氯农药的残留量明显高于对照组。赵玉婉等[14]也发现乳腺癌发病率与大米中的 $p,p'$-DDD 含量之间呈正相关。Cocco 等[15]则发现乳腺癌发病率与脂肪组织中 DDE 的浓度呈负相关。因此有机氯农药与乳腺癌的关系还未确定，尚待进一步的研究。

## 【危害分类与管制情况】

| 序号 | 毒性指标 | PPDB 分类 | PAN 分类 |
|---|---|---|---|
| 1 | 高毒 | 否 | 否 |
| 2 | 致癌性 | 是 | 可能人类致癌物(B2, 美国 EPA 分类) |
| 3 | 致突变性 | 是 | — |
| 4 | 内分泌干扰性 | 是 | 疑似 |
| 5 | 生殖发育毒性 | 否 | 是 |
| 6 | 胆碱酯酶抑制剂 | 是 | 否 |
| 7 | 神经毒性 | 疑似 | — |
| 8 | 呼吸道刺激性 | 否 | — |
| 9 | 皮肤刺激性 | 否 | — |
| 10 | 国际公约或优控名录 | — | 列入 PIC、POPs 名录，列入 PAN 名录 |

注：PPDB 数据库由英国赫特福德郡大学农业与环境研究所开发；PAN 数据库来自北美农药行动网(PANNA)；"—"表示无此项。

## 【限值标准】

每日允许摄入量（ADI）为 0.01mg/（kg bw · d）[5]。美国淡水水质基准：基准最大浓度（criteria maximum concentration，CMC）为 1.1μg/L，基准连续浓度（criterion continuous concentration，CCC）为 0.001μg/L。WHO 水质基准值为 1.0μg/L[16]。

# 参 考 文 献

[1] Jury W A, Spencer W F, Farmer W J. Hazard Assessment of Chemicals. New York: Academic Press, 1983, 2: 1-43.

[2] TOXNET(Toxicology Data Network). https://toxnet.nlm.nih.gov/cgi-bin/sis/search2/f?./temp/~cEl2mt:3:enex [2015-06-20].

[3] ATSDR. Toxicological Profile For DDT, DDE and DDD. Atlanta: Agency for Toxic Substances and Disease Registry Division of Toxicology/Toxicology Information Branch, 2000.

[4] NITE. Chemical Risk Information Platform (CHRIP). Biodegradation and Bioconcentration. Tokyo, Japan: Natl Inst Tech Eval. http://www. safe.nite.go.jp/english/db.html[2009-07-21].

[5] PPDB: Pesticide Properties DataBase. http://sitem.herts.ac.uk/aeru/ppdb/en/Reports/204.htm [2015-06-19].

[6] You L, Casanova M, Archibeque-Engle S, et al. Impaired male sexual development in perinatal Sprague-Dawley and Long-Evans hooded rats exposed in utero and lactationally to *p,p'*-DDE.Toxicol Sci, 1998, 45（2）:162-173.

[7] Wolf C Jr, Lambright C, Mann P, et al. Administration of potentially antiandrogenic pesticides (procymidone，linuron,iprodione,chlozolinate,*p,p'*-DDE and ketoconazole) and toxic substances (dibutyl- and diethylhexyl phthalate, PCB 169，and ethane dimethane sulphonate) during sexual differentiation produces diverse profiles of reproductive malformations in the male rat. Toxicol Ind Health,1999,15(1-2):94-118.

[8] DHHS, ATSDR. Toxicological Profile for DDT, DDE, and DDD (PB/2002/100137) (September 2002). http://www.atsdr.cdc.gov/toxpro2.html[2009-05-29].

[9] Ribas-Fitó N, Cardo E, Sala M, et al. Breastfeeding, exposure to organochlorine compounds, and neurodevelopment in infants. Pediatrics, 2003, 111(5 Pt 1): 580-585.

[10] Gabor R, Nagle R, Johnson D A, et al. Estrogen enhances potassium-stimulated acetylcholine release in the rat hippocampus. Brain Res, 2003, 962(1-2):244-247.

[11] Torres-Sánchez L, Rothenberg S J, Schnaas L, et al. In utero *p,p'*-DDE exposure and infant neurodevelopment: a perinatal cohort in Mexico. Environ Health Perspect, 2007, 115(3): 435-439.

[12] Asawasinsopon R, Prapamontol T, Prakobvitayakit O, et al. The association between organochlorine and thyroid hormone levels in cord serum: a study from northern Thailand.

Environ Int, 2006, 32(4):554-559.

[13] 张宏, 王凯忠, 刘国津. DDT 人体蓄积与乳腺癌.中华肿瘤杂志, 2001, 23(5): 408.

[14] 赵玉婉, 陈坤, 马新源, 等. 有机氯农药与乳腺癌发病的环境流行病学研究.中国环境科学. 2004, 24(1): 41.

[15] Cocco P, Kazerouni N, Zahm S H. Cancer mortality and environmental exposure to DDE in the United States. Eniviron Health Perspect, 2000, 108(1):1-4.

[16] PAN Pesticides Database—Chemicals. http://www.pesticideinfo.org/Detail_Chemical.jsp? Rec_Id=PC33482 [2015-06-19].

# 狄氏剂（**dieldrin**）

## 【基本信息】

化学名称：1,2,3,4,10,10-六氯-6,7-环氧-1,4,4a,5,6,7,8,8a-八氢-1,4-桥-5,8-挂-二甲撑萘

其他名称：octalox, alvit

CAS 号：60-57-1

分子式：$C_{12}H_8Cl_6O$

相对分子质量：380.9

SMILES：Cl\C1=C(/Cl)C2(Cl)C3C4CC(C3C1(Cl)C2(Cl)Cl)C5OC45

类别：有机氯杀虫剂

结构式：

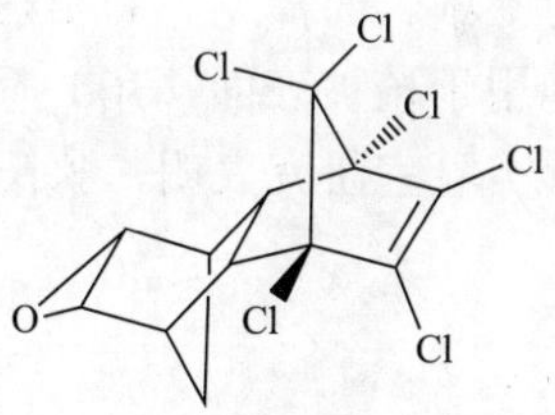

## 【理化性质】

纯品为白色无臭晶体，工业品为褐色固体，密度 1.75g/mL，熔点 177℃，沸点 385℃，饱和蒸气压 0.024mPa（25℃），水溶解度 0.14mg/L（20℃），溶于苯、二甲苯、四氯化碳。辛醇/水分配系数 $\lg K_{ow} = 3.7$。

## 【环境行为】

### (1)环境生物降解性

不具有生物降解性，在好氧和厌氧条件下的土壤中能长期存在[1]。田间条件下，土壤降解半衰期为 7a。在河水中不发生生物降解。

**(2)环境非生物降解性**

25℃时，气态狄氏剂与羟基自由基之间的反应速率常数估测值为 $9.2×10^{-12}cm^3/(mol \cdot s)$，大气中间接光解半衰期为42h。水解半衰期大于 $4a$[1]。在 UV 辐射下(>290nm)，光解半衰期为153h，光化狄氏剂是唯一的光解产物[2]。

**(3)环境生物蓄积性**

鲤鱼 BCF 值为 4860~14500(暴露浓度 1μg/L)、5390~12500(暴露浓度 0.1μg/L，暴露时间 10 周)；鳟鱼 BCF 值为 3300。在水生生物体内具有极强的生物蓄积性[1]。

**(4)土壤吸附/移动性**

从 7 种土壤中测得的平均 $K_{oc}$ 值为 8370。表层土壤中 $K_{oc}$ 为 9722，河流沉积物中 $K_{oc}$ 为 1957，砂壤土中为 23310[1]。土壤薄层层析 $R_f$ 值为 0。在土壤中极难移动，即使在高温和长时间淋溶条件下，在土壤中移动性仍然很弱。

**(5)水/土壤中的挥发作用**

亨利常数为 $1×10^{-5}atm \cdot m^3/mol$，说明狄氏剂可从水体表面挥发。然而，水体悬浮物和沉积物的吸附作用会减弱其挥发作用。如果忽略吸附作用，河流模型(深1m、流速 1m/s、风速 3m/s)显示挥发半衰期为 5d；湖泊模型(深 1m、流速 0.05m/s、风速 0.5m/s)显示挥发半衰期为 60d[1]。如果考虑吸附作用，在池塘水中挥发约需7a。狄氏剂也有可能从潮湿的土壤表面挥发。30℃条件下，经过 24h 大约 0.28%的狄氏剂从土壤表面挥发。施用于植被表面，30d 挥发率为 90%；施用于潮湿土壤表面，50d 挥发率为 20%。实验室研究表明，狄氏剂在砂壤土和砂土中 60d 挥发率分别为 9%和 34%[3]。

## 【生态毒理学】

鸟类(绿头鸭)急性 $LD_{50}$ = 153mg/kg，鱼类(虹鳟鱼)96h $LC_{50}$ = 0.0012m/L，溞类 48h $EC_{50}$ = 0.25mg/L(大型溞)、72h $EC_{50}$ = 0.1mg/L(小球溞)，蜜蜂 48h $LD_{50}$(未知暴露方式)= 0.32μg[4]。

鸟类急性毒性表现为过度兴奋、步态痉挛、共济失调、呼吸困难、肌无力、终端羽翼抽搐、角弓反张等。通常接受治疗 1~9d 死亡[1]。

## 【毒理学】

**(1)一般毒性**

大鼠急性经口 $LD_{50}$ = 46mg/kg，经皮 $LD_{50}$ = 60mg/kg，具有致癌性、致畸性、生育毒性、神经毒性等[4]。

0mg/kg、20mg/kg、60mg/kg 和 80mg/kg 狄氏剂饲喂仓鼠，持续暴露 120 周。

暴露 50 周时，仓鼠生存率未降低，第 70 周时存活的雌性仓鼠减少一半，雄性存活数稍多于雌性。第 90 周时，处理组生存率大约为 10%，雌雄仓鼠生长率受到明显抑制[1]。

### (2)神经毒性

兔子饲喂暴露 60~110mg/kg 狄氏剂 12 周，出现抽搐和失明等症状。小鼠腹腔内注射 20mg 狄氏剂引起视网膜感光器电反应受阻。

以 0.08~40mg/kg 狄氏剂饲喂大鼠，持续暴露 2a，大鼠发生非特异性神经病变、脑水肿及抽搐，大脑中可检出狄氏剂残留。0.63mg/kg 剂量组，大鼠出现颅内水肿。所有处理组大鼠出现大脑、小脑、脑干及血管病变，大脑狄氏剂残留水平为 9~11mg/kg，同时伴有抽搐反应[1]。

出生后早期接触狄氏剂，会损害小鼠成年后的学习记忆能力，影响海马 CA3 区神经元的形态及细胞构筑，且导致 CA1 及 CA3 区神经元数目减少；学习记忆能力的下降可能是因为狄氏剂降低了小鼠海马突触蛋白的表达，进而影响突触联系的建立及突触可塑性。提示早期短期接触低剂量狄氏剂，可能通过持久性损害海马突触联系的构建而影响学习记忆能力[5]。

### (3)生殖内分泌毒性

利用来源于鼠子宫肌瘤的细胞系，探讨 7 种有机氯杀虫剂是否对子宫肌层细胞有潜在的拮抗剂作用。有机氯杀虫剂的特点是在激素反应组织中表现出兴奋剂活性。在鼠平滑肌瘤细胞中，三氯己烷、开蓬、α-硫丹刺激细胞增生，抗雌激素 ICI182、ICI780 可以抑制此增生作用[6]。这些农药刺激卵黄蛋白原-雌激素反应元件的转录，并且引起体内雌激素反应基因的表达。而甲氧滴滴涕、狄氏剂、毒杀芬、β-硫丹不能刺激子宫肌瘤细胞的增殖，在转录水平的肌瘤细胞中表现出竞争性。有机氯农药在鼠子宫肌瘤细胞中发挥着雌激素受体激动剂的作用。然而需要更多的证据确证有机氯农药潜在的组织特异性激动剂活性及其在子宫肌瘤发病机理中的角色。

### (4)致癌、致突变性

小鼠饲喂狄氏剂 2a 可诱发肝癌，发病率呈剂量相关性。雄性发病率与剂量的关系如下：对照组，7%；0.1mg/kg，21%；1mg/kg，28%；10mg/kg，53%。雌性：对照组，4%；0.1mg/kg，30%；1mg/kg，42%；10mg/kg，62%。

以 10~50mg/kg 的狄氏剂饲喂 85 周，雄性小鼠肝脏肿瘤内出现 Mallory 小体（肝细胞玻璃样变时，胞质中细胞中间丝前角蛋白变性）。54%的小鼠出现肝脏良性肿瘤，75%的小鼠发生肝细胞癌，仅 8%的小鼠未出现肝脏肿瘤[7]。

0mg/kg、20mg/kg、60mg/kg 和 80mg/kg 狄氏剂饲喂仓鼠，持续暴露 120 周，对照组和处理组仓鼠肿瘤发生率没有显著差异。然而，患肿瘤的仓鼠肿瘤数目高于对照组。尽管发生肾上腺肿瘤的仓鼠数量特别是雄性显著增加，但是无统计学差异。高剂量组分别有一只雄性和雌性仓鼠发生肝癌。肝细胞肥大发生率具有剂量-反应关系[1]。

### (5) 免疫抑制

狄氏剂可以引起小鼠的免疫抑制。饲喂 1~5mg/kg 狄氏剂 3.5~10 周，可致小鼠死亡。小鼠暴露于狄氏剂中，T 细胞有丝分裂反应降低，提示狄氏剂是一种活跃的细胞抑制因子。饲喂 5mg/kg 狄氏剂 10 周，可引起小鼠巨噬细胞抗原的损伤[1]。

单次亚致死剂量腹腔注射狄氏剂，研究小鼠胸腺依赖性原发性抗体反应及 T 细胞依赖性抗原水平。0.6 倍 $LD_{50}$ 剂量的狄氏剂，暴露 7~24d 及 4~14d 可导致小鼠抗-SRBC（绵羊红细胞）IgM 和抗-LPS（细菌脂多糖）IgM 反应受到显著抑制，抗-SRBC IgG 也受到抑制。第 48 天抑制效应达到最高。胸腺依赖性和 T 细胞依赖性的原发性 IgM 反应同样受到狄氏剂抑制[8]。

## 【人类健康效应】

### (1) 急性暴露

口服狄氏剂 20min~12h 开始出现的症状包括：心神不安、头痛、恶心、呕吐、头晕、震颤；阵挛、强制性惊厥，有时没有先兆症状；惊厥发作与严重的中枢神经抑郁交替，可能发生比抽搐更长久的昏迷，持续多天，甚至导致死亡；急性期白细胞增多、血压升高、心动过速、心律失常、代谢型酸中毒、高烧，为交感神经活跃的表现；睡眠、记忆力及行为障碍，持续几天甚至几周；大脑节律障碍，可持续几个月，血尿、蛋白尿(可持续 2 周)[1]。人类致死剂量约为 5g。

13 名志愿者口服暴露狄氏剂 18 个月，其中 9 名每天摄入剂量为 10~211μg。临床和实验室检查未发现明显的健康损害作用，人体脂肪中狄氏剂的浓度是血液中的 156 倍。

### (2) 慢性暴露

荷兰壳牌农药厂的 223 名农药生产工人，最长的职业暴露周期为 12.3a，平均暴露时间 6.6a，平均年龄 47.4 岁，未发现永久性的不良效应(包括肿瘤)。反复喷洒狄氏剂的工人会引发特发性癫痫，在脱离暴露后症状减轻[1]。慢性暴露于狄氏剂和五氯酚的工人血清 C 反应蛋白的水平高于对照人群。血清 $\gamma$-球蛋白水平与血清狄氏剂浓度存在相关性。一项研究显示，5 名男性农场工人暴露于除草剂和杀虫剂的混合物中(包括狄氏剂)，其中 4 名出现性功能障碍，而终止暴露后性功能恢复。

从 1000 名艾氏剂、狄氏剂、异狄氏剂生产工人中选取 232 名，评估农药生产所诱发的死亡效应。选择的 232 名工人早年处于高暴露状态并且暴露时间较长(11

年)。经过 24a 的长期观察发现,以荷兰男性人口的死亡统计数据为基础,调查人群死亡率为 25/38,其中 9 名死于癌症的工人中有 3 名死于肺癌。虽然此研究选择的人群对艾氏剂、狄氏剂等农药的暴露量较高,并且暴露时间和观察期较长,但是该调查结果并不能验证这些物质是否具有致癌性[9]。

　　一项基于医院的病例-对照研究,包含了 29 名不育男性和 14 位对照人群,通过检测血中狄氏剂残留状况来评估狄氏剂是否对男性生殖功能存在影响。患者年龄范围为 25~45 岁,患者表现出至少一种精液受损的特征:精子数减少、精子活动性减弱、精子形态学异常。对照组与病例组在年龄及吸烟史方面相匹配,对照组都至少生育了 1 个小孩,无有机氯农药暴露史。不育患者血中狄氏剂平均浓度为(3.65±3.71)ng/g 血清,对照组血中狄氏剂平均浓度为(2.69±2.47)ng/g 血清,差异没有统计学意义。该研究未发现狄氏剂与男性不育具有相关性[10]。

　　加拿大的一项研究结果表明[11]:婴儿中耳炎发生的风险与早期暴露有机氯农药存在相关性,产前接触 $p,p'$-DDE、六氯苯、狄氏剂等的婴儿出生后患中耳炎的风险显著增加[RR(相对风险率)为 1.52;95%CI(置信区间)= 1.05~2.22]。4~7 个月婴儿 $p,p'$-DDE 高暴露组相对于低暴露组的 RR 值为 1.87(95%CI=1.07~3.26)。

## 【危害分类与管制情况】

| 序号 | 毒性指标 | PPDB 分类 | PAN 分类 |
| --- | --- | --- | --- |
| 1 | 高毒 | 是 | 无充分证据 |
| 2 | 致癌性 | 是 | 无充分证据 |
| 3 | 内分泌干扰性 | 可能 | 无充分证据 |
| 4 | 生殖发育毒性 | 是 | 无充分证据 |
| 5 | 胆碱酯酶抑制剂 | 否 | 否 |
| 6 | 神经毒性 | 是 | — |
| 7 | 呼吸道刺激性 | 无数据 | — |
| 8 | 皮肤刺激性 | 无数据 | — |
| 9 | 眼刺激性 | 无数据 | — |
| 10 | 国际公约或优控名录 | 列入 WHO 淘汰名录 | |

　　注:PPDB 数据库由英国赫特福德郡大学农业与环境研究所开发;PAN 数据库来自北美农药行动网(PANNA);"—"表示无此项。

## 【限值标准】

　　每日允许摄入量(ADI)为 100ng/(kg bw·d),急性参考剂量(ARfD)为 0.003mg/(kg bw·d)[4]。

# 参 考 文 献

[1] TOXNET（Toxicology Data Network）. https://toxnet.nlm.nih.gov/cgi-bin/sis/search2/f?./temp/~9R5iU2:3:estan [2015-06-21].

[2] ATSDR. Toxicological Profile for Aldrin/Dieldrin. Prepared for the Dept of Health and Human Services Public Health Services Agency for Toxic Substances and Disease Registry, 2000.

[3] Verschueren K. Handbook of Environmental Data of Organic Chemicals. 3rd ed. New York: Van Nostrand Reinhold, 1996: 749.

[4] PPDB: Pesticide Properties DataBase. http://sitem.herts.ac.uk/aeru/ppdb/en/Reports/226.htm [2015-06-21].

[5] 吴珊. 出生后早期暴露狄氏剂对小鼠海马神经发育的影响. 合肥: 安徽医科大学硕士学位论文, 2013.

[6] Hodges L C, Bergerson J S, Hunter D S. Estrogenic effects of organochlorine pesticides on uterine leiomyoma cells in vitro. Toxicol Sci, 2000, 54(2):355-364.

[7] Meierhenry E F, Ruebner B H, Gershwin M E, et al. Dieldrin-induced mallory bodies in hepatic tumors of mice of different strains. Hepatology, 1983, 3(1):90-95.

[8] Bernier J, Hugo P, Krzystyniak K. Suppression of humoral immunity in inbred mice by dieldrin. Toxicol Lett, 1987, 35(2-3):231-240.

[9] Ribbens P H. Mortality study of industrial workers exposed to aldrin, dieldrin and endrin. Int Arch Occup Environ Health, 1985, 56(2):75-79.

[10] Pines A, Cucos S, Ever-Handani P, et al. Some organochlorine insecticide and polychlorinated biphenyl blood residues in infertile males in the general Israeli population of the middle 1980's. Arch Environ Contam Toxicol, 1987, 16(5):587-597.

[11] Dewailly E, Ayotte P, Bruneau S, et al. Susceptibility to infections and immune status in Inuit infants exposed to organochlorines. Environ Health Perspect, 2000, 108(3):205-211.

# 敌百虫（trichlorfon）

## 【基本信息】

化学名称：*O,O*-二甲基-(2,2,2-三氯-1-羟基乙基)磷酸酯

其他名称：dipterex

CAS 号：52-68-6

分子式：C$_4$H$_8$Cl$_3$O$_4$P

相对分子质量：257.45

SMILES：COP(=O)(C(C(Cl)(Cl)Cl)O)OC

类别：有机磷杀虫剂

结构式：

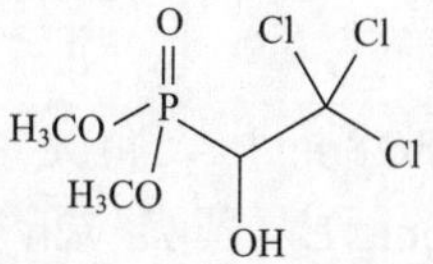

## 【理化性质】

纯品为白色结晶，有醛类气味；密度 1.68g/mL，熔点 80℃，沸腾前分解，饱和蒸气压 0.21mPa。水溶解度(20℃)为 120000mg/L。有机溶剂溶解度(20℃)：乙酸乙酯，363000mg/L；丙酮，707000mg/L；甲醇，1346000mg/L；二甲苯，21500mg/L。辛醇/水分配系数 lg$K_{ow}$ =0.43。

## 【环境行为】

### (1)环境生物降解性

在土壤中易降解：在 0~2cm 土壤(有机碳含量 6.6%)、2~5cm 土壤(有机碳含量 3.4%)、5cm 以下的土壤(有机碳含量 0.3%)中的降解半衰期分别为 1.0d、7.7d 和 0.5d[1]。另有研究，在有氧土壤中的降解半衰期为 3~27d，平均为 10d。在黏土(pH=7.9)和砂土(pH=8.1)中降解半衰期分别为 1.15 个月和 1.05 个月[1]。

**(2)环境非生物降解性**

在碱性条件下不稳定，水解产物为敌敌畏。在 40℃、pH 为 5、7 和 8 的条件下，水解半衰期分别为 16d、0.79d 和 0.37d[2]。在 37.5℃、pH 为 6、7 和 8 条件下，水解半衰期分别为 3.7d、0.27d 和 63min。另有报道，在酸性水溶液中水解较慢，在温度分别为 10℃、20℃、30℃、50℃、70℃，pH 分别为 1、2、3、4、5 时，水解半衰期分别为 2400d、526d、140d、10.7d、1.13d。37.5℃、pH 为 6 和 7 条件下，水解半衰期分别为 89h 和 6.4h[1]。pH 为 1~5 时，水解半衰期为 526d。

光分解速率较慢，紫外线照射下，敌百虫在水溶液中光解转化为敌敌畏。

**(3)环境生物蓄积性**

基于 $\lg K_{ow}$ 推算得到 BCF 值为 3.2，提示生物蓄积性弱[3]。

**(4)土壤吸附/移动性**

$K_{oc}$ 值为 6~79，在土壤中具有相对较强的移动性。

**(5)水/土壤挥发性**

不易从水体及潮湿土壤表面挥发，也不会从干燥土壤表面挥发[4]。

## 【生态毒理学】

鸟类(绿头鸭)急性 $LD_{50} > 36.8mg/kg$，鱼类(虹鳟鱼)96h $LC_{50} = 0.7mg/L$，溞类(大型溞)48h $EC_{50} = 0.00096mg/L$，藻类 72h $EC_{50} = 10mg/L$、96h $NOEC = 3.2mg/L$，蜜蜂经口 48h $LD_{50} > 0.4\mu g$[5]。

## 【毒理学】

**(1)一般毒性**

大鼠急性经口 $LD_{50} = 212mg/kg$，急性经皮 $LD_{50} > 5000mg/kg$，急性吸入 $LC_{50} > 0.53mg/L$，短期饮食 $NOAEL > 4.5mg/kg$[5]。

急性暴露主要抑制胆碱酯酶，造成神经生理功能紊乱，出现毒蕈碱样和烟碱样症状。小鼠在腹腔注射敌百虫后 4~7min，呈现抑制、呼吸困难、大量流涎、流泪、排尿、惊厥、昏迷等中毒症状。轻度中毒者在 1~2h 恢复，严重中毒者大多在 1h 内死亡。50mg/(kg·d)、100mg/(kg·d)和150mg/(kg·d)敌百虫连续腹膜内注射 60d，死亡率分别为 0、40%和 100%[1]。

每组各 10 只大鼠暴露于敌百虫浓度分别为 $0mg/m^3$、$12.7mg/m^3$、$35.4mg/m^3$ 和 $103.5mg/m^3$ 的空气中，每天暴露 6h，持续 3 周。结果显示，各暴露组大鼠体重增长率、血液、尿液等临床检查指标均未发生显著变化。$103.5mg/m^3$ 暴露组，雄性大鼠血浆、红细胞及大脑中胆碱酯酶活性抑制率分别达到 42%、31%和 22%。

雌性大鼠胆碱酯酶活性抑制呈剂量相关性，35.4mg/m$^3$ 暴露组，血浆、红细胞、大脑中抑制率分别达 39%、26%和 26%；103.5mg/m$^3$ 暴露组，抑制率分别达 48%、44%和 47%。雄性大鼠脏器/体重比发生明显改变，35.4mg/m$^3$ 和 103.5mg/m$^3$ 暴露组，脾脏/体重比相比对照组分别增加 20%和 25%，呈剂量相关性。暴露组大鼠组织或器官组织形态未发生改变[1]。

**(2)神经毒性**

给予大鼠重复剂量的巴拉松和敌百虫后，坐骨神经电生理反应发生改变。在坐骨神经动作电位的持续期、上升期和不应期，敌百虫可引起剂量相关性的改变，神经兴奋性增加。早期神经电生理改变不伴随神经组织改变，说明神经兴奋性改变可能是神经毒理的一项敏感指标，同时也说明敌百虫暴露可能导致神经功能的改变。

妊娠豚鼠产前接触敌百虫会导致仔鼠小脑发育不良，同时也可影响脑的其他部分，特别是髓质部分。小脑受损的形态学特征是小脑皮质变薄，外粒细胞层及分子层减少，浦肯野细胞消失以及在某些部位一些重要的神经递质合成酶活性下降[6]。

体外培养新生 24h 内 SD 大鼠大脑皮质神经细胞，添加 0mg/L、5mg/L、20mg/L 和 80mg/L 敌百虫染毒，结果发现不同浓度的敌百虫暴露可致大鼠大脑皮质神经细胞存活率降低，细胞形态损伤，细胞凋亡率和细胞内活性氧(ROS)含量升高，线粒体膜电位下降，细胞内钙离子超载且 ATP 酶活性降低，提示细胞凋亡在敌百虫所致的大脑皮质神经细胞损伤过程中发挥主导作用[7]。

**(3)发育与生殖毒性**

母鼠在妊娠第 6~15 天(胎儿器官形成期)经口灌胃染毒敌百虫，剂量分别为 0mg/kg、12.5mg/kg、25mg/kg 和 50mg/kg，可导致各实验组胎鼠外观畸形发生率显著增高，但各剂量敌百虫暴露对孕鼠的生育力及妊娠结局无明显影响，表现在孕鼠的体重、卵巢脏器系数、胎盘脏器系数、黄体数、着床率、活胎数、死胎数、吸收胎数等与对照组比较差异无统计学意义[1]；除 50mg/kg 剂量敌百虫的暴露可引起母鼠血清雌二醇浓度下降外，其他各剂量组母鼠血清和卵巢的雌二醇浓度均未见明显变化。研究结果提示，器官形成期雌鼠经口暴露敌百虫对子代胚胎的生长发育有影响，表现为胎鼠的畸形发生率增加，但对母鼠的生殖功能、内分泌功能未见明显影响[8]。

小鼠在孕前和孕期以饮水方式染毒暴露于 0mg/kg、10mg/kg 和 50mg/kg 敌百虫，共暴露 30d，结果发现染毒组孕鼠肝脏脏器系数较对照组显著降低。50mg/kg 染毒组胎鼠体重较对照组明显降低；而染毒组的活胎数、死胎数及畸形发生率等与对照组比无显著差异；染毒组胎鼠胸腺 DNA 损伤各项指标均较对照组严重。上述结果说明，经口敌百虫暴露(10mg/kg、50mg/kg)，在未对孕鼠产生明显毒性的情况下，可引起胎鼠生长发育延缓和 DNA 遗传学损伤[9]。

采用体外原代培养的人颗粒黄体细胞作为染毒模型研究敌百虫对卵巢类固醇

激素合成的影响，研究发现敌百虫以剂量依赖和时间依赖关系抑制孕酮的合成，敌百虫显著抑制人颗粒黄体细胞类固醇激素的合成，其机制可能涉及对胆固醇跨线粒体膜转运的抑制[10]。

(4) 致突变性

给予雄性仓鼠腹膜内注射敌百虫(纯度 98.5%)，剂量分别为 0mg/kg(0.5%氢化蓖麻油)和 100mg/kg，每组 5 只仓鼠；注射之后 6h、24h 和 48h 分别采集性腺细胞样本(对照组注射 24h 之后采集)，未发现染色体异常。

饲料中添加浓度分别为 0mg/kg(蒸馏水)、30mg/kg、100mg/kg 和 300mg/kg 的敌百虫(纯度 98.9%)染毒仓鼠，24h 后取骨髓样本(处死前 2h 注射秋水仙胺)，未发现姐妹染色体的交换频率的显著增长[1]。

有研究报道，敌百虫和敌敌畏可致豚鼠小脑发育不全，机制可能是使小脑颗粒细胞 DNA 烷基化，并明显抑制烷基转移酶的活性，使烷基化损伤不能及时修复。

浓度高于 50μg/mL 的敌百虫使卵母细胞的染色体在减数分裂 Ⅰ 和 Ⅱ 阶段不能正确排列在赤道板上，出现错误分裂。在纺锤体形成过程中，微管蛋白聚合受内源性蛋白激酶如 $Ca^{2+}$/CaM 激酶和 cAMP 依赖激酶调节；有机磷农药能增强微管蛋白及相关蛋白的磷酰化，改变微管蛋白的生物物理特性和稳定性，使其不能受到激酶的正确调控而聚合，并且使已经组装成纺锤体的微管不能正常解聚，从而出现一系列和有丝分裂器有关的遗传毒性事件。

## 【人类健康效应】

急性中毒：短期大量接触可引起急性中毒。表现有头痛、头昏、食欲减退、恶心、呕吐、腹痛、腹泻、流涎、瞳孔缩小、呼吸道分泌物增多、多汗、肌束震颤等。重者出现肺水肿、脑水肿、昏迷、呼吸中枢麻痹。部分病例可有心、肝、肾损害。少数严重病例在意识恢复后数周或数月发生周围神经病。个别严重病例可发生迟发性猝死。可引起皮炎，血胆碱酯酶活性下降[11]。

一名 28 岁的女性，因服敌百虫中毒于 1976 年 10 月 15 日急诊入院。入院时已深度昏迷，呈严重肺水肿及休克状态。经按有机磷农药中毒抢救及抗休克、纠正肺水肿等措施，3h 后神志清醒，中毒症状基本消失，住院 14d 痊愈出院。1 周后感双手手指及腕关节无力、疼痛、动作不灵，继而下肢亦感无力，踝关节疼痛，运动障碍。病变逐渐延及肘、膝关节，肌力减退(Ⅳ度)。数天后出现四肢肌肉萎缩，上肢以手背蚓状肌和骨间肌及手掌大小鱼际肌萎缩明显，手掌变平；下肢腓肠肌萎缩，足下垂，行动困难，腱反射消失；皮肤发凉、粗糙、无汗。呈典型末梢神经炎变，治疗 14 个月后痊愈[12]。

敌百虫中毒 379 名病例中，3%的中毒病例为急性中毒伴随精神障碍(记忆丢失、解决问题能力不足、精神错乱、抑郁、焦虑、出现幻觉、妄想症);21%的病例出现中毒症状,伴随延迟性多发性神经性疾病。预测与中毒有关的剂量如下:摄入 40mg/kg 可引起轻度及中度中毒,摄入 80~700mg/kg 引起重度中毒,摄入 30~90g/kg 可致死亡[1]。

114 例农药厂敌百虫、敌敌畏生产车间包装工人,其中女性 101 例、男性 13 例,年龄 18~51 岁、平均年龄 32.8 岁,接触敌百虫、敌敌畏工龄最短 1 个月、最长 8a,平均 5.5 个月。车间空气中有机磷浓度超过国家卫生标准 3 倍左右,其职业普查中全血胆碱酯酶(ChE)活性均低于 50U(正常值为 100U)。慢性中毒表现如下:临床症状以中枢神经系统最为明显,特别是头昏(79%)、乏力(75%)、失眠(31%)尤为突出,而且出现也最早,有的于全血 ChE 抑制之前就出现。其次是食欲减退(47%)、多汗(36%)、心悸(35%)、胸闷(35%)。多汗主要表现为手掌潮湿,有的可见手掌处汗液呈汗珠状渗出。肌肉跳动发生率也较高(57%),小束肌肉颤动持续时间从几秒钟到几分钟,每天发生次数也不等。接触有机磷农药时间短的工人其症状较工龄长的人更为明显。最早出现 ChE 下降至 50U 以下的时间是接触后 45d,最长达 8a,平均 5.5 个月,大多数在 2~3 个月。ChE 抑制最低为 5U,平均为 19.9U。经脱离作业、休息或调离工作后,ChE 恢复至未接触前水平最少需 1 个月,最长则需 11a,平均 16.1 个月[13]。

1989~1990 年在匈牙利的一个村庄出生的 15 个婴儿中,有 11 个患有先天畸形,其中 4 个患有唐氏综合征。在排除家族遗传后,怀疑其原因是当地养鱼场敌百虫的使用所致,鱼体内敌百虫浓度高达 100mg/kg,当地的一些孕妇,包括患有唐氏综合征患儿的母亲,在怀孕的关键期食用了这些含有敌百虫的鱼类[14]。

## 【危害分类与管制情况】

| 序号 | 毒性指标 | PPDB 分类 | PAN 分类 |
|---|---|---|---|
| 1 | 高毒 | 否 | 无有效证据 |
| 2 | 致癌性 | 可能 | 无有效证据 |
| 3 | 内分泌干扰性 | 可能 | 无有效证据 |
| 4 | 生殖发育毒性 | 可能 | 无有效证据 |
| 5 | 胆碱酯酶抑制剂 | 是 | 否 |
| 6 | 神经毒性 | 是 | — |
| 7 | 呼吸道刺激性 | 可能 | — |
| 8 | 皮肤刺激性 | 无数据 | — |
| 9 | 眼刺激性 | 可能 | — |
| 10 | 国际公约或优控名录 | 列入 WHO 淘汰名录 | |

注:PPDB 数据库由英国赫特福德郡大学农业与环境研究所开发;PAN 数据库来自北美农药行动网(PANNA);"—"表示无此项。

## 【限值标准】

每日允许摄入量（ADI）为 0.045mg/（kg bw·d），急性参考剂量（ARfD）为 0.1mg/（kg bw·d）。

## 参 考 文 献

[1] TOXNET（Toxicology Data Network）. https://toxnet.nlm.nih.gov/cgi-bin/sis/search2/f?./temp/~hkGSUF:3:enex[2015-06-21].

[2] Katagi T. Abiotic hydrolysis of pesticides in the aquatic environment. Rev Environ Contam Toxicol, 2002, 175:79-261.

[3] Hansch C, Leo A, Hoekman D. Exploring QSAR: Hydrophobic, Electronic, and Steric Constants. Washington DC: American Chemical Society, 1995: 9.

[4] Chu W, Chan K H. The prediction of partitioning coefficients for chemicals causing environmental concern. Sci Total Environ, 2000, 248（1）:1-10.

[5] PPDB: Pesticide Properties Data Base. http://sitem.herts.ac.uk/aeru/ppdb/en/Reports/657.htm [2015-06-21].

[6] 黄旭培. 敌百虫对豚鼠胚胎大脑的影响. 国外医学:卫生学分册, 1987, (3): 52.

[7] 刘学忠, 李丹, 袁燕, 等. 敌百虫对体外培养大鼠大脑皮质神经细胞凋亡的影响. 中国兽医学报, 2012, 32(2):296-300.

[8] 戴斐, 田英, 沈莉, 等. 敌百虫暴露对小鼠及胎鼠生殖发育影响. 中国公共卫生, 2007, 23（05）:595-596.

[9] 丁瑜, 周淑芳, 沈莉, 等. 敌百虫暴露对孕鼠脏器及胎鼠 DNA 和生长发育的影响. 上海交通大学学报:医学版, 2009,(3):248-251.

[10] 洪霞. 敌百虫对类固醇激素合成的影响及其机制研究. 南京: 南京医科大学硕士学位论文, 2007.

[11] Shiraishi S, Inoue N, Murai Y, et al. Dipterex (trichlorfon) poisoning. Clinical and pathological studies in human and monkeys. J UOEH, 1983, 5(Suppl):125-132.

[12] 李学文. 敌百虫中毒性末梢神经炎 2 例. 四川医学, 1981, (4):43.

[13] 倪为民, 马瑾. 慢性敌百虫、敌敌畏中毒 114 例分析. 中华劳动卫生职业病杂志, 1996, (5):268-270.

[14] Czeizel A E, Elek C, Gundy S, et al. Environmental trichlorfon and cluster of congenital abnormalities. Lancet, 1993, 341(8844):539-542.

# 敌敌畏(dichlorvos)

## 【基本信息】

化学名称：$O,O$-二甲基-$O$-(2,2-二氯乙烯基)磷酸酯

其他名称：DDVP

CAS 号：62-73-7

分子式：$C_4H_7Cl_2O_4P$

相对分子质量：220.98

SMILES：O=P(O\C=C(/Cl)Cl)(OC)OC

类别：有机磷杀虫剂

结构式：

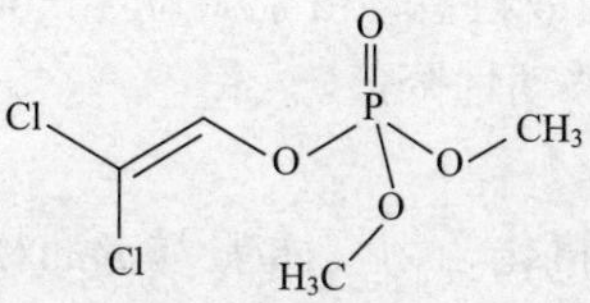

## 【理化性质】

工业产品为无色至浅棕色液体，微带芳香味。密度为 1.42g/mL，挥发性较强，沸腾前分解，饱和蒸气压为 2100mPa(25℃)，水溶解度为 18000mg/L(20℃)，与乙醇、丙酮、甲苯、正己烷互溶。辛醇/水分配系数 $\lg K_{ow} = 1.9$(预测值)，亨利常数为 $2.8 \times 10^{-2}$Pa·m³/mol。

## 【环境行为】

### (1)环境生物降解性

在好氧土壤中生物降解半衰期小于 1d。在 20℃、活性污泥作为接种物的条件下生物降解速率常数和半衰期分别为 0.20d⁻¹ 和 3.5d，降解产物主要为二氯乙醇、二氯乙酸、二氯乙酸乙酯[1]。淋溶试验结果显示，敌敌畏在黑黏土(pH7.7)中 10d 的消解率为 71%，其中生物降解占 30%。在酸性和中性黏土中的降解速率常数分别为 0.0423d⁻¹ 和 0.04443d⁻¹，两种土壤中的降解半衰期约 16d。

37℃、厌氧条件下，敌敌畏（3mg/L）经过 7d 降解完全。在含有 30mg/L 厌氧微生物的人工废水中，生物降解速率常数和半衰期分别为 0.20d$^{-1}$ 和 3.5d[1]。

**(2)环境非生物降解性**

水解半衰期取决于温度和 pH，在酸性条件下水解较慢，在碱性条件下快速水解为磷酸二甲酯和二氯乙醛。20℃条件下，中性（pH=7）和碱性（pH=8）条件下的水解速率分别为 36.7×10$^{-4}$h$^{-1}$（半衰期 7.9d）和 2.08×10$^4$h$^{-1}$（半衰期 1.4d）。在 22℃，pH 为 4、7、9 条件下，水解半衰期分别为 31.9d、2.9d 和 2.0d。70℃、pH 为 1~7 缓冲溶液中的水解半衰期小于 3.4h。土壤中敌敌畏的降解过程主要为水解，加入黑黏土中 10d 内降解完全，其中水解占 70%。

**(3)环境生物蓄积性**

鲤鱼 BCF$_{8d}$<0.5，清除速率和半衰期分别为 0.56h$^{-1}$ 和 0.6h，提示敌敌畏容易从鲤鱼体内排出，不易富集[2]。

**(4)土壤吸附/移动性**

$K_{oc}$ 估测值为 27.5~151。在 3 种有机碳含量为 2.3%~6.8%的黑土中的吸附常数分别为 3.6、2.4 和 1.0，$K_{oc}$ 值为 47，在土壤中具有中等偏高的移动性。研究发现，在土壤表面喷洒 18%~20%的敌敌畏，5d 后移动至 30cm 土层。随着碳酸钙含量及土壤 pH 的增加，在土壤中移动性降低。

**(5)大气中迁移性**

根据大气中半挥发性有机化合物气体/颗粒分布模型判断，在大气中主要以气态存在（大气压 1.58×10$^{-2}$mmHg，25℃）[2]。敌敌畏含有生色基团，可以吸收波长大于 290nm 的紫外光，在太阳光下可直接光解。气态敌敌畏与羟基自由基的反应速率常数约为 2.6×10$^{-11}$cm$^3$/(mol·s)(25℃)，大气中间接光解半衰期约为 15h。

## 【生态毒理学】

鸟类（山齿鹑）急性 LD$_{50}$ = 24mg/kg；鱼类 96h LC$_{50}$ = 0.55mg/L（虹鳟鱼），21d NOEC = 0.11mg/L（黑头呆鱼）；溞类（大型溞）48h EC$_{50}$ = 0.00019mg/L；藻类 72h EC$_{50}$ = 52.8mg/L，96h NOEC = 4.73mg/L；蜜蜂经口 48h LD$_{50}$ = 0.29μg[3]。

斑马鱼分别暴露于浓度 0mg/L、0.95mg/L、2.85mg/L 和 4.65mg/L 敌敌畏水溶液中，持续染毒 1 周。与对照组相比，4.65mg/L 剂量组斑马鱼的雌鱼性腺指数、雄性精子数量和精子质膜完整性显著降低，血细胞微核率显著增高；2.85mg/L 剂量组雄性斑马鱼精子质膜完整性也显著下降，提示敌敌畏具有生殖毒性[4]。

鱼暴露于含 0.1mg/L 敌敌畏的水溶液中，每隔 24h、48h、72h 和 96h，取鱼的肾脏细胞提取染色体观测，与对照组相比，染色体断裂、着丝粒断裂、多倍体的发生率等明显增高，提示敌敌畏具有致畸性。

## 【毒理学】

### (1) 一般毒性

大鼠急性经口 $LD_{50}$=80mg/kg，经皮$LD_{50}$=120mg/kg，吸入$LC_{50}$=0.083mg/L[3]。

小鼠肌肉注射 0mg/kg bw、5mg/kg bw、10mg/kg bw、15mg/kg bw 的敌敌畏。10mg/kg bw 剂量组，10min 后小鼠出现精神抑制、活动减少、面部肌肉震颤、呼吸加快等症状，其中 1 只死亡。15min 后强迫驱赶出现四肢叉开、行走困难，出现举尾现象。20min 时出现 1 只死亡。30min 时，小鼠出现卧地、尾直立、呼吸加深加快、全身肌肉强烈震颤、尿便失禁、口吐白沫、皮肤发绀（以腹部皮肤最为明显）、瞳孔缩小，2 只死亡。30min 后小鼠中毒症状趋于平衡，无明显恶化。60min 时 1 只死亡，60~120min 未见死亡。15mg/kg bw 剂量组，染毒 2min 后，小鼠出现全身剧烈震颤、抽搐、惊恐不安、乱跳、尾举直、口吐白沫及瞳孔缩小等症状。4min 时 1 只死亡，8min 时 2 只死亡，10min 时 3 只死亡，死亡时瞳孔缩小、眼球明显突出、转圈[1]。

6 头 1~3 个月大的牛，静脉注射敌敌畏可诱发临床肺功能改变，通过阿托品治疗后好转。注射敌敌畏 1min 后，牛表现出严重的呼吸窘迫、虚弱、肌束震颤、胆碱酯酶抑制等症状。肺顺应性和动脉氧分压下降，气道阻力增加，黏性呼吸音和肺泡动脉氧梯度明显。心率、呼吸率、潮气量及动脉二氧化碳分压未受影响。迅速给予阿托品治疗后，除肌束震颤、胆碱酯酶抑制症状未能恢复外，其余中毒症状均得到改善[1]。

40 只 Wistar 大鼠通过饮水分别给予以 0mg/kg bw、2.4mg/kg bw、7.2mg/kg bw 和 21.6mg/kg bw 的敌敌畏暴露，连续 24 周后发现：与对照组相比，中、高剂量组大鼠血清胆碱酯酶活性显著降低，肌酐和尿素氮水平显著增加。中、高剂量组大鼠肾脏组织 SOD（超氧化物歧化酶）、GPx（谷胱甘肽过氧化物酶）、CAT（过氧化氢酶）活性及 MDA（丙二醛）含量均显著增加；组织病理学检验发现：高剂量组大鼠肾脏出现肾小管上皮细胞空泡变性。因此，长期低剂量暴露敌敌畏不仅能诱导机体氧化应激水平升高，而且可以通过诱导脂质过氧化引起肾脏组织损伤[5]。

### (2) 神经毒性

采用饲喂法给予雄性大鼠 88mg/kg 敌敌畏急性暴露，2 个亚慢性组每天分别给予 1.6mg/kg 和 0.8mg/kg 敌敌畏暴露，持续 6 周。暴露后神经系统发生以下改变：中枢神经系统功能改变，脑电波平均频率增加，脑电波振幅减小，周围神经系统传导速度减小，绝对修复期增加。中枢和周围神经系统的功能失调与组织及血液中胆碱酯酶活性抑制没有相关性[1]。

80 只成年雌性 SD 大鼠按体重随机分为 8 组，通过灌胃分别给予 0mg/kg（蒸馏水对照)、0.22mg/kg、0.44mg/kg、0.88mg/kg、1.75mg/kg、3.50mg/kg、7.00mg/kg、14.0mg/kg 敌敌畏染毒，每天 1 次，连续染毒 21d，测定大鼠脑组织海马、皮质和血清中的乙酰胆碱酯酶活性，并计算基线剂量(BMD)值和 NOAEL 值。结果发现，与对照组比较，7.00~14.00mg/kg 染毒组大鼠脑组织海马和 3.50~14.0mg/kg 染毒组大鼠脑组织皮质及 1.75~14.0mg/kg 染毒组大鼠血清中的乙酰胆碱酯酶活性均下降，且大鼠血清乙酰胆碱酯酶活性随敌敌畏染毒剂量的升高而下降[6]。

**(3)生殖发育毒性**

可降低雄性小鼠生殖器官指数和睾酮水平，影响雄性小鼠的生殖系统。30 只成年雄性小鼠每日通过灌胃给予 0mg/kg、5.0mg/kg、10.0mg/kg、20.0mg/kg 和 40.0mg/kg 敌敌畏暴露。与对照组相比，染毒组小鼠的附睾指数、精囊指数均显著降低，中、高、极高剂量染毒组的睾丸指数均显著降低；染毒组睾酮水平均低于对照组，其中极高剂量染毒组睾酮水平最低，差异显著[7]。

小鼠每天分别以 5.0mg/kg、10.0mg/kg、20.0mg/kg 剂量，连续染毒 21d，对照组给予等体积的生理盐水，结果显示各染毒组精子畸形率(分别为 4.33%、8.40% 和 13.65%)均高于对照组(1.97%)，且呈剂量-反应关系[8]。

21 只怀孕的 SD 大鼠在孕12~17d 每天分别给予 1mg/kg、4mg/kg、8mg/kg、16mg/kg、20mg/kg、24mg/kg 剂量的敌敌畏，结果显示：除 1mg/L 剂量组外，敌敌畏可使雄性仔鼠睾丸 caspase-3 染色阳性的 Leydig 细胞数量和 DAPI(4′，6-二脒基-2-苯基吲哚)标记的 Leydig 细胞的总分值增加，并存在剂量-效应关系。孕期染毒敌敌畏可使雄性仔鼠睾丸 Leydig 细胞的凋亡增加，这可能影响到 Leydig 细胞的数量，使胚胎期胎鼠产生睾酮的功能受到干扰，从而使泌尿生殖系统的发育受到影响[9]。

**(4)致突变性**

对雄性和雌性 C57B1/6/B1n 小鼠进行的一项长期慢性试验，未发现敌敌畏与肿瘤相关[10]。而另一项研究发现，雄性和雌性 BDIX/Bln 大鼠注射敌敌畏后，高剂量组雄性大鼠胆管细胞和肝脏卵原细胞增殖率与对照组相比显著增加，雌性大鼠组的肾上腺瘤和乳腺瘤发生率与对照组相比明显增加。给予大鼠注射敌百虫的试验中观察到相似的结果(敌百虫很容易转化为敌敌畏)，与对照组相比，敌敌畏处理组雄性大鼠膀胱畸形、骨盆增生、肾盂移行细胞癌的发生率显著提高。

## 【人类健康效应】

吸入敌敌畏之后，最先出现呼吸和眼睛方面的症状，包括胸闷、气喘、皮肤淤青、瞳孔缩小、眼睛疼痛、视野模糊、流泪、流鼻涕、头痛、垂涎等。摄入敌敌畏 2h 后出现食欲缺乏、恶心、呕吐、腹部痉挛、腹泻等。皮肤吸收后，吸收部位出现出汗、抽搐，可持续 15min~4h。严重中毒时，除了上述症状外，还出现虚弱、麻痹、头晕、步履蹒跚、发音含糊、心率降低、惊厥、昏迷、呼吸暂停等症状[11]。

敌敌畏中毒 165 例(女性 134 例、男性 31 例，年龄 1~79 岁)患者的临床分析结果表明，42 例(女性 27 例、男性 15 例)死亡者中，呼吸衰竭 15 例，急性脑、肺水肿 9 例，未彻底洗胃者 7 例，肺部感染 4 例，阿托品用量不足或撤减过快者 4 例，上消化道大出血 1 例，中毒性休克 1 例，脑血管意外 1 例。敌敌畏具有抑制呼吸中枢和麻痹呼吸肌的作用，早期即可出现呼吸衰竭，是死亡的主要原因。脑、肺水肿又可加重和促使呼吸衰竭发生。敌敌畏对肠道黏膜有明显刺激，从 2 例切开洗胃病例发现，胃内有大量脱落的胃黏膜，说明敌敌畏可导致急性糜烂性胃炎，可促使消化道大出血及胃穿孔发生[12]。

对从事敌敌畏挥发剂型生产的 13 名男女工人的观察结果：每天接触敌敌畏的平均浓度为 0.7mg/m$^3$(大多在 0.06~1.80mg/m$^3$)，共 8 个月，发现血浆和红细胞胆碱酯酶活性有中度和轻度抑制(抑制率分别为 60% 和 35%)，停止接触 1a 后，两种胆碱酯酶活性恢复到正常水平。体格检查和其他生化检验均正常[1]。

## 【危害分类与管制情况】

| 序号 | 毒性指标 | PPDB 分类 | PAN 分类 |
|---|---|---|---|
| 1 | 高毒 | 是 | 是 |
| 2 | 致癌性 | 可能(IARC 2B) | 是 |
| 3 | 致突变性 | 是 | — |
| 4 | 内分泌干扰性 | 可能 | 疑似 |
| 5 | 生殖发育毒性 | 否 | 可能 |
| 6 | 胆碱酯酶抑制剂 | 是 | 是 |
| 7 | 神经毒性 | 是 | 是 |
| 8 | 呼吸道刺激性 | 可能 | — |
| 9 | 皮肤刺激性 | 是 | — |
| 10 | 眼刺激性 | 是 | — |
| 11 | 污染地下水 | — | 可能 |
| 12 | 国际公约或优控名录 | 列入 PAN 名录 | |

注：PPDB 数据库由英国赫特福德郡大学农业与环境研究所开发；PAN 数据库来自北美农药行动网(PANNA)；"—"表示无此项。

## 【限值标准】

每日允许摄入量（ADI）为 0.00008mg/（kg bw·d），急性参考剂量（ARfD）为 0.002mg/（kg bw·d）[3]。操作者允许接触水平（AOEL-全身）为 0.0005mg/（kg bw·d）。WHO 饮用水健康基准指导值为 0.02mg/L[13]。

## 参 考 文 献

[1] TOXNET（Toxicology Data Network）. https://toxnet.nlm.nih.gov/cgi-bin/sis/search2/f?./temp/~AkcYxf:3:enex[2015-06-26].

[2] Tomlin C D S. The e-Pesticide Manual: A World Compendium. 13th ed. Surrey: British Crop Protection Council, 2003.

[3] PPDB: Pesticide Properties DataBase. http://sitem.herts.ac.uk/aeru/ppdb/en/Reports/220.htm [2015-06-26].

[4] 蒲韵竹, 王卓, 王丽星. 敌敌畏对斑马鱼的遗传毒性和生殖毒性作用表现. 中国药理学与毒理学杂志, 2013, (2):263-267.

[5] 侯玉蓉, 曾艳, 杨金丹. 长期低剂量暴露敌敌畏对大鼠肾脏组织抗氧化能力的影响. 预防医学情报杂志, 2014, 30(07):501-504.

[6] Bharathi C, Prasada Rao D G. Toxicity to and oxygen consumption of the freshwater snail Thiara (Stenomelania) torulosa (Bruguiere) in relation to organophosphorus insecticide exposure. Bull Environ Contam Toxicol, 1989, 42(5):773-777.

[7] 唐若依, 隋金玲. 敌敌畏对雄性小鼠生殖器官重量指数及性激素水平的影响. 中国农学通报, 2013, 29(2):12-15.

[8] 周好乐. 敌敌畏和氧乐果对小鼠精子畸形的影响. 环境与健康杂志, 2007, 24(3):167-168.

[9] 曾莉, 王玉芸, 张洁. 敌敌畏对大鼠睾丸 Leydig 细胞凋亡的影响. 中华男科学杂志. 2009, 15(11):1001-1006.

[10] Horn K H, Teichmann B, Schramm T, et al. Studies on dichlorvos (DDVP). Ⅱ. Testing of dichlorvos for carcinogenic activity in rats. Arch Geschwulstforsch, 1988, 58(1):1-10.

[11] Mackison F W, Stricoff R S, Partridge L J. NIOSH/OSHA—Occupational Health Guidelines for Chemical Hazards. DHHS(NIOSH) Publication No. 81-123 (3 VOLS). Washington DC: U.S. Government Printing Office, 1981: 1.

[12] 王莉, 郑龚芸, 刘莹. 敌敌畏中毒 165 例临床分析. 齐齐哈尔医学院学报, 1999, (5):480-481.

[13] PAN Pesticides Database—Chemicals. http://www.pesticideinfo.org/Detail_Chemical.jsp? Rec_Id=PC33362 [2015-06-26].

# 敌瘟磷（edifenphos）

## 【基本信息】

化学名称：*O*-乙基-*S,S*-二苯基二硫代磷酸酯
其他名称：稻瘟光，克瘟散，Hinosan，EDDP
CAS 号：17109-49-8
分子式：$C_{14}H_{15}O_2PS_2$
相对分子质量：310.37
SMILES：O=P（Sc1ccccc1）（Sc2ccccc2）OCC
类别：有机磷杀菌剂（兼有一定的杀虫作用）
结构式：

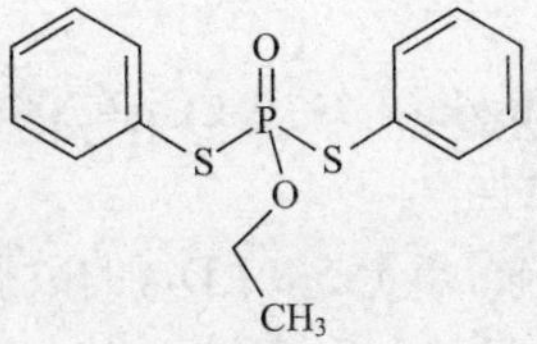

## 【理化性质】

黄色至浅棕色透明液体，带有硫醇的特殊气味。密度 1.251g/mL，熔点–25℃，沸点 154℃，饱和蒸气压（25℃）0.032mPa。水溶解度为 56mg/L（20℃）。有机溶剂溶解度（20℃）：正己烷，35000mg/L；二氯甲烷，200000mg/L；异丙醇，200000mg/L；甲苯，200000mg/L。辛醇/水分配系数 $\lg K_{ow}$ =3.83。

## 【环境行为】

### (1) 环境生物降解性

在土壤中的好氧生物降解半衰期为 21d。在适应菌的作用下，在水中很快降解。在灭菌土壤中的降解率为 58%，而在非灭菌土壤中的降解率为 90%[1]。田间条件下，在水田土壤中的消解半衰期为 5~6d[2]。

### (2) 环境非生物降解性

在紫外光作用下可发生光解。大气中，气态敌瘟磷与羟基自由基的反应速率

常数约为 $4.1 \times 10^{-11} cm^3/(mol \cdot s)$ (25℃)，间接光解半衰期约为 8.7h。在 20℃、pH 为 7 条件下，水解半衰期为 19d；25℃、pH 为 9 条件下水解半衰期为 2d[1]。

**（3）环境生物蓄积性**

雌性孔雀鱼、雄性孔雀鱼、鳉鱼、金鱼和白云山鱼体内 BCF 值分别为 40.6、29.3、28.8、38.9 和 29.3，在水生生物体内生物富集性较弱[1]。

**（4）土壤吸附/移动性**

$K_{oc}$ 为 1863，在土壤中移动性较弱（轻微移动性）。

## 【生态毒理学】

鸟类（山齿鹑）急性 $LD_{50}$ = 290mg/kg，鱼类（虹鳟鱼）96h $LC_{50}$ = 0.43mg/L（高毒），溞类（大型溞）48h $EC_{50}$ = 0.000032mg/L（剧毒）[3]。

## 【毒理学】

**（1）一般毒性**

大鼠急性经口 $LD_{50}$=150mg/kg，经皮 $LC_{50}$=700mg/kg，吸入 $LC_{50}$=0.32mg/L。有轻微皮肤刺激性，无眼刺激性[3]。

雄、雌鼠分别腹膜内注射相当于 5/8 $LD_{50}$ 的敌瘟磷溶液，于不同时期测定鼠脑、颌下腺和血清中胆碱酯酶活性。敌瘟磷对以上各组织的胆碱酯酶活性抑制程度大致相同。最大抑制时间雄鼠为注射后 1h，雌鼠则为 6h。恢复较慢，至少需要 3 周才达到正常。

给大鼠口服给药敌瘟磷，研究其在血浆和肝组织中的生化变化。将断奶的 Wistar 大鼠随机分组，给予 0mg/kg、5mg/kg、10mg/kg、20mg/kg 和 40mg/kg 的敌瘟磷暴露，染毒 8 周后，断食 12h，然后处死。20mg/kg 和 40mg/kg 剂量组，大鼠肝脏质量，肝微粒体蛋白、磷脂、细胞色素 P450 的浓度及氨基比林基-N-脱甲基酶和苯胺羟化酶的活性相对增加。所有剂量组，羟化酶和葡萄糖醛酸基转移酶的活性均未发生变化。20mg/kg 和 40mg/kg 剂量组，血浆胆碱酯酶部分抑制。40mg/kg 剂量组，血浆总胆固醇显著升高。10mg/kg 剂量组，大鼠 8 周后未见不良作用。敌瘟磷属于肝脏混合功能氧化酶诱导剂，可改变血浆胆固醇浓度[4]。

**（2）神经毒性**

母鸡气管插管暴露 547mg/kg bw（$LD_{50}$ 水平）的敌瘟磷，同时给予阿托品 50mg/kg 治疗，未见中毒的延迟神经毒性迹象。3 周后母鸡的中枢和外周神经系统的部分组织学检查发现轴突的负反应和髓鞘破坏[5]。

### (3)生殖发育毒性

大鼠 3 代繁殖试验结果显示，150mg/kg 剂量组产仔数及仔鼠体重显著下降，活力和泌乳指数轻微下降。F3 代组织学检查没有发现主要的组织器官的不良影响，NOAEL 为 15mg/kg[5]。

### (4)致癌、致突变性

大鼠给予 0mg/kg、2mg/kg、5mg/kg、15mg/kg 和 150mg/kg 的敌瘟磷暴露 2a(每组中雌雄各 50 只，对照组雌雄各 100 只)，血生化和尿液各项参数均正常。150mg/kg 剂量组，碱性磷酸酶活性轻度下降，血浆和红细胞胆碱酯酶活性受到抑制，雌性大鼠脑胆碱酯酶活性受到抑制。15mg/kg 及以上剂量组，雄性大鼠肾上腺体积略有增加。15mg/kg 和 150mg/kg 剂量组，大鼠骨髓管腔中钙盐沉积，150mg/kg 剂量组还发现肾小球肾病发病率增加，而雌性大鼠未出现这些变化。对肿瘤指标进行检查，未发现潜在的致癌性[5]。

## 【人类健康效应】

典型的有机磷中毒症状包括：①毒蕈碱样症状：支气管分泌物增加、多汗、流涎、瞳孔缩小、流泪、支气管痉挛、腹痛、呕吐、腹泻、心动过缓；②烟碱样症状：肌纤维颤动、膈肌和呼吸肌颤动、心动过速；③中枢神经系统症状：头痛、头晕、烦躁不安、精神错乱、抽搐、昏迷及呼吸中枢抑制。轻度中毒仅出现毒蕈碱样和烟碱样的症状，重症患者常表现为中枢神经系统受累；由于上述症状的结合，临床表现以呼吸衰竭为主，有时会导致肺水肿[6]。

## 【危害分类与管制情况】

| 序号 | 毒性指标 | PPDB 分类 | PAN 分类 |
| --- | --- | --- | --- |
| 1 | 高毒 | 是 | 是 |
| 2 | 致癌性 | 否 | 无充分证据 |
| 3 | 致突变性 | 无数据 | — |
| 4 | 内分泌干扰性 | 无数据 | 无充分证据 |
| 5 | 生殖发育毒性 | 无数据 | 无充分证据 |
| 6 | 胆碱酯酶抑制剂 | 是 | 是 |
| 7 | 神经毒性 | 是 | — |
| 8 | 呼吸道刺激性 | 无数据 | — |
| 9 | 皮肤刺激性 | 是 | — |
| 10 | 眼刺激性 | 否 | — |
| 11 | 国际公约或优控名录 | 列入 PAN 名录 | |

注：PPDB 数据库由英国赫特福德郡大学农业与环境研究所开发；PAN 数据库来自北美农药行动网(PANNA)；"—"表示无此项。

## 【限值标准】

每日允许摄入量(ADI)为 0.003mg/(kg bw · d)[3]。

参 考 文 献

[1] Rajaram K P, Sethunathan N. Persistence and biodegradation of hinosan in soil. Bull Environ Contam Toxicol, 1976 , 16(6):709-715.

[2] TOXNET(Toxicology Data Network). https://toxnet.nlm.nih.gov/cgi-bin/sis/search2/f?./temp/~CkecwQ:3:enex[2015-06-26].

[3] PPDB: Pesticide Properties DataBase. http://sitem.herts.ac.uk/aeru/ppdb/en/Reports/1205.htm [2015-06-26].

[4] Poul J. Biochemical changes in liver and plasma of rats after oral administration of edifenphos. Toxicol Lett, 1983,16(1-2):31-34.

[5] International Programme on Chemical Safety's Joint Meeting on Pesticide Residues (JMPR). http://www.inchem.org/pages/jmpr.html [2003-06-16].

[6] WHO. Environmental Health Criteria 63: Organophosphorus Pesticides, 1986. http://www.inchem.org/pages/ehc.html [2003-07-22].

# 敌蚜胺（fluoroacetamide）

## 【基本信息】

化学名称：氟乙酰胺

CAS 号：640-19-7

分子式：$C_2H_4FNO$

相对分子质量：77.06

SMILES：FCC(=O)N

类别：酰胺类杀虫剂、杀鼠剂

结构式：

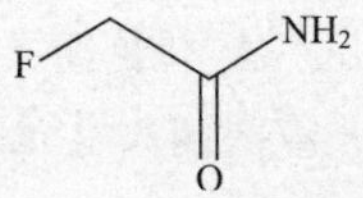

## 【理化性质】

白色、无嗅、无味的针状晶体，熔点 107~109℃，加热能升华，高于 170℃时分解。密度 1.14g/mL，饱和蒸气压 132100kPa（25℃），水溶解度 1000g/L（20℃）；辛醇/水分配系数 $\lg K_{ow} = -1.05$，亨利常数为 $2.23×10^{-8}$atm·$m^3$/mol。

## 【环境行为】

### (1)环境生物降解性

可通过生活污水处理厂的微生物降解。在花园土壤中敌蚜胺（10mg/kg）对蚜虫的药效仅持续 3 周[1]；对照土壤组经高压灭菌，17 周后敌蚜胺的药效依然存在，说明敌蚜胺在自然土壤中可发生微生物降解。

### (2)环境非生物降解性

大气中，气态敌蚜胺与羟基自由基反应的速率常数约为 $2.1×10^{-12}$ $cm^3$/(mol·s)（25℃），间接光解半衰期约为 7.8d。由于在紫外光（>290nm）波段无吸收光谱，不可直接光解。25℃时水解速率常数为 $3.3×10^{-5}h^{-1}$，水解半衰期约 2.4a（pH=7），难水解。

**(3)生物蓄积性**

BCF 值为 3，水生生物中生物蓄积性弱[2]。

**(4)土壤吸附/移动性**

吸附系数 $K_{oc}$ 为 6.4，在土壤中移动性较强[3]。

**(5)水/土壤中蒸发性**

亨利常数为 $2.23×10^{-8}$atm·$m^3$/mol，在水体表面难挥发[1]。饱和蒸气压为 132.1kPa(25℃)，说明可从干燥土壤表面挥发进入大气环境。

# 【生态毒理学】

鸟类(雉科)急性 $LD_{50}$ = 13mg/kg，鱼类(鲫鱼)96h $LC_{50}$ = 40mg/L[4]。

# 【毒理学】

**(1)一般毒性**

大鼠急性经口 $LD_{50}$ = 13mg/kg[5]。主要损害神经系统，对心脏也有明显的损害作用，可导致各类心律失常，严重时可发生心室颤动。

**(2)神经毒性及心脏毒性**

选用健康家兔 20 只，随机分为 4 组，每组 5 只，Ⅰ组为对照组，Ⅱ、Ⅲ、Ⅳ组中毒剂量分别为 1.5mg/kg、2.0mg/kg、10.0mg/kg。结果表明：各剂量组家兔死亡时间不同，临床症状基本相同或相似，主要是神经症状，剖检变化无明显差异，主要是消化道黏膜脱落，心脏、肝脏等实质器官肿大、充血、淤血；中毒后第Ⅲ、Ⅳ组的组织学变化主要是退行性变化，组织细胞以变性、肿胀为主，而第Ⅱ组组织细胞的坏死比较广泛，有坏死灶形成，组织中有细胞增生；第Ⅱ组中毒家兔的部分组织的超微结构有明显变化。心肌纤维、肝细胞及脑神经细胞线粒体肿胀、嵴溶解消失；内质网扩张、脱颗粒；大脑神经纤维突触肿胀、突触小泡溶解及神经细胞胞浆溶解；中毒后，血红蛋白含量及红细胞数明显减少，淋巴细胞数目增加；血清天门冬氨酸氨基转移酶、丙氨酸氨基转移酶、肌酸激酶、乳酸脱氢酶活性增强，肌酐、尿素含量升高；尿液 pH 降低；尿中葡萄糖、蛋白质、血红蛋白、尿胆素原含量升高；肠系膜淋巴结及外周血液中有标志的 T 淋巴细胞减少；十二指肠肠腺及肠黏膜碱性磷酸酶活性增强。研究结果证实，家兔敌蚜胺中毒能引起脑组织、肝脏、心脏、肾脏以及胃肠等多器官的损害，并且损害机体的免疫机能[6]。

**(3)生殖发育毒性**

通过饮食暴露给予雄性大鼠 50mg/kg 敌蚜胺，24h 后大鼠精子细胞形态发生改变，5d 后改变更显著；10d 之后，精子细胞出现退化，巨大细胞形成，精母细胞也受影响。5mg/kg、10mg/kg 和 20mg/kg 剂量暴露，大鼠精子细胞发生典型改变，但精母细胞未受影响。1mg/kg 剂量暴露，4d 后大鼠精子细胞发生典型改变，28d 后体重减少 50%。

通过饮食暴露给予雄性小鼠 15mg/kg 敌蚜胺，并用雌性小鼠进行繁殖试验，出现怀孕延长、产前死亡率增加、呼吸系统不正常、生长缓慢、存活率降低等现象[7]。

## 【人类健康效应】

急性中毒多见于误服或误食被毒死的禽畜肉等，经呼吸道和皮肤吸收引起的急性中毒较少见。人的口服半数致死量估计为 2～10mg/kg。敌蚜胺对神经系统及循环系统均有明显的毒性作用，中毒致死原因中循环衰竭仅次于中枢神经系统损伤。

根据临床表现，可分为轻、中、重三度。轻度中毒：头痛、头晕、口渴、恶心、呕吐、流涎，口服者胃部疼痛且烧灼感较显著。中度中毒：在轻度中毒基础上出现下列任何一个或几个症状：烦躁不安、阵发性抽搐、四肢麻木、肌肉痉挛、心肌轻度损害、血压下降、消化道分泌物增多、有血性呕吐物及呼吸困难等。重度中毒：在中度中毒基础上，出现下列症状：呼吸抑制、面色青紫、意识模糊、昏迷、阵发性强直性痉挛、心律失常、心力衰竭、严重心肌损害、肠麻痹及大小便失禁等。实验室检查中毒患者血氟、尿氟含量常增高。血清乳酸脱氢酶活性升高，血钙、血糖含量下降。病理检查心、肝、脾、肺、肾等主要脏器都有不同程度的出血、肿胀、坏死等组织变化，以循环系统较明显。敌蚜胺进入人体后，脱胺形成氟乙酸，干扰三羧酸循环。氟乙酸与三磷酸腺苷和辅酶 A 作用，形成氟代乙酰辅酶 A，再与草酰乙酸缩合，生成氟柠檬酸。后者有抑制乌头酸酶的作用，使氟柠檬酸不能代谢为乌头酸，从而阻断三羧酸循环中柠檬酸的氧化，造成柠檬酸积聚，丙酮酸代谢受阻，妨碍正常的氧化磷酸化作用。因此，乙酰胺是敌蚜胺中毒的特效解毒剂，在体内生成乙酸基，可与氟乙酸竞争，达到解毒效果。

急性敌蚜胺中毒 38 例报告显示，误服敌蚜胺后均出现头晕、恶心、呕吐、上腹部疼痛，继之发生阵发性抽搐症状，抽搐来势凶猛，反复发作，进行性加重。意识不清 8 例，呼吸困难 3 例，心音低钝 8 例，肺部啰音 2 例。血常规检查，仅少数患者白细胞数目略增高，余均正常。尿常规检查 30 例均正常。29 例血生化检查(血肌酐、尿素氮、钾、钠、氯)均正常，心肌酶肌酸激酶-同工酶(CPK-MB) 6 例中度升高，脑电图检查出现轻至中度异常，心电图检查 20 例，8 例示 ST-T 段低平或下。用乙醇解毒，将无水乙醇 5mL 溶于 100mL 葡萄糖溶液中静脉滴入治疗 5 例，用药后抽搐均减轻，其中 4 例于发病 12h 改用乙酸胺治疗均治愈，1 例重症患儿于发病 10h 后使用乙酸胺，患儿呼吸困难加重，深昏迷，抢救无效死亡。37 例治愈患儿随访 1 个月，无心、脑、肾等并发症[8]。

## 【危害分类与管制情况】

| 序号 | 毒性指标 | PPDB 分类 | PAN 分类 |
|------|----------|-----------|----------|
| 1 | 高毒 | 是 | 是 |
| 2 | 致癌性 | 否 | 无证据 |
| 3 | 内分泌干扰性 | 可能 | 无证据 |
| 4 | 生殖发育毒性 | 是 | 无证据 |
| 5 | 胆碱酯酶抑制剂 | 否 | 否 |
| 6 | 神经毒性 | 是 | — |
| 7 | 国际公约或优控名录 | 列入 PAN 名录 | |

注：PPDB 数据库由英国赫特福德郡大学农业与环境研究所开发；PAN 数据库来自北美农药行动网（PANNA）；"—"表示无此项。

## 【限值标准】

无信息。

## 参 考 文 献

[1] TOXNET（Toxicology Data Network）. https://toxnet.nlm.nih.gov/cgi-bin/sis/search2/f?./temp/~FX4kLH:3:enex[2015-06-26].

[2] Hansch C, Leo A, Hoekman D. Exploring QSAR. Hydrophobic, Electronic, and Steric Constants. Washington DC: American Chemical Society, 1995: 4.

[3] Verschueren K. Handbook of Environmental Data on Organic Chemicals. 4th ed. New York: John Wiley and Sons, 2001, V1: 1165.

[4] PPDB:Pesticede Properties DataBase. http://sitem.herts.ac.uk/aeru/ppdb/en/Reports/338.htm [2015-06-26].

[5] Tomlin C D S. The Pesticide Manual—World Compendium. 10th ed. Surrey: The British Crop Protection Council, 1994: 492.

[6] 张小丽. 家兔实验性氟乙酰胺中毒的病理学研究. 兰州: 甘肃农业大学硕士学位论文, 2002.

[7] Hayes W J, Laws E R. Handbook of Pesticide Toxicology. Volume 3. Classes of Pesticides. New York: Academic Press, 1991:1279.

[8] 綦美霞, 崔建秀, 别慧玲. 急性氟乙酰胺中毒 38 例报告. 中国乡村医药, 2000,(3):23.

# 地安磷(mephosfolan)

## 【基本信息】

化学名称：二乙基-(4-甲基-1,3-二硫戊环-2-亚基)氨基磷酸酯

其他名称：稻棉磷，地胺磷，二噻磷，甲基环胺磷，美福松

CAS 号：950-10-7

分子式：$C_8H_{16}NO_3PS_2$

相对分子质量：269.32

SMILES：O=P(OCC)(/N=C1\SCC(S1)C)OCC

类别：有机磷内吸杀虫剂

结构式：

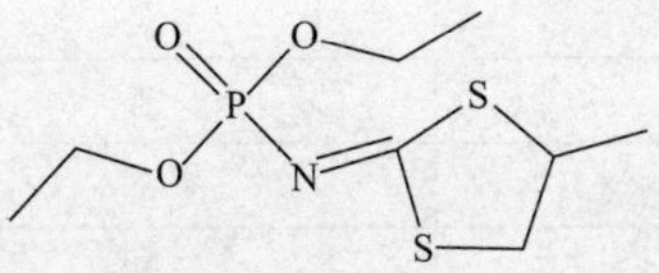

## 【理化性质】

黄至琥珀色液体，密度 1.539g/mL，沸点 120℃(0.13Pa)。饱和蒸气压 4.24mPa(25℃)，水溶解度 57mg/L(20℃)，可溶于苯、醇、酮等有机溶剂。辛醇/水分配系数 $lgK_{ow}$ =1.04，亨利常数为 $1.21×10^{-5}$ Pa·m³/mol(25℃)。

## 【环境行为】

在施用过地安磷的土壤中施用地安磷 8 周后，降解率为 95%；而在未施用过的土壤中降解率仅为 23%~25%[1]。

## 【生态毒理学】

鸟类(日本鹌鹑)急性 $LD_{50}$ =12.8mg/kg，鱼类(鲤鱼)96h $LC_{50}$ = 54.5mg/L，水生无脊椎动物(溞类)48h $EC_{50}$ = 0.0003mg/L，藻类 72h $EC_{50}$ > 52.8mg/L[2]。

## 【毒理学】

大鼠急性经口 $LD_{50}$ = 8.9mg/kg，兔经皮 $LD_{50}$ = 9.7mg/kg，小鼠急性经口 $LD_{50}$=11.3mg/kg[2]。

地安磷属于有机磷杀虫剂，具有胆碱酯酶抑制性、神经毒性。雄性大鼠饮食暴露 15mg/kg 的地安磷，持续 90d，未观察到体重增长等效应，但是红细胞和脑胆碱酯酶活性降低[3]。

## 【人类健康效应】

暂无数据。

## 【危害分类与管制情况】

| 序号 | 毒性指标 | PPDB 分类 | PAN 分类 |
| --- | --- | --- | --- |
| 1 | 高毒 | 是 | 无证据 |
| 2 | 致癌性 | 否 | 无证据 |
| 3 | 胆碱酯酶抑制剂 | 是 | 是 |
| 4 | 神经毒性 | 是 | — |
| 5 | 国际公约或优控名录 | 列入 PAN 目录，WHO 淘汰品种 | |

注：PPDB 数据库由英国赫特福德郡大学农业与环境研究所开发；PAN 数据库来自北美农药行动网（PANNA）；"—"表示无此项。

## 【限值标准】

无数据。

# 参 考 文 献

[1] Suett D L, Jukes A A. Evidence and implications of accelerated degradation of organophosphorus insecticides in soil. Toxicol Environ Chem, 1988, 18(1):37-49.

[2] PPDB: Pesticide Properties DataBase. http://sitem.herts.ac.uk/aeru/ppdb/en/Reports/436.htm [2015-08-07].

[3] Walker S B, Worthing C R. The Pesticide Manual : A World Compendium. Thornton Heath: The British Crop Protection Council, 1983: 528.

# 地虫硫磷(fonofos)

## 【基本信息】

化学名称：*O*-乙基-*S*-苯基二硫代膦酸乙酯

其他名称：大风雷，地虫磷，dyfonate，captos

CAS 号：944-22-9

分子式：$C_{10}H_{15}OPS_2$

相对分子质量：246.3

SMILES：S=P(Sc1ccccc1)(OCC)CC

分类：有机磷杀虫剂

结构式：

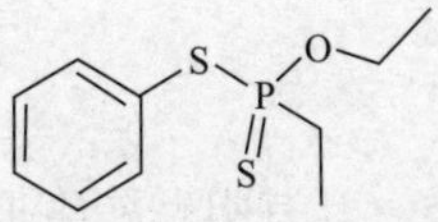

## 【理化性质】

透明无色液体，有芳香气味。密度 1.17g/mL，沸点 130℃(0.1mmHg, 25℃)，饱和蒸气压 27mPa(25℃)，水溶解度 13mg/L(20℃)，与丙酮、乙醇、二甲苯、煤油等有机溶剂互溶；辛醇/水分配系数 $\lg K_{ow} = 3.9$，亨利常数为 0.656Pa·m$^3$/mol。

## 【环境行为】

### (1)环境生物降解性

不同研究的土壤降解半衰期为 48~150d。田间条件下，地虫硫磷在江西红壤和江苏黄棕壤中的消解半衰期分别为 43.1d 和 37.5d。另有报道，在土壤中的好氧生物降解半衰期为 99d(实验室，20℃)，田间土壤中为 40d[1]。

### (2)环境非生物降解性

在水中较稳定，在 25℃、pH 为 5、6、7 和 8 条件下，水解半衰期分别为 350d、287d、154d 和 48.3d[2]。但在 pH 为 5 且有铜离子存在时，水解半衰期小于 1d。可发生光解，当存在蒽醌时地虫硫磷在 1h 内光解完全。一些植物中会有鱼藤酮和叶绿体，可增强叶面上地虫硫磷的光分解作用。

**(3)生物蓄积性**

在鱼体(食蚊鱼)中的 BCF < 2，也有研究显示 BCF = 300，14d 的清除率约为90%[3]。

**(4)土壤吸附/移动性**

吸附系数 $K_{oc}$ = 870，在土壤中有轻微移动性，对地下水可能会造成潜在污染。随着温度降低和有机质含量特别是腐殖酸和相关阳离子增加，土壤对地虫硫磷的吸附性增加。

## 【生态毒理学】

鸟类(绿头鸭)急性 $LD_{50}$=128mg/kg，鱼类(太阳鱼)96h $LC_{50}$ = 0.028mg/L，溞类(大型溞)48h $EC_{50}$=0.0023mg/L、21d NOEC=0.00008mg/L，水生甲壳类动物 96h $LC_{50}$=0.00041mg/kg，底栖动物(摇蚊)96h $LC_{50}$=0.039mg/L，藻类72h $EC_{50}$= 1.5mg/L、96h NOEC=0.5mg/L，蜜蜂接触 48h $LD_{50}$>3.3μg，蚯蚓 14d $LD_{50}$= 218mg/kg[4]。

## 【毒理学】

地虫硫磷属于有机磷农药类，具有胆碱酯酶抑制性、神经毒性等，此外还具有疑似生殖和发育毒性。动物试验未发现致癌、致畸、致突变作用[4]。

**(1)一般毒性**

大鼠急性经口 $LD_{50}$ = 6.8mg/kg，经皮 $LD_{50}$ = 147mg/kg。用地虫硫磷饲喂大鼠(每个剂量雌雄各 20 只)，剂量分别为 0mg/kg、3.7mg/kg、14.2mg/kg、57.7mg/kg和 116mg/kg，持续暴露 24 个月。结果发现：雌性 57.7mg/kg 组稀便和掉毛发生率增加，雌性 116mg/kg 组体重降低，肾上腺、肾及肝重降低；地虫硫磷对大鼠的慢性 NOAEL 为 14.2mg/kg[5]。

用地虫硫磷饲喂比格犬(每个剂量雌雄各 4 只)，持续暴露 106 周，剂量分别为 0mg/kg、16mg/kg(第 14 周时减少到 8mg/kg)、60mg/kg 和 240mg/kg。结果显示：地虫硫磷对比格犬的慢性 NOAEL< 8mg/kg(8mg/kg 剂量组出现肌肉抽搐，240mg/kg 剂量组雄性肝重增加、前列腺质量减小，同时出现死亡率增加)。临床症状明显，表现为摄食量减少、体重增加、小肠肌嗜碱性颗粒增加、肝细胞质的双核肝细胞色素和嗜酸粒细胞增多。红细胞和血浆胆碱酯酶显著抑制，出现中枢神经系统症状[5]。

**(2)生殖毒性**

将地虫硫磷(纯度 95.6%)经口染毒 CD-1 小鼠(每个剂量两种性别各 29~

30 只),持续暴露 6~15d,剂量分别为 0mg/(kg・d)(玉米油)、2mg/(kg・d)、4mg/(kg・d)、6mg/(kg・d)、8mg/(kg・d)。结果发现:母系 NOAEL=4mg/(kg・d)[8mg/(kg・d)组小鼠体重增加、摄食量减少,6mg/(kg・d)组 2 只死亡,8mg/(kg・d)组母系出现血泪症、震颤]。对子代发育的 NOEL = 2mg/(kg・d)[4mg/(kg・d)以上剂量组,小鼠心室扩张和其他软组织异常发生率增加][5]。

### (3)神经毒性

用填喂法给予母鸡地虫硫磷(纯度 94.2%)暴露,剂量为 0mg/kg 和 143mg/kg,接着观察 21~22d。结果发现:地虫硫磷对母鸡的神经毒性 NOAEL = 143mg/kg(毒性症状包括死亡、站立不稳等)。组织病理学检查发现:143mg/kg 组母鸡脑、脊髓及神经末梢轴突出现改变。胆碱酯酶 NOAEL<143mg/kg(143mg/kg 组母鸡脑胆碱酯酶水平相对对照组降低 51%)[5]。

### (4)致突变性

鼠伤寒沙门氏菌致突变试验结果显示地虫硫磷无致突变作用。使用地虫硫磷(100%纯度)饲喂 C57BL/6JfCD-1/AIpk 小鼠(每个剂量雌雄各 15 只),剂量分别为 0mg/kg(玉米油)、6.0mg/kg 和 9.5mg/kg。分别在 24h、48h 和 72h 对每个剂量每种性别的小鼠抽样 5 只,提取骨髓,未观察到多色血红细胞数量增加[5]。

## 【人类健康效应】

急性中毒多在 12h 内发病。轻度:头痛、头晕、恶心、呕吐、多汗、无力、胸闷、视力模糊、胃口不佳,全血胆碱酯酶活性一般下降至正常值的 50%~70%。中度:除上述症状外还出现轻度呼吸困难、肌肉震颤、瞳孔缩小、精神恍惚、步态不稳、大汗、流涎、腹泻。重者还会出现昏迷、抽搐、口吐白沫、大小便失禁、惊厥、呼吸麻痹[6]。

## 【危害分类与管制情况】

| 序号 | 毒性指标 | PPDB 分类 | PAN 分类 |
| --- | --- | --- | --- |
| 1 | 高毒 | 是 | 是 |
| 2 | 致癌性 | 否 | 不太可能 |
| 3 | 致突变性 | 否 | — |
| 4 | 生殖发育毒性 | 可能 | 无有效证据 |
| 5 | 胆碱酯酶抑制剂 | 是 | 是 |

续表

| 序号 | 毒性指标 | PPDB 分类 | PAN 分类 |
|------|----------|-----------|----------|
| 6 | 神经毒性 | 是 | — |
| 7 | 皮肤刺激性 | 否 | — |
| 8 | 眼刺激性 | 否 | — |
| 9 | 污染地下水 | — | 潜在影响 |
| 10 | 国际公约或优控名录 | 列入 PAN 目录，WHO 淘汰品种 | |

注：PPDB 数据库由英国赫特福德郡大学农业与环境研究所开发；PAN 数据库来自北美农药行动网（PANNA）；"—"表示无此项。

## 【限值标准】

美国饮用水健康标准参考剂量（RfD）为 $1.00\mu g/(kg \cdot d)$ [7]。

# 参 考 文 献

[1] Miles J R W, Tu C M, Harris C R. Persistence of eight organophosphorus insecticides in sterile and non-sterile mineral and organic soils. Bull Environ Contam Toxicol, 1979, 22(3):312-318.

[2] Chapman R A, Cole C M. Observations on the influence of water and soil pH on the persistence of insecticides. J Environ Sci Heal B, 1982, 17(5):487-504.

[3] USEP A. R. E. D./Reregistration Eligibility Decisions/Facts on O-ethyl S-phenyl ethylphos-phonodithiolate（fonofos）/944-22-9/. USEPA 738-F-99-019. http://www.epa.gov/pesticides/reregistration/status.htm [2003-07-22].

[4] PPDB: Pesticide Properties DataBase. http://sitem.herts.ac.uk/aeru/ppdb/en/Reports/356.htm [2015-08-09].

[5] California Environmental Protection Agency, Department of Pesticide Regulation. Toxicology data review summaries. http://www.cdpr.ca.gov/docs/toxsums/toxsumlist.htm [2003-06-16].

[6] WHO. Environmental Health Criteria 63: Organophosphorus Pesticides (1986). http://www.inchem.org/pages/ehc.html[2003-07-22].

[7] PAN pesticides Database—Chemicals. http://www.pesticideinfo.org/Detail_Chemical.jsp? Rec_Id=PC33170[2015-08-09].

# 地乐酚(dinoseb)

## 【基本信息】

化学名称：2-仲丁基-4,6-二硝基酚

其他名称：premerge, aretit, lvosit

CAS 号：88-85-7

分子式：$C_{10}H_{12}N_2O_5$

相对分子质量：240.22

SMILES：CCC(C)c1cc(cc([N+](=O)[O–])c1O)[N+](=O)[O–]

类别：苯酚类杀虫剂、除草剂

结构式：

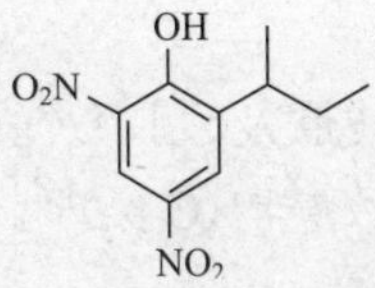

## 【理化性质】

橙色至棕色液体，密度 1.35g/mL，熔点 38℃，饱和蒸气压 6.7mPa(25℃)，水溶解度 52mg/L(20℃)。有机溶剂溶解度(20℃)：乙醇，480000mg/L。辛醇/水分配系数 $\lg K_{ow}$ =2.29，亨利常数为 $6.01 \times 10^{-4}$Pa·$m^3$/mol。

## 【环境行为】

### (1)环境生物降解性

不同土壤和环境条件下地乐酚降解速率不同，土壤降解半衰期为 14~42d。但有报道称，砂壤土中地乐酚的降解半衰期约为 100d，降解速率缓慢[1]。

### (2)环境非生物降解性

地乐酚的最大吸收波长为 375nm，在水中可发生直接光解[2]。当暴露于太阳光下时，在砂壤土中半衰期为 14h，光解是土壤中地乐酚的重要降解途径；水溶液中光解半衰期为 14~18d[3]。地乐酚蒸气压为 $8.5×10^{-2}$mmHg(20℃)，在大气中主要以气态形式存在，大气中气态地乐酚与羟基自由基反应的间接光解半衰期为 4.1d[4]。

地乐酚是一种弱酸，在碱性水溶液中可发生电离作用。25℃、pH 为 5~9 条件下，水中地乐酚 30d 内保持稳定[4]。

**（3）生物蓄积性**

基于水溶解度（50mg/L，20℃）预测的 BCF 值为 68，提示生物蓄积性弱[5]。

**（4）土壤吸附/移动性**

吸附系数 $K_{oc}$ = 124，地乐酚在土壤中移动性较强，可对地下水造成潜在污染影响[5]。

## 【生态毒理学】

鸟类（绿头鸭）急性 $LD_{50}$ = 9.5mg/kg，鱼类（鲑鱼科）96h $LC_{50}$ = 0.044mg/L，溞类（大型溞）48h $EC_{50}$ = 0.24mg/L，水生甲壳类动物 96h $LC_{50}$ = 0.170mg/L[6]。

## 【毒理学】

地乐酚具有生殖发育毒性、皮肤及眼刺激性，疑似内分泌干扰性，无胆碱酯酶抑制及神经毒性，为人类可疑致癌物（C 类）[6]。

**（1）一般毒性**

大鼠急性经口 $LD_{50}$ = 25mg/kg，家兔经皮 $LD_{50}$ =80～200mg/kg。

**（2）生殖发育毒性**

成年雄性大鼠通过饮食暴露于地乐酚，暴露浓度分别 50mg/kg、75mg/kg、225mg/kg 和 300mg/kg，持续 11 周。300mg/kg 剂量组暴露 20d 后 90%的精子出现畸形，30d 后观察到附睾精子数量减少。在暴露 20d、30d 时，出现精子细胞异常及多核生精细胞，50d 时生精细胞严重受损。此外，还发现 225mg/kg 和 300mg/kg 剂量组大鼠丧失生育能力，但交配行为不受影响，在脱离暴露 5 周后，毒性作用未得到有效缓解。50mg/kg 剂量组，观察到大鼠附睾精子数量减少、畸形精子、睾丸损伤，但繁殖能力未受显著影响，且这些有害作用是可逆的[7]。

怀孕的 CD 大鼠在器官形成的关键时期（受孕后 6~15d），通过灌胃方式给予 2.5mg/kg、5.0mg/kg、10mg/kg 和 15mg/kg 的地乐酚暴露，发现最高剂量组（15mg/kg）可造成母体毒性及胚胎毒性（胎鼠体重减轻、多余肋骨发生率增加及小眼畸形）[8]。

采用口服、皮下或腹腔注射的方式给予小鼠地乐酚暴露，17.7~20mg/(kg·d) 的暴露剂量可造成母体毒性。17.7mg/(kg·d) 皮下或腹腔注射可造成子代畸形，包括骨骼缺陷、腭裂、脑积水和肾上腺发育不全。口服暴露不产生毛发或软组织发育缺损，但母体毒性水平可产生骨骼发育缺陷[9]。

### (3)致癌性

动物致癌性数据不充分。

## 【人类健康效应】

地乐酚可通过呼吸、饮食进入人体。短期内接触地乐酚，胃肠道系统、中枢神经系统可能受到影响。在高温环境下接触气溶胶可能导致死亡。长期或反复接触地乐酚时，可能对肾、肝、血液、眼睛和免疫系统产生影响，导致白内障。地乐酚也可能引起人类生殖毒性。

一项中毒案例发现，地乐酚中毒后，患者耗氧量、体温、呼吸频率、心率立即增加。地乐酚对于皮肤和黏膜的腐蚀性比苯酚温和，但是高浓度的地乐酚溶液会引起口咽部、食管和胃黏膜腐蚀。地乐酚对大脑和小脑可产生抑制后的刺激作用，引起肾小管损伤和肾坏死。中毒后的并发症包括肾功能不全、中毒性肝炎等[10]。

## 【危害分类与管制情况】

| 序号 | 毒性指标 | PPDB 分类 | PAN 分类 |
|---|---|---|---|
| 1 | 高毒 | 是 | 是 |
| 2 | 致癌性 | 否 | 可能 |
| 3 | 致突变性 | 否 | — |
| 4 | 内分泌干扰性 | 无数据 | 疑似 |
| 5 | 生殖发育毒性 | 是 | 是 |
| 6 | 胆碱酯酶抑制剂 | 否 | 否 |
| 7 | 神经毒性 | 否 | — |
| 8 | 皮肤刺激性 | 是 | — |
| 9 | 眼刺激性 | 是 | — |
| 10 | 国际公约或优控名录 | 列入 PIC 公约名录，WHO 指定的淘汰农药品种 | |

注：PPDB 数据库由英国赫特福德郡大学农业与环境研究所开发；PAN 数据库来自北美农药行动网(PANNA)；"—"表示无此项。

## 【限值标准】

每日允许摄入量(ADI)为 0.0011mg/(kg bw · d)[6]。美国饮用水健康标准：饮用水污染物最高限量(MCL)为 7.00μg/L，急性参考剂量(ARfD)为 7.00μg/(kg · d)。

加拿大饮用水中污染物最大可接受水平（MAC）为 10.0μg/L[11]。

# 参 考 文 献

[1] Stevens D K, Grenney W J, Yan Z, et al. Sensitive parameter evaluation for a vadose zone fate and treatment model. USEPA-600/S-2-89-039. 1989.

[2] Schneider M, Smith G W. Photochemical degradation of malathion NTIS PB-286115. 1978.

[3] USEPA. Drinking Water Health Advisory: Pesticides Chelsea. MI: Lewis Publishing, 1989: 324-325.

[4] TOXNET(Toxicology Data Network). https://toxnet.nlm.nih.gov/cgi-bin/sis/search2/f?./temp/~1RKdUi:1[2015-09-02].

[5] Kenaga E E. Predicted bioconcentration factors and soil sorption coefficients of pesticides and other chemicals. Ecotoxicol Environ Saf, 1980, 4(1):26-38.

[6] PPDB:Pesticide Properties DataBase. http://sitem.herts.ac.uk/aeru/ppdb/en/Reports/251.htm [2015-09-02].

[7] Linder R E, Scotti T M, Svendsgaard D J, et al. Testicular effects of dinoseb in rats. Arch Environ Contam Toxicol, 1982, 11(4):475-485.

[8] Giavini E, Broccia M L, Prati M, et al. Effect of method of administration on the teratogenicity of dinoseb in the rat. Arch Environ Contam Toxicol, 1986, 15(4):377-384.

[9] Gibson J E. Teratology studies in mice with 2-sec-butyl-4,6-dinitrophenol (dinoseb). Food Cosmet Toxicol, 1973, 11(1):31-43.

[10] Gosselin R E, Smith R P, Hodge H C. Clinical Toxicology of Commercial Products. 5th ed. Baltimore: Williams and Wilkins, 1984:157.

[11] PAN Pesticides Database—Chemicals. http://www.pesticideinfo.org/Detail_Chemical.jsp? Rec_Id=PC33325[2015-09-02].

# 碘硫磷（iodofenphos）

## 【基本信息】

化学名称：*O,O*-二甲基-*O*-(2,5-二氯-4-碘苯基)硫逐磷酸酯

其他名称：odophos，alfacron，*O, O*-dimethyl phosphorothioate

CAS 号：18181-70-9

分子式：$C_6H_8Cl_2IO_3PS$

相对分子质量：413

SMILES：Clc1cc(I)c(Cl)cc1OP(=S)(OC)OC

类别：有机磷类杀虫剂

结构式：

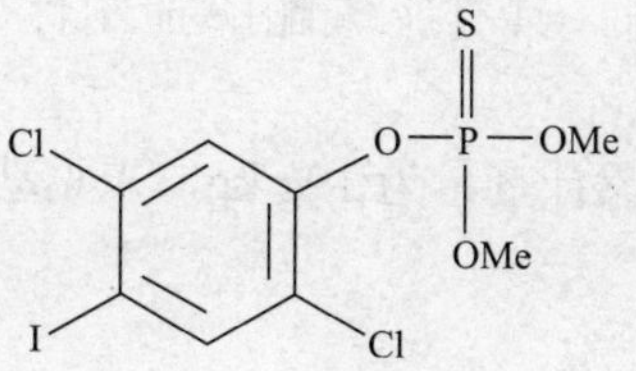

## 【理化性质】

无色、具有一定气味的晶体，密度 1.87g/mL，熔点 76℃，饱和蒸气压 0.11mPa(25℃)，水溶解度 0.1mg/L(20℃)，溶于丙酮、苯、乙烷。辛醇/水分配系数 $\lg K_{ow} = 5.51$，亨利常数为 $8.4 \times 10^{-2}$ Pa·m³/mol(25℃)。

## 【环境行为】

### (1)环境生物降解性

土壤降解半衰期为 70.5~85.1d，主要降解产物为 2,5-二氯-4-碘苯酚，主要降解反应是芳基酯键的断裂[1]。

### (2)环境非生物降解性

在大气中可同时以气相和颗粒相存在。大气中气态碘硫磷与羟基自由基的反

应速率常数约为 $5.6\times10^{-12}cm^3/(mol\cdot s)$ $(25℃)$，间接光解半衰期约为 $7d^{[2]}$。在人工光源光照和非光照条件下，雨水中的降解半衰期分别为 0.4d 和 $1.9d^{[1]}$。

**(3) 环境生物蓄积性**

鱼类(孔雀鱼)生物富集系数 BCF = 48000，清除速率常数 = $0.36d^{-1[3]}$，生物蓄积性强。

**(4) 土壤吸附/移动性**

吸附系数 $K_{oc}$(估测值)= 24000，说明其在土壤中的吸附性很强，不易移动[4]。

## 【生态毒理学】

鱼类：虹鳟鱼 96h $LC_{50}$=0.016mg/L、斑点叉尾鱼为 0.39mg/L、鲫鱼为 1~1.33mg/L、蓝鳃太阳鱼为 0.42~0.75mg/L；溞类(大型溞) 48h $EC_{50}$ = 0.0016mg/L[5]。

## 【毒理学】

大鼠经口 $LD_{50}$ = 2300mg/kg，经皮 $LD_{50}$ = 100mg/kg，吸入 $LC_{50} > 0.32$mg/L。碘硫磷属于有机磷杀虫剂，具有胆碱酯酶抑制性、神经毒性、呼吸道刺激性[5]。

大鼠经口染毒 43 周，累计剂量为 19g/kg，未见动物死亡。

## 【人类健康效应】

慢性中毒症状包括：头痛、虚弱、失忆、疲劳、失眠、食欲缺乏等，也可观察到心理障碍、眼球震颤、手指震颤及其他神经系统症状，有时发展为神经炎、麻痹性痴呆和瘫痪。

一名怀孕女性在 34~35 周时摄入碘硫磷出现急性呼吸道症状，包括：呼吸急促、双边鼾音及捻发音。心率 78 次/分，血压 120/80(mmHg)，胎心率 140 次/分。患者流涎症状明显，瞳孔缩小至针尖样。血浆和红细胞乙酰胆碱酯酶活性测定结果接近 0。静脉给予阿托品 2.4mg，同时输液 $0.02mg/(kg\cdot h)$，胎儿出现心动过速。胎儿剖宫产，身体出现低渗状态，Apgar 评分 3 分。给予婴儿呼吸机辅助呼吸 2d，并给予 $0.1mg/(kg\cdot h)$ 阿托品治疗 8d。母亲给予呼吸机辅助呼吸 8d，并给予 11d 阿托品治疗，婴儿中毒症状相对于母亲减轻[6]。

## 【危害分类与管制情况】

| 序号 | 毒性指标 | PPDB 分类 | PAN 分类 |
|---|---|---|---|
| 1 | 高毒 | 否 | 无有效证据 |
| 2 | 胆碱酯酶抑制剂 | 是 | 是 |
| 3 | 神经毒性 | 是 | — |
| 4 | 呼吸道刺激性 | 是 | — |
| 5 | 国际公约及优控名录 | 列入 PAN，WHO 淘汰的农药品种 | |

注：PPDB 数据库由英国赫特福德郡大学农业与环境研究所开发；PAN 数据库来自北美农药行动网(PANNA)；"—"表示无此项。

## 【限值标准】

俄罗斯(1993 年)规定环境空气中短期接触容许浓度为 $0.5mg/m^3$。

## 参 考 文 献

[1] Allmaier G M, Schmid E R. Effects of light on the organophosphorus pesticides bromophos and iodofenphos and their main degradation products examined in rainwater and on soil surface in a long-term study. J Agric Food Chem, 1985, 33(1):90-92.

[2] Meylan W M, Howard P H. Computer estimation of the Atmospheric gas-phase reaction rate of organic compounds with hydroxyl radicals and ozone. Chemosphere, 1993, 26(12):2293-2299.

[3] Debruijn J, Hermens J. Uptake and elimination kinetics of organophosphorous pesticides in the guppy (poecilia reticulata): correlations with the octanol/water partition coefficient. Environ Toxicol Chem, 2009, 10(6):791-804.

[4] Hansch C, Leo A, Hoekman D. Exploring QSAR: Hydrophobic, Electronic, and Steric Constants. Washington DC: American Chemical Society, 1995.

[5] PPDB: Pesticide Properties DataBase. http://sitem.herts.ac.uk/aeru/ppdb/en/Reports/400.htm [2015-09-03].

[6] Haddad L M. Clinical Management of Poisoning and Drug Overdose. 2nd ed. Philadelphia: W.B. Saunders Company, 1990:430.

# 丁硫克百威（carbosulfan）

## 【基本信息】

化学名称：2,3-二氢-2,2-二甲基苯并呋喃-7-基(二丁基氨基硫)甲基氨基甲酸酯

其他名称：好年冬，丁硫威，marshal，advantage

CAS 号：55285-14-8

分子式：$C_{20}H_{32}N_2O_3S$

相对分子质量：380.5

SMILES：c12c(CC(O2)(C)C)cccc1OC(N(SN(CCCC)CCCC)C)=O

类别：氨基甲酸酯类杀虫剂

结构式：

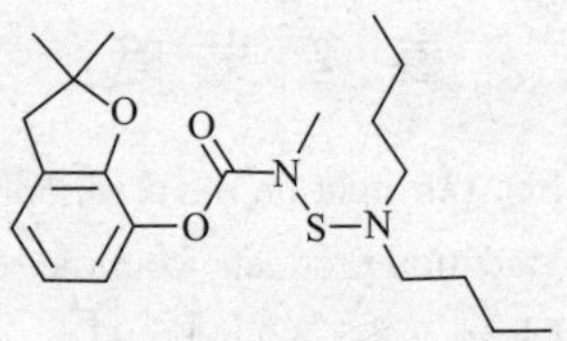

## 【理化性质】

橘黄色至棕色透明黏稠液体，密度 1.04g/mL，沸点 219.3℃，饱和蒸气压 0.0359mPa(25℃)。水溶解度为 0.11mg/L(20℃)。有机溶剂溶解度(20℃)：甲醇，250000mg/L；丙酮，互溶；二甲苯，互溶；乙酸乙酯，250000mg/L。辛醇/水分配系数 $\lg K_{ow}$ =7.42，亨利常数为 0.124Pa·$m^3$/mol。

## 【环境行为】

### (1)环境生物降解性

实验室条件下(20℃)，土壤中好氧降解半衰期为 29.2d；田间土壤好氧降解半衰期为 21d；水-沉积物系统中的降解半衰期为 4.8d，其中水相中为 1.6d。

### (2)环境非生物降解性

大气中，气态丁硫克百威与羟基自由基反应的速率常数 7.4×$10^{-12}$cm$^3$/(mol·s)(25℃)，间接光解半衰期为 17h[1]。丁硫克百威无吸收波长大于 290nm 的发色基

团，在阳光下不能直接光解。

酸性条件下易水解生成克百威，在中性和偏碱性条件下水解缓慢，温度升高促进水解。碱性条件下主要水解产物克百威可进一步水解为克百威酚。在 20℃，pH 分别为 5、7 和 9 条件下，水解半衰期分别为 0.2h、0.5d 和 7.2d。

**(3)生物蓄积性**

BCF = 990，清除半衰期($CT_{50}$)为 0.09d，具有中等生物蓄积性。

**(4)土壤吸附/移动性**

吸附系数 $K_{oc}$ = 9489，提示丁硫克百威在土壤中吸附性较强、移动性较低。

## 【生态毒理学】

鸟类(绿头鸭)急性 $LD_{50}$=10mg/kg、短期饲喂 $LC_{50}/LD_{50}$ = 3.99mg/(kg bw・d)，鱼类 96h $LC_{50}$ = 0.015mg/L(太阳鱼)、21d NOEC = 0.003mg/L(虹鳟鱼)，溞类(大型溞)48h $EC_{50}$ = 0.0015mg/L、21d NOEC = 0.0032mg/L，藻类(月牙藻)72h $EC_{50}$ = 47mg/L，蜜蜂接触 48h $LD_{50}$ = 0.18μg、经口 48h $LD_{50}$ = 1.04μg，蚯蚓 14d $LC_{50}$ = 4.8mg/kg[2]。

## 【毒理学】

大鼠急性经口 $LD_{50}$ = 224mg/kg(雄)、187mg/kg(雌)，急性吸入 $LC_{50}$ = 0.61~1.53mg/L(1h)，兔和大鼠急性经皮 $LD_{50}$ > 2000mg/kg。丁硫克百威具有胆碱酯酶抑制性、疑似生殖发育毒性[2]。

大鼠 90d 饲喂 NOAEL=20mg/kg，大、小鼠 2a 饲喂 NOAEL=20mg/kg。

60 只雌性和 60 只雄性大鼠通过饲喂暴露剂量为 0mg/kg、10mg/kg、20mg/kg、500mg/kg 和 2500mg/kg 的丁硫克百威，持续暴露 24 个月。评价指标包括：死亡率、体重、食物消耗量、耗水量、眼底检查、血液胆碱酯酶活性、临床化学、尿液分析、器官质量和组织病理学检查。研究发现：500mg/kg 组，大鼠体重和食物的消耗减小，并观察到中毒症状的发生率增加，脑、血浆和红细胞胆碱酯酶活性受到抑制[3]。

应注意：杂质 N-亚硝基二丁胺可能致癌。

## 【人类健康效应】

中毒症状：头昏、头痛、乏力、面色苍白、呕吐、多汗、流涎、瞳孔缩小、视力模糊。严重者出现血压下降、意识不清，皮肤出现接触性皮炎如缝针，局部红肿、奇痒，还出现眼结膜充血、流泪、胸闷、呼吸困难等中毒症状，一般为几分钟至 1h。

## 【危害分类与管制情况】

| 序号 | 毒性指标 | PPDB 分类 | PAN 分类 |
|------|----------|-----------|----------|
| 1 | 高毒 | 中毒 | 中毒 |
| 2 | 致癌性 | 否 | 无有效证据 |
| 3 | 内分泌干扰性 | 否 | 无有效证据 |
| 4 | 生殖发育毒性 | 可能 | 无有效证据 |
| 5 | 胆碱酯酶抑制剂 | 是 | 是 |
| 6 | 神经毒性 | 否 | — |
| 7 | 呼吸道刺激性 | 否 | — |
| 8 | 皮肤刺激性 | 否 | — |
| 9 | 眼刺激性 | 否 | — |
| 10 | 国际公约或优控名录 | 无 | |

注：PPDB 数据库由英国赫特福德郡大学农业与环境研究所开发；PAN 数据库来自北美农药行动网(PANNA)；"—"表示无此项。

## 【限值标准】

每日允许摄入量(ADI)为 0.005mg/(kg bw·d)，急性参考剂量(ARfD)为 0.005mg/(kg bw·d) [2]。

## 参 考 文 献

[1] Meylan W M, Howard P H. Computer estimation of the atmospheric gas-phase reaction rate of organic compounds with hydroxyl radicals and ozone. Chemosphere, 1993, 26(12):2293-2299.

[2] PPDB: Pesticide Properties DataBase. http://sitem.herts.ac.uk/aeru/ppdb/en/Reports/121.htm [2015-09-10].

[3] Choi W N, Mandakas G, Paradisin W. Co-administration of ethanol transiently inhibits urethane genotoxicity as detected by a kinetic study of micronuclei induction in mice. Mutat Res, 1996, 367(4):237-244.

# 毒虫畏(chlorfenvinphos)

## 【基本信息】

化学名称：2-氯-1-(2，4-二氯苯基)乙烯基二乙基磷酸酯

其他名称：杀螟威，顺式毒虫畏，$O,O$-二乙基-$O$-[2-氯-1-(2,4-二氯苯基)]乙烯基磷酸酯

CAS 号：470-90-6

分子式：$C_{12}H_{14}Cl_3O_4P$

相对分子质量：359.6

SMILES：CCOP(=O)(OCC)OC(=CCl)C1=C(C=C(C=C1)Cl)Cl

类别：有机磷杀虫剂

结构式：

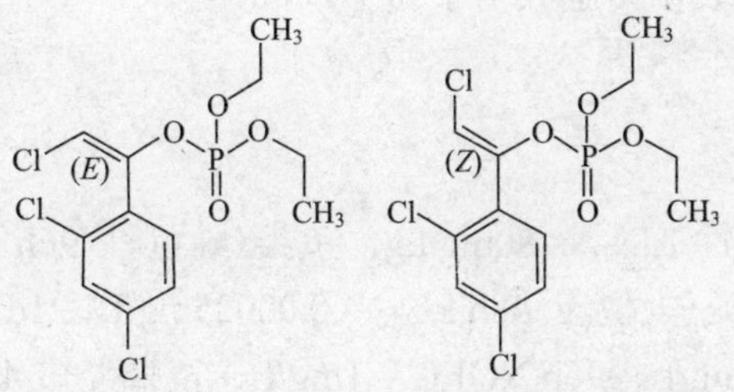

## 【理化性质】

琥珀色液体，具有轻微的气味，密度 1.36g/mL，熔点–20℃，沸点 167℃，饱和蒸气压 0.53mPa(25℃)，水溶解度 145mg/L(20℃)，与丙酮、己烷、乙醇、二氯甲烷、煤油、丙二醇、二甲苯互溶。辛醇/水分配系数 $\lg K_{ow}$ =3.8，亨利常数为 $2.9×10^{-8}$atm·$m^3$/mol。

## 【环境行为】

### (1)环境生物降解性

实验室条件下，土壤降解半衰期为 6~98d；田间条件下为 12~45d。微生物在毒虫畏的土壤降解中发挥着重要作用。在微生物量相对较少的泥炭土中降解缓慢，半衰期大于 150d。在无菌砂壤土中降解半衰期大于 24 周，而在未灭菌土壤中半

衰期不到 1 周。

**(2)环境非生物降解性**

25℃时饱和蒸气压为 0.53mPa，提示大气中毒虫畏可同时以气态和颗粒物吸附态存在。大气中气态毒虫畏与羟基自由基反应的速率常数为 $5.78×10^{-11}$cm³/(mol·s)(25℃)，间接光解半衰期约为 7h[1]。

水解速率受 pH 和温度的影响较大，在强碱性溶液中水解迅速。如果在 pH 为 9 和 38℃条件下，水解半衰期为 17d；在 pH 为 13 和 20℃条件下，水解半衰期为 1.3h[2]。在中性、常温(pH=7，20℃)条件下较为稳定，水解半衰期为 125d，水解产物为三氯苯乙酮。

**(3)环境生物蓄积性**

鱼类 BCF = 250，地中海蚌类 BCF = 255，蚯蚓 BCF = 200，具有中等生物蓄积性[3]。

**(4)土壤吸附/移动性**

吸附系数 $K_{oc}$ = 680，另有报道在粉砂壤土(有机质含量 3.53%)中 $K_{oc}$ = 295，提示毒虫畏在土壤中有轻度至中等移动性[4]。不同的矿物质和黏土中吸附分配系数($K_d$)为 10.6~256，表明可强吸附于黏土颗粒。

## 【生态毒理学】

鸟类(山齿鹑)急性 $LD_{50}$ = 80mg/kg，鱼类(鲑鱼科)96h $LC_{50}$ = 1.1mg/L、21d NOEC=0.03mg/L，潘类(大型潘)48h $EC_{50}$ = 0.00025mg/L、21d NOEC = 0.0001mg/L，藻类 72h $EC_{50}$ = 1.36mg/L、96h NOEC = 1mg/L，蜜蜂经口 48h $LD_{50}$ = 0.55μg，蚯蚓 14d $LC_{50}$ = 130mg/kg[5]。

## 【毒理学】

毒虫畏属于有机磷农药，具有胆碱酯酶抑制性、神经毒性和内分泌干扰性。

大鼠急性经口 $LD_{50}$=12mg/kg，兔经皮 $LD_{50}$=31mg/kg，大鼠吸入 $LC_{50}$=0.05mg/L[5]。小鼠腹腔注射 $LD_{50}$=87mg/kg，静脉注射 $LD_{50}$=87mg/kg。

大鼠急性暴露毒虫畏后，在 10min 内即出现中毒症状，包括：喉头有异常声响、流泪、呼吸急促、步态不稳、运动失调，继而出现昏迷、抽搐，直至死亡。死亡在给药 1h 后出现，若经 24h 不死亡，可逐渐恢复。

兔子通过腹腔注射 14.0mg/kg 毒虫畏，每 2 周 1 次，发现血浆和红细胞中胆碱酯酶活性分别降低 60%和 48%，恢复到暴露前水平需要 35d。暴露后 24h 兔子海马脑电图未改变，然而长时间暴露可导致脑功能性改变[6]。

## 【人类健康效应】

急性中毒症状：恶心、呕吐、腹部绞痛、腹泻、流涎；头痛、眩晕、虚弱；鼻溢液、胸闷(呼吸道暴露时)；视力减退或模糊、瞳孔缩小、睫状肌痉挛、眼部疼痛、散瞳症；心动过缓或心动过速，不同程度的心肌梗死及房性心律失常；共济失调、口齿不清、肌肉痉挛；精神错乱；呼吸困难、黄萎病、肺部啰音；抽搐、昏迷；由于重症肌无力、支气管狭窄等导致的死亡[7]。

9 名志愿者在左前臂涂抹毒虫畏制剂，4h 后停止暴露。112mg/(h·人)剂量组，血浆胆碱酯酶活性下降 67%以上，暴露 24h 后血中毒虫畏浓度为 0.012mg/L。70.8mg/(h·人)剂量组，血浆胆碱酯酶活性下降 53%，暴露 24h 后血中毒虫畏浓度为 0.006mg/L[8]。

## 【危害分类与管制情况】

| 序号 | 毒性指标 | PPDB 分类 | PAN 分类 |
|---|---|---|---|
| 1 | 高毒 | 是 | 是 |
| 2 | 致癌性 | 无数据 | 无充分证据 |
| 3 | 内分泌干扰性 | 是 | 疑似 |
| 4 | 生殖发育毒性 | 无数据 | 无充分证据 |
| 5 | 胆碱酯酶抑制剂 | 是 | 是 |
| 6 | 神经毒性 | 是 | — |
| 7 | 国际公约或优控名录 | 列入 PAN 名录 | |

注：PPDB 数据库由英国赫特福德郡大学农业与环境研究所开发；PAN 数据库来自北美农药行动网(PANNA)；"—"表示无此项。

## 【限值标准】

每日允许摄入量(ADI)为 0.0005mg/(kg bw·d)[5]。

# 参 考 文 献

[1] Meylan W M, Howard P H. Computer estimation of the atmospheric gas-phase reaction rate of organic compounds with hydroxyl radicals and ozone. Chemosphere, 1993, 26(12):2293-2299.

[2] Ruzicka J H, Thomson J, Wheals B B. The gas chromatographic determination of organophosphorus pesticides. Ⅱ. A comparative study of hydrolysis rates. J Chromatog, 1967,

31 (1):37-47.

[3] Serrano R, López F J, Hernández F, et al. Bioconcentration of chlorpyrifos, chlorfenvinphos, and methidathion in mytilus galloprovincialis. Bull Environ Contam Toxicol, 1997, 59(6):968-975.

[4] Briggs G G. Theoretical and experimental relationships between soil adsorption, octanol-water partition coefficients, water solubilities, bioconcentration factors, and the parachor. J Agric Food Chem, 2002, 29(5):1050-1059.

[5] PPDB: Pesticide Properties DataBase. http://sitem.herts.ac.uk/aeru/ppdb/en/Reports/138.htm [2015-09-12].

[6] Gralewicz S, Komalczyk W, Górny R, et al. Brain electrical activity (EEG) after repetitive exposure to chlorphenvinphos an organophosphate anticholinesterase: I. Rabbit. Pol J Occup Med, 1990, 3(1):51-67.

[7] Gosselin R E, Smith R P, Hodge H C. Clinical Toxicology of Commercial Products. 5th ed. Baltimore: Williams and Wilkins, 1985.

[8] Hayes W J, Laws E R. Handbook of Pesticide Toxicology. Volume 2. Classes of Pesticides. New York: Academic Press, 1991:1063.

# 毒杀芬(camphechlor)

## 【基本信息】

化学名称：八氯莰烯

其他名称：多氯化莰烯，氯化莰，toxaphene，olychlorcamphene

CAS 号：8001-35-2

分子式：$C_{10}H_{10}Cl_8$

相对分子质量：413.96

SMILES：ClC2(Cl)CC1C(C2(C(Cl)C1Cl)CCl)(C(Cl)Cl)CCl

类别：有机氯杀虫剂

结构式：

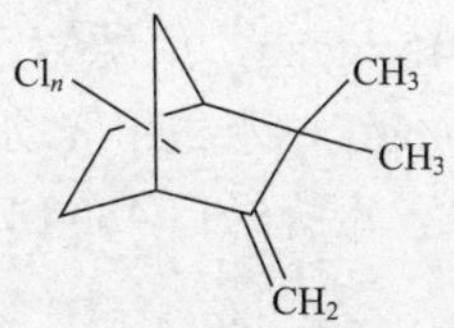

## 【理化性质】

乳白色、黄色或琥珀色蜡状固体，具松树味、轻微松节油气味或樟脑味，嗅阈值 2.4mg/m³。密度 1.65g/mL，熔点 78℃，饱和蒸气压 0.67mPa(25℃)。水溶解度为 3.0mg/L(20℃)。有机溶剂溶解度(20℃)：苯，4500g/L；四氯化碳，4500g/L；二甲苯，4500g/L；煤油，2800g/L。辛醇/水分配系数 $\lg K_{ow}$=3.3，亨利常数为 0.608 Pa·m³/mol(25℃)。

## 【环境行为】

### (1)环境生物降解性

土壤降解半衰期为 100d～12a。农田施用 8kg/hm² 毒杀芬，半年后约 70%残留于耕层土壤中。使用毒杀芬杀灭白蚁，10a 后土壤中仍有大量残留[1]。好氧条件下毒杀芬降解速率十分缓慢，但在厌氧条件下，微生物可以催化脱氯，形成低毒性的脱氯产物。研究发现，芽孢杆菌、假单胞菌、气杆菌、白腐菌等能促进毒杀芬降解，微生物对一些稳定性差的毒杀芬组分具有一定的降解作用。

**(2)环境非生物降解性**

化学性质稳定，在温度高于 150℃、有紫外线及碱性条件或有铁化合物催化下可发生分解，转化成脱氯产物，并释放出 HCl 气体。在强紫外光源高压汞灯光照条件下，光解半衰期约 10min。25℃时，六氯代和十氯代组分与大气羟基自由基反应的光解半衰期分别为 4.7d 和 8.4d。在水中非常稳定，水解半衰期为 8~14a。

**(3)环境生物蓄积性**

在动植物体内具有强富集性。实验室条件下，水生生物食蚊鱼 BCF=4247，溪红点鲑 BCF=76000[2]。田间喷洒毒杀芬后测得附近水体中毒杀芬浓度为 0.001mg/L，经过藻类、鱼类至食鱼鸟类可蓄积到 39mg/kg，生物富集能力达数万倍[3]。

**(4)土壤吸附/移动性**

毒杀芬是一种含有许多同族元素的混合物，不同组分的 $K_{oc}$ 值范围为 $2.1×10^5$~$1.0×10^6$，土壤吸附性强。自然湖水条件下可吸附于沉积物中，难脱附。

## 【生态毒理学】

鸟类(绿头鸭)急性 $LD_{50}$ >15mg/kg，鱼类(太阳鱼)96h $LC_{50}$ = 0.0044mg/L，溞类(大型溞)48h $EC_{50}$ = 0.0141mg/L，水生甲壳动物 96h $LC_{50}$ = 0.0021mg/kg，藻类(月牙藻)72h $EC_{50}$ > 0.38mg/L，蜜蜂经口 48h $LD_{50}$ > 19.1μg[4]。

## 【毒理学】

毒杀芬具有致癌性、生殖发育毒性及皮肤刺激性，还有疑似内分泌干扰毒性、呼吸道及眼刺激性[4]。

**(1)一般毒性**

大鼠急性经口 $LD_{50}$=50mg/kg。雌雄各 50 只大鼠暴露于两种剂量的毒杀芬 80 周后继续观察 28 或 30 周。雄性时间加权平均浓度为 556mg/kg 或者 1122mg/kg；雌性为 540mg/kg 或者 1080mg/kg，对照组包括雌雄各 10 只大鼠。结果发现：暴露组雌性大鼠的平均体重低于对照组。其他临床症状包括：高剂量组雄性及雌性 53 周时表现出身体颤抖、腿麻痹、共济失调、血尿、鼻出血及阴道出血、腹部膨胀、腹泻、呼吸困难。同时还发现毒杀芬可增加雄性和雌性大鼠甲状腺癌的发生率[5]。

**(2)致癌和致突变性**

毒杀芬暴露能够增加大鼠甲状腺滤泡癌、腺癌和肝细胞癌的发生率。通过显性致死试验、沙门氏菌诱变试验和 DNA 合成抑制试验，发现各剂量组小鼠的受孕率、死胎和吸收胎数与阴性对照组无差异，但胎鼠脑膨出在 3.12mg/kg 和 50mg/kg 组的发生率明显高于阴性对照组。TA100 菌株在不加 S9 条件下，800mg/皿毒杀芬及其以上剂量呈阳性反应。毒杀芬 25mg/kg 剂量对小鼠 DNA 合成有明显抑制作用。提示毒杀芬具有潜在的诱变作用[6]。

**(3)生殖发育毒性**

毒杀芬可引起特殊的器官胚胎毒性。移植胚胎用浓度分别为 0ng/mL（DMSO 0.01%）、100ng/mL、1000ng/mL 和 5000ng/mL 的毒杀芬处理 48h，体节、头部、中枢神经系统等形态学方面出现了不良效应，中枢神经系统损伤的发生率较高[7]。

生长在密西西比河畔的美洲鳄鱼出现大量的畸形和变异，而在这些鳄鱼的胚胎内就发现了高浓度的毒杀芬，推测水体高浓度有机氯杀虫剂污染是导致美洲鳄鱼畸形和变异的直接原因。

## 【人类健康效应】

对人类可能致癌，IARC 2B 致癌物。摄入可能致命，可引起大脑和脊髓的弥漫性刺激，导致惊厥，具有潜在的肾毒性，可能引起过敏性肺炎。

短时间摄入后通过胃和肠吸收 0.6g 会引起抽搐，以及恶心、呕吐、皮肤瘀斑、昏迷。成人致死剂量估测为 2~7g[8]。

中毒症状：兴奋过度、肌束震颤、垂涎症、呕吐；癫痫，精疲力竭后出现死亡；皮肤少量接触后会出现皮肤温和刺激。此外，在高剂量暴露情况下，毒杀芬可以损害肾脏和肝脏，影响中枢神经系统，还可能抑制免疫系统，以及与癌症有关。长期暴露于毒杀芬中的生产工人，可通过吸入和皮肤接触暴露于毒杀芬中，导致体内遗传物质发生改变。

## 【危害分类与管制情况】

| 序号 | 毒性指标 | PPDB 分类 | PAN 分类 |
|---|---|---|---|
| 1 | 高毒 | 是 | 是 |
| 2 | 致癌性 | 是 2B | 是 2B |
| 3 | 内分泌干扰性 | 可能 | 疑似 |
| 4 | 生殖发育毒性 | 是 | 无有效证据 |
| 5 | 胆碱酯酶抑制剂 | 否 | 否 |
| 6 | 神经毒性 | 否 | — |
| 7 | 呼吸道刺激性 | 可能否 | — |
| 8 | 皮肤刺激性 | 是 | — |
| 9 | 眼刺激性 | 可能 | — |
| 10 | 国际公约及优控名录 | 列入 PIC 公约、POPs 公约和 PAN 名录，WHO 规定的淘汰品种 | |

注：PPDB 数据库由英国赫特福德郡大学农业与环境研究所开发；PAN 数据库来自北美农药行动网(PANNA)；"—"表示无此项。

## 【限值标准】

美国淡水水质基准为 0.0002μg/L，海水水质基准为 0.0002μg/L；饮用水源水质标准为 0.0003μg/L。加拿大水质标准为 0.008μg/L（淡水）。急性参考剂量（ARfD）为 0.40μg/（kg·d）[9]。

## 参 考 文 献

[1] U.S. Dept Health and Human Services, ATSDR. Toxicological Profile for Toxaphene (Update). 1996:48.

[2] Sanborn J R, Metcalf R L, Bruce W N, et al. The fate of chlordane and toxaphene in a terestrial-aquatic model ecosystem. Env Entomol, 1976, 5:533-538.

[3] TOXNET (Toxicology Data Network). https://toxnet.nlm.nih.gov/cgi-bin/sis/search2/f?./temp/~tlBbYp:1:enex[2015-09-11].

[4] PPDB:Pesticide Properties DataBase. http://sitem.herts.ac.uk/aeru/ppdb/en/Reports/112.htm [2015-09-11].

[5] IARC. Monographs on the Evaluation of the Carcinogenic Risk of Chemicals to Humans. Geneva: World Health Organization, International Agency for Research on Cancer, 1979.

[6] American Conference of Governmental Industrial Hygienists. Documentation of the Threshold Limit Values and Biological Exposure Indices. 5th ed. Cincinnati: American Conference of Governmental Industrial Hygienists, 1986:115.

[7] Calciu C, Chan H M, Kubow S. Toxaphene congeners differ from toxaphene mixtures in their dysmorphogenic effects on cultured rat embryos. Toxicology, 1997, 124(2):153-162.

[8] Bureau of Toxic Substance Assessment. New York State Department of Health Chemical Fact Sheet for Toxaphene. 1982.

[9] PAN Pesticide Database—Chemicals. http://www.pesticideinfo.org/Detail_Chemical.jsp? Rec_Id=PC34603[2015-09-11].

# 毒死蜱(chlorpyrifos)

## 【基本信息】

化学名称：*O,O*-二乙基-*O*-(3,5,6-三氯-2-吡啶基)硫代磷酸酯

其他名称：lorsban, dursban

**CAS** 号：2921-88-2

分子式：$C_9H_{11}Cl_3NO_3PS$

相对分子质量：350.89

**SMILES**：Clc1c(OP(=S)(OCC)OCC)nc(Cl)c(Cl)c1

分类：有机磷杀虫剂

结构式：

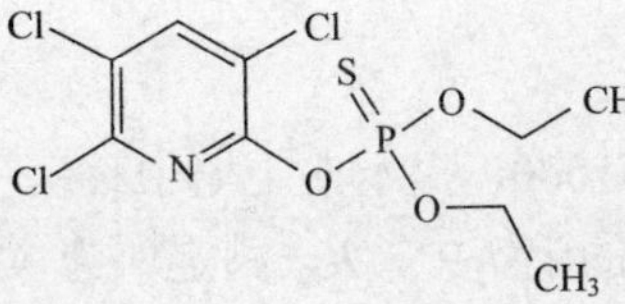

## 【理化性质】

白色结晶，具有轻微的硫醇味，密度 1.51mg/L，熔点 41.5℃，在沸点前分解，饱和蒸气压 1.43mPa(25℃)。水溶解度为 1.05mg/L(20℃)。有机溶剂溶解度(20℃)：正己烷，774000mg/L；甲醇，290000mg/L；乙酸乙酯，4000000mg/L；甲苯，4000000mg/L。辛醇/水分配系数 $lgK_{ow}$=4.7(pH = 7,20℃)，亨利常数为 0.478Pa·m³/mol。

## 【环境行为】

### (1)环境生物降解性

土壤好氧降解半衰期(DT$_{50}$)平均为 50d。实验室(20℃)条件下，DT$_{50}$ = 76d，田间条件下 DT$_{50}$ = 21d。欧盟数据：实验室条件下，DT$_{50}$ 为 11~141d、DT$_{90}$ 为 141~360d，田间条件 DT$_{50}$ 为 2~65d、DT$_{90}$ 为 97~112d。水-沉积物系统 DT$_{50}$ = 36.5d，其中水相中为 5d[6]。另有报道，在淡水-沉积物系统中 DT$_{50}$ = 20.3~23.7d，在海水-

沉积物系统中 $DT_{50}$ = 24d。在自然水体中的降解速率比在灭菌水体中快 40%。当活性污泥接种物浓度为 30mg/L，毒死蜱浓度为 100mg/L 时，2 周内固有生物降解率仅为 9.3%(MITI 试验)[1]。

**(2)环境非生物降解性**

水中光解半衰期为 29.6d(pH=7)。气态毒死蜱与大气中羟基自由基反应的间接光解半衰期约为 5h。最大紫外吸收波长为 280nm，在阳光下可直接光解。夏季光解半衰期约为 4.2d，冬季光解半衰期约为 9.7d。

在 20℃,pH 为 7、7.4 和 6.1 的条件下,水解半衰期分别为 25.5d、53d 和 120d;在 25℃，pH 分别为 4.7、6.9 和 8.1 的条件下,水解半衰期分别为 62.7d、35.3d 和 22.8d;而 15℃时的水解半衰期分别为 210d、99d 和 54d[2]。水解产物包括 3,5,6-三氯吡啶-2-酚(3,5,6-TCP)、三氯吡啶及硫代磷酸酯。$Cu^{2+}$ 可以显著加快毒死蜱的水解速率,在蒸馏水和自然水体中添加 $Cu^{2+}$ 可以使毒死蜱的水解速率从数周降低到 1d 以内。

**(3)环境生物蓄积性**

BCF = 1374。另有报道，$\lg BCF$ = 0.8~5.4、清除半衰期($CT_{50}$)为 2.5d，提示具有潜在的生物蓄积性[3]。

**(4)土壤吸附/移动性**

欧盟数据：$K_{oc}$ = 2785~31000，提示在土壤中移动性较弱。研究显示，在 4 种有机碳含量为 0.88%~6.66%的土壤中，$K_{oc}$ 测定值为 4381~6129。也有研究报道，毒死蜱在 3 种农田土壤中的吸附系数 $K_{oc}$ 平均为 6070[4]。

**(5)挥发性**

根据其亨利常数，提示毒死蜱可从水体与土壤表面挥发进入大气。基于亨利常数，从河流(深 1m，流速 1m/s，风速 3m/s)水体表面挥发半衰期估算值为 2.2d，从湖泊(深 1m，流速 0.05m/s，风速 0.5m/s)水体表面挥发半衰期估计值为 21.5d。若考虑吸附作用，从池塘表面挥发半衰期约为 2a。研究发现，50ng/L 毒死蜱加入 10L 水中，24h 后挥发率达 85%(实验室)[5]。在潮湿土壤表面挥发半衰期为 3d(实验室)。

## 【生态毒理学】

鸟类急性 $LD_{50}$=13.3mg/kg, 鱼类 96h$LC_{50}$=0.0013mg/L 、21d NOEC= 0.00014mg/L，水生无脊椎动物 48h $EC_{50}$=0.0001mg/L，21d NOEC = 0.0046mg/L，水生甲壳类动物 96h $LC_{50}$ = 0.00004mg/L，藻类 72h $EC_{50}$ = 0.48mg/L、96h NOEC = 0.043mg/L，蜜蜂接触 48h $LD_{50}$ = 0.059μg，蚯蚓 14d $LC_{50}$ = 129mg/kg、14d NOEC = 12.7mg/kg[6]。

## 【毒理学】

毒死蜱为有机磷杀虫剂，具有胆碱酯酶抑制性、生殖发育毒性、神经毒性、疑似内分泌干扰毒性、皮肤刺激和眼刺激性[6]。

### (1) 一般毒性

大鼠急性经口 $LD_{50}$=64mg/kg，经皮 $LD_{50}$>1250mg/kg，吸入 $LC_{50}$=为 0.1mg/L，短期饮食 NOAEL=1mg/kg[6]。

### (2) 神经毒性

毒死蜱可引起神经系统过度刺激，导致恶心、头晕、昏迷、呼吸麻痹以及在高剂量导致死亡。毒死蜱可与中枢(脑)和外周神经系统中的胆碱酯酶结合并使其磷酸化，导致胆碱在关键神经细胞中积累，并最终显示出临床毒性体征。胆碱酯酶抑制最常见于血液(血浆和红细胞)和大脑，血浆和红细胞胆碱酯酶显著抑制发生的剂量低于引起大脑胆碱酯酶抑制的剂量。吸入暴露中，肺部胆碱酯酶抑制比红细胞或大脑胆碱酯酶抑制更具敏感性，幼年动物比成年动物更敏感[4]。

大鼠染毒后可出现时间和剂量相关性的体重和胆碱能症状的改变，对新生大鼠胆碱酯酶的抑制作用较成年大鼠出现早且时间长。对红细胞胆碱酯酶的抑制作用比大脑或周围的胆碱酯酶更敏感(犬染毒试验)。神经发育阶段是对毒死蜱最敏感的时期，怀孕母体暴露于毒死蜱或新生儿接触毒死蜱，对发育中的脑组织可能产生神经毒性，并可能引起幼龄动物长大后行为活动异常。在幼年大鼠暴露于毒死蜱 2 个月以后对大脑中的 5-羟色胺(5-HT)会产生持久性影响，在大鼠成年后(5个月)，这种影响仍然存在，说明幼年期毒死蜱暴露对大脑 5-羟色胺系统会产生永久性影响。发育期暴露毒死蜱会改变大脑和外周组织中的细胞信号，影响多种神经递质和激素的反应性。成年期毒死蜱暴露可引起雄性动物血浆胆固醇和甘油三酯水平升高[4]。

### (3) 生殖发育毒性

雄性 Wistar 大鼠灌胃给予毒死蜱 1mg/kg、5mg/kg 和 10mg/kg，每日 1 次，连续染毒 12 周。结果显示：与正常对照组相比，染毒大鼠睾丸脏器系数显著升高，精子数及精子活性降低，精子畸形率显著升高，睾丸 AKP(碱性磷酸酶)和 $\gamma$-GT($\gamma$-谷氨酰转肽酶)活性抑制明显。睾丸曲细精管疏松和生精细胞减少，生精细胞凋亡增加，Fas/FasL 蛋白表达量升高。提示毒死蜱低剂量重复染毒能够诱导雄性大鼠生殖毒性，其作用机制可能与激活 Fas/FasL 受体途径而引起睾丸生精细胞凋亡有关[7]。

40 只 21 日龄 SPF 级雄性 Wistar 大鼠随机分为 4 组，分别为对照组(1mg/L 吐温 80 溶液)和低剂量(2.7mg/kg)、中剂量(5.4mg/kg)、高剂量(12.8mg/kg)毒死蜱染毒组，每组 10 只。采用经口灌胃方式进行染毒，染毒容量 10mL/kg，每天 1 次，每周 6d，连续暴露 90d。结果发现：与对照组比较，高、中剂量染毒组雄性大鼠精子计数和精子活动度均较低，而精子畸形率较高，差异均有统计学意义。并且随着染毒剂量的升高，雄性大鼠精子计数和精子活动度呈下降趋势，精子畸形率呈上升趋势。仅高、中剂量染毒组雄性大鼠睾丸组织中 LDH（乳酸脱氢酶）和 LDH-x 活性高于对照组，差异也有统计学意义。随着毒死蜱染毒剂量的升高，部分生精小管出现萎缩，生精上皮细胞层次紊乱，管腔中有脱落的精子和细胞，成熟精子数量明显减少。表明毒死蜱可影响雄性大鼠的睾丸发育和生精功能[8]。

(4) 内分泌干扰性

选择 21d 龄 SPF 级雄性 Wistar 大鼠随机分成 3 个实验组和 1 个对照组，每组 10 只。实验组灌胃给予毒死蜱，剂量为 2.7mg/(kg·d)、5.4mg/(kg·d)、12.8mg/(kg·d)；对照组给予等量蒸馏水稀释的吐温 80 溶液，持续染毒 90d。结果显示：高、中剂量组精子数量减少、精子畸形率升高、精子活力显著降低。高、中剂量组血清睾酮(T)水平降低，促卵泡激素(FSH)水平升高。提示毒死蜱对雄性大鼠有明显的生殖毒性，可影响雄性大鼠的生精功能和血清中性激素水平[9]。

(5) 致癌性

小鼠和大鼠的体内肿瘤形成试验中，以 ADI 水平的毒死蜱制剂饲喂实验动物，没有任何与制剂用量相关的肿瘤产生。通过评价足够范围的体外和体内研究的结果，认为毒死蜱无遗传毒性[10]。

(6) 代谢作用

在大鼠体内，毒死蜱 72h 内主要通过尿液排出(84%)，也有少量通过粪便排出(5%)，尿液中未发现毒死蜱母体化合物。尿液中主要代谢物为 3,5,6-TCP、葡糖苷酸以及与硫轭合的 TCP[10]。急性口服暴露后，成年男性体内，5d 内约有 70% 的毒死蜱以轭合 TCP 形式通过尿液排出。同时进行口服和皮肤暴露后，TCP 在尿液中的平均药物代谢动力学半衰期约为 27h。

# 【人类健康效应】

(1) 急性中毒症状

急性中毒多在 12h 内发病。轻度中毒：全身不适、头痛、头昏、无力、视力模糊、呕吐、出汗、流涎、嗜睡等，有时有肌肉震颤，偶有腹泻；中度中毒：除上述症状外还出现剧烈呕吐、腹痛、烦躁不安、抽搐、呼吸困难等；重度中毒：癫痫样抽搐[11]。

(2) 慢性毒性作用

抑制脑和外周神经组织以及红细胞中的乙酰胆碱酯酶和丁酰胆碱酯酶活性。

胎儿或新生儿暴露于毒死蜱农药会导致脑细胞的发育、突触功能和行为异常。人群流行病学研究表明，出生前接触毒死蜱对儿童的神经系统和脑的发育可能存在潜在影响。前瞻性队列研究显示，当母婴血浆中毒死蜱浓度大于 6.17pg/g 时，儿童的发育就可能受到损伤，在 3 岁时出现发育延迟、注意力不集中、多动症等症状[12]。帕金森病患病率的增加与接触包括毒死蜱在内的杀虫剂及其他有机磷酸酯类化合物有关[13]。同时，研究还表明毒死蜱可引起生殖系统的损伤。此外，毒死蜱为疑似环境内分泌干扰物。

Davis 和 Ahmed[14]发现，依据美国国家标准在室内用药后，毒死蜱仍可在小孩玩具、地板表面至少持留两周，从而使得儿童暴露于毒死蜱的水平高于当时的安全参考剂量的 21~119 倍，暴露者虽不会出现明显中毒症状，但可能出现较频繁做鬼脸似的行为异常。Sherman 曾报道 4 名产前接触过毒死蜱的儿童，出生后脑、眼睛、鼻子、牙齿等组织出现缺陷，其中脑缺陷出现在脑室、胼胝体、脉络丛。而且这 4 名儿童均发育迟缓，其中有 3 名出现极重度精神发育迟缓和抵抗力减退[4]。Rauh 等[12]研究发现，城市孕妇接触高浓度毒死蜱后，儿童(3 岁)出现智力发育指数和运动发育指数缓慢、注意力缺陷及多动症问题。高浓度毒死蜱更易干扰儿童的早期发育。

研究显示，毒死蜱可能具有内分泌干扰作用，NHANES(全国健康和营养调查)队列的血清 T4 和 TSH(促甲状腺激素)水平与尿液中毒死蜱代谢产物呈现相关性[13]。而剂量低于抑制胆碱酯酶剂量水平的毒死蜱无潜在的可以与雌激素、雄激素或甲状腺通路蛋白相互作用的位点。因此，未达到胆碱酯酶抑制水平的毒死蜱暴露是否足以抵御潜在的内分泌变化，是否需要开展关于毒死蜱的内分泌检测仍需进一步探讨[15]。

## 【危害分类与管制情况】

| 序号 | 毒性指标 | PPDB 分类 | PAN 分类 |
| --- | --- | --- | --- |
| 1 | 高毒 | 否 | 否 |
| 2 | 致癌性 | 否 | 否 |
| 3 | 内分泌干扰性 | 可能 | 疑似 |
| 4 | 生殖发育毒性 | 是 | 无充分证据 |
| 5 | 胆碱酯酶抑制剂 | 是 | 是 |
| 6 | 神经毒性 | 是 | — |
| 7 | 呼吸道刺激性 | 否 | — |
| 8 | 皮肤刺激性 | 可能 | — |
| 9 | 眼刺激性 | 可能 | — |
| 10 | 国际公约及优控名录 | 列入 PAN 名录 | |

注：PPDB 数据库由英国赫特福德郡大学农业与环境研究所开发；PAN 数据库来自北美农药行动网(PANNA)；"—"表示无此项。

## 【限值标准】

每日允许摄入量(ADI)为 0.2mg/(kg bw·d),急性参考剂量(ARfD)为 0.001mg/(kg bw·d)[6]。美国饮用水健康标准参考剂量(RfD)为 0.30μg/(kg·d)。 WHO 规定的水质基准为 30μg/L[16]。

# 参 考 文 献

[1] NITE. Chemical Risk Information Platform (CHRIP). Biodegradation and Bioconcentration. Tokyo, Japan: Natl Inst Tech Eval. http://www.safe.nite.go.jp/english/db.html[2015-10-10].

[2] Meikle R W, Youngson C R. The hydrolysis rate of chlorpyrifos, $O'O$-diethyl-$O$-(3,5,6-trichloro-2-pyridyl) phosphorothioate, and its dimethyl analog, chlorpyrifos-methyl, in dilute aqueous solution. Arch Environ Contam Toxicol, 1978, 7(1):13-22.

[3] Woodburn K B, Hansen S C, Roth G A, et al. The bioconcentration and metabolism of chlorpyrifos by the eastern oyster, crassostrea virginica. Environ Toxicol Chem, 2003, 22(2):276-284.

[4] TOXNET (Toxicology Data Network). https://toxnet.nlm.nih.gov/cgi-bin/sis/search2/f?./temp/~xk9BGv:1:enex[2015-10-10].

[5] R acke K D. Environmental fate of chlorpyrifos. Rev Environ Contam Toxicol, 1993, 131: 1-150.

[6] PPDB: Pesticide Properties DataBase. http://sitem.herts.ac.uk/aeru/ppdb/en/Reports/154.htm [2015-10-10].

[7] 焦利飞, 闫长会, 赵君, 等. 低剂量毒死蜱重复染毒诱发雄性大鼠生殖毒性及其机制. 中国 药理学与毒理学杂志, 2011, 25(6):568-575.

[8] 刘衍忠, 李兰波, 李相鑫, 等. 毒死蜱对大鼠生精功能和睾丸组织酶活力的影响. 环境与健 康杂志. 2011, 28(4):311-313.

[9] 李相鑫, 赛林霖, 谢琳, 等. 毒死蜱对雄性大鼠生精功能及相关激素水平影响. 中国职业医 学. 2011, 38(2):136-138.

[10] California Environmental Protection Agency, Department of Pesticide Regulation. Chlorpyrifos Summary of Toxicological Data. 2001.

[11] Brunton L, Chabner B, Knollman B. Goodman and Gillman's the Pharmaceutical Basis of Therapeutics. 12th Ed. New York: McGraw Hill Medical, 2011:248.

[12] Rauh V A, Garfinkel R, Perera F P, et al. Impact of prenatal chlorpyrifos exposure on neurodevelopment in the first 3 years of life among inner-city children. Pediatrics, 2006, 118(6):1845-1859.

[13] Gatto N M, Ritz B. Well-water consumption and Parkinson's disease in rural California. Environ Health Perspect, 2008, 117(117):1912-1918.

[14] Davis D L, Ahmed A K. Exposures from indoor spraying of chlorpyrifos pose greater health risks to children than currently estimated. Environ Health Perspect, 1998, 106(6):299-301.

[15] Juberg D R, Gehen S C, Coady K K, et al. Chlorpyrifos: weight of evidence evaluation of potential interaction with the estrogen, androgen, or thyroid pathways. Regul Toxicol Pharmacol, 2013, 66(3):249-263.

[16] PAN Pesticides Database—Chemicals. http://www.pesticideinfo.org/Detail_Chemical.jsp? Rec_Id=PC33392 [2015-10-10].

# 乙基对硫磷(parathion)

## 【基本信息】

化学名称：*O,O*-二乙基-*O*-(对硝基苯基)硫代磷酸酯

其他名称：1605

**CAS** 号：56-38-2

分子式：$C_{10}H_{14}NO_5PS$

相对分子质量：291.27

**SMILES:** P(Oc1ccc(cc1)[N+]([O–])=O)(OCC)OCC=S

类别：有机磷杀虫剂

结构式：

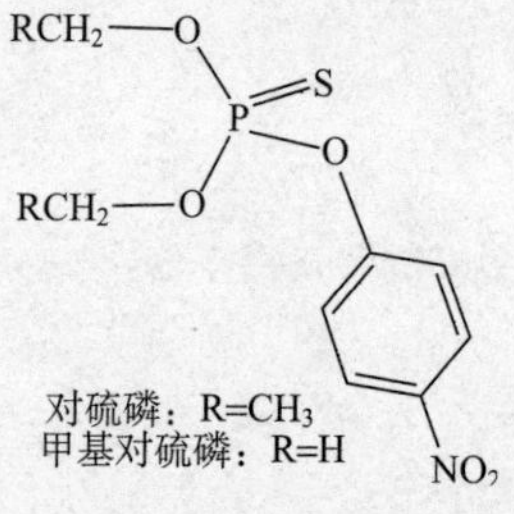

对硫磷：R=CH₃
甲基对硫磷：R=H

## 【理化性质】

浅黄色、有苯酚气味的液体，密度 1.26g/mL，熔点 6.1℃，沸点 375℃，饱和蒸气压 0.89mPa(25℃)。水溶解度为 12.4mg/L(20℃)。有机溶剂溶解度(20℃)：正己烷，75000mg/L；甲苯，200000mg/L；二氯甲烷，200000mg/L；异丙醇，200000mg/L。正辛醇/水分配系数 $\lg K_{ow} = 3.83$ (pH=7, 20℃)。

## 【环境行为】

### (1)环境生物降解性

实验室条件下，土壤好氧降解半衰期为 3~32d，田间条件下为 2~58d(20℃)[1]。在 3 种不同含水量的土壤中，对硫磷(1.4~28mg/kg)的降解速率随土壤水分增加而

增加，在高含水量土壤中的降解率为 80%(11d，高浓度组)，而在低含水量土壤中几乎不降解(低浓度组)[2]。在砂质土壤和有机土壤中降解半衰期分别为小于 1 周和 1.5 周(初始浓度 10mg/kg)。0.1mg/L 和 1mg/L 对硫磷接种在湿度为 50%的黏壤土中，滞留期约两周，降解半衰期分别为 112d 和 182d[3]。好氧条件下，活性污泥作接种物时，7~10d 内可完全降解[4]。

对硫磷一般在几周内即可在自然水体中完全降解。研究表明，5mg/L 对硫磷在驯化水中两周内完全降解；在灭菌水中 112d 降解率只有 10%。在非灭菌海水中的降解半衰期约为 30d[5]。

**(2)环境非生物降解性**

温度和 pH 对对硫磷的水解作用有显著影响。在 22℃，pH 分别为 4 和 9 的条件下，水解半衰期分别为 272d 和 130d[1]。当温度从 20℃增加到 37.5℃(pH=7.4)时，半衰期从 133d 减少到 26.6d[1]。当温度从 20℃增加到 40℃(pH=9)时，水解半衰期从 22d 减少到 5d[6]。

对硫磷可吸收波长大于 290nm 的紫外线，在太阳光下可直接光解[7]。实验室光照条件下，光解半衰期为 41min[8,9]。黑暗、6℃以及 22℃条件下，在过滤河水中的半衰期分别为 120d 和 86d(pH=7.3)；而在光照条件下，半衰期减少为 8d[10]。光照条件下，在海水中的半衰期为 18d[10]。水中光解产物主要是 4-硝基酚，有时也会产生对氧磷[11]。

**(3)环境生物蓄积性**

蓝鳃太阳鱼 BCF 为 63~462，溪红点鲑 BCF 为 68~344，鳉鱼 BCF 为 98[12]。在水生生物中生物蓄积性中等，在牛、羊及兔子体内无生物蓄积性[13]。

**(4)土壤吸附/移动性**

吸附系数 $K_{oc}$ 为 674~10454[14]，在土壤中移动性较弱。

## 【生态毒理学】

鸟类(山齿鹑)急性 $LD_{50}$ >2150mg/kg，鱼类(虹鳟鱼)96h $LC_{50}$=1.5mg/L，溞类(大型溞)48h $EC_{50}$=0.0028mg/L，水生甲壳动物(糠虾)96h $LC_{50}$=0.00011mg/L，蜜蜂经口 48h $LD_{50}$ >0.21μg，蚯蚓 14d $LC_{50}$ >267mg/kg[15]。

## 【毒理学】

**(1)一般毒性**

大鼠急性经口 $LD_{50}$>6mg/kg，小鼠急性经皮 $LD_{50}$>20mg/kg，兔子急性吸入 $LC_{50}$=50mg/L[15]。

**(2)神经毒性**

以鸡为研究对象，第 1 周经口或皮肤接触 1mg/(kg·d)，之后每隔 1 周后剂量增加 1mg/(kg·d)，直至剂量达到每周 6mg/(kg·d)，未发现对母鸡产生迟发性神经毒性。组织病理学检查未发现脊髓和坐骨神经异常[16]。

**(3)生殖毒性**

对妊娠期和哺乳期小鼠的毒性及分布影响：与对照组相比，染毒组小鼠胆碱能刺激的迹象更强烈，血浆乙酰胆碱酯酶活性降低，大脑总胆碱酯酶活性也降低。相比对照组，产后 19d 哺乳期小鼠接受对硫磷后，血浆和大脑中乙酰胆碱酯酶活性并没有显著性差异[8]。

在小鼠妊娠 11d 时母体注射 3mg/kg 和 3.5mg/kg 剂量，产仔数降低，胎鼠和胎盘质量减小但无畸形。大鼠两代生殖毒性：20mg/kg 和 50mg/kg 剂量下第一代产仔数减少，产后死亡率增高，10mg/kg 剂量下第二代幼仔死亡率增加[17]。

**(4)致突变性**

小鼠饲喂或单次注射 62.5mg/kg、125mg/kg 或 250mg/kg 剂量的对硫磷(纯度 99%)，7 周后没有出现显性致突变效应[17]。

## 【人类健康效应】

急性中毒症状包括头痛、头晕、紧张、视力模糊、乏力、恶心、腹痛、腹泻、胸部不适。先兆症状包括出汗、瞳孔缩小、流涎和呼吸道分泌物过多、呕吐、无法控制肌肉抽搐随后肌肉无力、惊厥、昏迷、反射消失及括约肌控制丧失[18]。

5 组受试者口服 3.0mg/d、4.5mg/d、6.0mg/d 和 7.5mg/d 对硫磷的胶囊 30d，对照组口服玉米油。3.0mg/d 和 4.5mg/d 剂量组没有出现明显的红细胞或血浆胆碱酯酶活性抑制。6.0mg/d 剂量组血浆胆碱酯酶有轻微抑制。7.5mg/d 剂量组 16d 血浆胆碱酯酶活性抑制率为 50%。7.5mg/d 剂量组，23d 后血浆胆碱酯酶活性抑制率为 54%。对受试者的红细胞胆碱酯酶活性的影响较小[19]。人类淋巴细胞体外细胞遗传学试验表明，在没有防护措施下，生产工人暴露对硫磷 8h/d 时，其外周血淋巴细胞的姐妹染色单体交换频率和染色体畸变率增加[1]。

## 【危害分类与管制情况】

| 序号 | 毒性指标 | PPDB 分类 | PAN 分类 |
| --- | --- | --- | --- |
| 1 | 高毒 | 是 | 是 |
| 2 | 致癌性 | 否 | 可能 |
| 3 | 致突变性 | 否 | — |

续表

| 序号 | 毒性指标 | PPDB 分类 | PAN 分类 |
|---|---|---|---|
| 4 | 内分泌干扰性 | 可能 | 疑似 |
| 5 | 生殖发育毒性 | 否 | 可能 |
| 6 | 胆碱酯酶抑制剂 | 是 | 是 |
| 7 | 神经毒性 | 否 | — |
| 8 | 污染地下水 | — | 潜在 |
| 9 | 国际公约及优控名录 | 列入 PAN 名录、PIC 公约名录 | |

注:PPDB 数据库由英国赫特福德郡大学农业与环境研究所开发;PAN 数据库来自北美农药行动网(PANNA);
"—"表示无此项。

## 【限值标准】

每日允许摄入量(ADI)为 0.0006mg/(kg bw・d)[15],急性参考剂量(ARFD)为 0.05mg/(kg bw・d)。

## 参 考 文 献

[1] TOXNET(Toxicology Data Network). https://toxnet.nlm.nih.gov/cgi-bin/sis/search2/f?./temp/~e1w2Ee:1[2015-10-12].

[2] Gerstl Z, Yaron B, Nye P H. Diffusion of a biodegradable pesticide: I . In a biologically inactive soil. Soil Sci Soc Am J, 1979, 43(5):839-842.

[3] Freed V H, Chiou C T, Schmedding D W. Degradation of selected organophosphate pesticides in water and soil. J Agric Food Chem, 1979, 27:706-708.

[4] Sethunathan N, Siddaramappa R, Rajaram K P, et al. Parathion: residues in soil and water. Res Rev, 1977, 68:91-122.

[5] Wang T C, Hoffman M E. Degradation of organophosphorus pesticides in coastal water. J Assoc Off Anal Chem, 1991, 74: 883-886.

[6] Gomaa H M, Faust S D. Chemical Hydrolysis and Oxidation of Parathion and Paraoxon in Aquatic Environ. Fate of Org Pestic, 1972:189-209.

[7] Mansour M, Thaller S, Korte F. Action of sunlight on parathion. Bull Environ Contam Toxicol, 1983, 30: 358-364.

[8] Weitman S D, Vodicnik M J, Lech J J. Influence of pregnancy on parathion toxicity and disposition. Toxicol Appl Pharmacol, 1983, 71(71):215-224.

[9] Woodrow J E, Crosby D G, Mast T, et al. Rates of transformation of trifluralin and parathion vapors in air. J Agric Food Chem, 1978, 26(6):1312-1316.

[10] Lartiges S B, Garrigues P P. Degradation kinetics of organophosphorus and organonitrogen

pesticides in different waters under various environmental conditions. Environ Sci Technol, 1995, 29(5):1246-1254.

[11] Schynowski F, Schwack W. Photochemistry of parathion on plant surfaces: relationship between photodecomposition and iodine number of the plant cuticle. Chemosphere, 1996, 33(11): 2255-2262.

[12] USEPA. CIS Aquire Data Base. 1998.

[13] Sanborn J R, Francis B M, Metcalf R L. The Degradation of Selected Pesticides in Soil. Cincinnati: NTIS, 1977.

[14] Mingelgrin Z G U. Sorption of organic substances by soils and sediments. J Environ Sci Health B, 1984, 19(3):297-312.

[15] PPDB: Pesticide Properties DataBase. http://sitem.herts.ac.uk/aeru/ppdb/en/Reports/506.htm [2015-10-12].

[16] Soliman S A, Farmer J, Curley A. Is delayed neurotoxicity a property of all organophosphorus compounds? A study with a model compound: parathion. Toxicology, 1982, 23(4):267-279.

[17] IARC. Monographs on the Evaluation of the Carcinogenic Risk of Chemicals to Humans. Geneva: World Health Organization, International Agency for Research on Cancer, 1979.

[18] Hayes W J, Laws E R. Handbook of Pesticide Toxicology. Volume 2. Classes of Pesticides. New York: Academic Press, 1991:938.

[19] NIOSH. Criteria Document: Parathion DHEW Pub. NIOSH 76-190. 1976: 24.

# 多杀霉素（spinosad）

## 【基本信息】

**化学名称**：多杀菌素 A：(2$R$,3a$S$,5a$R$,5b$S$,9$S$,13$S$,14$R$,16a$S$,16b$R$)-13- {[(2$R$,5$S$,6$R$)-5-（二甲氨基）四氢 -6- 甲基 -2$H$- 吡喃 -2- 基 ] 丁氧基 }-9- 乙基 -2,3,3a,5a,5b,6,7,9,10,11,12,13,14,15,16a,16b-十六氢-14-甲基-7,15-二氧代-1$H$-as-茚戊烯骈[3,2-d]司氧杂十二环-2-基-6-去氧-2,3,4-三-$O$-甲基-a-L-吡喃甘露糖苷

多杀菌素 D：(2$R$,3a$S$,5a$R$,5b$S$,9$S$,13$S$,14$R$,16a$S$,16b$R$)-13- {[(2$R$,5$S$,6$R$)-5-（二甲氨基）四氢 -6- 甲基 -2$H$- 吡喃 -2- 基 ] 丁氧基 }-9- 乙基 -2,3,3a,5a,5b,6,7,9,10,11,12,13,14,15,16a,16b)-十六氢-4 ,14-二甲基-7,15-二氧代-l$H$-as-茚戊烯骈[3,2-d]氧杂十二环-2-基-6-去氧-2,3,4-三-$O$-甲基-a-L-吡喃甘露糖苷

**其他名称**：多杀菌素，刺糖菌素，赤糖菌素

**CAS 号**：168316-95-8（两者混合物的 CAS 号）

**分子式**：多杀菌素 A，$C_{41}H_{65}NO_{10}$；多杀菌素 D，$C_{42}H_{67}NO_{10}$

**相对分子质量**：多杀菌素 A，731.98；多杀菌素 D，746

**SMILES**：无

**类别**：大环内酯类杀虫剂、杀菌剂

**结构式**：

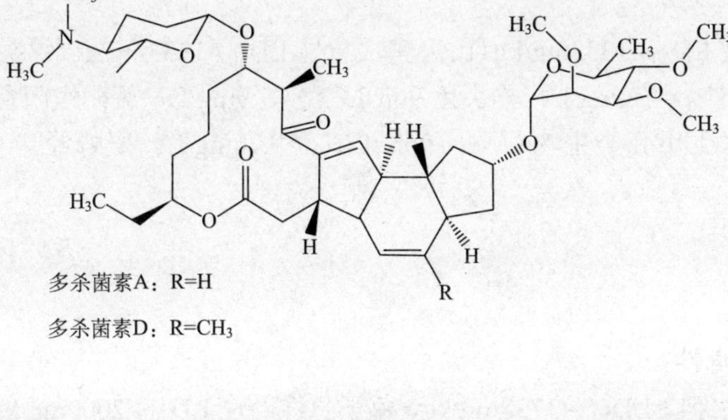

多杀菌素A：R=H

多杀菌素D：R=CH₃

## 【理化性质】

浅灰白色固体结晶，带有一种轻微陈腐泥土气味。多杀霉素是含有十余种组

分的混合物，主要组分是 A 和 D。多杀菌素 A：熔点 84～99.5℃，饱和蒸气压 $3.2×10^{-7}$mPa(25℃)，在水中溶解度分别为 290mg/L(pH=5)、235mg/L(pH=7)、16mg/L(pH=9)；分配系数在 pH 为 5、7、9 条件下分别为 2.8、4.0、5.2。多杀菌素 D：熔点 161.5～170℃，饱和蒸气压 $2.1×10^{-7}$mPa(25℃)，在水中的溶解度分别为 29mg/L(pH=5)、0.332mg/L(pH=7)、0.053mg/L(pH=9)；有机溶剂溶解度：能以任意比例与醇类、脂肪烃、芳香烃、卤代烃、酯类、醚类和酮类混溶。辛醇/水分配系数 $\lg K_{ow}$ = 4.5。

## 【环境行为】

### (1)环境生物降解性

在土壤中主要以微生物降解为主，好氧条件下土壤降解半衰期为 9~17d，且好氧生物降解快于厌氧生物降解[1]。

### (2)环境非生物降解性

土壤表面光解半衰期为 9~10d，水中光解半衰期小于 1d，半衰期与光的强弱程度有关。pH 为 5～7 条件下在水中稳定，pH 为 9 时水解半衰期为 200d[2]。

### (3)环境生物蓄积性

暂无数据。

### (4)土壤吸附/移动性

在 3 种土壤中的吸附常数 $K_{oc}$ 为 130.0~202.4mL/kg，吸附性较强。在 3 种土壤薄层层析试验中，比移值 $R_f$ 为 0~1.67，在土壤中不易移动或不移动[3]。

## 【生态毒理学】

鸟类急性 $LD_{50}$ >1333mg/kg(山齿鹑)、急性 $LD_{50}$ >1333mg/kg(绿头鸭)。鱼类：虹鳟鱼 96h $LC_{50}$ = 30mg/L、羊头鱼 96h $LC_{50}$ = 7.9mg/L、蓝鳃太阳鱼 96h $LC_{50}$ = 5.94mg/L。水生甲壳类生物(草虾)96h $LC_{50}$ >9.76mg/L。蜜蜂经口 48h $LD_{50}$ = 0.0029μg[4]。

## 【毒理学】

### (1)一般毒性

大鼠急性经口 $LD_{50}$ = 3738mg/kg，兔子急性经皮 $LD_{50}$ >2000mg/kg。有轻微皮肤刺激性[4]。

给予 SD 大鼠饲喂暴露 6.25mg/kg、25.0mg/kg 和 100mg/kg 剂量的多杀霉素，

连续摄食暴露 90d，在整个试验期内各剂量组大鼠未见明显中毒症状。高剂量组雌性大鼠白细胞计数、血红蛋白浓度、红细胞比容、红细胞平均体积低于对照组；高和中剂量组雌性大鼠尿亚硝酸盐含量高于对照组；高剂量组雄性大鼠肾体比高于对照组；高和中剂量组雄性大鼠脾体比高于对照组，且有剂量-效应关系。高剂量组雌、雄性大鼠病理检查均可见明显甲状腺局灶性滤泡上皮细胞脱落和甲状腺局灶性滤泡上皮细胞空泡，甲状腺病变发生总数明显高于对照组。结果提示多杀霉素对甲状腺可产生明显影响，甲状腺有可能是多杀霉素毒性作用的靶器官之一。该结果与1997 年美国EPA 报道的大鼠13 周喂养试验中甲状腺空泡化结果类似。多杀霉素对SPF级SD 大鼠亚慢性(90d)经口喂养试验的最大无作用剂量在雌性中为 5.13mg/kg，雄性为 5.35mg/kg[5]。

**(2)发育与生殖毒性**

在大鼠妊娠 6~15d 时饲喂 0mg/(kg·d)、10mg/(kg·d)、50mg/(kg·d)和 200mg/(kg·d)，新西兰白兔妊娠 7~19d 时饲喂 0mg/(kg·d)、2.5mg/(kg·d)、10mg/(kg·d) 和 50mg/(kg·d)的多杀霉素，在大鼠妊娠21d 和白兔妊娠28d 时，对母体器官质量、繁殖参数、胎儿体重、胎儿的外部、内脏和骨骼形态进行评价。200mg/(kg·d)剂量组大鼠和对照组相比体重降低4%，10mg/(kg·d)和 50mg/(kg·d)剂量组未出现母体毒性，所有剂量组大鼠都未出现发育毒性。50mg/(kg·d)剂量组白兔，出现饲料消耗降低、粪便排出量降低，在初始给药期间(妊娠 7~10d)体重增长减小，妊娠 7~20d 体重增长降低31%。同时，由于营养不足出现流产现象。低剂量组未出现母体毒性。所有剂量组都未出现发育毒性。大鼠和白兔母体 NOAEL 分别为 50mg/(kg·d)和 10mg/(kg·d)，胚胎 NOAEL 分别为 200mg/(kg·d) 和 50mg/(kg·d)[6]。

连续饲喂多杀霉素 100mg/(kg·d)的大鼠，繁殖两代后可对子代产生毒性效应。成年雄鼠体重增加相比对照组下降 2%~9%，肝、肾、心脏、脾、甲状腺质量则相对增加。雌鼠第二代体重降低 15%~16%，分娩难产的发生率增加，而子代出生后早期的影响被认为是继发于母体在分娩时的影响。目前无充分证据证明多杀霉素具有生殖发育毒性[7]。

**(3)致突变性**

正向突变的体外诱导小鼠淋巴瘤 L5178Y 细胞胸苷激酶位点，显示多杀菌素无致突变性[8]。

## 【人类健康效应】

暂无相关信息。

## 【危害分类与管制情况】

| 序号 | 毒性指标 | PPDB 分类 | PAN 分类 |
|---|---|---|---|
| 1 | 高毒 | — | 否 |
| 2 | 致癌性 | — | 不可能 |
| 3 | 内分泌干扰性 | — | 无充分证据 |
| 4 | 生殖发育毒性 | — | 无证据 |
| 5 | 胆碱酯酶抑制剂 | — | 否 |
| 6 | 污染地下水 | — | 无充分证据 |
| 7 | 国际公约或优控名录 | 无 | |

注:PPDB 数据库由英国赫特福德郡大学农业与环境研究所开发;PAN 数据库来自北美农药行动网(PANNA);"—"表示无此项。

## 【限值标准】

每日允许摄入量(ADI)为 0.02mg/(kg bw · d)[4]。

# 参 考 文 献

[1] Cleveland C B, Bormett G A, Saunders D G, et al. Environmental fate of spinosad. 1. Dissipation and degradation in aqueous systems. J Agric Food Chem, 2002, 50(11):3244-3256.

[2] TOXNET(Toxicology Data Network). https://toxnet.nlm.nih.gov/cgi-bin/sis/search2/f?./temp/~Igvvur:1[2015-10-14].

[3] 刘慧君, 王会利, 郭宝元,等. 多杀霉素在土壤中的吸附和淋溶行为. 农药, 2013,(3):204-206.

[4] PPDB: Pesticide Properties DataBase. http://sitem.herts.ac.uk/aeru/ppdb/en/Reports/1144.htm [2015-10-14].

[5] 殷霄, 谢植伟, 宋向荣,等. 多杀霉素原药毒性. 中国毒理学会全国毒理学大会, 2013.

[6] Breslin W J, Marty M S, Vedula U, et al. Developmental toxicity of spinosad administered by gavage to CD rats and New Zealand white rabbits. Food Chem Toxicol, 2000, 38(12):1103-1112.

[7] Hanley T R Jr, Breslin W J, Quast J F, et al. Evaluation of spinosad in a two-generation dietary reproduction study using Sprague-Dawley rats. Toxicol Sci, 2002, 67(1):144-152.

[8] USEPA. Pesticide Fact Sheet. Spinosad. New Chemical/First Food Use (Cotton). Washington DC: USEPA, Off Prev Pest Tox Sub (7501C), 1997.

# 噁虫威(bendiocarb)

## 【基本信息】

化学名称：2,3-(异丙基叉二氧)苯基-$N$-甲基氨基甲酸酯

其他名称：苯噁威、高卫士(garvox)

CAS 号：22781-23-3

分子式：$C_{11}H_{13}NO_4$

相对分子质量：223.23

SMILES：O=C(Oc1cccc2OC(Oc12)(C)C)NC

类别：氨基甲酸酯类杀虫剂

结构式：

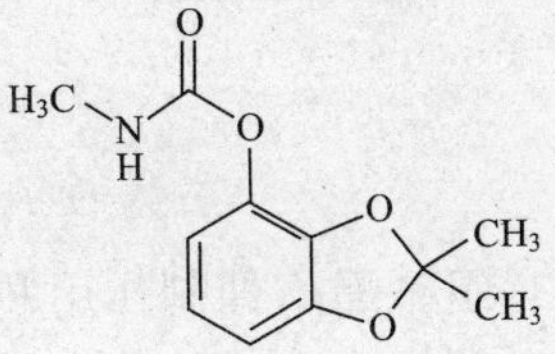

## 【理化性质】

无色无臭固体，密度 1.29g/mL，熔点 126.7℃，沸腾前分解，饱和蒸气压 4.6mPa(25℃)。水溶解度为 280mg/L(20℃)。有机溶剂溶解度(20℃)：二氯苯，250mg/L；丙酮，17500mg/L；乙醇，40000mg/L；正己烷，225mg/L。辛醇/水分配系数 $\lg K_{ow} = 1.7$(pH=7，20℃)，亨利常数为 $4.0×10^{-3}$atm·$m^3$/mol。

## 【环境行为】

### (1)环境生物降解性

在土壤中好氧降解半衰期($DT_{50}$)平均值为 3.5d。20℃条件下，$DT_{50} = 5.0$d(实验室)、$DT_{50} = 3.5$d(田间条件)。另有报道，在砂壤土、黏壤土和壤土、肥土和粉砂壤土中的好氧降解半衰期分别为 0.94d、3.5d、3.5d 和 3.5d[1]。

**(2)环境非生物降解性**

在 25℃，pH 分别为 5、7 和 9 条件下，水解半衰期分别为 48d、4d 和 45min，水解产物为 2,3-异丙基二氧苯酚、甲胺和二氧化碳[2]。在土壤表面(<30℃)和水中(25℃)的光解半衰期分别为 0.33d 和 37d[3]。

**(3)环境生物蓄积性**

BCF 估测值为 6，生物蓄积性弱[4]。

**(4)土壤吸附/移动性**

噁虫威及水解产物(2,2-二甲基-1,3-苯并二氧戊环-4-醇)的 $K_{oc}$ 值为 28~40[5]。另有研究表明，$K_{oc}$ 值为 200[3] 和 575[6]，提示在土壤中具有中等移动性，但通常情况下噁虫威在淋溶进入下层土壤之前已经降解[7]。

## 【生态毒理学】

鸟类(山齿鹑)急性 $LD_{50}$ >3.1mg/kg，鱼类(虹鳟)96h $LC_{50}$ >1.55mg/L，溞类(大型溞)48h $EC_{50}$ = 0.03mg/L，水生甲壳类动物(糠虾)96h $LC_{50}$= 0.006mg/L，蜜蜂经口 48h $LD_{50}$ >0.1μg，蚯蚓 14d $LC_{50}$=188mg/kg[4]。

## 【毒理学】

噁虫威为高毒农药，具有胆碱酯酶抑制作用和神经毒性，疑似生殖发育毒性[4]。

**(1)一般毒性**

大鼠急性经口 $LD_{50}$ = 34mg/kg，大鼠急性经皮 $LD_{50}$ = 566mg/kg，大鼠急性吸入 $LC_{50}$ = 0.55mg/L。饲喂无作用剂量：大鼠 10mg/kg(2a)、狗 20mg/kg(1a)[4]。

给予 SD 大鼠饲喂暴露 1.2mg/kg、6.0mg/kg 和 30mg/kg 剂量的噁虫威，连续摄食暴露 90d，中、高剂量可引起雌鼠总蛋白、血清天门冬氨酸氨基转移酶、血肌酐、乳酸脱氢酶含量增高，雄鼠尿素氮含量明显增高；高剂量水平可引起雌鼠球蛋白、尿素氮含量明显增高，白球比明显降低，雄鼠血清天门冬氨酸氨基转移酶、血清丙氨酸氨基转移酶、血肌酐含量明显增高，全血胆碱酯酶活性明显降低。结果提示噁虫威对肝脏、肾脏有损伤作用，雌、雄 SD 大鼠亚慢性(90d)经口 NOAEL 分别为 0.10mg/(kg·d) 和 0.09mg/(kg·d)[8]。

**(2)神经毒性**

母鸡经口暴露于 0mg/kg bw、189mg/kg bw、378mg/kg bw 和 757mg/kg bw 剂量的噁虫威中(每个剂量组 10 只母鸡)，持续暴露 14 个月。378mg/kg bw 和 757mg/kg bw 剂量组分别出现 1 只母鸡和 8 只母鸡死亡，死亡前 21d 除了 189mg/kg bw 剂量组

1 只母鸡没有延迟神经毒性症状外，其余都出现共济失调现象，组织病理学检查显示典型的神经症状和神经组织的显著形态学变化[9]。

### （3）发育与生殖毒性

10 只雄性大鼠和 20 只雌性大鼠在交配前一周通过饮水暴露，剂量分别为 0mg/L、200mg/L、400mg/L 和 800mg/L。雌鼠的妊娠率、妊娠期和组织形态无显著改变，除了 400mg/L 和 800mg/L 剂量组仔鼠出生时体重略有下降外，其余指标如仔鼠的存活率和体重、性别比与对照组相比均无显著变化[9]。

研究表明，噁虫威对兔睾丸结构和精子活性产生影响。白兔每天饲喂剂量为 5mg/kg bw 噁虫威片剂，持续暴露 13d。与对照组相比，暴露组生殖上皮细胞变小，细胞间质增加，生精小管内腔增大。同时发现随着噁虫威浓度增加和暴露时间延长，精子活性明显降低，精子数量明显减少。结果提示，噁虫威可影响男性生育能力[10]。

### （4）致突变性

动物试验结果表明，噁虫威对动物无致畸、致癌、致突变作用[1]。

## 【人类健康效应】

噁虫威可引起肝、肾疾病，可能引起呼吸道疾病，是可逆的胆碱酯酶抑制剂。中毒症状包括虚弱、视力模糊、头痛、恶心、腹痛、胸闷、大汗淋漓、瞳孔收缩、肌肉震颤、脉搏降低。严重中毒症状包括：抽搐、眩晕、混乱、肌肉不协调、言语不清、血压降低、心律不齐及反射消失。一旦暴露停止，胆碱酯酶抑制可迅速逆转。在中毒者出现症状之前，如及时采取措施脱离暴露，中毒者胆碱酯酶可恢复正常水平。在非致死暴露剂量下，中毒症状通常持续不到 24h[11]。

## 【危害分类与管制情况】

| 序号 | 毒性指标 | PPDB 分类 | PAN 分类 |
|------|----------|-----------|----------|
| 1 | 高毒 | 是 | 是 |
| 2 | 生殖发育毒性 | 疑似 | 是 |
| 3 | 胆碱酯酶抑制剂 | 是 | 是 |
| 4 | 神经毒性 | 是 | — |
| 5 | 国际公约或优控名录 | 列入 PAN 名录 | |

注：PPDB 数据库由英国赫特福德郡大学农业与环境研究所开发；PAN 数据库来自北美农药行动网(PANNA)；"—"表示无此项。

## 【限值标准】

每日允许摄入量（ADI）为 0.004mg/（kg bw·d）[4]，加拿大饮用水标准最大允许浓度（MAC）为 40μg/L[12]。

# 参 考 文 献

[1] TOXNET (Toxicology Data Network). https://toxnet.nlm.nih.gov/cgi-bin/sis/search2/f?./temp/~pS8fnL:1[2015-10-18].

[2] Hartley D, Kidd H. The Agrochemicals Handbook. Nottingham: The Royal Society of Chemistry, 1985.

[3] USDA. Pesticide Properties Database on Bendiocarb (22781-23-3). 2013.

[4] PPDB: Pesticide Properties DataBase. http://sitem.herts.ac.uk/aeru/ppdb/en/Reports/61.htm [2015-10-18].

[5] MacBean C. e-Pesticide Manual. 15th ed. Ver. 5.1. Alton: British Crop Protection Council, 2008—2010.

[6] Huuskonen J. Prediction of soil sorption coefficient of organic pesticides from the atom-type electrotopological state indices. Environ Toxicol Chem, 2003, 22(4):816-820.

[7] USEPA, OPPTS. R.E.D Facts. Bendiocarb (22781-23-3). Reregistration Eligibility Decisions (REDs) Database. USEPA 738-F-99-010. 1999.

[8] 李华文, 陆丹, 吴军, 等. 噁虫威原药毒性实验研究. 工业卫生与职业病, 2009, (6):332-335.

[9] WHO, FAO. Joint Meeting on Pesticide Residues: Pesticide Residues in Food—1982 for Bendiocarb (22781-23-3). 1982.

[10] Krockova J, Massányi P, Toman P, et al. In vivo and in vitro effect of bendiocarb on rabbit testicular structure and spermatozoa motility. J Environ Sci Health A Tox Hazard Subst Environ Eng, 2012, 47(9):1301-1311.

[11] EXTOXNET. Pesticide Information Profile for Bendiocarb. 1994.

[12] PAN Pesticides Database—Chemicals. http://www.pesticideinfo.org/Detail_Chemical.jsp? Rec_Id=PC32991[2015-10-18].

# 二甲硫吸磷(thiometon)

## 【基本信息】

化学名称：*S*-2-乙基硫代乙基-*O,O*-二甲基二硫代磷酸酯

其他名称：甲基乙拌磷

CAS 号：640-15-3

分子式：$C_6H_{15}O_2PS_3$

相对分子质量：246.35

SMILES：S=P(OC)(SCCSCC)OC

类别：有机磷酸酯类杀虫剂、除螨剂

结构式：

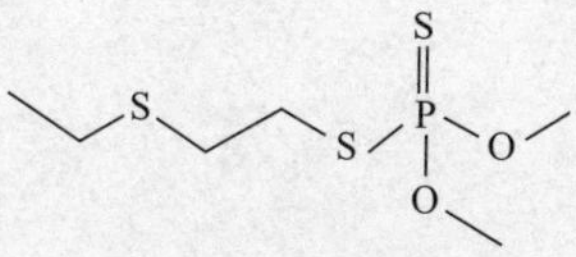

## 【理化性质】

无色油状液体，有特殊气味，密度 1.21g/mL，熔点<25℃，沸点 100℃，饱和蒸气压 39.9mPa(25℃)；水溶解度 200mg/L(20℃)，溶于大多数有机溶剂；辛醇/水分配系数 $\lg K_{ow} = 3.15$ (pH=7, 20℃)

## 【环境行为】

### (1)环境生物降解性

土壤好氧降解半衰期(DT$_{50}$)为 1.9~7.0d，平均值为 2d[1]。生物降解作用主要通过脂肪族烷基硫原子氧化成亚砜和砜[2]。0℃条件下，莱茵河水中添加浓度为 50μg/L 二甲硫吸磷，40~50d 内完全降解；而在经高温灭菌的莱茵河水中没有降解[3]。10℃、添加浓度为 100μg/L 时，降解半衰期为 29d[3]。

### (2)环境非生物降解性

大气中，气态二甲硫吸磷与羟基自由基反应的间接光解半衰期约为 4h[4]。在

阳光下不直接光解，但在水中可与单线态氧反应，冬天和夏天的光解半衰期估测值分别为 1000d 和 100d[3]。

水解半衰期为 22d(pH=7，20℃)。在 25℃，pH 分别为 3、6 和 9 条件下，水解半衰期分别为 25d、27d 和 17d[1]。碱性条件下，超过 90%水解为 2-(乙硫基)乙硫醇。而在 50℃、中性条件下，水解产物中 40%为 2-(乙硫基)乙醇，未产生 2-(乙硫基)乙硫醇。在 pH 为 7.9、温度为 11℃时，水解半衰期为 230d[3]。

**(3)环境生物蓄积性**

BCF 估测值为 30，生物蓄积性弱[5]。

**(4)土壤吸附/移动性**

吸附系数 $K_{oc}$ 值为 240~579，在土壤中有中等移动性[6]。

# 【生态毒理学】

鸟类(山齿鹑)急性 $LD_{50}=61.75mg/kg$，鱼类(虹鳟鱼) 96h $LC_{50}>3.7mg/L$，溞类(大型溞) 48h $EC_{50}>8.2mg/L$，水生甲壳动物(糠虾) 96h $LC_{50}=0.00014mg/L$，藻类 72h $EC_{50}>12.8mg/L$[1]。

# 【毒理学】

二甲硫吸磷为有机磷杀虫剂，高毒，具有胆碱酯酶抑制性、神经毒性和皮肤刺激性[1]。

**(1)一般毒性**

大鼠急性经口 $LD_{50}=40mg/kg$，大鼠急性经皮 $LD_{50}=1429mg/kg$，大鼠急性吸入 $LC_{50}=1.93mg/L$[1]。

**(2)神经毒性**

比格犬每天饲喂暴露 0.5~1.5mg/kg 的二甲硫吸磷，持续暴露 2a，出现视神经组织学变化，小腿出现外周感觉神经和运动神经变化[7]。

**(3)生殖毒性**

暂无数据资料。

**(4)致突变性**

有致突变作用[8]。

# 【人类健康效应】

急慢性中毒主要表现为有机磷中毒症状。轻度中毒：全身不适、头痛、头昏、无力、视力模糊、呕吐、出汗、流涎、嗜睡等，有时有肌肉震颤，偶有腹泻；中度中毒：除上述症状外还出现剧烈呕吐、腹痛、烦躁不安、抽搐、呼吸困难等；重度中毒：癫痫样抽搐[8]。

12 名暴露于二甲硫吸磷的农业工人随访至少 6 个月，发现过氧化氢酶、细胞色素氧化酶和铜氧化酶活性发生改变[7]。此外，有研究报道二甲硫吸磷可以导致农业工人眼压发生改变，患有青光眼的工人应避免接触二甲硫吸磷[7]。

## 【危害分类与管制情况】

| 序号 | 毒性指标 | PPDB 分类 | PAN 分类 |
|---|---|---|---|
| 1 | 高毒 | 是 | 是 |
| 2 | 致癌性 | 否 | 无充分证据 |
| 3 | 内分泌干扰性 | 无数据 | 无充分证据 |
| 4 | 生殖发育毒性 | 无数据 | 无充分证据 |
| 5 | 胆碱酯酶抑制剂 | 是 | 是 |
| 6 | 神经毒性 | 是 | — |
| 7 | 皮肤刺激性 | 是 | — |
| 8 | 国际公约或优控名录 | 列入 PAN 名录 | |

注：PPDB 数据库由英国赫特福德郡大学农业与环境研究所开发；PAN 数据库来自北美农药行动网（PANNA）；"—"表示无此项。

## 【限值标准】

每日允许摄入量（ADI）为 0.003mg/（kg bw • d）[1]。

参 考 文 献

[1] PPDB: Pesticide Properties DataBase. http://sitem.herts.ac.uk/aeru/ppdb/en/Reports/639.htm [2015-10-25].

[2] Capel P D, Giger W, Reichert P, et al. Accidental input of pesticides into the Rhine River. Environ Sci Technol, 1988, 22(9):992-997.

[3] Wanner O, Egli T, Fleischmann T, et al. Behavior of the insecticides disulfoton and thiometon in the Rhine River: a chemodynamic study. Environ Sci Technol, 1989, 23(10):1232-1242.

[4] Meylan W M, Howard P H. Computer estimation of the atmospheric gas-phase reaction rate of organic compounds with hydroxyl radicals and ozone. Chemosphere, 1993, 26(12):2293-2299.

[5] Lyman W J, Reehl W F, Rosenblatt D H. Handbook of Chemical Property Estimation Methods: Environmental Behavior of Organic Compounds. Washington DC: American Chemical Society,

1990.

[6] Yalkowsky S H, Dannenfelser R M. Aquasol Database of Aqueous Solubility. Version 5. College of Pharmacy, University of Arizona-Tucson, AZ. PC Version. 1992.

[7] Hayes W J Jr, Laws E R Jr. Handbook of Pesticide Toxicology. Volume 2. Classes of Pesticides. New York: Academic Press, 1991.

[8] TOXNET(Toxicology Data Network）. https://toxnet.nlm.nih.gov/cgi-bin/sis/search2/f?./temp/~i158Br:1[2015-10-25].

# 二嗪磷(diazinon)

## 【基本信息】

化学名称：*O,O*-二乙基-*O*-(2-异丙基-4-甲基嘧啶-6-基)硫代磷酸酯

其他名称：二嗪农，地亚农，大亚仙农

CAS 号：333-41-5

分子式：$C_{12}H_{21}N_2O_3PS$

相对分子质量：304.35

SMILES: S=P(OCC)(OCC)Oc1nc(nc(c1)C)C(C)C

类别：有机磷类杀虫剂、杀螨剂

结构式：

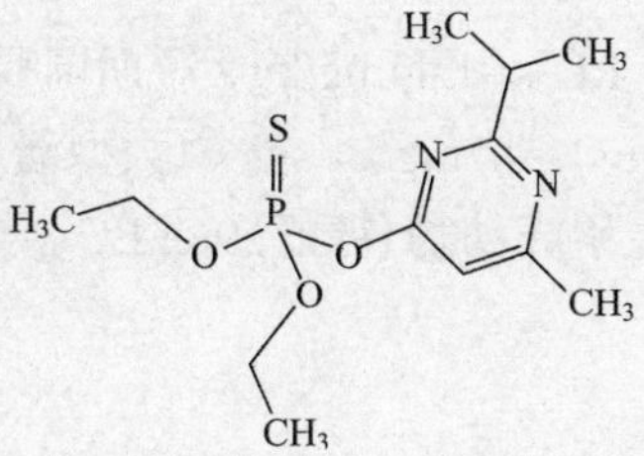

## 【理化性质】

无色油状液体，密度 1.11g/mL，沸腾前分解，饱和蒸气压 11.97mPa(25℃)。水溶解度为 60mg/L(20℃)。有机溶剂溶解度(20℃)：乙酸乙酯，250000mg/L；丙酮，9000000mg/L；甲醇，9000000mg/L；甲苯，9000000mg/L。辛醇/水分配系数 $\lg K_{ow}$=3.69(pH=7, 20℃)。

## 【环境行为】

### (1)环境生物降解性

在灭菌土壤中降解半衰期为 12.5 周，在砂质土壤中为 6.5 周[1]。在非灭菌条件下，使用来自苗圃回收池的水作为接种物，半衰期为 63.1～122.9d(10℃)；在灭菌条件下，半衰期为 178.3～268.5d(10℃)。22℃、非灭菌条件下，半衰期为 34.4～

76.6d；22℃、灭菌条件下，半衰期为 69.5～134.4d[2]。

**(2)环境非生物降解性**

20℃时，水解半衰期为 12d(pH=5)、138d(pH=7)、77d(pH=9.0)[3]，主要水解产物为 2-异丙基-4-甲基-6-羟基嘧啶、二乙基硫代磷酸或二乙基磷酸[4]。水中光解半衰期为 50d(pH=7)[3]。

**(3)环境生物蓄积性**

BCF 值：长嘴鱼为 152、银鲫为 36.6、鲤鱼为 65.1、古比鱼为 17.5、小龙虾为 4.9、红蜗牛为 17.0、田螺为 5.9[5]，鲤鱼为 120、虹鳟为 63、泥鳅为 26、虾为 3[6]，杂色鳉为 200[7]，生物蓄积性为低到中等。

**(4)土壤吸附/移动性**

在砂壤土[2.0% 有机质(OM)，pH=5.4]、粉砂壤土(1.4% OM, pH=7.0)、粉砂壤土(1.8% OM, pH=6.5) 和砂土(1.4% OM, pH=7.0)中，$K_{oc}$ 分别为 1539、1007、1653、1842[8]。在土壤中移动性为中等偏低。

## 【生态毒理学】

鸟类(山齿鹑)急性经口 $LD_{50}=1.44mg/kg$、短期饲喂 $LD_{50}=8mg/(kg \cdot d)$，鱼类 96h $LC_{50}=3.1mg/L$，21d NOEC $=0.7mg/L$，溞类(大型溞)48h $EC_{50}=0.001mg/L$、21d NOEC $=0.00056mg/L$，水生甲壳动物(糠虾)96h $LC_{50}=0.0042mg/L$，蚯蚓 14d $LC_{50}=65mg/kg$[3]。

## 【毒理学】

**(1)一般毒性**

大鼠急性经口 $LD_{50}=1139mg/kg$，大鼠急性经皮 $LD_{50}>2000mg/kg$，大鼠急性吸入 $LC_{50}>5.0mg/L$。对兔子的皮肤和眼睛有刺激作用[3]。

**(2)神经毒性**

大鼠饲喂二嗪磷(纯度88%)，给药量为5mL/kg，剂量水平为0mg/kg(玉米油)、2.5mg/kg、150mg/kg、300mg/kg 和 600mg/kg。在饲喂大于 300mg/kg 二嗪磷 9～11h 后大鼠出现呼吸功能受损、流泪、唾液分泌增多(仅雄鼠)、皮毛污染、血泪症[9]。

**(3)发育与生殖毒性**

雌性大鼠妊娠 6~15d 时灌胃暴露二嗪磷 1.9mg/(kg·d)、3.8mg/(kg·d)和 7.6mg/(kg·d)。妊娠 20d 时，在 3.8mg/(kg·d)和 7.6mg/(kg·d)剂量组中测定大脑中乙酰胆碱酯酶活性，母代活性明显降低，但子代没有改变。3.8mg/(kg·d)和 7.6mg/(kg·d)剂量组的母代毒性症状包括腹泻、无力、流涎、震颤、活动减少。剂量为 7.6mg/(kg・d)的子宫质量降低。母代毒性剂量为 3.8mg/(kg・d)时，未引起子代毒性或畸形[10]。

### (4)致突变性

无胚胎毒性或致畸毒性[11]。

## 【人类健康效应】

二嗪磷属于强烈的乙酰胆碱酯酶抑制剂，疑似内分泌干扰物，对人类可能致癌，为 IARC 2A 级致癌物。

急性中毒症状表现为无力、头痛、胸闷、视力模糊、反应性瞳孔缩小、流涎、出汗、恶心、呕吐、腹泻、腹部绞痛、口齿不清、肺部湿啰音[12]。

0.025mg/(kg・d)剂量可轻微抑制血浆胆碱酯酶，因此被视为人类的 NOAEL 剂量[9]。二嗪磷对人淋巴细胞的有丝分裂存在影响，0.5mg/mL 暴露剂量下 74%的细胞发生染色体畸变。剂量为 25mg/mL 比 0.5mg/mL 和 5mg/mL 时对有丝分裂产生更大的影响[13]。

## 【危害分类与管制情况】

| 序号 | 毒性指标 | PPDB 分类 | PAN 分类 |
|---|---|---|---|
| 1 | 高毒 | 是 | 是 |
| 2 | 致癌性 | 可能 | 不太可能 |
| 3 | 致突变性 | 可能 | — |
| 4 | 内分泌干扰性 | 可能 | 疑似 |
| 5 | 生殖发育毒性 | 是 | 是 |
| 6 | 胆碱酯酶抑制剂 | 是 | 是 |
| 7 | 神经毒性 | 是 | — |
| 8 | 呼吸道刺激性 | 是 | — |
| 9 | 皮肤刺激性 | 是 | — |
| 10 | 眼刺激性 | — | — |
| 11 | 污染地下水 | — | 可能 |
| 12 | 国际公约或优控名录 | 列入 PAN 名录 | |

注：PPDB 数据库由英国赫特福德郡大学农业与环境研究所开发；PAN 数据库来自北美农药行动网(PANNA)；"—"表示无此项。

## 【限值标准】

每日允许摄入量（ADI）为 0.002mg/（kg · d），急性参考剂量（ARfD）为 0.025mg/（kg · d）[3]。

# 参 考 文 献

[1] Miles J R W, Tu C M, Harris C R. Persistence of eight organophosphorus insecticides in sterile and non-sterile mineral and organic soils. Bull Environ Contam Toxicol, 1979, 22(3):312-318.

[2] Lu J, Wu L, Newman J, et al. Degradation of pesticides in nursery recycling pond waters. J Agric Food Chem, 2006, 54(7):2658-2563.

[3] PPDB:Pesticide Properties DataBase. http://sitem.herts.ac.uk/aeru/ppdb/en/Reports/212.htm [2015-10-30].

[4] Gomaa H M, Suffet I H, Faust S D. Kinetics of hydrolysis of diazinon and diazoxon. Residue Reviews, 1969, 29:171-190.

[5] Kanazawa J. Bioconcentration ratio of diazinon by freshwater fish and snail. Bull Environ Contam Toxicol, 1978, 20(20):613-617.

[6] Seguchi K, Asaka S. Intake and excretion of diazinon in freshwater fishes. Bull Environ Contam Toxicol, 1981, 27(2):244-249.

[7] Zaroogian G E, Heltshe J F, Johnson M. Estimation of bioconcentration in marine species using structure-activity models. Environ Toxicol Chem, 1985, 4(1):3-12.

[8] USDA. ARS Pesticide Properties Database on Diazinon (333-41-5). 1999.

[9] WHO. Environmental Health Criteria 198: Diazinon. 1998:74-75.

[10] Elmazoudy R H, Attia A A, Abdelgawad H S. Evaluation of developmental toxicity induced by anticholinesterase insecticide, diazinon in female rats. Birth Defects Res B Dev Reprod Toxicol, 2011, 92(6):534-542.

[11] TOXNET（Toxicology Data Network）. https://toxnet.nlm.nih.gov/cgi-bin/sis/search2/f?./temp/~PYKOO8:1[2015-10-30].

[12] Gosselin R E, Smith R P, Hodge H C. Clinical Toxicology of Commercial Products. 5th ed. Baltimore: Williams and Wilkins, 1984: III-340.

[13] National Research Council. Drinking Water and Health. Volume 1. Washington DC: National Academy Press, 1977:611.

# 砷酸铅(lead arsenate)

## 【基本信息】

化学名称：砷酸铅

其他名称：原砷酸铅，砷酸氢铅

CAS 号：7784-40-9

分子式：$AsHO_4Pb$

相对分子质量：347.13

SMILES: [As](O)(=O)([O–])[O–].[Pb+2]

类别：含砷杀虫剂、植物生长调节剂、灭鼠剂

结构式：

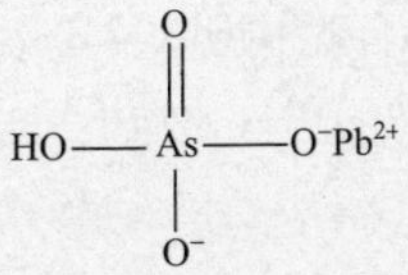

## 【理化性质】

白色或灰色粉末，密度 7.80g/mL，熔点 1042℃。水溶解度 0.03mg/L(20℃)，在甲醇、丙酮、乙酸乙酯等有机溶剂中均不溶解。

## 【环境行为】

砷酸铅为无机物，在环境中具有持久性。

## 【生态毒理学】

鸟类(山齿鹑)急性 $LD_{50}$= 450mg/kg，鱼类(虹鳟鱼)96h $LC_{50}$ >100mg/L，蚯蚓 14d $LC_{50}$ >20mg/kg[1]。

## 【毒理学】

大鼠急性经口 $LD_{50}$ =100mg/kg，大鼠急性经皮 $LD_{50}$＞2400mg/kg。对兔子的眼睛有刺激作用[1]。

砷酸铅包含砷和铅两种有毒元素。牛经口暴露 6.48g/d 未观察到有害影响[2]。大鼠急性中毒症状包括急性肠胃炎和腹泻，有时伴有抽搐和全身麻痹，最后死于脱水和衰竭，几小时到几天就会发生死亡[3]。

## 【人类健康效应】

对人类很可能为致癌物(2A 级)。

中毒后往往表现为厌食、肌肉不适、头痛、便秘，偶尔出现腹泻、肠痉挛等。铅会影响肠道平滑肌，引起严重腹痛或铅绞痛、铅性脑病，成人很少见，儿童常见。有报道，意外摄入砷酸铅的 8 个孩子，最常见的是烦躁不安，症状多为腹痛、便秘或腹泻、共济失调、咳嗽和厌食症，铅水平最初是略高于可接受的水平，血铅含量均增加，但低于实验室毒性范围[4]。

## 【危害分类与管制情况】

| 序号 | 毒性指标 | PPDB 分类 | PAN 分类 |
|---|---|---|---|
| 1 | 高毒 | 是 | 是 |
| 2 | 致癌性 | 是 | 是 |
| 3 | 致突变性 | 是 | — |
| 4 | 内分泌干扰性 | 可能 | 疑似 |
| 5 | 生殖发育毒性 | — | 是 |
| 6 | 胆碱酯酶抑制剂 | 否 | 否 |
| 7 | 呼吸道刺激性 | 是 | — |
| 8 | 皮肤刺激性 | 是 | — |
| 9 | 眼刺激性 | 是 | — |
| 10 | 污染地下水 | — | 不确定 |
| 11 | 国际公约或优控名录 | 列入 PAN 名录 | |

注：PPDB 数据库由英国赫特福德郡大学农业与环境研究所开发；PAN 数据库来自北美农药行动网(PANNA)；"—"表示无此项。

## 【限值标准】

暂无数据。

## 参 考 文 献

[1] PPDB:Pesticide Properties DataBase. http://sitem.herts.ac.uk/aeru/ppdb/en/Reports/2553.htm [2015-11-01].

[2] Luh M D, Baker R A, Henley D E. Arsenic analysis and toxicity—a review. Sci Total Environ, 1973, 2(2):1-12.

[3] American Conference of Governmental Industrial Hygienists, Inc. Documentation of the Threshold Limit Values and Biological Exposure Indices. Volumes I , II , III .6th ed. Cincinnati: ACGIH, 1991:853.

[4] Boyd S D, Wasserman G S, Green V A, et al. Lead arsenate ingestion in eight children. Clin Toxicol, 1981, 18(4):489-491.

# 二溴磷(naled)

## 【基本信息】

化学名称：1,2-二溴-2,2,-二氯乙基二甲基磷酸酯

其他名称：万丰灵

CAS 号：300-76-5

分子式：$C_4H_7Br_2Cl_2O_4P$

相对分子质量：380.79

SMILES：ClC(Br)(Cl)C(Br)OP(=O)(OC)OC

类别：有机磷类杀虫剂

结构式：

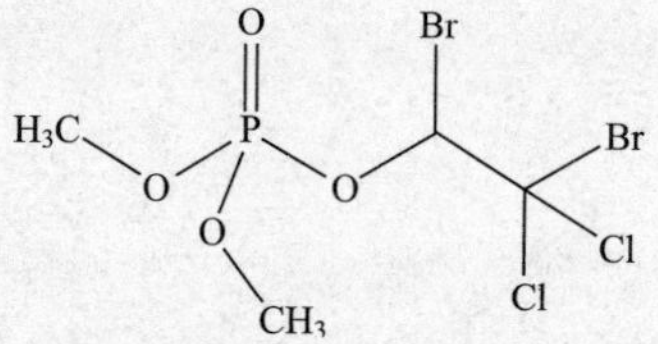

## 【理化性质】

黄色均相液体，无可见悬浮物和沉淀物，密度 1.97g/mL，熔点 27℃，饱和蒸气压 260mPa(25℃)。水溶解度为 2000mg/L(20℃)。有机溶剂溶解度(20℃)：庚烷，820000mg/L(20℃)。辛醇/水分配系数 $\lg K_{ow}$=2.18(pH=7,20℃)。

## 【环境行为】

**(1)环境生物降解性**

土壤降解半衰期≤8h[1]。

**(2)环境非生物降解性**

水解半衰期≤25h。自然环境中 48h 内可完全水解[2]。

**(3)环境生物蓄积性**

基于 $\lg K_{ow}$ 估算的 BCF = 0.4，在水生生物体内生物富集性弱。

(4)土壤吸附/移动性

吸附系数 $K_{oc}$ = 180[3]和 344[4]，在土壤中具有一定的潜在移动性。

## 【生态毒理学】

鸟类(山齿鹑)急性 $LD_{50}$ >52mg/kg，鱼类(虹鳟鱼)96h $LC_{50}$ >0.195mg/L，溞类(大型溞)48h $EC_{50}$ = 0.00035mg/L，水生甲壳动物(糠虾)96h $LC_{50}$= 0.0077mg/L[5]。

## 【毒理学】

(1)一般毒性

大鼠急性经口 $LD_{50}$=83mg/kg，大鼠急性经皮 $LD_{50}$=800mg/kg，大鼠 4h 急性吸入 $LC_{50}$ = 0.2mg/L。对兔子的呼吸道、皮肤和眼睛有刺激作用[5]。

(2)神经毒性

用纯度为 92.7%的二溴磷饲喂大鼠，剂量为 0mg/kg、100mg/kg 和 400mg/kg(溶剂为 0.5%羧甲基纤维素)，处理 14d。400mg/kg 处理组两种性别的死亡率均增加，雄鼠在体重增加率上表现出短暂减小。临床症状包括：皮肤出现红色或黄色物质，嘴巴、鼻子、眼睛周围出现红色物质，步态改变、震颤和活动过少(>100mg/kg 时出现啰音和干呕)，NOAEL = 25mg/kg[6]。

(3)生殖毒性

大鼠饲喂暴露 1mg/(kg·d)、5mg/(kg·d)和 25mg/(kg·d)的二溴磷共三代，交配和生育指数、妊娠率、分娩和怀孕时间、泌乳指数、后代及其存活率等指标均没有受到影响[7]。

大鼠妊娠 6~19d 内饲喂 2mg/(kg·d)、10mg/(kg·d)和 40mg/(kg·d)二溴磷，40mg/(kg·d)剂量组母体产生胆碱能症状，体重减小，未观察到发育毒性。大鼠妊娠 6~19d 内饲喂 25~100mg/(kg·d)二溴磷，无不良致畸作用。兔子妊娠 6~19d 内饲喂 0.2mg/(kg·d)、2mg/(kg·d)和 8mg/(kg·d)二溴磷，2mg/(kg·d)剂量组母代有轻度胆碱能症状发生，但未发现其他中毒症状或发育毒性[8]。

(4)致突变性

无基因突变，无致畸作用。骨髓中的细胞毒性不明显[3]。

## 【人类健康效应】

吞食及皮肤接触有害，可能引起睾丸损伤。

急性中毒症状：恶心、呕吐、腹痛、腹泻和过度流涎(流口水)[9]。吸入暴露后,鼻溢液和感觉胸闷是常见的中毒症状,其他症状还包括思维混乱或视力模糊、瞳孔缩小、睫状肌痉挛、眼痛。人体急性神经毒性作用还包括焦虑、抑郁、震颤、眩晕[3]。

## 【危害分类与管制情况】

| 序号 | 毒性指标 | PPDB 分类 | PAN 分类 |
|---|---|---|---|
| 1 | 高毒 | 是 | 中等 |
| 2 | 致癌性 | 否 | 不太可能 |
| 3 | 致突变性 | 否 | — |
| 4 | 内分泌干扰性 | — | 不确定 |
| 5 | 生殖发育毒性 | 是 | 是 |
| 6 | 胆碱酯酶抑制剂 | 是 | 是 |
| 7 | 神经毒性 | 是 | — |
| 8 | 呼吸道刺激性 | 是 | — |
| 9 | 皮肤刺激性 | 是 | — |
| 10 | 眼刺激性 | 是 | — |
| 11 | 污染地下水 | — | 潜在 |
| 12 | 国际公约或优控名录 | 列入 PAN 名录 | |

注:PPDB 数据库由英国赫特福德郡大学农业与环境研究所开发;PAN 数据库来自北美农药行动网(PANNA);"—"表示无此项。

## 【限值标准】

每日允许摄入量(ADI)为 0.002mg/(kg·d),急性参考剂量(ARfD)为 0.009mg/(kg·d)。

## 参 考 文 献

[1] Purdue University. National Pesticide Information Retrieval System. 1987.

[2] O'Neil M J. The Merck Index. 13th ed. Whitehouse Station: Merck Publishing, 2001:1139.

[3] TOXNET(Toxicology Data Network). https://toxnet.nlm.nih.gov/cgi-bin/sis/search2/f?./temp/~04tJJb:1[2015-10-26].

[4] Gustafson D I. Groundwater ubiquity score: a simple method for assessing pesticide leachability. Environ Toxicol Chem, 1989, 8(4):339-357.

[5] PPDB: Pesticide Properties DataBase. http://sitem.herts.ac.uk/aeru/ppdb/en/Reports/480.htm

[2015-10-26].

[6] California Environmental Protection Agency, Department of Pesticide Regulation. Toxicology Data Review Summaries. http://www.cdpr.ca.gov/docs/toxsums/toxsumlist.htm[2015-10-26].

[7] WHO, FAO. Joint Meeting on Pesticide Residues. Pesticide Data Sheet for Naled (300-76-5). 2001.

[8] Bingham E, Cohrssen B, Powell C H. Patty's Toxicology. Volumes 1-9. 5th ed. New York: John Wiley & Sons, 2001.

[9] Currance P L, Clements B, Bronstein A C. Emergency Care For Hazardous Materials Exposure. 3rd edition. St. Louis: Elsevier Mosby, 2005:1.

# 二溴氯丙烷(dibromochloropropane)

## 【基本信息】

化学名称：1,2-二溴-3-氯丙烷

**CAS 号**：96-12-8

**分子式**：$C_3H_5Br_2Cl$

**相对分子质量**：236.36

**SMILES**：ClCC(Br)CBr

类别：吡唑类杀虫剂

结构式：

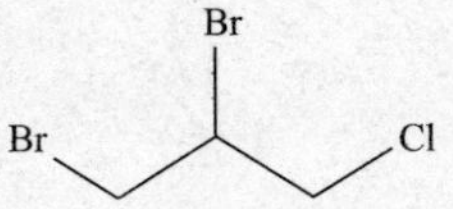

## 【理化性质】

浅黄色液体，有刺激性臭味，密度 2.093g/mL，熔点 6℃，沸点 196℃，饱和蒸气压 10000mPa(25℃)；水溶解度 1230mg/L(20℃)，20℃时与乙醇、异丙醇、二氯丙烷互溶；辛醇/水分配系数 $\lg K_{ow} = 2.43$(pH=7, 20℃)。

## 【环境行为】

### (1)环境生物降解性

反硝化生物膜柱、硫酸盐呼吸生物膜柱或产甲烷条件，常用来模拟二溴氯丙烷在厌氧条件下的生物降解。在产甲烷条件下，适应周期为 9~12 周，初始浓度为 17μg/L 的二溴氯丙烷去除率大于 99%。使用硫酸盐呼吸生物膜柱，适应周期为 2 周，停留时间 2.5d，初始浓度为 12μg/L 的二溴氯丙烷去除率为 98%；适应周期 6 个月，停留时间 1.5h，去除率为 82%[1]。使用反硝化生物膜柱，停留时间 2.5d，初始浓度为 37μg/L 的二溴氯丙烷去除率为 14%(无适应周期)[1]。

### (2)环境非生物降解性

25℃和 15℃时的水解半衰期分别是 38a 和 141a[2]。在碱性条件下可水解生成

2-溴丙醇[3]。在磷酸缓冲溶液中脱卤化氢生成 2-溴-3-氯-1-丙烯(95%) 和 2,3-二溴-1-丙烯(5%)，随后水解为相应的烯丙基醇[4]。和水解比较，脱卤化氢作用相对较慢。加入过氧化氢可以明显增加光解速率，表明二溴氯丙烷在包含高浓度羟基自由基的天然水中可光降解[5]。

**(3)环境生物蓄积性**

基于水溶解度的 BCF 估测值为 11[6]。鲤鱼 BCF 为 3.6~19[7]。在水生生物体内生物蓄积性弱。

**(4)土壤吸附/移动性**

粉砂土和细土 $K_{oc}$ 分别为 129 和 149[8]，在土壤中具有较强的潜在移动性。

## 【生态毒理学】

鱼类(虹鳟鱼)96h $LC_{50}$ = 20mg/L[9]。

## 【毒理学】

**(1)一般毒性**

大鼠急性经口 $LD_{50}$>170mg/kg，大鼠急性经皮 $LD_{50}$>1420mg/kg。对兔子的呼吸道、皮肤和眼睛有刺激作用[9]。

**(2)神经毒性**

大鼠经口饲喂 70mg/(kg·d)(急性 $LD_{50}$ 的 20%)3 周，血管系统和所有的内部器官都有退行性改变。大鼠饲喂 100mg/kg(单次暴露)或 5 个月重复 10mg/(kg·d)剂量的二溴氯丙烷(纯度为 97%)，单次暴露后出现神经系统抑郁和体重减轻，重复剂量饲喂后雄性精子的数量和活率均减小，雌性的发情期也受抑制。在空气中吸入浓度超过 600mg/cm³(60mg/L)的二溴氯丙烷，大鼠出现呼吸道刺激、肝细胞变性、神经毒性和肾毒性[10]。

**(3)生殖毒性**

大鼠在妊娠 6~15d 口服 12.5mg/(kg·d)、25mg/(kg·d)、50mg/(kg·d)二溴氯丙烷，均未出现致畸效应。青春期大鼠单次腹腔注射 100mg/kg 二溴氯丙烷，结果显示二溴氯丙烷可引起处于减数分裂期的生殖细胞的程序外 DNA 合成的显著增加。雄性大鼠(14 周龄)持续暴露 0.3~10mg/L 的二溴氯丙烷，出现肾上腺肥大，附睾、睾丸和精囊质量减轻，附睾内精子数目减少，白细胞减少等症状。雄兔持续暴露 10mg/L 二溴氯丙烷 8 周后，在 14 周内出现不育现象。雄性和雌性大鼠吸入 0mg/L、0.1mg/L、1mg/L 或 10mg/L 二溴氯丙烷 6h/d、5d/周，14 周后恢复期长达 32 周。二溴氯丙烷不影响雌性受孕的能力，然而当处理剂量达到 10mg/L

时，显性致死效果明显。大鼠暴露 10mg/L 二溴氯丙烷 14 周，发生睾丸缓慢萎缩和肾上腺皮质细胞聚集性改变。暴露于 1mg/L 二溴氯丙烷的雌鼠，在恢复期后期出现轻微肾上腺皮质病变，10mg/L 时雌鼠卵巢囊肿数增加。性成熟大鼠的生殖毒性比发育期的大鼠敏感性弱[11]。

### (4) 致突变性

在大鼠精子发生减数分裂的阶段，特别是在早期的精子细胞阶段，二溴氯丙烷诱导显性致死基因，但不引起小鼠显性致死突变，无致畸作用[12]。

## 【人类健康效应】

可能导致男性不育，具有肝、肾毒性，可引起肺水肿。人通过呼吸暴露于二溴氯丙烷后，出现中枢神经系统中度抑郁和肺充血，进食后产生急性胃肠道窘迫及肺水肿[13]。

对以色列 62 名农业工人的调查发现，接触二溴氯丙烷工人的妻子流产发生率增高[14]。

## 【危害分类与管制情况】

| 序号 | 毒性指标 | PPDB 分类 | PAN 分类 |
|---|---|---|---|
| 1 | 高毒 | 是 | 中毒 |
| 2 | 致癌性 | 是 | 是 |
| 3 | 致突变性 | 是 | — |
| 4 | 内分泌干扰性 | 可能 | 疑似 |
| 5 | 生殖发育毒性 | 是 | 是 |
| 6 | 胆碱酯酶抑制剂 | 否 | 否 |
| 7 | 神经毒性 | 是 | — |
| 8 | 呼吸道刺激性 | 是 | — |
| 9 | 皮肤刺激性 | 是 | — |
| 10 | 眼刺激性 | 是 | — |
| 11 | 污染地下水 | — | 是 |
| 12 | 国际公约或优控名录 | 列入 PAN 名录、WHO 淘汰品种 | |

注：PPDB 数据库由英国赫特福德郡大学农业与环境研究所开发；PAN 数据库来自北美农药行动网(PANNA)；"—"表示无此项。

## 【限值标准】

每日允许摄入量(ADI)为 0.0002mg/(kg·d)，急性参考剂量(ARfD)为 0.009mg/(kg·d)。

## 参 考 文 献

[1] Bouwer E J, Wright J P. Transformation of halogenated aliphatics in anoxic biofilm columns. J Contam Hydrol, 1988, 2:155-169.

[2] Burlinson N E, Lee L A, Rosenblatt D H. Kinetics and products of hydrolysis of 1,2-dibromo-3-chloropropane. Environ Sci Technol, 1982, 16 (9): 627-632.

[3] IARC. Monographs on the Evaluation of the Carcinogenic Risk of Chemicals to Humans. Geneva: World Health Organization, International Agency for Research on Cancer, 1979.

[4] Deeley G M, Reinhard M, Stearns S M. Transformation and sorption of 1,2-dibromo-3-chloropropane in subsurface samples collected at Fresno, California. J Environ Qual, 1991, 20(3): 547-556.

[5] Milano J C, Bernat-Escallon C, Vernet J L. Photolysis of 1,2-dibromo 3-chloro propane in water. Wat Res, 1990, 24(5):557-564.

[6] Kenaga E E. Predicted bioconcentration factors and soil sorption coefficients of pesticides and other chemicals. Ecotox Env Safety, 1980, 4(1):26-38.

[7] Chemicals Inspection and Testing Institute. Biodegradation and Bioaccumulation Data of Existing Chemicals Based on the CSCL Japan. Japan Chemical Industry Ecology-Toxicology and Information Center, 1992.

[8] Garner W Y, Honeycutt R C, Nigg H N. Evaluation of Pesticide in Ground Water. ACS Symposium Series 315. Washington DC: American Chemical Society, 1986:170-196.

[9] PPDB: Pesticide Properties DataBase. http://sitem.herts.ac.uk/aeru/ppdb/en/Reports/1441.htm [2015-11-01].

[10] IARC. Some Halogenated Hydrocarbons. IARC Monographs on the Evaluation of the Carcinogenic Risk of Chemicals to Humans, Vol. 20. 1979: 83-96.

[11] United Nations. Treatment and Disposal Methods for Waste Chemicals (IRPTC File). Data Profile Series No. 5. Geneva: United Nations Environmental Programme, 1985:703.

[12] TOXNET(Toxicology Data Network). https://toxnet.nlm.nih.gov/cgi-bin/sis/search2/f?./temp/~Zx4ofE:1[2015-11-01].

[13] Gilman A G, Goodman L S, Gilman A. Goodman and Gilman's the Pharmacological Basis of Therapeutics. 7th ed. New York: Macmillan Publishing Company, 1985:1643.

[14] Potashnik G, Yanai-Inbar I. Dibromochloropropane (DBCP): an 8-year reevaluation of testicular function and reproductive performance. Fertil Steril, 1987, 47(2):317-323.

# 发硫磷(prothoate)

## 【基本信息】

化学名称：*O, O* -二乙基-*S*-(*N*-异丙基甲酰甲基)二硫代磷酸酯

其他名称：乙基乐果，发果

CAS 号：2275-18-5

分子式：$C_9H_{20}NO_3PS_2$

相对分子质量：285.36

SMILES: O=C(NC(C)C)CSP(=S)(OCC)OCC

类别：有机磷类杀虫剂、杀螨剂

结构式：

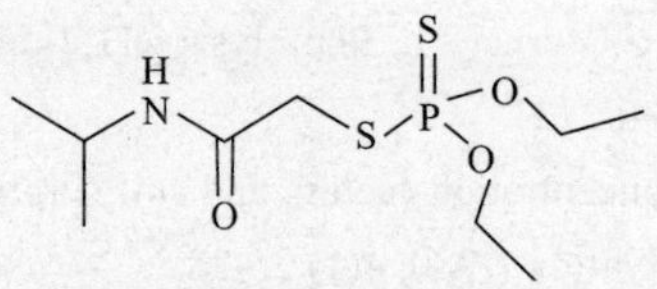

## 【理化性质】

无色结晶固体，有樟脑气味，密度 1.15g/mL，熔点 28.5℃，饱和蒸气压 13mPa(25℃)；水溶解度 2500mg/L(20℃)，在正己烷与环己烷中可溶；辛醇/水分配系数 $\lg K_{ow}$= 2.17(pH=7, 20℃)。

## 【环境行为】

(1)环境生物降解性

暂无数据资料。

(2)环境非生物降解性

大气中，气态发硫磷与羟基自由基反应的速率常数为 $1.2×10^{-10}$ $cm^3/(mol \cdot s)$，间接光解半衰期为 3.2h(25℃)[1]。不含大于 290nm 波长的发色团，在太阳光下不可直接光解[2]。

**(3)环境生物蓄积性**

基于 $\lg K_{ow}$ 值的 BCF 估测值为 9，在水生生物中生物富集性弱。

**(4)土壤吸附/移动性**

基于定量构效关系(QSAR，分子连接性指数评估法)的 $K_{oc}$ 估测值为 240[3]，在土壤中具有中等移动性。

## 【生态毒理学】

鸟类(山齿鹑)急性经口 $LD_{50}$=55.95mg/kg，鱼类(虹鳟鱼)96h $LC_{50}$=20mg/L[4]。

## 【毒理学】

**(1)一般毒性**

大鼠急性经口 $LD_{50}$=8mg/kg，大鼠急性经皮 $LD_{50}$=655mg/kg，大鼠急性吸入 4h $LC_{50}$=0.003mg/L(高毒)[4]。

**(2)神经毒性**

暂无数据。

**(3)生殖毒性**

暂无数据。

**(4)致突变性**

暂无数据。

## 【人类健康效应】

发硫磷为高毒、乙酰胆碱酯酶抑制剂。短期暴露时，可能导致死亡或永久性损伤。急性中毒症状包括恶心、呕吐、腹痛、腹泻、头痛、头晕、过度流涎、乏力、肌肉抽搐、呼吸困难、视力模糊、肌肉失去协调性、呼吸中枢衰竭、呼吸肌强烈收缩麻痹，还可能导致死亡。长期低剂量暴露时，抑制胆碱酯酶活性，可能产生累积效应。反复接触可能会损害神经系统，导致抽搐、呼吸衰竭，引起肝损害[5]。

## 【危害分类与管制情况】

| 序号 | 毒性指标 | PPDB 分类 | PAN 分类 |
|------|----------|-----------|----------|
| 1 | 高毒 | 是 | 可能 |
| 2 | 致癌性 | 否 | 可能 |

续表

| 序号 | 毒性指标 | PPDB 分类 | PAN 分类 |
|------|----------|-----------|----------|
| 3 | 内分泌干扰性 | — | 可能 |
| 4 | 生殖发育毒性 | — | 可能 |
| 5 | 胆碱酯酶抑制剂 | 是 | 是 |
| 6 | 神经毒性 | 是 | — |
| 7 | 污染地下水 | — | 可能 |
| 8 | 国际公约或优控名录 | 列入 PAN 、WHO 淘汰品种 | |

注：PPDB 数据库由英国赫特福德郡大学农业与环境研究所开发；PAN 数据库来自北美农药行动网(PANNA)；"—"表示无此项。

## 【限值标准】

每日允许摄入量（ADI）为 0.0002mg/（kg·d），急性参考剂量（ARfD）为 0.009mg/（kg·d）。

## 参 考 文 献

[1] Meylan W M, Howard P H. Computer estimation of the atmospheric gas-phase reaction rate of organic compounds with hydroxyl radicals and ozone. Chemosphere, 1993, 26(12):2293-2299.

[2] Lyman W J, Reehl W F, Rosenblatt D H, et al. Handbook of Chemical Property Estimation Methods. Washington DC:American Chemical Society, 1990:7-12.

[3] TOXNET(Toxicology Data Network). https://toxnet.nlm.nih.gov/cgi-bin/sis/search2/f?./temp/~u15BwX:1 [2015-11-03].

[4] PPDB: Pesticide Properties DataBase. http://sitem.herts.ac.uk/aeru/ppdb/en/Reports/561.htm [2015-11-03].

[5] Sittig M. Handbook of Toxic and Hazardous Chemicals and Carcinogens. Vol. 1 A-H. 4th ed. Norwich: Noyes Publications, 2002:1983.

# 砜拌磷（oxydisulfoton）

## 【基本信息】

化学名称：$O,O$-二乙基-$S$-［2-(乙基亚磺酰基)乙基］二硫代磷酸酯

其他名称：二硫代磷酸酯

CAS 号：2497-07-6

分子式：$C_8H_{19}O_3PS_3$

相对分子质量：290.40

SMILES：P(SCC[S@@](CC)=O)(OCC)(OCC)=S

类别：有机磷类杀虫剂、杀螨剂

结构式：

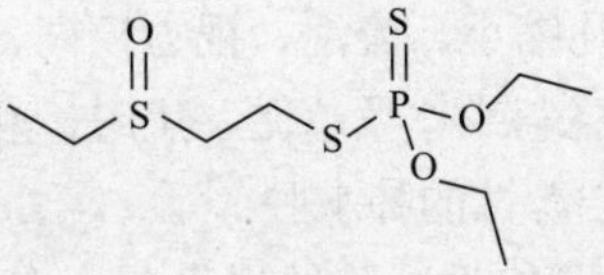

## 【理化性质】

无色液体，密度 1.71g/mL，熔点 203℃，沸腾前分解，饱和蒸气压 0.002 mPa (25℃)。水溶解度为 4000mg/L (20℃)。有机溶剂溶解度 (20℃)：正己烷，28mg/L；甲苯，3000mg/L；甲醇，137500mg/L；丙酮，545900mg/L。辛醇/水分配系数 $\lg K_{ow}$ =1.73(pH=7，20℃)。

## 【环境行为】

暂无数据。

## 【生态毒理学】

溞类(大型溞)48h $EC_{50}$ = 0.03mg/L[1]。

## 【毒理学】

**(1)一般毒性**

大鼠急性经口 $LD_{50} = 3.5mg/kg$，大鼠急性经皮 $LD_{50} = 92mg/kg$ [1]。

**(2)生殖毒性**

可导致胎鼠出生体重降低、死亡率增高[2]。

**(3)致突变性**

无致畸作用[2]。

## 【人类健康效应】

砜拌磷为乙酰胆碱酯酶抑制剂，竞争性抑制胆碱酯酶和乙酰胆碱酯酶，阻止乙酰胆碱水解和失活。乙酰胆碱积聚在神经连接处，引起交感神经、副交感神经和外周神经系统及中枢神经系统功能失调，可发展为胆碱能过剩的临床症状[2]。

急性暴露可能出现发烧、头痛、眩晕、肌肉痉挛、心动过缓、低血压、心动过速，并且可发生高血压、瞳孔缩小、流泪、视力模糊、流涎、胸痛、呼吸困难、啰音、支气管黏液溢、支气管痉挛或呼吸急促、焦虑、麻痹、癫痫、昏迷等症状。严重中毒可发生瞳孔散大、非心源性的肺水肿[2]。

人类淋巴细胞体外细胞遗传学试验结果表明，有可能增加染色体畸变，但是证据不足[2]。

## 【危害分类与管制情况】

| 序号 | 毒性指标 | PPDB 分类 | PAN 分类 |
|---|---|---|---|
| 1 | 高毒 | 是 | 可能 |
| 2 | 致癌性 | 否 | 可能 |
| 3 | 致突变性 | 否 | — |
| 4 | 内分泌干扰性 | — | 可能 |
| 5 | 生殖发育毒性 | — | 可能 |
| 6 | 胆碱酯酶抑制剂 | 是 | 是 |
| 7 | 神经毒性 | 是 | — |
| 8 | 污染地下水 | — | 可能 |
| 9 | 国际公约或优控名录 | PAN 名录、WHO 淘汰名录 | |

注:PPDB 数据库由英国赫特福德郡大学农业与环境研究所开发;PAN 数据库来自北美农药行动网(PANNA);"—"表示无此项。

## 【限值标准】

每日允许摄入量（ADI）为 0.0002mg/(kg·d)，急性参考剂量（ARfD）为 0.009mg/(kg·d)。

## 参 考 文 献

[1] PPDB: Pesticide Properties DataBase. http://sitem.herts.ac.uk/aeru/ppdb/en/Reports/2562.htm [2015-11-06].

[2] TOXNET(Toxicology Data Network). https://toxnet.nlm.nih.gov/cgi-bin/sis/search2/f?./temp/~J1wjtJ:1[2015-11-06].

# 呋虫胺(dinotefuran)

## 【基本信息】

化学名称：$(RS)$-1-甲基-2-硝基-3-(四氢-3-呋喃甲基)胍

CAS 号：165252-70-0

分子式：$C_7H_{14}N_4O_3$

相对分子质量：202.21

SMILES：[O−][N+](=O)NC(=N/C)\NCC1CCOC1

类别：烟碱类杀虫剂

结构式：

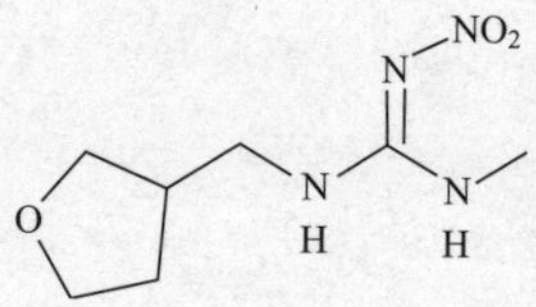

## 【理化性质】

白色结晶状固体，密度 1.42g/mL，熔点 107.5℃，沸腾前分解，饱和蒸气压 0.0017mPa(25℃)。水溶解度为 39830mg/L(20℃)。有机溶剂溶解度(20℃)：正己烷，0.009mg/L；正庚烷，0.011mg/L；二甲苯，72.0mg/L；甲苯，150mg/L。辛醇/水分配系数 $\lg K_{ow}$ = −0.549(pH=7, 20℃)。

## 【环境行为】

**(1)环境生物降解性**

土壤降解半衰期为 50~100d(平均 82d)，田间条件下为 75d[1]。

**(2)环境非生物降解性**

在 pH 为 4~9 时，不易水解。pH 为 7 时，水中光解半衰期为 0.2d[1]。

**(3)环境生物蓄积性**

基于 $\lg K_{ow}$ 的 BCF 估测值为 3，生物蓄积性弱[2]。

**(4)土壤吸附/移动性**

吸附系数 $K_{oc}$ 值为 6~45 [3]，在土壤中移动性强。

## 【生态毒理学】

鸟类(山齿鹑)急性 $LD_{50}$ >2000mg/kg，鱼类(虹鳟鱼) 96h $LC_{50}$ >100.0mg/L，溞类(大型溞) 48h $EC_{50}$ >968.3mg/L，水生甲壳动物(糠虾) 96h $LC_{50}$ = 0.79mg/L，蚯蚓 14d $LC_{50}$ = 4.9mg/kg [1]。

## 【毒理学】

**(1)一般毒性**

大鼠急性经口 $LD_{50}$>2000mg/kg，大鼠急性经皮 $LD_{50}$>2000mg/kg，大鼠急性吸入 $LC_{50}$ = 4.09mg/L，对眼睛有刺激作用[1]。

**(2)神经毒性**

大鼠急性(单次灌胃)和 13 周(饲喂)神经毒性试验：未出现任何神经毒性功能或形态学上的证据。基于神经毒性的 NOAEL = 1500mg/kg(急性经口)、50000mg/kg(13 周饲喂)[4]。

**(3)生殖毒性**

小鼠两代饲喂毒性试验：暴露剂量 0mg/L、300mg/L、1000mg/L、3000mg/L 和 10000mg/L，分别于交配 10 周前、交配中、妊娠 3 周和哺乳期 3 周进行染毒处理。1000mg/L 处理组亲代和 F1 代雄鼠和雌鼠在生殖期结束和妊娠、哺乳期间体重相对对照组均有减轻。组织病理学、生育或妊娠指数、平均幼仔数及幼仔活动力均无影响。在哺乳期 14~21d，10000mg/L 处理组两代幼仔平均体重比对照组低。此外，6 个月大的雄鼠前肢和雌鼠后肢的平均抓力比对照组低。10000mg/L 处理组 F1 代雄鼠精子活性降低，亲代和 F1 代雄鼠精子形态改变，亲代雄鼠精子数量减少，但与对照组相比繁殖能力无显著性差异[4]。

**(4)致突变性**

无致畸性和致突变性[5,6]。

## 【人类健康效应】

轻度至中度中毒可引起恶心、呕吐、腹泻、腹痛、头晕、头痛、轻度镇静。重度中毒造成躁动、抽搐、昏迷、体温降低、代谢性酸中毒、肺炎、呼吸衰竭、低血压、心室心律失常和死亡[7]。

## 【危害分类与管制情况】

| 序号 | 毒性指标 | PPDB 分类 | PAN 分类 |
|---|---|---|---|
| 1 | 高毒 | 是 | 可能 |
| 2 | 致癌性 | 否 | 不太可能 |
| 3 | 内分泌干扰性 | — | 可能 |
| 4 | 生殖发育毒性 | 可能 | 可能 |
| 5 | 胆碱酯酶抑制剂 | 否 | 否 |
| 6 | 神经毒性 | 否 | — |
| 7 | 皮肤刺激性 | 可能 | — |
| 8 | 眼刺激性 | 是 | — |
| 9 | 污染地下水 | — | 潜在 |
| 10 | 国际公约或优控名录 | — | |

注：PPDB 数据库由英国赫特福德郡大学农业与环境研究所开发；PAN 数据库来自北美农药行动网(PANNA)；"—"表示无此项。

## 【限值标准】

每日允许摄入量(ADI)为 0.22mg/(kg·d)[1]。

## 参 考 文 献

[1] PPDB: Pesticide Properties DataBase. http://sitem.herts.ac.uk/aeru/ppdb/en/Reports/1195.htm [2015-11-11].

[2] Tomlin C D S. The Pesticide Manual: A World Compendium. 13th ed. Version 3.1. Surrey: British Crop Protection Council, 2003.

[3] USEPA. Pesticide fact sheet for dinotefuran. Off Prev Pest Toxic Sub, 2004.

[4] California Environmental Protection Agency, Department of Pesticide Regulation. Dinotefuran. Summary of Toxicological Data. 2006.

[5] 彭莎, 杨仁斌, 邹蓉, 等. 高效液相色谱测定水稻和稻田中呋虫胺残留分析法的建立. 湖南农业科学, 2013, (4):79-81.

[6] 张亦冰. 新内吸杀虫剂——呋虫胺. 世界农药, 2003, 25(5):46-47.

[7] TOXNET(Toxicology Data Network). https://toxnet.nlm.nih.gov/cgi-bin/sis/search2/f?./temp/~cvi6Mb:1[2015-11-11].

# 伏杀磷(phosalone)

## 【基本信息】

化学名称：*S*-6-氯-2-氧代苯并噁唑啉-3-甲基-*O,O*-二乙基二硫代磷酸酯

其他名称：佐罗纳，伏杀硫磷

CAS 号：2310-17-0

分子式：C$_{12}$H$_{15}$ClNO$_4$PS$_2$

相对分子质量：367.81

SMILES：Clc2ccc1c(OC(=O)N1CSP(=S)(OCC)OCC)c2

类别：有机磷类杀虫剂、杀螨剂

结构式：

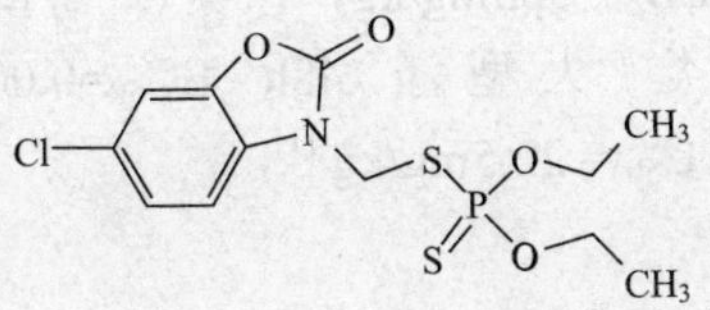

## 【理化性质】

无色结晶，带有蒜臭味，密度 1.49g/mL，熔点 46.9℃，在沸腾前分解，饱和蒸气压 1.56×10$^{-2}$mPa(25℃)。水溶解度 1.4mg/L(20℃)。有机溶剂溶解度(20℃)：丙酮，1000000mg/L；正庚烷，26300mg/L；甲苯，1000000mg/L；乙酸乙酯，1000000mg/L。辛醇/水分配系数 lg$K_{ow}$ = 4.01(pH=7, 20℃)。

## 【环境行为】

**(1)环境生物降解性**

土壤中生物降解半衰期为 2d [1]。

**(2)环境非生物降解性**

中性和酸性条件下较为稳定，碱性条件下可水解生成 6-氯-2-氧代苯并噁唑和二乙基硫代磷酸，水解半衰期为 321d(pH=7, 20℃)[1]。

大气中，气态伏杀磷通过和光化学反应产生的羟基自由基反应发生降解，间

接光解半衰期约为 2h(25℃)。包含吸收波长大于 290nm 的生色基团，在太阳光下可直接光解。太阳光条件下，水中光解半衰期为 1d，光解反应中 P=S 转化为 P=O，形成伏杀氧磷。在实验室模拟太阳光条件下，在土壤表面的光解半衰期为 4.75d，玻璃表面光解半衰期为 8.5d。

**(3) 环境生物蓄积性**

基于 $\lg K_{ow}$ 的 BCF 估测值为 470(鱼)，在水生生物体内有一定的潜在生物蓄积性[2]。

**(4) 土壤吸附/移动性**

吸附系数 $K_{oc}$ = 1800。另有报道，$K_{oc}$ = 2587(pH=7.6、有机碳 10.2g/kg、黏土 210g/kg)、6078(pH=5.1、有机碳 20.0g/kg、黏土 40g/kg)、12608(pH=7.2、有机碳 23.2g/kg、黏土 879g/kg)。土壤薄层层析结果，$R_f$ 为 0.02~0.07。在土壤中吸附性较强、移动性较弱。

## 【生态毒理学】

鸟类(山齿鹑)急性 LD$_{50}$=503mg/kg，鱼类(虹鳟鱼)96h LC$_{50}$ = 0.63mg/L、NOEC=0.056mg/L，溞类(大型溞)48h EC$_{50}$=0.00074mg/L、21d NOEC=0.00014mg/L，蚯蚓 14d LC$_{50}$ = 22.5mg/kg [1]。

## 【毒理学】

**(1) 一般毒性**

大鼠急性经口 LD$_{50}$=120mg/kg，大鼠急性经皮 LD$_{50}$=1530mg/kg，大鼠急性吸入 LC$_{50}$=1.26mg/L。对兔子皮肤和眼睛有刺激作用[1]。

**(2) 神经毒性**

以 0.01mg/(kg·d)伏杀磷饲喂大鼠 5 个月，停止 1 个月后，大脑皮质和核神经元发现退行性变化，表明伏杀磷可引起脑细胞不可逆损伤[2]。大鼠急性饲喂神经毒性研究结果：基于血浆胆碱酯酶抑制作用的 LOAEL = 10mg/(kg·d)(不确定因子为 300，急性参考剂量为 0.03mg/(kg·d))[3]。

**(3) 生殖毒性**

妊娠 6~18d 雌兔饲喂暴露 0mg/(kg·d)、1mg/(kg·d)、10mg/(kg·d)和 20mg/(kg·d)剂量的伏杀磷(以 4%羧甲基纤维素为溶剂配制)，雌兔出现有机磷毒性症状，包括呼吸困难、腹部痉挛、抽搐行为；20mg/(kg·d)处理组观察到消耗食物量减少，10mg/(kg·d)和 20mg/(kg·d)处理组观察到再吸收的比例增加。妊娠雌兔 NOAEL=10mg/(kg·d)(有机磷中毒标志：消耗食物量减少)[4]。

**(4)致突变性**

饲喂法给予妊娠 6~15d 大鼠 50mg/(kg·d)伏杀磷，未发现致畸性[5]。

## 【人类健康效应】

伏杀磷为乙酰胆碱酯酶抑制剂，它可以刺激神经系统，导致恶心、头晕、混乱，在高暴露剂量下(如事故或重大泄漏)可导致呼吸麻痹而死亡[6]。

1987 年 8 月，加利福尼亚马德拉县一个葡萄园主雇佣的 30 名工人感到无力、头晕和有胃肠道症状，还有 4 名患者发生严重窦性心动过缓持续数天。住院的 16 名工人都出现中度到重度的血浆和红细胞乙酰胆碱酯酶的抑制[7]。

## 【危害分类与管制情况】

| 序号 | 毒性指标 | PPDB 分类 | PAN 分类 |
|---|---|---|---|
| 1 | 高毒 | 是 | 中毒 |
| 2 | 致癌性 | 否 | 不太可能 |
| 3 | 内分泌干扰性 | — | 可能 |
| 4 | 生殖发育毒性 | — | 可能 |
| 5 | 胆碱酯酶抑制剂 | 是 | 是 |
| 6 | 神经毒性 | 是 | — |
| 7 | 呼吸道刺激性 | 是 | — |
| 8 | 皮肤刺激性 | 是 | — |
| 9 | 眼刺激性 | 是 | — |
| 10 | 污染地下水 | — | 潜在 |
| 11 | 国际公约或优控名录 | 列入 PAN 名录 | |

注：PPDB 数据库由英国赫特福德郡大学农业与环境研究所开发；PAN 数据库来自北美农药行动网(PANNA)；"—"表示无此项。

## 【限值标准】

每日允许摄入量(ADI)为 0.01mg/(kg·d)，急性参考剂量(ARfD)为 0.1mg/(kg·d)[1]。

# 参 考 文 献

[1] PPDB: Pesticide Properties Data Base. http://sitem.herts.ac.uk/aeru/ppdb/en/Reports/520.htm [2015-11-15].

[2] TOXNET (Toxicology Data Network). https://toxnet.nlm.nih.gov/cgi-bin/sis/search2/f?./temp/~mjQUxN:1[2015-11-15].

[3] USEPA, Office of Pesticide Programs. Tolerance Reassessment Progress and Interim Risk Management Decision—Phosalone. EPA 738-R-01-001. 2001: 9.

[4] California Environmental Protection Agency, Department of Pesticide Regulation. Phosalone Summary of Toxicological Data. 1989.

[5] Shepard T H. Catalog of Teratogenic Agents. 5th ed. Baltimore. The Johns Hopkins University Press, 1986:456.

[6] EPA, OPP. Finalization of Interim Reregistration Eligibility Decisions (IREDs) and Interim Tolerance Reassessment and Risk Management Decisions (TREDs) for the Organophosphate Pesticides, and Completion of the Tolerance Reassessment and Reregistration Eligibility Process for the Organophosphate Pesticides. 2006.

[7] O'Malley. M A, Mccurdy S A. Subacute poisoning with phosalone, an organophosphate insecticide. West J Med, 1991, 153 (6):619-624.

# 氟虫腈(fipronil)

## 【基本信息】

化学名称：5-氨基-1-(2,6-二氯-4-三氟甲苯基)-4-三氟甲基亚磺酰基吡唑-3-腈

其他名称：锐劲特，氟苯唑

CAS 号：120068-37-3

分子式：$C_{12}H_4Cl_2F_6N_4OS$

相对分子质量：437.15

SMILES：FC(F)(F)S(=O)c2c(C#N)nn(c1c(Cl)cc(cc1Cl)C(F)(F)F)c2N

类别：吡唑类杀虫剂

结构式：

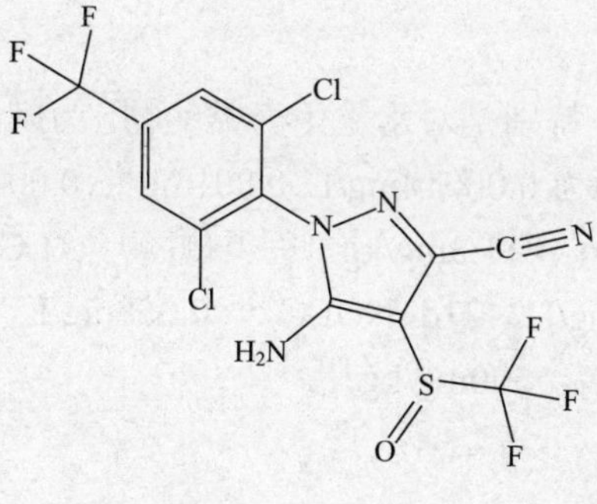

## 【理化性质】

白色粉末状固体，密度 1.71g/mL，熔点 203℃，沸腾前分解，饱和蒸气压 0.002mPa(25℃)。水溶解度为 3.78mg/L(20℃)。有机溶剂溶解度(20℃)：正己烷，28mg/L；甲苯，3000mg/L；甲醇，137500mg/L；丙酮，545900mg/L。辛醇/水分配系数 $\lg K_{ow} = 3.75$，亨利常数为 $2.31 \times 10^{-4} Pa \cdot m^3/mol$。

## 【环境行为】

### (1)环境生物降解性

实验室条件下，土壤降解半衰期平均值为 142d(20℃)；田间条件下，土壤降

解半衰期为 65d；水田渍水条件（厌氧）下，土壤降解半衰期为 50d，主要产物是氟虫腈硫化物和氟虫腈硫化酰胺。3 种水-沉积物体系：好氧降解半衰期分别为 91.2d、25.1d 和 61.9d，厌氧降解半衰期分别为 5.0d、4.6d 和 18.5d [1]。

### (2)环境非生物降解性

pH 为 5.5~7 条件下，氟虫腈相对稳定，不易水解。pH 为 9、10、11 和 12 条件下，水解半衰期分别为 770h、114h、11h、2.4h [2]。

在大气中主要吸附于颗粒相。含有吸收波长大于 290nm 的生色基团，在太阳光下可直接光解。在氙灯光照条件下，光解半衰期为 4.1h（pH=5.5）。在 3 种土壤表面的光解半衰期分别为 147h、178h 和 217h [2]。

### (3)环境生物蓄积性

鱼体 28d BCF = 321（黑鳟鱼），在水生生物体内具有中等生物富集性[2]。

### (4)土壤吸附/移动性

吸附系数 $K_{oc}$ = 825，另有研究报道 $K_{oc}$ = 749。氟虫腈在土壤中有轻微移动性，对地下水可能造成潜在污染影响[3]。

## 【生态毒理学】

对水生生物毒性高，特别是对水生甲壳类动物，为剧毒。对糠虾、罗氏沼虾、青虾、螃蟹 96h $LC_{50}$ 分别为 0.00014mg/L、0.001mg/L、0.0043mg/L 和 0.0086mg/L。对鸟类（山齿鹑）急性 $LD_{50}$ = 11.3mg/kg，鱼类（虹鳟鱼）$LC_{50}$ = 0.248mg/L，溞类（大型溞）48d $EC_{50}$ = 0.19mg/L、21d NOEC = 0.068mg/L，蜜蜂经口 48h $LD_{50}$ = 0.00417μg，蚯蚓 14d $LC_{50}$ >500mg/kg [4]。

## 【毒理学】

氟虫腈具有神经毒性、皮肤和眼睛刺激性，具有疑似致癌性（C 类致癌物）、内分泌干扰性、生殖发育毒性。

### (1)一般毒性

大鼠急性经口 $LD_{50}$ = 92.0mg/kg，兔子急性经皮 $LD_{50}$ = 354mg/kg，大鼠急性吸入 $LC_{50}$ = 0.36mg/L[5]。

### (2)神经毒性

大鼠经口急性中毒症状表现为震颤、四处奔窜和惊跳后立即死亡，且体重显著下降，表明氟虫腈急性中毒时有中枢兴奋和消化系统的抑制作用，与临床报道的氟虫腈中毒患者主要出现恶心、颤抖、四肢抽搐和惊厥发作等症状相似。氟虫腈引起中枢神经系统兴奋症状，可能是由于氟虫腈与中枢神经系统细胞膜上的

GABA 受体结合后阻断了氯离子通道,破坏了 GABA 的神经系统抑制作用,使神经系统兴奋作用相对增强。小鼠经口急性中毒,大脑海马的超微结构改变主要表现为细胞核膜间隙轻度扩张,神经元空泡化,突触间隙轻度扩张,神经纤维髓鞘松解,呈早期脱髓鞘改变[6]。

### (3)生殖毒性

研究表明,氟虫腈具有改变内分泌系统的功能,危害雌性大鼠的生殖系统。雌性大鼠饲喂暴露于浓度为 70~280mg/kg 的氟虫腈,出现发情周期延长,怀孕指数降低,血浆黄体酮和雌二醇水平与对照组存在显著差异[7]。大鼠多代生殖毒性研究表明,较高剂量时有生殖毒性,表现为产仔数减少,仔鼠体重减轻,生育力降低和胎鼠死亡。高剂量氟虫腈可导致大鼠发育迟缓,但不引起出生缺陷。

### (4)致癌性

氟虫腈暴露后,能提高啮齿类目动物肝代谢功能和刺激甲状腺激素的分泌,进而有形成甲状腺癌的可能,且具有慢性神经毒性,被定为 C 类致癌物质。

## 【人类健康效应】

氟虫腈可迅速被人体吸收,中枢神经系统是氟虫腈急性中毒的主要靶器官,急性中毒症状主要为中枢神经系统兴奋症状,具体表现为情绪激动、易怒、肌束颤动甚至抽搐,可有眩晕、头痛等伴随症状。消化系统可有恶心、呕吐、上腹部烧灼感,甚至有饱胀感,腹部无异常体征,肝功能无异常。循环系统可出现心悸、胸闷等症,心脏无异常体征,心电图呈窦性心律。一般认为氟虫腈对呼吸系统、肾脏影响不大[8]。

美国职业病危害病例报告系统显示,2001~2007 年期间 11 个州共上报 103 个氟虫腈暴露相关的病例。其中 55%为女性,平均年龄 37 岁(11%在 15 岁以下)。89%的病例临床症状不明显,最常见的为神经系统方面的症状(约占 50%),主要表现为头痛、头晕、感觉异常;眼睛症状 44%、胃肠 28%、呼吸系统 27%、皮肤21%。氟虫腈暴露可以引起暂时性的、不明显的身体损伤[8]。

人类淋巴细胞体外细胞遗传学试验表明:剂量分别为 0μg/mL(DMSO 组)、4.69μg/mL、9.38μg/mL、18.75μg/mL、37.5μg/mL、75μg/mL、150μg/mL 及 300μg/mL氟虫腈(纯度 90.6%),未发现染色体畸变和其他有害作用。将氟虫腈作用于人类淋巴细胞 18~32h,阳性对照组出现大量染色体畸变,而氟虫腈暴露组未发现染色体畸变情况[9]。

## 【危害分类与管制情况】

| 序号 | 毒性指标 | PPDB 分类 | PAN 分类 |
|---|---|---|---|
| 1 | 高毒 | 是 | 中毒 |
| 2 | 致癌性 | 可能 | 可能 |
| 3 | 内分泌干扰性 | 可能 | 疑似 |
| 4 | 生殖发育毒性 | 可能 | 无充分证据 |
| 5 | 胆碱酯酶抑制性 | 否 | 否 |
| 6 | 神经毒性 | 是 | — |
| 7 | 皮肤刺激性 | 是 | — |
| 8 | 眼刺激性 | 是 | — |
| 9 | 污染地下水 | — | 可能 |
| 10 | 国际公约或优控名录 | 中国和欧盟大多数国家禁止使用(对甲壳类水生生物、蜜蜂剧毒) | |

注:PPDB 数据库由英国赫特福德郡大学农业与环境研究所开发;PAN 数据库来自北美农药行动网(PANNA);"—"表示无此项。

## 【限值标准】

由于氟虫腈对水生生物和蜜蜂等环境生物的毒性很高,我国规定 2009 年 10 月 1 日起禁用氟虫腈。

每日允许摄入量(ADI)为 0.0002mg/(kg bw·d),急性参考剂量(ARfD)为 0.009mg/(kg bw·d),操作者允许接触水平(AOEL)为 0.0035mg/(kg bw·d) [10]。

# 参 考 文 献

[1] Lin K, Haver D, Oki L, et al. Transformation and sorption of fipronil in urban stream sediments. J Agric Food Chem, 2008, 56(18):8594-8600.

[2] Bobe A, Meallier P, Cooper J F, et al. Kinetics and mechanisms of abiotic degradation of fipronil (hydrolysis and photolysis). J Agric Food Chem, 1998, 46(7):2834-2839.

[3] Lyman W J, Reehl W F, Rosenblatt D H, et al. Handbook of Chemical Property Estimation Methods. Washington DC: American Chemical Society, 1990:7-12.

[4] USEPA, OPP, EFED. Pesticide ecotoxicity database as cited in the ECOTOX database. 2000.

[5] FAO, WHO. Pesticide residues in food-fipronil. http://www.ihchem.org/documents/jmpr/jmpmono/vo97pro9. Htm[2015-11-21].

[6] Kamijima M, Casida J E. Regional Modification of [$^3$H]Ethynylbicycloorthobenzoate Binding in Mouse Brain GABA$_A$ Receptor by Endosulfan, Fipronil, and Avermectin B$_{1a}$. Toxicol Appl

Pharmacol, 2000, 163(2):188-194.

[7] Ohi M, Dalsenter P R, Andrade A J, et al. Reproductive adverse effects of fipronil in Wistar rats. Toxicol Lett, 2004, 146(2):121-127.

[8] Lee S J, Mulay P, Dieboltbrown B, et al. Acute illnesses associated with exposure to fipronil—surveillance data from 11 states in the United States, 2001—2007. Clin Toxicol, 2010, 48(7):737-744.

[9] California Environmental Protection Agency, Department of Pesticide Regulation. Toxicology Data Review Summaries on Fipronil (120068-37-3). 2012.

[10] PPDB: Pesticide Properties DataBase. http://sitem.herts.ac.uk/aeru/ppdb/en/Reports/316.htm [2015-11-21].

# 氟环唑（epoxiconazole）

## 【基本信息】

化学名称：（2RS,3SR)-3-(2-氯苯基)-2-(4-氟苯基)-2-[(1H-1,2,4-三唑-1-基)甲基]环氧乙烷

其他名称：环氧菌唑，欧博

CAS 号：135319-73-2

分子式：$C_{17}H_{13}ClFN_3O$

相对分子质量：329.76

SMILES：Fc1ccc(cc1)C3(OC3c2ccccc2Cl)Cn4ncnc4

类别：三唑类杀菌剂

结构式：

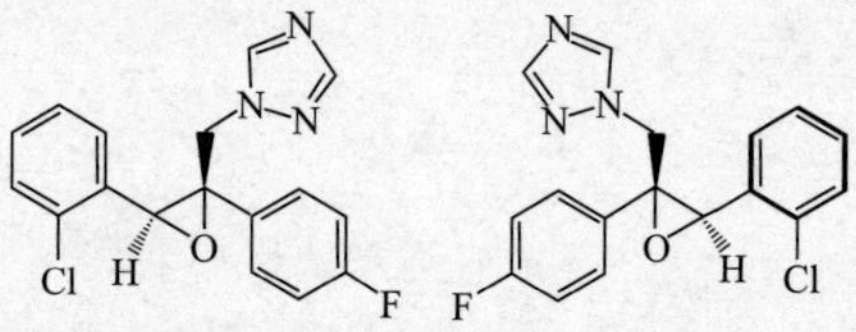

## 【理化性质】

白色结晶粉末，密度 1.38g/mL，熔点 136.7℃，沸腾前分解，饱和蒸气压 0.01mPa(25℃)。水溶解度为 7.1mg/L(20℃)。有机溶剂溶解度(20℃)：乙酸乙酯，100000mg/L；丙酮，140000mg/L；乙醇，28800mg/L；甲苯，40000mg/L。正辛醇/水分配系数 $\lg K_{ow} = 3.75$(pH=3.3, 20℃)。

## 【环境行为】

### (1)环境生物降解性

田间试验条件下，土壤中降解半衰期分别为 11.5d(安徽)、16.4d(天津)、21.2~32.5d(新疆)[1]。

**(2)环境非生物降解性**

夏季室外条件下(平均气温 25～32℃),河水中非生物降解半衰期为 25.6～90.5d,其中光解半衰期为 28.0～131.8d、水解半衰期为 288.8d。海水中非生物降解半衰期为 74.8～93.8d,其中光解半衰期为 113.4～163.8d、水解半衰期为 219.7d[2]。

**(3)环境生物蓄积性**

鱼体 BCF 值为 83.29±5.84,在鱼体中生物富集性较弱[3]。

**(4)土壤吸附/迁动性**

吸附常数 $K_f$ 为 21.3～30.8(江西红壤、东北黑土和太湖水稻土)。土柱淋溶 0～3cm 土层残留率分别为 83.2%、94.7% 和 88.8%(江西红壤、东北黑土和太湖水稻土),在土壤中移动性弱[4]。

## 【生态毒理学】

鸟类(山齿鹑)急性 $LD_{50}$ > 2000mg/kg,鱼类(虹鳟鱼)96h $LC_{50}$ 为 3.14mg/L、NOEC= 0.01mg/L,溞类(大型溞)48h $EC_{50}$ = 8.69mg/L、21d NOEC = 0.63mg/L,蜜蜂经口 48h $LD_{50}$ > 83μg、接触 48h $LD_{50}$ >100μg,蚯蚓 14d $LC_{50}$ >500mg/kg、繁殖 NOEC 为 0.084mg/kg [5]。

## 【毒理学】

大鼠急性经口 $LD_{50}$ = 3160mg/kg,大鼠急性经皮 $LD_{50}$ >2000mg/kg,大鼠急性吸入 4h $LC_{50}$ >5.3mg/L,对眼睛和皮肤无刺激作用[5]。

## 【人类健康效应】

C 类,人类可疑致癌物(美国 EPA 分类)。

## 【危害分类与管制情况】

| 序号 | 毒性指标 | PPDB 分类 | PAN 分类[6] |
|---|---|---|---|
| 1 | 高毒 | 是 | 是 |
| 2 | 致癌性 | 可能 | 是 |
| 3 | 内分泌干扰性 | — | 疑似 |
| 4 | 生殖发育毒性 | 可能 | 可能 |
| 5 | 胆碱酯酶抑制剂 | 否 | 否 |
| 6 | 神经毒性 | 否 | — |

续表

| 序号 | 毒性指标 | PPDB 分类 | PAN 分类[6] |
|------|---------|-----------|------------|
| 7 | 呼吸道刺激性 | 否 | — |
| 8 | 皮肤刺激性 | 否 | — |
| 9 | 眼刺激性 | 否 | — |
| 10 | 污染地下水 | — | 可能 |
| 11 | 国际公约或优控名录 | 列入 PAN 名录 | |

注：PPDB 数据库由英国赫特福德郡大学农业与环境研究所开发；PAN 数据库来自北美农药行动网(PANNA)；"—"表示无此项。

## 【限值标准】

每日允许摄入量(ADI)为 0.008mg/(kg bw·d)，急性参考剂量(ARfD)为 0.023mg/(kg bw·d)[5]。

## 参 考 文 献

[1] 刘良柱，徐应明，黄永春，等. 氟环唑在苹果及土壤中的残留动态研究.现代科学仪器，2007,(1):61-63.

[2] 顾晨凯，陈茜茜，陈猛，等. 自然条件下水中三环唑、氟环唑和苯醚甲环唑的非生物降解及其影响因素. 环境化学, 2014, 33(1): 30-36.

[3] 宋宁慧，张静，吴文铸，等.氟环唑在斑马鱼体内的生物富集作用与结果不确定度评定.农药, 2014,(1):42-44.

[4] 孔德洋，许静，韩志华，等. 七种农药在 3 种不同类型土壤中的吸附及淋溶特性. 农药学学报, 2012, 14(5):545-550.

[5] PPDB: Pesticide Properties DataBase. http://sitem.herts.ac.uk/aeru/ppdb/en/Reports/267.htm [2015-06-03].

[6] PAN Pesticides Database—Chemicals. http://www.pesticideinfo.org/Detail_Chemical.jsp? Rec_Id=PC37441[2015-06-03].

# 氟螨嗪(diflovidazin)

## 【基本信息】

化学名称：3-(2-氯苯基)-6-(2,6-二氟苯基)-1,2,4,5-四嗪

其他名称：无

**CAS 号**：162320-67-4

**分子式**：$C_{14}H_7ClF_2N_4$

**相对分子质量**：304.69

**SMILES**：n1nc(nnc1c1c(cccc1F)F)c1c(cccc1)Cl

类别：四嗪类杀虫剂、杀螨剂

结构式：

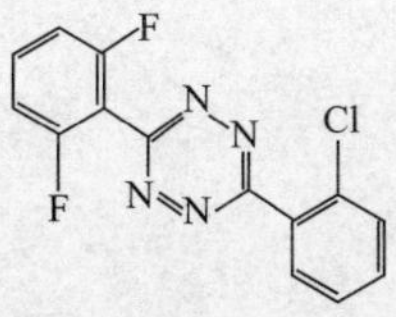

## 【理化性质】

紫红色晶体，无气味，密度 1.57g/mL，熔点 188℃，沸点 211℃，饱和蒸气压 0.01mPa(25℃)。水溶解度为 0.23mg/L(20℃)。有机溶剂溶解度(20℃)：丙酮，24000mg/L；甲醇，1300mg/L；己烷，16800mg/L。正辛醇/水分配系数 $\lg K_{ow}$=3.7(pH=7，20℃)。

## 【环境行为】

**(1)环境生物降解性**

典型条件下，土壤降解半衰期($DT_{50}$)为 73d。另有报道，$DT_{50}$ 为 30~44d [1]。

**(2)环境非生物降解性**

25℃、pH 为 5 与 pH 为 7 时，在水中稳定；pH 为 9 时，水解半衰期为 2.5d [1]。

**(3)环境生物蓄积性**

暂无数据。

**(4)土壤吸附/移动性**

吸附系数 $K_{oc}$ 为 476，在土壤中具有中等移动性[1]。

## 【生态毒理学】

鸟类(山齿鹑)急性 $LD_{50}$ = 2000mg/kg，鱼类(虹鳟鱼)96h $LC_{50}$ = 400mg/L，溞类(大型溞)48h $EC_{50}$ = 0.14mg/L，蜜蜂经口 48h $LD_{50}$ = 25.0μg，蚯蚓 14d $LC_{50}$= 1000mg/kg [1]。

## 【毒理学】

**(1)一般毒性**

大鼠急性经口 $LD_{50}$ = 594mg/kg，大鼠急性经皮 $LD_{50}$＞2000mg/kg，大鼠急性吸入 $LC_{50}$= 5.0mg/L，对眼睛有刺激作用[1]。

**(2)神经毒性**

暂无数据。

**(3)生殖毒性**

暂无数据。

**(4)致突变性**

暂无数据。

## 【人类健康效应】

C 类，人类可疑致癌物(美国 EPA 分类)。

## 【危害分类与管制情况】

| 序号 | 毒性指标 | PPDB 分类 | PAN 分类[2] |
|---|---|---|---|
| 1 | 高毒 | 是 | 可能 |
| 2 | 致癌性 | — | 可能 |
| 3 | 内分泌干扰性 | — | 可能 |
| 4 | 生殖发育毒性 | 可能 | 可能 |
| 5 | 胆碱酯酶抑制剂 | 否 | 否 |
| 6 | 皮肤刺激性 | 否 | — |
| 7 | 眼刺激性 | 是 | — |
| 8 | 污染地下水 | — | 可能 |
| 9 | 国际公约或优控名录 | 无 | |

注:PPDB 数据库由英国赫特福德郡大学农业与环境研究所开发;PAN 数据库来自北美农药行动网(PANNA);"—"表示无此项。

## 【限值标准】

每日允许摄入量(ADI)为 0.098mg/(kg bw · d)[1]。

## 参 考 文 献

[1] PPDB: Pesticide Properties DataBase. http://sitem.herts.ac.uk/aeru/ppdb/en/Reports/333.htm [2015-06-05].

[2] PAN Pesticides Database. http://www.pesticideinfo.org/List_Chemicals.jsp? [2015-06-05].

# 高效氟氯氰菊酯（beta-cyfluthrin）

## 【基本信息】

化学名称：$(SR)$ α-氰基-4-氟-3-苯氧基苄基 $(1RS,3RS;1RS,3SR)$-3-(2,2-二氯乙烯基)-2,2-二甲基环丙烷羧酸酯

其他名称：保得，乙体氟氯氰菊酯

CAS 号：68359-37-5

分子式：$C_{22}H_{18}Cl_2FNO_3$

相对分子质量：434.29

SMILES：Cl/C(Cl)=C/[C@H]3[C@@H](C(=O)O[C@@H](C#N)c2ccc(F)c(Oc1ccccc1)c2)C3(C)C

类别：拟除虫菊酯类杀虫剂

结构式：

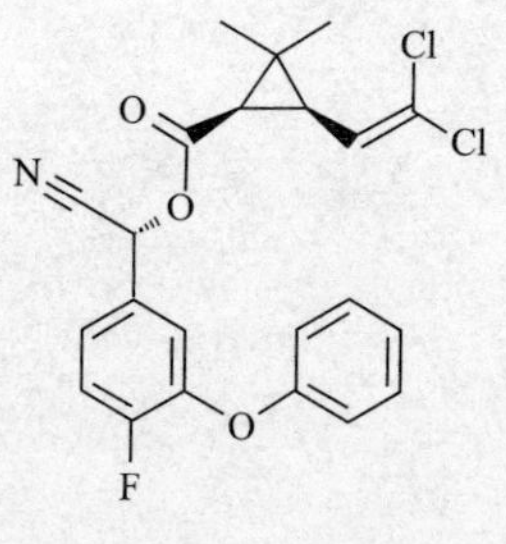

## 【理化性质】

无色晶体，熔点 93.5℃，饱和蒸气压 0.000056mPa(25℃)，密度 1.35g/mL。水溶解度为 0.0012mg/L(20℃)。有机溶剂溶解度(20℃)：正己烷，10000mg/L；甲苯，150000mg/L；二氯甲烷，200000mg/L。亨利常数(25℃)为 $8.1 \times 10^{-3}$Pa·m$^3$/mol，辛醇/水分配系数 lg$K_{ow}$ = 5.9(pH=7, 20℃)。

## 【环境行为】

### (1)环境生物降解性

好氧条件下，降解半衰期为 7～116d [1,2]。厌氧条件下，降解半衰期约 45d [3]。

(2)环境非生物降解性

pH 为 4、7 和 9 条件下，水解半衰期分别为 25~117d、11~20d 和 3~7d(22℃)[4]。含大于 290nm 波长的生色基团，在太阳光下可直接光解，光解半衰期为 16h [5]。

(3)环境生物蓄积性

基于 $lgK_{ow}$ 的鱼类 BCF 预测值为 170，在水生生物体内具有潜在生物富集性[4]。

(4)土壤吸附/移动性

吸附系数 $K_{oc}$ 为 3700 ~33913，在土壤中移动性弱[6]。

## 【生态毒理学】

鸟类(山齿鹑)急性 $LD_{50}$> 2000mg/kg。鱼类(鲑科鱼)96h $LC_{50}$ = 0.000068mg/L、21d NOEC = 0.00001mg/L，溞类(大型溞)48h $EC_{50}$ = 0.00029mg/L，藻类(羊角月牙藻)72h $EC_{50}$>10mg/L、NOEC = 0.01mg/L，水生甲壳动物(糠虾)96h $LC_{50}$= 0.000002mg/L，蚯蚓 14d $LC_{50}$ >1000mg/kg、NOEC >0.133mg/kg，蜜蜂经口 48h $LD_{50}$ =0.05μg [7]。

## 【毒理学】

(1)一般毒性

大鼠急性经口毒性 $LD_{50}$> 77mg/kg，大鼠急性经皮 $LD_{50}$> 5000mg/kg，大鼠急性吸入 $LC_{50}$ =0.081mg/L[7]。

(2)神经毒性

50 只雄鼠连续给药 5d，每天给药 80mg/kg，出现中毒症状：跨越步态、腿部运动缓慢、唾液分泌过剩。与对照组相比，染毒组体重增加缓慢。组织病理学检查发现，单纤维坐骨神经产生轻微轴突退化(肿胀和髓鞘脱失)。显微镜下观察显示神经管扩张，并伴随神经纤维细丝扩散和线粒体退化[8]。

大鼠急性经口中毒症状典型表现为淡漠、表皮毛糙和呼吸障碍，给药后一些大鼠出现唾液分泌增加、震颤、步态不协调的现象，雄性大鼠体重减少 20%~ 25%，致死率明显高于对照组[8]。

(3)生殖毒性

研究表明，高效氟氯氰菊酯对雌鼠体重、产仔数和胎盘质量没有影响。发育不良发生率没有增加，胎鼠没有出现骨骼异常，对大鼠无致畸效应和胚胎毒性。基于母鼠毒性的 NOAEL 为 3mg/(kg·d)，子代 NOAEL 为 30mg/(kg·d)[8]。

**(4)致突变性**

无致癌、致畸和致突变作用。

## 【人类健康效应】

不同拟除虫菊酯急性中毒体征和症状相似。临床分析 573 例由职业或意外接触引起的急性拟除虫菊酯中毒案例，显示的症状包括烧伤、瘙痒、皮肤刺痛感，症状通常持续几个小时。系统性症状包括头晕、头痛、恶心、厌食、疲劳和呕吐，严重情况下会发生抽搐、昏迷[8]。

对胎儿星状细胞组织增长、存活和运转具有毒性。受影响的分子靶点包括：信号传感器、转录调节基因、转运蛋白。高效氟氯氰菊酯激活星状细胞组织炎症可能是潜在的、重要的神经毒性机制。对人体鼻黏膜上皮细胞具有基因毒性，可诱导 DNA 损伤(DNA 单链和双链断裂)，引起大部分鼻黏膜上皮细胞 DNA 严重分裂[9]。

## 【危害分类与管制情况】

| 序号 | 毒性指标 | PPDB 分类 | PAN 分类[10] |
|---|---|---|---|
| 1 | 高毒 | 是 | 中毒 |
| 2 | 致癌性 | 否 | 不太可能 |
| 3 | 内分泌干扰性 | 可能 | 可能 |
| 4 | 生殖发育毒性 | 可能 | 是 |
| 5 | 胆碱酯酶抑制剂 | 否 | 否 |
| 6 | 神经毒性 | 是 | — |
| 7 | 污染地下水 | — | 可能 |
| 8 | 国际公约或优控名录 | — | |

注：PPDB 数据库由英国赫特福德郡大学农业与环境研究所开发；PAN 数据库来自北美农药行动网(PANNA)；"—"表示无此项。

## 【限值标准】

每日允许摄入量(ADI)为 0.003mg/(kg bw·d)，急性参考剂量(ARfD)为 0.02mg/(kg bw·d)[7]。

# 参 考 文 献

[1]  Hornsby A G, Herner A E, Wauchope, R D. Pesticide Properties in the Environment. New York: Springer-Verlag, 1996.

[2]  Kreuger J, Peterson M，Lundgren E . Agricultural inputs of pesticide residues to stream and pond sediments in a small catchment in southern Sweden. Bull Environ Contam Toxicol, 1999,62: 55-62.

[3]  Smith S, Willis G H, Cooper C M. Cyfluthrin persistence in soil as affected by moisture,organic matter and redox potential. Bull Environ Contam Toxicol ,1995,55: 142-148.

[4]  Tomlin C D S. The Pesticide Manual: A World Compendium. 13th Ed. Version 3.1. Surrey: British Crop Protection Council,2004.

[5]  Jenson-Korte U , Anderson C, Spiteller, M. Photodegradation of pesticides in the presence of humic substances.Sci Tot Environ, 1987,62: 335-340.

[6]  Worrall F, Wooff D A, Seheult A H. New approaches to assessing the risk of groundwater contamination by pesticides. Geol Soc ,2000,157: 877-884.

[7]  PPDB: Pesticide Properties DataBase. http://sitem.herts.ac.uk/aeru/ppdb/en/Reports/74.htm [2015-06-06].

[8]  WHO.Toxicological evaluation of certain veterinary drug residues in food. WHO Food Additives Series 39. Cyfluthrin. Prepared for the forty-eighth meeting of the Joint FAO/WHO Expert Committee on Food Additives (JECFA), World Health Organization, Geneva.1997.

[9] Tische M, Faulde M K, Maier H. Genotoxic effects of pentachlorophenol, lindane, transfluthrin, cyfluthrin, and natural pyrethrum on human mucosal cells of the inferior and middle nasal . Am J Rhinol, 2005,19(2): 141-151.

[10] PAN Pesticides Database. http://www.pesticideinfo.org/List_Chemicals.jsp?[2015-06-06].

# 高效氯氟氰菊酯(lambda-cyhalothrin)

## 【基本信息】

化学名称：α-氰基-3-苯氧苄基-3-(2-氯-3,3,3-三氯氟-1-丙烯基)-2,2-二甲基环丙烷羧酸酯(Z)-(1R,3R),S-酯及(Z)-(1S,3S),R-酯的 1∶1 混合物

其他名称：爱克宁，克宁三氟氯氰菊酯

CAS 号：91465-08-6

分子式：$C_{23}H_{19}ClF_3NO_3$

相对分子质量：449.85

SMILES:Cl\C(=C/[C@H]3[C@@H](C(=O)OC(C#N)c2cccc(Oc1ccccc1)c2)C3(C)C)C(F)(F)F

类别：拟除虫菊酯类杀虫剂

结构式：

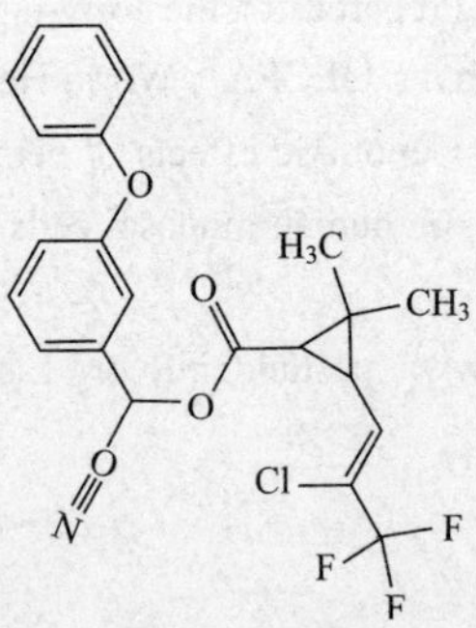

## 【理化性质】

白色固体,密度1.33g/mL,熔点49.2℃,沸腾前分解,饱和蒸气压0.0002mPa(25℃)。水溶解度为0.005mg/L(20℃)。有机溶剂溶解度(20℃)：正己烷,500000mg/L；甲苯,500000mg/L；甲醇,250000mg/L；丙酮,250000mg/L。正辛醇/水分配系数 $\lg K_{ow} = 5.5$(pH=7,20℃)。

## 【环境行为】

### (1)环境生物降解性

好氧条件下，土壤降解半衰期为 175d(20℃)，田间条件下为 26.9d。欧盟数据：土壤好氧降解半衰期为 43~1000d(实验室)，田间条件下为 10.1~47.5d(德国)[1]。

### (2)环境非生物降解性

pH 为 5.2~7 时，高效氯氟氰菊酯相对稳定，pH 为 9 时水解半衰期为 1~7d。水中光解半衰期为 40d(pH=7)[1]。

### (3)环境生物蓄积性

鱼体 BCF 值等于 4982，在水生生物体内具有较强潜在生物富集性[1]。

### (4)土壤吸附/移动性

吸附系数 $K_{oc}$ 估测值为 283707，在土壤中移动性弱[1]。

## 【生态毒理学】

鸟类(山齿鹑)急性 $LD_{50}$> 3950mg/kg，鱼类(虹鳟鱼)96h $LC_{50}$=0.00021mg/L、NOEC=0.00025mg/L，溞类(大型溞)48h $EC_{50}$=0.00036mg/L、21d NOEC=0.3mg/L，水生甲壳动物(糠虾)96h $LC_{50}$=0.000003mg/L，藻类 72h $EC_{50}$> 0.3mg/L、NOEC> 0.3mg/L，蜜蜂接触 48h $LD_{50}$=0.038μg，蚯蚓 14d $LC_{50}$>500mg/kg[1]。

## 【毒理学】

### (1)一般毒性

大鼠急性经口毒性 $LD_{50}$=56mg/kg，大鼠急性经皮 $LD_{50}$> 632mg/kg，大鼠急性吸入 $LC_{50}$=0.066mg/L，对呼吸道和眼睛有刺激作用[1]。

### (2)神经毒性

属于神经毒剂，作用机制主要是通过抑制脑突触体膜上的 ATP 酶，使突触后膜上的乙酰胆碱酯酶等神经递质大量聚集，从而抑制脑乙酰胆碱酯酶活性。

### (3)生殖毒性

具有内分泌系统干扰性，危害雌性大鼠的生殖系统。雌性大鼠暴露于浓度分别为 70~280mg/kg 的高效氯氟氰菊酯，发情周期较对照组延长，怀孕指数降低，血浆黄体酮和雌二醇水平与对照组相比存在明显差异。大鼠多代繁殖毒性：较高剂量时有生殖毒性，表现为产仔数减少，仔鼠体重减轻，生育力降低和胎鼠死亡。高剂量时可导致大鼠发育迟缓，但不会引起出生缺陷[2]。

## (4) 致突变性

对动物无致癌、致畸和致突变作用。

## 【人类健康效应】

疑似内分泌干扰物，对人的神经、消化、血液、免疫等多系统有毒性作用。接触、口服及吸入均可造成急性中毒症状。经消化道接触导致中毒的报道以消化道症状为主，也有喷雾吸入导致呼吸道急性刺激性损害的报道，重症中毒时可引起头痛、头昏、恶心、呕吐、双手颤抖，甚至全身抽搐或惊厥、昏迷、休克。

对人类的神经毒性主要作用于锥体外系统、小脑系统、脊髓和周围神经，神经系统损伤是高效氯氟氰菊酯急性吸入性中毒患者的主要并发症之一。目前认为其作用机制可能是选择性地干扰细胞膜上 $Na^+$ 通道，导致细胞内 $Na^+$ 浓度衰减，从而延长去极化，导致神经突触传递功能障碍。此外，还可抑制胞膜的 $\gamma$-氨基丁酸受体，使其失去对神经的抑制功能而表现出相应症状体征[3]。

## 【危害分类与管制情况】

| 序号 | 毒性指标 | PPDB 分类 | PAN 分类[4] |
|---|---|---|---|
| 1 | 高毒 | 是 | 中毒 |
| 2 | 致癌性 | 否 | 无充分证据 |
| 3 | 致突变性 | 否 | — |
| 4 | 内分泌干扰性 | 否 | 疑似 |
| 5 | 生殖发育毒性 | 可能 | 可能 |
| 6 | 胆碱酯酶抑制剂 | 否 | 否 |
| 7 | 神经毒性 | 可能 | — |
| 8 | 呼吸道刺激性 | 是 | — |
| 9 | 皮肤刺激性 | 可能 | — |
| 10 | 眼刺激性 | 是 | — |
| 11 | 污染地下水 | — | 可能 |
| 12 | 国际公约或优控名录 | — | |

注：PPDB 数据库由英国赫特福德郡大学农业与环境研究所开发；PAN 数据库来自北美农药行动网(PANNA)；"—"表示无此项。

## 【限值标准】

每日允许摄入量(ADI)为 0.0025mg/(kg bw · d)，急性参考剂量(ARfD)为 0.005mg/(kg bw · d)[1]。

## 参 考 文 献

[1] PPDB: Pesticide Properties DataBase. http://sitem.herts.ac.uk/aeru/ppdb/en/Reports/415.htm [2016-06-08].
[2] 黄振烈,陈润涛,宋向荣. 大鼠亚急性吸入高效氯氰菊酯的毒性研究. 中国工业医学杂志, 2009,22(5):340-343.
[3] 王雅岩, 汪霞. 高效氯氰菊酯中毒 1 例救治体会. 内蒙古中医药, 2011, 31(24):48.
[4] PAN Pesticide Database. http://www.pesticideinfo.org/Detail_Chemical. jsp? Rec_ Id=PC35463 [2016-06-08].

# 黄樟素(safrole)

## 【基本信息】

化学名称：丙烯基二氧甲苯酯

其他名称：黄樟脑，黄樟油素

**CAS 号**：94-59-7

分子式：$C_{10}H_{10}O_2$

相对分子质量：162.19

SMILES：C=CCc1ccc2OCOc2c1

类别：增效剂、杀虫剂

结构式：

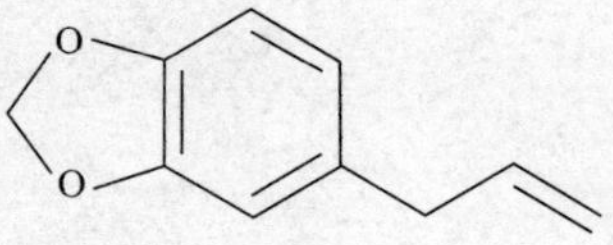

## 【理化性质】

无色或微黄色液体，具有黄樟树特有的香气，密度 1.096g/mL，熔点 11.2℃，沸点 233～235℃。易溶于醇，与氯仿、醚能混溶，不溶于水和甘油。

## 【环境行为】

(1) 环境生物降解性

暂无数据。

(2) 环境非生物降解性

气态黄樟素与大气中羟基自由基反应的速率常数为 $7.6×10^{-11}cm^3/(mol·s)$，间接光解半衰期为 5.1h(25℃)[1]；与臭氧自由基反应的速率常数是 $1.2×10^{-17}cm^3/(mol·s)$，间接光解半衰期约为 23d(25℃)[2]。不含吸收大于 290nm 波长的生色团，在太阳光下不可直接光解。在水中不易水解[3]。

(3) 环境生物蓄积性

基于 $lgK_{ow}$ 的 BCF 预测值为 90，在水生生物体内生物富集性弱[4,5]。

**(4)土壤吸附/移动性**

吸附系数 $K_{oc}$ 值等于 300，在土壤中具有中等移动性[6,7]。

## 【生态毒理学】

暂无数据。

## 【毒理学】

**(1)一般毒性**

大鼠急性经口毒性 $LD_{50}$ = 1950mg/kg，兔急性经皮 $LD_{50}$ >5g/kg，大鼠急性吸入 $LC_{50}$= 2350mg/L[8]。

**(2)肝脏毒性**

剂量为 250mg/kg、500mg/kg 与 750mg/kg 时，可诱导肝肿大和肾上腺肿大，并伴随着黄色变色。0.25%剂量引起肝脏和肺部苯并芘羟化酶含量增加。150mg/(kg・d)连续 1 周给药，乙基吗啡-$N$-脱甲基酶、联苯-4-羟基化酶、苯胺-$p$-羟基化酶、NADPH-细胞色素 c 还原酶、细胞色素 P450 和细胞色素 b5 含量、肝微粒体蛋白含量和体重都增加[9]。

**(3)生殖毒性**

黄樟素与母鼠和胎鼠的肝、肺、肾、心、脑、肠、皮肤、子宫和胎盘的 DNA 变化有关。暴露 24h 后母鼠 DNA 共价结合指数从 0.1 增加到 247，胎鼠 DNA 共价结合指数从 0.1 增加到 5.8，母鼠和胎鼠组织中的黄樟素优先结合到肝脏 DNA，对大脑 DNA 影响最小。母鼠和胎鼠器官放射自显影指纹检查，DNA 加合物被检定出是黄樟素的多种代谢物，胎鼠的 DNA 加合物含量比母鼠低，区别最大的是肝脏，区别最小的是肺部、大脑和肠道[10]。

**(4)致突变性**

在大鼠肝脏内为基因毒性致癌物。

## 【人类健康效应】

临床中毒症状：呕吐、休克、发绀、谵妄、循环衰竭、抽搐、瞳孔缩小[11]。

研究发现，黄樟素影响人中性粒细胞的防御功能，对外周血中性粒细胞的活性没有显著影响。黄樟素抑制中性粒细胞清除口腔病原菌，包括伴放线放线杆菌和变形链球菌的能力，呈剂量-效应关系。通过测定细胞色素 c 还原酶发现，黄樟素抑制中性粒细胞产生抗菌的超氧阴离子。黄樟素可抑制中性粒细胞的抗菌活性以及超氧阴离子的产生，从而损害口腔健康[12]。

## 【危害分类与管制情况】

| 序号 | 毒性指标 | PPDB 分类 | PAN 分类[13] |
|------|----------|-----------|--------------|
| 1 | 高毒 | — | 低毒 |
| 2 | 致癌性 | — | 是 |
| 3 | 内分泌干扰性 | — | 可能 |
| 4 | 生殖发育毒性 | — | 可能 |
| 5 | 胆碱酯酶抑制剂 | — | 否 |
| 6 | 污染地下水 | — | 可能 |
| 7 | 国际公约或优控名录 | — | |

注：PPDB 数据库由英国赫特福德郡大学农业与环境研究所开发；PAN 数据库来自北美农药行动网(PANNA)；"—"表示无此项。

## 【限值标准】

每日允许摄入量(ADI)为 0.3mg/(kg bw · d) [14]。

## 参 考 文 献

[1] Meylan W, Howard P H. Computer estimation of the atmospheric gas-phase reaction rate of organic compounds with hydroxyl radicals and ozone. Chemosphere,1993,26: 2293-2299.

[2] Atkinson R, Carter W P L. Kinetics and mechanisms of the gas-phase reactions of ozone with organic compounds under atmospheric conditions.Chem Rev, 1984,84: 437-470.

[3] Lide D R, Milne G W A. Handbook of Data on Organic Compounds. 3rd ed. Boca Raton : CRC Press, 1994.

[4] Meylan W M, Howard P H.Atom/fragment contribution method for estimating octanol-water partition coefficients. J Pharm Sci,1995, 84: 83-92.

[5] Franke C, Studinger G, Berger G, et al. The assessment of bioaccumulation. Chemosphere, 1994, 29: 1501-1514.

[6] Meylan W, Howard P H, Boethling R S. Molecular topology/fragment contribution method for predicting soil sorption coefficients. Environ Sci Technol, 1992,26: 1560-1567.

[7] Swann R L, Laskowski D A，Mccall P J, et al. A rapid method for the estimation of the environmental parameters octanol/water partition coefficient, soil sorption constant, water to air ratio, and water solubility. Res Rev, 1983,85: 17-28.

[8] Lewis R J. Sax's Dangerous Properties of Industrial Materials. Volumes 1-3. 9th ed. New York:

Van Nostrand Reinhold, 1996.

[9]  WHO. Food Additive Series 16. Toxicological evaluation of ceratin food additives: safrole. 1981.

[10] Lu L J, Disher R M, Reddy M V, et al. $^{32}$P-postlabeling assay in mice of transplacental DNA damage induced by the environmental carcinogens safrole, 4-aminobiphenyl, and benzo(a) pyrene. Cancer Res, 1986,46: 3046-3054.

[11] Gosselin R E, Smith R P, Hodge H C. Clinical Toxicology of Commercial Products. 5th ed. Baltimore: Williams and Wilkins, 1984.

[12] TOXNET(Toxicology Data Network). http://toxnet.nlm.nih.gov/newtoxnet/hsdb.htm [2016-06-09].

[13] PAN Pesticides Database—Chemicals. http://www.pesticideinfo.org/Detail_Chemical.jsp?Rec_Id= PC34310[2016-06-09].

[14] PPDB: Pesticide Properties DataBase. http://sitem.herts.ac.uk/aeru/ppdb/en/Reports/603.htm [2016-06-10].

# 甲胺磷(methamidophos)

## 【基本信息】

化学名称：*O,S*-二甲基氨基硫代磷酸酯

其他名称：多灭磷

CAS 号：10265-92-6

分子式：$C_2H_8NO_2PS$

相对分子质量：141.13

SMILES: O=P(OC)(SC)N

类别：杀虫剂、杀螨剂

结构式：

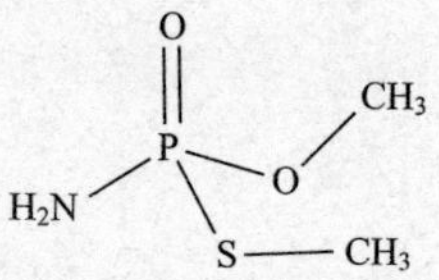

## 【理化性质】

白色结晶固体，熔点 45℃，密度 1.27g/mL，饱和蒸气压 2.3mPa(25℃)。水溶解度为 200g/L(20℃)。有机溶剂溶解度(20℃)：正己烷，1000mg/L；甲苯，3500mg/L；二氯甲烷，200000mg/L；丙酮，200000mg/L。辛醇/水分配系数 $\lg K_{ow} = -0.79$(pH=7, 20℃)，亨利常数(25℃)为 $1.6 \times 10^{-6}$ Pa·m³/mol。

## 【环境行为】

### (1)环境生物降解性

好氧条件下，在壤土与砂壤土中降解半衰期分别为 0.583d 和 4.8d；厌氧条件下，黏土和砂壤土中的降解半衰期分别为 11d 和 4d [1]。

### (2)环境非生物降解性

大气中气态甲胺磷与羟基自由基反应的速率常数为 $2.8 \times 10^{-11}$ cm³/(mol·s)，间接光解半衰期是 12h(25℃)[2]。20℃，pH 为 4、7 和 9 条件下，水解半衰期分别

为 1.8a、120h、70h [3]。水和土壤表面光解半衰期分别为 87d 和 3.3d [1]。

**(3)环境生物蓄积性**

基于 lg$K_{ow}$ 的鱼类 BCF 预测值为 3.1，在水生生物体内的生物富集性弱[1]。

**(4)土壤吸附/移动性**

吸附系数 $K_{oc}$ 为 5，在土壤中具有很强的移动性[4,5]。

## 【生态毒理学】

鸟类(山齿鹑)急性 $LD_{50}$= 10mg/kg。鱼类 96h $LC_{50}$ > 25mg/L，溞类(大型溞)48h $EC_{50}$ > 0.27mg/L，藻类 72h $EC_{50}$= 178mg/L，水生甲壳动物(糠虾)96h $LC_{50}$ > 1.05mg/L，蚯蚓 14d $LC_{50}$ = 34mg/kg，蜜蜂经口 48h $LD_{50}$ > 0.22μg[6]。

## 【毒理学】

甲胺磷是高毒有机磷农药，是诱变剂、胆碱酯酶抑制剂，对神经系统有刺激作用[6]。

**(1)一般毒性**

大鼠急性经口 $LD_{50}$ 为 30mg/kg，大鼠急性经皮 $LD_{50}$ 为 69.0mg/kg，大鼠急性吸入 $LC_{50}$ 为 0.213mg/L[4]。

**(2)神经毒性**

急性神经毒性：分别给 24 只雄性和雌性大鼠喂服甲胺磷(76%)，浓度分别为 0mg/kg、1mg/kg、3mg/kg 和 8mg/kg。1mg/kg 处理组，雄鼠的肌动和运动有轻微下降(−23%~ −25%，但不显著)，雌鼠在第一阶段肌动活动稍微减少。3mg/kg 处理组，雄鼠的肌动和运动、反复咀嚼、步态不协调、自发性收缩和翻正反射受损显著增多(−84%~−96%)，前肢握力下降(−20%)，活动和进食减少，出笼频率增加以及体温上升；雄鼠发生运动失调，趋向反应或触摸反应和血清谷草转氨酶活性提高(+43%)；雌鼠侧躺和颤抖增加以及三酸甘油酯水平降低(−44%)。8mg/kg 处理组，雌鼠分泌唾液，呈平躺姿势，喀声减少或夹尾巴以及 T 血清谷丙转氨酶活性增加(+70%~+81%)；雄鼠也发生颤抖和血清谷丙转氨酶活性增加(+30%)，以及雌鼠的后肢握力下降(−29%)，趋向反应或触摸反应降低，谷草转氨酶活性增加(+570%)；NOAEL<0.9mg/kg。所有处理组都观察到血清、红细胞和大脑的胆碱酯酶抑制与剂量显著相关。其中 1mg/kg 处理组，胆碱酯酶活性相比对照组减少了 24%~39%，3mg/kg 处理组增加到 67%~81%，8mg/kg 处理组增加到 82%~92%[7]。

### (3) 生殖毒性

用不同剂量(0.5mg/kg、3.75mg/kg、5.0mg/kg、7.5mg/kg)的甲胺磷经腹腔注射染毒 BALB/C 雄性小鼠，4 周后对小鼠精子数量、精子活率和精子形态进行分析。染毒组小鼠精子畸形率与对照组相比显著增加；除 0.5mg/kg 剂量组外，其他剂量组小鼠精子活率显著下降，与对照组相比有统计学意义；5.0mg/kg 和 7.5mg/kg 剂量组小鼠精子数量明显低于对照组[8]。

雄性小鼠以 50%甲胺磷乳油灌胃，每天剂量为 0.2mg/kg、0.8mg/kg、3.2mg/kg，连续 5d，小鼠精子活动力下降，畸形增多，精子线粒体酶活性下降，睾丸组织细胞结构改变，并呈剂量-反应关系。另外研究提示，甲胺磷为硫代磷酸酯类化合物，可经呼吸道、消化道和完整皮肤进入体内，并迅速分布到身体各部位。甲胺磷可能透过血-睾屏障，直接作用于精子，从而干扰精子生长、发育和能量代谢等过程。另外，甲胺磷与体内雌激素的化学结构相似，影响垂体-下丘脑-睾丸性腺轴的正常调节功能，表现为雌激素样和抗雄激素作用，影响血液中雄激素正常水平的维持。甲胺磷可通过上述方式影响到精子参数，导致精子质量下降[8]。

### (4) 致突变性

对大鼠无致畸作用。鼠伤寒沙门氏菌诱变试验(Ames 试验)，TA98 和 TA100 加或不加代谢活化系统(sq)，未见回复突变作用。小鼠骨髓嗜多染红细胞微核试验及显性致死试验均未见诱变效应，表明甲胺磷对体细胞和生殖细胞的染色体可能无明显损伤作用。但以基因突变、染色体畸变和 DNA 效应三种遗传学终点、原核微生物、哺乳动物体内细胞内外、生殖细胞体内 4 种水平的致突变测试系统对甲胺磷的诱发突变性进行检测，提示甲胺磷可能对 DNA 产生损伤效应[9]。

## 【人类健康效应】

甲胺磷通过抑制胆碱酯酶活性，造成神经生理功能紊乱。短期内接触(口服、吸入、皮肤、黏膜)大量甲胺磷可引起急性中毒。表现有头痛、头晕、食欲减退、恶心、呕吐、腹痛、腹泻、流涎、瞳孔缩小、呼吸道分泌物增多、多汗、肌束震颤等，重者出现肺水肿、脑水肿、昏迷、呼吸麻痹等。部分病例可有心、肝、肾损害。少数严重病例在意识恢复后数周或数月后发生周围神经病。个别严重病例可发生迟发性猝死[6]。

另有报道，甲胺磷可抑制淋巴细胞/神经性靶标酯酶，有机磷酸酯导致迟发性神经毒性。对 104 例经口甲胺磷急性中毒住院患者痊愈出院后的家访调查，共确诊迟发神经病变患者 14 例，都有典型病程、行走困难及轻度肌瘫，中毒患者中的发病率为 13.5%。一般经半年至两年疗养后恢复良好。该病的发生与急性中毒程度有关[7]。

急性甲胺磷中毒的男性精子畸变增多、数目减少，精子活动力降低，性功能减退，提示甲胺磷具有生殖毒性和胚胎毒性。

## 【危害分类与管制情况】

| 序号 | 毒性指标 | PPDB 分类 | PAN 分类[10] |
|------|----------|-----------|-------------|
| 1 | 高毒 | 是 | 是 |
| 2 | 致癌性 | 否 | 不太可能 |
| 3 | 致突变性 | 是 | — |
| 4 | 内分泌干扰性 | — | 可能 |
| 5 | 生殖发育毒性 | 可能 | 可能 |
| 6 | 胆碱酯酶抑制剂 | 是 | 是 |
| 7 | 神经毒性 | 是 | — |
| 8 | 呼吸道刺激性 | 否 | — |
| 9 | 皮肤刺激性 | 否 | — |
| 10 | 眼刺激性 | 否 | — |
| 11 | 污染地下水 | — | 潜在 |
| 12 | 国际公约或优控名录 | 列入 PIC 公约名录，列入 PAN 名录 | |

注：PPDB 数据库由英国赫特福德郡大学农业与环境研究所开发；PAN 数据库来自北美农药行动网(PANNA)；"—"表示无此项。

## 【限值标准】

每日允许摄入量(ADI)为 0.004mg/(kg bw · d)，急性参考剂量(ARfD)为 0.01mg/(kg bw · d)[6]。

## 参 考 文 献

[1] USDA. ARS Pesticide Properties Database on Methamidophos (10265-92-6). 2003.

[2] Meylan W M, Howard P H. Computer estimation of the atmospheric gas-phase reaction rate of organic compounds with hydroxyl radicals and ozone. Chemosphere, 1993,26: 2293-2299.

[3] Tomlin C D S. The Pesticide Manual:A World Compendium. 11th ed. Surrey: British Crop Protection Council ,1997.

[4] TOXNET(Toxicology Data Network). http://toxnet.nlm.nih.gov/newtoxnet/hsdb. htm [2016-06-11].

[5] Swann R L, Laskowski D A, Mccall P J, et al. A rapid method for the estimation of the

environmental parameters octanol/water partition coefficient, soil sorption constant, water to air ratio, and water solubility. Res Rev, 1983,85: 17-28.

[6] PPDB: Pesticide Properties DataBase. http://sitem.herts.ac.uk/aeru/ppdb/en/Reports/453.htm [2016-06-11].

[7] 孙东红,薛寿征,周宏东,等. 甲胺磷经口中毒者后遗迟发性多发神经病变的调查研究.职业医学,1994,21(2):15-18.

[8] 张军，潘发明. 甲胺磷对小鼠精子质量的影响. 工业医学杂志, 2002,(4):208-210.

[9] USEPA, Office of Pesticide Programs. Methamidophos—Revised Toxicology Chapter for RED. 2000.

[10] PAN Pesticide Database. http://www.pesticideinfo.org/Detail _Chemi cal.jsp?Rec_Id=PC32881 [2016-06-11].

# 甲拌磷(phorate)

## 【基本信息】

化学名称：*O,O*-二乙基-*S*-(乙硫基甲基)二硫代磷酸酯

其他名称：3911

CAS 号：298-02-2

分子式：C₇H₁₇O₂PS₃

相对分子质量：260.4

SMILES: S=P(OCC)(SCSCC)OCC

类别：杀虫剂、杀螨剂

结构式：

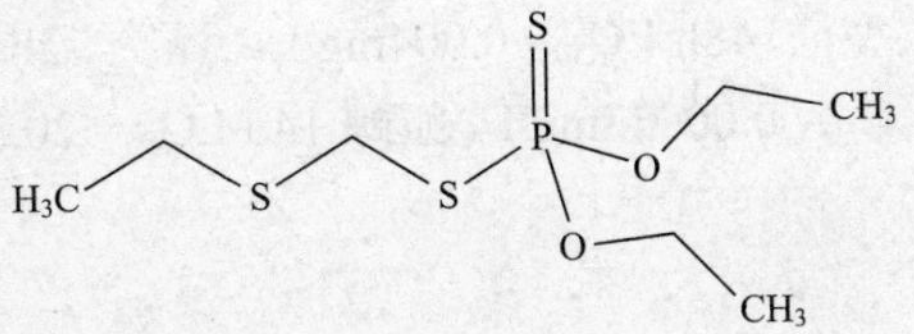

## 【理化性质】

透明、有轻微臭味的油状液体，密度 1.17g/mL，熔点 15℃，饱和蒸气压 112mPa(25℃)；水溶解度 50mg/L(20℃)；辛醇/水分配系数 lg$K_{ow}$ =3.86(pH=7, 20℃)；亨利常数(25℃)为 0.59Pa·m³/mol。

## 【环境行为】

### (1)环境生物降解性

在粉砂壤土、粉质黏壤土和黏壤土中的降解半衰期分别为 7d、9d、8d，降解产物为甲拌磷砜和甲拌磷亚砜[1]。另有报道，25℃时粉砂壤土中甲拌磷残留期超过 16 周[2]，在黏壤土中的降解半衰期为 5~10d[3]；在粉质黏壤土中 28d 内甲拌磷降解 67%~70%。在沉积物和水中的降解半衰期分别为 1.2d 和 1.1d[4]。

### (2)环境非生物降解性

大气中，气态甲拌磷与羟基自由基反应的速率常数是 2.5×10⁻¹⁰cm³/(mol·s)[5]，

间接光解半衰期为 1.5h(25℃)。水中光解半衰期为 1.1d(田间试验)[6]。盛夏阳光条件下，光解半衰期小于 30min(实验室)[3]。

在 25℃、pH 为 5.0 乙醇/缓冲溶液条件下，水解半衰期为 4.2d；在 20℃，pH 为 5.7、8.5、9.4 和 10.25 时，水解半衰期分别为 52d、61d、62d 和 33d，水解产物为二乙基二硫[3]。

**(3)环境生物蓄积性**

鱼类 28d BCF 值等于 90[7]，鱼腥藻 BCF 为 3~12，管链藻 BCF 为 8~12[3]。在水生生物中具有中等偏低的生物富集性。

**(4)土壤吸附/移动性**

在 4 种有机质含量为 0.087~ 0.65 的土壤中，$K_{oc}$ 平均值是 3200 [8]，在土壤中移动性较弱[3]。

## 【生态毒理学】

鸟类(山齿鹑)急性 $LD_{50}$= 2.25mg/kg，鱼类 96h $LC_{50}$= 0.013mg/L、21d NOEC= 0.0002mg/L，溞类(大型溞)48h $EC_{50}$= 0.004mg/L，藻类 72h $EC_{50}$= 1.3mg/L，水生甲壳动物(糠虾)96h $LC_{50}$= 0.00033mg/L，蚯蚓 14d $LC_{50}$= 20.8mg/kg，蜜蜂经口 48h $LD_{50}$= 0.32μg [9]。

## 【毒理学】

**(1)一般毒性**

大鼠急性经口 $LD_{50}$=2.0mg/kg，大鼠急性经皮 $LD_{50}$=2.5mg/kg，大鼠急性吸入 $LC_{50}$= 0.06mg/L，毒性等级为高毒[9]。

**(2)神经毒性**

2 只母鸡每隔 20d 分别口服 14.2mg/kg 和 $LD_{50}$ 剂量的甲拌磷，未发现神经系统变化及延迟神经毒性的症状[10]。

**(3)生殖毒性**

大鼠服用剂量为 0.25mg/(kg·d)的甲拌磷，子代未出现畸形。0.5mg/(kg·d)导致心脏肥大。另有报道，大鼠在怀孕期间第 7~14 天吸入剂量为 1.94mg/(m³·d)的甲拌磷，导致胎鼠死亡率增加和胎鼠体重减少，但未出现子代畸形，胎鼠毒性和不良发育影响跟母体毒性有关。在妊娠 6~15d 时给大鼠服用 0.1mg/(kg·d)、0.125mg/(kg·d)、0.2mg/(kg·d)、0.25mg/(kg·d)、0.3mg/(kg·d)、0.4mg/(kg·d)和 0.5mg/(kg·d)的甲拌磷，0.4mg/(kg·d)暴露组观察到胎鼠体重降低，骨骼变化的发病率增加；0.5mg/(kg·d)暴露组观察到胎鼠的心脏肥大[3]。

### (4)致突变性

大肠杆菌诱变和中国仓鼠卵巢(CHO)培养细胞及 HGPRT 试验结果为阴性。酵母 D3 有丝分裂重组试验结果为阴性且无代谢活化。小鼠显性致死试验染色体畸变为阴性，未引起小鼠骨髓细胞的染色体畸变。人类纤维细胞 DNA 合成(程序外 DNA 合成，即 UDS)试验也并未显示诱变反应。

## 【人类健康效应】

急性中毒症状包括：耳鸣、发热、运动失调、震颤、感觉异常、神经炎、麻痹、讲话困难(有点含糊)、失去记忆、失眠、梦游、过度做梦、嗜睡、疲乏、虚弱、情绪激动、精神错乱、注意力不集中、烦躁、焦虑、抑郁和精神分裂症的反应[11]。

对一起 10 例装卸工急性甲拌磷中毒的调查显示，中毒途径主要为皮肤、呼吸道吸收。中毒发生后次日监测作业场所空气中甲拌磷浓度仍超标 105 倍。10 例中毒者赤裸上身装卸达 6~8h，遂相继出现头晕、恶心、呕吐、腹痛、多汗、四肢冰冷、胸闷、乏力、震颤、意识模糊、瞳孔缩小，甚至昏迷等临床表现，血胆碱酯酶活性分别降至 30%~59.3%。根据接触史、现场卫生学调查结果及临床表现，10 例中毒者均符合急性甲拌磷中毒诊断[12]。

甲拌磷急性中毒致呼吸肌麻痹的 102 例患者中，致呼吸肌麻痹出现的时间为 0.5~76h，平均为(24.3±4.2)h。呼吸肌麻痹导致呼吸衰竭是中毒患者死亡的主要原因之一。甲拌磷直接损害中枢神经，从而使分布在大脑皮层、间脑、延髓和脊髓等部位的呼吸中枢受抑制，出现中枢性呼吸衰竭。临床证实呼吸衰竭是急性甲拌磷中毒的首要因素[13]。

对 20 例急性重度甲拌磷中毒患者的检测表明，血清胆碱酯酶平均浓度在入院 24h 内迅速降低，入院后两周内血清胆碱酯酶浓度变化不大，随后血清胆碱酯酶浓度逐渐升高；体内甲拌磷清除半衰期平均约 13.3d [14]。

从 35 名甲拌磷作业工人的体检结果发现，接触组全血胆碱酯酶活性降低，心电图异常检出率高，表明有机磷农药对作业工人的身体健康有影响。经有机磷中毒诊断确定轻度中毒 2 人，观察对象 24 人[15]。

## 【危害分类与管制情况】

| 序号 | 毒性指标 | PPDB 分类 | PAN 分类[16] |
|------|----------|-----------|--------------|
| 1 | 高毒 | 是 | 是 |
| 2 | 致癌性 | 否 | 不太可能 |

续表

| 序号 | 毒性指标 | PPDB 分类 | PAN 分类[16] |
|---|---|---|---|
| 3 | 致突变性 | 否 | — |
| 4 | 内分泌干扰性 | — | 可能 |
| 5 | 生殖发育毒性 | 否 | 可能 |
| 6 | 胆碱酯酶抑制剂 | 是 | 是 |
| 7 | 神经毒性 | 是 | — |
| 8 | 皮肤刺激性 | 是 | — |
| 9 | 眼刺激性 | 是 | — |
| 10 | 污染地下水 | — | 潜在 |
| 11 | 国际公约或优控名录 | 列入 PAN 名录 | |

注：PPDB 数据库由英国赫特福德郡大学农业与环境研究所开发；PAN 数据库来自北美农药行动网(PANNA)；
"—"表示无此项。

## 【限值标准】

每日允许摄入量(ADI)为 0.0007mg/(kg bw · d)，急性参考剂量(ARfD)为 0.003mg/(kg bw · d)[9]。

## 参 考 文 献

[1] Racke K D, Chambers J E, Levi P E Organophosphates. San Diego: Academic Press, 1992.

[2] Sanborn J R, Francis B M, Metcalf R L.The Degradation of Selected Pesticides in Soil. Cincinnati: NTIS, 1977: 479.

[3] TOXNET(Toxicology Data Network). http://toxnet.nlm.nih.gov/newtoxnet/hsdb.htm[2016-06-11].

[4] Walker W W. Development of a Fate/Toxicity Screening Test. Gulf Breeze: USEPA-600/S4-84-074,1984.

[5] Meylan W M, Howard P H.Computer estimation of the atmospheric gas-phase reaction rate of organic compounds with hydroxyl radicals and ozone.Chemosphere,1993, 26: 2293-2299 .

[6] Tomlin C D S. The Pesticide Manual: A World Compendium. 11th ed., Surrey: British Crop Protection Council,1997.

[7] Environmental Research Laboratory. Acephate, Aldicarb, Carbophenothion, DEF, EPN, Ethoprop, Methyl Parathion, and Phorate. Their Acute and Chronic Toxicity, Bioconcentration Potential and Persistence as Related to Marine Environments. Washington DC: USEPA 600/4-81-041(NTIS PB81-244477), 1981.

[8] Goring C A I, Hamaker J N. Organic Chemicals in the Soil Environment. New York: Marcel Dekker,1972.

[9] PPDB: Pesticide Properties DataBase. http://sitem.herts.ac.uk/aeru/ppdb/en/Reports/519.htm [2016-06-11].

[10] USEPA, Office of Pesticide Programs. Phorate: The HED Chapter of the Reregistration Eligibility Decision Document. 1998.

[11] Klaassen C D. Casarett and Doull's Toxicology. The Basic Science of Poisons. 6th ed. New York: McGraw-Hill, 2001.

[12] 林坚. 装卸工急性甲拌磷中毒 10 例报告. 中国工业医学杂志, 2005,(5):284-285.

[13] 李瑛,郭清晓.甲拌磷中毒中呼吸支持技术的应用体会.医药论坛杂志, 2011,32(9):144-145.

[14] 柴林. 重度甲拌磷中毒患者体内血清甲拌磷药物浓度及血清胆碱酯酶浓度与住院时间关系. 中华医学会急诊医学分会全国急诊医学学术年会, 2014.

[15] 刘俊毅, 赵俊义.甲拌磷作业工人职业危害调查.化工劳动保护:工业卫生与职业病分册, 1993, (4):166-166.

[16] PAN Pesticides Database—Chemicals. http://www.pesticideinfo.org/Detail_Chemical.jsp? Rec_Id=PC33402[2016-06-11].

# 氟磷(dimefox)

## 【基本信息】

化学名称：甲氟磷

其他名称：氟化四甲基磷二酰胺

CAS 号：115-26-4

分子式：$C_4H_{12}FN_2OP$

相对分子质量：154.12

SMILES: CN(C)P(=O)(F)N(C)C

类别：有机磷杀虫剂

结构式：

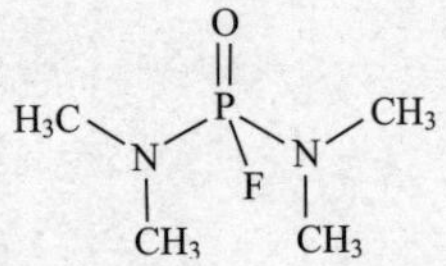

## 【理化性质】

无色液体，有鱼腥味，密度 1.11g/mL，饱和蒸气压 14663mPa(25℃)；水溶解度 1000g/L(20℃)；辛醇/水分配系数 $\lg K_{ow}$ = -0.43(pH=7, 20℃)；亨利常数(25℃)为 $2.26×10^{-3}$Pa·m³/mol。

## 【环境行为】

**(1) 环境生物降解性**

暂无数据。

**(2) 环境非生物降解性**

在大气中气态分子与羟基自由基反应的速率常数是 $6.4×10^{-11}$cm³/(mol·s)，间接光解半衰期为 6h(25℃)[1]。无发色基团，在太阳光下不可直接光解。在 70℃、pH 为 6 乙醇/缓冲溶液条件下，水解半衰期为 8.8d[2]。

**(3)环境生物蓄积性**

基于 $\lg K_{ow}$ 的鱼类 BCF 预测值为 3.2[3]，在水生生物体内生物富集性弱[4]。

**(4)土壤吸附/移动性**

$K_{oc}$ 预测值为 2.2[5]，在土壤中具有很强的移动性[6]。

## 【生态毒理学】

蜜蜂经口 48h $LD_{50}$> 1.9μg[7]。

## 【毒理学】

**(1)一般毒性**

大鼠急性经口 $LD_{50}$= 1.0mg/kg，大鼠急性经皮 $LD_{50}$> 5.0mg/kg[7]。

**(2)神经毒性**

大鼠急性经口毒性：剂量为 0.25mg/(kg·d)时，大鼠表现出正常的反射活动，但速度比对照组慢。旋转行为中大鼠起初跳跃，但是没有掉落下来。乙酰胆碱酯酶活性显著下降[8]。

大鼠急性毒性试验显示，甲氟磷暴露与胆碱酯酶活性存在剂量-反应关系；大鼠暴露 24h 后，红细胞平均体积 (MCV)减少超过 50%。6 周亚急性毒性试验结果显示，0.10mg/(kg·d)暴露组乙酰胆碱酯酶活性下降 40%左右；0.25mg/(kg·d)暴露组乙酰胆碱酯酶活性下降 70%左右，MCV 都显著降低，但无症状；诱发肌肉刺激阈值保持不变，坐骨神经光镜和电镜显示与对照组相比无差异[5]。

**(3)生殖毒性**

暂无数据。

**(4)致突变性**

暂无数据。

## 【人类健康效应】

高毒，具有潜在的大脑和中枢神经系统毒性。低剂量甲氟磷中毒可引起视力模糊，对人类健康的影响主要是外周组织，而非中枢神经系统。常见的中毒症状包括头痛、头晕眼花、紧张、视力模糊、无力、恶心、痉挛、腹泻和胸部不适。还有出汗、瞳孔缩小、唾液分泌和其他呼吸道分泌过度、呕吐、黄萎病、视神经盘水肿、肌肉自发性抽搐，以及肌肉无力、抽搐、昏迷、失去反应、括约肌失去控制、心律失常、不同程度的心肌梗死，也可能发生心脏骤停[5]。

对 4 名男性和女性志愿者给予剂量为 0.002mg/(kg·d) 甲氟磷暴露，持续 70d，血液胆碱酯酶活性无显著变化。当甲氟磷浓度达到 0.0034mg/(kg·d) 时，胆碱酯酶活性下降 25%；0.004mg/(kg·d) 处理组，第 49 天引起胆碱酯酶活性下降 40%，主要是红细胞乙酰胆碱酯酶活性降低[9]。

## 【危害分类与管制情况】

| 序号 | 毒性指标 | PPDB 分类 | PAN 分类[11] |
|------|----------|-----------|--------------|
| 1 | 高毒 | 是 | 是 |
| 2 | 致癌性 | — | 可能 |
| 3 | 内分泌干扰性 | — | 可能 |
| 4 | 生殖发育毒性 | — | 可能 |
| 5 | 胆碱酯酶抑制剂 | 是 | 否 |
| 6 | 神经毒性 | 是 | — |
| 7 | 呼吸道刺激性 | 是 | — |
| 8 | 污染地下水 | — | 可能 |
| 9 | 国际公约或优控名录 | WHO 淘汰品种 | |

注：PPDB 数据库由英国赫特福德郡大学农业与环境研究所开发；PAN 数据库来自北美农药行动网(PANNA)；"—"表示无此项。

## 【限值标准】

暂无数据。

## 参 考 文 献

[1] Meylan W M, Howard P H. Computer estimation of the atmospheric gas-phase reaction rate of organic compounds with hydroxyl radicals and ozone. Chemosphere, 1993,26: 2293-2299.

[2] Ruzicka J H, Thomson J，Wheals B B, et al. The gas chromatographic determination of organophosphorus pesticides. Ⅱ. A comparative study of hydrolysis rates. J Chromatogr,1967, 31: 37-47.

[3] Meylan W M, Howard P H. Atom/fragment contribution method for estimating octanol-water partition coefficients.J Pharm Sci,1995, 84: 83-92.

[4] Franke C, Studinger G,Berger G, et al. The assessment of bioaccumulation. Chemosphere,1994, 29: 1501-1514.

[5] TOXNET(Toxicology Data Network). http://toxnet.nlm.nih.gov/newtoxnet/hsdb.htm [2016-06-11].

[6] Swann R L, Laskowski D A，Mccall P J, et al. A rapid method for the estimation of the

environmental parameters octanol/water partition coefficient, soil sorption constant, water to air ratio, and water solubility.Res Rev,1983, 85: 17-28.

[7]　PPDB: Pesticide Properties DataBase. http://sitem.herts.ac.uk/aeru/ppdb/en/Reports/236.htm [2016-06-12].

[8]　Gosselin R E, Smith R P, Hodge H C. Clinical Toxicology of Commercial Products. 5th ed. Baltimore: Williams and Wilkins, 1984.

[9]　Hayes W J, Laws E R. Handbook of Pesticide Toxicology. Classes of Pesticides. New York, Academic Press, 1991.

[10] PAN Pesticides Database—Chemicals. http://www.pesticideinfo.org/Detail_Chemical.jsp? Rec_ Id=PC37972[2016-06-12].

# 甲基对硫磷（parathion-methyl）

## 【基本信息】

化学名称：*O,O*-二甲基-*O*-对硝基苯基硫代磷酸酯

其他名称：甲基 1605

**CAS 号**：298-00-0

分子式：$C_8H_{10}NO_5PS$

相对分子质量：263.21

**SMILES:** S=P(Oc1ccc(cc1)[N+]([O–])=O)(OC)OC

类别：有机磷杀虫剂

结构式：

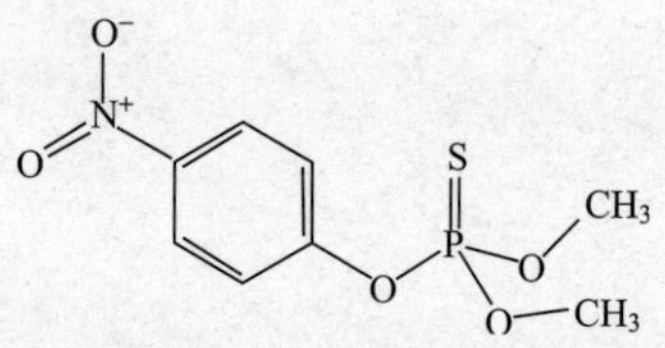

## 【理化性质】

白色晶体，密度 1.36mg/L，熔点 35.5℃，饱和蒸气压 0.2mPa(25℃)。水溶解度为 55mg/L(20℃)。有机溶剂溶解度(20℃)：二氯甲烷，200000mg/L；甲苯，200000mg/L；正己烷，15000mg/L。辛醇/水分配系数 lg$K_{ow}$ = 3(pH=7, 20℃)，亨利常数为 $8.57×10^{-3}Pa \cdot m^3/mol$。

## 【环境行为】

### (1)环境生物降解性

在土壤、水和沉积物中可降解，降解产物包括氨基甲基对硫磷、对硝基苯酚和 *O*-甲基-*O*'-*p*-硝基苯基硫代磷酸[1,2]。土壤降解主要为微生物降解，半衰期为 77~154h[3]。厌氧条件下，沉积物中的降解速率比高温无菌条件下高两个数量级，并且在沉积物中降解速率比水中快；14d 氧化率达到 40%以上，28d 约为 50%，

32d 后 24%矿化成二氧化碳[4]。

### (2)环境非生物降解性

大气中气态分子与羟基自由基反应的速率常数为 $5.9×10^{-11} cm^3/(mol·s)$，间接光解半衰期是 $0.3d(25℃)$[3]。光吸收波长为 290~410nm，在太阳光下可直接光解[3]。pH 为 3.0、7.0 和 9.0 时，水解半衰期分别是 12d、11d 和 4.9d。pH<8 时，天然水中半衰期为 6.5~13d[3]。

### (3)环境生物蓄积性

罗非鱼 BCF 值等于 8.3[3]，古比鱼 BCF 为 959[5]，具有一定的潜在生物富集性。

### (4)土壤吸附/移动性

吸附系数 $K_{oc}$ 值为 336~423[6]。另有报道，土壤和沉积物中 $K_{oc}$ 为 1374~1516。在土壤中移动性中等[3]。

## 【生态毒理学】

鸟类(山齿鹑)急性 $LD_{50}$= 1044mg/kg。鱼类(虹鳟鱼)96h $LC_{50}$= 2.7mg/L，溞类(大型溞)48h $EC_{50}$= 0.0073mg/L，水生甲壳动物(糠虾)96h $LC_{50}$= 0.00035mg/L，藻类 72h $EC_{50}$= 3mg/L，蜜蜂接触 48h $LD_{50}$= 19.5μg，蚯蚓 14d $LC_{50}$= 40mg/kg[7]。

## 【毒理学】

### (1)一般毒性

大鼠急性经口 $LD_{50}$= 3mg/kg，大鼠急性吸入 $LC_{50}$= 0.17mg/L，大鼠急性经皮 $LD_{50}$= 45.0mg/kg[7]。

### (2)神经毒性

在神经行为的研究中发现，多次反复接触甲基对硫磷能够抑制大鼠的运动功能，但是对学习、记忆功能无长期影响[8]。用甲基对硫磷处理大鼠脑干蓝斑(LC)神经元，发现甲基对硫磷能够兴奋 LC 神经元。LC 神经元是睡眠周期、记忆、注意力和病态情绪(如焦虑和抑郁)的调节点，它由于含有很高水平的乙酰胆碱酯酶而最容易受累。甲基对硫磷中毒会导致焦虑、易怒、消沉、认知及睡眠障碍。多项研究表明，甲基对硫磷可使大鼠体内乙酰胆碱(ACh)持续处于低水平状态，但并不引起明显的症状，也没有体重减轻等病态表现[9]。

### (3)生殖毒性

用甲基对硫磷(30mg/kg)染毒 SD 大鼠 30d 后发现，大鼠睾丸、附睾和前列腺质量明显减轻，精子密度降低。生育力实验显示，80%的大鼠在给药后出现生育率下降现象。睾丸、附睾、精囊、前列腺唾液酸含量和睾丸的糖原含量显著减少，而蛋白质和胆固醇含量显著提高[10]。

用甲基对硫磷(5mg/kg)染毒性成熟雌性 Wistar 大鼠 4 周后发现，与对照组相比，染毒组大鼠动情次数明显减少，动情周期持续时间明显缩短；血清丙二醛(MDA)水平较对照组明显升高，大鼠子宫内膜上皮细胞明显排列不规则，一些细胞固缩成团，在腺上皮中更为明显，并出现细胞空泡和核固缩现象。染毒组大鼠 Caspase-3 子宫内膜上皮细胞呈现中度弥散性反应，在基底细胞和基质毛细血管内皮细胞有中度到强度的免疫着色；Caspase-9 在子宫内膜呈中度细胞质反应[11]。

甲基对硫磷和氯氰菊酯分别以 $1/300$ LD$_{50}$、$1/95$ LD$_{50}$ 和 $1/30$ LD$_{50}$ 三个剂量等毒性混配，连续 15d 给受孕的 Wistar 大鼠灌胃染毒，研究对大鼠胚胎发育和出生子代生殖系统的影响，可观察到以下效应：3 个剂量组与对照组比较，高剂量组胚胎存活率明显低于中剂量组和对照组，差异均有统计学意义；高剂量组胚胎死亡率明显高于中剂量组和对照组，差异也有统计学意义；显示本实验条件下 $1/30$ LD$_{50}$ 剂量组混配农药对胚胎发育有一定毒性作用，造成死胎数量明显增多。子代雄性出生 70d 血清睾酮水平，低剂量组高于其他各剂量组和对照组，差异均有统计学意义，各剂量组血清睾酮水平随剂量增加有下降趋势[12]。

**(4) 免疫毒性**

暴露于 0.6mg/kg 甲基对硫磷 7d 后，昆明种小鼠胸腺质量和胸腺指数均有明显的降低，3.0mg/kg 组小鼠脾脏质量和脾脏指数显著低于对照组，提示0.6mg/kg 和3.0mg/kg 的甲基对硫磷对小鼠免疫器官有一定的影响[13]。

## 【人类健康效应】

甲基对硫磷为剧毒。目前尚无足够的动物或人体的资料以确定是否为人类致癌物(IARC，3 级致癌物)。

选择某农药厂甲基对硫磷合成和包装车间的 71 名工人为暴露组，同厂不接触毒物的 50 名健康工人为对照组，检测其全血乙酰胆碱酯酶活性和神经行为功能。发现暴露工人无明显的症状变化，全血乙酰胆碱酯酶活性显著降低($P<0.05$)，神经行为功能中平均反应时间显著延长($P<0.01$)，数字译码速度明显减慢($P<0.05$)，视觉记忆能力显著降低($P<0.05$)。T 淋巴细胞亚群中 CD4、CD4/CD8 都显著降低。而血清免疫球蛋白 IgG、IgA、IgM，补体 C3、C4 含量和内分泌 FSH、促黄体素(LH)、T 皆无明显的变化[14]。

## 【危害分类与管制情况】

| 序号 | 毒性指标 | PPDB 分类 | PAN 分类[15] |
|---|---|---|---|
| 1 | 高毒 | 是 | 是 |
| 2 | 致癌性 | 可能 | 不确定 |
| 3 | 内分泌干扰性 | 可能 | 疑似 |
| 4 | 生殖发育毒性 | 可能 | 可能 |
| 5 | 胆碱酯酶抑制剂 | 是 | 是 |
| 6 | 神经毒性 | 是 | — |
| 7 | 污染地下水 | — | 潜在 |
| 8 | 国际公约或优控名录 | 列入 PIC 公约名录、PAN 名录 | |

注：PPDB 数据库：英国赫特福德郡大学农业与环境研究所；PAN 数据库：北美农药行动网（PANNA）；"—"表示无此项。

## 【限值标准】

每日允许摄入量（ADI）为 0.003mg/（kg bw · d），急性参考剂量为（ARfD）为 0.03mg/（kg bw · d）[15]。

## 参 考 文 献

[1] Smith J H, Mabey W, Bohonos N, et al. Environmental Pathways of Selected Chemicals in Freshwater Systems. Part Ⅱ. Laboratory Studies. USEPA-600/7-78-074 ,1978.

[2] Chou T W, Bohonos N. Microbial Degradation of Pollutants in Marine Environments. USEPA-600/9-79-012 ,1979.

[3] TOXNET（Toxicology Data Network）. http://toxnet.nlm.nih.gov/newtoxnet/hsdb.htm [2016-06-11].

[4] Ou L T, El-Sebaay A S，Baert L. Evolution of gaseous hydrocarbons from soil: effect of moisture content and nitrate level. Soil Biol Biochem ,1983,15: 211-215.

[5] Bruijn D J, Hermens J. Uptake and elimination kinetics of organophophorous pesticides in the guppy (*Poecilia reticulata*): correlations with the octanol/water partition coefficient. Environ Toxicol Chem,1991, 10: 791-804.

[6] Mabury S A,Cox J S,Crosby D G.Environmental fate of rice pesticides in California. Rev Environ Contam Toxicol,1996,147:71-117.

[7] PPDB: Pesticide Properties DataBase. http://sitem.herts.ac.uk/aeru/ppdb/en/Reports/507.htm [2016-06-12].

[8] Sun T T, Paul I A，Ho I K. Motor functions but not learning and memory are impaired upon

repeated exposure to sub-lethal doses of methyl parathion. J Biomed Sci, 2006,13:515-523.

[9] Garcia S，Abu-Qare A，Meeker-O'Connell W. Methyl parathion: a review of health effects. J Toxicol Environ Health B Crit Rev ,2003,6: 185- 210.

[10] Joshi S C, Mathur R，Gajraj A, et al. Influence of methyl parathion on reproductive parameters in male rats. Environ Toxicol Phar, 2003, 14: 91- 98.

[11] Guney M, Oral B，Demirin H, et al. Evaluation of caspase-dependent apoptosis during methyl parathion-induced endometrial damage in rats: ameliorating effect of vitamins E and C. Environ Toxicol Phar, 2007, 23: 221- 227 .

[12] 刘毛毛. 妊娠大鼠接触甲基对硫磷和氯氰菊酯的胚胎毒性及仔代生殖毒性研究. 昆明: 昆明医学院硕士学位论文, 2005.

[13] 徐德祥，孙美芳，魏凌珍等. 甲基对硫磷的免疫毒作用研究. 中国公共卫生学报, 1998, 17(4) : 229- 230.

[14] 王刚垛，肖诚，鱼涛，等. 长期低剂量接触甲基对硫磷的效应生物标志物研究. 中国工业医学杂志, 2002, 15(1):3-7.

[15] PAN Pesticides Database—Chemicals. http://www.pesticideinfo.org/Detail_Chemical.jsp? Rec_Id=PC35110 [2016-06-12].

# 甲基硫环磷(phosfolan-methyl)

## 【基本信息】

化学名称：2-(二甲氧基磷酰亚氨基)-1,3-二硫戊环

其他名称：棉安磷，二甲基-1,3-亚二硫戊环-2-基磷酰胺酸

CAS 号：5120-23-0

分子式：$C_5H_{10}NO_3PS_2$

相对分子质量：227

SMILES：COP(=O)(N=C1SCCS1)OC

类别：有机磷杀虫剂

结构式：

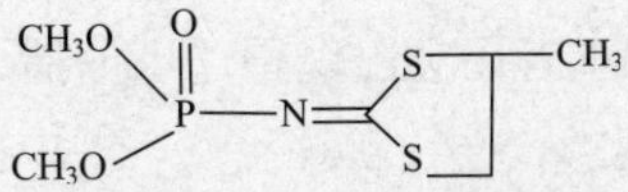

## 【理化性质】

浅黄色油状液体，密度 1.39mg/L，溶于水及丙酮、苯和乙醇等有机溶剂，沸点 100~105℃/mmHg。常温下储存较稳定，遇碱易分解，光和热也能加速其分解。

## 【环境行为 】

暂无数据。

## 【生态毒理学】

暂无数据。

## 【毒理学】

大鼠急性经口 $LD_{50}$ = 19.9mg/kg，大鼠经口 NOAEL= 0.46mg/(kg·d)，属高毒农药。

大鼠急性经口给予 11.1~32.2mg/kg 甲基硫环磷,大剂量染毒组迅速出现流泪、震颤、四肢无力、竖尾、流涎症状,严重的有运动失调、四肢麻痹、出现管状尾、侧卧,最后呼吸停止而死亡。其作用机制是抑制乙酰胆碱酯酶活性。

大鼠生殖毒性: 2.1mg/kg、6.2mg/kg 和 11.1mg/kg 不同剂量无明显中毒症状,对体重增长也无明显影响。对大鼠无致畸作用,但对胎鼠有一定的毒性作用,胚胎着床数及产仔平均数均无差别;各组吸收胎数分别为 8、11 及 13 个,高于对照组,且有剂量-反应关系($P< 0.05$);11.1mg/kg 组出现 9 个死胎,与对照组有显著差别($P < 0.05$)[1]。

## 【人类健康效应】

甲基硫环磷可通过食道、呼吸道和皮肤引起中毒,解毒药可选用阿托品和解磷定。急性中毒多在 12h 内发病,口服立即发病。

轻度中毒症状:头痛、头昏、恶心、呕吐、多汗、无力、胸闷、视力模糊、胃口不佳等,全血胆碱酯酶活性一般降至正常值的 50%~70%。中度中毒症状:除上述症状外还出现轻度呼吸困难、肌肉震颤、瞳孔缩小、精神恍惚、步态不稳、大汗、流涎、腹疼、腹泻。重者还会出现昏迷、抽搐、呼吸困难、口吐白沫、大小便失禁、惊厥、呼吸麻痹[2]。

## 【危害分类与管制情况】

属高毒农药,我国于 2002 年禁止在蔬菜、果树、茶树和中药材上使用。

## 【限值标准】

暂无数据。

## 参 考 文 献

[1] 李珏声, 潘媞华, 林荣坤. 甲基硫环磷毒性研究. 青岛医学院学报, 1980,(1): 4-6.
[2] TOXNET (Toxicology Data Network). http://toxnet.nlm.nih.gov/newtoxnet/hsdb.htm [2016-06-13].

# 甲基嘧啶磷(pirimiphos-methyl)

## 【基本信息】

化学名称：*O,O*-二甲基-*O*-(2-二乙基氨基-6-甲基嘧啶-4-基)硫代磷酸酯

其他名称：安得利，安定磷

CAS 号：29232-93-7

分子式：$C_{11}H_{20}N_3O_3PS$

相对分子质量：305.33

SMILES：S=P(OC)(OC)Oc1nc(nc(c1)C)N(CC)CC

类别：有机磷杀虫剂

结构式：

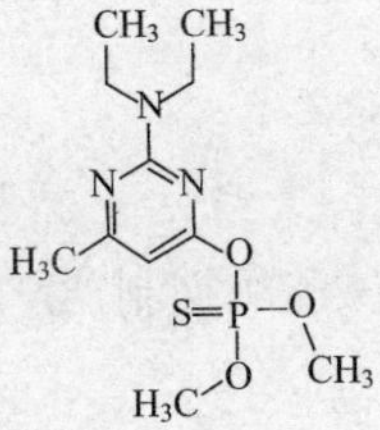

## 【理化性质】

稻草色液体，熔点 21℃，沸腾前分解，饱和蒸气压 0.002mPa(25℃)。水溶解度 11mg/L(20℃)。有机溶剂溶解度(20℃)：二甲苯，250000mg/L；甲醇，250000mg/L；丙酮，250000mg/L；乙酸乙酯，250000mg/L。辛醇/水分配系数 lg$K_{ow}$=3.9(25℃)。

## 【环境行为】

### (1)环境生物降解性

暂无数据。

### (2)环境非生物降解性

酸性条件下较快水解，中性和碱性条件下相对稳定。pH 为 5、7 和 9 时的水

解半衰期分别为 7.3d、79.0d、54.0~62.0d(25℃)[1]。含有吸收大于 290nm 的生色团，在太阳光下可直接光解。大气中与羟基自由基反应的速率常数为 $1.6×10^{-10}$ cm$^3$/(mol·s)，间接光解半衰期约为 2.4h[2]。

**(3)环境生物蓄积性**

鱼 BCF 预测值等于 270[3]，在水生生物体内有较强的生物富集性[4]。

**(4)土壤吸附/移动性**

吸附系数 $K_{oc}$ 值为 950~8500[3]。在土壤中移动性较弱或者不可移动[5]。

**(5)大气中迁移性**

根据亨利常数估测，不易从水体表面挥发。大气中与羟基自由基反应的速率常数为 $1.6×10^{-10}$ cm$^3$/(mol·s)，间接光解半衰期约为 2.4h，不具有远距离迁移性[2]。

## 【生态毒理学】

鸟类(山齿鹑)急性 $LD_{50}$> 1695mg/kg，鱼类 96h $LC_{50}$= 0.404mg/L、NOEC= 0.023mg/L，溞类(大型溞)48h $EC_{50}$= 0.00021mg/L、21d NOEC= 0.00008mg/L，藻类 72h $EC_{50}$= 1.0mg/L，蜜蜂经口 48h $LD_{50}$> 0.22μg[6]。

## 【毒理学】

中等毒性有机磷农药，为胆碱酯酶抑制剂，对呼吸道和皮肤有刺激作用，具有生殖毒性[6]。

**(1)一般毒性**

大鼠急性经口 $LD_{50}$= 1414mg/kg，大鼠急性经皮 $LD_{50}$ > 2000mg/kg，大鼠急性吸入 $LC_{50}$> 4.7mg/L[6]。

**(2)神经毒性**

大鼠急性经口毒性：暴露浓度为 0mg/kg、15mg/kg、150mg/kg、1500mg/kg 时，大鼠无死亡；1500mg/kg 染毒组临床症状表现为典型的胆碱酯酶抑制作用，即震颤、流泪、步态改变、弓背、眼球突出、粪便柔软，第 1 天症状显著，并且体重减轻，后 2 周体重恢复到正常水平。15mg/kg 和 150mg/kg 染毒组无症状。大鼠脑重、局部脑重和脑组织未受影响，而血浆、红细胞和大脑胆碱酯酶活性随着剂量增大而减小。15d 时所有染毒组，血浆和红细胞乙酰胆碱酯酶抑制率小于 20%。150mg/kg 染毒组，部分大脑区域胆碱酯酶活性抑制，NOAEL 为 15mg/kg[7]。

**(3)生殖毒性**

暴露浓度分别为 0mg/kg、41.67mg/kg、62.5mg/kg、125mg/kg，大鼠摄食量显著增加、体重增加，62.5mg/kg 和 125mg/kg 染毒组睾丸内胆固醇水平、血浆总蛋白显著减少。与对照组相比，细胞间隙空间增大、抑制精子形成、睾丸间质细胞稀疏、睾丸水肿，对大鼠具有生殖毒性[8]。

(4) 致突变性

两年致癌性试验：300mg/L［即 15mg/(kg·d)］对血液、造血器官无影响，虽然明显抑制血浆和红细胞乙酰胆碱酯酶活性、体重减少；50mg/L 浓度组，只有雌鼠一致抑制血浆胆碱酯酶；10mg/L 浓度组抑制短暂。NOAEL 为 0.5mg/(kg·d)[9]。

## 【人类健康效应】

慢性中毒症状包括：头痛、虚弱、头重、记忆衰退、疲劳、睡眠扰乱、食欲缺乏、心理障碍、眼球震颤、手颤抖、其他神经系统扰乱。有时出现神经炎、轻度瘫痪、麻痹。高浓度(事故或重大泄漏)急性中毒可致人体胆碱酯酶抑制、过度刺激神经系统，引起恶心、头晕、混乱、呼吸麻痹或死亡[10]。

对在长期施用甲基嘧啶磷 1km 区域内生活的居民的调查发现，患慢性头痛、恶心、呕吐、呼吸紧迫和痉挛等症状者增多。

## 【危害分类与管制情况】

| 序号 | 毒性指标 | PPDB 分类 | PAN 分类[11] |
| --- | --- | --- | --- |
| 1 | 高毒 | 否 | 否 |
| 2 | 致癌性 | 否 | 无法分类 |
| 3 | 内分泌干扰性 | 无数据 | 无充分证据 |
| 4 | 生殖发育毒性 | 无数据 | 无充分证据 |
| 5 | 胆碱酯酶抑制剂 | 是 | 是 |
| 6 | 呼吸道刺激性 | 可能 | — |
| 7 | 皮肤刺激性 | 是 | — |
| 8 | 眼刺激性 | 疑似 | — |
| 9 | 国际公约或优控名录 | 列入 PAN 名录 | |

注：PPDB 数据库由英国赫特福德郡大学农业与环境研究所开发；PAN 数据库来自北美农药行动网(PANNA)；"—"表示无此项。

## 【限值标准】

每日允许摄入量(ADI)为 0.004mg/(kg bw·d)，急性参考剂量(ARfD)为 0.15mg/(kg bw·d)[10]。

# 参 考 文 献

[1]　USEPA. Reregistration Eligibility Decisions (REDs) Database on Pirimiphos-methyl. http://www.epa.gov/pesticides/op/pirimiphos-methyl/pm-02.pdf[ 2012-10-08].

[2]　Meylan W M, Howard P H. Computer estimation of the atmospheric gas-phase reaction rate of organic compounds with hydroxyl radicals and ozone. Chemosphere,1993, 26: 2293-2299.

[3]　MacBean C. e-Pesticide Manual. 15th ed. Ver. 5.1. Alton; British Crop Protection Council, 2008—2010.

[4]　Franke C, Studinger G，Berger G, et al. The assessment of bioaccumulation. Chemosphere,1994, 29: 1501-1514.

[5]　Swann R L, Laskowski D A, Mccall P J, et al. A rapid method for the estimation of the environmental parameters octanol/water partition coefficient, soil sorption constant, water to air ratio, and water solubility.Res Rev,1983, 85: 17-28.

[6]　PPDB: Pesticide Properties DataBase. http://sitem.herts.ac.uk/aeru/ppdb/en/Reports/532.htm [2016-06-15].

[7]　WHO, FAO. Joint Meeting on Pesticide Residues on Pirimiphos-methyl (29232-93-7). http: // www.inchem.org/pages/jmpr.html[2012-10-08].

[8]　Ngoula F, Watcho P, Dongmo M C, et al. Effects of pirimiphos-methyl (an organophosphate insecticide) on the fertility of adult male rats. Afr Health Sci, 2007,7(1): 3-9.

[9]　Hayes W J, Laws E R. Handbook of Pesticide Toxicology. Volume 2. Classes of Pesticides. New York: Academic Press, 1991.

[10]　TOXNET(Toxicology Data Network). http://toxnet.nlm.nih.gov/newtoxnet/hsdb.htm [2016-06-13].

[11] PAN Pesticides Database—Chemicals. http://www.pesticideinfo.org/Detail_Chemical.jsp?Rec_Id= PC33411 [2016-06-15].

# 甲基内吸磷(demeton-*S*-methyl)

## 【基本信息】

化学名称：*O,O*-二甲基-*O*-(2-乙硫基乙基)硫代磷酸酯

其他名称：甲基一 0 五九

CAS 号：919-86-8

分子式：$C_6H_{15}O_3PS_2$

相对分子质量：230.3

SMILES：O=P(OC)(SCCSCC)OC

类别：有机磷杀虫、杀螨剂(美国停止登记)

结构式：

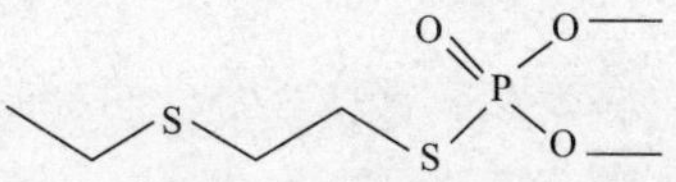

## 【理化性质】

黄色油状,饱和蒸气压 40mPa(25℃),密度 1.21g/mL,水溶解度 22000mg/L(20℃),亨利常数(25℃)$4.19×10^{-4}$Pa·$m^3$/mol(25℃),辛醇/水分配系数 lg$K_{ow}$=1.32(25℃)。

## 【环境行为】

### (1)环境生物降解性

土壤降解半衰期为 26d [1],主要代谢产物为 *O*-去甲甲基内吸磷和砜吸磷。另有研究报道,好氧条件下,在两种不同有机质含量和阳离子交换量的土壤中 63d 矿化率分别为 54%和 34%。厌氧条件下,矿化率分别为 0.5%和 1.1%[2]。

### (2)环境非生物降解性

25℃,pH 为 4、7 和 9 条件下,水解半衰期分别为 63d、56d、8d [3]。当水中浓度为 3.6~3.7mg/L 时,汞灯照射 8h 未发生光解;当添加 10mg/L 腐殖酸时,光解半衰期为 8h[2]。在大气中与羟基自由基反应的反应速率常数为 $4.7×10^{-11}$$cm^3$/(mol·s),间接光解半衰期预测值为 8h[4]。

**(3) 环境生物蓄积性**

鱼类 BCF 值等于 1.02 [5]，在水生生物中生物富集性弱[6]。

**(4) 土壤吸附/移动性**

$K_{oc}$ 值为 31[7]，土壤吸附性弱、移动性强[8]。

**(5) 大气迁移性**

在大气中与羟基自由基反应的反应速率常数是 $4.7×10^{-11}cm^3/(mol·s)$，间接光解半衰期预测值为 8h，远距离迁移可能性较小[4]。

## 【生态毒理学】

鸟类(山齿鹑)急性 $LD_{50}$ = 44mg/kg，鱼类 96h $LC_{50}$ = 6.4mg/L，溞(大型溞)48h $EC_{50}$ = 0.023mg/L，藻类 72h $EC_{50}$ = 22.1mg/L、NOEC= 10.0mg/L，蜜蜂经口48h $LD_{50}$ > 0.19μg，蚯蚓 14d $LC_{50}$ > 250mg/kg[9]。

## 【毒理学】

甲基内吸磷是高毒有机磷农药，是诱变剂、胆碱酯酶抑制剂，对神经系统、皮肤和眼睛有刺激作用。

**(1) 一般毒性**

大鼠急性经口 $LD_{50}$ = 40mg/kg，大鼠急性经皮 $LD_{50}$ = 30mg/kg，大鼠急性吸入 $LC_{50}$ = 0.13mg/L，属高毒农药[9]。

**(2) 神经毒性**

甲基内吸磷是诱变剂，胆碱酯酶抑制剂，对神经系统、皮肤和眼睛有刺激作用。大鼠每天分别以 0mg/(kg·d)、5mg/(kg·d)、10mg/(kg·d)、20mg/(kg·d) 的剂量，连续染毒 6 个月，结果显示：20mg/(kg·d)剂量组在第 5 周内出现胆碱激动症状(轻微震颤、肌束颤动)，10~20mg/(kg·d)剂量组出现体重减少，大脑和红细胞乙酰胆碱酯酶活性减小；所有剂量组均出现大脑和红细胞乙酰胆碱酯酶活性降低[10]。

**(3) 生殖发育毒性**

25 只怀孕大鼠在孕 6～15d 期间每天分别给予 0mg/kg、0.3mg/kg、1mg/kg、3mg/kg 剂量的甲基内吸磷暴露，所有剂量组大鼠胚胎行为和外观没有改变，在分娩之前无死亡；3mg/kg 浓度组胎鼠体重减少 13%，其他浓度组胎鼠体重、存活胎鼠数量、胎鼠畸形和着床数量与对照组无差异；未观察到器官和骨骼异常[11]。

2 代生殖毒性：给药 0mg/kg、1mg/kg、5mg/kg、25mg/kg，亲代无死亡。25mg/kg 剂量组，雄鼠体重减少 10%，食物摄入量也减少了 7%，生育指数无影响，第 1

次和第 2 次交配幼鼠的生存能力减少到 89%和 85%，幼鼠体重降低 8%~10%。F1
代未观察到任何剂量效应相关症状，生育指数无显著影响。25mg/kg 浓度组，产
仔数量减少，5mg/kg 剂量组胎鼠存活率降低，胎鼠无畸形[11]。

(4) 致突变性

DNA 聚合酶 Pol 测试 DNA 无损伤，Ames 试验和小鼠淋巴瘤正向突变试验中
突变率增加，体内试验高浓度组中国仓鼠的骨髓无姐妹染色单体交换。骨髓微核
细胞和显性致死试验对大鼠有影响，骨髓染色体发生畸变。

## 【人类健康效应】

急性中毒症状：头痛、头晕眼花、眩晕和虚弱；鼻液溢和胸闷；视力模糊或
不清楚，瞳孔缩小、睫状肌痉挛、眼痛、摄食减少；心动过缓或心动过速，不同
程度的动脉/静脉心肌梗死，心房心律失常；失去肌肉协调能力、说话含糊、肌束
颤动、抽搐；心理困惑、迷失方向、嗜睡；呼吸困难、过度分泌唾液和呼吸道黏
液、口鼻起沫、黄萎病、高血压(可能由于窒息)；运动不平稳、大小便失禁、抽
搐和昏迷。死亡主要是由呼吸停止，支气管收缩强烈引起[12]。

3 名志愿者连续两天暴露 9 ~27mg/m³ 甲基内吸磷，接触后 14d 血浆和红细胞
乙酰胆碱酯酶活性并没有显著降低。症状表现为恶心、呕吐、腹部痉挛、唾液分
泌过多、体温低[10]。

一名 2 岁的健康男孩在摄入 10mL 甲基内吸磷后 30min 送往医院。患者出现
过度流涎和轻微的心动过缓，小剂量阿托品治疗 5d 后病情得到控制，第 8 天出院
无后遗症。入院时血浆胆碱酯酶水平较低(<400U/L)，出院时恢复正常[13]。

## 【危害分类与管制情况】

| 序号 | 毒性指标 | PPDB 分类 | PAN 分类[14] |
|---|---|---|---|
| 1 | 高毒 | 无数据 | 是 |
| 2 | 致癌性 | 否 | 无充分证据 |
| 3 | 致突变性 | 是 | — |
| 4 | 内分泌干扰性 | 否 | 疑似 |
| 5 | 生殖发育毒性 | 疑似 | 无充分证据 |
| 6 | 胆碱酯酶抑制剂 | 是 | 是 |
| 7 | 神经毒性 | 是 | — |
| 8 | 呼吸道刺激性 | 疑似 | — |
| 9 | 皮肤刺激性 | 是 | — |
| 10 | 眼刺激性 | 是 | — |
| 11 | 国际公约或优控名录 | 列入 PAN 名录 | |

注：PPDB 数据库由英国赫特福德郡大学农业与环境研究所开发；PAN 数据库来自北美农药行动网(PANNA)；
"—"表示无此项。

## 【限值标准】

每日允许摄入量（ADI）为 0.0003mg/（kg bw · d）[9]。

## 参 考 文 献

[1] TOXNET(Toxicology Data Network). http://toxnet.nlm.nih.gov/newtoxnet/hsdb.htm [2016-06-13].

[2] WHO, International Programme on Chemical Safety. Environmental Health Criteria 197: Demeton-S-methyl. 1997.

[3] Tomlin C D S. The Pesticide Manual: A World Compendium. 13th Edition. Version 3.1. Surrey : British Crop Protection Council, 2003.

[4] Meylan W M, Howard P H. Computer estimation of the atmospheric gas-phase reaction rate of organic compounds with hydroxyl radicals and ozone. Chemosphere,1993, 26: 2293-2299.

[5] Hansch L, Leo A, Hoekman D. Exploring QSAR: Hydrophobic, Electronic, and Steric Constants. Washington DC: American Chemical Society, 1995.

[6] Franke C, Studinger G，Berger G, et al. The assessment of bioaccumulation. Chemosphere, 1994, 29: 1501-1514.

[7] Sabljic A, Güsten H，Verhaar H, et al. QSAR modelling of soil sorption. Improvements and systematics of $\log K_{OC}$ vs. $\log K_{OW}$ correlations. Chemosphere,1995, 31: 4489-4514.

[8] Swann R L, Laskowski D A，Mccall P J, et al. A rapid method for the estimation of the environmental parameters octanol/water partition coefficient, soil sorption constant, water to air ratio, and water solubility. Res Rev,1983, 85: 17-28.

[9] PPDB: Pesticide Properties DataBase. http://sitem.herts.ac.uk/aeru/ppdb/en/Reports/206.htm [2016-06-15].

[10] Bingham E, Cohrssen B, Powell C H. Patty's Toxicology. Volumes 1-9. 5th ed. New York: John Wiley and Sons,2001.

[11] American Conference of Governmental Industrial Hygienists. Documentation of the TLV's and BEI's with Other World Wide Occupational Exposure Values. CD-ROM. Cincinnati, 45240-1634. 2006.

[12] International Labour Office. Encyclopedia of Occupational Health and Safety. Vols. I and II. Geneva: International Labour Office, 1983.

[13] Rolfsjord L B, Fjaerli H O, Meidel N, et al. Severe organophosphate（demeton-S-methyl）poisoning in a two-year-old child. Vet Hum Toxicol ,1998,40（94）: 222-224.

[14] PAN Pesticides Database—Chemicals. http://www.pesticideinfo.org/Detail_Chemical.jsp? Rec_Id=PC35862 [2016-06-15].

# 甲基异柳磷(isofenphos-methyl)

## 【基本信息】

化学名称：*O*-甲基-*O*-(二异丙氧基羰基苯基)-*N*-异丙基硫代磷酸酯
其他名称：无
CAS 号：99675-03-3
分子式：$C_{14}H_{22}NO_4PS$
相对分子质量：331.37
SMILES：C(c1c(cccc1)O[P@@](=S)(NC(C)C)OC)(=O)OC(C)C
类别：有机磷杀虫剂
结构式：

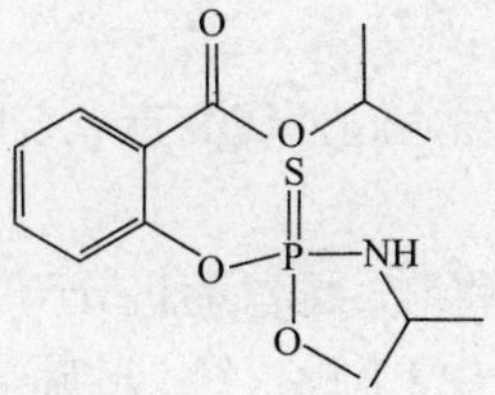

## 【理化性质】

无色至棕黄色油状液体，难溶于水，水溶解度 24mg/L(25℃)，易溶于苯、甲苯、二甲苯、乙醚等有机溶剂。常温下较稳定，遇强酸和碱易分解，光和热也能加速其分解。

## 【环境行为】

### (1)环境生物降解性

土壤微生物对甲基异柳磷的快速降解起着重要作用。HLZ 菌株在土壤中能很好地降解甲基异柳磷，2d 内降解率达 83.6%(初始浓度 200mg/kg)。从土壤中分离的一株假单胞杆菌，可利用甲基异柳磷作为唯一碳源。田间再施条件下，在土壤中快速降解，3d 后降解率达 90%，并得到室内土壤降解试验结果的确证[1]。

**(2)环境非生物降解性**

在 25℃，pH 为 5、7 和 9 条件下，水解半衰期分别为 375d、271d 和 18d。在蒸馏水中光解半衰期为 8.85d（以丙酮作溶剂）和 42.54d（以乙腈作溶剂）[2] 。

**(3)环境生物蓄积性**

在水生生物中具有较高的生物富集性。

**(4)土壤吸附/移动性**

土壤薄层层析试验结果，在土壤中不易移动。

## 【生态毒理学】

鱼类 96h $LC_{50}$ 分别为 1.34mg/kg（淡水鲳）、1.46mg/kg（尼罗罗非鱼）和 0.14mg/L（麦穗鱼），藻类（金藻）96h $EC_{50}$= 0.66mg/L，蜜蜂接触 $LD_{50}$ > 0.61μg，蚯蚓 14d $LC_{50}$> 404mg/kg[3]。

## 【毒理学】

**(1)一般毒性**

大鼠急性经口 $LD_{50}$= 21.52mg/kg，属高毒农药[3]。

**(2)生殖发育毒性**

刚断乳健康大鼠 134 只，将雌、雄鼠随机分为 3 个剂量组和 1 个对照组作为 F0 代，3 个月后进行交配，产生 F1 代，经 21d 哺乳后，自各组分别随机选出雌、雄鼠计 104 只，其余处理同 F0 代，以同样方法进行 F2、F3 代繁殖试验。结果表明，甲基异柳磷剂量摄入为 0.0027～0.080mg/(kg·d)时对大鼠繁殖及生长发育无不良影响[4]。

**(3)致突变性**

Ames 试验、显性致死突变试验和微核试验结果均呈阴性，表明无明显致突变性。无致癌、致畸和致突变作用[4]。

## 【人类健康效应】

甲基异柳磷为硫代磷酸酯类有机磷农药，属高毒类。急性有机磷中毒可致迟发性周围神经损伤。2 例患者均有口服药物史，经过一定的假愈期后出现四肢周围神经损伤，有明显的临床体征，同时此 2 例患者均出现双下肢肌张力增大、膝反射(++++)、上腹壁反射减弱等，这些体征可能由中毒引起的脊髓损伤所致[5]。

男性患者于 25d 前口服甲基异柳磷 150mL 致重度中毒，经医院抢救成功，住院 15d 后出院，出院后第 3 天开始出现四肢无力、麻木、肌肉疼痛，以双下肢为主，渐加重至双下肢不能行走，再次入院治疗。神经系统检查：意识清晰、言语流利、对答准确。脑神经(−)：肱二、三头肌反射(++)，双上肢近端肌力 V 级，远端 IV 级，大小鱼际肌无明显萎缩，握力减小，双腕下浅感觉对称性减退。双下肢肌力近端 I 级，远端 0 级，腓肠肌松弛并有压痛，双下肢肌张力明显增大，以屈曲明显，双膝反射(+++ +)，跟腱反射消失，膝关节以下对称性浅感觉减退，深感觉正常，病理反射未引出。入院诊断：急性甲基异柳磷中毒迟发性周围神经病并脊髓损伤。给予营养神经药，并行针灸、高压氧等综合治疗 40d，双上肢基本恢复正常,双下肢瘫痪无好转出院。10a 后随访，双上肢肌力、肌张力正常。双下肢肌张力增大，膝反射(++++)，跟腱反射(±)，肌力 III 级，深感觉正常，踝以下浅感觉对称性降低。坐轮椅生活[5]。

患者于 35d 前口服甲基异柳磷约 70mL，在当地医院治疗 9d（昏迷 3d），痊愈出院，出院后第 10 天出现双下肢酸痛、麻木无力，逐渐加重不能行走，双上肢活动不灵，在乡镇医院治疗半月无好转而转院治疗。体检：体温、脉搏、呼吸和血压正常，心肺腹正常。脑神经(−)：双上肢近端肌力 V 级，肌张力正常，大小鱼际肌、指骨间肌轻度萎缩，握力减退，腕以下浅感觉对称性降低。双下肢肌力近端 I 级，远端 0 级，双下肢肌张力显著增大，腓肠肌松弛萎缩；膝关节以下呈袜套样浅感觉减退，深感觉正常；上腹壁反射减弱，中下腹壁反射正常，双膝反射(++++)，跟腱反射消失，病理反射未引出。入院诊断：急性甲基异柳磷中毒迟发性周围神经病并脊髓损伤。经对症支持治疗 25d，上肢基本恢复正常，双下肢肌力、肌张力及腱反射无明显好转出院。1a 后随访，患者肌力、肌张力与 1a 前相比无好转[5]。

## 【危害分类与管制情况】

| 序号 | 毒性指标 | PPDB 分类 | PAN 分类[6] |
|---|---|---|---|
| 1 | 高毒 | 是 | — |
| 2 | 致癌性 | 否 | — |
| 3 | 致突变性 | 否 | — |
| 4 | 国际公约或优控名录 | 列入 PAN 名录 | |

注：PPDB 数据库由英国赫特福德郡大学农业与环境研究所开发；PAN 数据库来自北美农药行动网(PANNA)；"—"表示无此项。

## 【限值标准】

甲基异柳磷属高毒农药，我国于 2002 年禁止在蔬菜、果树、茶树和中药材上使用。

## 参 考 文 献

[1] 戴青华, 曹晓丹, 孙向武. 甲基异柳磷降解菌株 HLZ 在土壤中降解特性研究. 土壤通报, 2010,41(3):595-597.

[2] 华晓梅,江希流,金怡,等. 甲基异柳磷等四种农药的水解特性研究.环境化学. 1992, 11(3):16-21.

[3] PPDB: Pesticide Properties DataBase. http://sitem.herts.ac.uk/aeru/ppdb/en/Reports/1672.htm [2016-06-15].

[4] 乌惠琼, 赖志伟, 徐汉宫, 等. 甲基异柳磷毒性研究.同济医科大学学报. 1986,05:3-8.

[5] 侯光萍, 李桂芳, 孟军, 等. 急性甲基异柳磷中毒致周围神经病并脊髓损伤 2 例报告.中国工业医学杂志, 2001,14(6):359.

[6] PAN Pesticides Database—Chemicals. http://www.pesticideinfo.org/Detail_Chemical.jsp? Rec_Id=PC44768 [2016-06-15].

# 甲硫威(methiocarb)

## 【基本信息】

化学名称：3,5-二甲基-4(甲硫基)苯基氨基甲酸甲酯

其他名称：灭旱螺

CAS 号：2032-65-7

分子式：$C_{11}H_{15}NO_2S$

相对分子质量：225.31

SMILES：O=C(Oc1cc(c(SC)c(c1)C)C)NC

类别：氨基甲酸酯类杀虫剂

结构式：

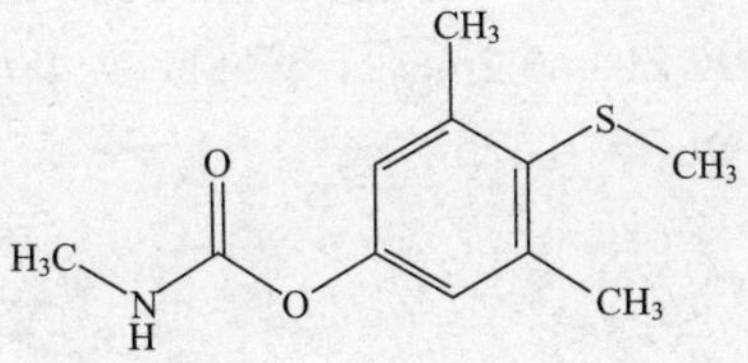

## 【理化性质】

无色晶体，熔点118.5℃，沸点311℃，密度1.25g/mL，饱和蒸气压0.015mPa。水中溶解度为27mg/L(20℃)。有机溶剂溶解度(20℃)：二甲苯，20000mg/L；丙酮，144000mg/L；乙酸乙酯，87000mg/L。辛醇-水分配系数为$\lg K_{ow} = 3.18(20℃)$。

## 【环境行为】

### (1)环境生物降解性

好氧条件下，土壤降解半衰期为 17~111d；厌氧条件下，生物降解半衰期为64d[1]。主要降解产物为甲基亚磺酰苯酚和甲基磺酰苯酚。

### (2)环境非生物降解性

22℃，pH 为 4 时水解半衰期大于 1a；pH 为 7 时水解半衰期为 35d；pH 为 9 时水解半衰期为 6h[2]。在太阳光和实验室紫外光条件下，光解半衰期为 6~16d，

光解产物为 4-甲硫基-3,5-二甲苯酚[3]。太阳光下，在土壤表面经光敏作用转化成相应的亚砜，半衰期为 4~9d；286~400nm 紫外光条件下，河水中光解半衰期为 23min[4]。

**(3)环境生物蓄积性**

基于 $\lg K_{ow}$ 的 BCF 估测值为 35[5]，在水生生物体内生物富集性弱。

**(4)土壤吸附/移动性**

基于 $\lg K_{ow}$ 的 $K_{oc}$ 估测值为 920[5]，在土壤中移动性弱。

**(5)大气中迁移性**

25℃时，饱和蒸气压为 $2.7 \times 10^{-7}$ mmHg，在大气中主要以气相和颗粒相存在。气态甲硫威可与光化学反应产生的羟基自由基反应，间接光解半衰期为 29h[3]。具有一定的远距离迁移性。

## 【生态毒理学】

鸟类(山齿鹑)急性 $LD_{50}$ = 5mg/kg，鱼类(虹鳟鱼)96h $LC_{50}$ = 0.65mg/L、NOEC = 0.05mg/L，溞类(大型溞)48h $EC_{50}$ = 0.008mg/L、21d NOEC = 0.0001mg/L，藻类 72h $EC_{50}$ = 2.2mg/L、96h NOEC = 3.2mg/L，蜜蜂接触 48h $LD_{50}$ = 0.23μg，蚯蚓 14d $LC_{50}$ = 1322mg/kg、21d NOEC = 0.32mg/kg[6]。

## 【毒理学】

**(1)一般毒性**

大鼠急性经口 $LD_{50}$ = 19mg/kg，大鼠急性经皮 $LD_{50}$ > 5000mg/kg，大鼠急性吸入 $LC_{50}$ = 0.433mg/L，属高毒级农药[6]。

**(2)神经毒性**

大鼠灌胃 10mg/(kg·d)的甲硫威 4 周，观察到血浆与大脑中红细胞乙酰胆碱酯酶抑制，以及短暂的胆碱能抑制症状；3mg/(kg·d)的剂量无效应。以 4mg/(kg·d)剂量饲喂大鼠 27d 时，红细胞乙酰胆碱酯酶活性降低到 80%，但未发现胆碱能抑制症状。治疗给药后 42d 左右，乙酰胆碱酯酶活性恢复到正常水平。大鼠口服甲硫威剂量为 50mg/L，16 周后血浆中的红细胞约减少 15%，同时乙酰胆碱酯酶活性降低 30%；无乙酰胆碱酯酶抑制作用出现在剂量为 10mg/L[7]。

狗口服剂量 15mg/L 持续 2 周后，血浆胆碱酯酶活性受到抑制；5mg/L 剂量对胆碱酯酶活性无影响。狗口服剂量 0.5mg/(kg·d)持续 29d，引起流涎、呕吐，血浆和红细胞乙酰胆碱酯酶活性抑制约 20%。0.05mg/(kg·d)甲硫威剂量不影响狗的乙酰胆碱酯酶活性[7]。

**(3)生殖发育毒性**

大鼠发育或生殖毒性（三代繁殖试验）：口服剂量 300mg/L 对生育、产仔、仔出生体重和生存或哺乳无不良影响；幼仔的组织病理学检查无异常。大鼠口服剂量 10mg/(kg・d)持续 6~15d，妊娠无致畸作用，生殖参数未受影响。妊娠兔口服剂量 10mg/(kg・d)持续 6~18d，未发现致畸作用，但母兔及幼仔在 3mg/(kg・d)或更高剂量有生殖毒性反应[7]。

20 只怀孕大鼠在孕 6~15d 期间每天分别给予 1mg/kg、3mg/kg、10mg/kg 剂量的甲硫威暴露，与对照组相比，高剂量组体重减少，未出现发育毒性。母体毒性 LOAEL 和 NOAEL 分别为 10mg/(kg・d)和 3mg/(kg・d)。发育毒性 NOAEL 大于 10mg/(kg・d)[1]。

**(4)致突变性**

对兔、大鼠无致畸作用。

## 【人类健康效应】

吸入可引起黏膜刺激。初级医学检查：应强调呼吸系统、心血管系统和中枢神经系统的检查。皮肤应检查慢性疾病。尿常规：可能引起肾损害，尿液检查至少应包括密度、清蛋白、葡萄糖和离心沉渣镜检查。

## 【危害分类与管制情况】

| 序号 | 毒性指标 | PPDB 分类 | PAN 分类[8] |
|---|---|---|---|
| 1 | 高毒 | 否 | 是 |
| 2 | 致癌性 | 否 | 否 |
| 3 | 内分泌干扰性 | 无数据 | 无充分证据 |
| 4 | 生殖发育毒性 | 无数据 | 无充分证据 |
| 5 | 胆碱酯酶抑制剂 | 是 | 是 |
| 6 | 神经毒性 | 是 | — |
| 7 | 呼吸道刺激性 | 疑似 | — |
| 8 | 皮肤刺激性 | 疑似 | — |
| 9 | 眼刺激性 | 无数据 | — |
| 10 | 污染地下水 | — | 可能 |
| 11 | 国际公约或优控名录 | 列入 PAN 名录 | |

注：PPDB 数据库由英国赫特福德郡大学农业与环境研究所开发；PAN 数据库来自北美农药行动网（PANNA）；"—"表示无此项。

## 【限值标准】

每日允许摄入量（ADI）为 0.013mg/（kg bw · d），急性参考剂量（ARfD）为 0.013mg/（kg bw · d）[6]。

## 参 考 文 献

[1] USEPA. Reregistration Eligibility Decision Document—Methiocarb. 1996.

[2] Hartley D, Kidd H. The Agrochemicals Handbook. Lechworth: The Royal Society of Chemistry, 1987.

[3] Tomlin C. The Pesticide Manua. Surrey: The British Crop Protection Council,1997.

[4] TOXNET（Toxicology Data Network）. http://toxnet.nlm.nih.gov/newtoxnet/hsdb.htm [2016-06-13].

[5] Hansch C, Leo A, Hoekman D. Exploring QSAR. Hydrophobic, Electronic, and Steric Constants. Washington DC: American Chemical Society,1995.

[6] PPDB: Pesticide Properties DataBase. http://sitem.herts.ac.uk/aeru/ppdb/en/Reports/457.htm [2016-06-15].

[7] Hayes W J, Laws E R. Handbook of Pesticide Toxicology. Classes of Pesticides. New York: Academic Press, 1991.

[8] PAN Pesticides Databas—Chemicals. http://www.pesticideinfo.org/Detail_Chemical.jsp?Rec_Id = PC35108 [2016-06-15].

# 甲萘威(carbaryl)

## 【基本信息】

化学名称：1-萘基-*N*-甲基氨基甲酸酯

其他名称：胺甲萘

CAS 号：63-25-2

分子式：$C_{12}H_{11}NO_2$

相对分子质量：201.22

SMILES：c12c(OC(NC)=O)cccc1cccc2

类别：氨基甲酸酯类杀虫剂

结构式：

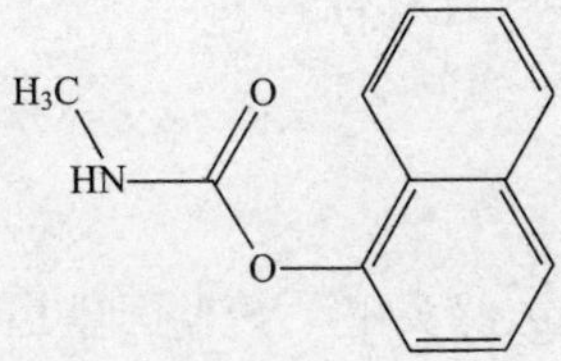

## 【理化性质】

白灰色粉末，密度 1.21g/mL，熔点 138℃，沸点 210℃，饱和蒸气压 0.0416mPa(25℃)。水溶解度为 9.1mg/L(20℃)。有机溶剂溶解度(20℃)：正己烷，250mg/L；甲苯，9860mg/L；甲醇，87500mg/L；乙酸乙酯，175000mg/L。辛醇/水分配系数 $\lg K_{ow}$ = 2.36(25℃)。

## 【环境行为】

### (1)环境生物降解性

好氧条件下，以活性污泥为接种物时 28d 生物降解率为 71%。好氧条件下，在河流沉积物中快速降解，半衰期为 1.8~4.9d[1]；厌氧条件下几乎不降解，半衰期为 125~746d[2]。

**(2)环境非生物降解性**

酸性条件下稳定,碱性条件下快速水解。在 27℃,pH 为 5、7、9 条件下,水解半衰期分别为 1500d、15d、0.15d[3]。在 25℃,pH 分别为 9、9.8、10 条件下的水解半衰期分别为 173min、27min 和 20min[4]。在 20℃,pH 为 7、8、9 和 10 条件下,水解半衰期分别为 10.5d、1.8d、2.5h、15min[5]。海水中水解半衰期约为 1d(24℃)。

在大气中与羟基自由基反应的速率常数为 $2.6×10^{-11}cm^3/(mol·s)$,间接光解半衰期约为 15h[6]。

**(3)环境生物蓄积性**

鱼类 BCF 值为 9~34。在水生生物体内生物富集性弱[7]。

**(4)土壤吸附/移动性**

吸附系数 $K_{oc}$ 估测值为 230~420,沉积物中吸附分配系数 $K_d$ 值为 2.1~47.7mL/g[8],在土壤中具有一定的移动性。

**(5)大气中迁移性**

基于饱和蒸气压数据,提示在大气中以气相和颗粒相存在,间接光解半衰期约为 15h[9]。具有一定的远距离迁移性。

# 【生态毒理学】

鸟类急性 $LD_{50}$ >2000mg/kg(绿头鸭)、短期饲喂 $LD_{50}$ > 1000mg/(kg bw·d)(山齿鹑),鱼类(呆鲦鱼)96h $LC_{50}$ = 2.6mg/kg、21d(NOEC)= 0.21mg/L,溞类 48h $EC_{50}$ = 0.0064mg/L(蚤状溞)、21d NOEC = 0.25mg/L(大型溞),水生甲壳动物 96h $LC_{50}$ = 0.0057mg/L,底栖生物(摇蚊)96h $LC_{50}$ = 0.13mg/L,蜜蜂接触 48h $LD_{50}$ = 0.14ug、经口 48h $LD_{50}$ = 0.00021mg,蚯蚓 14d $LC_{50}$ < 4mg/kg[10]。

# 【毒理学】

**(1)一般毒性**

大鼠急性经口毒性 $LD_{50}$ 为 614mg/kg,大鼠急性经皮 $LD_{50}$ >5000mg/kg,大鼠急性吸入 $LC_{50}$ 为 2.4mg/L,属中等毒级农药[10]。

**(2)神经毒性**

大鼠经口灌胃暴露于 6.8mg/kg、17.0mg/kg 和 42.5mg/kg 的甲萘威,连续暴露 90d 后,大鼠血清胆碱酯酶活性显著降低,并具有剂量-效应关系。未抑制脑和脊髓乙酰胆碱酯酶的活性;脑、脊髓和坐骨神经中神经病靶酯酶(NTE)活性均未发生明显改变。组织病理学观察发现,高剂量组大鼠大脑海马神经元固缩性坏死,超微结构可见核膜皱褶内陷，核膜不完整，核固缩，染色质群集及异染色质边集，线粒体肿胀变大，并出现崤断裂、溶解[11]。

### (3)生殖发育毒性

雌性 SD 大鼠经口染毒甲萘威，以剂量为 0mg/(kg·d)、1.028mg/(kg·d)、5.140mg/(kg·d)、25.704mg/(kg·d)染毒后 15d 大鼠动情周期出现变化，与对照组的差异有统计学意义。最高剂量组大鼠体重增长明显低于对照组，各剂量染毒组大鼠的多个脏器系数均明显降低。最高剂量组大鼠血清雌二醇(E2)水平与对照组有显著差异。随染毒剂量增高，大鼠卵巢和血清中 SOD 活性、MDA 含量、谷胱甘肽(GSH)含量和谷胱甘肽转移酶(GST)活性出现显著变化。结果说明，甲萘威可致雌性大鼠动情周期紊乱及雌激素水平改变，对大鼠的抗氧化系统产生一定影响[12]。

大鼠暴露于 200mg/(kg·d)的甲萘威，每周 3d，持续 90d，大鼠睾丸、附睾、肝、肾无明显病理改变。睾丸、肝、脑无显著生化变化。血乙酰胆碱酯酶活性下降。雄性大鼠的生育力无显著变化。

对雄性大鼠口服给予 50mg/(kg·d)或 100mg/(kg·d)的甲萘威，每周 5d，持续 90d。高剂量组暴露后 60d 体重显著减小[13]。虽然睾丸质量无明显变化，附睾发生睾丸组织病理改变。睾丸生精细胞相关酶(山梨醇脱氢酶)的活性降低，而乳酸脱氢酶活性升高并伴随生精细胞变性。减数分裂前的生精细胞和支持细胞中的 γ-谷氨酰转肽酶活性增加，而葡萄糖-6-磷酸脱氢酶活性下降。附睾精子数量和精子活力下降，精子形态异常增加，这些效应与剂量相关。

### (4)致突变性

对雄性小鼠无遗传毒性，对大鼠无致畸性，但可导致豚鼠胎儿脊椎畸形。对非洲爪蟾胚胎有致畸作用。比格犬整个妊娠期有致畸作用，LOAEL 为 3.125mg/(kg bw·d)[14]。

## 【人类健康效应】

人类致癌性：尚无充分的动物与人类证据表明是否具有致癌性(IARC 3 级致癌物)，可能是雌激素。

甲萘威具有中等毒性，可经皮肤、消化系统、呼吸系统进入生物体内；较轻的中毒表现为头痛、恶心、呕吐、瞳孔缩小等，重者出现昏迷、抽搐、肺水肿，甚至死亡。人(女性)急性经口最低致死剂量为 5mg/kg。人经口连续 6 周饮食暴露 0.12mg/kg 甲萘威，尿中氨基酸/肌酐氮的比例降低[15]。

通过对某农药厂 31 名接触甲萘威生产的男性工人和 46 名厂内行政区男性员工(内对照组)以及某疾病预防控制中心 22 名男性员工(外对照组)比较发现，暴露组男性工人精子直线运动速度、鞭打频率、直线性、前向性均低于内、外对照组、精液黏稠度、精子活动度异常率及精子总畸形发生率均高于外对照组，精液量、精子活动度低于外对照组，差异均有统计学意义，结果提示甲萘威职业暴露对男工精子和精液质量有一定影响[16]。

通过对某农药厂 67 名甲萘威生产女工(暴露组)和厂行政办公区 47 名女性工作人员(对照组)对比发现，暴露组自然流产发生率显著高于对照组，提示甲萘威农药生产职业暴露可能对女工的妊娠结局有一定的影响[17]。

## 【危害分类与管制情况】

| 序号 | 毒性指标 | PPDB 分类 | PAN 分类[18] |
|---|---|---|---|
| 1 | 高毒 | 是 | 否 |
| 2 | 致癌性 | 疑似 | 是 |
| 3 | 内分泌干扰性 | 是 | 疑似 |
| 4 | 生殖发育毒性 | 是 | 是 |
| 5 | 胆碱酯酶抑制剂 | 疑似 | 是 |
| 6 | 神经毒性 | 疑似 | — |
| 7 | 呼吸道刺激性 | 否 | — |
| 8 | 皮肤刺激性 | 否 | — |
| 9 | 眼刺激性 | 否 | — |
| 10 | 污染地下水 | — | 可能 |
| 11 | 国际公约或优控名录 | 列入 PAN 名录 | |

注：PPDB 数据库由英国赫特福德郡大学农业与环境研究所开发；PAN 数据库来自北美农药行动网(PANNA)；"—"表示无此项。

## 【限值标准】

每日允许摄入量(ADI)为 0.0075mg/(kg bw·d)，急性参考剂量(ARfD)为 0.01mg/(kg bw·d)[10]。

# 参 考 文 献

[1] NITE. Chemical Risk Information Platform (CHRIP). Biodegradation and Bioconcentration 24. 2008.

[2] Bondarenko S, Gan J. Degradation and sorption of selected organophosphate and carbamate insecticides in urban stream sediments.Environ Toxicol Chem,2004, 23: 1809-1814.

[3] Wollfe N L, Zepp R G，Paris D F. Carbaryl, propham and chlorpropham: a comparison of the rates of hydrolysis and photolysis with the rate of biolysis. Water Res,1978, 12: 565-571.

[4]  TOXNET(Toxicology Data Network). http://toxnet.nlm.nih.gov/newtoxnet/hsdb.htm [2016-06-13].

[5]  Aly O M, El-Dib M A. Organic Compounds in Aquatic Environment. New York: Marcel Dekker, 1971.

[6]  Meylan W M, Howard P H. Computer estimation of the atmospheric gas-phase reaction rate of organic compounds with hydroxyl radicals and ozone.Chemosphere ,1993,26: 2293-2299.

[7]  Freitag D, Geyer H, Kraus A, et al. Ecotoxicological profile analysis.Ecotoxicol Environ Safety ,1982,6: 60-81.

[8]  Chu W, Chan K H. The prediction of partitioning coefficients for chemicals causing environmental concern.Sci Total Environ,2000, 248(1): 1-10 .

[9]  Ferreira G A L, Seiber J N. Volatilization and exudation losses of three $N$-methylcarbamate insecticides applied systemically to rice. J Agric Food Chem ,1981,29: 93-99.

[10]  PPDB: Pesticide Properties DataBase. http://sitem.herts.ac.uk/aeru/ppdb/en/Reports/115.htm [2016-06-16].

[11]  王会平，梁宇杰，侯威远，等. 毒死蜱、甲萘威亚慢性暴露对大鼠的神经毒性. 全国生化/工业与卫生毒理学学术会议, 2010.

[12]  邱阳、陈建锋，宋玲，等. 甲萘威对雌性大鼠血清雌激素水平及抗氧化系统功能的影响. 中华劳动卫生职业病杂志, 2005, 23（4）:290-293.

[13]  Pant N, Srivastava S C,Prasad A K, et al. Effects of carbaryl on the rat's male reproductive system. Vet Hum Toxicol,1995, 37（5）: 421-425.

[14]  California Environmental Protection Agency/Department of Pesticide Regulation. Toxicology Data Review Summaries.Carbaryl 13. 2008.

[15]  Shealy D B, Barr J R，Ashley D L, et al. Correlation of environmental carbaryl measurements with serum and urinary 1-naphthol measurements in a farmer applicator and his family.Environ Health Perspect,1997, 105: 510-513 .

[16]  谈立峰, 孙雪照，李燕南，等. 甲萘威农药生产职业暴露对男工精子和精液质量的影响. 中华劳动卫生职业病杂志, 2005, 23（2）:87-90.

[17]  李燕南，谈立峰,孙雪照，等. 职业暴露甲萘威对女性生殖内分泌的影响. 中国工业医学杂志, 2005, 18（3）:163-165.

[18]  PAN Pesticides Database—Chemical. http://www.pesticideinfo.org/Detail_Chemical.jsp?Rec_Id = PC32816[2016-06-16].

# 甲氧滴滴涕(methoxychlor)

## 【基本信息】

化学名称：2-2-双(对甲氧苯基)-1,1,1-三氧乙烷

其他名称：无

CAS 号：72-43-5

分子式：$C_{16}H_{15}Cl_3O_2$

相对分子质量：345.65

SMILES：ClC(Cl)(Cl)C(c1ccc(OC)cc1)c2ccc(OC)cc2

类别：有机氯杀虫剂

结构式：

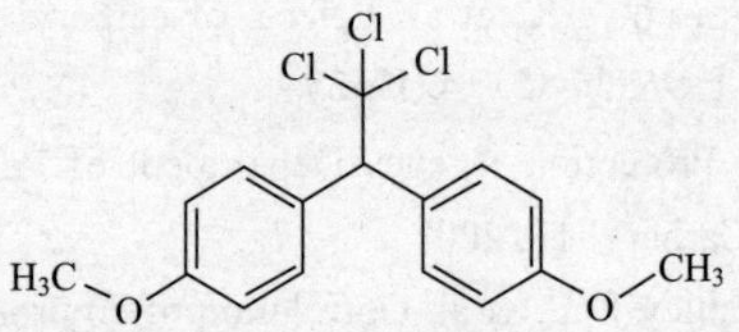

## 【理化性质】

无色结晶固体，密度 1.41g/mL，熔点 89℃，饱和蒸气压 0.08mPa(25℃)。水溶解度为 0.1mg/L(20℃)。有机溶剂溶解度(20℃)：三氯乙烷，700000mg/L；二甲苯，440000mg/L；甲醇，50000mg/L；二氯甲烷，1333000mg/L。辛醇/水分配系数 $\lg K_{ow} = 5.83(20℃)$。

## 【环境行为】

### (1)环境生物降解性

在土壤中具有持久性，标准条件下的降解半衰期为 120d(25℃)。在砂壤土中的降解半衰期分别为 210~266d(3%含水率)和 140~182d(1%含水率)[1]。另有报道，土壤中降解缓慢，30d、60d、90d 残留率分别为 92%、38%和 27%[2]。1a 后，土壤中仍可能检测到甲氧滴滴涕以及部分降解产物的残留。

**(2)环境非生物降解性**

27℃，pH 为 3~7 时水解半衰期约为 367d，pH 为 9 时水解半衰期为 270d[3]。27℃在蒸馏水中的半衰期分别为 1a(pH=7)、5.5a(pH=9)、0.21d(pH=13)。在蒸馏水中光解半衰期为 135d，在经过滤、灭菌的自然水中光解半衰期为 2.2~5.4h[4]。

**(3)环境生物蓄积性**

BCF 值为 138~8300，其中，贻贝 BCF 为 12000，蜗牛 BCF 为 5000~8570，石蝇 BCF 为 348~1130，软蛤 BCF 为 1500 [5]，生物富集性强。

**(4)土壤吸附/移动性**

吸附系数($K_{oc}$)平均值如下：砂土，23000；粉砂土，82000；粉砂壤土，88000；细粉壤土，93000；黏土，83000 [3]。在土壤中不易移动。

**(5)大气中迁移性**

25℃时，饱和蒸气压为 $4.2×10^{-5}$mmHg，在大气中存在于气相和颗粒相中。气体甲氧滴滴涕与羟基自由基反应的速率常数为 $5.4×10^{-11}$cm$^3$/(mol·s)(25℃)，间接光解半衰期约为 7h [3]。

## 【生态毒理学】

鸟类(绿头鸭)急性 $LD_{50}$ >2000mg/kg，鱼类(虹鳟鱼)96h $LC_{50}$ = 0.052mg/L，潘类(大型潘)48h $EC_{50}$ = 0.00078mg/L，藻类 72h $EC_{50}$=0.6mg/L，蜜蜂接触 48h $LD_{50}$ = 23.6μg[6]。

## 【毒理学】

**(1)一般毒性**

大鼠急性经口 $LD_{50}$>6000mg/kg，兔子急性经皮 $LD_{50}$>2000mg/kg[6]，属低毒农药。

**(2)神经毒性**

可使中枢神经系统和肝脏细胞发生脂肪变性。犬暴露于 1000~4000mg/(kg·d)甲氧滴滴涕，产生神经效应包括焦虑、紧张、流涎、震颤、抽搐、死亡，呈剂量-反应关系[7]。

雌性恒河猴(8 只/组)口服甲氧滴滴涕 25mg/(kg·d)或 50mg/(kg·d)，对给药后 9 个月内视觉识别记忆、自发活动无显著影响，但工作记忆困难[8]。甲氧滴滴涕暴露可影响青春发育期大脑功能的某些方面，高剂量组对行为的影响更为明显。

### (3) 生殖发育毒性

甲氧滴滴涕在体内具有雌激素活性,大量的研究表明其模仿雌二醇(E2)在啮齿类动物生殖系统中起作用。在去除卵巢的动物中引起亲子宫反应,在孕期慢性暴露于甲氧滴滴涕的啮齿类动物可以产生发育和生殖毒性,包括胚胎毒性、性早熟、生育力减弱、卵巢萎缩。进一步的分子研究表明甲氧滴滴涕和 E2 都可以通过影响表皮生长因子受体、子宫过氧化物酶、雌激素受体等调节子宫蛋白活性。在某些条件下甲氧滴滴涕也有拮抗 E2 的作用,甲氧滴滴涕的活性代谢物 2, 2-二对羟苯基-1,1,1-三氯乙烷(HPTE)是雌激素受体 ER-$\alpha$ 激动剂,ER-$\beta$、AR(肾上腺素受体)的拮抗剂,具有亲子宫性,并且能刺激子宫平滑肌瘤细胞增殖[8]。

雌性 SD 大鼠经口染毒甲氧滴滴涕,随机分为 50mg/(kg·d)、100mg/(kg·d)和 200mg/(kg·d) 3 个染毒组和溶剂芝麻油组(对照组)。结果显示,各剂量染毒组大鼠动情周期数明显低于对照组,50mg/(kg·d)组大鼠子宫指数较对照组增加;卵巢 GSH-Px 活性和 SOD 活性显著下降($P<0.05$),而 MDA 含量明显升高。结果说明,甲氧滴滴涕可致雌性大鼠动情周期紊乱,对卵巢的抗氧化系统产生一定影响[9]。

将交配成功的雌鼠于孕期 12~17d 每日给予不同剂量的甲氧滴滴涕(0mg/kg、20mg/kg、100mg/kg 和 200mg/kg)灌胃,并设芝麻油溶剂为对照组。结果发现,随染毒剂量增加,母鼠子宫着床数减少,雄性胎鼠肛殖距缩短,孕鼠血清中 E2 和 P 水平升高,呈剂量-效应关系。随染毒剂量增加,孕鼠体重增长减少,活胎数下降,不良妊娠结局(死胎、吸收胎数)增多,呈剂量-效应关系[10]。

新生小鼠每日分别腹腔注射芝麻油,10μg 17$\beta$-雌二醇,0.05mg、0.1mg、0.5mg 和 1.0mg 的甲氧滴滴涕 14d,在第 3、6、12 个月进行 12d 阴道涂片检查,发现注射 0.5mg 和 1.0mg 甲氧滴滴涕或雌二醇的小鼠均出现卵巢萎缩、卵巢质量减少和黄体缺失;而注射 0.05mg 或 0.1mg 甲氧滴滴涕的小鼠子宫增重增大且充满黄体;另外除 1.0mg 甲氧滴滴涕外,其他组均出现了滤泡囊肿。提示甲氧滴滴涕模拟雌激素作用改变了下丘脑-垂体的功能,低剂量时表现为增强作用,高剂量时表现为抑制作用[11]。

给 39 日龄 CD-1 雌性小鼠皮下注射甲氧滴滴涕[8mg/(kg·d)、16mg/(kg·d)、32mg/(kg·d)]或开蓬 [8mg/(kg·d),阳性对照],连续给药 10~20d,观察动情周期变化和卵巢表面上皮厚度的变化。结果在 20d 时甲氧滴滴涕(32mg/kg)和开蓬(8mg/kg)增加了窦状卵泡的闭锁率,甲氧滴滴涕 32mg/kg 组卵巢表面上皮厚度增加,而开蓬组动情周期延长[12]。

### (4) 致畸、致癌和致突变性

50 只雌鼠、50 只雄鼠暴露于甲氧滴滴涕,分为高剂量和低剂量组,患肿瘤(良性肿瘤和恶性肿瘤)动物数量:雄性,对照组 11/20,低剂量组 23/44,高剂量组

21/41；雌性，对照组 20/12，低剂量组 30/47，高剂量组 30/49。雄性大鼠脾脏血管肉瘤发病率增加[7]。

BALB/c 小鼠和 C3H 雄性和雌性小鼠口服 750mg/L 甲氧滴滴涕 2a。雄性 BALB/c 小鼠间质细胞癌比例为 27/51，对照组小鼠为 8/71[3]。幼年小鼠睾丸恶性肿瘤发生率增加。C3H 雄性小鼠暴露于甲氧滴滴涕未发生睾丸肿瘤。C3H 雄性和雌性小鼠肝肿瘤的发生比 BALB/c 小鼠更敏感。甲氧滴滴涕也引发 BALB/c 小鼠肺肿瘤。

对于雄性和雌性家鼠没有明显的致畸作用。

## 【人类健康效应】

1988~2000 年，美国加利福尼亚州共有 23513 位拉丁裔妇女被诊断出患有乳腺癌，与年龄和社会经济地位呈正相关，同时与生育水平呈负相关，与有机氯甲氧滴滴涕呈正相关(数据来自美国加利福尼亚癌症登记部门)[13]。

人体志愿者暴露浓度为 0mg/(kg·d)、0.5mg/(kg·d)、1mg/(kg·d)、2mg/(kg·d) 的甲氧滴滴涕，持续 8 周。临床化学或血、骨髓、肝、小肠或睾丸的形态均未检测到效应。

21 岁男性急性暴露(15~20min)于一种农药混合物(含 15%甲氧滴滴涕和 7.5% 马拉硫磷)。8~9h 后出现视力模糊、恶心。送医院 36h 后出现腹部绞痛和腹泻，脱水严重。约 4d 后出现头晕、全聋、四肢难以移动、双侧足下垂、腿疼。6a 后这些神经影响均无改善。无论是甲氧滴滴涕还是马拉硫磷通常均产生深远的影响[3]。

## 【危害分类与管制情况】

| 序号 | 毒性指标 | PPDB 分类 | PAN 分类[14] |
|---|---|---|---|
| 1 | 高毒 | 否 | 否 |
| 2 | 致癌性 | 疑似 | 无法分类 |
| 3 | 致突变性 | 否 | — |
| 4 | 内分泌干扰性 | 是 | 疑似 |
| 5 | 生殖发育毒性 | 疑似 | 无充分证据 |
| 6 | 胆碱酯酶抑制剂 | 否 | 否 |
| 7 | 神经毒性 | 是 | 是 |
| 8 | 皮肤刺激性 | 是 | — |
| 9 | 眼刺激性 | 是 | — |
| 10 | 国际公约或优控名录 | 列入 PAN 名录 | |

注：PPDB 数据库由英国赫特福德郡大学农业与环境研究所开发；PAN 数据库来自北美农药行动网(PANNA)；"—"表示无此项。

## 【限值标准】

每日允许摄入量(ADI)为 0.1mg/(kg bw · d)[6]。

## 参 考 文 献

[1] Murty A S. Toxicity of Pesticides to Fish. Boca Raton: CRC Press,1986.

[2] Manirakiza P , Akinbamijo O，Covaci A. Assessment of organochlorine pesticide residues in west African city farms: Banjul and Dakar case study .Arch Environ Contam Toxicol,2003, 44: 171-179.

[3] TOXNET(Toxicology Data Network)． http://toxnet.nlm.nih.gov/newtoxnet/hsdb.htm [2016-06-13].

[4] Zepp R G, Wolfe N L, Gordon J A, et al. Light-induced transformations of methoxychlor in aquatic systems .J Agric Food Chem ,1976,24: 727-733 .

[5] Veith G D , Defoe D L,Bergstedt  B V, et al. Measuring and estimating the bioconcentration factor of chemicals in fish. J Fish Res Board Can,1979, 36: 1040-1048 .

[6] PPDB:Pesticide Properties DataBase. http://sitem.herts.ac.uk/aeru/ppdb/en/Reports/460.htm [2016-06-17].

[7] IARC. Monographs on the Evaluation of the Carcinogenic Risk of Chemicals to Humans. Geneva: World Health Organization, International Agency for Research on Cancer, 1979.

[8] Blum J, Nyagode B, James M, et al. Effects of the pesticide methoxychlor on gene expression in the liver and testes of the male largemouth bass (*Micropterus salmoides*). Aquat Toxicol, 2008, 86(4): 459-469.

[9] 常飞、陈必良，马向东，等. 甲氧滴滴涕对雌性大鼠血清雌激素水平及卵巢抗氧化系统功能的影响. 医学争鸣, 2007, 28(6):521-523.

[10] 王晓蓉，陈必良，马向东，等. 甲氧滴滴涕对孕鼠生殖及其胎鼠发育的影响. 医学争鸣, 2007, 28(7):634-636.

[11] Swartz W J, Eroschenko V P. Neonatal exposure to technical methoxychlor alters pregnancy outcome in female mice. Reprod Toxicol, 1998, 12(6): 565-573 .

[12] Gupta R K, Schuh R A，Fiskum G, et al. Methoxychlor causes mitochondrial dysfunction and oxidative damage in the mouse ovary .Toxicol Appl Pharmacol, 2006, 216(3): 436-445 .

[13] Mills P K, Yang R.Regression analysis of pesticide use and breast cancer incidence in California Latinas.J Environ Health, 2006, 68(6): 15-22.

[14] PAN Pesticides Database—Chemicals. http://www.pesticideinfo.org/Detail_Chemical.jsp? Rec_Id=PC32870 [2016-06-17].

# 久效磷(monocrotophos)

## 【基本信息】

化学名称：*O,O*-二甲基-*O*-(2-甲胺甲酰-1-甲基乙烯基)磷酸酯

其他名称：纽瓦克，铃杀

CAS 号：6923-22-4

分子式：$C_7H_{14}NO_5P$

相对分子质量：223.16

SMILES：O=P(O/C(=C/C(=O)NC)C)(OC)OC

类别：有机磷杀虫剂

结构式：

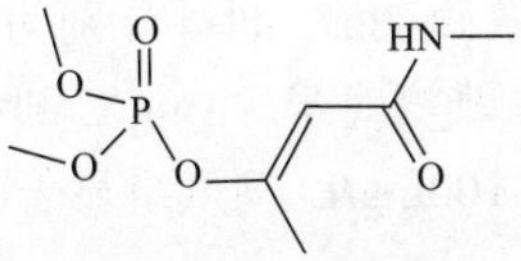

## 【理化性质】

无色晶体，密度 1.16g/mL，熔点 54℃，饱和蒸气压 0.29mPa(25℃)。水溶解度为 818000mg/L(20℃)。有机溶剂溶解度(20℃)：乙醇，292000mg/L；甲苯，10000mg/L；甲醇，1000000mg/L；丙酮，700000mg/L。辛醇/水分配系数 $\lg K_{ow}=-0.22$(20℃)。

## 【环境行为】

**(1)环境生物降解性**

土壤中快速降解，半衰期为 1~5d；在培养液中半衰期为 4.6d [1]。

**(2)环境非生物降解性**

太阳光和紫外光照射下，在水、土壤以及植物中发生光解。玻璃表面，8h 太阳光条件下降解率为 31.2%，紫外光照射下降解率为 38%，而黑暗条件下降解率仅为 2%。土壤表面，紫外光下降解率为 39.9%~59.8%，太阳光下降解率为 38%~47.6%。

**(3)环境生物蓄积性**

BCF 等于 0.41[2]，生物蓄积性弱。

### (4)土壤吸附/移动性

吸附系数 $K_{oc}$ 为 19，在土壤中潜在移动性强[2]。

## 【生态毒理学】

鸟类(山齿鹑)急性 $LD_{50}$ >0.94mg/kg，鱼类(虹鳟鱼)96h $LC_{50}$ >7.0mg/L，溞类(大型溞)48h $EC_{50}$ = 0.023mg/L，蜜蜂经口 48h $LD_{50}$ = 0.02μg，蚯蚓 14d $LC_{50}$ = 35mg/kg[3]。

## 【毒理学】

### (1)一般毒性

大鼠急性经口毒性 $LD_{50}$= 14mg/kg，大鼠急性经皮 $LD_{50}$>157mg/kg[3]。属高毒级农药。

### (2)神经毒性

大鼠经口饮食暴露于久效磷 2a，剂量分别为 0mg/L、1mg/L、10mg/L 和 100mg/L。每个实验组 50 只，雌雄对半。1mg/L 剂量组大鼠血浆和红细胞胆碱酯酶活性未受影响，10mg/L 和 100mg/L 剂量组显著降低，而且大鼠脑胆碱酯酶活性也受到抑制[4]。

犬饮食暴露久效磷剂量分别为 0mg/L、0.16mg/L、1.6mg/L 和 16mg/L，持续 2a。0.16mg/L 和 1.6mg/L 剂量组胆碱酯酶活性未受影响，16mg/L 剂量组显著降低[4]。

雄性大白鼠暴露于 9mg/kg bw 久效磷 1d，然后暴露于 6mg/kg bw 久效磷 15d。在 1d、3d、7d、11d 和 16d 测定脑总可溶性蛋白、游离氨基酸含量、蛋白酶和磷酸酶活性。第 4 天和第 9 天胆碱能毒性症状最为严重，第 10 天和第 11 天后症状减轻，主要症状包括震颤、流涎、出汗、排尿、排便和抽搐。总可溶性蛋白呈现渐进的显著减少，所有暴露期内游离氨基酸含量增加。第 16 天大脑酸性、中性和碱性蛋白酶活性显著增加。第 7 天酸性和碱性磷酸酶迅速增加，然后增加较缓慢。久效磷明显扰乱脑的蛋白代谢及相关酶活性[1]。

### (3)生殖发育毒性

60 只健康 SPF 级昆明孕鼠于孕期第 7～16 天(胚胎器官形成期)灌胃染毒，剂量分别为 0.05mg/kg、0.10mg/kg 和 0.20mg/kg，每天 1 次。结果发现，在孕期的第 12 天、18 天、20 天时，随着久效磷染毒剂量的升高，孕鼠体重呈下降趋势。与对照组相比，高剂量久效磷染毒组活胎数和活胎率均下降，高、中、低剂量久效磷染毒组死胎率和吸收胎率均升高，高剂量久效磷染毒组胎鼠的体重、体长、尾长及胎盘质量均下降，且均具明显的剂量-效应关系。各组孕鼠子宫质量间比较，差异无统计学意义。各组活胎鼠外观、内脏和骨骼均未发现明显畸形。孕期久效磷暴露可致孕鼠吸收胎、死胎发生率升高，久效磷对小鼠具有胚胎毒性[5]。

**(4)致突变性**

哺乳动物细胞体内和体外试验结果显示均具有遗传毒性效应。对小鼠分别给予 0.25mg/kg、0.50mg/kg、1.00mg/kg 和 2.00mg/kg 的久效磷灌胃，对照组给予生理盐水灌胃，每日 1 次，连续 14d。结果发现，久效磷染毒小鼠 14d 后，与对照组相比，随着染毒浓度的升高，小鼠骨髓细胞微核率显著升高，小鼠外周血淋巴细胞 DNA 损伤程度显著增加，并具有良好的剂量-效应关系，久效磷对小鼠具有遗传毒性[6]。

## 【人类健康效应】

急性中毒症状：①恶心、呕吐、腹痛、腹泻、流涎过多；②头痛、头晕和虚弱；③在吸入暴露时出现胸闷和流涕；④视力模糊、瞳孔缩小、撕裂、睫状肌痉挛、眼痛、瞳孔散大、视力下降；⑤肌肉协调能力丧失、讲话含糊不清、肌肉震颤和抽搐(特别是舌、眼睑)、极度疲软；⑥精神错乱、定向障碍、嗜睡；⑦呼吸困难、过度分泌唾液和呼吸道黏液、口鼻起泡、发绀、肺部啰音、高血压；⑧随机跳动的动作、大小便失禁、抽搐和昏迷；⑨死亡，主要原因为发生呼吸停止、呼吸肌麻痹、强烈的收缩[7]。

在印度，暴露于久效磷农药的 52 名男性棉场工人，年龄 21~47 岁，暴露途径为农药喷洒 8h/d，每年 9 个月。检测到外周血淋巴细胞染色体畸变，如间隙、片段和缺失增加[8]。

## 【危害分类与管制情况】

| 序号 | 毒性指标 | PPDB 分类 | PAN 分类[9] |
|---|---|---|---|
| 1 | 高毒 | 是 | 是 |
| 2 | 致癌性 | 否 | 无证据 |
| 3 | 致突变性 | 是 | — |
| 4 | 内分泌干扰性 | 无数据 | 无充分证据 |
| 5 | 生殖发育毒性 | 疑似 | 无充分证据 |
| 6 | 胆碱酯酶抑制剂 | 是 | 是 |
| 7 | 神经毒性 | 是 | — |
| 8 | 呼吸道刺激性 | 否 | — |
| 9 | 皮肤刺激性 | 是 | — |
| 10 | 眼刺激性 | 是 | — |
| 11 | 国际公约或优控名录 | 列入 PAN 名录、PIC 公约 | |

注：PPDB 数据库由英国赫特福德郡大学农业与环境研究所开发；PAN 数据库来自北美农药行动网（PANNA）；"—"表示无此项。

## 【限值标准】

每日允许摄入量（ADI）为 0.0006mg/（kg bw·d），急性参考剂量（ARfD）为 0.002mg/（kg bw·d）[3]。

## 参 考 文 献

[1] TOXNET(Toxicology Data Network).http://toxnet.nlm.nih.gov/newtoxnet/hsdb.htm [2016-06-18].

[2] Hansch C, Leo A, Hoekman D. Exploring QSAR. Hydrophobic, Electronic, and Steric Constants. Washington DC: American Chemical Society, 1995.

[3] PPDB:Pesticide Properties DataBase. http://sitem.herts.ac.uk/aeru/ppdb/en/Reports/474.htm [2016-06-17].

[4] American Conference of Governmental Industrial Hygienists. Documentation of the Threshold Limit Values and Biological Exposure Indices. 1986.

[5] 周亚莉, 闫建国，朱振东，等. 久效磷对小鼠胚胎毒性的研究. 环境与健康杂志, 2010, 27(4):318-320.

[6] 周亚莉, 闫建国，孙春莉，等. 久效磷对小鼠 DNA 损伤的研究. 新乡医学院学报, 2009, 26(2):141-144.

[7] Gosselin R E, Smith R P, Hodge H C. Clinical Toxicology of Commercial Products. Baltimore: Williams and Wilkins,1984: Ⅲ-340.

[8] Rupa D S, Reddy P P，Reddi O S. Chromosomal aberrations in peripheral lymphocytes of cotton field workers exposed to pesticides .Environ Res,1989, 49 (1): 1-6.

[9] PAN Pesticides Database—Chemicals. http://www.pesticideinfo.org/Detail_Chemical.jsp? Rec_Id= PC33331 [2016-06-17].

# 糠醛（furfural）

## 【基本信息】

化学名称：2-呋喃甲醛

其他名称：呋喃甲醛

CAS 号：98-01-1

分子式：$C_5H_4O_2$

相对分子质量：96.08

SMILES：O=Cc1ccco1

类别：杀菌剂、杀线虫剂

结构式：

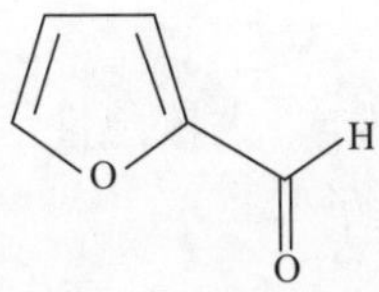

## 【理化性质】

无色或浅黄色油状液体，有苦杏仁的味道。水中溶解度为 78100mg/L（20℃），易溶于辛醇等有机溶剂。沸点 161.7℃，饱和蒸气压 29459mPa（25℃），辛醇-水分配系数为 $lgK_{ow}=0.41$（25℃），亨利常数（25℃）为 0.341 Pa·m$^3$/mol。

## 【环境行为】

### (1)环境生物降解性

好氧条件下，接种物为活性污泥时，14d 生物降解率为 93.5%[1]。模型预测，好氧条件下河水中 3d 内完全降解[2]。厌氧条件下也能快速降解。

### (2)环境非生物降解性

20℃，蒸馏水中 30d 水解率小于 10%（初始浓度 1.5mg/L），在中性条件下不易水解[2]。高温、酸性条件下，水解速率加快。包含吸收波长大于 290nm 的生色基团，在太阳光下可直接光解。大气中，与羟基自由基反应的速率常数为

$3.51 \times 10^{-11} cm^3 /(mol \cdot s)$，间接光解半衰期为 5.5h[3]。

**(3)环境生物蓄积性**

基于 $K_{ow}$ 的 BCF 估测值为 3.2，生物蓄积性弱[4]。

**(4)土壤吸附/移动性**

基于 $K_{ow}$ 的 $K_{oc}$ 估测值为 40，在土壤中潜在移动性强[4]。

**(5)大气中迁移性**

大气中可直接光解，间接光解半衰期约为 5.5h，远距离迁移可能性小[5]。

## 【生态毒理学】

鸟类(绿头鸭)急性 $LD_{50} > 360.5mg/kg$，鱼类(虹鳟鱼) 96h $LC_{50} > 3.06mg/L$，溞类(大型溞) 48h $EC_{50} > 20.4mg/L$，水生甲壳动物(糠虾) 96h $LC_{50} > 7.94mg/L$，蜜蜂经口 48h $LD_{50} > 100\mu g$，蚯蚓 14d $LC_{50} > 1000mg/kg$[6]。

## 【毒理学】

**(1)一般毒性**

大鼠急性经口 $LD_{50} > 175mg/kg$，大鼠急性经皮 $LD_{50} > 2000mg/kg$，大鼠急性吸入 $LC_{50} > 0.54mg/L$，属高毒农药[6]。

**(2)神经毒性**

大鼠经口暴露剂量 $6.5mg/(kg \cdot d)$，持续 14d，未观测到脑乙酰胆碱酯酶和血清胆碱酯酶抑制[2]。

**(3)生殖发育毒性**

果蝇遗传毒性试验，性连锁隐性分析呈阳性、相互易位检测呈阴性。对果蝇具有遗传毒性。

**(4)致突变性**

可致雄性 F344 /N 大鼠发生罕见的胆管癌和胆管发育不良伴纤维化。剂量为 0mg/kg、50mg/kg、100mg/kg 和 175mg/kg 时，对雄性 B6C3F1 小鼠有明显致癌性，肝细胞腺瘤和肝细胞癌的发生率增加。剂量为 0mg/kg、50mg/kg、100mg/kg 和 175mg/kg 时，对雌性 B6C3F1 小鼠有致癌性，肝细胞腺瘤的发生率增加。可能导致雄性小鼠与雌性小鼠肾皮质腺瘤、前胃鳞状细胞癌或乳头状瘤[7]。

中国仓鼠卵巢细胞暴露于呋喃、呋喃衍生物及糠醛 3h。糠醛致畸性增加，对鼠肝微粒体没有致突变性。对仓鼠卵巢细胞染色体畸变和姐妹染色单体交换呈阳性。

## 【人类健康效应】

实验动物致癌性证据有限，对人类致癌性证据不足，IARC A3 级致癌物；证实动物致癌物与人类没有关联[8]。已经证明人体主要通过肺呼吸和皮肤吸收糠醛，尿中代谢物为 2-糠醛、糠酸和呋喃丙烯酸[8]。

人体暴露研究中，空气中浓度为 5~16mg/L，15 名工人中 11 名工人有眼刺激症状，表现为瘙痒、烧灼感、撕裂和红肿；10 名工人表现出鼻腔刺激、闷热、干燥或酸痛，1 例出现偶尔的血性涕；7 名工人喉咙干燥。51 名工人暴露于糠醛，23.5%的受试者患慢性支气管炎，这似乎与高皮质醇血症相似。动物实验表明，吸入糠醛使血清中糖皮质激素浓度增加[2]。

糠醛是一种皮肤、眼和黏膜的刺激物。工人接触空气 2~14mg/L 剂量可引起眼睛和喉咙发炎、头痛。液体对皮肤有刺激性，接触可引起皮炎[2]。

## 【危害分类与管制情况】

| 序号 | 毒性指标 | PPDB 分类 | PAN 分类[9] |
| --- | --- | --- | --- |
| 1 | 高毒 | 是 | 否 |
| 2 | 致癌性 | 疑似 | 无充分证据 |
| 3 | 致突变性 | 否 | — |
| 4 | 内分泌干扰性 | 无数据 | 无充分证据 |
| 5 | 生殖发育毒性 | 疑似 | 无充分证据 |
| 6 | 胆碱酯酶抑制剂 | 否 | 否 |
| 7 | 神经毒性 | 是 | — |
| 8 | 呼吸道刺激性 | 是 | — |
| 9 | 皮肤刺激性 | 是 | — |
| 10 | 眼刺激性 | 是 | — |
| 11 | 国际公约或优控名录 | — | |

注：PPDB 数据库由英国赫特福德郡大学农业与环境研究所开发；PAN 数据库来自北美农药行动网（PANNA）；"—"表示无此项。

## 【限值标准】

暂无数据。

# 参 考 文 献

[1] Chemicals Inspection and Testing Institute.Biodegradation and Bioaccumulation Data of Existing Chemicals Based on the CSCL Japan. Japan Chemical Industry Ecology-Toxicology and Information Center,1992.

[2] TOXNET(Toxicology Data Network). http://toxnet.nlm.nih.gov/newtoxnet/hsdb.htm [2016-06-18].

[3] Meylan W M, Howard P H. Computer estimation of the atmospheric gas-phase reaction rate of organic compounds with hydroxyl radicals and ozone.Chemosphere ,1993,26: 2293-2299.

[4] Hansch C, Leo A, Hoekman D. Exploring QSAR. Hydrophobic, Electronic, and Steric Constants. Washington DC: American Chemical Society, 1995: 11.

[5] Bierbach A , Barnes I, Becker K H. Product and kinetic study of the oh-initiated gas-phase oxidation of Furan, 2-methylfuran and furanaldehydes at≈300K. Atmos Environ,1995, 29: 2651-2660.

[6] PPDB: Pesticide Properties DataBase. http://sitem.herts.ac.uk/aeru/ppdb/en/Reports/368.htm [2016-06-19].

[7] Toxicology & Carcinogenesis Studies of Furfural in F344/N Rats and B6C3F1 Mice (Gavage Studies). Technical Report Series No. 382,1990.

[8] American Conference of Governmental Industrial Hygienists TLVs and BEIs. Threshold Limit Values for Chemical Substances and Physical Agents and Biological Exposure Indices. Cincinnati, 2008.

[9] PAN Pesticides Database—Chemicals. http://www.pesticideinfo.org/Detail_Chemical.jsp? Rec_Id=PC33141 [2016-06-19].

# 克百威(carbofuran)

## 【基本信息】

化学名称：2,3-二氢-2,2-二甲基-7-苯并呋喃基-$N$-甲基氨基甲酸酯

其他名称：呋喃丹，大扶农

CAS 号：1563-66-2

分子式：$C_{12}H_{15}NO_3$

相对分子质量：221.26

SMILES：CC2(C)CC1=C(C(=CC=C1)OC(NC)=O)O2

类别：氨基甲酸酯类杀虫剂

结构式：

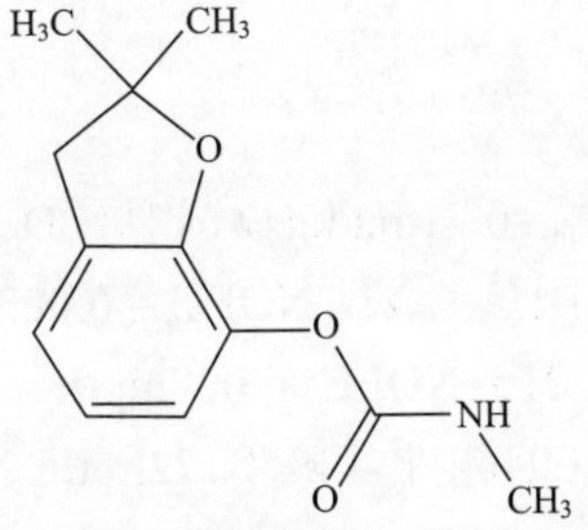

## 【理化性质】

白色结晶粉末，熔点 153.1℃，沸点 254℃，水溶解度 322mg/L(20℃)。有机溶剂溶解度(20℃)：正庚烷，110mg/L；甲醇，71700mg/L；丙酮，105200mg/L；乙酸乙酯，61500mg/L。辛醇/水分配系数 $\lg K_{ow} = 1.8$(25℃)。

## 【环境行为】

### (1)环境生物降解性

好氧条件下，土壤中降解半衰期为 8~10d(25℃)。池塘水中消解半衰期($DT_{50}$)为 2d(早稻)、5~6d(晚稻)，稻田水中 $DT_{50}$ 为 3d，稻田土壤中 $DT_{50}$ 为 10d、$DT_{95}$ 为 42d[1]。

**(2)环境非生物降解性**

无菌乙醇水中，25℃条件下，pH 为 4.5、5、6、7、8 时，水解半衰期分别为 1190d、4830d、4830d、57.4d、7d；水中，27℃条件下，pH 为 7、10 时水解半衰期分别为 35.7d、12h[2]。水解产物主要为呋喃酚和 $N$-甲基氨基甲酸。吸收波长为 295~305nm 的紫外线，在太阳光下可直接光解[3]。阳光照射下，在河水、湖水及海水中的降解半衰期分别为 2h、6h、12h[3]。

**(3)环境生物蓄积性**

尼罗罗非鱼 BCF 等于 117，降解产物不易被机体代谢[3]。

**(4)土壤吸附/移动性**

基于实测的 $R_f$ 值，克百威在沙质土壤、砂壤土、粉质土、粉质壤土中移动性强，在淤泥土中移动慢。沙、砂质壤土和有机土壤中 $K_{oc}$ 值为 24~123，提示在土壤中具有较强的移动性[4]。

**(5)大气中迁移性**

大气中，可与光化学反应产生的羟基自由基反应，间接光解半衰期为14h，不具有远距离迁移性[5]。

## 【生态毒理学】

鸟类(绿头鸭)急性 $LD_{50}$=0.71mg/kg、饲喂($LD_{50}$)=1.6mg/(kg bw·d)，鱼类 96h $LC_{50}$= 0.18mg/L(蓝鳃太阳鱼)、21d NOEC = 0.0022mg/L(虹鳟鱼)，溞类(大型溞)48h $EC_{50}$=0.0094mg/L、21d NOEC=0.008mg/L，底栖动物(摇蚊)96h $LC_{50}$= 0.016mg/L、28d NOEC= 0.004mg/L，藻类 72h $EC_{50}$= 6.5mg/L，蜜蜂经口 48h $LD_{50}$=0.05μg、接触 48h $LD_{50}$=0.036μg，蚯蚓 14d $LC_{50}$=224mg/kg[6]。

## 【毒理学】

**(1)一般毒性**

大鼠急性经口 $LD_{50}$= 7mg/kg，大鼠急性经皮 $LD_{50}$>1000mg/kg，大鼠急性吸入 $LC_{50}$= 0.05mg/L，属高毒级农药[6]。

**(2)神经毒性**

大鼠经口给予 1.4mg/kg bw(0.1$LD_{50}$)克百威，1d 后肾上腺素、多巴胺和大鼠脑组织中的 4-羟基-3-甲氧基苯乙酸(肾上腺素与去甲肾上腺素的最终代谢产物)含量明显降低，而去甲肾上腺素、5-羟色氨酸、色氨酸、乙酸和 5-羟吲哚乙酸含量均增加。血胆碱酯酶，而非脑乙酰胆碱酯酶受到抑制。每日口服 0.05$LD_{50}$ 剂量，30d 后抑制脑乙酰胆碱酯酶活性，脑组织去甲肾上腺素、多巴胺和谷氨酸含量降低，谷胱甘肽和 $\gamma$-氨基丁酸(GABA)含量增加[3]。

**(3)生殖发育毒性**

在子宫内暴露于 0.01mg/(kg·d)或 0.50mg/(kg·d)克百威的小鼠，血浆皮质酮水平升高。培养 18d 的大鼠胎儿显示对胎盘乙酰胆碱酯酶活性的影响。母体比胎儿受影响严重[7]。

成年雄性大鼠饲喂克百威 0.1mg/kg bw、0.2mg/kg bw、0.4mg/kg bw 和 0.8mg/kg bw，每周 5d，持续 60d。0.2~0.8mg/kg bw 观察到大鼠体重剂量依赖性的降低，附睾、前列腺和凝固腺、精囊的质量显著降低；大鼠精子活力降低，附睾精子数量减少，精子头、颈部和尾部区域形态异常增加[8]。

克百威不影响交配能力、妊娠次数及再吸收的发生率、植入前胚胎损失或胚胎的数量。

**(4)致畸、致突变性**

50mg/L 克百威饲喂暴露对妊娠大白鼠、家兔和犬无致畸作用。妊娠母兔以剂量 2mg/(kg·d)培养 6~18d，母体和胎儿无致畸出现。妊娠鼠饮食浓度为 160mg/L，对胎儿和幼仔的检查中没有发现致畸作用[9]。

Ames 试验，当克百威浓度为 50μg/皿、500μg/皿、5000μg/皿时，无论加 S9 或不加 S9，克百威对 TA97、TA98、TA100 和 Ta102 菌株无诱变作用。小鼠骨髓细胞微核试验和小鼠精子畸形试验均为阴性[10]。

枯草芽孢杆菌实验显示不具致突变或基因毒性。骨髓细胞染色体畸变试验，克百威不会诱导染色体畸变的发生率增加[11]。

## 【人类健康效应】

克百威是一种氨基甲酸酯类(NMC)农药，主要毒性作用为抑制乙酰胆碱酯酶(AChE)产生的神经毒性。中毒症状包括头痛、恶心、头晕、视力模糊、多汗、流涎、流泪、呕吐、腹泻、肌肉疼痛和严重不适感、无意识的肌肉抽搐、心动过缓(心率异常缓慢)。重度中毒可导致抽搐、昏迷、肺水肿、肌麻痹而窒息死亡。克百威中毒也可能导致各种心理、神经和认知的影响，包括困惑、焦虑、抑郁、易怒、情绪波动、注意力难以集中、短期记忆丧失、持续疲劳、视力模糊[11]。

最常见症状包括胃肠道影响(主要是恶心、呕吐和腹泻)，神经系统影响(主要是肌肉无力、头晕、嗜睡、震颤、头痛)。其他症状包括出汗或多汗及其他类型的过度分泌，眼部影响(主要是瞳孔缩小、视力模糊、眼刺激或疼痛和撕裂)和心血管系统影响(主要是心动过缓、高血压)。46 例中毒报告中包括 23 例出汗、瞳孔缩小，21 例心动过缓，20 例肌肉无力，12 例震颤。这些症状与胆碱能中毒是一致的[11]。

急性克百威中毒 43 例分析，轻中度中毒者 27 例，表现为恶心、呕吐、呼吸困难、口吐白沫、双瞳缩小、心率减慢，并可伴有全身小肌束震颤、四肢僵直、大汗、体温下降和(或)伴有轻度意识障碍；重度中毒者 17 例，上述症状加重并可伴有间歇性呼吸暂停、尿便失禁、肺水肿、昏迷、心律失常等。全部病例急检心肌酶、肝功、肾功、血糖、电解质均有不同程度改变。血清胆碱酯酶(ChE)(正常值 4350～9850U/L)<200U/L 17 例、200～1000U/L 20 例、1000～2000U/L 6 例。血清肌酸激酶(CK)(正常值 24～195U/L)>1000U/L 及同工酶(CK- MB)(正常值 0～24U/L)>80U/L 17 例，CK 值在 250～1000U/L 及 CK- MB<80U/L 25 例，正常 1 例。21 例转氨酶升高，9 例血糖升高[12]。

克百威具有生殖毒性，长期暴露男性可能会引起睾丸退化。

## 【危害分类与管制情况】

| 序号 | 毒性指标 | PPDB 分类 | PAN 分类[13] |
|---|---|---|---|
| 1 | 高毒 | 否 | 是 |
| 2 | 致癌性 | 否 | 不可能 |
| 3 | 致突变性 | 否 | — |
| 4 | 内分泌干扰性 | 是 | 疑似 |
| 5 | 生殖发育毒性 | 是 | 无充分证据 |
| 6 | 胆碱酯酶抑制剂 | 疑似 | 是 |
| 7 | 神经毒性 | 疑似 | — |
| 8 | 呼吸道刺激性 | 否 | — |
| 9 | 皮肤刺激性 | 否 | — |
| 10 | 眼刺激性 | 否 | — |
| 11 | 污染地下水 | — | 可能 |
| 12 | 国际公约或优控名录 | 列入 PAN 名录、PIC 公约 | |

注：PPDB 数据库由英国赫特福德郡大学农业与环境研究所开发；PAN 数据库来自北美农药行动网(PANNA)；"—"表示无此项。

## 【限值标准】

每日允许摄入量(ADI)为 0.00015mg/(kg bw・d)，急性参考剂量(ARfD)为 0.00015mg/(kg bw・d)[6]。美国饮用水水质标准：污染物最高限量(MCL)为 40μg/L，参考剂量(RfD)为 0.06mg/(kg・d)；WHO 水质基准为 7.0μg/L；加拿大饮用水标准，最大可接受浓度(MAC)为 90μg/L[13]。

# 参 考 文 献

[1] Johnson W G, Lavy T L. Persistence of Carbofuran and Molinate in Flooded Rice Culture. J Environ Qual ,1995,24: 487-493.

[2] Chapman R A, Cole C M. Observations on the influence of water and soil pH on the persistence of insecticides.J Environ Sci Health B,1982,17: 487.

[3] TOXNET (Toxicology Data Network). http://toxnet.nlm.nih.gov/newtoxnet/hsdb.htm [2016-06-18].

[4] Sharom M S, Miles J R W，Harris C R, et al. Behaviour of 12 insecticides in soil and aqueous suspensions of soil and sediment .Water Res,1980, 14: 1095-1100 .

[5] Meylan W M, Howard P H. Computer estimation of the atmospheric gas-phase reaction rate of organic compounds with hydroxyl radicals and ozone. Chemosphere ,1993,26: 2293-2299.

[6] PPDB: Pesticide Properties DataBase. http://sitem.herts.ac.uk/aeru/ppdb/en/Reports/118.htm [2016-06-20].

[7] Shepard T H. Catalog of Teratogenic Agents. Baltimore: The Johns Hopkins University Press , 1986.

[8] Pant N, Prasad A K，Srivastava S C, et al. Effect of oral administration of carbofuran on male reproductive system of rat. Human Exptl Toxicol ,1995,14（11）: 889-894 .

[9] WHO/FAO. Data Sheet on Pesticides No. 56 Carbofuran. 2008.

[10] 耿太保, 李斌, 王淑洁, 等. 克百威的毒性及致突变性研究. 卫生研究, 1995(S1):35.

[11] USEPA/HPVIS. Detailed Chemical Results on 7-Benzofuranol-2,3-dihydro-2,2-dimethyl-methylcarbamate. 2008.

[12] 张星灿, 时颖,于虹. 急性克百威中毒 43 例分析. 中国急救复苏与灾害医学杂志, 2008, (2):115-116.

[13] PAN Pesticides Database—Chemicals. http://www.pesticideinfo.org/Detail_Chemical.jsp? Rec_Id=PC35055[2016-06-20].

# 克螨特(propargite)

## 【基本信息】

化学名称：2-[4-(1,1-二甲基乙基)苯氧基]环己基-2-丙炔基亚硫酸盐

其他名称：丙炔螨特

CAS 号：2312-35-8

分子式：$C_{19}H_{26}O_4S$

相对分子质量：350.47

SMILES：O=S(OCC#C)OC2CCCCC2Oc1ccc(cc1)C(C)(C)C

类别：杀螨剂

结构式：

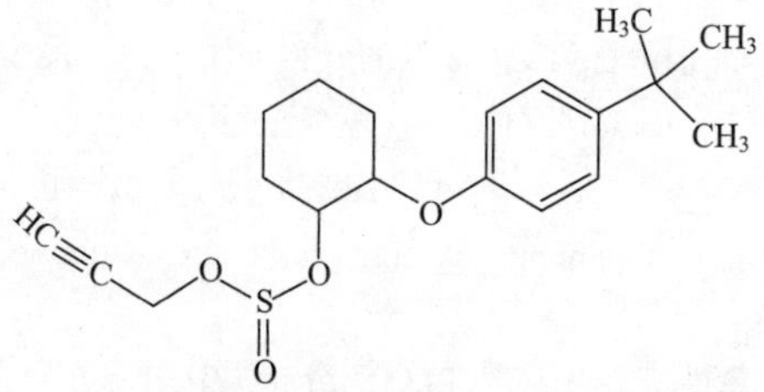

## 【理化性质】

深黄棕色黏稠液体，密度 1.113g/mL，沸腾前分解，饱和蒸气压 0.00404mPa(25℃)。水溶解度为 0.215mg/L(20℃)。有机溶剂溶解度(20℃)：正己烷，200000mg/L；甲苯，200000mg/L；二氯甲烷，200000mg/L；丙酮，200000mg/L。辛醇/水分配系数 $\lg K_{ow} = 5.7(25℃)$。

## 【环境行为】

(1)环境生物降解性

好氧条件下，土壤(pH=6~6.9，1.0%~2.55% 有机碳)中降解半衰期($DT_{50}$)为 50~67d。在水-沉积物体系中 $DT_{50}$ 为 18.3~22.5d[1]。

(2)环境非生物降解性

25℃，pH 为 5、7、9 条件下，水解半衰期分别为 120d、75d、2.2d[2]。吸收

波长大于 290nm 的紫外光,在太阳光下可直接光解。大气中,与羟基自由基反应的速率常数为 $6.0 \times 10^{-11} \mathrm{cm}^3/(\mathrm{mol} \cdot \mathrm{s})$,间接光解半衰期为 6h[3]。

**(3) 环境生物蓄积性**

BCF 值等于 4890,生物蓄积性非常强[1]。

**(4) 土壤吸附/移动性**

吸附系数 $K_{oc}$ 值为 2963~57966,在土壤中不可移动[2]。

**(5) 大气中迁移性**

大气中以气相和颗粒相存在,间接光解半衰期为 6h,不具有远距离迁移性[3]。

## 【生态毒理学】

鸟类(绿头鸭)急性 $LD_{50}$ >4640mg/kg,鱼类(虹鳟鱼)96h $LC_{50}$ = 0.043mg/L、21d NOEC=0.0057mg/L(呆鲦鱼),溞类(大型溞)48h $EC_{50}$= 0.014mg/L、21d NOEC = 0.09mg/L,底栖生物(摇蚊)28d NOEC = 320mg/L,水生植物(浮萍)7d $EC_{50}$ = 64mg/L,蜜蜂接触 48h $LD_{50}$ = 47.9μg,蚯蚓 14d $LC_{50}$ = 378mg/kg[4]。

## 【毒理学】

**(1) 一般毒性**

大鼠急性经口 $LD_{50}$= 2639mg/kg,大鼠急性经皮 $LD_{50}$>4000mg/kg,大鼠急性吸入 $LC_{50}$= 0.8mg/L[4]。

大鼠每天饲喂暴露 0mg/kg、10mg/kg、20mg/kg、40mg/kg、100mg/kg 和 200mg/kg 的克螨特(每组雌雄各 5 只,对照雌雄各 15 只),持续 90d,血液和血生化检查未发现异常。100mg/kg 和 200mg/kg 组,生长受到抑制。200mg/kg 组大鼠器官质量显著减少。肝、肾、肾上腺和性腺显微镜检查无显著异常。基于生长抑制的 LOAEL 为 100mg/(kg・d),NOAEL(整体毒性)为 40mg/(kg・d)[1]。

**(2) 神经毒性**

雄性和雌性比格犬经饮水暴露于克螨特,剂量为 2000~2500mg/L,持续 90d。与对照组相比,食欲和体重下降。基于食欲下降和体重减轻的 NOAEL< 2000mg/L[50mg/(kg・d)][5]。

大鼠 90d 暴露研究中,200mg/(kg・d)暴露组器官质量显著降低,NOAEL 为 40mg/(kg・d)。

**(3) 生殖发育毒性**

25 只新西兰白兔(SPF 级)在孕期 7~19d 灌胃暴露剂量为 0mg/(kg・d)、2mg/(kg・d)、4mg/(kg・d)、6mg/(kg・d)、8mg/(kg・d)和 10mg/(kg・d),无不

良影响。10mg/(kg·d)剂量组胎儿畸形(融合胸椎)增加,胎儿颅骨骨化延迟。怀孕白兔 NOAEL 为 6mg/(kg·d)[6]。

大鼠发育或生殖毒性/三代繁殖试验,对后两代的生育能力与繁殖能力无显著影响。生殖毒性 NOAEL≥300mg/L[即 15mg/(kg·d)]。

**(4)致突变性**

ICR 小鼠单次灌胃给予 110mg/kg bw、220mg/kg bw 和 440mg/kg bw 的克螨特暴露,给药 24h 后所有剂量组小鼠的染色体畸变率及嗜多染红细胞微核率与阴性对照比较均显著增加[6]。

## 【人类健康效应】

致癌性:可能的人类致癌物质(B2,美国 EPA 分类)。

对人体眼部、皮肤有刺激性,可通过皮肤、黏膜、腹部吸收中毒。中毒的主要表现为消化系统、神经系统症状,眼部症状由直接接触药液所致,表现为视力减退、角膜上皮脱落、瞳孔缩小等,无特异性体征[5]。研究表明,农场工人患胃癌风险更大,胃癌的发生与杀螨剂克螨特和除草剂的使用有相关性。

## 【危害分类与管制情况】

| 序号 | 毒性指标 | PPDB 分类 | PAN 分类[6] |
|---|---|---|---|
| 1 | 高毒 | 否 | 是 |
| 2 | 致癌性 | 疑似 | B2,可能的人类致癌物(美国 EPA) |
| 3 | 致突变性 | 无数据 | — |
| 4 | 内分泌干扰性 | 无数据 | 无充分证据 |
| 5 | 生殖发育毒性 | 是 | 是 |
| 6 | 胆碱酯酶抑制剂 | 否 | 否 |
| 7 | 神经毒性 | 否 | — |
| 8 | 呼吸道刺激性 | 否 | — |
| 9 | 皮肤刺激性 | 是 | — |
| 10 | 眼刺激性 | 是 | — |
| 11 | 国际公约或优控名录 | 列入 PAN 名录 | |

注:PPDB 数据库由英国赫特福德郡大学农业与环境研究所开发;PAN 数据库来自北美农药行动网(PANNA);"—"表示无此项。

## 【限值标准】

每日允许摄入量（ADI）为 0.007mg/（kg bw · d），急性参考剂量（ARfD）为 0.03mg/（kg bw · d）[4]。

## 参 考 文 献

[1] TOXNET (Toxicology Data Network). http://toxnet.nlm.nih.gov/newtoxnet/hsdb.htm [2016-06-18].

[2] USEPA/Office of Pesticide Programs. Reregistration Eligibility Decision Document — Propargite. 2005.

[3] Meylan W M, Howard P H. Computer estimation of the atmospheric gas-phase reaction rate of organic compounds with hydroxyl radicals and ozone. Chemosphere ,1993,26: 2293-2299.

[4] PPDB: Pesticide Properties DataBase. http://sitem.herts.ac.uk/aeru/ppdb/en/Reports/547.htm [2016-06-20].

[5] U.S. Environmental Protection Agency's Integrated Risk Information System (IRIS) on Propargite 5. 2007.

[6] PAN Pesticides Database—Chemicals. http://www.pesticideinfo.org/Detail_Chemical.jsp? Rec_Id=PC34266 [2016-06-20].

# 乐果（dimethoate）

## 【基本信息】

化学名称：*O,O*-二甲基-S-(*N*-甲基氨基甲酰甲基)二硫代磷酸酯

其他名称：无

**CAS 号**：60-51-5

分子式：$C_5H_{12}O_3PS_2N$

相对分子质量：229.26

**SMILES**：O=C(NC)CSP(=S)(OC)OC

类别：有机磷杀虫剂、杀螨剂

结构式：

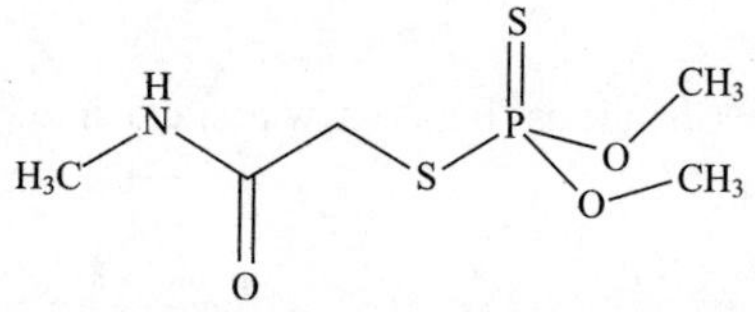

## 【理化性质】

灰色至白色的水晶状，熔点 50.5℃，沸腾前分解，密度 1.31g/mL。水溶解度为 39800mg/L(20℃)。有机溶剂溶解度(20℃)：二甲苯，313g/L；甲苯，1030g/L；正己烷，295mg/L；甲醇，1590g/L。辛醇/水分配系数 $\lg K_{ow}= 0.704(25℃)$。

## 【环境行为】

### (1)环境生物降解性

好氧条件下，土壤降解半衰期为 2d；另有报道，土壤降解半衰期为 5.1~7.1d[1]。厌氧条件下，土壤降解半衰期为 22d[2]。

### (2)环境非生物降解性

25℃，pH 为 5、7、9 时水解半衰期分别为 230d、22d、4.4d[3]。在天然水中的降解半衰期为 56d。不能吸收大于 290nm 的紫外光，太阳光下不可直接光解[4]。大气中，与羟基自由基反应的速率常数为 $7.9×10^{-11}cm^3/(mol \cdot s)$，间接光解半衰

期为 5h[5]。

**(3)环境生物蓄积性**

BCF 为 1.1~6，生物蓄积性弱[6]。

**(4)土壤吸附/移动性**

$K_{oc}$ 值为 5.2~50。其中，黏质壤土和黏土中的 $K_{oc}$ 值分别为 18 和 36，在土壤中具有强移动性[7]。

**(5)大气中迁移性**

在大气中主要存在于气相和颗粒相，间接光解半衰期为 5h，不具有远距离迁移性[5]。

## 【生态毒理学】

鸟类(山齿鹑)急性 $LD_{50}$ = 10.5mg/kg、饲喂 $LD_{50}$ = 14.8mg/(kg bw・d)，鱼类(虹鳟鱼)96h $LC_{50}$ = 30.2mg/L、21d NOEC = 0.4mg/L，溞类(大型溞)48h $EC_{50}$ = 2mg/L、21d NOEC = 0.04mg/L，底栖动物(摇蚊)28d NOEC=0.08mg/L，藻类 72h $EC_{50}$ = 90.4mg/L、96h NOEC = 32mg/L，蜜蜂接触 48h $LD_{50}$ = 0.12mg，蚯蚓 14d $LC_{50}$ = 31mg/kg [8]。

## 【毒理学】

**(1)一般毒性**

大鼠急性经口 $LD_{50}$ = 245mg/kg，大鼠急性经皮 $LD_{50}$>2000mg/kg，大鼠急性吸入 $LC_{50}$ = 1.68mg/L，属中毒级农药[8]。

SD 大鼠通过灌胃分别给予 0mg/kg bw、1mg/kg bw、6mg/kg bw、30mg/kg bw 剂量乐果，连续暴露 30d 后，大鼠血浆和肝脏胆碱酯酶活性均极显著降低；大鼠肝脏 SOD 活性呈上升趋势，而 GSH-Px、CAT 活性随染毒剂量增加呈先下降后上升趋势；各染毒组肝脏 MDA 含量均呈上升趋势；组织学和超微结构检查显示肝细胞脂肪变性、凋亡等。大鼠持续染毒可以诱导机体脂质过氧化增强，并导致肝脏结构损伤，说明氧化应激在乐果对肝脏的毒性中发挥重要作用[9]。

**(2)神经毒性**

乐果急性染毒后，大鼠海马抑制性氨基酸 γ-氨基丁酸(GABA)和甘氨酸(Gly)有代偿性升高，GABA 存在剂量-时程-效应关系，Gly 存在时程-效应关系，与传统的有机磷胆碱能中毒机制一致[10]。

将 SD 大鼠随机分成 4 组，分别灌胃给予生理盐水、5mg/kg、10mg/kg 和 20mg/kg 的乐果，每周染毒 5d，每天 1 次，实验周期 90d。结果发现，外周血乙酰胆碱酯酶(AChE)活性随时间延长呈现耐受情况,而脑组织中 AChE 活性仍维持在较低水平,说明中枢神经系统对乐果的毒作用更加敏感。大鼠自发活动测试结果显示,随染毒剂量的增加,低、中、高剂量大鼠的总路程、活动时间、平均速度有下降趋势,而休息时间有升高趋势。大脑皮层的去甲肾上腺素、5-羟色胺水平明显低于对照组[11]。

SD 大鼠腹腔注射乐果乳油剂量为 165mg/kg 和 330mg/kg,对照组注射同量玉米油。实验第 2 周,高剂量组大鼠出现了轻微的步态不平衡;第 4 周时高剂量组大鼠出现了后肢肌力弱,有的后肢完全瘫痪。低剂量组在中毒后也出现了同样的症状。染毒组大鼠胫神经轴索内线粒体聚集,还可见到神经微丝排列紊乱。髓鞘普遍疏松,板层分离多见,板层间空泡化、气球样变,有的呈典型的葱管样改变,可见部分髓鞘缺失[12]。

### (3)生殖发育毒性

乐果可导致大鼠生殖器官的质量和精子活力下降,以及形态异常精子数量的增加,血浆睾酮水平下降。乐果引起睾丸病变的特点是中度到重度的精原细胞退行性改变和精子发生局部阻滞。

以 1250mg/kg 浓度的乐果灌喂断乳 SD 大鼠 60d。结果发现其血清睾酮和间质细胞刺激素浓度明显降低;睾丸酸性磷酸酶、乳酸脱氢酶的活性明显抑制;睾丸部分曲精小管上皮层次有所减少,多为 2 层;上皮部分有变性;部分腔内成熟精子减少;胎鼠体重明显减小,并有短肢畸形和吸收胎。长期摄入小剂量乐果对大鼠雄性生殖系统及其胎鼠发育有一定程度的危害[13]。

### (4)致癌、致突变性

致癌性 NOAEL>200mg/L,肝组织病变 NOAEL= 25mg/L。雄性大鼠乐果处理组织切片检查显示,在低剂量和高剂量组肿瘤的发病率及恶性肿瘤增加;小鼠经乐果后真皮处理,也出现恶性肿瘤和白血病的发生率增加;Wistar 大鼠经乐果灌胃、肌肉注射后,恶性肿瘤和粒细胞白血病显著增加[14]。

## 【人类健康效应】

致癌性:C 类,人类可疑致癌物(美国 EPA 分类),可能导致眼刺激性。

急性中毒症状:①恶心常为首发症状,其次是呕吐、腹部绞痛、腹泻、过度流涎(流口水);②头痛、头晕、眼花、乏力;③吸入暴露常见鼻漏和感觉胸闷;④模糊或暗淡视力、瞳孔缩小(固定瞳孔缩小)、流泪、睫状肌痉挛、眼痛;⑤心动过缓或心动过速,不同程度的房室心脏传导阻滞以及房性心律失常;⑥丧失肌肉协调、口齿不清、肌束震颤和肌肉痉挛(尤其是舌头和眼睑);⑦精神错乱、定向障碍、嗜睡;⑧呼吸困难、呼吸道黏液和唾液分泌过多、口鼻起泡、发绀、肺啰音、高血压；⑨随机动作、大小便失禁、抽搐和昏迷；⑩呼吸肌衰竭或支气管强烈收缩导致死亡[15]。

乐果中毒后极易引起急性呼吸衰竭或呼吸骤停，容易反跳，胆碱酯酶活性恢复时间慢，对阿托品耐受量大，应用持续时间长，减量困难，疗程长。这主要是因为：乐果可被肝胆-肠循环重吸收，致使其在体内排泄缓慢，乐果在肝脏氧化成氧化乐果后，具有强烈的胆碱酯酶抑制作用，且不能在短期内予以消除；由于其持续不断地进入脑内，使脑内乙酰胆碱逐渐蓄积，一旦达到足够的量便可直接使中枢神经细胞突触传导阻滞，造成呼吸中枢的直接抑制，导致中枢性急性呼吸衰竭或呼吸骤停。乐果中毒后，半老化期较短，中毒时间稍久，大部分中毒酶就会很快老化，加之胆碱酯酶复能剂对乐果中毒所致胆碱酯酶活力丧失的复能作用存在许多不确定因素，结果使其治疗作用难以发挥[16]。

志愿者分别摄入 18mg/d 和 9mg/d 的乐果，持续暴露 21d，未出现临床症状，胆碱酯酶未受抑制。20 名成人摄入 2.5mg/d（约 0.04mg/kg），持续 4 周，无毒性作用，胆碱酯酶未受抑制。分别经予男性和女性志愿者剂量为 7mg/kg、21mg/kg、42mg/kg、63mg/kg 和 84mg/kg 的乐果，每周给药 5d，平均摄入量分别为 5mg/d、15mg/d、30mg/d、45mg/d 和 60mg/d，其中，12 人接受 5mg/d 持续 28d，9 人接受 10mg/d 持续 39d，血浆或红细胞胆碱酯酶活性无显著变化。8 人接受 30mg/d，20d 时胆碱酯酶活性降低，抑制效应一直持续到 57d 试验结束[17]。

## 【危害分类与管制情况】

| 序号 | 毒性指标 | PPDB 分类 | PAN 分类 |
| --- | --- | --- | --- |
| 1 | 高毒 | 是 | 是 |
| 2 | 致癌性 | 疑似 | 可能 |
| 3 | 致突变性 | 否 | — |
| 4 | 内分泌干扰性 | 疑似 | 疑似 |
| 5 | 生殖发育毒性 | 是 | 是 |
| 6 | 胆碱酯酶抑制剂 | 是 | 是 |
| 7 | 神经毒性 | 是 | — |
| 8 | 皮肤刺激性 | 否 | — |
| 9 | 眼刺激性 | 是 | — |
| 10 | 污染地下水 | — | 可能 |
| 11 | 国际公约或优控名录 | 列入 PAN 名录 | |

注：PPDB 数据库由英国赫特福德郡大学农业与环境研究所开发；PAN 数据库来自北美农药行动网（PANNA）；"—"表示无此项。

## 【限值标准】

每日允许摄入量(ADI)为 0.001mg/(kg bw · d),急性参考剂量(ARfD)为 0.01mg/(kg bw · d)[8]。

# 参 考 文 献

[1] Wu J, Fan D. Degradation of dimethoate in chrysanthemums and soil. Bull Environ Contam Toxicol, 1997, 59(4):564-569.

[2] USEPA. Interim Reregistration Eligibility Decision (IRED) Database on Dimethoate. USEPA Case no. 0088. 2006.

[3] Katagi T. Abiotic hydrolysis of pesticides in the aquatic environment. Rev Environ Contam Toxicol, 2002, 175(2):79-261.

[4] Gore R C, Hannah R W, Pattacini S C, et al. Infrared and ultraviolet spectra of seventy-six pesticides. J Assoc Off Anal Chem, 1971, 54(5):1040-1082.

[5] Meylan W M, Howard P H. Computer estimation of the atmospheric gas-phase reaction rate of organic compounds with hydroxyl radicals and ozone. Chemosphere, 1993, 26(12):2293-2299.

[6] Chemicals Inspection and Testing Institute. Biodegradation and Bioaccumulation Data of Existing Chemicals Based on the CSCL Japan. Japan Chemical Industry Ecology-Toxicology and Information Center, 1992.

[7] Duff W G, Menzer R E. Persistence, mobility, and degradation of $^{14}$C-dimethoate in soils. Environ Entomol, 1973, 2(3):309-318.

[8] PPDB: Pesticide Properties DataBase. http://sitem.herts.ac.uk/aeru/ppdb/en/Reports/244.htm [2015-12-03].

[9] 刘学忠, 袁燕, 袁楷, 等. 乐果诱导大鼠肝胞凋亡的分析. 畜牧兽医学报, 2009, 40(6):928-933.

[10]班婷婷, 吴强恩, 姜楠, 等. 乐果急性染毒对大鼠海马抑制性氨基酸神经递质的影响. 复旦学报:医学版, 2007, 34(1):12-16.

[11]姚新民, 邬春华, 吴强恩, 等. 亚慢性乐果染毒对大鼠脑组织及血清中单胺类神经递质的影响. 环境与职业医学, 2008, 25(2):140-143.

[12]王芳, 岳凤霞, 杨守芳. 乐果诱导的迟发性神经病大鼠模型的实验研究. 中国实用神经疾病杂志, 2007, 10(2):7-9.

[13]李敏, 王炳森. 乐果对雄性大鼠生殖系统及其胎鼠发育的影响. 中国公共卫生, 2002, 18(2):183-184.

[14]TOXNET (Toxicology Data Network). https://toxnet.nlm.nih.gov/cgi-bin/sis/search2/f?./temp/ ~QUujAl: 3:enex[2015-12-03].

[15] Gosselin R E, Smith R P, Hodge H C. Clinical Toxicology of Commercial Products. Baltimore: Williams and Wilkins, 1984, III-34.

[16]刘文利. 48 例急性乐果中毒的临床分析. 中外医疗, 2011, 30(13):70-70.

[17]Hayes W J. Pesticides Studied in Man. Baltimore/London: Williams and Wilkins, 1982, 364.

# 联苯菊酯(bifenthrin)

## 【基本信息】

化学名称：(1R,S)-顺式(Z)-2,2-二甲基-3-(2-氯-3,3,3-三氟-1-丙烯基)环丙烷羧酸-2-甲基-3-苯基苄酯

其他名称：天王星,虫螨灵,氟氯菊酯,毕芬宁

CAS 号：82657-04-3

分子式：$C_{23}H_{22}ClF_3O_2$

相对分子质量：422.88

SMILES：Cl\C(=C/C3C(C(=O)OCc2cccc(c1ccccc1)c2C)C3(C)C)C(F)(F)F

类别：触杀、胃毒性拟除虫菊酯类杀虫剂

结构式：

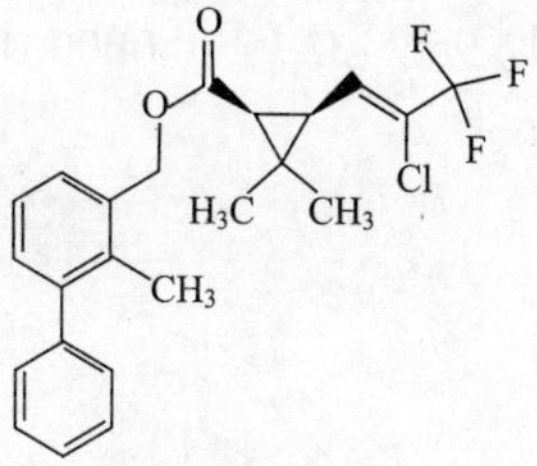

## 【理化性质】

脱白蜡固体，密度 1.26g/mL，熔点 79.6℃，沸腾前分解，饱和蒸气压 0.0178mPa(25℃)。水溶解度为 0.001mg/L(20℃)。有机溶剂溶解度(20℃)：丙酮，7357g/L；二甲苯，556.3g/L；甲醇，48g/L；正庚烷，144.5g/L。辛醇/水分配系数 $\lg K_{ow} = 6.6(25℃)$。

## 【环境行为】

### (1)环境生物降解性

好氧条件下，在土壤中降解半衰期为 95d。土壤水分几乎不影响联苯菊酯的降解[1]。

**(2) 环境非生物降解性**

25℃，pH 为 5、7、9 条件下在水中稳定[2]。可吸收大于 290nm 的紫外光，在太阳光下直接光解半衰期为 255d[1]。在大气中，与羟基自由基反应的速率常数为 $2.96×10^{-11}cm^3/(mol \cdot s)$，间接光解半衰期为 13h；与臭氧反应的速率常数为 $1.62×10^{-18}cm^3/(mol \cdot s)$，间接光解半衰期为 7d[3]。

**(3) 环境生物蓄积性**

蓝鳃太阳鱼暴露 28d 后鱼体 BCF=6089[4]，生物富集性强。

**(4) 土壤吸附/移动性**

砂壤土和砂质黏壤土中 $K_{oc}$ 值分别为 148094 和 152193[5]，在土壤中不移动。

**(5) 大气中迁移性**

大气中间接光解半衰期为 13h，不具有远距离迁移性[3]。

## 【生态毒理学】

鸟类(山齿鹑)急性 $LD_{50}$=1800mg/kg，鱼类(虹鳟鱼)急性 $LC_{50}$=0.00026mg/L、21d(NOEC)= 0.000012mg/L，溞类(大型溞)48h $EC_{50}$ = 0.00011mg/L、21d NOEC = 0.0000013mg/L，水生甲壳动物 96h $LC_{50}$ = 0.0000012mg/L，蜜蜂经口 48h $LD_{50}$= 0.1μg，蚯蚓 14d $LC_{50}$>8.0mg/kg[6]。

## 【毒理学】

**(1) 一般毒性**

大鼠急性经口 $LD_{50}$=54.5mg/kg，大鼠急性经皮 $LD_{50}$>2000mg/kg，大鼠急性吸入 $LC_{50}$ = 1.01mg/L[6]。

**(2) 神经毒性**

神经系统中毒症状包括震颤、兴奋过度、流涎、手足徐动症、瘫痪。在接近致死剂量水平时引起神经系统的瞬态变化，如轴突肿胀和(或)断裂、坐骨神经髓鞘变性。属非迟发性神经毒性。

SD 大鼠 NOAEL=10mg/kg，症状包括全身震颤、姿势异常、共济失调、后肢张开、有色鼻液溢、皮毛弄脏、局部抽搐、步履踉跄、抽搐、"轻微"到"严重"的步态障碍、夸张的听觉反应和不协调的翻正反射[7]。

**(3) 内分泌干扰性**

Hershberger 试验中联苯菊酯 13.5mg/kg 剂量组大鼠的精囊腺、腹侧前列腺等主要雄激素依赖组织质量与溶剂对照组比较，差异有统计学意义($P<0.05$)，但未出现明显的一般毒性反应。报告基因试验中，联苯菊酯 $1.0×10^{-8}mol/L$、

$1.0×10^{-7}$mol/L、$1.0×10^{-6}$mol/L、$1.0×10^{-5}$mol/L 能拮抗双氢睾酮(DHT)的荧光素酶诱导作用($P<0.05$)，呈剂量-效应关系。结果证实，联苯菊酯是一种环境抗雄激素，其作用可发生在一般毒性之前，AR(肾上腺素受体)拮抗可能是其作用机制之一[8]。

**(4)致癌、致畸、致突变性**

用昆明种小鼠经口灌胃染毒，骨髓微核试验的剂量分别为 12mg/kg、6mg/kg、3mg/kg、0.6mg/kg，精子畸变试验的剂量分别为 30mg/kg、15mg/kg、7.5mg/kg 和 3.8mg/kg，小鼠骨髓微核、精子畸变试验显示：联苯菊酯原药染毒组与阴性对照组相比，差异无显著性。鼠伤寒沙门氏菌回复突变(Ames)试验采用平板掺入法，剂量分别为 0.1mg/kg、0.5mg/kg、1.5mg/kg、4.5mg/L，Ames 试验显示各菌株的各剂量组的回变菌落数均未超过自发回变菌落数的 2 倍[9]。

对大鼠[≥2mg/(kg·d)]和兔子[8mg/(kg·d)]无致畸作用[10]。

## 【人类健康效应】

致癌性：C 类，人类可疑致癌物(美国 EPA 分类)。欧盟根据《全球化学品统一分类和标签制度》(GHS)对人类生殖毒性进行分类：致癌 2 类。

对神经系统的影响：头晕、头痛症状，刺痛和麻木的感觉，肌肉痉挛和震颤。皮肤反应包括皮疹、荨麻疹、水泡的症状，疼痛和瘙痒。呼吸的影响包括呼吸急促、气喘、呼吸刺激、咳嗽、窦性问题、胸痛。大部分胃肠道症状为恶心、呕吐，出现腹痛、腹泻等症状。眼部症状为红肿、疼痛、肿胀、眼睛痒、视力模糊。少数病例出现心血管症状，如高血压、心律不齐、心脏病发作[11]。

## 【危害分类与管制情况】

| 序号 | 毒性指标 | PPDB 分类 | PAN 分类 |
|---|---|---|---|
| 1 | 高毒 | 否 | 否 |
| 2 | 致癌性 | 疑似 | 可能 |
| 3 | 致突变性 | 疑似 | — |
| 4 | 内分泌干扰性 | 是 | 疑似 |
| 5 | 生殖发育毒性 | 疑似 | 是 |
| 6 | 胆碱酯酶抑制剂 | 否 | 否 |
| 7 | 神经毒性 | 是 | — |
| 8 | 皮肤刺激性 | 否 | — |
| 9 | 眼刺激性 | 否 | — |
| 10 | 国际公约或优控名录 | 列入 PAN 名录 | |

注：PPDB 数据库由英国赫特福德郡大学农业与环境研究所开发；PAN 数据库来自北美农药行动网(PANNA)；"—"表示无此项。

## 【限值标准】

每日允许摄入量(ADI)为 0.015mg/(kg bw·d),急性参考剂量(ARfD)为 0.03mg/(kg bw·d)[7]。

## 参 考 文 献

[1] Kamble S T, Saran R K. Effect of concentration on the adsorption of three termiticides in soil. Bull Environ Contam Toxicol, 2005, 75(6):1077-1085.

[2] Katagi T. Abiotic hydrolysis of pesticides in the aquatic environment. Reviews of Rev Environ Contam Toxicol, 2002, 175(2):79-261.

[3] Meylan W M, Howard P H. Computer estimation of the atmospheric gas-phase reaction rate of organic compounds with hydroxyl radicals and ozone. Chemosphere, 1993, 26(12):2293-2299.

[4] Franke C, Studinger G, Berger G, et al. The assessment of bioaccumulation. Chemosphere, 1994, 29(7):1501-1514.

[5] Tariq M I, Afzal S, Hussain I. Pesticides in shallow groundwater of Bahawalnagar, Muzafargarh, D.G. Khan and Rajan Pur districts of Punjab, Pakistan. Environ Int, 2004, 30(4):471-479.

[6] PPDB: Pesticide Properties DataBase. http://sitem.herts.ac.uk/aeru/ppdb/en/Reports/78.htm [2015-12-03].

[7] California Environmental Protection Agency, Department of Pesticide Regulation. Summary of Toxicology Data on Bifenthrin.2000: 7-8.

[8] 朱威, 郑一凡, 祝慧娟,等. 联苯菊酯的抗雄激素作用及其机制. 毒理学杂志, 2006, 20(5):305-307.

[9] 姜红, 徐颖, 左派欣,等. 联苯菊酯原药致突变性实验研究. 中国工业医学杂志. 2004, 17(4):235-236.

[10] Tomlin C D S. The Pesticide Manual:A World Compendium. Cambridge: British Crop Protection Council. 1994.

[11] USEPA. Human Health Effects Division. Review of Human Incidents EPA-HQ-OPP-2010-0384-0008 Bifenthrin. 2010: 3.

# 林丹(lindane)

## 【基本信息】

化学名称：丙体-1,2,3,4,5,6-六氯环己烷

其他名称：$\gamma$-六六六，灵丹

CAS 号：58-89-9

分子式：$C_6H_6Cl_6$

相对分子质量：290.82

SMILES：ClC1C(Cl)C(Cl)C(Cl)C(Cl)C1Cl

类别：有机氯杀虫剂

结构式：

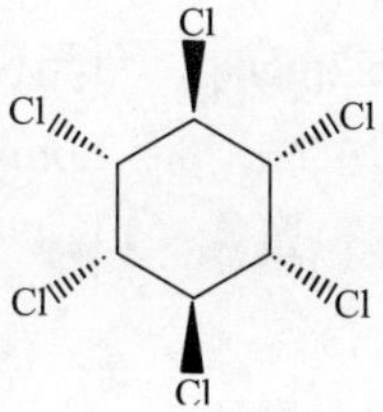

## 【理化性质】

无色晶体，密度 1.88g/mL，熔点 112.9℃，沸点 323.4℃，饱和蒸气压 4.4mPa(25℃)。水溶解度为 8.52mg/L(20℃)。有机溶剂溶解度(20℃)：乙酸乙酯，357g/L；苯，289g/L；甲醇，29g/L；丙酮，435g/L。辛醇/水分配系数 $\lg K_{ow} = 3.70$(25℃)。

## 【环境行为】

(1)环境生物降解性

好氧条件下，土壤降解半衰期为 121d；28d 快速生物降解率为 5.30%(密闭瓶试验)，难以进行生物降解[1]。

(2)环境非生物降解性

25℃时，pH 为 5 与 pH 为 7 缓冲溶液中，水解半衰期约为 2310d 和 1386d，

难水解；在 pH 为 9 条件下，水解半衰期为 28.1d。50℃时，在 pH 为 5、7、9 条件下的水解半衰期分别为 330d、27.6d、8.94d。水解机理与硫丹相同，温度对林丹的水解速率有显著影响，符合阿伦尼乌斯定律[1]。不含有能吸收光的发色团，太阳光下不可直接光解，具有极强光化学稳定性。

**(3)环境生物蓄积性**

金鱼 BCF>1000，具有较强的生物富集性[2]。

**(4)土壤吸附/移动性**

吸附系数 $K_{oc}$=1270，在土壤中具有轻微移动性。有报道，杭州某农药厂废弃场地 60～100cm 土壤中六六六浓度最高，呈明显的垂直迁移特性[3]。六六六(HCH)的 4 种异构体含量顺序符合 $\beta$-HCH＞$\delta$-HCH＞$\gamma$-HCH(林丹)＞$\alpha$-HCH，$\beta$-HCH 异构体占据主导优势[4]。

**(5)大气中迁移性**

大气中半衰期很长，具有远距离迁移性[1]。

## 【生态毒理学】

鸟类(山齿鹑)急性 $LD_{50}$ = 122mg/kg，鱼类(虹鳟鱼)96h $LC_{50}$ = 0.0029mg/L、21d NOEC = 2.9mg/L，溞类(大型溞)48h $EC_{50}$ = 1.6mg/L、21d NOEC = 54.0mg/L，水生甲壳动物 96h $LC_{50}$ = 0.0063mg/L，蜜蜂经口 48h $LD_{50}$=0.011μg，蚯蚓 14d $LC_{50}$ = 48mg/kg[5]。

## 【毒理学】

**(1)一般毒性**

大鼠急性经口 $LD_{50}$ =163mg/kg，大鼠急性经皮 $LD_{50}$ =900mg/kg，大鼠急性吸入 $LC_{50}$ =1.56mg/L，属中毒级农药[5]。

**(2)神经毒性**

具有神经毒性。六六六在 $\gamma$-氨基丁酸(GABA)诱导电方面有微弱的增强作用和强烈抑制作用，雌性大鼠经口剂量 100mg/(kg·d)持续 7d，观察到脑内儿茶酚胺水平，特别是去甲肾上腺素和多巴胺的毒性增加，症状如轻度震颤、流泪、流涎、呼吸困难。大脑中单胺氧化酶的活性呈轻微下降，而小脑和脊髓中则呈明显的上升和下降。20mg/(kg·d)剂量可导致 $\gamma$-氨基丁酸水平增加，大鼠谷氨酸脱羧酶(GAD)活性增加，并且脑内谷氨酸水平降低[6]。

有报道，六六六诱导细胞和组织中的氧化应激。哺乳动物大脑对神经退化性疾病有关的氧化应激反应敏感。大鼠饲喂暴露 25~100mg/kg 的六六六持续 2 周，所有六六六组大鼠脑区出现脂质过氧化及谷胱甘肽耗竭，大脑区域的抗氧化酶活性表现出明显变化[7]。谷胱甘肽过氧化物酶、谷胱甘肽还原酶、谷胱甘肽-$S$-转移酶和过氧化氢酶显著诱导而超氧化物歧化酶在所有脑区高剂量抑制。

**(3) 生殖发育毒性**

用 SD 大鼠进行六六六和林丹致畸研究，于孕期 6~15d 饲喂给药，最高剂量分别为 100mg/kg 和 13mg/kg，结果表明六六六和林丹影响胎鼠的生长发育，有胚胎毒性作用，但无致畸作用[8]。

大鼠暴露浓度 ≥10mg/(kg·d)持续 7~30d，雄性大鼠精子总数减少，精子损伤发生率增加，精子头异常。幼年大鼠和成年大鼠也表现出脂质过氧化增加和谷胱甘肽过氧化物酶、抗坏血酸、过氧化氢水平的变化。小鼠暴露于 90mg/(kg·d)林丹 3 个月，睾丸质量增加，曲细精管退化。20mg/(kg·d)持续 360d 可导致雄性大鼠睾丸变性[9]。

**(4) 致癌性、致突变性**

林丹有致癌效应。林丹暴露可导致大鼠肝脏组织学切片发生良性肿瘤，肿瘤平均大小与剂量相关。目前只有在啮齿类动物中观察到六六六异构体的慢性毒性与致瘤性相关。其中，$\alpha$-异构体相关性最强。小鼠中观察到与肝癌的形成有关。小鼠每日暴露 50mg/(kg·d)的林丹 15d，表现出血管和肾小球毛细血管伴充血、肿胀，肾小管透明管型，囊性扩张及脂肪的变化，延髓间质出血和上皮细胞空泡变性[10]。

## 【人类健康效应】

中毒症状：①摄入后潜伏期为 0.5h 到几个小时不等；②中枢神经系统兴奋，表现为呕吐、头晕、烦躁不安、肌肉痉挛、震颤、共济失调和阵挛性、强直性抽搐；③婴儿和儿童可能因高热引发抽搐；④抽搐昏迷，最终(24h 内)呼吸衰竭而死亡；⑤第二次抽搐可能发生在恢复知觉后，逆行性遗忘；⑥肺水肿(发绀和呼吸困难)是儿童中毒致命的症状；⑦偶尔发生皮炎及荨麻疹[11]。

对印度女性的调查中，30 名孕妇血清中 $\gamma$-六六六(林丹)、$\alpha$-六六六、$\delta$-六六六和总六六六含量较高，子宫内胎儿生长迟缓。同样，宫内发育迟缓的婴儿(IUGR)$\gamma$-六六六(林丹)、$\alpha$-六六六、$\delta$-六六六和总六六六脐带血水平明显高于正常体重婴儿[12]。

## 【危害分类与管制情况】

| 序号 | 毒性指标 | PPDB 分类 | PAN 分类 |
|---|---|---|---|
| 1 | 高毒 | 否 | 否 |
| 2 | 致癌性 | 是 | 人类可疑致癌物(美国 EPA) |
| 3 | 致突变性 | 否 | — |
| 4 | 内分泌干扰性 | 疑似 | 疑似 |
| 5 | 生殖发育毒性 | 疑似 | 无充分证据 |
| 6 | 胆碱酯酶抑制剂 | 无数据 | 否 |
| 7 | 神经毒性 | 是 | — |
| 8 | 呼吸道刺激性 | 疑似 | — |
| 9 | 皮肤刺激性 | 是 | — |
| 10 | 眼刺激性 | 是 | — |
| 11 | 国际公约或优控名录 | 列入 PAN 名录,列入 POPs 和 PIC 公约 | |

注:PPDB 数据库由英国赫特福德郡大学农业与环境研究所开发;PAN 数据库来自北美农药行动网(PANNA);"—"表示无此项。

## 【限值标准】

每日允许摄入量(ADI)为 0.003mg/(kg bw · d)[5]。

# 参 考 文 献

[1] 刘济宁, 吴冠群, 石利利,等. 林丹环境安全性评价研究. 农业环境科学学报. 2011, 30(9):1842-1846.

[2] TOXNET(Toxicology Data Network). https://toxnet.nlm.nih.gov/cgi-bin/sis/search2/f?./temp/ ~Qk9kIh:3:enex[2016-01-03].

[3] 余世清, 唐伟, 王泉源. 某农药厂废弃场地六六六和滴滴涕污染状况初探.环境科技, 2011, 24(1): 48-52.

[4] 潘峰, 王利利, 赵浩,等. 某林丹生产企业搬迁遗留场地土壤中六六六的残留特征. 环境科学, 2013, 34: 705-711.

[5] PPDB:Pesticide Properties DataBase. http://sitem.herts.ac.uk/aeru/ppdb/en/Reports/370.htm [2016-01-03].

[6] Krieger R. Handbook of Pesticide Toxicology. San Diego: Academic Press, 2001, 1:343.

[7] McEvoy G K. American Hospital Formulary Service. AHFS Drug Information. American Society of

Health-System Pharmacists, 2006: 3440.

[8]  California Environmental Protection Agency, Department of Pesticide Regulation. Lindane Summary of Toxicological Data. 1998.

[9]  IARC. Monographs on the Evaluation of the Carcinogenic Risk of Chemicals to Humans. Geneva: World Health Organization, International Agency for Research on Cancer,1979.

[10] Videla L A, Tapia G, Varela P, et al. Effects of acute gamma-hexachlorocyclohexane intoxication in relation to the redox regulation of nuclear factor-kappaB, cytokine gene expression, and liver injury in the rat. Antioxid Redox Signal, 2004, 6(2):471-480.

[11] Gosselin R E, Smith R P, Hodge H C. Clinical Toxicology of Commercial Products. Baltimore: Williams and Wilkins, 1984: III-240.

[12] DHHS, ATSDR. Toxicological Profile for Hexachlorocyclohexane.2005.

# 磷胺(phosphamidon)

## 【基本信息】

化学名称：*O,O*-二甲基-*O*-[2-氯-2-(二乙基氨基甲酰基-1-甲基)]乙烯基磷酸酯
其他名称：迪莫克，大灭虫
CAS 号：13171-21-6
分子式：$C_{10}H_{19}ClNO_5P$
相对分子质量：299.69
SMILES：O=P(O/C(=C(\Cl)C(=O)N(CC)CC)C)(OC)OC
类别：有机磷杀虫剂
结构式：

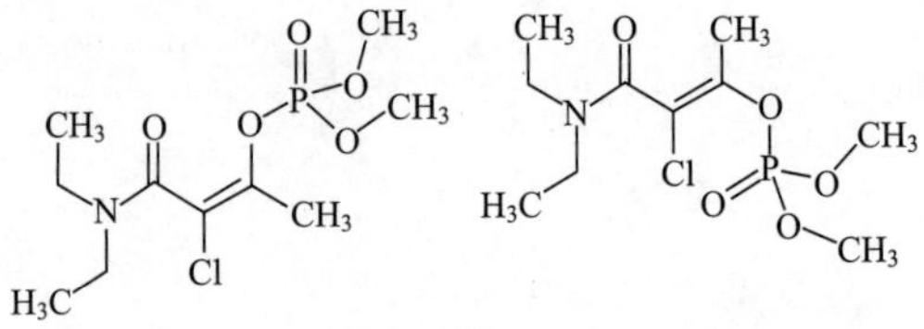

## 【理化性质】

浅黄色液体，密度 1.21g/mL，熔点–45℃，饱和蒸气压 2.93mPa。水溶解度 1.000000mg/L(20℃)，易溶于有机溶剂丙酮、甲苯等。辛醇/水分配系数 $\lg K_{ow}=0.795(20℃)$。

## 【环境行为】

**(1)环境生物降解性**

好氧条件下，5mg/L 磷胺在壤土、砂壤土与砂土中的降解半衰期分别为 6d、3d 和<3d[1]。在壤土和淤泥中半衰期分别为 21~28d(初始浓度 1mg/L)。另有报道，土壤中降解半衰期为 1d[2]。

**(2)环境非生物降解性**

在中性和弱酸性条件下稳定,在碱性条件下快速水解。23℃条件下,pH 为 4、

7、10时，水解半衰期分别为74d、13.8d和2.2d；45℃条件下水解半衰期依次为6.6d、2.1d、3.3h[3]。水解产物为二甲基磷酸酯和二乙胺氯代乙酰乙酸乙酯。

大气中，气态磷胺与羟基自由基反应的速率常数为 $3.7×10^{-11}cm^3/(mol·s)$，间接光解半衰期为 10.5h(25℃)；与臭氧反应的速率常数为 $1.6×10^{-16}cm^3/(mol·s)$，间接光解半衰期为7d(25℃)[4]。

**(3)环境生物蓄积性**

BCF<1，生物富集性弱[5]。

**(4)土壤吸附/移动性**

吸附系数 $K_{oc}$=66，土壤淋溶因子($R_f$)为0.91~0.92，在土壤中移动性强[6]。

**(5)大气中迁移性**

大气中间接光解半衰期为10.5h(25℃)，不具有远距离迁移性[4]。

## 【生态毒理学】

鸟类(绿头鸭)急性 $LD_{50}$ = 3.1mg/kg，鱼类(虹鳟鱼)96h $LC_{50}$ = 6mg/kg，溞类(大型溞)48h $EC_{50}$ = 0.008mg/L，水生甲壳动物96h $LC_{50}$ >0.090mg/L，藻类72h $EC_{50}$>260mg/L，蜜蜂经口48h $LD_{50}$ >1.46μg [7]。

## 【毒理学】

**(1)一般毒性**

大鼠急性经口 $LD_{50}$ =7.0mg/kg(高毒)，兔子急性经皮 $LD_{50}$ = 267mg/kg，大鼠急性吸入 $LC_{50}$ = 0.033mg/L[7]。

给5只家兔灌胃磷胺60mg/kg后半小时，全血胆碱酯酶活性较灌胃前下降了3.92%，家兔多于数小时内死亡；病理组织镜检可见肝细胞肿胀，内有脂肪滴，并见点片状坏死和汇管区有炎细胞浸润；肾充血，鲍氏囊内有蛋白样液体，肾近曲小管上皮细胞肿胀并有细胞坏死；肺和心脏无异常改变。

大鼠灌胃给予 0mg/kg(水)、0.12mg/kg、0.4mg/kg 和 1.0mg/kg 的磷胺暴露，每周3次，连续6个月。各组未见中毒症状，体重增长、血常规、尿常规、谷丙转氨酶和病理组织检查各组间均无显著差异，染毒4个月及6个月后的全血胆碱酯酶活性在1mg/kg组明显降低[8]。

**(2)神经毒性**

20只大鼠分为磷胺 1mg/kg、0.4mg/kg、0.12mg/kg 三个剂量组和对照组。每日灌胃4~6h后以电刺激作为非条件刺激，以铃声作为阳性条件刺激，以哑铃作为阴性条件刺激。各组的条件反射形成、巩固和分化的速度无显著差异。

### (3) 生殖发育毒性

雌雄大鼠交配后,分为下列4组,每组12只:磷胺2mg/kg、0.4mg/kg和0.2mg/kg组以及对照组。于妊娠第7~11天,每天灌胃一次,连续5d。第21天观察发现,各组均未见到躯体、内脏和骨骼的畸形[9]。

雌性大鼠于妊娠 6~15d 分别给予剂量为 0mg/kg(0.2%CMC)、0.5mg/kg、2mg/kg、4mg/kg 和 6mg/kg 的磷胺,结果发现:2mg/kg、4mg/kg 和 6mg/kg 剂量组大鼠出现颤抖、流涎;2mg/kg 和 4mg/kg 剂量组母体体重下降;4mg/kg 和 6mg/kg 剂量组死亡数为 5/30 和 24/30。4mg/kg 剂量组胎鼠发育不全数量增加。母体 NOAEL=2mg/kg [10]。

雄性大鼠饮水暴露 35mg/L 的磷胺,持续 30d。附睾头细胞形成空泡,顶部碎片。在附睾尾清晰地看到细胞中次级溶酶体颗粒高度和大小增加。附睾尾末梢透明细胞肿胀不成比例[11]。

### (4) 致癌、致突变性

雄性大鼠分为磷胺 1.2mg/kg、0.4mg/kg、0.17mg/kg 组和对照组,每组 12~16 只。各组每周灌胃 3 次,连续 10 周。然后雄鼠每周与一批雌鼠交配,先后交配三批,第 18 天解剖雌鼠。结果发现:磷胺 0.4mg/kg 和 0.17mg/kg 组第 3 批雌鼠的显性致死突变指数超过正常。雄鼠病理组织检查:磷胺 1.2mg/kg 组有肾小球肿大、包氏囊消失、肾小管上皮细胞肿胀并有管型;肝细胞肿胀,胞浆呈颗粒状并有少数灶性炎细胞浸润和点状坏死。

分为磷胺 5mg/kg、1mg/kg 和 0.5mg/kg 组以及给水对照组,每组 6 只,于灌胃一次染毒后 48h 取骨髓常规制片,每鼠观察 100~200 个分裂相细胞。结果发现:四组的细胞畸变率分别为 3.6%、2.9%、0.97%、0.75%,前两组的细胞畸变率显著高于对照组(0.75%)(P<0.01)。畸变类型有单体断裂、裂隙、微小体和断片等,由此认为,磷胺对大鼠骨髓细胞染色体有一定的致突变作用[12]。

雌性大鼠经口一次暴露剂量为 2mg/kg 的磷胺,骨髓细胞染色体畸变率可达 8.5%,与对照组比较差异非常显著,畸变类型以断裂为主,属单体型[13]。

Ames 试验:将磷胺稀释为 0.04%的溶液,用 $TA_{100}$、$TA_{98}$、$TA_{1537}$ 和 $TA_{1539}$ 做点试验和掺入试验。结果发现:回变菌落数多数超过阴性对照自发回变数的 2 倍[14]。

## 【人类健康效应】

磷胺为剧毒有机磷农药,具有致突变作用。

急性中毒的体征和症状包括:毒蕈碱受体、烟碱和中枢神经系统表现异常。症状可能迅速发展,或有可能延迟后变得明显。严重情况下可能发生呼吸衰竭[15]。

对 23 名先后从事过磷胺包装作业的工人(男性 6 人，女性 17 人；年龄 30~40
岁；包装工龄 0.5~4 年)的调查结果显示，与对照人群相比，磷胺包装工人全血胆
碱酯酶活性显著下降，脱离接触 1 个月后，活性恢复正常。23 名工人中，74%存
在头昏、头痛、睡眠障碍、记忆力下降、乏力等神经衰弱症状，43%存在食欲减
退、腹胀、恶心等消化系统症状，5 人有手脚麻木感，8 人在上下肢、颈项等暴露
部位出现皮疹及皮炎，脱离接触后逐渐消失；心率、血压等检查无异常发现；先
后三次心电图，有 5 人出现窦性心律不齐，1 人出现房(室结区)性期前收缩。血
红蛋白、白细胞检查仅个别出现偏低。肝功能无异常[16]。

磷胺包装工人(90 人)外周血淋巴细胞染色体畸变率为 2.0%，对照组为不接
触磷胺的饲养场工人(99 人)，畸变率为 1.63%。二者差异不显著，可能由于磷胺
包装工人操作现场摄取磷胺量不高[13]。

在印度，52 名棉场工人暴露于农药中，年龄 21~47 岁，农药喷洒 8h/d，9 个月/a，
出现外周血淋巴细胞染色体畸变。接触的农药包括硫丹、甲基对硫磷、马拉硫磷和
磷胺(1962~1987 年)[17]。

## 【危害分类与管制情况】

| 序号 | 毒性指标 | PPDB 分类 | PAN 分类 |
|------|----------|-----------|----------|
| 1 | 高毒 | 是 | 是 |
| 2 | 致癌性 | 疑似 | C 类，人类可疑致癌物 |
| 3 | 致突变性 | 是 | — |
| 4 | 内分泌干扰性 | 是 | — |
| 5 | 生殖发育毒性 | 无数据 | 无充分证据 |
| 6 | 胆碱酯酶抑制剂 | 是 | 是 |
| 7 | 神经毒性 | 是 | 是 |
| 8 | 呼吸道刺激性 | 否 | — |
| 9 | 皮肤刺激性 | 否 | — |
| 10 | 眼刺激性 | 否 | — |
| 11 | 污染地下水 | — | 可能 |
| 12 | 国际公约或优控名录 | 列入 PAN、PIC 公约名录 | |

注：PPDB 数据库由英国赫特福德郡大学农业与环境研究所开发；PAN 数据库来自北美农药行动网(PANNA)；
"—"表示无此项。

## 【限值标准】

每日允许摄入量(ADI)为 0.0005mg/(kg bw·d)[8]。我国于 2007 年 1 月 1 日起

在农业上全面禁止使用磷胺。

# 参 考 文 献

[1] Voss G, Geissbuhler H. The behavior of phosphamidon in plants. Res Rev, 1971, 37: 89-100.

[2] Beynon K I, Hutson D H, Wright A N. The metabolism and degradation of vinyl phosphate insecticides. Res Rev, 1973, 47(47):55-142.

[3] Geissbühler H, Voss G, Anliker R. The metabolism of phosphamidon in plants and animals. Res Rev, 1971, 37(4293):39-60.

[4] Meylan W M, Howard P H. Computer estimation of the atmospheric gas-phase reaction rate of organic compounds with hydroxyl radicals and ozone. Chemosphere, 1993, 26(12):2293-2299.

[5] Min K J, Cha C G. Determination of the bioconcentration of phosphamidon and profenofos in zebrafish (*Brachydanio rerio*). Bull Environ Contam Toxicol, 2000, 65(5):611-617.

[6] Khan S, Khan N N. The mobility of some organophosphorus pesticides in soils as affected by some soil parameters. Soil Sci, 1986, 142(4):214-222.

[7] PPDB:Pesticide Properties DataBase. http://sitem.herts.ac.uk/aeru/ppdb/en/Reports/522.htm [2016-02-06].

[8] TOXNET(Toxicology Data Network). https://toxnet.nlm.nih.gov/cgi-bin/sis/search2/f?./temp/ ~vX5UeH:3[2016-02-06].

[9] Das P, John G. Induction of sister chromatid exchanges and chromosome aberrations in vivo in *Etroplus suratensis* (Bloch) following exposure to organophosphorus pesticides. Toxicol Lett, 1999, 104(1-2):111-116.

[10] California Environmental Protection Agency, Department of Pesticide Regulation. Toxicology Data Review Summaries. 2003.

[11] Akbarsha M A, Sivasamy P. Male reproductive toxicity of phosphamidon: histopathological changes in epididymis. Indian J Exp Biol, 1998, 36(1):34-38.

[12] 陈玉莉, 张玉芝. 磷胺对大鼠骨髓细胞染色体的影响. 化工劳动保护:工业卫生与职业病分册, 1983, (2): 31.

[13] 陈因久, 蒋秀梅. 农药磷胺的细胞遗传毒性. 中华劳动卫生职业病杂志, 1989, (2): 15-17, 65-66.

[14] Saxxena S, Ashok B T, Musarrat J. Mutagenic and genotoxic activities of four pesticides: captan, foltaf, phosphamidon and furadan. Biochem Mol Biol Int, 1997, 41(6):1125-1136.

[15] WHO. Environmental Health Criteria 63: Organophosphorus Pesticides (1986). http://www. inchemorg/pages/ehc.html[2016-02-06].

[16] 庄建国, 陈因久, 杨士兴,等. 农药磷胺包装工的劳动卫生调查. 中国职业医学, 1988,(1): 9-12, 65.

[17] Rupa D S, Reddy P P, Reddi O S. Chromosomal aberrations in peripheral lymphocytes of cotton field workers exposed to pesticides. Environ Res, 1989, 49(1):1-6.

# 磷化铝(aluminium phosphide)

## 【基本信息】

化学名称：磷化铝

其他名称：磷毒

CAS 号：20859-73-8

分子式：AlP

相对分子质量：57.96

SMILES：[Al]#P

类别：无机类杀虫剂

结构式：

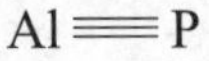

$$Al \equiv P$$

## 【理化性质】

黄色晶体，密度 0.76g/mL，熔点 1000℃，饱和蒸气压 $1.0×10^{-5}$mPa(25℃)，水溶解度 260mg/L(25℃)，辛醇/水分配系数 lg$K_{ow}$=1.05，亨利常数 $3.3×10^4$ atm·m³/mol(挥发)。

## 【环境行为】

暂无数据。

## 【生态毒理学】

鸟类(山齿鹑)急性 $LD_{50}$ = 49mg/kg，鱼类(虹鳟鱼)96h $LC_{50}$ = 0.0097mg/L，溞类(大型溞)48h $EC_{50}$ = 0.37mg/L，蜜蜂经口 48h $LD_{50}$ = 0.24mg，蚯蚓 14d $LC_{50}$ = 663.5mg/kg[1]。

## 【毒理学】

### (1)一般毒性

大鼠急性经口 $LD_{50}=8.7mg/kg$，大鼠急性经皮 $LD_{50}=460mg/kg$，大鼠急性吸入 $LC_{50}=11.0mg/L$，属高毒农药[1]。

### (2)神经毒性

大鼠分别暴露于 0mg/L、20mg/L、30mg/L 或 40mg/L 磷化铝 4h，在不同时间吸入暴露。第 1 次与最后 1 次相隔 6d。暴露前后对 11 只/性别/暴露组进行功能观察组合试验(FOB)和运动行为观察(MA)，结果显示：所有动物存活到预定的终点，20mg/L 暴露组神经行为表现为体温降低，雄鼠和雌鼠运动神经活动降低。急性神经毒性 NOAEL<20mg/L，全身毒性 NOAEL=40mg/L[2]。

### (3)致突变性

仓鼠体外细胞遗传学方法检测，S9 未活化时，磷化铝在 2500mg/L 和 5000mg/L 呈阳性，染色体结构畸变率增加。S9 活化下，2500mg/L 剂量发生明显的染色体断裂，表明磷化氢可在非细胞毒性剂量下发生明显的诱导染色体损伤。无致癌性[2]。

## 【人类健康效应】

磷化铝中毒 60 例临床分析。60 例患者中院外接诊时已经死亡 20 例，院内死亡 20 例，共死亡 40 例。院内死亡患者多在 3d 内发生。早期接诊时症状有头晕、乏力、恶心、呕吐患者 36 例；腹痛、腹泻者 10 例；院外接诊时发现呼吸、心跳停止者 20 例，大多为 14 岁以下儿童(12 例)；以昏迷为主诉前来就诊患者 26 例；首诊明显呼吸困难者 21 例，后来出现急性呼吸窘迫综合征(ARDS)者 8 例；心电图提示心肌缺血、损伤患者 36 例；肝肾功能损害、心肌酶明显升高者 46 例；休克者 26 例；窦性心动过速者 26 例，窦性心动过缓者 18 例；心律不齐者 39 例。轻症患者多在 1~2 周内康复，重症者主要危险期在 1~3d 内，如能渡过 1 周，多能恢复，治愈出院患者几乎均无明显后遗症。3 例患者遗留有睡眠紊乱，神经衰弱症候群[3]。

对 115 名磷化铝作业工人发生各类神经精神病学症状的危险性：暴露组注意力不集中、精神不振、记忆力减退及反应迟钝者数量显著高于非暴露人群，比值比(OR)为 3.35~7.61，其他神经精神病学症状在两组之间无显著性差异[4]。

在印度，有 22 名(年龄 24~60 岁)具有 0.5~29a 粮库熏蒸从业经历的工人，他们将磷化铝片剂放在松散堆积的谷物上。当磷化铝接触谷物中的水分时开始释放磷化氢。在他们放置磷化铝片剂后和两周不接触药剂两种情况下进行巡访，熏蒸期间采集呼吸区空气样品。熏蒸后最常出现的症状是呼吸困难、胸闷、头痛、头晕、手指麻木和指尖感觉缺失、口干、上腹部疼痛、食欲缺乏，这些症状可持续到熏蒸 3h 后。呼吸区空气中磷化氢浓度为 0.17~2.11mg/L，工人未使用防护装备[5]。

在加利福尼亚州也有相关报道，22 名工人，其中 16 名工人在熏蒸后出现头痛、恶心、呕吐、发冷、腹部绞痛、虚弱、头晕、呼吸困难症状。14 名工人熏蒸后一周眼睛发炎[2]。

磷化铝摄入致死剂量为 1.5g，除了内脏充血和肝脏坏死，组织病理学并没有发现任何特定的变化。磷化铝对眼睛有刺激作用[6]。

## 【危害分类与管制情况】

| 序号 | 毒性指标 | PPDB 分类 | PAN 分类 |
|---|---|---|---|
| 1 | 高毒 | 是 | 是 |
| 2 | 致癌性 | 无数据 | 无充分证据 |
| 3 | 致突变性 | 否 | — |
| 4 | 内分泌干扰性 | 无数据 | 无充分证据 |
| 5 | 生殖发育毒性 | 疑似 | 无充分证据 |
| 6 | 胆碱酯酶抑制剂 | 否 | 否 |
| 7 | 呼吸道刺激性 | 疑似 | — |
| 8 | 皮肤刺激性 | 否 | — |
| 9 | 眼刺激性 | 疑似 | — |
| 10 | 国际公约或优控名录 | 列入 PAN 名录 | |

注：PPDB 数据库由英国赫特福德郡大学农业与环境研究所开发；PAN 数据库来自北美农药行动网（PANNA）；"—"表示无此项。

## 【限值标准】

每日允许摄入量（ADI）为 0.019mg/（kg bw · d），急性参考剂量（ARfD）为 0.032mg/（kg bw · d）[1]。

## 参 考 文 献

[1] PPDB:Pesticide Properties DataBase. http://sitem.herts.ac.uk/aeru/ppdb/en/Reports/523.htm [2016-02-08].
[2] USEPA, Office of Pesticide Programs. Reregistration Eligibility Decision Document—Aluminum and Magnesium Phosphide. 1998.

[3] 朱凤军, 宋彦杰, 王山明. 磷化铝中毒 60 例临床分析. 医学理论与实践, 2012, 25(20):2515-2518.

[4] 张云兰, 陈玉珍. 磷化铝作业工人神经精神病学症状调查分析. 工企医刊, 1995, (1):88-89.

[5] Misra U K, Bhargava S K, Nag D, et al. Occupational phosphine exposure in Indian workers. Toxicol Lett, 1988, 42(3):257-263.

[6] Singh S, Singh D, Wig N, et al. Aluminum phosphide ingestion—a clinico-pathologic study. J Toxicol Clin Toxicol, 1996, 34(6): 703-706.

# 磷化镁(magnesium phosphide)

## 【基本信息】

化学名称：磷化镁

其他名称：迪盖世

CAS 号：12057-74-8

分子式：$Mg_3P_2$

相对分子质量：134.86

SMILES：[Mg+2].[Mg+2].[Mg+2].[PH6-3].[PH6-3]

类别：无机类杀虫剂

结构式：

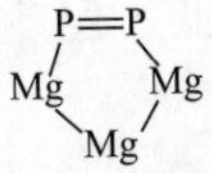

## 【理化性质】

灰绿色固体，密度 1.47g/mL，熔点熔化前分解，沸腾前分解，在水中快速水解，不溶于有机溶剂，饱和蒸气压 $1.0×10^{-5}$mPa(25℃)。

## 【环境行为】

暂无数据。

## 【生态毒理学】

鸟类(山齿鹑)急性 $LD_{50}=49$mg/kg，鱼类(虹鳟鱼)96h $LC_{50}=0.0093$mg/kg，蚯蚓 14d $LC_{50}>663.5$mg/kg [1]。

## 【毒理学】

**(1)一般毒性**

大鼠急性经口 $LD_{50}=10.4$mg/kg，大鼠急性经皮 $LD_{50}=460$mg/kg，大鼠急性

吸入 $LC_{50}>11mg/L$，属高毒农药[1]。

雌雄大鼠采用静式染毒法，染毒时间共为 2h，分别设 $100mg/m^3$、$215mg/m^3$、$465mg/m^3$ 和 $1000mg/m^3$ 剂量组。$1000mg/m^3$ 剂量组染毒 1h 所有雄性受试动物全部死亡，染毒 1.5h 所有雌性受试动物全部死亡。$465mg/m^3$ 剂量组所有雌雄受试动物染毒 1.5h 出现中毒症状：开始不安而在笼内窜动、竖身、呼吸急促、腹卧不动、精神萎靡、尿失禁。2h 后全部死亡。$215mg/m^3$ 剂量组：2 只雄性表现为毛松、少动，染毒后 24h 恢复正常，余者无异常。$100mg/m^3$ 剂量组：所有受试动物在整个受试期间均无异常。磷化镁原药对雌雄大鼠急性吸入 $LC_{50}$ 均为 $316mg/m^{3}$[2]。

**（2）神经毒性**

大鼠暴露于 0mg/L、20mg/L、30mg/L 或 40mg/L 剂量下 4h。每组在不同时间吸入暴露，第 1 次暴露和最后 1 次相隔 6d。在暴露前、暴露后以及暴露 7~14d 后进行功能观察组合试验（FOB）和运动行为观测（MA），同时进行神经病理学检查。所有动物存活到预定的终点，没有出现与暴露相关的临床体征。第 1 天出现眼睑闭合，其中，30mg/L、40mg/L 剂量组雌鼠特征显著，20~40mg/L 剂量雄鼠特征显著。第 1 天所有暴露组雌鼠、雄鼠体温均显著下降。10~20min 后，20mg/L、30mg/L、40mg/L 剂量组大鼠运动能力均降低，但 7~14d 不再下降[3]。

**（3）生殖毒性**

SD 大鼠在孕期 6~15d 吸入暴露剂量为 0mg/L、0.03mg/L、0.3mg/L、3.0mg/L、5.0mg/L 和 7.5mg/L 磷化镁，每天 6h。最大剂量组由于高死亡率在暴露 10d 后终止。每天观测两次，监控大鼠体重和食物消耗，在雌鼠交配后 20d，鉴定幼仔性别，检查外部畸形、内脏和骨骼缺陷，结果表明低剂量暴露下雌性鼠无异常，当吸入剂量增加到 25mg/L 时，会导致畸形[3]。

**（4）致突变性**

鼠伤寒沙门氏菌基因突变试验结果为阴性[3]。

## 【人类健康效应】

急性中毒表现为：①神经症状包括头痛、眩晕、震颤、步态不稳，严重情况下出现抽搐、昏迷、死亡；②胃肠道症状包括食欲缺乏、口渴、恶心呕吐、腹泻，严重者腹部疼痛；③呼吸道症状包括压力感、胸痛和呼吸短促。少数病例出现血压急剧下降。慢性影响包括贫血、支气管炎、胃肠道病变、言语和运动障碍[4]。

## 【危害分类与管制情况】

| 序号 | 毒性指标 | PPDB 分类 | PAN 分类 |
| --- | --- | --- | --- |
| 1 | 高毒 | 是 | 无证据 |
| 2 | 致癌性 | 否 | 不可能 |
| 3 | 内分泌干扰性 | 无数据 | 无充分证据 |
| 4 | 生殖发育毒性 | 疑似 | 无充分证据 |
| 5 | 胆碱酯酶抑制剂 | 否 | 否 |
| 6 | 神经毒性 | 否 | — |
| 7 | 呼吸道刺激性 | 是 | — |
| 8 | 皮肤刺激性 | 否 | — |
| 9 | 眼刺激性 | 疑似 | — |
| 10 | 国际公约或优控名录 | — | |

注：PPDB 数据库由英国赫特福德郡大学农业与环境研究所开发；PAN 数据库来自北美农药行动网(PANNA)；"—"表示无此项。

## 【限值标准】

每日允许摄入量(ADI)为 0.022mg/(kg bw・d)，急性参考剂量(ARfD)为 0.038mg/(kg bw・d)[1]。

## 参 考 文 献

[1] PPDB: Pesticide Properties DataBase. http://sitem.herts.ac.uk/aeru/ppdb/en/Reports/1090.htm [2016-02-08].

[2] 李丽, 杨泗溥. 磷化镁原药的急性吸入毒性研究. 中国药理学会通讯, 2001,(3):33.

[3] USEPA/Office of Pesticide Programs. Reregistration Eligibility Decision Document — Aluminum and Magnesium Phosphide (EPA 738-R-98-017). 1998: 29-30.

[4] International Program on Chemical Safety, Commission of the European Communities. Environmental Health Criteria 73: Phosphine and Selected Metal Phosphides.1988.

# 硫丹(endosulfan)

## 【基本信息】

化学名称：6,7,8,9,10,10-六氯-1,5,5a,6,9,9a-六氢-6,9-亚甲基-2,4,3-苯并二恶噻频-3-氧化物

其他名称：硕丹，赛丹，安杀丹，安都杀芬

CAS 号：115-29-7

分子式：$C_9H_6Cl_6O_3S$

相对分子质量：406.93

SMILES：Cl\C1=C(/Cl)C3(Cl)C(Cl)(Cl)C1(Cl)C2C3COS(=O)OC2

类别：有机氯类杀虫剂

结构式：

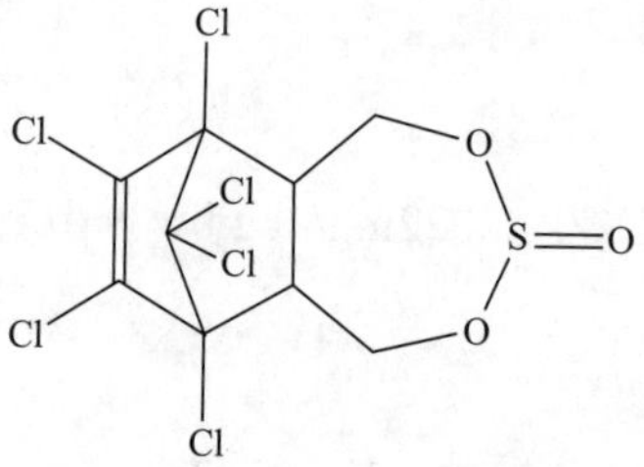

## 【理化性质】

两种异构体的混合物，棕色结晶，具有二氯化硫的气味，熔点 80℃，相对密度 1.745。水中溶解度为 0.32mg/L(20℃)。有机溶剂中溶解度(20℃)：乙酸乙酯，200000mg/L；乙醇，65000mg/L；己烷，24000mg/L；甲苯，200000mg/L。辛醇/水分配系数 $\lg K_{ow} = 4.75$。

## 【环境行为】

(1) 环境生物降解性

好氧条件下，37℃培养 42d，$\alpha$-硫丹和 $\beta$-硫丹在潮湿土壤中的降解率分别为 49.4% 和 70.3%，灭菌土壤中降解率依次为 36.2% 和 34.7%(初始浓度 125mg/kg)。

20℃，$\alpha$-硫丹和$\beta$-硫丹在砂壤土中的降解半衰期分别为7.7d和15.4d。另有报道，土壤降解半衰期为32d。主要降解产物为硫丹硫酸盐。在厌氧条件下，土壤降解半衰期为150d[1]。

**(2)环境非生物降解性**

pH为7时，$\alpha$-硫丹和$\beta$-硫丹的水解半衰期分别为35.4d和37.5d，pH为5.5时分别为150.6d和187.3d[2]。在河水中半衰期为9~533h[3]。在大于300nm紫外光照条件下，$\alpha$-硫丹和$\beta$-硫丹可致异构体脱氯光解。大气中硫丹与羟基自由基的反应速率常数为$8.2\times10^{-12}cm^3/(mol \cdot s)$，间接光解半衰期约为2d[4]。

**(3)环境生物蓄积性**

斑马鱼BCF=2650，黄刺鱼BCF=11583，5d后清除率为81%。在水生生物体内富集性强[5]。

**(4)土壤吸附/移动性**

吸附系数$K_{oc}$=350~2000，$\alpha$-硫丹在海洋沉积物中$K_{oc}$=3981，$\beta$-硫丹在海洋沉积物中$K_{oc}$=19953。在土壤中几乎不移动或轻微移动[6]。

**(5)大气中迁移性**

在大气中以气相和颗粒相存在，间接光解半衰期约为2d，具有远距离迁移性[7]。

## 【生态毒理学】

鸟类(山齿鹑)急性$LD_{50}$>111mg/kg，鱼类(虹鳟鱼)96h $LC_{50}$ = 0.002mg/L、21d NOEC = 0.0000001mg/L，溞类(大型溞)48h $EC_{50}$ = 0.19mg/L、21d NOEC = 0.068mg/L，底栖生物(摇蚊)96h $LD_{50}$=0.1mg/L，藻类72h $EC_{50}$ = 2.15mg/L，蜜蜂接触48h $LD_{50}$>7.81μg，蚯蚓14d $LC_{50}$>14mg/kg[8]。

## 【毒理学】

**(1)一般毒性**

大鼠急性经口$LD_{50}$ = 38mg/kg，经皮$LD_{50}$>500mg/kg，吸入$LC_{50}$ = 0.013mg/L，属高毒农药[8]。

每天给大鼠经口剂量1.6~3.2mg/kg bw的硫丹12周，未见对生长速率的影响。给雌性大鼠每天经口剂量为1.0mg/kg bw、2.5mg/kg bw或5.0mg/kg bw的硫丹7~15d，未见体重、卵巢或肾上腺质量的改变，在两种不同持续染毒时间的两个最高剂量组均观察到肝脏质量增加和戊巴比妥睡眠时间缩短。每天经口给雄性大鼠剂量为5mg/kg bw或10mg/kg bw的硫丹共15d，在较高剂量组观察到体重增长减慢。

4 只狗经口暴露剂量为 2.5mg/kg bw 的硫丹 3d，观察到 1 只狗出现呕吐，其余 3 只狗出现呕吐、抽搐、痉挛、呼吸加速和瞳孔散大。另有三组，每组包括雌雄狗各两只，经口给予剂量为 0.075mg/kg bw、0.25mg/kg bw 或 0.75mg/kg bw 的硫丹，每周 6d 共一年，未观察到中毒症状，组织解剖和病理学检查均未发现实验组与对照组之间的差异。

雄性大鼠（每个剂量组 5 只）灌胃暴露 10mg/kg、21.5mg/kg、46.4mg/kg、100mg/kg、215mg/kg 和 464mg/kg 的硫丹。结果发现，NOAEL=10mg/kg，$LD_{50}$=110mg/kg。临床症状包括：轻微的抑郁、频繁梳理毛发、流涎、咀嚼运动过度、流泪、眼球突出、血性涕、共济失调、四肢震颤、死亡前发声、强直性阵挛性抽搐、喘息和昏迷。死尸检显示肺充血或出血，小肠受到刺激、肾脏和肾上腺肿大。

雄性大鼠经口单次暴露 40mg/kg 的硫丹，暴露 12h 后，血糖、血抗坏血酸、血和脑还原型谷胱甘肽水平显著升高，20mg/kg 剂量组，血糖浓度轻度升高（升高 16%）。

大鼠暴露硫丹后，氨基比林-N-脱甲基酶和苯胺的活性显著增加，且呈剂量-效应关系，提示硫丹是混合功能氧化酶系统诱导剂[1]。

**(2) 神经毒性**

硫丹的神经毒性主要是通过 $\gamma$-氨基丁酸（GAGA）受体的介导发挥作用，即通过与 GABAa 受体的 Cl⁻通道结合，阻碍 Cl⁻的内流。因为硫丹并不改变 GABA 的识别部位，所以它是 GABA 的非竞争性拮抗剂。因为 GABAa 是哺乳动物脑内主要的抑制性受体，所以中枢神经系统的 GAGA 能神经元受到硫丹的拮抗作用，产生兴奋性作用[1]。

**(3) 生殖发育毒性**

硫丹具有潜在的雌激素作用，主要表现为雄性生殖毒性。雄性成年大鼠灌胃暴露 2.5mg/(kg·d) 的硫丹，每周暴露 5d，持续暴露 70d，大鼠精子数量减少及睾丸酶活性改变，提示硫丹影响精子生成。5mg/(kg·d) 和 10mg/(kg·d) 剂量组，可导致睾丸内精子数目及精子生成数减少，同时引起精子畸形。3 周龄的雄性大鼠对硫丹所致的生殖损伤作用更为敏感[9]。

每组包括雌雄大鼠各 25 只，接受工业品硫丹的剂量为 10mg/kg 饲料、30mg/kg 饲料和 100mg/kg 饲料共 104 周，在实验的第二年，10mg/kg 和 30mg/kg 组雌性大鼠的存活率低于对照组。100mg/kg 组的雌性动物的存活率于 26 周明显降低，并且观察到体重增长和血液学指标的异常。解剖发现 10mg/kg 组雄性动物睾丸的相对质量明显低于对照组。仅在 100mg/kg 组的雄性动物中发现明显的组织病理学改变[10]。

### (4)致癌、致突变性

大肠埃希氏菌或鼠伤寒沙门氏菌测试系统中硫丹无致突变性。在啤酒酵母试验中不引起有丝分裂转换。但在另一项啤酒酵母试验系统中，工业品硫丹引起回复突变、有丝分裂重组和有丝分裂转换。每天经口给予雄性大鼠剂量为 11~55mg/kg bw 的硫丹共 5d，未引起骨髓细胞和精原细胞染色体畸变。给小鼠饮用含硫丹浓度为 43.3mg/L 的饮水共 2d，骨髓细胞微核未显著增加[11]。

用 Osborne-Mendel 大鼠和 B6C3FI 小鼠测试工业品硫丹的致癌性，时间加权平均高剂量组和低剂量组分别为：雄性大鼠为 952mg/kg 和 408mg/kg，雌性大鼠为 445mg/kg 和 223mg/kg；雄性小鼠为 6.9mg/kg 和 3.5mg/kg，雌性小鼠为 3.9mg/kg 和 2.0mg/kg。经过 74~111 周的观察，结果发现：在试验条件下，硫丹对雄性大鼠和雌性小鼠无致癌性[12]。

SD 大鼠通过饲喂暴露硫丹 104 周，慢性 NOAEL 为 15mg/L，75mg/L 剂量会增加血管瘤的发病率，且雄性大鼠的渐进性肾小球肾病发病率升高。致癌性 NOAEL>75mg/L[10]。

## 【人类健康效应】

人群的硫丹暴露途径主要是消化道，职业人群还会通过皮肤吸收和呼吸道吸入硫丹[9]。进入人体内的硫丹，大部分以原型和初级代谢产物硫丹硫酸酯的形式经粪便排出体外，少部分代谢成其他产物，如硫丹内酯。硫丹在人体内的代谢途径尚未明确，但动物实验提示肝和肾可能是最初的生物转化部位，动物实验还发现这两处的代谢酶[如 P450 和谷胱甘肽转移酶（GST）]的活性也增加，抗氧化剂[如超氧化物歧化酶（SOD）等]可能也参与了硫丹的代谢过程。

当人体吸入、摄入或经皮肤吸收硫丹后会中毒，主要危害是过度接触导致的急性中毒，主要表现为中枢神经系统症状，可出现强直性痉挛性抽搐，伴有恶心、呕吐、腹痛、腹泻等消化道症状，还可合并肝、肾等脏器损害，出现肝毒性作用、急性肾损伤和血小板减少等一系列症状。硫丹中毒严重者还可合并出现肺水肿、脑水肿、呼吸衰竭及心跳停止等而严重威胁人的生命。其中，呼吸衰竭是硫丹中毒最常见的直接死因。硫丹中毒除了损害中枢神经系统和运动中枢、脑、肝和肾等重要脏器外，对生殖系统也会产生极大的影响，具有生殖毒性和发育毒性[9]。

中枢神经系统是急性硫丹中毒最主要的靶器官，轻度中毒可出现头痛、头晕、兴奋、易激惹、震颤、感觉异常、定向障碍及精神错乱；重度中毒可出现癫痫大发作，严重者有癫痫持续状态和昏迷等症状[9]。

通过对硫丹高暴露区在校学生的观察研究发现，母亲在怀孕期间暴露于硫丹，后代出现骨骼畸形发生率升高和出生体重及身高降低等现象，提示其可能具有发育毒性。

## 【危害分类与管制情况】

| 序号 | 毒性指标 | PPDB 分类 | PAN 分类 |
|---|---|---|---|
| 1 | 高毒 | 是 | 无充分证据 |
| 2 | 致癌性 | 可能 | 无充分证据 |
| 3 | 致突变性 | 是 | — |
| 4 | 内分泌干扰性 | 可能 | 无充分证据 |
| 5 | 生殖发育毒性 | 无数据 | 无充分证据 |
| 6 | 胆碱酯酶抑制剂 | 否 | 否 |
| 7 | 神经毒性 | 是 | 是 |
| 8 | 呼吸道刺激性 | 无数据 | — |
| 9 | 皮肤刺激性 | 无数据 | — |
| 10 | 眼刺激性 | 无数据 | — |
| 11 | 国际公约或优控名录 | 正在审议是否列入 POPs 公约 | |

注：PPDB 数据库由英国赫特福德郡大学农业与环境研究所开发；PAN 数据库来自北美农药行动网（PANNA）；"—"表示无此项。

## 【限值标准】

每日允许摄入量（ADI）为 0.006mg/（kg bw · d），急性参考剂量（ARfD）为 0.02mg/（kg bw · d）[8]。

## 参 考 文 献

[1] TOXNET（Toxicology Data Network）. https://toxnet.nlm.nih.gov/cgi-bin/sis/search2/f?./temp/~L7lOSZ:3: enex[2016-02-16].

[2] Greve P A, Wit S L. Endosulfan in the Rhine river. J Water Pollut Control Fed, 1971, 43(12):2338-2348.

[3] Peterson S M, Batley G E. The fate of endosulfan in aquatic ecosystems. Environ Pollut, 1993, 82(2):143-152.

[4] Archer T E, Nazer I K, Crosby D G. Photodecomposition of endosulfan and related products in thin films by ultraviolet light irradiation. J Agr Food Chem, 1972, 20(5):954-956.

[5] Toledo M C F, Jonsson C M. Bioaccumulation and elimination of endosulfan in zebra fish ( Brachydanio rerio). Pestic Sci, 1992, 36(3):207-211.

[6] Lópezblanco M C, Canchogrande B, Simalgándara J, et al. Transport of commercial endosulfan through a column of aggregated vineyard soil by a water flux simulating field conditions. J Agric

Food Chem, 2005, 53(17):6738-6743.

[7] Meylan W M, Howard P H. Computer estimation of the atmospheric gas-phase reaction rate of organic compounds with hydroxyl radicals and ozone. Chemosphere, 1993, 26(12):2293-2299.

[8] PPDB:Pesticide Properties DataBase. http://sitem.herts.ac.uk/aeru/ppdb/en/Reports/264.htm [2016-02-16].

[9] DHHS/ATSDR. Toxicological Profile for Endosulfan (PB/2000/108023) .2000.

[10] California Environmental Protection Agency, Department of Pesticide Regulation. Toxicology Data Review Summaries.2009.

[11] Dikshith T S S, Datta K K. Endosulfan: lack of cytogenetic effects in male rats. Bull Environ Contam Toxicol, 1979, 20(6):826-833.

[12] Reuber M D. The role of toxicity in the carcinogenicity of Endosulfan. Sci Total Environ, 1981, 20(20):23-47.

# 硫双威（thiodicarb）

## 【基本信息】

化学名称：3,7,9,13-四甲基-5,11-二氧杂-2,8,14-三硫杂-4,7,9,12-四氮杂十五烷-3,12-二烯-6,10-二酮

其他名称：硫双灭多威，拉维因，双灭多威

CAS 号：59669-26-0

分子式：$C_{10}H_{18}N_4O_4S_3$

相对分子质量：354.46

SMILES：O=C(ON=C(SC)C)N(SN(C(=O)ON=C(SC)C)C)C

类别：杀虫剂

结构式：

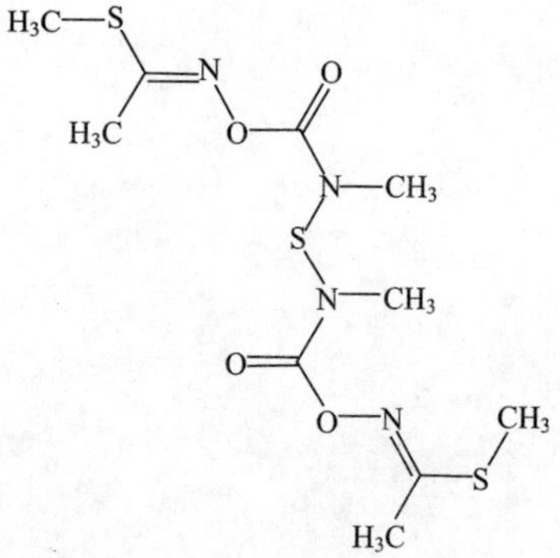

## 【理化性质】

白色粉末，密度 1.47g/mL，沸腾前分解，熔点 172.6℃，饱和蒸气压 2.7mPa（25℃）。水溶解度 22.2mg/L（20℃），与正己烷、乙醇、甲苯、丙酮等有机溶剂互溶。辛醇/水分配系数 $\lg K_{ow}=1.62$（pH=7，20℃）；亨利常数 0.0431Pa·m$^3$/mol。

## 【环境行为】

### (1)环境生物降解性

好氧条件下，在砂壤土中的生物降解半衰期为 1.5d，降解产物为灭多威，其

迁移性、持久性和毒性都高于母体化合物[1]。

**(2)环境非生物降解性**

在 25℃、pH 为 5、7 和 9 条件下，水解半衰期分别为 78d、32d、12h。在水中和土壤表面的光解半衰期分别为 8d、37d [1]。与羟基自由基反应的速率常数是 $4.7×10^{-11}cm^3/(mol·s)$，间接光解半衰期为 29h(羟基自由基水平为 $5×10^5cm^{-3}$) [2]。

**(3)生物蓄积性**

基于 $lgK_{ow}$ 的鱼体(食蚊鱼)BCF 预测值是 4，生物蓄积性弱[3]。

**(4)土壤吸附/移动性**

基于 $lgK_{ow}$ 的吸附系数 $K_{oc}$ 预测值为 200，在土壤中具有一定的移动性[3]。

## 【生态毒理学】

鸟类(绿头鸭)急性 $LD_{50}$ = 2023mg/kg，鱼类(太阳鱼)96h $LC_{50}$ = 1.4mg/L，溞类(大型溞)48h $EC_{50}$ = 0.027mg/L、21d NOEC = 0.0016mg/L，水生甲壳类动物 96h $LD_{50}$ = 0.014mg/kg，底栖动物(摇蚊)28d NOEC = 0.08mg/L，藻类 72h $EC_{50}$ = 8.3mg/L、96h NOEC = 3.2mg/L，蜜蜂接触 48h $LD_{50}$ = 3.1μg，蜜蜂经口 48h $LD_{50}$ = 0.153μg，蚯蚓 14d $LC_{50}$ = 38.5mg/kg[4]。

## 【毒理学】

**(1)一般毒性**

大鼠急性经口 $LD_{50}$ = 50mg/kg，经皮 $LD_{50}$ >2000mg/kg，吸入 $LC_{50}$ = 0.66mg/L。对呼吸道有刺激性等，对眼睛可能具有刺激性[4]。

**(2)生殖毒性**

大鼠每天吸入暴露 20mg/m³ 及更高剂量的硫双威 6h，持续 9d，引起体重减轻，48mg/m³ 及更高剂量引起大鼠瞳孔缩小、颤抖，乙酰胆碱酯酶活性没有变化。48mg/m³ 引起肾脏质量轻微下降[5]。

**(3)神经毒性**

兔经皮暴露硫双威 3 周，剂量为 4000mg/(kg·d)，体重减少，肝质量增加，无组织病理学变化，红细胞和血浆中乙酰胆碱酯酶活性没有变化[5]。

狗暴露于硫双威[公狗 38.3mg/(kg·d)，母狗 39.5mg/(kg·d)]，持续 1a，肝脏和脾脏质量增加，血浆、大脑和红细胞乙酰胆碱酯酶活性降低 25%，器官质量、食物和水的消耗、死亡率、血液学、临床化学、眼科、病理学没有发生变化，公狗 NOEC=12.8mg/(kg·d)，母狗 NOEC=13.8mg/(kg·d)[5]。

### (4) 致突变性

大鼠暴露 10mg/(kg·d) 剂量的硫双威 2a，体重增加，非肿瘤病变发生率增加，包括垂体囊肿、胸腺上皮增生和血铁质的纵隔淋巴结。3mg/(kg·d) 及更高剂量引起雄鼠前列腺炎的发病率增加和肝细胞畸形增长，组织病理学没有影响，基于体重变化的 NOEC 是 3mg/(kg·d)。在大鼠的 2a 试验中，10mg/(kg·d) 引起体重增加，NOEC 是 3mg/(kg·d)[5]。

对怀孕雌鼠在器官形成期(妊娠 6~15d)暴露 3.98mg/(kg·d) 和 1.99mg/(kg·d) 的硫双威，出现内脏畸形、生长发育迟缓、脑室扩张、无胸腺、心脏和肺萎缩、肾盂扩张[6]。

## 【人类健康效应】

反复接触人类皮肤，不会产生过敏反应[5]。

## 【危害分类与管制情况】

| 序号 | 毒性指标 | PPDB 分类 | PAN 分类 |
|---|---|---|---|
| 1 | 高毒 | 否 | 否 |
| 2 | 致癌性 | 是 | 是 |
| 3 | 致突变性 | 无数据 | — |
| 4 | 内分泌干扰性 | 无数据 | 无充分证据 |
| 5 | 生殖发育毒性 | 无数据 | 无充分证据 |
| 6 | 胆碱酯酶抑制剂 | 是 | 是 |
| 7 | 神经毒性 | 是 | — |
| 8 | 呼吸道刺激性 | 是 | — |
| 9 | 皮肤刺激性 | 否 | — |
| 10 | 眼刺激性 | 可能 | — |
| 11 | 国际公约或优控名录 | 列入 PAN 名录，WHO 淘汰名录 | |

注：PPDB 数据库由英国赫特福德郡大学农业与环境研究所开发；PAN 数据库来自北美农药行动网(PANNA)；"—"表示无此项。

## 【限值标准】

每日允许摄入量(ADI)为 0.01mg/(kg bw·d)[4]。美国饮用水健康标准：急性参考剂量(ARfD)为 0.25mg/(kg bw·d)[7]。

# 参 考 文 献

[1] USEPA. Reregistration Eligibility Decisions (REDs) Database on Thiodicarb（59669-26-0）. USEPA-738-R-98-022. 2000. http://www.epa.gov/REDs/[2000-12-20].

[2] Meylan W M, Howard P H. Computer estimation of the atmospheric gas-phase reaction rate of organic compounds with hydroxyl radicals and ozone. Chemosphere, 1993, 26(12):2293-2299.

[3] Hansch C, Leo A, Hoekman D. Exploring QSAR. Hydrophobic, Electronic, and Steric Constants. Washington DC: American Chemical Society, 1995: 80.

[4] PPDB: Pesticide Properties DataBase. http://sitem.herts.ac.uk/aeru/ppdb/en/Reports/637.htm [2016-02-17].

[5] Hayes W J, Laws E R. Handbook of Pesticide Toxicology. Volume 3. Classes of Pesticides. New York: Academic Press, 1991: 1175.

[6] TOXNET(Toxicology Data Network). https://toxnet.nlm.nih.gov/cgi-bin/sis/search2/f?./temp/~ZlUwKi:3: enex [2016-02-17].

[7] PAN Pesticides Database—Chemicals. http://www.pesticideinfo.org/Detail_Chemical.jsp? Rec_Id=PC34586 [2016-02-17].

# 硫线磷(cadusafos)

## 【基本信息】

化学名称：S,S-二仲丁基-O-乙基二硫代磷酸酯
其他名称：克线丹，丁线磷，rugby，ebufos，taredan，apache，sebufos
CAS 号：95465-99-9
分子式：$C_{10}H_{23}O_2S_2P$
相对分子质量：270.39
SMILES：O=P(SC(CC)C)(OCC)SC(CC)C
类别：有机磷杀线虫剂
结构式：

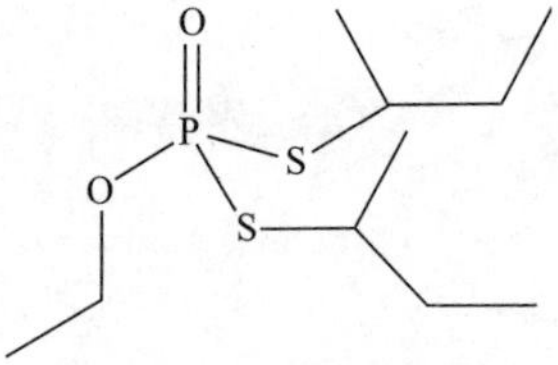

## 【理化性质】

透明液体，密度 1.05g/mL，沸点 115℃，饱和蒸气压 119.6mPa(25℃)。水溶解度为 245mg/L(20℃)。有机溶剂溶解度(20℃)：庚烷，125000mg/L；甲醇，250000mg/L；与二甲苯、丙酮以任意比例互溶。辛醇/水分配系数 $\lg K_{ow} = 3.85$(pH=7，20℃)，亨利常数 0.132 Pa·$m^3$/mol。

## 【环境行为】

**(1)环境生物降解性**

25℃时，土壤降解半衰期为 37.3~42.6d(6 种土壤)；35℃时，土壤降解半衰期为 27.0 ~ 37.8d [1]。另有报道，土壤降解半衰期为 11.4d(夏天)，20d(冬天)[2]。

**(2)环境非生物降解性**

25℃时，大气中与羟基自由基反应的速率常数估测值为 $1.2×10^{-10}cm^3$/(mol·s)，间接光解半衰期约为 3h。在中性和弱酸性介质中稳定，在碱性介质中快速水解[3]。

**(3)生物蓄积性**

基于 $\lg K_{ow}$ 的 BCF 估测值为 175，鲈鲤幼鱼(*Cyprinodon variegatus*)体内 BCF 值为 4~17(实验值)[4]。

**(4)土壤吸附/移动性**

吸附系数 $K_{oc}$ = 77.5~621(6 种土壤)，在砂质土壤中具有较强移动性[1]。

## 【生态毒理学】

鸟类(山齿鹑)急性 $LD_{50}$ =16.1mg/kg、短期饲喂 $LD_{50}$ = 10.8mg/(kg・d)。鱼类(虹鳟鱼)96h $LC_{50}$ = 0.13mg/L、21d NOEC = 0.0052mg/L，溞类(大型溞)48h $EC_{50}$ = 0.00075mg/L、21d NOEC=0.00023mg/L，水生甲壳类动物 96h $LC_{50}$ = 0.00041mg/kg，底栖动物(摇蚊)28d NOEC = 0.032mg/L，藻类 72h $EC_{50}$ = 4.3mg/L，蜜蜂接触 48h $LD_5$ >1.08μg、经口 48h $LD_{50}$ > 2.07μg，蚯蚓 14d $LC_{50}$ = 7.2mg/kg[5]。

## 【毒理学】

**(1)一般毒性**

大鼠急性经口 $LD_{50}$=30.1mg/kg，经皮 $LD_{50}$=10.7mg/kg bw，吸入 $LC_{50}$=0.026mg/L。属于高毒杀线虫剂，对眼睛有轻微刺激作用[5]。

通过眼部接触 0.1mL 硫线磷，2h 内兔子全部死亡(6/6)。死前未发现胆碱酯酶毒性、共济失调、多动、啰音、过敏症、磨牙、流涎和虚脱迹象[6]。对豚鼠局部施药 0.01mL 后未见致敏现象[2]。

以胶囊形式对 2 只雄性和 2 只雌性的一组比格犬施药，剂量分别为 0mg/kg、0.001mg/kg、0.005mg/kg、0.02mg/kg、0.10mg/kg、1.0mg/kg，共施药 14d。犬在摄食、体重或体重增长等方面没有任何临床症状或有害效应。任何时间点未发现与给药相关的血液或临床化学参数异常。尸检时，未见器官质量、组织损伤和组织异常现象。与试验前或对照组相比，处理组比格犬的平均红细胞和大脑乙酰胆碱酯酶活性未见任何异常。第 3 天，0.1mg/kg 和 1.0mg/kg 处理组比格犬，血浆乙酰胆碱酯酶活性受到显著抑制，与试验前相比，分别下降了 35%(雌性)和 56%(雄性)。14d 血浆乙酰胆碱酯酶活性持续显著下降。基于犬类数据，LOAEL 值为 0.10mg/kg，NOAEL 值为 0.02mg/kg[6]。

**(2)生殖毒性**

大鼠多代饲喂毒性：硫线磷浓度为 0mg/kg、0.1mg/kg、0.5mg/kg、5mg/kg，NOAEL 为 0.5mg/kg，相当于 0.03mg/(kg・d)。5mg/kg 浓度时，F1 代出现体重增加减少、血浆和红细胞乙酰胆碱酯酶活性抑制，但未见对生殖的不良影响。对一组大鼠(SD, 25

只/性别/组)连续 2 代进行硫线磷给药,饲喂浓度为 0mg/kg、0.1mg/kg、0.5mg/kg、5.0mg/kg。在 F0 代暴露 8 周后开始繁殖,对 F1 代进行 11 周的暴露。子代死亡率无明显变化。0.5mg/kg 和 5mg/kg 浓度处理组 F0 代出现了总体重轻微降低(<10%),但无剂量效应关系[2]。

### (3)神经毒性

以 4 组母鸡,每组 10 只,开展硫线磷毒性试验,单次经口剂量为 8mg/kg(相当于经口 $LD_{50}$)。施药前,给所有的受试动物肌肉注射相当于 10mg/kg 的阿托品。21d 观察期后再次进行硫线磷和阿托品给药。另有一阳性对照组给药剂量为单次经口 500mg/kg TOCP,一组只用玉米油的阴性对照组。硫线磷施药后,观测到动物的死亡率(16/14)和临床中毒症状,包括站立不稳、腿僵硬和虚弱。存活的动物在给药 4~6d 内恢复,再次给药后发现相同现象。对照组和处理组均没有出现神经毒性的临床症状,包括出现共济失调。所有阳性对照组在进行 TOCP 给药后 21d 观察期内即出现共济失调现象。另有报道,硫线磷处理并未造成神经组织的改变[1]。

### (4)致突变性

在 5 组基因突变筛查测试和 1 项染色体畸变筛查测试中,硫线磷均未显示任何基因毒性活性。在外源性代谢激活时,BALB/3T3 小鼠胚胎细胞转化试验结果表明,转化频率增加。无其他支持性证据证明硫线磷具有基因毒性效应。

## 【人类健康效应】

急性中毒症状和体征包括毒蕈碱受体、烟碱和中枢神经系统(CNS)表现。可能会快速产生症状,或者暴露后延迟几个小时显现[6]。

## 【危害分类与管制情况】

| 序号 | 毒性指标 | PPDB 分类 | PAN 分类 |
|---|---|---|---|
| 1 | 高毒 | 是 | 是 |
| 2 | 致癌性 | 否 | 不太可能 |
| 3 | 致突变性 | — | — |
| 4 | 内分泌干扰性 | 否 | 无充分证据 |
| 5 | 生殖发育毒性 | 否 | 无充分证据 |
| 6 | 胆碱酯酶抑制剂 | 是 | 是 |
| 7 | 神经毒性 | 可能 | — |
| 8 | 呼吸道刺激性 | 否 | — |
| 9 | 皮肤刺激性 | 否 | — |
| 10 | 眼刺激性 | 否 | — |
| 11 | 国际公约或优控名录 | 列入 PAN 名录,WHO 淘汰名录 | |

注:PPDB 数据库由英国赫特福德郡大学农业与环境研究所开发;PAN 数据库来自北美农药行动网(PANNA);"—"表示无此项。

## 【限值标准】

每日允许摄入量（ADI）为 0.0004mg/（kg bw · d），急性参考剂量（ARfD）为 0.003mg/（kg bw · d）[5]。

## 参 考 文 献

[1] Zheng S Q, Cooper J F. Adsorption, desorption, and degradation of three pesticides in different soils. Arch Environ Contam Toxicol, 1996, 30(1):15-20.

[2] TOXNET（Toxicology Data Network）. https://toxnet.nlm.nih.gov/cgi-bin/sis/search2/f?./temp/~mODBJR:3:enex [2016-02-17].

[3] MacBean C. e-Pesticide Manual. 15th ed. Ver. 5.1. Alton: British Crop Protection Council, 2008—2010.

[4] USEPA. Acephate, Aldicarb, Carbophenthion, DEF, EPN, Ethoprop, Methyl Parathion & Phorate: Their Acute and Cronic Toxicity, Bioconcentration Potential and Persistence as Related to Marine Environments. Gulf Breeze: USEPA 600/4-81-041 (NTIS PB81-244477).1981: 47-48.

[5] PPDB:Pesticide Properties DataBase. http://sitem.herts.ac.uk/aeru/ppdb/en/Reports/106.htm [2016-02-17].

[6] WHO. Environmental Health Criteria 63: Organophosphorus Pesticides. http://www.inchem.org/pages/ehc.html [2003-07-03].

# 六六六（HCH, BHC）

## 【基本信息】

化学名称：六氯环己烷

其他名称：六六六，HCH，BHC

CAS 号：608-73-1

分子式：$C_6H_6Cl_6$

相对分子质量：290.83

SMILES：ClC1C（Cl）C（Cl）C（Cl）C（Cl）C1Cl

类别：有机氯杀虫剂

结构式：

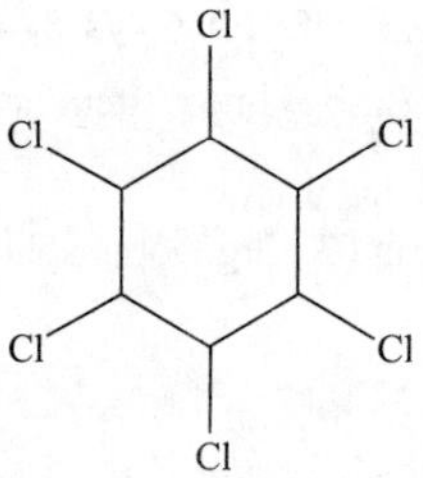

## 【理化性质】

工业六六六在光照下由氯气与纯苯反应制得，通常含有 60%~70%的 $\alpha$-HCH、5%~12%的 $\beta$-HCH、6%~10%的 $\delta$-HCH、10%~12%的 $\gamma$-HCH、1%~4%的 $\varepsilon$-HCH，其中 $\gamma$-HCH 为六六六的主要活性成分。原药为白色或淡黄色无定形固体，有刺激性臭味，难溶于水，可溶于一般有机溶剂中，在光热、酸性条件下稳定，碱性条件下易分解。

$\alpha$-HCH 为单斜棱晶，熔点 159~160℃，沸点 288℃；25℃时水中溶解度为 1630μg/L，易溶于氯仿、苯等；具有持久的辛辣气味；饱和蒸气压 $3.3×10^{-6}$kPa（20℃）；沸腾时分解为 1,2,4-三氯苯（脱氯除去 3 个氯化氢分子）。

$\beta$-HCH 为晶体，熔点 314~315℃，密度 1890kg/m³（19℃），熔融后升华；25℃时水中溶解度为 700μg/L，微溶于氯仿和苯；饱和蒸气压 $3.7×10^{-7}$kPa（20℃）；与氢氧化钾醇溶液作用生成 1,3,5-三氯苯。

$\gamma$-HCH(林丹)为针状晶体；熔点 $112 \sim 113\,℃$，沸点 $323.4\,℃$，饱和蒸气压 $2.1 \times 10^{-5}$ kPa($20\,℃$)，$25\,℃$时水中溶解度为 $7900 \mu g/L$，溶于丙酮、苯和乙醚，易溶于氯仿和乙醇；具有霉烂气味和挥发性。

## 【环境行为】

### (1)环境生物降解性

在六六六污染的土壤中，好氧微生物可降解 $\gamma$-、$\alpha$-、$\beta$-和 $\delta$-HCH，70d 后检测到少量残留。从污染土壤分离的一种假单胞杆菌可利用 $\gamma$-、$\alpha$-、和 $\delta$-HCH 作为唯一的碳源和能源，但好氧条件下仅约 5%的 $\beta$-HCH 完全矿化[1]。

厌氧微生物与好氧微生物不同，主要通过共代谢来降解六六六。厌氧条件下，将淤泥混合物作为接种物，$\gamma$-HCH 和 $\alpha$-HCH 10d 的降解率分别为 99%、90% [2]。$\beta$-HCH 降解很慢，在产甲烷微生物存在条件下很稳定。

### (2)环境非生物降解性

光化学反应对于大气环境中六六六的转化起着重要作用，而大部分天然水环境也暴露在太阳光的照射下，光解反应对于水体中六六六的转化也具有一定的作用。以高压汞灯为光源，$TiO_2$ 为催化剂，4 种六六六光异构体的催化氧化光解半衰期均为 20min 左右[3]。

### (3)生物蓄积性

孔雀花鳉暴露于 1mg/L 的 $\alpha$-HCH，10d 后生物富集系数 BCF 达到 706。金瓦氏雅罗鱼、鲤鱼、褐鳟的 BCF 分别为 1216、330 与 605。表明 $\alpha$-HCH 在水生生物体内的生物蓄积性较强。模拟实验中 $\beta$-HCH 在多种鱼中的 BCF 平均值为 631，$\beta$-HCH 的生物蓄积性较强[1]。

### (4)土壤吸附/移动性

有机氯农药在水中的溶解度很小，水中的六六六主要吸附在悬浮颗粒中，沉积物是主要环境归趋之一，在沉积物中的含量往往是水中含量的几百甚至上千倍。微域地形对六六六的地表迁移也产生影响，易在地形低洼的地方聚集从而表现出较高浓度。六六六在土壤中可以纵向移动，其中 $\alpha$-HCH 和 $\gamma$-HCH 的移动性强于 $\beta$-HCH [1]。

## 【生态毒理学】

鸟类急性 $LD_{50}$ = 1414mg/kg(绿头鸭)、118mg/kg(野鸡)，鱼类 96h $LC_{50}$ = 0.348mg/L(鲫鱼)、0.018mg/L(虹鳟)，溞类(蚤状溞)48h $EC_{50}$ = 0.68mg/L，水生甲壳类动物 96h $LC_{50}$ = 0.170mg/kg[4]。

## 【毒理学】

### (1)一般毒性

大鼠急性经口 LD$_{50}$ =100mg/kg，小鼠急性经口 LD$_{50}$ =59mg/kg，家兔经皮 LD$_{50}$ = 75mg/kg，鸡急性经口 LD$_{50}$ = 597mg/kg[4]。

### (2)生殖发育毒性

成年大鼠暴露于六六六 48h，暴露浓度分别 100mg/kg、200mg/kg、300mg/kg、400mg/kg 和 500mg/kg。所有处理组谷丙转氨酶（SGPT）含量显著增高，表明六六六可造成大鼠肝脏损伤[5]。六六六对于不同的受试生物包括小鼠、大鼠和兔的毒性表现出较大差异。给予高剂量六六六的动物，中毒症状包括震颤、呼吸困难、流涎、腹泻、抽搐、肢体瘫痪、动作呆滞、死亡等。豚鼠的皮肤暴露于高剂量的六六六中，出现中度到严重的中毒症状。六六六对于大鼠有神经损伤[6]。

雄性大鼠经口暴露 72mg/kg 的六六六 2 周后，发现肝脏质量及酶活性(如碱性磷酸酶、转氨酶)增加。相同剂量的暴露也引起血清甘油三酯、磷脂、胆固醇含量明显增高，并引起扩大核肝细胞肥大、小叶变性和局灶性坏死。灌胃 60mg/kg 30d 后的成年大鼠肝脏质量降低 65%，肝脏谷草转氨酶和乳酸脱氢酶活性降低，碱性磷酸酶活性升高，但大鼠肝组织学并未出现异常[7]。小鼠经口暴露 70mg/kg 的 HCH 1d、5d 或灌胃 15d 后出现肝门血管和中央静脉阻塞、肝细胞空泡或组织变性肿胀。大鼠经皮暴露 100mg/kg 六六六 7~30d，出现表皮细胞空泡化、胶原纤维增厚[7]。

六六六可以诱导细胞和组织氧化应激。大鼠经口暴露 25mg/kg 及 100mg/kg 六六六 2 周以研究其对脑区皮层、小脑、中脑和脑干的影响[8]。所有 HCH 处理组大鼠的脑区脂质过氧化，谷胱甘肽活性降低。大脑区域的抗氧化酶活性出现明显的变化。暴露于 50mg/(kg·d)六六六 120d 的大鼠肌动活动增加。灌胃 1 个或者 3 个月的 50mg/(kg·d)六六六的成年小鼠出现神经递质水平改变，脑电波频率增加、行为改变。暴露于 0.4mg/(kg·d)六六六 360d，成年大鼠 270d 后出现抽搐、震颤、瘫痪，但受影响的动物数量或症状的严重程度未见报道。

### (3)致癌性

可能是人类致癌物。

## 【人类健康效应】

人平均致死量为 400mg/kg。可通过呼吸吸入、食物进入人体，摄入后经过一个潜伏期(0.5h 到几个小时不等)后，可引起应激与中枢神经系统兴奋；尤其是呕吐、虚弱、震颤、烦躁不安、肌肉痉挛、共济失调、阵挛性和强直性抽搐；婴儿和儿童可导致高热；抽搐昏迷，最终(24h 内)呼吸衰竭而死亡；恢复知觉后可产生第二次抽搐； 可发生肺水肿(呼吸困难)；偶见皮炎及荨麻疹[9]。

## 【危害分类与管制情况】

| 序号 | 毒性指标 | PPDB 分类 | PAN 分类 |
|---|---|---|---|
| 1 | 高毒 | — | 否 |
| 2 | 致癌性 | — | 可能 |
| 3 | 致突变性 | — | — |
| 4 | 内分泌干扰性 | — | 无充分证据 |
| 5 | 生殖发育毒性 | — | 可能 |
| 6 | 胆碱酯酶抑制剂 | — | 否 |
| 7 | 神经毒性 | — | — |
| 8 | 呼吸道刺激性 | — | — |
| 9 | 皮肤刺激性 | — | — |
| 10 | 眼刺激性 | — | — |
| 11 | 污染地下水 | — | 可能 |
| 12 | 国际公约或优控名录 | 列入 PIC 公约、POPs 公约，列入 PAN 名录、WHO 淘汰名录 | |

注：PPDB 数据库由英国赫特福德郡大学农业与环境研究所开发；PAN 数据库来自北美农药行动网(PANNA)；"—"表示无此项。

## 【限值标准】

每日允许摄入量(ADI)为 0.005mg/(kg bw · d)[4]。美国饮用水健康标准：新罕布什尔州饮用水污染物最高限量(MCL)为 0.02μg/L，急性参考剂量(ARfD)为 0.8μg/(kg · d)[10]。

## 参 考 文 献

[1] TOXNET(Toxicology Data Network). https://toxnet.nlm.nih.gov/cgi-bin/sis/search2/f?./temp/~0vxt5X:3:enex[2016-02-25].

[2] Custer T W, Hines R K, Melancon M J, et al. Contaminant concentration and biomarker response in great blue heron eggs from 10 colonies on the upper Mississippi River, USA. Environ Toxicol Chem, 1997, 16(2):260-271.

[3] 李田, 仇雁翎. 水中六六六与五氯苯酚的光催化氧化. 环境科学, 1996, (1):24-26.

[4]　PPDB: Pesticide Properties DataBase. http://sitem.herts.ac.uk/aeru/ppdb/en/Reports/1642.htm [2016-02-17].

[5]　National Research Council. Drinking Water and Health. Volume 3. Washington DC: National Academy Press, 1980: 87.

[6]　Dikshith T S, Raizada R B, Singh R P, et al. Acute toxicity of hexachlorocyclohexane (HCH) in mice, rats, rabbits, pigeons and freshwater fish. Vet Human Toxicol, 1989, 31(2):113-116.

[7]　DHHS, ATSDR. Toxicological Profile for Hexachlorocyclohexane, PB2006-100003.2005:87.

[8]　Srivastava A, Shivanandappa T. Hexachlorocyclohexane differentially alters the antioxidant status of the brain regions in rat. Toxicology, 2005, 214(1-2):123-130.

[9]　Gosselin R E, Smith R P, Hodge H C. Clinical Toxicology of Commercial Products. 5th ed. Baltimore: Williams and Wilkins, 1984: Ⅲ-240.

[10] PAN Pesticides Database—Chemicals. http://www.pesticideinfo.org/Detail_Chemical.jsp? Rec_Id=PC36340[2016-02-17].

# 氯丹（chlordane）

## 【基本信息】

化学名称：1,2,4,5,6,7,8,8-八氯-2,3,3a,4,7,7a-六氢亚甲桥茚（八氯化茚）

其他名称：八氯化茚，八氯

CAS 号：57-74-9

分子式：$C_{10}H_6Cl_8$

相对分子质量：409.78

SMILES：Cl/C2=C (\Cl) C3 (Cl) C1CC (Cl) C (Cl) C1C2 (Cl) C3 (Cl) Cl

类别：有机氯杀虫剂

结构式：

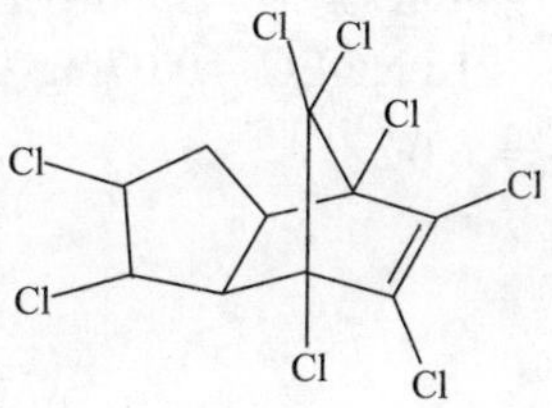

## 【理化性质】

无色或淡黄色液体，密度 1.61g/mL，熔点 106℃，饱和蒸气压 1.3mPa(25℃)。水溶解度 0.1mg/L(20℃)，与丙酮、乙醇、环己酮与异丙醇等有机溶剂互溶。正辛醇/水分配系数 $lgK_{ow}$= 2.78(pH=7, 20℃)。

## 【环境行为】

### (1)环境生物降解性

28d 快速生物降解率为 0[1]。灭菌或非灭菌土壤中，21d 降解残留率分别为 95% 和 91%。将氯丹添加到含呋喃丹和百草枯的土壤中，0d 和 21d 氯丹残留率分别为 98%和 94%[2]。有报道，10a 后土壤中仍有氯丹残留检出[3]。氯丹难生物降解。

**(2)环境非生物降解性**

在紫外光条件下可发生光解；顺式异构体经空气中的紫外线照射 16~20h 后光解率为 65% ~ 69% [4]。顺式异构体毒性更大。

大气中，气态氯丹与羟基自由基反应的速率常数为 $5.0 \times 10^{-12} cm^3/(mol \cdot s)$（25℃），间接光解半衰期约为 3d。不含吸收大于 280nm 紫外光的基团，在太阳光下不能直接光解[5]。丙酮对氯丹具有光敏作用，顺式氯丹比反式氯丹更易发生光敏反应[6]。

**(3)环境生物蓄积性**

BCF = 6227（兔）[7]、10232（绿藻）[8]、38019（黑头呆鱼）[9]、4571（斑马鱼）[10]，生物蓄积性强。

**(4)土壤吸附/移动性**

吸附系数 $K_{oc}$ = 20000 ~ 76000，在土壤中移动性非常弱[2]。

## 【生态毒理学】

鸟类（山齿鹑）急性 $LD_{50}$ = 83mg/kg。鱼类（虹鳟鱼）96h $LC_{50}$ = 0.09mg/L，溞类（大型溞）48h $EC_{50}$ = 0.59mg/L、21d NOEC = 0.07mg/L，底栖动物（摇蚊）96h $LC_{50}$ = 0.01mg/L，蜜蜂经口 48h $LD_{50}$ = 6.0μg[11]。

## 【毒理学】

**(1)一般毒性**

大鼠急性经口 $LD_{50}$=460mg/kg，兔经皮 $LD_{50}$=200mg/kg，大鼠吸入 $LC_{50}$=0.56mg/L[11]。

**(2)神经毒性**

羊通过灌胃给予 500mg/kg bw 氯丹暴露，出现共济失调、部分失明等毒性症状，5~6d 后恢复。1000mg/kg 剂量暴露，16h 后出现严重的呼吸和神经症状，48h 后死亡。氯丹对呼吸系统和中枢神经系统有抑制作用[12]。

**(3)发育与生殖毒性**

当雄性豚鼠暴露 67mg/kg bw 的氯丹时，皮肤和睾丸轻度退化[12]。小鼠产前暴露于氯丹对内分泌功能有影响，持续暴露，后代的寿命仅为 400d。

**(4)致突变性**

雌鼠饲喂 56mg/kg 的氯丹，88.9%患有肝癌；饲喂 64mg/kg 的氯丹，雄鼠中有 69.6%患有肝癌[13]。

## 【人类健康效应】

对人类有可能为致癌物，IARC 分类为 2B 级致癌物。

氯丹是一种中枢神经系统兴奋剂，同时可影响肝脏和肾脏。中毒后发病的症状为先抽搐后呕吐，强直阵挛性惊厥通常伴有混乱、共济失调、兴奋以及在某些情况下出现昏迷、低血压和呼吸衰竭。一例男性中毒病例显示，氯丹急性暴露后出现少尿且伴随蛋白尿、血尿症和高血压。一例 30 岁女性暴露于氯丹后，出现了肌肉痉挛，且延期一个月发作，出现嘴角麻木、厌食、恶心和疲劳[14]。

## 【危害分类与管制情况】

| 序号 | 毒性指标 | PPDB 分类 | PAN 分类 |
|---|---|---|---|
| 1 | 高毒 | 是 | 中毒 |
| 2 | 致癌性 | 可能 | 是 |
| 3 | 致突变性 | — | — |
| 4 | 内分泌干扰性 | 可能 | 疑似 |
| 5 | 生殖发育毒性 | 可能 | 可能 |
| 6 | 胆碱酯酶抑制剂 | 否 | 否 |
| 7 | 神经毒性 | 是 | |
| 8 | 呼吸道刺激性 | 可能 | |
| 9 | 皮肤刺激性 | 是 | |
| 10 | 眼刺激性 | 是 | |
| 11 | 污染地下水 | — | 可能 |
| 12 | 国际公约或优控名录 | 列入 PIC 公约、POPs 公约，列入 PAN 名录 | |

注：PPDB 数据库由英国赫特福德郡大学农业与环境研究所开发；PAN 数据库来自北美农药行动网(PANNA)；"—"表示无此项。

## 【限值标准】

每日允许摄入量(ADI)为 0.0005mg/(kg bw・d)[11]。

## 参 考 文 献

[1] Tabak H H, Barth E F. Biodegradability studies with organic priority pollutant compounds. JWPCF, 1981, 53(53):1503-1518.

[2]　TOXNET(Toxicology Data Network). https://toxnet.nlm.nih.gov/cgi-bin/sis/search2/f?./temp/~ nVMVvR:3:enex[2016-02-29].

[3]　Beeman R W, Matsumura F. Metabolism of *cis*- and *trans*-chlordane by a soil microorganism. J Agric Food Chem, 1981, (1):84-89.

[4]　Menzie C M. Metabolism of Pesticides, An Update. U.S. Department of the Interior, Fish, Wild-life Service, Special Scientific Report — Wildlife No. 184. Washington DC: U.S. Government Printing Office, l974: 87.

[5]　Gore R C, Hannah R W, Pattacini S C, et al. Infrared and ultraviolet spectra of seventy-six pesticides. J Assoc Off Anal Chem, 1971, 54(5):1040-1082.

[6]　Callahan M A. Water-Related Environ Fate of 129 Priority Pollut USEPA-440/4-79-029A .1979.

[7]　Parrish P R, Dyar E E, Enos J M,et al. Chronic Toxicity of Chlordane, Trifluralin, and Pentachlorophenol to Sheepshead Minnows Cyprinodon variegatus EPA 600/3-78-010 (1976) as cited in USEPA. Ambient Water Quality Criteria Doc: Chlordane. 1976, EPA 440/5-80-027.

[8]　Glooschenko V, Holdrinet M, Lott J N A, et al. Bioconcentration of chlordane by the green alga *Scenedesmus quadricauda*. Bull Environ Contam Toxicol, 1979, 21(1):515-520.

[9]　Veith G D, Defoe D L, Bergstedt B V. Measuring and estimating the bioconcentration factor of chemicals in fish. J Fish Res Board Can, 1979, 36(9):1040-1048.

[10] Schimmel S C. Heptachlor: uptake, depuration, retention, and metabolism by spot, *Leiostomus xanthurus*. J Toxicol Environ Health, 1976, 2(1):169-178.

[11] PPDB:Pesticide Properties DataBase. http://sitem.herts.ac.uk/aeru/ppdb/en/Reports/134.htm [2016-02-29].

[12] WHO. Environmental Health Criteria Document No. 34: Chlordane (57-74-9). http://www. inchem.org/pages/ehc.html [2004-07-07].

[13] National Research Council. Drinking Water and Health. Volume 1. Washington DC: National Academy Press, 1977: 566.

[14] World Health Organization, International Programme on Chemical Safety. Poisons Information Monograph 574 Chlordane. 2008:1-31.

# 氯菊酯(permethrin)

## 【基本信息】

化学名称：(3-苯氧苄基)甲基顺式，反式(±)-3-(2,2-二氯乙烯基)-2,2-二甲基环丙烷羧酸酯

其他名称：二氯苯醚菊酯，苄氯菊酯，除虫精

CAS 号：52645-53-1

分子式：$C_{21}H_{20}Cl_2O_3$

相对分子质量：391.3

SMILES：c3ccccc3Oc(c2)cccc2COC(=O)C1C(C1(C)C)C=C(Cl)Cl

类别：拟除虫菊酯类杀虫剂

结构式：

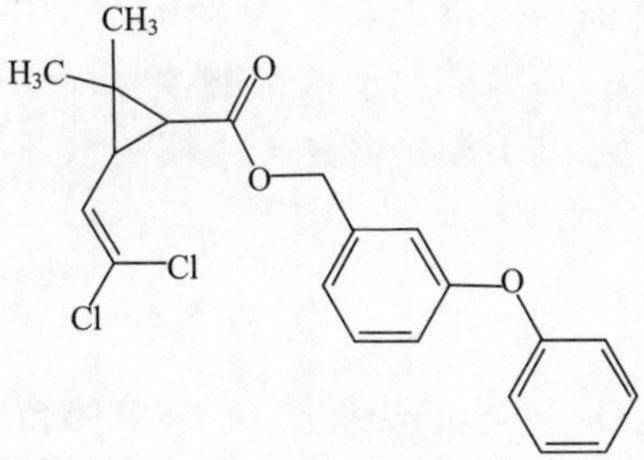

## 【理化性质】

固体，密度 1.19g/mL，熔点 34.5℃，沸点 200℃，饱和蒸气压 0.007mPa(25℃)。水溶解度为 0.2mg/L(20℃)。有机溶剂溶解度(20℃)：正己烷，1000000mg/L；甲醇，258000mg/L；二甲苯，1000000mg/L。辛醇/水分配系数 $\lg K_{ow} = 6.1$(pH=7，20℃)。

## 【环境行为】

### (1)环境生物降解性

好氧条件下，土壤降解半衰期小于 4 周，反式异构体的降解比顺式异构体更

快[1]。在沉积物-海水体系中的降解半衰期小于 2.5d[2]。厌氧条件下，在渍水条件下的壤土中，反式氯菊酯降解半衰期为 32~34d，顺式氯菊酯降解半衰期为 64d[1]。

**(2)环境非生物降解性**

25℃，pH 为 4、7 时，顺式和反式氯菊酯在水中稳定，难水解；在 pH 为 9 时，顺式氯菊酯水解半衰期为 42.3d，反式氯菊酯的水解半衰期为 37.7d [3]。在水和土壤中光解半衰期分别为 33d 和 30d[4]。太阳光照射条件下，顺式和反式氯菊酯在池塘水中光解半衰期分别为 27.1h 和 19.6h[5]，氯菊酯在海水中光解半衰期为 14d[2]。

**(3)环境生物蓄积性**

虹鳟鱼和羊头鱼 BCF 值分别为 560 和 480，提示氯菊酯在水生生物中有较高的生物蓄积性[6]。

**(4)土壤吸附/移动性**

吸附系数 $K_{oc}$=10471~86000。粉质壤土(俄亥俄州)、砂壤土(威斯康星州)、沉积物(佐治亚州)和砂(佛罗里达州)的 $K_{oc}$ 值分别为 19300、20900、44700 和 60900。在土壤中不可移动[4]。

**(5)大气中迁移性**

25℃条件下，基于其蒸气压数值，在大气中以气相和颗粒相存在。大气中的氯菊酯可通过羟基自由基和臭氧的反应而降解，间接光解半衰期分别为 17h 和 49d；吸附于颗粒物中的氯菊酯通过干湿沉降进入土壤和水环境[1]。

## 【生态毒理学】

鸟类(绿头鸭)急性 $LD_{50}$ > 9800mg/kg，鱼类(虹鳟鱼)96h $LC_{50}$ = 0.0125mg/kg、NOEC = 0.00012mg/kg，溞类(大型溞)48h $EC_{50}$= 0.0006mg/L，水生甲壳动物(糠虾)96h $LC_{50}$ = 0.00002mg/L，蜜蜂接触 48h $LD_{50}$ = 0.29μg，蚯蚓 14d $LC_{50}$ = 1440mg/kg[7]。

## 【毒理学】

**(1)一般毒性**

大鼠急性经口 $LD_{50}$ > 430mg/kg，兔子急性经皮 $LD_{50}$ > 2000mg/kg，大鼠急性吸入 $LC_{50}$ > 0.685mg/L[7]。

**(2)神经毒性**

大鼠急性经口毒性，典型中毒症状表现为震颤、步履踉跄、后肢张开、后肢过于弯曲以及对声音非常敏感，表明氯菊酯急性中毒时坐骨神经肿胀和听觉神经敏感，与临床报道的氯菊酯中毒患者主要出现后肢张开、震颤、步履蹒跚等症状相似[8]。

**(3)发育与生殖毒性**

具有内分泌干扰性，危害雌性大鼠的生殖系统。高剂量时胎儿在宫内发育迟缓(减少胎儿体重和延迟骨化)。中、高剂量时胎儿体重下降[1]。

**(4)致突变性**

无致突变性。2个大肠杆菌WP2反向突变试验的结果均为阴性。V79细胞的致突变性研究结果显示不具诱变性。鼠伤寒沙门氏菌TA98和TA100菌株代谢活化系统致突变测试结果为阴性[9]。

## 【人类健康效应】

具有雌激素效应，对人类有可能为致癌物，IARC分类为3级致癌物。

吸入暴露的临床表现可能是局部的和全身的，局部反应局限于上呼吸道，包括鼻炎、打喷嚏、喉咙沙哑、口腔黏膜水肿甚至喉黏膜水肿。下呼吸道反应包括咳嗽、呼吸急促、喘息和胸痛。过敏性肺炎表现为胸痛、咳嗽、呼吸困难，若长期暴露可能发生支气管痉挛[10]。

氯菊酯对人类的急性毒性信息很少，在动物研究的基础上，高剂量氯菊酯可能导致感觉和运动神经的重复活动。早期中毒症状包括恶心和呕吐；呼吸困难和气喘；细或粗震颤、过敏刺激和全身无力及虚脱的感觉。接触后经常有一种烧灼感和瘙痒感[11]。

48例氯菊酯中毒案例分析结果显示：以轻度胃肠道症状为主(73%：喉咙痛、口腔溃疡、吞咽困难、上腹部疼痛、呕吐)。肺部体征和症状的占29%，8例患者(包括1例死亡)有吸入性肺炎。33%有中枢神经系统症状，包括混乱、昏迷和癫痫发作。中枢神经系统和肺部的案例不太常见，但临床意义更为显著[12]。

## 【危害分类与管制情况】

| 序号 | 毒性指标 | PPDB分类 | PAN分类 |
|---|---|---|---|
| 1 | 高毒 | 否 | 否 |
| 2 | 致癌性 | 疑似 | 是 |
| 3 | 致突变性 | 否 | — |
| 4 | 内分泌干扰性 | 是 | 疑似 |
| 5 | 生殖发育毒性 | 是 | 无充分证据 |

续表

| 序号 | 毒性指标 | PPDB 分类 | PAN 分类 |
|------|---------|-----------|----------|
| 6 | 胆碱酯酶抑制剂 | 疑似 | 否 |
| 7 | 神经毒性 | 是 | — |
| 8 | 呼吸道刺激性 | 无数据 | — |
| 9 | 皮肤刺激性 | 是 | — |
| 10 | 眼刺激性 | 是 | — |
| 11 | 国际公约或优控名录 | 列入 PAN 名录 | |

注：PPDB 数据库由英国赫特福德郡大学农业与环境研究所开发；PAN 数据库来自北美农药行动网（PANNA）；"—"表示无此项。

## 【限值标准】

每日允许摄入量（ADI）为 0.05mg/（kg bw · d），急性参考剂量（ARfD）为 1.5mg/（kg bw · d）[7]。WHO 水质基准值为 300μg/L [13]。

## 参 考 文 献

[1] TOXNET(Toxicology Data Network). https://toxnet.nlm.nih.gov/cgi-bin/sis/search2/f?./temp/~sgUJA2:3[2016-03-03].

[2] Schimmel S C, Garnas R L, Patrick J M, et al. Acute toxicity, bioconcentration, and persistence of AC 222,705, benthiocarb, chlorpyrifos, fenvalerate, methyl parathion, and permethrin in the estuarine environment. J Agric Food Chem, 1983, 31(31):104-113.

[3] WHO. WHO Specifications and Evaluations for Public Health Pesticides, Permethrin (40：60 *cis*：*trans* isomer ratio), 2009. http://www.who.int/whopes/quality/en/Permethrin_specs_eval_WHO_March_2009.pdf [2014-03-03].

[4] USDA. Agric Res Service. ARS Pesticide Properties Database. Last Updated Nov 6, 2009. Permethrin (52645-53-1). http://www.epa.gov/reg3hwmd/risk/human/rb-concentration_table/userguide/ARSPesticideDatabaseUSDA2009. pdf[2014-05-04].

[5] Rawn G P, Webster G R B, Muir D C G. Fate of permethrin in model outdoor ponds. J Environ Sci Health B, 1982, 17(5):463-486.

[6] Haitzer M, Höss S, Traunspurger W, et al. Effects of dissolved organic matter (DOM) on the bioconcentration of organic chemicals in aquatic organisms—a review. Chemosphere, 1998, 37(7):1335-1362.

[7] PPDB: Pesticide Properties DataBase. http://sitem.herts.ac.uk/aeru/ppdb/en/Reports/515.htm [2016-03-03].

[8] California Environmental Protection Agency, Department of Pesticide Regulation. Toxicology

Data Review Summary for Permethrin (52645-53-1), 1987. http://www.cdpr.ca.gov/docs/risk/ toxsums/toxsumlist.htm [2014-01-01].

[9]　WHO. Environmental Health Criteria 94: Permethrin,1990. http://www.inchem.org/pages/ehc. html [2014-08-06].

[10] Ellenhorn M J , Schonwald S, Ordog G, et al. Ellenhorn's Medical Toxicology: Diagnosis and Treatment of Human Poisoning. 2nd ed. Baltimore: Williams and Wilkins, 1997: 1626.

[11] International Program on Chemical Safety/Commission of the European Union. Data Sheets of Pesticides No. 51 Permethrin (VBC/DS/84.51). http://www.inchem.org/pages/pds.html.2014.

[12] Goldfrank L R. Goldfrank's Toxicologic Emergencies. 9th ed. New York: McGraw-Hill, 2011: 1486.

[13] PAN Pesticides Database—Chemicals. http://www.pesticideinfo.org/Detail_Chemical.jsp? Rec_ Id=PC35397 [2016-03-03].

# 氯氰菊酯(cypermethrin)

## 【基本信息】

化学名称：$(RS)$-$\alpha$-氰基-3-苯氧苄基$(1RS)$-顺,反-3-(2,2-二氯乙烯基)-2,2-二甲基环丙烷羧酸酯

其他名称：安绿宝，腈二氯苯醚菊酯，灭百可，新棉宝，兴棉隆，兴棉宝

CAS 号：52315-07-8

分子式：$C_{22}H_{19}Cl_2NO_3$

相对分子质量：416.3

SMILES：Cl/C(Cl)=C/C3C(C(=O)OC(C#N)c2cccc(Oc1ccccc1)c2)C3(C)C

类别：拟除虫菊酯类杀虫剂

结构式：

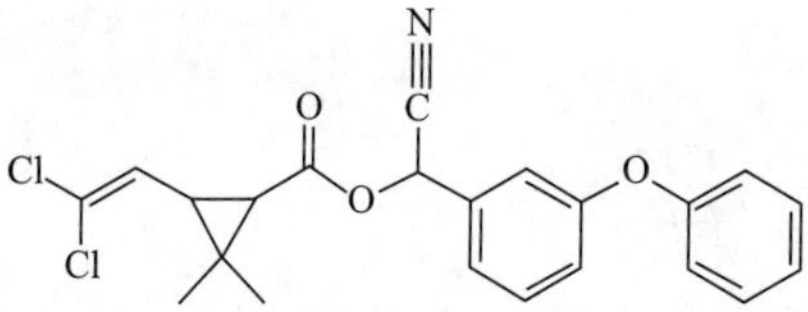

## 【理化性质】

工业品为黄色至棕色黏稠固体，60℃时为黏稠液体，密度 1.3g/mL，熔点 41.2℃，沸腾之前分解，饱和蒸气压 0.00023Pa(25℃)。水溶解度为 0.009mg/L(20℃)。有机溶剂溶解度(20℃)：丙酮，450000mg/L；乙酸乙酯，2000000mg/L；甲醇，450000mg/L；己烷，142000mg/L。辛醇/水分配系数 lgKow= 5.3(pH=7，20℃)，亨利常数为 0.02 Pa·m3/mol。

## 【环境行为】

### (1)环境生物降解性

不同研究的土壤降解半衰期($DT_{50}$)平均为 60d。实验室条件下 $DT_{50}$ 为 68d(20℃)，田间条件下 $DT_{50}$ 为 69d。欧盟数据：顺式异构体 $DT_{50}$ 为 31~107d，反式异构体 $DT_{50}$ 为 13~58d。

在土壤中以微生物降解为主。初始浓度为 5mg/kg 时，在灭菌土壤中 $DT_{50}$ 为

122~142d，在未灭菌土壤中 $DT_{50}$ 为 20.8~38.5d。偏碱性的、有机质含量高的土壤适于微生物生长，氯氰菊酯降解较快。反式氯氰菊酯易被土壤微生物降解，顺式异构体则相对较难。重复施药可致使顺式异构体累积，$DT_{50}$ 延长。

**(2)环境非生物降解性**

25℃时，在水-乙醇(99:1)磷酸缓冲盐下，pH 为 4.5、6、7 和 8 时，水解半衰期分别为 693d、483d、441d 和 350d [1]；在 pH 为 5 和 7 的条件下稳定，pH 为 9 时水解半衰期为 1.8~2.5d [2]。在太阳光和 300W 高压汞灯照射下，在照度接近的情况下，顺式氯氰菊酯在高压汞灯下的光解速率约为太阳光下的 195 倍。

**(3)环境生物蓄积性**

虹鳟鱼 BCF=420 [3]，蓝鳃太阳鱼 BCF=468 [4]，表明氯氰菊酯在水生生物中富集性较强。

**(4)土壤吸附/移动性**

吸附系数 $K_{oc}$ 估测值为 20800~503000 [5]，提示其在土壤中移动性较弱。

## 【生态毒理学】

鸟类(山齿鹑)急性 $LD_{50}$ >10000mg/kg、短期摄食 $LD_{50}$>5620mg/kg 饲料，鱼类(蓝鳃太阳鱼)96h $LC_{50}$ = 0.0028mg/L、21d NOEC = 0.00003mg/L，溞类(大型溞)48h $EC_{50}$ = 0.0003mg/L、21d NOEC = 0.00004mg/L，水生甲壳动物(糠虾)96h $LD_{50}$ = 0.0128mg/L，藻类(绿藻)72h $EC_{50}$ >0.1mg/L、96h NOEC = 1.3mg/L，蜜蜂接触 48h $LD_{50}$ = 0.02mg、经口 48h $LD_{50}$ = 0.035mg，蚯蚓 14d $LC_{50}$ > 100mg/kg [6]。

## 【毒理学】

氯氰菊酯为可能的人类致癌物(C 类，美国 EPA 分类)，具有呼吸道刺激性、皮肤刺激性和眼刺激性、疑似内分泌干扰性和生殖发育毒性 [6]。

**(1)一般毒性**

大鼠急性经口 $LD_{50}$ = 287mg/kg，大鼠急性经皮 $LD_{50}$ > 2000mg/kg，大鼠吸入 4h $LC_{50}$ = 3.28mg/m³ [6]。

啮齿类动物急性中毒主要表现为流涎、奔跑乱窜、乱抓、侧身扭曲翻滚、全身阵发性震颤及抽搐、肌肉松弛、后肢外展、行动不便、以口呼吸、腹部起伏频率增快、全身出现发绀，最后出血死亡。大鼠的大脑和肝中，氯氰菊酯能显著诱导氧化胁迫。氯氰菊酯引起红细胞脂质过氧化增强，导致抗氧化酶如超氧化物歧化酶和过氧化氢酶的活性增强，并导致还原型谷胱甘肽含量增加。增大的氧化胁迫还导致谷胱甘肽过氧化物酶的活性显著降低 [7]。

## (2) 神经毒性

主要通过肝脏进行酶水解氧化，代谢产物排泄迅速。氯氰菊酯属于神经毒农药，通过影响细胞色素 c 和电子传递系统，使神经膜动作电位的去极化延长，周围神经出现重复动作电位，造成肌肉的持续收缩。

研究证明，氯氰菊酯对大脑皮层神经细胞产生抑制作用，对脊髓运动神经元产生兴奋作用；在分子水平表现为延缓 $Na^+$ 通道关闭，去极化期延长，心电图的变化从低幅快波(兴奋)发展到高幅慢波(抑制)。氯氰菊酯腹腔注射染毒后，大鼠海马旁回 CA1～CA4 区锥体细胞层、齿状回颗粒细胞层及大脑皮层 1～4 分子层神经细胞中神经型一氧化碳合酶水平显著升高，提示这可能是氯氰菊酯产生神经毒性的一种机制。氯氰菊酯染毒大鼠大脑皮层，海马谷氨酸(Glu) 免疫反应阳性细胞数目和阳性细胞面积比减小，阳性细胞积分吸光度降低,阳性细胞突起减少；而 $\gamma$-氨基丁酸(GABA) 免疫反应阳性神经细胞数目和阳性细胞面积比增加，阳性细胞积分吸光度升高,提示氯氰菊酯引起中枢神经系统 Glu 及 GABA 平衡失调可能是导致兴奋性神经毒性的作用机制之一。在一定量的突触体与不同剂量的氯氰菊酯中加入放射性标记谷氨酸，测定突触体摄取的谷氨酸的放射活性。结果表明，氯氰菊酯对大鼠脑突触体谷氨酸高亲和性重摄取功能有抑制作用，提示突触体谷氨酸重摄取系统功能障碍在氯氰菊酯兴奋性神经毒性中具有重要作用[8]。

## (3) 生殖发育毒性

连续 12 周染毒氯氰菊酯的 SD 雄性大鼠的体重明显低于对照组，附睾及睾丸的精子数和日产精子量下降，睾丸和精囊明显增大。连续 8 周染毒氯氰菊酯的雄性大鼠，80mg/kg 组的附睾尾活精率下降，精子活动度明显降低，同时发现大鼠睾丸支持细胞和各级生精细胞发生了病理学改变，进一步证实了氯氰菊酯对雄性大鼠具有生殖毒性，提示其对雄性大鼠具有拟雌激素活性。

出生前暴露于氯氰菊酯增加外周血自然杀伤细胞(NK)和抗体依赖性细胞介导的细胞毒作用(ADCC)，而脾中的 NK 和 ADCC 减少。出生前暴露将减少出生后头 30d 的全部类别胸腺细胞的绝对数目。而且，胸腺细胞表现出增殖能力及产生和(或)释放白介素(IL-2)的能力削弱。

肾是氯氰菊酯毒性作用的靶器官。新生期暴露引起肾多巴胺类 $D_1$ 和 $D_2$ 受体损伤,降低大鼠血-脑屏障功能的完整性。氯氰菊酯暴露后微血管的膜流动性降低[9]。

## (4) 内分泌干扰性

氯氰菊酯能与大鼠子宫的雌激素受体(ER)结合。氯氰菊酯抑制雌二醇与 ER 结合的半抑制浓度 $(IC_{50})$ 是 0.562mmol/L。氯氰菊酯也能刺激人乳腺癌细胞(MCF-7)的增殖，而且这种增殖可被雌激素受体拮抗剂 ICI178.820 阻断[9]。

## (5) 致癌性和遗传毒性

氯氰菊酯可导致大鼠骨髓细胞染色体畸变，也可导致人淋巴细胞和小鼠早期精细胞微核。氯氰菊酯可导致 DNA 链断裂，降低 DNA 甲基化水平，其活性代谢物可导致 DNA 加合物和 DNA 链间交联。氯氰菊酯显著增强肝 CYP3A 的活性，使前致癌物激活成致癌物的活动加强，以及增加活性氧的形成，打破毒物的产生和清除的平衡，或者破坏 DNA 修复系统，打破 DNA 损伤与修复的平衡，使 DNA 损伤净增长。通过小鼠皮肤致癌模型，发现氯氰菊酯既有肿瘤引发作用和促长作用，又有完全致癌性。

## 【人类健康效应】

氯氰菊酯为可能的人类致癌物（C 类，美国 EPA 分类）。

由于氯氰菊酯具有高效杀虫特性，并且价格便宜，生产和使用的人群较广，生产性和非生产性中毒病例均有报道。接触性中毒者，轻者口唇及皮肤烧灼、刺痒和麻木，一般脱离现场，清洗皮肤，休息 1～2h 后，症状即可消失；较重者可出现头痛、头晕、恶心、呕吐、流涎、失眠乏力、食欲缺乏、胸痛畏光、双手震颤、白细胞增多；部分患者出现低热，面颊部出现红色粟粒样丘疹，脉搏加快；严重者出现呼吸困难、血压下降、阵发性抽搐、伸肌强直、处于外翻或惊厥、意识障碍，危重病例死亡。口服中毒者，起初表现为颜面苍白、上腹部烧灼感、恶心、呕吐、腹痛，继之出现头晕、头痛、眼跳、流口水，重者可出现口鼻分泌物增多、咯白色泡沫样痰、声音嘶哑、吞咽困难、全身不适、精神萎靡、阵发性抽搐、意识障碍、呼吸困难、血压下降，危重者引起休克死亡，查体可见对光反射迟钝，两肺闻及湿性啰音。也有氯氰菊酯中毒者出现动眼神经麻痹，吸入后引起纤维素渗出性气管炎，中毒时伴有舞蹈病的报道[9]。

## 【危害分类与管制情况】

| 序号 | 毒性指标 | PPDB 分类 | PAN 分类 |
|---|---|---|---|
| 1 | 高毒 | 否 | 否 |
| 2 | 致癌性 | 疑似 | 可能 |
| 3 | 致突变性 | 否 | — |
| 4 | 内分泌干扰性 | 疑似 | 疑似 |
| 5 | 生殖发育毒性 | 疑似 | 无充分证据 |
| 6 | 胆碱酯酶抑制剂 | 否 | 否 |
| 7 | 神经毒性 | 否 | — |
| 8 | 呼吸道刺激性 | 是 | |
| 9 | 皮肤刺激性 | 是 | |
| 10 | 眼刺激性 | 是 | |
| 11 | 国际公约或优控名录 | — | |

注：PPDB 数据库由英国赫特福德郡大学农业与环境研究所开发；PAN 数据库来自北美农药行动网（PANNA）；"—"表示无此项。

## 【限值标准】

　　每日允许摄入量（ADI）为 0.05mg/（kg bw · d），急性参考剂量（ARfD）为 0.2mg/（kg bw · d）[6]。

<h2 style="text-align:center">参 考 文 献</h2>

[1] Chapman R A, Cole C M. Observations on the influence of water and soil pH on the persistence of insecticides. J Environ Sci Health B, 1982, 17(5):487-504.

[2] MacBean C. e-Pesticide Manual. 15th ed. Ver. 5.1. Alton: British Crop Protection Council, 2008—2010.

[3] Haitzer M, Höss S, Traunspurger W, et al. Effects of dissolved organic matter (DOM) on the bioconcentration of organic chemicals in aquatic organisms—a review. Chemosphere, 1998, 37(7):1335-1362.

[4] TOXNET(Toxicology Data Network). https://toxnet.nlm.nih.gov/cgi-bin/sis/search2/f?./temp/~6gUKMK:3:enex[2016-03-03].

[5] USEPA, OPPTS. Reregistration Eligibility Decisions (REDs) Database on Cypermethrin (52315-07-8). 2006.

[6] PPDB:Pesticide Properties DataBase. http://sitem.herts.ac.uk/aeru/ppdb/en/Reports/197.htm [2016-03-03].

[7] 刘永霞, 张树来, 史岩, 等. 农药氯氰菊酯的毒性实验. 职业与健康, 2003, 19(6):37-38.

[8] 吴建平, 卢春, 王英, 等. 拟除虫菊酯对大鼠中枢谷氨酸和 $\gamma$-氨基丁酸递质影响的免疫组织化学研究. 南京医科大学学报, 1999,19(6):450-453.

[9] 李文艳, 杨宏莉, 蒋雪, 等. 氯氰菊酯和高效氯氰菊酯的生殖毒性研究进展. 环境与健康杂志, 2010, 27(7):652-654.

# 氯唑磷(isazofos)

## 【基本信息】

化学名称：*O, O*-二乙基-*O*-(5-氯代-1-异丙基-1,2,4-三唑-3-基)硫代磷酸酯
其他名称：米乐尔，异丙三唑磷
CAS 号：42509-80-8
分子式：$C_9H_{17}ClN_3O_3PS$
相对分子质量：313.7
SMILES：CCOP(=S)(OCC)Oc1nc(Cl)n(n1)C(C)C
类别：有机磷杀虫剂
结构式：

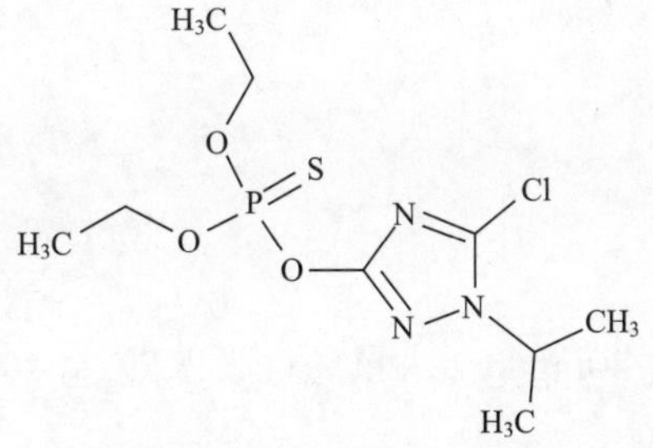

## 【理化性质】

黄色液体，密度 1.3g/mL，熔点 1.4℃，沸点 120℃，饱和蒸气压 11.6mPa(25℃)；水溶解度 69mg/L(20℃)，可溶于三氯甲烷、甲醇和苯；辛醇/水分配系数 $\lg K_{ow}$=3.1(pH=7, 20℃)。

## 【环境行为】

### (1)环境生物降解性

田间条件下，2a、1a 和 0a 后土壤中的残留量分别小于 10%、39% 和 33%[1]。实验室条件下，砂及砂质土壤中 1 周后的残留量分别为 25%~50%，4 周后的残留量为 5%~20%；CGA17193 为主要代谢产物，土壤移动性更强、更难降解[2]。

**(2)环境非生物降解性**

20℃时，水解半衰期分别为 85d(pH=5)、48d(pH=7)、19d(pH=9)。25℃，在水(pH=7.5)和土壤(pH=5)表面的光解半衰期分别为 4d 和 40d [3]。无资料表明在空气可被直接光解(太阳光条件)，但可与光化学反应产生的羟基自由基反应，间接光解半衰期约为 3.8h[2]。

**(3)环境生物蓄积性**

BCF 估测值为 170，具有一定的生物蓄积性[4]。

**(4)土壤吸附/移动性**

在砂土(pH=6，有机质 0.9%)、砂壤土(pH=8.5，有机质 1%)、黏土(pH=5.9，有机质 4.8%)和粉质壤土(pH=7.5，有机质 1%)中的 $K_{oc}$ 值分别为 52.9、91.3、139 和 385 [3]。在土壤中具有中等偏高移动性。

## 【生态毒理学】

鸟类(绿头鸭)急性 $LD_{50}$>244mg/kg，鱼类(虹鳟鱼)96h $LC_{50}$ = 0.006mg/L，溞类(大型溞)48h $EC_{50}$ =0.5mg/L，水生植物 7d $EC_{50}$ =100mg/L，蚯蚓 14d $LC_{50}$>0.714mg/kg[5]。

## 【毒理学】

**(1)一般毒性**

大鼠急性经口 $LD_{50}$>40mg/kg，大鼠急性吸入 $LC_{50}$ = 0.24mg/L。对兔子皮肤和眼睛有刺激作用[5]。

**(2)神经毒性**

小鼠饲喂试验：典型中毒症状为嗜睡、震颤和无控制的抽搐行为、过度流涎、流涕和尿液污染等。对中枢神经和泌尿系统有抑制作用[6]。

**(3)发育与生殖毒性**

可降低实验动物胎儿的体重及造成皮肤不完整，阈值为 5mg/kg。可造成出生小狗的活力和体重下降，阈值为 125mg/kg，造成出生后生长迟缓和死亡的阈值为 25mg/kg，降低胆碱酯酶活性的阈值为 1mg/kg。当大鼠饲喂剂量达到 9mg/kg 时，出现早期胚胎死亡[6]。

**(4)致突变性**

啮齿动物的饲喂试验、大鼠肝脏的活化实验以及小鼠骨髓多染红细胞微核试验：未发现致癌、致畸和致突变作用[6]。

## 【人类健康效应】

急性中毒体征和症状：毒蕈碱受体、烟碱和中枢神经系统表现，症状可能迅速发展，也有可能在变得明显前有一个延迟。延迟的时间往往较长，主要是由于亲脂化合物需要代谢活化。中毒的症状可能会持续增加超过 1d，有时可能会持续数天。在严重的情况下，可能会出现呼吸衰竭[7]。

## 【危害分类与管制情况】

| 序号 | 毒性指标 | PPDB 分类 | PAN 分类 |
|---|---|---|---|
| 1 | 高毒 | 否 | 是 |
| 2 | 致癌性 | 无数据 | 是 |
| 3 | 致突变性 | 无数据 | — |
| 4 | 内分泌干扰性 | 无数据 | 无充分证据 |
| 5 | 生殖发育毒性 | 是 | 无充分证据 |
| 6 | 胆碱酯酶抑制剂 | 是 | 是 |
| 7 | 神经毒性 | 是 | — |
| 8 | 呼吸道刺激性 | 无数据 | — |
| 9 | 皮肤刺激性 | 是 | — |
| 10 | 眼刺激性 | 是 | — |
| 11 | 污染地下水 | — | 可能 |
| 12 | 国际公约或优控名录 | 列入 PAN 名录、WHO 淘汰名录 | |

注：PPDB 数据库由英国赫特福德郡大学农业与环境研究所开发；PAN 数据库来自北美农药行动网（PANNA）；"—"表示无此项。

## 【限值标准】

暂无数据。

## 参 考 文 献

[1] Somasundaram L, Jayachandran K, Kruger E L, et al. Degradation of isazofos in the soil environment. J Agric Food Chem, 1993, 41(2):313-318.

[2] TOXNET(Toxicology Data Network). https://toxnet.nlm.nih.gov/cgi-bin/sis/search2/f?./temp/~UcWyXm:3[2016-03-11].

[3]　USDA. The ARS Pesticide Properties Database. http://www.ars.usda.gov/Services/docs.htm? docid=14199 [2003-07-17].

[4]　Hansch C, Leo A, Hoekman D. Exploring QSAR. Hydrophobic, Electronic, and Steric Constants. Washington DC: American Chemical Society, 1995:64. 64.

[5]　PPDB: Pesticide Properties DataBase. http://sitem.herts.ac.uk/aeru/ppdb/en/Reports/405.htm [2016-03-11].

[6]　California Environmental Protection Agency, Department of Pesticide Regulation. Toxicology Data Review Summaries. http://www.cdpr. ca.gov/docs/toxsums/toxsumlist. htm [2003-06-16].

[7]　WHO. Environmental Health Criteria 63: Organophosphorus Pesticides(1986). http:// www.inchem.org/pages/ehc.html [2003-07-03].

# 马拉硫磷(malathion)

## 【基本信息】

化学名称：*O, O*-二甲基-*S*-[1,2-二(乙氧基羰基)乙基]二硫代磷酸酯

其他名称：马拉松，防虫磷，粮泰安

CAS 号：121-75-5

分子式：$C_{10}H_{19}O_6PS_2$

相对分子质量：330.358

SMILES：O=C(OCC)C(SP(=S)(OC)OC)CC(=O)OCC

类别：有机磷杀虫剂

结构式：

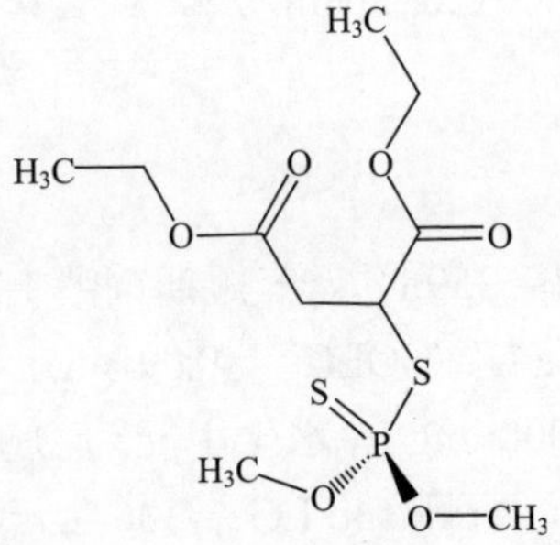

## 【理化性质】

无色至淡黄色油状液体，密度 1.23g/mL，熔点−20℃，沸腾前分解，饱和蒸气压 3.1mPa(25℃)。水溶解度为 148mg/L(20℃)。有机溶剂溶解度(20℃)：二甲苯，250000mg/L；庚烷，62000mg/L；丙酮，250000mg/L；甲醇，250000mg/L。辛醇/水分配系数 $\lg K_{ow}$ = 2.75(pH=7, 20℃)。

## 【环境行为】

### (1)环境生物降解性

好氧生物降解：28d 生物降解率为 22%(MITI-Ⅱ)[1]。黏土与砂质土壤中 17d

降解率分别为 50% 和 10%（[14]C 马拉硫磷）[2]。在河口沉积物中 3d 内完全降解。另有报道，在沉积物（圣迭戈河）中的好氧降解半衰期为 0.8d [3]。

厌氧生物降解：降解半衰期为 2.3d，降解产物为 $\alpha$- 和 $\beta$-羧酸及二羧酸[3]。

**（2）环境非生物降解性**

pH 为 7.4，温度为 20℃ 和 37.5℃ 时，水解半衰期分别为 11d 和 1.3d[4]。pH 小于 7 时，水解速率很慢，甚至不水解[5]，在碱性条件下水解相对较快。在海水环境下（pH=7.3～7.7）的半衰期为 2d，在淡水环境下（pH=7.4）的半衰期为 11d[6]。吸收波长大于 290nm 的紫外光，在太阳光下可直接光解[7]。也可与光化学反应产生的羟基自由基反应发生间接光解，半衰期约为 5h（30℃）[6]。

**（3）环境生物蓄积性**

在麦穗鱼体内无生物富集作用。当暴露于 20～75μg/L 的水中时，菱体兔牙鲷体内也未检出马拉硫磷。因快速代谢，在水生生物体内的富集性较弱。在纯培养浮萍和伊乐藻中，BCF 分别为 23 和 1.2，生物富集性较弱[8]。

**（4）土壤吸附/移动性**

吸附系数 $K_{oc}$=1175、1200 [9]、1800 [10]，在土壤中移动性较弱。当年降雨量为 150cm 时，淋出指数为 2.0～3.0（20～30cm）[11]。

## 【生态毒理学】

鸟类（山齿鹑）急性 $LD_{50}$ = 359mg/kg、短期饲喂 $LD_{50}$ = 554mg/（kg bw·d）。鱼类（虹鳟鱼）96h $LC_{50}$=0.018mg/L、NOEC = 0.091mg/L，溞类（大型溞）48h $EC_{50}$ = 0.0007mg/L、21d NOEC=0.00006mg/L，水生甲壳动物（糠虾）96h $LC_{50}$ = 0.0015mg/L，蜜蜂接触 48h $LD_{50}$ = 0.16mg，蚯蚓 14d $LC_{50}$=306mg/kg [12]。

## 【毒理学】

**（1）一般毒性**

大鼠急性经口 $LD_{50}$ =1778mg/kg，急性经皮 $LD_{50}$ > 2000mg/kg，急性吸入 $LC_{50}$ > 0.5mg/L[12]。

**（2）神经毒性**

大鼠急性经口毒性：典型中毒症状为流口水、皮毛变硬、脑质量增加、体重显著降低等。表明对中枢神经系统和消化系统有抑制作用[13]。

**（3）发育与生殖毒性**

大鼠生殖试验：妊娠期和哺乳期，大鼠体重均下降，仔鼠的发育迟缓，但其生殖功能未受到不利影响[6]。

### (4)致突变性

2000mg/kg 暴露 103 周可引起大鼠肾上腺嗜铬细胞瘤发生率显著增加[14]。

## 【人类健康效应】

马拉硫磷可能会对肾上腺、甲状腺和肝产生毒性，引起皮肤过敏，抑制乙酰胆碱酯酶活性，IARC 分类为 2A 级致癌物。

毒性症状主要是毒蕈碱、烟碱作用以及对中枢神经系统的影响，症状可能出现几分钟或几小时。根据摄入途径的不同，症状可能迅速出现，也有可能延迟到 12h。最初的迹象很大程度上是由于过度的毒蕈碱作用；这种症状主要有恶心、呕吐、腹痛、腹泻、尿或大便失禁、多汗、流涎、瞳孔缩小(针尖瞳孔)、心动过缓、流泪，以及鼻、咽和支气管分泌物增加。由分泌物的堵塞及肺水肿引起的缺氧可能导致发绀。烟碱引起的症状主要包括肌肉震颤、肌肉无力、心动过速、呼吸肌无力或瘫痪、肌张力低下。中枢神经系统的影响主要包括焦虑、烦躁不安、头痛。在更严重的情况下，震颤、混乱、头晕、嗜睡、深腱反射消失、惊厥和昏迷、心动过缓等症状也有报道，也可能发生死亡[6]。

## 【危害分类与管制情况】

| 序号 | 毒性指标 | PPDB 分类 | PAN 分类 |
|---|---|---|---|
| 1 | 高毒 | 否 | 否 |
| 2 | 致癌性 | 疑似 | 可能 |
| 3 | 致突变性 | 疑似 | — |
| 4 | 内分泌干扰性 | 疑似 | 疑似 |
| 5 | 生殖发育毒性 | 疑似 | 无充分证据 |
| 6 | 胆碱酯酶抑制剂 | 是 | 是 |
| 7 | 神经毒性 | 是 | — |
| 8 | 呼吸道刺激性 | 疑似 | — |
| 9 | 皮肤刺激性 | 否 | — |
| 10 | 眼刺激性 | 否 | — |
| 11 | 污染地下水 | — | 可能 |
| 12 | 国际公约或优控名录 | 列入 PAN 名录 | |

注：PPDB 数据库由英国赫特福德郡大学农业与环境研究所开发；PAN 数据库来自北美农药行动网(PANNA)；"—"表示无此项。

## 【限值标准】

　　每日允许摄入量（ADI）为 0.03mg/（kg bw · d），急性参考剂量（ARfD）为 0.3mg/（kg bw · d）[12]。加拿大饮用水标准为 190μg/L [15]。

## 参 考 文 献

[1] NITE. Chemical Risk Information Platform （CHRIP）. Biodegradation and Bioconcentration. Tokyo: Natl Inst Tech Eval. http://www.safe.nite.go.jp/english/db.html[2012-02-29].

[2] Ghezal F, Bennaceur M. Environ Fate Xenobiot, Proc Symp Pestic Chem. 10th. Pavia, 1996: 709-712.

[3] Bondarenko S, Gan J. Degradation and sorption of selected organophosphate and carbamate insecticides in urban stream sediments. Environ Toxicol Chem, 2004, 23(8):1809-1814.

[4] Freed V H, Chiou C T, Schmedding D W. Degradation of selected organophosphate pesticides in water and soil. J Agric Food Chem, 2002, 27(4):706-708.

[5] Wolfe N L, Zepp R G, Paris D F, et al. Methoxychlor and DDT degradation in water: rates and products. Environ Sci Technol, 1977, 11(12):1077-1081.

[6] TOXNET(Toxicology Data Network). https://toxnet.nlm.nih.gov/cgi-bin/sis/search2/f?./temp/~mqczwI:3:enex[2016-03-15].

[7] Gore R C, Hannah R W, Pattacini S C, et al. Infrared and ultraviolet spectra of seventy-six pesticides. J Assoc Off Anal Chem, 1971, 54(5):1040-1082.

[8] Gao J P, Garrison A W, Hoehamer C, et al. Uptake and phytotransformation of organophosphorus pesticides by axenically cultivated aquatic plants. J Agric Food Chem, 2000, 48(12):6114-6120.

[9] Mcconnell L L, Lenoir J S, Datta S, et al. Wet deposition of current‐use pesticides in the Sierra Nevada mountain range, California, USA. Environ Toxicol Chem, 1998, 17(10): 1908-1916.

[10] Dowd J F, Bush P B, Berisford Y C, et al. Modeling pesticide movement in forested watersheds: use of przm for evaluating pesticide options in loblolly pine stand management. Environ Toxicol Chem, 1993, 12(3):429-439.

[11] Kenaga E E. Predicted bioconcentration factors and soil sorption coefficients of pesticides and other chemicals . Ecotox Environ Safety, 1980, 4(1):26-38.

[12] PPDB: Pesticide Properties DataBase. http://sitem.herts.ac.uk/aeru/ppdb/en/Reports/421.htm [2016-03-15].

[13] California Environmental Protection Agency, Department of Pesticide Regulation. Toxicology Data Review Summary for Malathion (121-75-5) (1986). http://www.cdpr.ca.gov/docs/risk/toxsums/pdfs/367.pdf [2012-02-02].

[14] IARC. Monographs on the Evaluation of the Carcinogenic Risk of Chemicals to Humans. Geneva: World Health Organization, International Agency for Research on Cancer, 1979.

[15] PAN Pesticides Database—Chemicals. http://www.pesticideinfo.org/Detail_Chemical.jsp? Rec_ Id=PC32924[2016-03-15].

# 棉隆(dazomet)

## 【基本信息】

化学名称：四氢-3,5-二甲基-1,3,5-噻二唑-2-硫酮

其他名称：必速灭，二甲噻嗪，二甲硫嗪

CAS 号：533-74-4

分子式：$C_5H_{10}N_2S_2$

相对分子质量：162.3

SMILES：S=C1SCN(C)CN1C

类别：杀线虫剂

结构式：

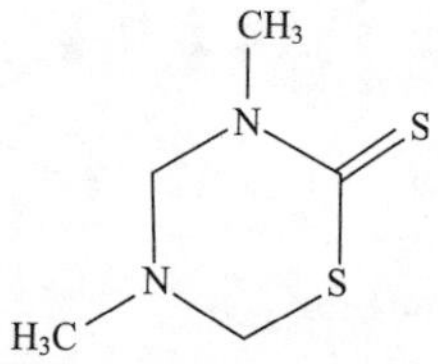

## 【理化性质】

白色针状结晶，密度 1.37g/mL，熔点 105℃，沸腾前分解，饱和蒸气压 1.1mPa(25℃)。水溶解度为 3500mg/L(20℃)。有机溶剂溶解度(20℃)：丙酮，89700mg/L；乙酸乙酯，28500mg/L；甲醇，21300mg/L；甲苯，8600mg/L。辛醇/水分配系数 $\lg K_{ow} = 0.63$(pH=7, 20℃)。

## 【环境行为】

**(1)环境生物降解性**

暂无数据。

**(2)环境非生物降解性**

在潮湿土壤中可快速水解，主要产物为甲基异硫氰酸酯，以及甲醛、甲胺、硫化氢或二硫化碳(酸性土壤)[1]。在太阳光下可直接光解。在大气中可与光化学

产生的羟基自由基反应，间接光解半衰期约为 1.4h[2]。

**(3)环境生物蓄积性**

BCF（预测值）为 2.4，在水生生物体内的富集性较低[3]。

**(4)土壤吸附/移动性**

吸附系数 $K_{oc}$=52，在土壤中移动性很强[3]。

**(5)大气迁移性**

饱和蒸气压为 $2.80\times10^{-6}$mmHg 时，在大气中主要吸附于颗粒物中，以颗粒相存在[4]。

## 【生态毒理学】

鸟类（山齿鹑）急性 $LD_{50}$>415mg/kg、短期饲喂 $LD_{50}$=197mg/（kg·d），鱼类（蓝鳃太阳鱼）96h $LC_{50}$=0.3mg/L，溞类（大型溞）48h $EC_{50}$=19.0mg/L，水生甲壳动物（糠虾）96h $LC_{50}$=0.5mg/L，蜜蜂接触 48h $LD_{50}$ > 24mg，蚯蚓 14d $LC_{50}$=6.5mg/kg [5]。

## 【毒理学】

**(1)一般毒性**

大鼠急性经口 $LD_{50}$=415mg/kg、急性经皮 $LD_{50}$ >1000mg/kg、急性吸入 $LC_{50}$ >7.3mg/L。对兔子眼睛有轻度刺激作用[5]。

**(2)神经毒性**

雄性大鼠单次灌胃暴露 0mg/kg、50mg/kg、150mg/kg 和 450mg/kg 的棉隆，雌性大鼠单次灌胃暴露 0mg/kg、15mg/kg、50mg/kg 和 150mg/kg 的棉隆。在暴露 14d 后，大鼠出现死亡及中毒症状。中、高剂量组大鼠体重分别下降 7.0%和12.7%。毒性症状包括半闭合的眼睑、流涎、流泪、旷场活动受损、皮毛改变、后脚站起活动减少，症状呈剂量-反应关系。此外，所有剂量组雌雄大鼠的活动都不同程度地受到抑制，表明棉隆对神经系统有抑制作用[6]。

**(3)发育与生殖毒性**

孕期饲喂暴露，雌鼠和雌性后代中均未见生殖功能损害[4]。

**(4)致突变性**

暂无数据。

## 【人类健康效应】

急性轻度中毒症状：溢泪、眼睛干涩、眼睛发痒、视力模糊、皮肤皮疹、发红、肿胀等症状；中度中毒：除上述症状外，有恶心、胸痛、喉咙沙哑、腹泻、无力、头晕、头痛、呕吐和呼吸气短，对呼吸道损伤和眼睛刺激性影响较严重[6]。

## 【危害分类与管制情况】

| 序号 | 毒性指标 | PPDB 分类 | PAN 分类 |
|---|---|---|---|
| 1 | 高毒 | 否 | 否 |
| 2 | 致癌性 | 否 | 无法分类 |
| 3 | 致突变性 | 无数据 | — |
| 4 | 内分泌干扰性 | 无数据 | 无充分证据 |
| 5 | 生殖发育毒性 | 疑似 | 无充分证据 |
| 6 | 胆碱酯酶抑制剂 | 否 | 否 |
| 7 | 神经毒性 | 否 | — |
| 8 | 呼吸道刺激性 | 疑似 | — |
| 9 | 皮肤刺激性 | 是 | — |
| 10 | 眼刺激性 | 是 | — |
| 11 | 污染地下水 | — | 可能 |
| 12 | 国际公约或优控名录 | — | |

注：PPDB 数据库由英国赫特福德郡大学农业与环境研究所开发；PAN 数据库来自北美农药行动网（PANNA）；"—"表示无此项。

## 【限值标准】

每日允许摄入量（ADI）为 0.01mg/(kg bw · d)，急性参考剂量（ARfD）为 0.03mg/(kg bw · d)[5]。

## 参 考 文 献

[1] Tweedy B G, Houseworth L D. Herbicides. 2nd ed. New York: Marcel Dekker Inc., 1976:815-833.

[2] Meylan W M, Howard P H. Computer estimation of the atmospheric gas-phase reaction rate

of organic compounds with hydroxyl radicals and ozone. Chemosphere, 1993, 26(12):2293-2299.

[3] Tomlin C D S. The Pesticide Manual: A World Compendium. 13th ed. Surrey: British Crop Protection Council, 2003.

[4] TOXNET（Toxicology Data Network）. https://toxnet.nlm.nih.gov/cgi-bin/sis/search2/f?./temp/~usRKKp:3:enex [2016-03-15].

[5] PPDB:Pesticide Properties DataBase. http://sitem.herts.ac.uk/aeru/ppdb/en/Reports/203.htm [2016-03-15].

[6] USEPA, Office of Pesticide Programs. Revised HED Human Health Risk Assessment For Phase 3. EPA-HQ-OPP-2005-0128-0003 (June 2005). http://www.regulations.gov/search/Regs/home.html#home [2008-10-23].

# 灭多威(methomyl)

## 【基本信息】

化学名称：1-(甲硫基)亚乙基氮-*N*-甲基氨基甲酸酯

其他名称：灭多虫，万灵，乙肟威，灭索威

CAS 号：16752-77-5

分子式：$C_5H_{10}N_2O_2$

相对分子质量：162.2

SMILES：C/C(=N\OC(=O)NC)SC

类别：氨基甲酸酯类杀虫剂

结构式：

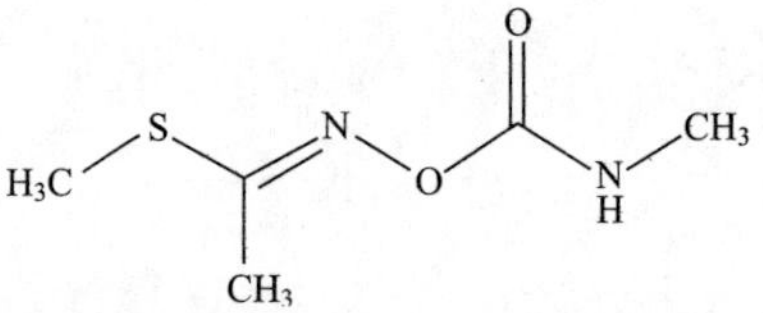

## 【理化性质】

白色晶体，密度 1.32g/mL，熔点 79.6℃，沸腾前分解，饱和蒸气压 0.72mPa(25℃)。水溶解度为 55000mg/L(20℃)。有机溶剂溶解度(20℃)：正庚烷，97100mg/L；丙酮，250000mg/L；甲醇，1000000mg/L；乙醇，420000mg/L。辛醇/水分配系数 $\lg K_{ow} = 0.09$(pH=7, 20℃)。

## 【环境行为】

### (1)环境生物降解性

微生物作用是灭多威在土壤中降解的主要因素。实验室条件下，甲基放射性标记的灭多威在土壤中快速生物降解，并矿化为二氧化碳[1]。在 3 个温室土壤中的降解半衰期为 7~14d[2]。在烟草土壤中降解半衰期为 5~6 周[3]。

### (2)环境非生物降解性

25℃，pH 分别为 4.5、6、7 和 8 的条件下，水解半衰期分别为 56 周、54

周、38 周和 20 周[4]。吸收紫外波长为 295~305nm，在太阳光条件下可直接光解[5]。

**(3)环境生物蓄积性**

BCF(预测值)为 3，在水生生物中生物富集性较弱[6]。

**(4)土壤吸附/移动性**

吸附系数 $K_{oc}$=160，在土壤中具有一定的移动性[7]。

**(5)大气中迁移性**

饱和蒸气压在 $2.78 \times 10^{-9}$ mmHg(25℃)时，在大气中主要吸附于颗粒物中，以颗粒相存在[8]。

## 【生态毒理学】

鸟类(山齿鹑)急性 $LD_{50}$ = 24.2mg/kg、短期饲喂 $LD_{50} > 518.8$mg/(kg・d)。鱼类(蓝鳃太阳鱼)96h $LC_{50}$=0.63mg/L、NOEC=0.076mg/L，溞类(大型溞)48h $EC_{50}$=0.0076mg/L、21d NOEC=0.0016mg/L，水生甲壳动物(糠虾)96h $LC_{50}$=0.036mg/L，蜜蜂接触 48h $LD_{50}$=0.16μg，蚯蚓 14d $LC_{50}$=19mg/kg [9]。

## 【毒理学】

**(1)一般毒性**

大鼠急性经口 $LD_{50}$ = 30mg/kg、急性经皮 $LD_{50} > 2000$mg/kg、急性吸入 $LC_{50}$ = 0.215mg/L，属高毒农药。对兔子皮肤和眼睛有刺激作用[9]。

**(2)神经毒性**

具有中枢兴奋和消化系统的抑制作用。大鼠急性经口毒性的典型中毒症状表现为震动、不规则的呼吸、梳理行动、唾液分泌、流泪[10]。

**(3)发育与生殖毒性**

可改变内分泌系统的功能，危害雌性大鼠的生殖系统。可能造成精子异常的发生率增加，小鼠生殖细胞的染色体发生畸变。慢性暴露影响研究观察到组织病理学和大鼠睾丸组织的变化[8]。

**(4)致突变性**

体外或体内诱导哺乳动物细胞染色体结构畸变，为潜在致癌物质[11]。

## 【人类健康效应】

中毒症状类似有机磷农药，包括恶心、瞳孔缩小、头痛、流泪、流涎、呕吐、腹痛、呼吸运动减弱、低血压、肌肉呈束状。急性中毒可抑制神经系统，症状包括头痛、头晕、无力、共济失调、震颤、恶心和死亡[12]。另外可能会对甲状腺产生毒性[9]。

## 【危害分类与管制情况】

| 序号 | 毒性指标 | PPDB 分类 | PAN 分类 |
|---|---|---|---|
| 1 | 高毒 | 否 | 是 |
| 2 | 致癌性 | 否 | 是 |
| 3 | 致突变性 | 否 | — |
| 4 | 内分泌干扰性 | 疑似 | 疑似 |
| 5 | 生殖发育毒性 | 无数据 | 无充分证据 |
| 6 | 胆碱酯酶抑制剂 | 是 | 是 |
| 7 | 神经毒性 | 疑似 | — |
| 8 | 呼吸道刺激性 | 是 | — |
| 9 | 皮肤刺激性 | 否 | — |
| 10 | 眼刺激性 | 是 | — |
| 11 | 污染地下水 | — | 可能 |
| 12 | 国际公约或优控名录 | 列入 PAN 名录 | |

注：PPDB 数据库由英国赫特福德郡大学农业与环境研究所开发；PAN 数据库来自北美农药行动网（PANNA）；"—"表示无此项。

## 【限值标准】

每日允许摄入量（ADI）为 0.0025mg/（kg bw · d），急性参考剂量（ARfD）为 0.0025mg/（kg bw · d）[9]。

## 参 考 文 献

[1] Harvey Jr J, Pease H L. Decomposition of methomyl in soil. J Agric Food Chem, 1973, 21(5):784-786.

[2] Fung K K, Uren N C. Microbial transformation of *S*-methyl *N*-[methylcarbamoyl)oxy] thioacetimidate (methomyl) in soils. J Agric Food Chem, 1977, 25(4):966-969.

[3] Leistra M, Dekker A,van der Burg A M M. Computed and measured leaching of the insecticide methomyl from greenhouse soils into water courses. Water, Air Soil Pollut, 1984, 23(2):155-167.

[4] Chapman R A, Cole C M. Observations on the influence of water and soil pH on the persistence of insecticides. J Environ Sci Health B, 1982, 17(5):487-504.

[5] Chen Z. A comparative study of thin film photodegradative rates for 35 pesticide. Ind Eng Chem Prod Res Dev, 1984, 23(1):5-11.

[6] Hansch C, Leo A, Hoekman D. Exploring QSAR. Hydrophobic, Electronic, and Steric Constants. Washington DC: American Chemical Society, 1995: 14.

[7] Kenaga E E. Predicted bioconcentration factors and soil sorption coefficients of pesticides and other chemicals. Ecotox Env Safety, 1980, 4(1):26-38.

[8] TOXNET(Toxicology Data Network). https://toxnet.nlm.nih.gov/cgi-bin/sis/search2/f?./temp/~uk1kT7:3:enex[2016-03-25].

[9] PPDB:Pesticide Properties DataBase. http://sitem.herts.ac.uk/aeru/ppdb/en/Reports/458.htm [2016-03-25].

[10] American Conference of Governmental Industrial Hygienists. Documentation of Threshold Limit Values for Chemical Substances and Physical Agents and Biological Exposure Indices for 2001. Cincinnati, 2001: 2.

[11] Wei L Y, Chao J S, Hong C C. Assessment of the ability of propoxur, methomyl, and aldicarb, three carbamate insecticides, to induce micronuclei in vitro in cultured Chinese hamster ovary cells and in vivo in BALB/c mice. Environ Mol Mutagen, 1997, 29(4):386-393.

[12] Ellenhorn M J, Schonwald S, Ordog G, et al. Ellenhorn's Medical Toxicology: Diagnosis and Treatment of Human Poisoning. 2nd ed. Baltimore: Williams and Wilkins, 1997: 1624.

# 灭蚜磷(mecarbam)

## 【基本信息】

化学名称：*S*-(*N*-乙氧羰基-*N*-甲基氨基甲酰基甲基)-*O*,*O*-二乙基二硫代磷酸酯

其他名称：灭蚜蜱

CAS 号：2595-54-2

分子式：$C_{10}H_{20}NO_5PS_2$

相对分子质量：329.37

SMILES：O=C(N(C(=O)OCC)C)CSP(=S)(OCC)OCC

类别：有机磷杀虫、杀螨剂

结构式：

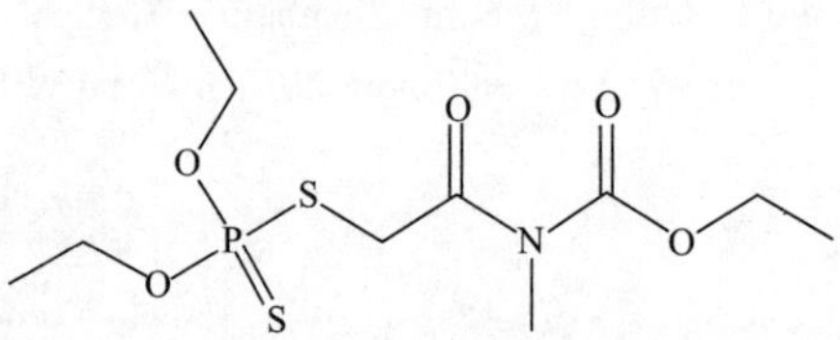

## 【理化性质】

浅棕色油状，密度 1.22g/mL，饱和蒸气压 $1.00×10^{-10}$mPa(25℃)。水溶解度 1000mg/L(20℃)，与有机溶剂互溶。辛醇/水分配系数 $\lg K_{ow}$ = 2.29。

## 【环境行为】

(1)环境生物降解性

在壤土中降解半衰期约为 77d，田间土壤中降解半衰期为 13d[1]。

(2)环境非生物降解性

在 70℃、pH 为 6.0 的乙醇-缓冲溶液中水解半衰期为 5.9h，在 20℃时水解速率慢数百倍[2]。大气中与羟基自由基反应的速率常数为 $1.2×10^{-10}$cm³/(mol·s)，间接光解半衰期约 3h[3]。

**(3)环境生物蓄积性**

基于 $\lg K_{ow}$ 的 BCF 预测值为 32[4]，在水生生物体内蓄积性弱。

**(4)土壤吸附/移动性**

基于 $\lg K_{ow}$ 的 $K_{oc}$ 预测值为 420[4]，提示在土壤中具有中等移动性[5]。

**(5)大气中迁移性**

大气中间接光解半衰期约 3h，远距离迁移可能性小[3]。

## 【生态毒理学】

鱼类(虹鳟鱼)96h $LC_{50}$ = 0.006mg/L[6]。

## 【毒理学】

**(1)一般毒性**

大鼠急性经口 $LD_{50}$=36.0mg/kg、急性经皮 $LD_{50}$>1220mg/kg、急性吸入 $LC_{50}$=0.70mg/L，属高毒级农药。具有胆碱酯酶抑制作用，对神经系统有刺激作用[6]。

**(2)神经毒性**

犬暴露 50mg/L 灭蚜磷 2a[相当于 1.78mg/(kg·d)]，死亡率、生长、摄食量、尿液检验、血液检验、临床化学参数、器官和组织的微观变化都未受显著影响，但引起红细胞、血浆、大脑乙酰胆碱酯酶活性降低，红细胞和血浆乙酰胆碱酯酶轻微抑制[7]。

大鼠 2a 试验：4.15mg/L 剂量组生长减缓，乙酰胆碱酯酶活性受到抑制[7]。

**(3)生殖毒性**

大鼠怀孕 6~19d 通过气管插管给药灭蚜磷 3mg/(kg·d)，出现临床胆碱能迹象、增长抑制；1mg/(kg·d) 及更高剂量引起红细胞乙酰胆碱酯酶活性抑制，但没有观察到与剂量相关的生殖或产生畸形的效应[7]。

大鼠吸入灭蚜磷 50000mg/m³ 每天 6h 持续 3 周，出现震颤、呼吸道刺激和红细胞胆碱酯酶活性受到抑制。没有观察到与剂量相关的生长、尿液检验、血液检验、临床化学参数、器官和组织微观特征变化[7]。

**(4)致突变性**

暂无数据。

## 【人类健康效应】

急性中毒症状：①恶心、呕吐、腹部绞痛、腹泻、唾液分泌过多（流涎）；②头痛、头晕眼花和虚弱；③常见流鼻涕和胸口沉闷；④视力模糊或微暗、瞳孔缩小、流泪、睫状肌痉挛和眼部疼痛；⑤心动过缓、心动过速、不同程度的动脉或静脉传导阻滞，以及心房心律失常；⑥失去肌肉协调能力、说话含糊、肌肉抽搐（尤其是舌头和眼皮）；⑦精神错乱、迷惑、嗜睡；⑧呼吸困难、过度分泌唾液和呼吸道黏液、口鼻起沫、黄萎病；⑨随机不平稳的运动、大小便失禁、抽搐和昏迷；⑩由于呼吸停止，强烈的支气管收缩导致的死亡。

慢性中毒症状：头痛、无力、记忆下降、疲劳、失眠、食欲缺乏、失去方向、心理障碍、眼球震颤、手颤抖以及其他神经系统紊乱。有时会出现神经炎、麻痹和瘫痪。有报道暴露灭蚜磷后，引起延迟神经毒性效应，造成脊髓和周围运动神经的髓鞘脱失[8]。

## 【危害分类与管制情况】

| 序号 | 毒性指标 | PPDB 分类 | PAN 分类 |
|------|----------|-----------|----------|
| 1 | 高毒 | 是 | 是 |
| 2 | 致癌性 | 否 | 无充分证据 |
| 3 | 内分泌干扰性 | 无数据 | 无充分证据 |
| 4 | 生殖发育毒性 | 无数据 | 无充分证据 |
| 5 | 胆碱酯酶抑制剂 | 是 | 是 |
| 6 | 神经毒性 | 是 | — |
| 7 | 国际公约或优控名录 | 列入 PAN 名录 | |

注：PPDB 数据库由英国赫特福德郡大学农业与环境研究所开发；PAN 数据库来自北美农药行动网（PANNA）；"—"表示无此项。

## 【限值标准】

每日允许摄入量（ADI）为 0.002mg/（kg bw·d），急性参考剂量（ARfD）为 0.008mg/（kg bw·d）[6]。

# 参 考 文 献

[1] Bro-Rasmussen F, Noddegaard E, Voldum-Clausen K. Comparison of the disappearance of eight

organophosphorus insecticides from soil in laboratory and in outdoor experiments. Pestic Sci, 1970, 1(5):179-182.

[2] Ruzicka J H, Thomson J, Wheals B B. The gas chromatographic determination of organophosphorus pesticides. II. A comparative study of hydrolysis rates. J Chrom, 1967, 31(1):37-47.

[3] Meylan W M, Howard P H. Computer estimation of the atmospheric gas-phase reaction rate of organic compounds with hydroxyl radicals and ozone. Chemosphere, 1993, 26(12):2293-2299.

[4] Meylan W M, Howard P H. Atom/fragment contribution method for estimating octanol-water partition coefficients. J Pharm Sci, 1995, 84(1):83-92.

[5] Mccall P J, Laskowski D A, Swann R L, et al. Estimation of environmental partitioning of organic chemicals in model ecosystems. Res Rev, 1983, 85(12):231-244.

[6] PPDB:Pesticide Properties DataBase. http://sitem.herts.ac.uk/aeru/ppdb/en/Reports/2904.htm [2016-03-26].

[7] Hayes W J, Laws E R. Handbook of Pesticide Toxicology. Volume 3. Classes of Pesticides. New York: Academic Press, 1991: 1160.

[8] Gosselin R E, Smith R P, Hodge H C. Clinical Toxicology of Commercial Products. 5th ed. Baltimore: Williams and Wilkins, 1984: III-340.

# 灭蚁灵(mirex)

## 【基本信息】

化学名称：十二氯五环[5.3.0.0(2,6).0(3,9).0(4,8)]癸烷

其他名称：全氯五环癸烷

CAS 号：2385-85-5

分子式：$C_{10}Cl_{12}$

相对分子质量：545.54

SMILES：ClC53C1 (Cl) C4 (Cl) C2 (Cl) C1 (Cl) C (Cl) (Cl) C5 (Cl) C2 (Cl) C3 (Cl) C4 (Cl) Cl

类别：有机氯杀虫剂

结构式：

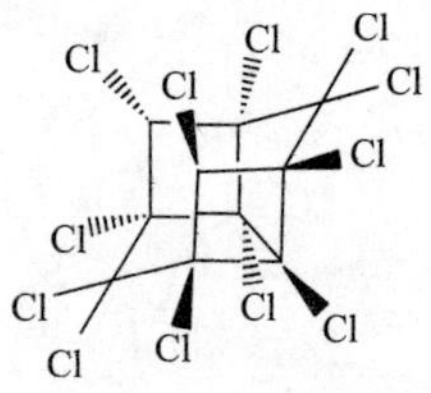

## 【理化性质】

白色无味结晶体，密度 2.25g/cm$^3$，饱和蒸气压 2.493×10$^3$Pa(25℃)。水溶解度为 0.0001mg/L(20℃)。有机溶剂溶解度(20℃)：氯仿，17000mg/L；二甲苯，14300mg/L。辛醇/水分配系数 lg$K_{ow}$=2.29(pH=7,20 ℃ )，亨利常数为 839.4Pa·m$^3$/mol。

## 【环境行为】

### (1)环境生物降解性

在环境中降解非常缓慢，基于不同研究得出的土壤降解半衰期(DT$_{50}$)平均值为 300d，一些研究报道 DT$_{50}$超过 10a。

在 100g 9 种不同的土壤中加入 0.5g 灭蚁灵，6 个月后残留率为 93%~99%[1]。

灭蚁灵能够对抗细菌和真菌的降解作用，而且可抑制放线菌的生长[1]。虽然灭蚁灵能够被微生物[1]、植物[2,3]或者高等动物如鱼类[4]、鼠类[2]吸收，但是在体内不发生代谢。灭蚁灵泄漏事故发生 5~12a 后，土壤监测结果显示灭蚁灵的脱氯作用发生缓慢，开蓬是灭蚁灵的生物转化产物[5]。每英亩土地施用 1 磅[1 磅(1b) = 0.453592kg]灭蚁灵 12a 后，50%的灭蚁灵和与灭蚁灵相关的有机氯化合物残留在土壤中[3]。在活性污泥中 2.5 个月仅代谢 1% [6]。

**(2)环境非生物降解性**

灭蚁灵在水中稳定，不发生水解作用。不含有与大气氧化剂如羟基自由基与臭氧反应的官能团[7]，但可发生直接光解作用[8,9]。添加于硅胶板上的灭蚁灵在夏季阳光下暴露28d，90%的灭蚁灵未能降解，光稳定性较强。光解产物为开蓬和几种灭蚁灵水合物同分异构体[8]。33ng/mL 的灭蚁灵(1%乙腈溶液)在室外放置 6 个月，得到光解一阶速率常数为 $3.7×10^{-3}d^{-1}$，相当于每天 12h 光照条件下，半衰期约为 $1a^{[9]}$。

**(3)环境生物蓄积性**

陆地水生生态系统模拟实验表明，所有生物(藻和鱼、蜗牛、蚊子)中都含有灭蚁灵。实验室条件下，食蚊鱼、呆鲹鱼和太阳鱼的 lgBCF 为 2.30~5.75，提示灭蚁灵在水生生物中有很强的生物富集性。尽管给予了较高的光照和温度，但是生物体内未发现灭蚁灵代谢产物。灭蚁灵在鱼和蜗牛中的生物放大系数(BMF)分别为 219 和 1597 [10]。

**(4)土壤吸附/移动性**

4 种沉积物中的平均 $K_{oc}=2.4×10^7$，土壤 $K_{oc}=5800$，提示灭蚁灵在土壤中难移动[9]。

基于其亨利常数，灭蚁灵可以从潮湿的土壤表面挥发，然而土壤的吸附作用会减弱此过程；从水体表面挥发预计是其一个重要的环境归趋过程。根据 $K_{oc}$ 值，水体中的灭蚁灵将吸附于悬浮颗粒物和水体沉积物中。如果忽略吸附作用，在模拟河流和湖泊水体中挥发半衰期为 4h~10d。如果考虑吸附作用，挥发半衰期约为 $3.6a^{[11]}$。

## 【生态毒理学】

鸟类(绿头鸭)急性 $LD_{50}$ >2400mg/kg，鱼类(虹鳟)96h $LC_{50}$>100mg/L，溞类(大型溞)48h $EC_{50}$> 0.1mg/L，藻类 72h $EC_{50}=0.1mg/L^{[12]}$。

## 【毒理学】

灭蚁灵为人类可能致癌物[2B，国际癌症研究机构(IAEC)分类]，具有内分泌干扰性和皮肤刺激性、疑似生殖发育毒性，无胆碱酯酶抑制性[12]。

### (1)一般毒性

大鼠急性经口 $LD_{50}$>235mg/kg，大鼠急性经皮 $LD_{50}$> 2000mg/kg[12]。

以 3.33g/kg 或者 6.67g/kg 灭蚁灵经皮每天暴露 6~7h，每周 5d，持续 9 周，未观察到灭蚁灵对兔子的毒性作用。比格犬饲喂暴露 4mg/kg 或者 20mg/kg 灭蚁灵，持续 13 周，未观察到毒性效应。剂量增加到 100mg/kg，2 只比格犬死亡，同时观察到体重下降、血生化指标异常、肝脏/体重比增加和脾脏/体重比下降。在 5mg/kg、20mg/kg 和 80mg/kg 暴露剂量下，未观察到大鼠毒性效应。在 320mg/L 和 1280mg/L 暴露剂量下，观察到的毒性效应包括：生长抑制、血红蛋白浓度下降、白细胞数目增加、肝大及 1280mg/L 浓度组出现死亡[13]。小鼠每天口服暴露 10mg/kg 的灭蚁灵(溶解于玉米油)，第 10 天出现死亡，$LT_{50}$(累积半致死剂量)为 132mg/kg。毒性效应包括严重腹泻、食物和水的摄入量减少及体重减轻，肝糖原减少导致血糖降低[14]。

### (2)内分泌干扰性

1998 年 8 月，美国环境保护署公布了从 86000 种化学品中筛选出的 67 种(类)危及人体和生物的"内分泌干扰物"。灭蚁灵为其中之一，它可影响维持机体自稳、生殖、发育和行为的天然激素的合成、分泌、运转及结合。

### (3)生殖发育毒性

急性暴露可造成体重下降、肝大、混合功能氧化酶活性升高、肝细胞的形态学改变，甚至死亡[15]。孕鼠对灭蚁灵的致死作用更敏感，25mg/kg 单次经口暴露不造成非孕雌鼠死亡，但是孕期 6~10mg/(kg·d)的灭蚁灵暴露会导致 16%~25% 的孕鼠发生死亡。在小鼠交配前后以 5mg/kg bw 的剂量暴露，在两类种系的小鼠中都观察到产仔数减少。在交配前后暴露于 25mg/kg 灭蚁灵的雌性大鼠，子代生存率降低，白内障发病率增高，而 5mg/kg 剂量组未观察到此类现象[16]。

大鼠在妊娠期 6~15d 每天经口暴露 1.5mg/kg bw、3.0mg/kg bw、6.0mg/kg bw 和 12.5mg/kg bw 的灭蚁灵。最高浓度组(12.5mg/kg bw)观察到母代毒性效应、妊娠失败、子鼠的生存率降低、子鼠体重降低、内脏异常的发生率增加。6.0mg/kg bw 剂量组，观察到母代毒性效应和内脏异常发生率增加的现象。低剂量组(1.5mg/kg bw 和 3.0mg/kg bw)未观察到毒性效应[16]。大鼠在妊娠期 7~16d 每天经口暴露 5~38mg/kg bw 的灭蚁灵，5mg/kg bw 剂量组 5.8%的胎鼠发生水肿，19mg/kg bw 剂量组 74%的胎鼠发生水肿[17]。

雌雄大鼠在交配前 91d 每天经口暴露 5.0mg/kg bw、10mg/kg bw、20mg/kg bw 和 40mg/kg bw 剂量的灭蚁灵,持续 15d。5.0mg/kg bw 剂量组雌性大鼠阴道图片阳性率降低,40mg/kg bw 剂量组雌性大鼠虽然食物摄入量正常,但体重增长显著降低,且肝大、胆固醇和总蛋白水平升高。所有剂量组雌性大鼠产仔数减少,肝脏和甲状腺组织学发生改变[13]。

**(4)神经毒性**

5mg/kg bw、12.5mg/kg bw 和 25mg/kg bw 剂量的灭蚁灵灌胃染毒,在染毒后 11d、16d 和 33d,均未观察到大鼠行为方面的改变。1.78mg/kg bw 和 17.8mg/kg bw 剂量的灭蚁灵经口染毒数周后,未观察到大鼠行为方面的改变[18]。80mg/kg bw 剂量的灭蚁灵经口染毒 8 周后,大鼠出现惊跳反应降低、反应时间延长及活动减少。此外,另外的一些研究也提示灭蚁灵可能造成行为改变[15]。

**(5)致癌或致突变性**

动物致癌证据充分[16]。鼠伤寒沙门氏菌致突变试验、Ames 试验和小鼠骨髓细胞微核试验结果均显示,灭蚁灵无明显的致突变性[19]。

## 【人类健康效应】

目前已不再生产和使用,因此不存在职业暴露问题。由于灭蚁灵环境降解非常缓慢,因而在环境中会长时间存在。监测数据显示,人群主要通过摄入被污染的食物暴露于灭蚁灵,通过饮水或者空气吸入也可能造成微量的灭蚁灵暴露。目前,关于灭蚁灵人群健康方面的研究资料较少,一项来自于美国俄亥俄州东南部灭蚁灵慢性暴露人群的研究结果显示,灭蚁灵慢性暴露人群肝细胞细胞色素 P-4501A2 酶代谢功能显著高于非暴露组人群[20]。

## 【危害分类与管制情况】

| 序号 | 毒性指标 | PPDB 分类 | PAN 分类 |
| --- | --- | --- | --- |
| 1 | 高毒 | 否 | 否 |
| 2 | 致癌性 | 是 | 是 |
| 3 | 致突变性 | 无数据 | — |
| 4 | 内分泌干扰性 | 是 | 疑似 |
| 5 | 生殖发育毒性 | 疑似 | 无充分证据 |
| 6 | 胆碱酯酶抑制剂 | 否 | 否 |
| 7 | 神经毒性 | 无数据 | — |
| 8 | 呼吸道刺激性 | 否 | — |

续表

| 序号 | 毒性指标 | PPDB 分类 | PAN 分类 |
|---|---|---|---|
| 9 | 皮肤刺激性 | 是 | — |
| 10 | 眼刺激性 | 无数据 | — |
| 11 | 国际公约或优控名录 | 列入 POPs 公约，列入 PAN 名录和 WHO 淘汰名录 | |

注：PPDB 数据库由英国赫特福德郡大学农业与环境研究所开发；PAN 数据库来自北美农药行动网（PANNA）；"—"表示无此项。

## 【限值标准】

每日允许摄入量（ADI）为 0.0002mg/（kg bw · d）[13]。

## 参 考 文 献

[1] Jones A S, Hodges C S. Persistence of mirex and its effects on soil microorganisms. J Agr Food Chem, 1974, 22(3):435-439.

[2] Mehendale H M, Fishbein L, Fields M, et al. Fate of mirex-$^{14}$C in the rat and plants. Bull Environ Contam Toxicol, 1972, 8(4):200-207.

[3] Brown L R et al. Effect of Mirex and Carbofuran on Estuarine Microorganisms USEPA-600/3-75-024 (NTIS PB-247147) .1975: 57.

[4] Huckins J N, Stalling D L, Petty J D, et al. Fate of kepone and mirex in the aquatic environment. J Agr Food Chem, 1982, 30(6):1020-1027.

[5] Carlson D A, Konyha K D, Wheeler W B, et al. Mirex in the environment: its degradation to kepone and related compounds. Science, 1976, 194(4268):939-941.

[6] Menzie C M. Metabolism of Pesticides—Update III. Special Scientific Report—Wildlife No. 232. Washington DC: U.S.Department of the Interior, Fish and Wildlife Service, 1980: 363.

[7] Meylan W M, Howard P H. Computer estimation of the atmospheric gas-phase reaction rate of organic compounds with hydroxyl radicals and ozone. Chemosphere, 1993, 26(12):2293-2299.

[8] Ivie G W, Dorough H W, Alley E G. Photodecomposition of mirex on silica gel chromatoplates exposed to natural and artificial light. J Agric Food Chem, 1974, 22(6):933-935.

[9] Smith J H, Mabey W R, Bohonos N et al. Environmental Pathways of Selected Chemicals in Freshwater Systems. Part Ⅱ : Lab Studies USEPA-600/7-78-074. 1978: 294-315.

[10] Francis B M, Metcalf R L. Evaluation of mirex, photomirex and chlordecone in the terrestrial aquatic laboratory model ecosystem. Environ Health Perspec, 1984, 54:341-346.

[11] Lyman W J, Reehl W F, Rosenblatt D H. Handbook of Chemical Property Estimation Methods. Washington DC: American Chemical Society, 1990:15-1-15-29.

[12] PPDB:Pesticide Properties DataBase. http://sitem.herts.ac.uk/aeru/ppdb/en/Reports/1294.htm [2016-03-29].

[13] TOXNET(Toxicology Data Network). https://toxnet.nlm.nih.gov/cgi-bin/sis/search2/f?./temp/ ~ xdJg3b:3:enex[2016-03-29].

[14] Fujimori K, Ho I K, Mehendale H M, et al. Comparative toxicology of mirex, photomirex and chlordecone after oral administration to the mouse. Environ Toxicol Chem, 1983, 2(1):49-60.

[15] WHO. Environmental Health Criteria: Mirex. 1984: 26.

[16] IARC. Monographs on the Evaluation of the Carcinogenic Risk of Chemicals to Humans. Geneva: World Health Organization, International Agency for Research on Cancer, 1979.

[17] Chernoff N, Linder R E, Scotti T M, et al. Fetotoxicity and cataractogenicity of mirex in rats and mice with notes on kepone. Environ Res, 1979, 18(2):257-269.

[18] Dietz D D, Mcmillan D E. Comparative effects of mirex and kepone on schedule-controlled behavior in the rat. One multiple fixed ratio 12 fixed interval 2 min schedule. Neurotoxicology, 1979, 1(2):369-385.

[19] NIH Publication No. 90-2569 U.S. Toxicology & Carcinogenesis Studies of Mirex in F344/N Rats (Feed Studies). Technical Report Series No. 313.1990.

[20] Hardman J G, Limbird L E, Gilman A G, et al. Goodman and Gilman's The Pharmacological Basis of Therapeutics. 10th ed. New York: McGraw-Hill, 2001: 1891.

# 灭蝇胺（cyromazine）

## 【基本信息】

化学名称：*N*-环丙基-1,3,5-三嗪-2,4,6-三胺

其他名称：环丙氨腈，蝇得净，赛诺吗嗪，环丙胺嗪

CAS 号：66215-27-8

分子式：$C_6H_{10}N_6$

相对分子质量：166.2

SMILES：n1c(nc(nc1N)NC2CC2)N

类别：杀虫剂、昆虫生长调节剂

结构式：

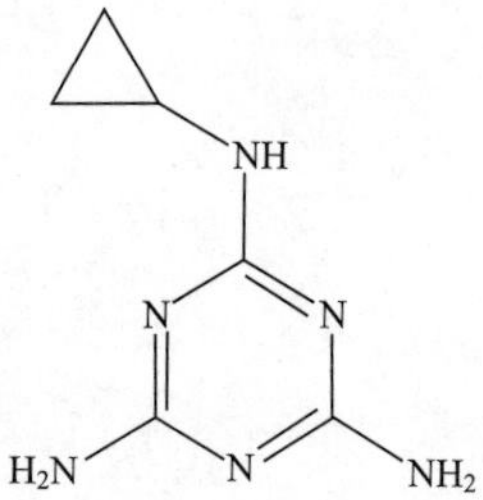

## 【理化性质】

无色结晶，密度 1.35g/cm³，饱和蒸气压 4.48 ×10⁻⁴mPa(25℃)，熔点 223.2℃，沸腾前分解。水溶解度为 13000mg/L(20℃)。有机溶剂溶解度(20℃)：乙腈，1400mg/L；二氯甲烷，210mg/L；正己烷，100mg/L；甲醇，17000mg/L。辛醇/水分配系数 $\lg K_{ow}$=0.069(pH=7,20℃)，亨利常数为 5.8 ×10⁻⁹Pa·m³/mol。

## 【环境行为】

### (1)环境生物降解性

在土壤中比较稳定，基于不同研究所得出的土壤好氧降解半衰期(DT₅₀)平均值为 93d。20℃条件下，DT₅₀=31.8d(实验室)，田间条件下 DT₅₀=9.7d。欧盟数据：

$DT_{50}$ 为 1.8~56d，$DT_{90}$ 为 9.6~186d，田间试验 $DT_{50}$ 为 2.3~17d[1]。

**(2)环境非生物降解性**

由于缺少可水解的官能团，在环境中不发生水解，只有极端 pH 条件下(pH ≤2)才能水解[2]。25℃条件下，在 pH 为 5、7、9 的溶液中稳定不水解[3]。光降解是其主要的化学降解方式，降解产物主要为三聚氰胺。根据其结构预测，25℃条件下灭蝇胺在大气中的光解半衰期约为 12.7d[4]。氙灯条件下不同土壤中的光解半衰期有 84d、75~180d、204~244d、185~284d、146~203d、107d 和 142d。也有报道，采用人工光源照射土壤表面的灭蝇胺，光解半衰期为 60d[5]。

**(3)环境生物蓄积性**

BCF=1(实验测定值)，提示灭蝇胺无生物蓄积性。

**(4)土壤吸附/移动性**

吸附系数 $K_{oc}$ 值为 81~1800[5]，在土壤中具有中等偏低的移动性。考虑到较强的水溶性、稳定性及一定的移动性，对地下水有潜在污染风险。

## 【生态毒理学】

鸟类(山齿鹑)急性 $LD_{50}$>1785mg/kg。鱼类(虹鳟)96h $LC_{50}$>100mg/L、21d NOEC>1mg/L，溞类(大型溞)48h $EC_{50}$>100mg/L、21d NOEC= 4.6mg/L，底栖动物(摇蚊)96h $LC_{50}$>120mg/L、21d NOEC =0.025mg/L，藻类 72h $EC_{50}$ =124mg/L、96h NOEC >100mg/L，蚯蚓 14d $LC_{50}$> 1000mg/L[1]。

## 【毒理学】

具有生殖发育毒性(被列入欧盟优先控制名单)和皮肤刺激性，致癌性为 C 类 (潜在致癌性化合物，美国 EPA 分类)[1]。

**(1)一般毒性**

大鼠急性经口 $LD_{50}$= 3387mg/kg，大鼠急性经皮 $LD_{50}$ > 3100mg/kg，大鼠急性吸入 $LC_{50}$> 3.6mg/L[1]。

给予大鼠 0mg/kg、160mg/kg、800mg/kg、4000mg/kg 剂量的灭蝇胺暴露，持续13周，试验初期大鼠摄食量明显减少，体重增长受到不同程度抑制，尤以4000mg/kg组比较明显，但所有动物未出现其他中毒症状。经病理组织学检查，肝、肾、心、脑及其他各脏器均未发现中毒性反应性改变。最大无作用剂量(NOAEL)：雄性为(13.39 ±1.26)mg/kg，雌性为(14.36 ±1.08)mg/kg。慢性、亚慢性毒理实验显示，灭蝇胺能够造成实验动物体重下降，肝大，血液中血红蛋白、血细胞数减少[6]。

**(2) 生殖发育毒性**

15 只雄性和 30 只雌性大鼠每天经口暴露 0mg/kg、30mg/kg、1000mg/kg 和 4000mg/kg 剂量的灭蝇胺，染毒第 4 周由于毒性作用，4000mg/kg 剂量降低到 3000mg/kg，F0 代大鼠在交配前持续染毒 100d。1000mg/kg 和 3000mg/kg 剂量组，F0 代和 F1 代雌雄大鼠体重与对照组相比显著降低；3000mg/kg 剂量组 15 只 F0 代雄性大鼠中有 6 只丧失生育能力，而对照组 15 只 F0 代雄性大鼠中仅有 2 只不能生育后代，结果提示灭蝇胺可造成雄性生殖损害。然而，在 F1 代雄性大鼠上未观察到此效应。灭蝇胺对妊娠周期无影响，3000mg/kg 剂量组，F1 代大鼠的平均产仔数稍有减少。3000mg/kg 剂量组，母代和子代的胎鼠死亡率增加。同时，与对照组相比出生体重也显著减轻。所有处理组均未观察到行为和形态的改变。器官质量的变化可归咎于体重的改变，而非灭蝇胺的器官毒性作用。基于体重变化的最大无作用剂量(NOAEL)成年大鼠为 30mg/kg[7]。

**(3) 致癌或致突变性**

Ames 试验和小鼠骨髓细胞微核试验均显示，灭蝇胺没有明显的遗传毒性。在多项长期或慢性毒理研究中，灭蝇胺能够导致动物乳房肿瘤，其代谢产物三聚氰胺能够引起膀胱肿瘤，灭蝇胺与其他一些已被证实能够导致乳房肿瘤的化合物具有类似的化学结构，但由于相关的研究结果较少，已有的研究结果未能得到普遍的认可。美国 EPA 在 1993 年将灭蝇胺调整为 C 类化合物，即具有潜在致癌性的化合物[3]。

## 【人类健康效应】

暂无相关信息。

## 【危害分类与管制情况】

| 序号 | 毒性指标 | PPDB 分类 | PAN 分类 |
| --- | --- | --- | --- |
| 1 | 高毒 | 否 | 否 |
| 2 | 致癌性 | 否 | 不可能 |
| 3 | 致突变性 | 无数据 | — |
| 4 | 内分泌干扰性 | 无数据 | 无充分证据 |
| 5 | 生殖发育毒性 | 是 | 无充分证据 |
| 6 | 胆碱酯酶抑制剂 | 否 | 否 |
| 7 | 神经毒性 | 否 | — |
| 8 | 呼吸道刺激性 | 疑似 | |
| 9 | 皮肤刺激性 | 是 | — |

续表

| 序号 | 毒性指标 | PPDB 分类 | PAN 分类 |
|---|---|---|---|
| 10 | 眼刺激性 | 否 | — |
| 11 | 污染地下水 | — | 是 |
| 12 | 国际公约或优控名录 | 列入 PAN 名录、欧盟优控名单 | |

注:PPDB 数据库由英国赫特福德郡大学农业与环境研究所开发;PAN 数据库来自北美农药行动网(PANNA);"—"表示无此项。

## 【限值标准】

每日允许摄入量(ADI)为 0.06mg/(kg bw · d),急性参考剂量(ARfD)为 0.1mg/(kg bw · d)。

## 参 考 文 献

[1] PPDB:Pesticide Properties DataBase. http://sitem.herts.ac.uk/aeru/ppdb/en/Reports/200.htm [2016-03-25].

[2] TOXNET(Toxicology Data Network). https://toxnet.nlm.nih.gov/cgi-bin/sis/search2/f?./temp/~skcv6p:3:enex [2016-03-25].

[3] USEPA. Proposed Rule. Cyromazine. Pesticide Tolerance. 64 FR 50043-50. 1999.

[4] Meylan W M, Howard P H. Computer estimation of the atmospheric gas-phase reaction rate of organic compounds with hydroxyl radicals and ozone. Chemosphere, 1993, 26(12):2293-2299.

[5] USDA. The ARS Pesticide Properties Database. http://www.ars.usda.gov/Services/docs.htm?docid=14199 [2007-07-23].

[6] 刘瑛, 余晟. 灭蝇胺的毒性研究. 农药, 2000, 39(9):25.

[7] Joint FAO/WHO. Meeting on Pesticide Residues in Food. Evaluations (1990) Toxicology. Cyromazine (September 1990). http://www.inchem.org/documents/jmpr/jmpmono/v90pr01.htm [2007-06-08].

# 内吸磷（demeton）

## 【基本信息】

化学名称：*O,O*-二乙基-*O*-[2-（乙硫基）乙基]硫代磷酸酯和*O,O*-二乙基-*S*-[2-（乙硫基）乙基]硫代磷酸酯的混合物

其他名称：一○五九，mercaptofos，systox

CAS 号：8065-48-3

分子式：$C_8H_{19}O_3PS_2$

相对分子质量：258.34

SMILES：n1c（nc（nc1N）NC2CC2）N

类别：有机磷类杀虫剂、杀螨剂

结构式：

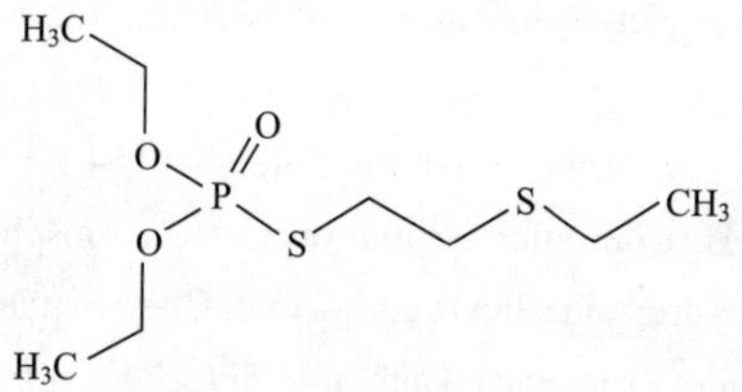

## 【理化性质】

浅黄色油状液体，具有硫醇臭味，密度 1.126g/cm³，饱和蒸气压 36.26mPa（25℃），熔点–25℃，沸点 125℃。水溶解度 666mg/L（20℃），能溶于绝大多数有机溶剂。正辛醇/水分配系数 $\lg K_{ow}$= 3.21（预测值），亨利常数为 0.387Pa·m³/mol。

## 【环境行为】

**(1)环境生物降解性**

无信息。

**(2)环境非生物降解性**

根据其饱和蒸气压，提示内吸磷在大气中可以同时以气态和吸附于颗粒物的形式存在。对290nm波长以上的光线具有弱吸收作用，提示在大气中可直接光解。

内吸磷-$S$ 和内吸磷-$O$ 与羟基自由基反应的速率常数分别为 $8.1 \times 10^{-11} cm^3/(mol \cdot s)$ 和 $1.33 \times 10^{-10} cm^3/(mol \cdot s)$（预测值），大气中间接光解半衰期分别为 5h 和 3h [1]。15℃、pH 为 5.7 的条件下，水解半衰期为 347d；27℃、pH 为 5.7 条件下，水解半衰期为 53d [2]；30℃、pH 分别为 9 和 8 条件下，水解半衰期分别为 4.2、8.5h[3]；主要水解产物为 1,2-双(乙硫基)乙烷。内吸磷-$S$ 在 3 种不同类型的土壤中，经过 8d 的自然光照，光解率约为 69%、74%和 24%，直接或间接光解作用是其在土壤表面重要的环境归趋过程[4]。

**(3)环境生物蓄积性**

BCF 估计值为 16 [5]，在水生生物中富集性弱。

**(4)土壤吸附/移动性**

内吸磷-$S$ 和内吸磷-$O$ 的 $K_{oc}$ 值分别为 70 和 387[3]，在土壤中具有中等至强的移动性。

## 【生态毒理学】

鸟类(绿头鸭)急性 $LD_{50}$=7.18mg/kg，鱼类(虹鳟)96h $LC_{50}$=1.6mg/L，溞(蚤状溞)48h $EC_{50}$=0.0104mg/L，蜜蜂 48h $LD_{50}$>2.6μg[6]。

## 【毒理学】

内吸磷属于剧毒类有机磷农药，中毒主要表现为胆碱酯酶抑制作用。

**(1)一般毒性**

大鼠急性经口 $LD_{50}$= 2.5mg/kg，大鼠急性经皮 $LD_{50}$= 8.2mg/kg[6]。

17 只大鼠以吸入方式每天暴露 3mg/m³ 剂量的内吸磷 2h，持续 12d。第 1 天未观察到有害效应，第 2 天发生明显的震颤现象，第 3 天发生流泪现象，同时震颤现象更为明显，第 4 天死亡 10 只。死亡原因为支气管狭窄、呼吸肌麻痹，同时也有可能为内吸磷导致的心脏毒性作用[7]。

兔子以 1.5mg/(kg bw·d)的剂量暴露于内吸磷，第 30 天胆碱酯酶活性降低了 55%，6 只兔子中有 4 只死亡。兔子死亡前出现呼吸窘迫、鼻子和嘴上起泡、腹泻、肌肉麻痹、昏迷和轻度窒息抽搐。0.4mg/(kg bw·d)、0.66mg/(kg bw·d)、0.9mg/(kg bw·d)和 1.89mg/(kg bw·d)内吸磷大鼠灌胃染毒 90d，0.9mg/(kg bw·d)和 1.89mg/(kg bw·d)组出现明显的中毒症状，表现为过度兴奋和震颤。雌性大鼠饲喂暴露 0mg/kg、12mg/kg、20mg/kg 和 50mg/kg 的内吸磷，50mg/kg 组大鼠出现严重的中毒现象，在 3~4 周后恢复正常。血液和脑组织乙酰胆碱酯酶活性为正常值的 7.1%和 8.2%。20mg/kg 组大鼠脑和血液乙酰胆碱酯酶活性为正常值的 15%。

12mg/kg 组 11 周后脑和血液乙酰胆碱酯酶活性为正常值的 90%[8]。

狗饲喂暴露 1mg/kg、2mg/kg、5mg/kg 的内吸磷[相当于 0.025mg/(kg·d)、0.047mg/(kg·d)、0.149mg/(kg·d)]，在染毒的第 12 周和第 16 周，5mg/kg 组和 2mg/kg 组血浆乙酰胆碱酯酶活性显著降低。1mg/kg 和 2mg/kg 剂量组，红细胞乙酰胆碱酯酶活性未受影响，5mg/kg 组红细胞乙酰胆碱酯酶活性轻微降低[9]。

**(2) 生殖发育毒性**

小鼠饲喂暴露 7mg/kg、10mg/kg、14mg/kg 的内吸磷，单次暴露，小鼠骨骼系统、腿、足趾和消化系统发育的异常率升高。CF-1 小鼠在怀孕的第 7 天和第 12 天单次给予 14mg/kg 的内吸磷暴露，高剂量组胎鼠发育迟缓；如果在器官形成期连续暴露 3d，可导致胎鼠骨骼畸形。在小鼠孕期第 7 天和第 12 天单次腹腔注射 7mg/kg 或 10mg/kg 的内吸磷，可导致胚胎毒性，表现为胎鼠体重下降及死亡率轻微升高，胎鼠仔 16d 出现小肠疝[10]。

在小鼠怀孕的第 14 天，腹腔注射 $^{32}P$ 标记的 5mg/kg 内吸磷，20min 后在胎盘组织、肌肉和骨间组织可以发现放射性标记的内吸磷，1~2h 后肝脏中浓度最高。组织中放射性标记的内吸磷在 3h 后消失[8]。

**(3) 神经毒性**

大鼠饲喂暴露 2.6mg/kg 的内吸磷，持续暴露 11~16 周，在 11 周时出现胆碱能毒性(肌束震颤、无力、流泪和流涎)，在 16 周时，尽管脑胆碱酯酶活性受到抑制，但是未出现明显的胆碱能毒性[9]。

大鼠灌胃给予 0.4mg/kg、0.66mg/kg、0.9mg/kg 和 1.89mg/kg 的内吸磷，持续暴露 65d，在暴露后 21d，0.9mg/kg 和 1.89mg/kg 剂量组大鼠出现胆碱能毒性(过度兴奋、震颤)，1.89mg/kg 剂量组有 1 只死亡[9]。

**(4) 致癌、致突变性**

鼠伤寒沙门氏菌菌株(TA1535、TA1538、TA98 和 TA100)突变试验、大肠杆菌(WP2 *uvrA*)突变试验、酵母有丝分裂诱导试验、大肠杆菌 DNA 修复试验、仓鼠细胞姐妹染色单体交换试验均显示，内吸磷具有致突变毒性[11]。

## 【人类健康效应】

急性中毒早期症状以头晕、无力、倦乏、恶心等居多，少数出现腹痛、呕吐、出汗、肌束颤动、瞳孔缩小、血压升高，个别严重病例并发中毒性肝炎、阵发性心房颤动以及精神病后遗症等。慢性接触可出现头痛、无力及消化不良，自主神经功能紊乱，部分工人血压偏低等[12]。

空气内吸磷浓度大约为 1mg/m³，14 名农业工人中有 12 人胆碱酯酶活性降低，但未出现中毒症状。另有报道称大气内吸磷浓度达 6mg/m³，人群尽管血清胆碱酯酶活性降低，但未出现临床症状[13]。

## 【危害分类与管制情况】

| 序号 | 毒性指标 | PPDB 分类 | PAN 分类 |
|---|---|---|---|
| 1 | 高毒 | 是 | 是 |
| 2 | 致癌性 | 无数据 | 无证据 |
| 3 | 致突变性 | 无数据 | — |
| 4 | 内分泌干扰性 | 无数据 | 无充分证据 |
| 5 | 生殖发育毒性 | 是 | 无充分证据 |
| 6 | 胆碱酯酶抑制剂 | 是 | 是 |
| 7 | 神经毒性 | 是 | — |
| 8 | 呼吸道刺激性 | 无数据 | — |
| 9 | 皮肤刺激性 | 无数据 | — |
| 10 | 眼刺激性 | 无数据 | — |
| 11 | 国际公约或优控名录 | 列入 PAN 名录，我国农业部 199 号公告 (2002 年)，在蔬菜、水果、茶叶、中药材上禁止使用 | |

注：PPDB 数据库由英国赫特福德郡大学农业与环境研究所开发；PAN 数据库来自北美农药行动网(PANNA)；"—"表示无此项。

## 【限值标准】

每日允许摄入量(ADI)为 0.06mg/(kg bw・d)，急性参考剂量(ARfD)为 0.1mg/(kg bw・d)。

## 参 考 文 献

[1] Meylan W M, Howard P H. Computer estimation of the atmospheric gas-phase reaction rate of organic compounds with hydroxyl radicals and ozone. Chemosphere, 1993, 26(12):2293-2299.

[2] Dannenberg A, Pehkonen S O. Investigation of the heterogeneously catalyzed hydrolysis of organophosphorus pesticides. J Agric Food Chem, 46(1):325-334.

[3] TOXNET(Toxicology Data Network). https://toxnet.nlm.nih.gov/cgi-bin/sis/search2/f?./temp/~hezMun:3:enex[2016-04-18].

[4] Miller G C, et al. Photooxidation of pesticides on soil surfaces. Div Environ Chem Amer Chem Soc April, 1987.

[5] Li M Y, Fleck R A. The Effects of Agricultural Pesticides in the Aquatic Environment, Irrigated Croplands, San Joaquin Valley. TS-00-72-05. Pest Studies Ser 6. Washington DC: USEPA Off

Water Prog Appl Tech Div Rural Wastes Branch, 1972.

[6] PPDB: Pesticide Properties DataBase. http://sitem.herts.ac.uk/aeru/ppdb/en/Reports/1537.htm [2016-04-18].

[7] American Conference of Governmental Industrial Hygienists (ACGIH), Inc. Documentation of the Threshold Limit Values and Biological Exposure Indices. Volumes I , II , III . 6th ed. Cincinnati: ACGIH, 1991: 385.

[8] FAO, WHO. Data Sheets on Pesticides No.60—Demeton. http://www.inchem.org/documents/pds/pds/pest60_e.htm [2006-11-13].

[9] Bingham E, Cohrssen B, Powell C H. Patty's Toxicology. Volumes 1-9. 5th ed. New York: John Wiley and Sons. 2001: 804.

[10] California Environmental Protection Agency (Cal/EPA). Department of Pesticide Regulation. Demeton (Systox) Summary of Toxicological Data (1986) http://www.cdpr.ca.gov/docs/toxsums/pdfs/566.pdf [2006-11-13].

[11] Simmon V F. In Vitro Microbiological Mutagenicity and Unscheduled DNA Synthesis Studies of Eighteen Pesticides. Us Ntis Pb Rep Pb-133,226. 1980: 177.

[12] International Labour Office (ILO). Encyclopedia of Occupational Health and Safety. Volumes I , II . Geneva: International Labour Office, 1983: 1640.

[13] Hayes W J. Pesticides Studied in Man. Baltimore/London: Williams and Wilkins, 1982:390.

# 七氯(heptachlor)

## 【基本信息】

化学名称：1,4,5,6,7,8,8-七氯-3a,4,7,7a-四氢-4,7-亚甲基-1*H*-茚

其他名称：七氯化茚

CAS 号：76-44-8

分子式：$C_{10}H_5Cl_7$

相对分子质量：373.32

SMILES：ClC1(C(Cl)2Cl)C(C=CC3Cl)C3C2(Cl)C(Cl)=C1Cl

类别：有机氯杀虫剂

结构式：

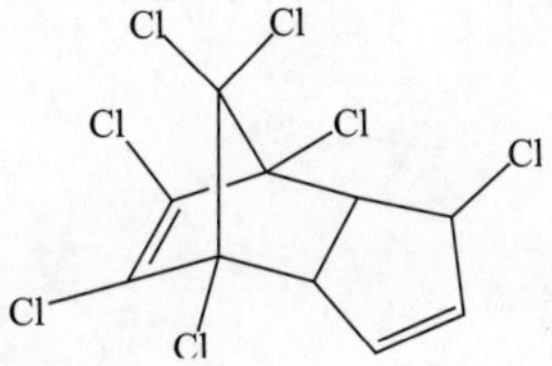

## 【理化性质】

白色晶体或茶褐色蜡状固体，带有樟脑或雪松的气味。密度 1.58g/mL，熔点95℃，沸点135℃，饱和蒸气压 53Pa(25℃)。水溶解度为 0.056mg/L(20℃)。有机溶剂溶解度(20℃)：丙酮，750000mg/L；苯，1060000mg/L；二甲苯，1020000mg/L；乙醇，45000mg/L。辛醇/水分配系数 $\lg K_{ow} = 5.44$，亨利常数为 353Pa·$m^3$/mol。

## 【环境行为】

### (1)环境生物降解性

好氧条件下，不同研究的土壤降解半衰期($DT_{50}$)平均值为 285d，田间试验$DT_{50}=250d$，主要降解产物为环氧七氯和六氯。厌氧条件下，53℃时，10mg/kg 七氯在 1d 左右完全降解。在 pH 为 7.0、20℃条件下，当七氯浓度为 0.1mg/L 时，4种菌株 10d 的厌氧降解率为 38.24%~56.0%[1]。

**（2）环境非生物降解性**

大气中，气态七氯与光化学产生的羟基自由基和臭氧自由基反应而发生分解；根据速率常数 $6.11\times10^{-11}cm^3/(mol \cdot s)$ 和 $2\times10^{-16}cm^3/(mol \cdot s)$（25℃）[2]，估测间接光解半衰期分别为 6.3h 和 1.4h。pH 为 4.5、5.0、6.0、7.0 和 8.0 时，水解半衰期分别为 5.4d、4.3d、4.5d、4.5d 和 3.0d[3]。七氯可以直接光解，浓度为 $1.35\times10^{-7}\sim1.0\times10^{-5}mol/L$ 的丙酮溶液在波长 290nm 辐射下，3h 光解率为 5%~10%[4]。

**（3）环境生物蓄积性**

BCF 估测值为 200~37000，食蚊鱼 BCF=3800，表明七氯在水生生物中富集性非常强。七氯在环境中具有持久性，并能富集在生物体内的脂肪中[5]。

**（4）土壤吸附/移动性**

$K_{oc}$ 值为 13330~661000[6]，提示其在土壤中不可移动[7]。

## 【生态毒理学】

鸟类（山齿鹑）急性 $LD_{50}>$ 2000mg/kg，鱼类（蓝鳃太阳鱼）96h $LC_{50}=$0.007mg/L，溞类（大型溞）48h $EC_{50}=$0.042mg/L，藻类（绿藻）72h $EC_{50}=$0.027mg/L，蜜蜂接触 48h $LD_{50}>$ 0.526μg[8]。

## 【毒理学】

**（1）一般毒性**

大鼠急性经口 $LD_{50}>$ 147mg/kg（中等毒性），大鼠急性经皮 $LD_{50}$ 为 195mg/kg，大鼠吸入 $LC_{50}$ 为 2.0mg/L(4h)[8]。

与氯丹类似，进入机体后很快转化为毒性较大的环氧七氯并储于脂肪中，主要影响中枢神经系统及肝脏等。大鼠经口暴露 7.5~10mg/kg 七氯 2a，肝脏出现轻微的实质性退行性病变。

**（2）神经毒性**

神经中毒类，可造成动物发育迟缓、行为改变、过度兴奋、GABA 神经传递改变和自主神经改变，包括认知障碍。

**（3）生殖发育毒性**

可抑制大鼠生长激素水平、扰乱雌鼠生理周期、延迟交配行为、使孕鼠产仔数减少、胎鼠死亡增加，没有观察到畸形变化。

**（4）致癌性**

对雌鼠和雄鼠都具有致癌性。IARC 将七氯列入 2B 类物质，即"有可能致癌物"[9]，而美国 EPA 认为动物实验的结果不足以证实七氯会导致人类患上癌症，将其列为 3B 类。

## 【人类健康效应】

　　临床症状包括恐惧、焦虑、呕吐、肠胃难受、腹痛、中枢神经系统抑制，高剂量引起抽搐，之前可能发生共济失调、肌肉痉挛、自发性收缩。案例研究发现：1 名暴露于氯丹和七氯的工人，在暴露 6 个月到 1a 之后，开始出现神经症状，直至死亡。尸检显示，大脑出现多发性硬化，并且出现严重的周围神经病变。

　　虽然七氯自 1983 年起禁止使用，但仍能在土壤与水中检出，可通过食物链进入食物和牛奶，最终进入人体而对健康产生危害。

## 【危害分类与管制情况】

| 序号 | 毒性指标 | PPDB 分类 | PAN 分类 |
|------|----------|-----------|----------|
| 1 | 高毒 | 否 | 是 |
| 2 | 致癌性 | 可能 | 是 |
| 3 | 致突变性 | 否 | — |
| 4 | 内分泌干扰性 | 疑似 | 疑似 |
| 5 | 生殖发育毒性 | 是 | 是 |
| 6 | 胆碱酯酶抑制剂 | 否 | 否 |
| 7 | 神经毒性 | 是 | — |
| 8 | 皮肤刺激性 | 否 | — |
| 9 | 眼刺激性 | 是 | — |
| 10 | 国际公约或优控名录 | 列入 POPs、PIC 公约，WHO 淘汰农药品种，列入 PAN 名录 | |

　　注：PPDB 数据库由英国赫特福德郡大学农业与环境研究所开发；PAN 数据库来自北美农药行动网（PANNA）；"—"表示无此项。

## 【限值标准】

　　美国饮用水健康标准：每日允许摄入量（ADI）为 0.0001mg/（kg bw · a）[8]，饮用水污染物最高限量（MCL）为 0.40μg/L，急性参考剂量（ARfD）为 0.5μg/（kg · d）[4]。

## 参 考 文 献

[1]　杜芳芳. 七氯降解菌的分离及其降解特性研究. 西安：长安大学硕士学位论文，2013.

[2]　Meylan W M, Howard P H. Computer estimation of the atmospheric gas-phase reaction rate of

organic compounds with hydroxyl radicals and ozone. Chemosphere, 1993, 26(12): 2293-2299.

[3]　Chapman R A, Cole C M. Observations on the influence of water and soil pH on the persistence of insecticides. J Environ Sci Health, 1982,17(5): 487-504.

[4]　TOXNET (Toxicology Data Network). https://toxnet.nlm.nih.gov/cgi-bin/sis/search2/f?./temp/~cHLiW5:3:enex [2015-05-06].

[5]　Callahan M A, Slimak M W, Gabel N W. Water-Related Environmental Fate of 129 Priority Pollutants. USEPA-440/4-79-029a . 1979.

[6]　Ding J Y, Wu S C. Partition-coefficients of organochlorine pesticides on soil and on the dissolved organic-matter in water. Chemosphere, 1995,30(12): 2259-2266.

[7]　Swann R L, Laskowski D A, McCall P J, et al. A rapid method for the estimation of the environmental parameters octanol water partition-coefficient, soil sorption constant, water to air ratio, and water solubility. Res Rev, 1983,85: 17-28.

[8]　PPDB: Pesticide Properties DataBase. http://sitem.herts.ac.uk/aeru/ppdb/en/Reports/378.htm [2015-05-06].

[9]　IARC. Monographs on the Evaluation of the Carcinogenic Risk of Chemicals to Humans. Geneva: World Health Organization, International Agency for Research on Cancer, 2001: 79476.

# 羟哌酯（icaridin）

## 【基本信息】

化学名称：2-(2-羟乙基)哌啶-1-碳酸-1-甲基异丙酯

其他名称：picaridin，propidine，KBR3023，bayrepel

CAS 号：119515-38-7

分子式：$C_{12}H_{23}NO_3$

相对分子质量：229.32

SMILES：CCC(C)OC(=O)N1CCCCC1CCO

类别：杀虫剂

结构式：

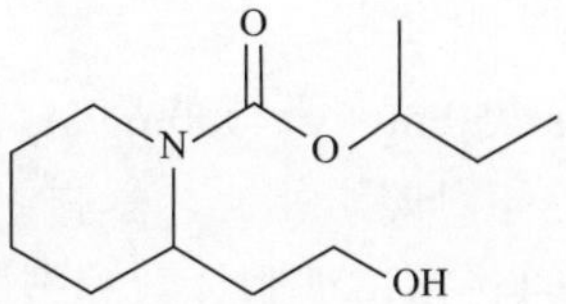

## 【理化性质】

无色、无臭液体，密度 1.04g/mL，熔点–170℃，沸点 296℃，饱和蒸气压 0.034Pa(25℃)。水溶解度 8200mg/L(20℃)，在丙酮、庚烷、丙醛、二甲苯、正辛醇、聚乙二醇、乙酸乙酯、乙腈、二甲亚砜等有机溶剂中溶解度均大于 250g/L。辛醇/水分配系数 $\lg K_{ow}$=2.23，亨利常数为 $3.0×10^{-11}$atm·$m^3$/mol(估测值)。

## 【环境行为】

**(1)环境生物降解性**

暂无数据。

**(2)环境非生物降解性**

与光化学产生的羟基自由基反应的速率常数为 $5.6×10^{-11}$cm³/(mol·s)(25℃)，间接光解半衰期估测值为 2.3h[1]。在环境中难水解，25℃暴露 30d 或者 50℃暴露 7d 后均未发生水解。根据亨利常数 $3.0×10^{-11}$atm·$m^3$/mol 与饱和蒸气压，提示羟哌酯不会从干燥的土壤表面挥发[2]。

**(3)环境生物蓄积性**

BCF=10[2]，生物富集性弱[3]。

**(4)土壤吸附/移动性**

吸附系数 $K_{oc}$=389[2]，在土壤中具有中等移动性[4]。

## 【生态毒理学】

鸟类(山齿鹑)急性 $LD_{50}$ > 5000mg/kg，鱼类(蓝鳃太阳鱼)96h $LC_{50}$ =173mg/L、21d NOEC =50.1mg/L，溞类(大型溞)48h $EC_{50}$ =100mg/L、21d NOEC =103mg/L，藻类(绿藻)72h $EC_{50}$ =71.5mg/L、96h NOEC =54.8mg/L[5]。

## 【毒理学】

**(1)一般毒性**

大鼠急性经口 $LD_{50}$=2236mg/kg(低毒)，大鼠急性经皮 $LD_{50}$>5000mg/kg，大鼠吸入 $LC_{50}$ > 4.36mg/m$^3$ (4h)[5]。

SD 大鼠经皮暴露 0mg/kg、50mg/kg、100mg/kg 和 200mg/kg 的羟哌酯，每周暴露 5d，连续暴露 18 个月。与对照组相比，暴露组大鼠死亡率未增加，体重、食物消耗、临床症状、血液学(包括白细胞计数和细胞形态)和绝对或相对器官质量未显著改变。100mg/kg 和 200mg/kg 暴露组，雌性大鼠淀粉样蛋白沉积发生率增加[6]。

**(2)神经毒性**

大鼠皮肤暴露 0mg/kg、200mg/kg、600mg/kg 和 2000mg/kg 羟哌酯24h，暴露后4h出现神经和行为活性兴奋现象，未出现死亡，组织病理学检查未见异常[6]。

**(3)生殖发育毒性**

大鼠皮肤暴露 0mg/kg、50mg/kg、100mg/kg 和 200mg/kg 羟哌酯，每周暴露5d，连续暴露两代。母代(F1 代)未出现明显的中毒症状，体重和食物消耗量未明显改变。但是与对照组相比，暴露组出现角化过度、棘层肥厚，并且呈剂量-反应关系。子代的生殖和发育未受影响[6]。

**(4)遗传毒性**

Ames 试验和转基因小鼠基因突变试验结果呈阴性。

## 【人类健康效应】

暂无数据。

## 【危害分类与管制情况】

| 序号 | 毒性指标 | PPDB 分类 | PAN 分类 |
|------|----------|-----------|----------|
| 1 | 高毒 | 否 | 否 |
| 2 | 致癌性 | 否 | 不可能 |
| 3 | 致突变性 | 否 | — |
| 4 | 内分泌干扰性 | 否 | 无充分证据 |
| 5 | 生殖发育毒性 | 否 | 无充分证据 |
| 6 | 胆碱酯酶抑制剂 | 否 | 否 |
| 7 | 神经毒性 | 否 | — |
| 8 | 呼吸道刺激性 | 否 | — |
| 9 | 皮肤刺激性 | 否 | — |
| 10 | 眼刺激性 | 是 | — |
| 11 | 国际公约或优控名录 | — | |

注：PPDB 数据库由英国赫特福德郡大学农业与环境研究所开发；PAN 数据库来自北美农药行动网（PANNA）；"—"表示无此项。

## 【限值标准】

苏联车间空气中有害物质的最高容许浓度为 $0.02mg/m^3$，苏联（1978 年）环境空气中最高容许浓度为 $0.0004mg/m^3$（日均值）。

# 参 考 文 献

[1] Meylan W M, Howard P H. Computer estimation of the atmospheric gas-phase reaction rate of organic compounds with hydroxyl radicals and ozone. Chemosphere, 1993, 26(12): 2293-2299.

[2] WHO. WHO specifications and evaluations for public health pesticides. Icaridin. Geneva: World Health Organization, 2005.

[3] Franke C, Studinger G, Berger G, et al. The assessment of bioaccumulation. Chemosphere, 1994, 29(7):1501-1514.

[4] Swann R L, Laskowski D A, McCall P J, et al. A rapid method for the estimation of the environmental parameters octanol water partition-coefficient, soil sorption constant, water to air

ratio, and water solubility. Res Rev, 1983, 85: 17-28.

[5] PPDB: Pesticide Properties DataBase. http://sitem.herts.ac.uk/aeru/ppdb/en/Reports/389.htm [2015-06-01].

[6] California Environmental Protection Agency, Department of Pesticide Regulation. Toxicology Data Review Summaries. 2005.

# 氰戊菊酯(fenvalerate)

## 【基本信息】

化学名称：$\alpha$-氰基-3-苯氧苄基($R,S$)-2-(4-氯苯基)-3-甲基丁酸酯

其他名称：速灭杀丁，杀灭菊酯，敌虫菊酯，百虫灵，速灭菊酯

CAS 号：51630-58-1

分子式：$C_{25}H_{22}ClNO_3$

相对分子质量：419.9

SMILES：Clc1ccc(cc1)C(C(=O)OC(C#N)c3cccc(Oc2ccccc2)c3)C(C)C

类别：拟除虫菊酯类杀虫剂

结构式：

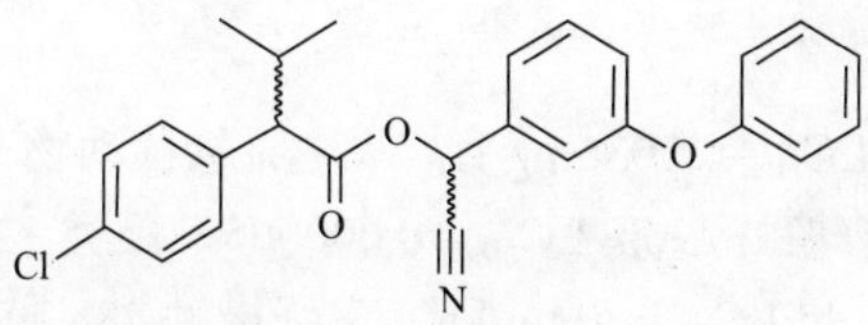

## 【理化性质】

黄色到褐色黏稠油状液体，密度 1.175mg/L，熔点 39.5℃，精馏分解，饱和蒸气压 0.0192mPa(25℃)。水溶解度为 0.001mg/L(20℃)。有机溶剂溶解度(20℃)：正己烷，53000mg/L；二甲苯，200000mg/L；甲醇，84000mg/L。辛醇/水分配系数 $\lg K_{ow} = 5.01$(pH=7，20℃)，亨利常数为 0.042 Pa·m³/mol(25℃)。

## 【环境行为】

### (1)环境生物降解性

在青紫泥、乌栅土以及黄泥土 3 种不同类型土壤中的降解半衰期分别为 25.3d、19.4d、17.7d，降解速率常数分别为 0.0274cm³/(mol·s)、0.0357 cm³/(mol·s)、0.0392 cm³/(mol·s)。而经过灭菌后的土壤，其降解明显减缓，半衰期延长。土壤中的降解过程主要是微生物作用[1]。

**(2)环境非生物降解性**

在水中的降解速率与 pH 紧密相关，在 pH 为 4、7.1、8、9.7 的溶液中，在散射光照射下(日平均温度 28.6℃，日平均光照强度 588lx)，第 15 天的降解率分别为 51.3%、38.9%、71.1%、92.9%，降解速率顺序：pH=9.7>pH=8>pH=4>pH=7.1，在碱性溶液中降解最快，在中性及酸性溶液中较慢[2]。

在蒸馏水中的光解速率与太阳光的光照强度密切相关。当氰戊菊酯在水中(pH=6.7)时，在直射太阳光下(日平均光照强度为 24009lx)，第 15 天的光解率为 94.7%；在散射光下(日平均光照强度为 588lx)，第 15 天的光解率为 73.6%；在无光照(黑暗处理)条件下(日平均温度 27.2℃)，第 15 天降解 50.9%[2]。

**(3)环境生物蓄积性**

实验室研究发现，羊头鲦鱼 BCF=570[3]；虹鳟鱼 BCF 为 407~912[4]，提示氰戊菊酯具有潜在的生物蓄积性。

**(4)土壤吸附/移动性**

淡涂泥土、黄斑青紫泥土和山地黄泥砂土吸附常数 $K_f$ 分别为 15.7、101、102[5]。

## 【生态毒理学】

鱼类(虹鳟鱼)96h $LC_{50}$=0.0036mg/L，水生无脊椎动物(未指定物种)48h $EC_{50}$=0.00003mg/L，甲壳类(糠虾)96h $LC_{50}$=0.000005，藻类 72h $EC_{50}$=50mg/L、96h NOEC=10mg/L，蚯蚓 14d $LC_{50}$=40mg/kg，蜜蜂接触 48h $LD_{50}$=0.23μg[6]。

## 【毒理学】

**(1)一般毒性**

大鼠急性经口 $LD_{50}$=451mg/kg，经皮 $LD_{50}$>1000mg/kg，吸入 $LC_{50}$ > 0.101mg/L，属中等毒性农药[6]。

**(2)神经毒性**

取孕 18d 的 ICR 小鼠胚胎海马细胞进行体外培养，建立小鼠海马神经元和星形胶质细胞混合培养体外模型。以 1mg/L、5mg/L、10mg/L、50mg/L 的氰戊菊酯对培养 8d 后的细胞进行染毒，结果发现在对海马神经细胞不产生明显细胞毒性的前提下，氰戊菊酯可以引起神经元缺失，而且随着剂量的增加，神经元突起的数目及长度均随之明显下降。说明氰戊菊酯可能特异损害和(或)抑制发育中神经元的突起[7]。

仔鼠自出生第 3 天开始腹腔注射染毒，隔天一次，连续 6 次，分 5mg/kg、0.5mg/kg 和 0.05mg/kg 3 个氰戊菊酯染毒组及二甲基亚砜和生理盐水 2 个对照组，二甲基亚砜组 11 只，其余各组均为 16 只。结果显示，染毒期间，仔鼠躯体感觉运动功能发育受影响，但至青年期在平衡木测试中，各组已无差异；在旷场实验中，反映自发性活动和焦虑情绪的指标在各组间均无差异；成年后在 Morris 水迷宫空间探索实验中，高剂量组小鼠在 60s 内穿越平台次数减少。说明出生后早期有限次数接触低剂量氰戊菊酯，染毒期间会影响仔鼠躯体感觉运动功能发育，发育至青年期小鼠的感觉运动功能得以恢复；但出生后早期接触低剂量氰戊菊酯，会影响小鼠成年后的空间记忆能力[8]。

**(3) 生殖毒性**

8~10 周龄的雄性 SD 大鼠，连续灌胃染毒，每天一次，每周 6d，共染毒 8 周，染毒剂量分别为 0mg/(kg·d)、0.00625mg/(kg·d)、0.125mg/(kg·d)、2.5mg/(kg·d)、30mg/(kg·d)，共 5 组，结果发现染毒各浓度组附睾尾部精子的计数、活动率、前向运动比率、精子 DNA 损伤、精子获能及自发性顶体反应与对照组无统计学差异，染毒各浓度组精子畸形率与对照组相比均有明显增加[9]。

不同剂量的氰戊菊酯(0mg/kg、2.4mg/kg、12mg/kg、60mg/kg)，每日分别对雄性成年 SD 大鼠连续灌胃，染毒 15d、30d。结果显示，与对照组相比，染毒 15d 时，血清中 FSH 水平在 ≤12mg/kg 剂量组均明显升高，血清中 LH 含量在 12mg/kg 剂量组显著增加，而睾丸匀浆中 T 在 ≥12mg/kg 剂量组中表现为显著下降；染毒至 30d 时，血清中 FSH 水平在 ≥12mg/kg 剂量范围继续呈现显著增加，睾丸匀浆中 T 在 2.4mg/kg 剂量组则降低。结果说明，氰戊菊酯对雄性大鼠有明显的生殖毒性，可影响其血清及睾丸性激素水平和酶活性[10]。

成年雄性 SD 大鼠分别以 0mg/kg、20mg/kg、40mg/kg、80mg/kg 剂量的氰戊菊酯连续灌胃染毒 15d 和 30d。结果发现，氰戊菊酯染毒 15d 时，与 0mg/kg 组相比，40mg/kg 剂量组精子数量明显减少，20mg/kg 和 40mg/kg 组睾丸匀浆中 T 水平显著降低，血清 LH、FSH 水平随染毒剂量的增加而升高，且 FSH 水平和染毒剂量有显著的剂量-效应关系；氰戊菊酯染毒至 30d 时，各组间精子数量差异不显著，与 0mg/kg 组相比，40mg/kg 剂量组 *a+b* 级精子活力显著降低，血清 LH、FSH 水平随染毒剂量的增加而升高，但差异不显著。说明氰戊菊酯对雄性大鼠有明显的生殖毒性作用，能够改变血清和睾丸中的生殖激素水平[11]。

用 10mg/kg bw 氰戊菊酯长期灌胃(40d)雄性成年小鼠，可扰乱小鼠雄激素和雌激素的分泌，并影响小鼠的精子产生，导致小鼠繁殖性能下降[12]。

**(4) 致癌性**

5～6 周龄 Wistar 大鼠雄性 262 只、雌性 263 只，分成四组，分别喂饲 0mg/kg、50mg/kg、200mg/kg 和 500mg/kg 氰戊菊酯的饲料两年。病理检查发现多种组织(主要为乳腺、垂体、肺、肾上腺和子宫)肿瘤，两性大鼠各实验组发瘤率以及多发性肿瘤和恶性肿瘤发生率，与对照组比较无明显差异，也没有剂量-反应关系。说明氰戊菊酯对 Wistar 大鼠没有致癌作用[13]。

## 【人类健康效应】

对 42 例氰戊菊酯急性中毒者的临床资料进行回顾性分析。结果发现，90%的患者以头晕头痛、乏力为首发症状，流涎、手足徐动为主要特征[14]。

分别选择某农药厂氰戊菊酯生产男性工人 32 名为暴露组，厂行政办公区男性工作人员 46 名为内对照组，另选择某疾病预防与控制中心男性工作人员 22 名为外对照组。结果显示，暴露组空气中氰戊菊酯浓度明显高于内、外对照组，暴露组精子总数、精子运动直线性、精子运动前向性均显著低于内、外对照组；精液黏稠度、凝集度及精子总数异常率显著高于内、外对照组；精子活动度、鞭打频率显著低于外对照组，活动度异常率显著高于外对照组。职业性接触低浓度氰戊菊酯对男性工人精液质量仍有一定影响[15]。

分别选择某农药厂工龄半年以上的氰戊菊酯生产工人 61 名为暴露组，厂行政办公区工作人员 102 名为对照组。结果发现，暴露组空气中氰戊菊酯浓度明显高于对照组，同时个体采样和皮肤污染量结果均显示暴露组氰戊菊酯浓度显著高于对照组；暴露组舒张压异常率显著高于对照组。说明职业性接触氰戊菊酯农药对工人心血管系统有一定的影响，未发现对神经系统有影响[16]。

## 【危害分类与管制情况】

| 序号 | 毒性指标 | PPDB 分类 | PAN 分类 |
| --- | --- | --- | --- |
| 1 | 高毒 | 否 | 否 |
| 2 | 致癌性 | 否 | 未分类 |
| 3 | 致突变性 | 无数据 | — |
| 4 | 内分泌干扰性 | 是 | 疑似 |
| 5 | 生殖发育毒性 | 无数据 | 无充分证据 |
| 6 | 胆碱酯酶抑制剂 | 否 | 否 |
| 7 | 神经毒性 | 疑似 | |
| 8 | 呼吸道刺激性 | 是 | — |
| 9 | 皮肤刺激性 | 是 | — |
| 10 | 眼刺激性 | 是 | — |
| 11 | 国际公约与优控名录 | — | |

注：PPDB 数据库由英国赫特福德郡大学农业与环境研究所开发；PAN 数据库来自北美农药行动网（PANNA）；"—"表示无此项。

## 【限值标准】

每日允许摄入量 ADI 为 0.02mg/(kg bw · d)[6]。

# 参 考 文 献

[1] 陈莉, 章钢娅, 胡锋. 氰戊菊酯在土壤中的降解及其影响因子研究. 土壤学报, 2008, 45(1): 90-97.

[2] 刘乾开, 朱国念. 氰戊菊酯在水中的降解. 浙江大学学报:农业与生命科学版, 1993, 3: 293-297.

[3] Schimmel S C, Garnas R L, Patrick J M, et al. Acute toxicity, bioconcentration, and persistence of AC 222,705, benthiocarb, chlorpyrifos, fenvalerate, methyl parathion, and permethrin in the estuarine environment. J Agric Food Chem, 1983, 31(1): 104-113.

[4] Devillers J, Bintein S, Domine D. Comparison of BCF models based on log$P$. Chemosphere, 1996, 33: 1047-1065.

[5] 杨挺, 孙扬, 皇甫伟国. 白蚁防治剂毒死蜱和氰戊菊酯在土壤中的吸附行为. 中国农学通报, 2007, 23(9): 486-489.

[6] PPDB: Pesticide Properties DataBase. http://sitem.herts.ac.uk/aeru/ppdb/en/Reports/389.htm [2015-06-15].

[7] 杨叶新, 王取南, 夏玉宝,等. 体外氰戊菊酯暴露抑制小鼠海马神经元突起形成. 安徽医科大学学报, 2010, 45(3): 289-293.

[8] 张玉媛, 王取南, 王志刚,等. 出生后接触氰戊菊酯对仔鼠神经行为发育及学习记忆的影响. 毒理学杂志, 2008, 22(2):88-91.

[9] 卢莹. 低剂量氰戊菊酯对雄性大鼠生殖系统的影响及机制研究. 南京: 南京医科大学博士学位论文, 2012.

[10] 胡静熠, 王守林, 赵人, 等. 氰戊菊酯对雄性大鼠生殖内分泌系统的影响. 中华男科学, 2002, (1):18-21.

[11] 姚克文, 王介东. 氰戊菊酯对大鼠精子及生殖激素的影响. 生殖医学杂志, 2008, 17(1):58-61.

[12] 徐克斯, 蒋辉, 杭怡琼, 等. 内分泌干扰素氰戊菊酯对成年雄性小鼠繁殖生理的影响. 海农业学报, 2010, 26(2):5-8.

[13] 郭联杰, 吕瑞珍. 氰戊菊酯的慢性毒性和致癌性研究. 卫生研究, 1991, (1):1-4.

[14] 牛新, 陈湘铭. 急性氰戊菊酯中毒 42 例临床分析. 临床医学, 2003, 23(2):8-9.

[15] 谈立峰, 王守林, 孙雪照, 等. 职业性接触氰戊菊酯农药对精液质量的影响. 中华男科学, 2002, 9(4):276.

[16] 谈立峰, 陈小岳, 陈文英, 等. 职业性接触氰戊菊酯农药对工人心血管及神经系统的影响. 职业与健康, 2005, 21(4):488-490.

# 丙炔菊酯(prallethrin)

## 【基本信息】

化学名称：右旋反式-2,2-二甲基-3-(2-甲基-1-丙烯基)环丙烷羧酸-S-2-甲基-3-(2-炔丙基)-4-氧代环戊-2-烯基酯

其他名称：右旋丙炔菊酯

CAS 号：23031-36-9

分子式：$C_{19}H_{24}O_3$

相对分子质量：300.40

SMILES：C1([C@H]([C@@H]1C(O[C@@H]1C(=C(CC#C)C(C1)=O)C)=O)\C=C(\C)C)(C)C

类别：拟除虫菊酯类杀虫剂

结构式：

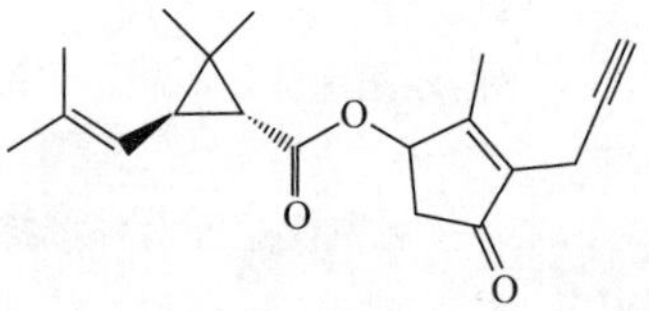

## 【理化性质】

亮淡黄至琥珀色黏稠液体，密度 1.03g/mL，熔点−25℃，沸点313.5℃，饱和蒸气压 0.64mPa(25℃)。水溶解度为 8.03mg/L(20℃)。有机溶剂溶解度(20℃)：正己烷，500000mg/L；二甲苯，500000mg/L；甲醇，500000mg/L。辛醇/水分配系数 $\lg K_{ow} = 4.49$，亨利常数为 0.01Pa·m³/mol。

## 【环境行为】

(1)环境生物降解性
好氧条件下 28d 内未发生生物降解[1]。

(2)环境非生物降解性
与光化学产生的羟基自由基和臭氧反应而发生分解；当大气羟基自由基和臭

氧浓度分别为 $5 \times 10^5 cm^{-3}$ 和 $7 \times 10^{11} cm^{-3}$ 时,间接光解半衰期分别为 2h 和 18min[2]。22~27℃、pH 为 5、自然光条件下,光解半衰期为 13.6h;23.5~25℃、pH 为 9 时,光解半衰期为 118h;pH 为 5 或 7 时,在 30d 内未观察到明显的光解[3]。

**(3)环境生物蓄积性**

蓝鳃太阳鱼 $BCF_{28d}=1160$,在水生生物体内具有较强的蓄积性[4]。

**(4)土壤吸附/移动性**

吸附系数 $K_{oc}$ 值为 1318[1]和 3082[4],提示在土壤中移动性很弱。河流和湖泊模拟研究结果:挥发半衰期分别为 40d 和 299d。如果考虑吸附,池塘中挥发半衰期约 10a[4]。

## 【生态毒理学】

鸟类(山齿鹑)急性 $LD_{50} > 2000mg/kg$,鱼类(虹鳟鱼)96h $LC_{50} = 0.012mg/L$,溞类(大型溞)48h $EC_{50} = 0.0062mg/L$,蜜蜂接触 48h $LD_{50} = 0.026μg$[5]。

## 【毒理学】

大鼠急性经口 $LD_{50}=460mg/kg$,大鼠急性经皮 $LD_{50}>5000mg/kg$,大鼠急性吸入 $LC_{50}=0.29mg/L$[5]。

Ⅰ型拟除虫菊酯(含丙炔菊酯)急性中毒症状为一个渐进的发展过程,从全身震颤、过度的惊吓反应到背部肌肉抽搐、过度兴奋直至死亡。震颤与代谢率大幅增加,并导致体温过高。呼吸和血压正常,但血液中去甲肾上腺素和乳酸含量升高[6]。

大鼠连续 72h 呼吸暴露于浓度为 1.6% 的炔丙菊酯。白细胞总数、淋巴细胞数量、红细胞数量、红细胞比容、血小板数量、红细胞平均体积、平均血红蛋白含量都显著增加;然而在暴露 24h 和 48h 后,单核细胞中中性粒细胞明显减少,在 72h 后恢复正常。肌酸激酶(CK)、$γ$-谷氨酰转肽酶($γ$-GT)、超氧化物歧化酶(SOD)、一氧化氮(NO)、丙二醛(MDA)、白细胞介素 2(IL-2)、肿瘤坏死因子-$α$(TNF-$α$)、$α$-甲胎蛋白(AFP)水平也显著增加。碳水化合物抗原(CA)和癌胚抗原(CEA)未显著改变。炔丙菊酯具有血液毒性,可造成血生化和细胞因子紊乱[7]。

大鼠饮食暴露于 120mg/kg、600mg/kg 和 3000mg/kg 的丙炔菊酯 1a。结果发现:3000mg/kg 可造成大鼠体重增加减少、食物消耗和水的摄入量减少;在暴露后的第 1 和第 2 周期,大鼠颈部和背部有轻微的脱毛;在暴露 52 周后,雌性大鼠出现轻度贫血(红细胞比容、红细胞平均体积、血红蛋白浓度降低);血液生化检查显示总胆固醇、磷脂、清蛋白、球蛋白、总蛋白、肌酐、尿素氮、谷草转氨酶、谷丙转氨酶水平增加，甘油三酯、碱性磷酸酶水平降低；尿常规检查发现雄性大鼠胆红素水平增加；病理检查结果显示：肝大，肝脏、肾脏、肾上腺和甲状腺质量增加，而胰腺质量降低。600mg/kg 组雄性大鼠在暴露后的 26 周，肝脏质量增加。120mg/kg 剂量组，未发现有害效应。回复试验结果显示上述有害作用都是可逆的[8]。

## 【人类健康效应】

丙炔菊酯的职业暴露包括在生产和使用它的场所通过吸入或皮肤接触进入人体。普通人群通常因住宅使用含丙炔菊酯的杀虫剂而通过空气和皮肤接触到丙炔菊酯[9,10]。

吸入暴露的丙炔菊酯的局部反应主要表现为：上呼吸道包括鼻塞、打喷嚏、喉咙沙哑、口腔黏膜水肿，甚至喉黏膜水肿。下呼吸道局部反应包括咳嗽、呼吸急促、喘息和胸痛。急性暴露可导致过敏者引起哮喘样反应和过敏性肺炎，表现为胸痛、咳嗽、呼吸困难，长期暴露可能诱发支气管痉挛[11]。

人类长期连续暴露拟除虫菊酯类杀虫剂可能导致健康危害。一项志愿者暴露研究结果显示：人通过使用蚊香暴露于拟除虫菊酯类杀虫剂（丙烯菊酯和丙炔菊酯）可导致血浆胆固醇水平降低，血糖、磷脂、亚硝酸盐和硝酸盐、脂质过氧化物水平增高[12]。

## 【危害分类与管制情况】

| 序号 | 毒性指标 | PPDB 分类 | PAN 分类 |
|---|---|---|---|
| 1 | 高毒 | 否 | 否 |
| 2 | 致癌性 | 否 | 不可能 |
| 3 | 致突变性 | 无数据 | — |
| 4 | 内分泌干扰性 | 无数据 | 无充分证据 |
| 5 | 生殖发育毒性 | 否 | 无充分证据 |
| 6 | 胆碱酯酶抑制剂 | 否 | 否 |
| 7 | 神经毒性 | 无数据 | — |
| 8 | 呼吸道刺激性 | 无数据 | — |
| 9 | 皮肤刺激性 | 否 | — |
| 10 | 眼刺激性 | 否 | — |
| 11 | 国际公约与优控名录 | — | |

注：PPDB 数据库由英国赫特福德郡大学农业与环境研究所开发；PAN 数据库来自北美农药行动网（PANNA）；"—"表示无此项。

## 【限值标准】

暂无数据。

# 参 考 文 献

[1] Prallethrin Safety Data Sheet. Endura Chemicals. 2007.

[2] USEPA. Estimation Program Interface (EPI) Suite. 2012.

[3] World Health Orgnization. WHO Specifications and Evaluations for Public Health Pesticides. 2004.

[4] TOXNET(Toxicology Data Network). https://toxnet.nlm.nih.gov/cgi-bin/sis/search2/f?./temp/~ NYVS5s:3:enex[2015-06-30].

[5] PPDB(Pesticide Properties DataBase).http://sitem.herts.ac.uk/aeru/ppdb/en/Reports/1474.htm [2015-07-05].

[6] Hayes W J, Laws E R. Handbook of Pesticide Toxicology. 1991.

[7] Al-Damegh M A. Toxicological impact of inhaled electric mosquito-repellent liquid on the rat: a hematological, cytokine indications, oxidative stress and tumor markers. Inhal Toxicol, 2013, 25 (5): 292-297.

[8] Seki T, Ito S, Adachi H, et al. One-year chronic dietary toxicity study of d.d-T80-prallethrin in rats. J Toxicol Sci, 1987, 12 (4): 397-428.

[9] USEPA. Health Effects Division (HED) Scientific Data Review (Prallethrin), HED Records Center Series 361 Science Reviews-File R086823. 2003.

[10] USEPA. Pyrethrins/Pyrethroid Cumulative Risk Assessment. 2011.

[11] Ellenhorn M J, Schonwald S, Ordog G, et al. Ellenhorn's Medical Toxicology: Diagnosis and Treatment of Human Poisoning. 2nd ed. Baltimore: Williams and Wilkins, 1997: 1626.

[12] Narendra M, Kavitha G, Kiranmai A H, et al.Chronic exposure to pyrethroid-based allethrin and prallethrin mosquito repellents alters plasma biochemical profile. Chemosphere, 2008, 73(3): 360-364 .

# 噻虫啉(thiacloprid)

## 【基本信息】

化学名称：3-(6-氯-5-甲基吡啶)-1,3-噻唑烷-2-亚氰胺

其他名称：无

CAS 号：111988-49-9

分子式：$C_{10}H_9ClN_4S$

相对分子质量：252.72

SMILES：Clc1ncc(cc1)CN2C(=N\C#N)\SCC2

类别：新型氯代烟碱类杀虫剂

结构式：

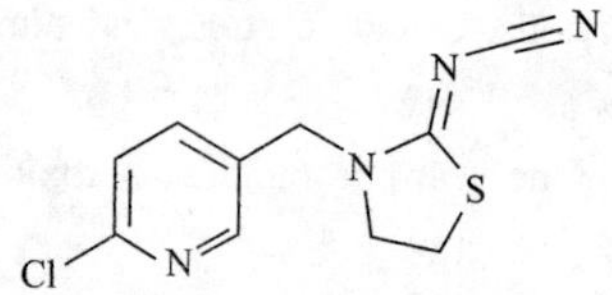

## 【理化性质】

白色至米黄色结晶粉末，密度 1.46g/mL，熔点 136℃，沸腾前分解，饱和蒸气压 $3.0×10^{-7}$mPa(25℃)。水溶解度为 184mg/L(20℃)。有机溶剂溶解度(20℃)：正己烷，100mg/L；二甲苯，300mg/L；丙酮，64000mg/L；乙酸乙酯，9400mg/L。辛醇/水分配系数 $\lg K_{ow}=1.26$，亨利常数为 $5.0×10^{-10}$Pa·m³/mol。

## 【环境行为】

### (1)环境生物降解性

在土壤中主要通过微生物降解，主要降解产物为酰胺和磺酸。好氧条件下，不同研究的土壤降解半衰期(DT$_{50}$)平均值为 15.5d，实验室 20℃条件下 DT$_{50}$ 为 1.3d，田间试验 DT$_{50}$ 为 18d。欧盟数据：DT$_{50}$ 为 0.7~5d。厌氧条件下，土壤降解半衰期超过 1a。国内数据：东北黑土降解半衰期为 7.5d，太湖水稻土和江西红壤中降解半衰期分别为 14.2d、18.7d[1]。

**(2)环境非生物降解性**

水解速率受 pH 和温度的影响。25℃，pH 为 4、7、9 条件下，水解半衰期分别为 47.2d、59.8d、72.2d。50℃，pH 为 4、7、9 条件下，水解半衰期分别为 55.9d、57.2d、39.8d[1]。

**(3)环境生物蓄积性**

BCF=2，生物蓄积性弱[2]。

**(4)土壤吸附/移动性**

吸附系数 $K_{oc}$=4700。在东北黑土、太湖水稻土和江西红壤中移动系数($R_f$ 值)分别为 0.15、0.25 和 0.45[1]。

## 【生态毒理学】

鸟类(山齿鹑)急性 $LD_{50}$= 49mg/kg，鱼类(虹鳟鱼)96h $LC_{50}$=24.5mg/L，溞类(大型溞)48h $EC_{50}$=85.1mg/L、21d NOEC=0.58mg/L，蜜蜂经口 48h $LD_{50}$=17.32μg，蚯蚓 14d $LC_{50}$=105mg/kg、14d NOEC=62.8mg/kg[2]。

## 【毒理学】

**(1)一般毒性**

大鼠急性经口 $LD_{50}$=444mg/kg、急性经皮 $LD_{50}$>2000mg/kg、急性吸入 $LC_{50}$ > 0.481mg/L[2]。

啮齿类动物 90d 口服暴露最大无作用剂量(NOAEL)：雄性大鼠为 7.3mg/(kg·d)，雌性大鼠为 7.6mg/(kg·d)；雄性小鼠为 102.6mg/(kg·d)，雌性小鼠为 27.3mg/(kg·d)。基于体重降低的最小有害作用剂量(LOAEL)：雄性大鼠为 28.6mg/(kg·d)，雌性为 35.6mg/(kg·d)。基于肾上腺 X 区变化的雌性小鼠 LOAEL=27.2mg/(kg·d)，基于肝脏毒性的雄性小鼠 LOAEL=542.4mg/(kg·d)[3]。

**(2)神经毒性**

急性神经毒性：雄性大鼠 NOAEL=11mg/kg bw，雌性大鼠为 3.1mg/kg bw。基于大鼠轻微震颤、眼睑下垂现象，雄性大鼠 LOAEL=22mg/kg bw；基于运动活动的减少，雌性大鼠 LOAEL=11mg/kg bw[3]。

**(3)致癌性**

大鼠慢性饮食暴露：雄性和雌性大鼠 NOAEL 分别为 1.2mg/(kg·d) 和 1.6mg/(kg·d)。基于肝脏毒性(肝细胞肥大、胞质变化及酶活性增加)和甲状腺毒性(甲状腺滤泡上皮增生)的雄性大鼠 LOAEL=2.5mg/(kg·d)；基于视网膜萎缩雌性大鼠 LOAEL=3.3mg/(kg·d)。同时还发现雄性大鼠甲状腺滤泡细胞腺瘤的发生率增加，雌性小鼠子宫肿瘤的发生率增加[4]。

## 【人类健康效应】

对人体具有潜在肝脏和甲状腺毒性。轻度至中度中毒可引起恶心、呕吐、腹泻、腹痛、头晕、头痛、轻度镇静；重度中毒可造成躁动、抽搐、昏迷、体温降低、代谢性酸中毒、肺炎、呼吸衰竭、低血压、室性心律失常和死亡[5]。

## 【危害分类与管制情况】

| 序号 | 毒性指标 | PPDB 分类 | PAN 分类 |
|---|---|---|---|
| 1 | 高毒 | 否 | 否 |
| 2 | 致癌性 | 疑似 | 是 |
| 3 | 致突变性 | 无数据 | — |
| 4 | 内分泌干扰性 | 无数据 | 无充分证据 |
| 5 | 生殖发育毒性 | 无数据 | 无充分证据 |
| 6 | 胆碱酯酶抑制剂 | 否 | 否 |
| 7 | 神经毒性 | 无数据 | — |
| 8 | 呼吸道刺激性 | 否 | — |
| 9 | 皮肤刺激性 | 否 | — |
| 10 | 眼刺激性 | 否 | — |
| 11 | 国际公约或优控名录 | 列入 PAN 名单 | |

注：PPDB 数据库由英国赫特福德郡大学农业与环境研究所开发；PAN 数据库来自北美农药行动网（PANNA）；"—"表示无此项。

## 【限值标准】

每日允许摄入量 ADI 为 0.01mg/(kg bw·d)，急性参考剂量 ARfD 为 0.03mg/(kg bw·d) [2]。

## 参 考 文 献

[1] 张冲，葛峰，单正军，等. 噻虫啉环境行为研究. 农药, 2010, 49(11):830-833.

[2] PPDB: Pesticide Properties DataBase. http://sitem.herts.ac.uk/aeru/ppdb/en/Reports/630.htm [2015-07-08].

[3] USEPA, Office of Pesticide Programs. Pesticide Fact Sheet—Thiacloprid. 2003.

[4]　USEPA, OPPTS. Pesticide Fact Sheet:Thiacloprid. Washington DC: Environmental Protection Agency, 2003.

[5]　TOXNET(Toxicology Data Network). https://toxnet.nlm.nih.gov/cgi-bin/sis/search2/f?./temp/~fGfNeG:3:estan [2015-07-15].

# 三氯杀螨醇(dicofol)

## 【基本信息】

化学名称：1,1-二(对氯苯基)-2,2,2-三氯乙醇

其他名称：开乐散

CAS 号：115-32-2

分子式：$C_{14}H_9Cl_5O$

相对分子质量：370.49

SMILES：Clc1ccc(cc1)C(O)(c2ccc(Cl)cc2)C(Cl)(Cl)Cl

类别：广谱性杀螨剂

结构式：

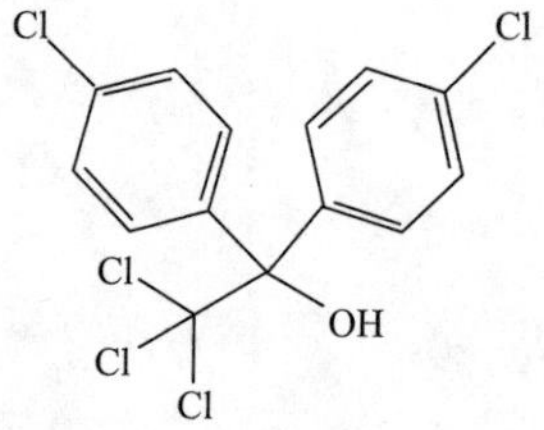

## 【理化性质】

白色晶体，密度1.45g/mL，熔点370.5℃，沸点193℃，饱和蒸气压0.25mPa(25℃)。水溶解度为0.8mg/L(20℃)。有机溶剂溶解度(20℃)：二氯甲烷，2600000mg/L；二甲苯，1350000mg/L；甲醇，2750000mg/L；丙酮，400000mg/L。辛醇/水分配系数 $\lg K_{ow} = 4.3$，亨利常数为 $2.45\times10^{-2}$ atm·$m^3$/mol。

## 【环境行为】

### (1)环境生物降解性

不同研究的土壤降解半衰期($DT_{50}$)平均值为 80d，实验室条件下(20℃)$DT_{50}$为45d。在淤泥中降解半衰期为43d，主要代谢产物为 1,1-(对氯苯基)-2,2-二氯乙醇、$p,p'$-二氯联苯和 3-羟基-4,4'-二氯苯甲酮[1]。

好氧条件下，14d 生物降解率为 0%(接种物为活性污泥)，生物降解半衰期为 259~348d(表层土壤作为接种物)[2]。

**(2)环境非生物降解性**

气态三氯杀螨醇与光化学产生的羟基自由基反应而发生分解；根据速率常数 $3.5×10^{-12}$ cm$^3$/(mol·s)(25℃)(SRC)估测间接光解半衰期为 4.7d[3]。在酸性条件下稳定，但在碱性条件下水解，水解产物为 4,4'-二氯苯甲酮和氯仿[4]。pH 为 5 的溶液中的光解半衰期为 92d，主要光解产物为 $p,p'$-二氯苯甲酮。黑暗条件下降解半衰期为 149~246d[5]。

**(3)环境生物蓄积性**

暴露浓度为 1.0μg/L 和 0.1μg/L 时，BCF 分别为 8200 和 6100(鲤鱼)[6]。暴露浓度为 1.33~12.38μg/L 时，黑头呆鱼 BCF 为 9500~18900[7]，提示三氯杀螨醇具有很强的生物蓄积性。

**(4)土壤吸附/移动性**

在砂土、砂壤土、粉砂壤土和黏壤土中 $K_{oc}$ 分别为 8383、8073、5868 和 5917，在土壤中不可移动[8]。

## 【生态毒理学】

鸟类(鹌鹑)急性 $LD_{50}$ =1418mg/kg，鱼类(蓝鳃太阳鱼)96h $LC_{50}$=0.51mg/L、21d NOEC=0.0044mg/L(虹鳟鱼)，溞类(大型溞)48h $EC_{50}$=0.194mg/L、21d NOEC=125mg/L，藻类 72h $EC_{50}$=0.075mg/L、96h NOEC=0.05mg/L，蜜蜂经口 48h $LD_{50}$>50μg，蚯蚓 14d $LC_{50}$=43.1mg/kg[9]。

## 【毒理学】

**(1)一般毒性**

大鼠急性经口 $LD_{50}$=578mg/kg(低毒)，兔子急性经皮 $LD_{50}$ >2500mg/kg，大鼠急性吸入 $LC_{50}$=5.0mg/L[9]。

**(2)神经毒性**

大鼠经口饲喂 0mg/kg、15mg/kg、75mg/kg 和 350mg/kg 三氯杀螨醇，350mg/(kg·d)剂量组雌鼠共济失调现象发生率升高，并出现嗜睡现象，但未引起中枢或外周神经系统的病理变化。大鼠 NOAEL=15mg/(kg·d)，LOAEL=75mg/(kg·d)[5]。

**(3)生殖发育毒性**

怀孕的雌性大鼠在孕期第 6~15 天,每日经口灌胃暴露于剂量为 43mg/kg bw、86mg/kg bw 和 430mg/kg bw 的三氯杀螨醇(纯度 20%)。三氯杀螨醇对大鼠生殖有明显影响，各组死胎或胚胎吸收数均明显高于对照组，高剂量组（430mg/kg bw）孕期 13~14d 死亡孕鼠的胚胎，除吸收胎外，多数为绿豆至黄豆大小未分化完全的胚胎。此外，对胎鼠发育（生长和体重）及胎盘质量也有明显影响。430mg/kg bw 剂量似可引起胎鼠四肢畸形[10]。

小鼠饲喂暴露 20mg/kg bw、30mg/kg bw、40mg/kg bw 和 50mg/kg bw 三氯杀螨醇 30d，除 20mg/kg bw 剂量组外，其余剂量组小鼠发情周期出现明显变化。发情前期、发情间期和循环次数明显减少，发情期持续时间增加。高剂量组正常卵泡数量明显减少，闭锁卵泡数量增加，剂量-效应关系明显[11]。

### (4)内分泌干扰性

具有雌激素活性，能够竞争结合雌二醇受体。雌性小白鼠每天颈部皮下分别注射 1mg、2mg、4mg、8mg 三氯杀螨醇（溶于 0.1mL 大豆油中），较低剂量的三氯杀螨醇未使小鼠子宫明显增重，当剂量增加到 4mg 和 8mg 时，子宫质量明显增加，与对照组结果相比有显著性差异[12]。

### (5)致突变性

成年雄性大鼠经口灌胃暴露于三氯杀螨醇（纯度 20%，2 次给药，间隔 24h），结果发现：215mg/kg 以上剂量组可使骨髓细胞染色体异常的数目增高，其中主要是亚二倍体的数目增高。高剂量组（2150mg/kg）可使多倍体的数目增高，同时可使骨髓细胞畸变率明显增高，说明三氯杀螨醇可使骨髓细胞畸变率和染色体畸变率明显增高[13]。

在生理酸度 pH 为 7.4 条件下，可使 DNA 的熔点和黏度增大，DNA-溴化乙锭复合物的荧光显著猝灭，表明三氯杀螨醇与 DNA 发生嵌插结合，推测三氯杀螨醇主要与鸟嘌呤和胞嘧啶碱基结合，并诱导 DNA 的双螺旋结构和碱基堆积发生一定程度的变化[14]。

## 【人类健康效应】

通过吸入、摄入和皮肤接触产生危害，可能具有皮肤致敏性，IARC 分类为 3 级致癌物。

中毒症状和其他有机氯杀虫剂相似，全身症状以头晕、头痛、乏力为主，恶心、呕吐等消化道症状较为突出，严重者可出现神志恍惚、昏迷、抽搐、肺水肿、血压下降等[15]。

对急性中毒 112 例病例进行回顾性分析显示：主要表现为消化系统、神经系统症状和体征，部分患者有循环系统症状和体征，少数患者有肝（28%）、肾（约 13%）损害，20% 有心电图改变。经彻底清除毒物，促进毒物排泄，对症治疗后全部治愈[16]。

## 【危害分类与管制情况】

| 序号 | 毒性指标 | PPDB 分类 | PAN 分类 |
|---|---|---|---|
| 1 | 高毒 | 否 | 是 |
| 2 | 致癌性 | 可能 | 可能 |
| 3 | 致突变性 | 无 | — |
| 4 | 内分泌干扰性 | 疑似 | 疑似 |
| 5 | 生殖发育毒性 | 无数据 | 无充分证据 |
| 6 | 胆碱酯酶抑制剂 | 否 | 否 |
| 7 | 神经毒性 | 是 | — |
| 8 | 呼吸道刺激性 | 是 | — |
| 9 | 皮肤刺激性 | 是 | — |
| 10 | 眼刺激性 | 是 | — |
| 11 | 国际公约或优控名录 | 列入 PAN 名录 | |

注：PPDB 数据库由英国赫特福德郡大学农业与环境研究所开发；PAN 数据库来自北美农药行动网（PANNA）；"—"表示无此项。

## 【限值标准】

每日允许摄入量 ADI 为 0.002mg/(kg bw・d)[9]。

## 参 考 文 献

[1] USEPA. Pesticide Reregistration Eligibility Decisions（REDs）Database on Dicofol (115-32-2). 2009.

[2] TOXNET(Toxicology Data Network). https://toxnet.nlm.nih.gov/cgi-bin/sis/search2/f?./temp/~z16Owx:3:enex[2015-07-20].

[3] Meylan W M, Howard P H. Computer estimation of the atmospheric gas-phase reaction rate of organic compounds with hydroxyl radicals and ozone. Chemosphere, 1993, 26(12): 2293-2299.

[4] Tomlin C D S. The Pesticide Manual: A World Compendium. 13th Ed. Surrey: British Crop Protection Council, 2003.

[5] USEPA. Reregistration Eligibility Decision (RED) Database for Dicofol (115-32-2). 1998.

[6] NITE. Biodegradation and Bioconcentration. Chemical Risk Information Platform (CHRIP). 2006.

[7] Eaton J G, Mattson V R, Mueller L H, et al. Effects of suspended clay on bioconcentration of kelthane in fathead minnows. Arch Environ Contam Toxicol, 1983, 12(4): 439-445.

[8]　Tomlin C D S. The Pesticide Manual: A World Compendium. 11th ed. Surrey: British Crop Protection Council, 1997.

[9]　PPDB: Pesticide Properties DataBase. http://sitem.herts.ac.uk/aeru/ppdb/en/Reports/223.htm [2015-07-21].

[10]　戴宗智, 张毓武, 杨莉莉, 等. 三氯杀螨醇对大鼠胚胎毒性及致畸性的实验研究. 山西医学院学报, 1982, (1): 29-33.

[11]　Jadarmkunti U C, Kaliwal B B. Effect of dicofol formulation on estrous cycle and follicular dynamics in albino rats. J Basic Clin Physiol Pharmacol, 1999, 10 (4): 305-314.

[12]　赵炳顺, 邹继超, 储少岗, 等. 小鼠子宫增重法检测国产三氯杀螨醇的雌激素生物活性. 环境科学学报, 2000, (20):244-247.

[13]　祝寿芬, 高钟, 杨莉莉, 等. 三氯杀螨醇对大鼠骨髓细胞染色体畸变试验. 山西医学院学报, 1981,01:39-43.

[14]　李瑜, 张国文, 张业鹏. 三氯杀螨醇与小牛胸腺 DNA 作用模式研究. 分析科学学报, 2013, (5):23-27.

[15]　Reynolds J E F, Prasad A B. Martindale—The Extra Pharmacopoeia. 28th ed. London: The Pharmaceutical Press, 1982.

[16]　何仁辉, 李月, 皮峥嵘. 急性三氯杀螨醇中毒 112 例临床分析. 中国职业医学, 2011,(5): 411-412.

# 杀虫脒(chlordimeform)

## 【基本信息】

化学名称：$N'$-(4-氯-2-甲基苯基)-$N,N$-二甲基甲脒

其他名称：克死螨，氯苯脒，杀螟螨

CAS 号：6164-98-3

分子式：$C_{10}H_{13}ClN_2$

相对分子质量：196.68

SMILES：Clc1cc(c(/N=C/N(C)C)cc1)C

类别：有机氮杀虫剂

结构式：

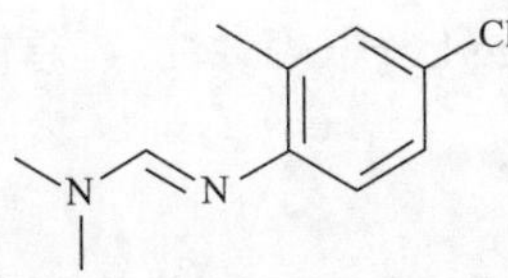

## 【理化性质】

无色结晶，密度 1.10g/mL，熔点 35℃，$pK_a$ 6.8，饱和蒸气压 48mPa(25℃)。水溶解度为 270mg/L(20℃)。有机溶剂溶解度(20℃)：乙酸乙酯，200000mg/L；氯仿，200000mg/L；苯，200000mg/L；丙酮，200000mg/L。辛醇/水分配系数 $\lg K_{ow}=2.89$，亨利常数为 0.896Pa·m³/mol。

## 【环境行为】

### (1)环境生物降解性

土壤降解半衰期为 20~40d，平均为 30d[1]。好氧条件下，将杀虫脒添加到土壤和土壤/稻草中，7d 后有二氧化碳生成并持续半年以上。厌氧条件下，仅有少量二氧化碳产生。在含稻草的土壤中，代谢物包括 $N$-脱甲基杀虫脒、4-氯邻位甲醛甲苯胺、4-氯邻甲苯胺、4-氯邻位乙酸甲苯胺。不含稻草的土壤中检出 3-氯邻氨基苯甲酸。厌氧条件下，污水污泥可以通过还原脱氯降解杀虫脒[2]。

**(2)环境非生物降解性**

杀虫脒水解缓慢。气态杀虫脒与羟基自由基反应的速率常数约为 $91 \times 10^{-12} cm^3/(mol \cdot s)$ (25℃)，间接光解半衰期约为 0.2d[3]。

**(3)环境生物蓄积性**

BCF=93，提示杀虫脒生物富集性弱[4]。

**(4)土壤吸附/移动性**

$K_{oc}$=890，提示杀虫脒的土壤移动性较弱[5]。

## 【生态毒理学】

鸟类(鹌鹑)急性 $LD_{50}$>1749mg/kg，鱼类(虹鳟鱼)96h $LC_{50}$>11.7mg/L，蜜蜂经口 48h $LD_{50}$ >120μg[1]。

## 【毒理学】

**(1)一般毒性**

大鼠急性经口 $LD_{50}$=160mg/kg(中等毒性)，急性吸入 $LC_{50}$=17.4mg/L，兔子急性经皮 $LD_{50}$>263mg/kg[1]。

**(2)神经毒性**

杀虫脒类似局部麻醉剂，通过增强交感神经刺激对心血管系统和中枢神经系统有明显抑制效应。200mg/kg bw 杀虫脒暴露剂量下，小鼠和大鼠给药 5~10min 出现兴奋过度，随后逐渐陷入抑制[6]。

**(3)发育与生殖毒性**

大鼠从妊娠的第 5 天饲喂杀虫脒(暴露量约为 100mg/kg bw)，子代没有出现行为异常[6]。

**(4)致突变性**

作为辅助性证据的短期遗传毒性测试结果，4-氯邻甲苯胺(杀虫脒代谢产物)在多种测试中呈阳性，而杀虫脒则为阴性，仅在少数试验(DNA、RNA 及蛋白质合成抑制等)中，高剂量杀虫脒会引起阳性。非程序 DNA 合成(UDS)测试发现，杀虫脒和对氯邻甲苯胺在 $10^{-8}$~$10^{-5}$mol/L 浓度时，能致人外周血淋巴细胞的 UDS 明显增强，提示两者都能损伤基因，可引发肿瘤[4]。

**(5)致癌性**

小鼠实验研究结果：可导致肿瘤发生，以血管内皮细胞瘤和血管内皮细胞肉瘤为主。小鼠皮敷试验可引发皮肤鳞状上皮细胞癌，可见肺、肝等内脏转移灶，剂量-反应关系明显[7]。

## 【人类健康效应】

杀虫脒侵入体内主要分布于肝、肾、脂肪、肌肉、肺、脾、脑、心等组织脏器，其中尤以肝、肾、脂肪和肌肉较多。在体内能迅速降解为多种代谢产物(如4-氯邻甲苯胺)，以原形或代谢产物形式主要由肾排泄，也可由胆汁和乳汁、消化道排出，在机体中无明显蓄积作用[8]。

急性中毒主要表现为中枢神经系统障碍、发绀及出血性膀胱炎。①进入人体后，可直接抑制体内单胺氧化酶，可引起体内单胺增多，导致胺中毒，影响交感神经，脑血管麻痹性扩张和通透性增高，致脑水肿和神经功能障碍。②高铁血红蛋白血症形成。杀虫脒及其代谢产物将血红蛋白氧化成高铁血红蛋白，使之失去携氧能力，造成严重的组织缺氧，导致多脏器功能损害。③大量苯胺类物质，可直接从肾脏排出，导致肾功能损害，直接作用于膀胱黏膜，致出血性膀胱炎。心血管衰竭可能是杀虫脒中毒致死的重要原因之一[9]。

对 66 例杀虫脒中毒患者心、肝、肾损伤的研究结果发现，患者中毒后 3~72h 各时点血清肌钙蛋白 I、肌酸激酶同工酶含量明显高于对照组，重度中毒组各时点血清肌钙蛋白 I、肌酸激酶同工酶含量明显高于轻、中度中毒组；72h 时血清肌钙蛋白 I 略有下降，而肌酸激酶同工酶含量明显下降。重度中毒组心电图异常率(91.67%)明显高于轻、中度中毒组(46.67%)，轻、中度中毒组心电图异常率明显高于对照组。重度中毒组肝、肾功能异常率明显高于轻、中度中毒组和对照组。研究结果提示，杀虫脒可损伤心肌细胞和肝、肾功能，且中毒程度越深损伤越严重。杀虫脒患者血清肌钙蛋白 I 和肌酸激酶同工酶检测、心电图检查对心肌损伤具有重要临床意义[10]。

1975 年，美国发生杀虫脒职业暴露的急性中毒事件。22 名男性工人接触杀虫脒后，出现排尿困难、夜尿、血尿、阴茎分泌物、腹痛、背部疼痛、燥热，其他常见症状为嗜睡、皮疹、食欲减退。所有工人出现膀胱炎，在 3~8 周后慢慢好转。对 3 例住院人员的研究发现，患者出现血尿、脓尿、尿蛋白和肌酐清除率降低、血清抗体水平降低、血清谷草转氨酶升高、小膀胱容量与输尿管反流。膀胱活检显示严重的出血性膀胱炎[6]。

流行病学研究发现，膀胱癌发病的危险性增加可能与杀虫脒的使用有关。肿瘤形态上，只发生乳头状上皮癌。暴露平均时间是 14a，患癌时间是在 27.5a[11]。在我国使用杀虫脒最多与最早的县市内，总死亡率、全部肿瘤死亡率和膀胱癌死亡率都有所增加，而女性膀胱癌的增加最为突出。流行病学调查选取地理位置相近、生产状况相似、社会经济与生活习惯类同，但杀虫脒使用时间和数量不同的三个县进行调研，结果发现用量大的县，女性膀胱癌标化死亡率为对照组的 2.25 倍[12]。

## 【危害分类与管制情况】

| 序号 | 毒性指标 | PPDB 分类 | PAN 分类 |
|---|---|---|---|
| 1 | 高毒 | 否 | 否 |
| 2 | 致癌性 | 否 | 是 |
| 3 | 内分泌干扰性 | 否 | 疑似 |
| 4 | 生殖发育毒性 | 无数据 | 无充分证据 |
| 5 | 胆碱酯酶抑制剂 | 否 | 否 |
| 6 | 神经毒性 | 是 | — |
| 7 | 呼吸道刺激性 | 是 | — |
| 8 | 皮肤刺激性 | 疑似 | — |
| 9 | 眼刺激性 | 疑似 | — |
| 10 | 污染地下水 | — | 可能 |
| 11 | 国际公约或优控名录 | 列入 PAN 名录 | |

注：PPDB 数据库由英国赫特福德郡大学农业与环境研究所开发；PAN 数据库来自北美农药行动网（PANNA）；"—"表示无此项。

## 【限值标准】

每日允许摄入量（ADI）为 $5×10^{-4}$mg/（kg bw · d）[13]。

## 参 考 文 献

[1] PPDB: Pesticide Properties DataBase. http://sitem.herts.ac.uk/aeru/ppdb/en/Reports/223.htm [2015-07-29].

[2] Menzie C M. Metabolism of Pesticides—Update Ⅲ. Special Scientific Report—Wildlife No. 232. Washington DC: U.S.Department of the Interior, Fish and Wildlife Service. 1980.

[3] Meylan W M, Howard P H. Computer estimation of the atmospheric gas-phase reaction rate of organic compounds with hydroxyl radicals and ozone. Chemosphere, 1993, 26(12): 2293-2299.

[4] TOXNET（Toxicology Data Network）. https://toxnet.nlm.nih.gov/cgi-bin/sis/search2/f?./temp/~1JW0nG:3:estan[2015-07-29].

[5] Hansch C, Leo A, Hoekman D. Exploring QSAR: Hydrophobic, Electronic, and Steric Constants. Washingtion D C: American Chemical Society, 1995.

[6] IARC. Monographs on the Evaluation of the Carcinogenic Risk of Chemicals to Humans. Geneva: World Health Organization, International Agency for Research on Cancer, 1979.

[7] Gosselin, R E, Smith R P, Hodge H C. Clinical Toxicology of Commercial Products. 5th ed. Baltimore: Williams and Wilkins, 1984.

[8] Stone J A. Content of notification: exposure to the pesticide chlordimeform. Am J Ind Med, 1993, 23 (1): 93-95.

[9] 何仁辉, 杜杰, 杨宝仙, 等. 氧化还原剂+输血+东莨菪碱抢救重度杀虫脒中毒 200 例. 中华劳动卫生职业病杂志, 2003, 03: 46-48.

[10] 何仁辉. 急性杀虫脒中毒与心、肝、肾损伤关系.中国职业医学, 2012, 39(01):33-34.

[11] Stasik M J. Bladder-cancer caused by 4-chloro-ortho-toluidine. Dtsch Med Wochenschr, 1991, 116(38): 1444-1447.

[12] 薛寿征, 汪敏, 李枫, 等. 杀虫脒对人致癌的危险度评定. 环境化学, 1991, 03:54-58.

[13] 张丽英, 陶传江. 农药每日允许摄入量手册. 北京: 化学工业出版社, 2015.

# 杀螟威(chlorfenvinphos)

## 【基本信息】

化学名称：2-氯-1-(2,4-二氯苯基)乙烯基二乙基磷酸酯

其他名称：毒虫威

CAS 号：470-90-6

分子式：$C_{12}H_{14}Cl_3O_4P$

相对分子质量：359.5699

SMILES：CCOP(=O)(OCC)OC(=CCl) C1=C(C=C(C=C1)Cl)Cl

类别：有机磷杀虫剂

结构式：

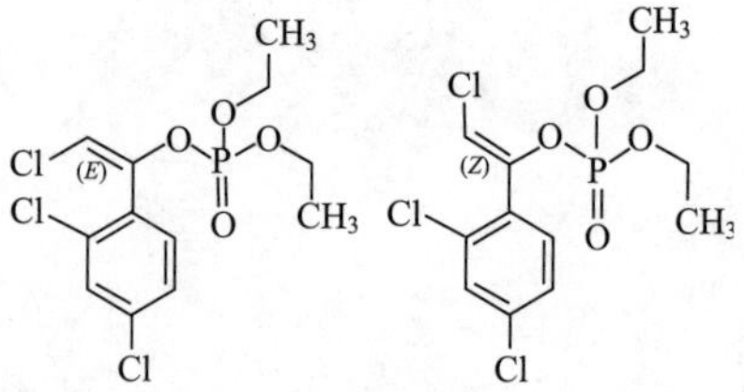

## 【理化性质】

纯品为浅黄色或近于无色的液体，密度 1.36g/mL，熔点–20℃，沸点 167℃，饱和蒸气压 0.53mPa(25℃)，水溶解度 145mg/L(20℃)。辛醇/水分配系数 $\lg K_{ow}$ = 3.8。

## 【环境行为】

(1)环境生物降解性

实验室条件下，土壤降解半衰期为 6~98d(平均 40d)，田间条件下为 12~45d(平均 30d)，联合国粮食及农业组织(FAO)数据为 10~45d[1]。

(2)环境非生物降解性

在紫外光作用下发生降解；大气中气态杀螟威与羟基自由基反应的速率常数约为 5.78×10$^{-11}$cm$^3$/(mol·s)(25℃)，间接光解半衰期约为 7h；当臭氧自由基浓度为 7×10$^{11}$cm$^{-3}$ 时，间接光解半衰期约为 92h[2]。38℃、pH 为 1.1、pH 为 9.1 与

pH 为 13 条件下，水解半衰期分别为>700h、>400h 及 1.3h[3]。20℃、pH 为 6、8 条件下，水解半衰期分别为 388d 和 483d，水解产物为三氯苯乙酮[4]。

**(3)环境生物蓄积性**

BCF=28[5]，提示生物富集性弱[6]。

**(4)土壤吸附/移动性**

吸附系数 $K_{oc}$ 值为 295~680[7]，在土壤中具有中等移动性[8]。

## 【生态毒理学】

鸟类(山齿鹑)急性 $LD_{50}$ =80mg/kg，鱼类(蓝鳃太阳鱼)96h $LC_{50}$ =1.1mg/L、21d NOEC =0.03mg/L，溞类(大型溞)48h $EC_{50}$ =0.00025mg/L、21d NOEC =0.0001mg/L，藻类(绿藻)72h $EC_{50}$ =1.36mg/L、96h NOEC =1.0mg/L，蜜蜂经口 48h $LD_{50}$ =0.55mg，蚯蚓 14d $LC_{50}$ =130mg/kg[1]。

## 【毒理学】

**(1)一般毒性**

大鼠急性经口 $LD_{50}$=12mg/kg，大鼠急性经皮 $LD_{50}$=31mg/kg，大鼠吸入 4h $LC_{50}$ =0.05mg/L[1]。

**(2)神经毒性**

兔子腹腔注射 14.0mg/(kg·d)杀螟威，持续 2 周。血浆和红细胞的乙酰胆碱酯酶活性分别减少了 60%和 48%，脱离暴露后的第 2 天，血液中的乙酰胆碱酯酶恢复正常，大脑乙酰胆碱酯酶仍受到抑制。暴露 24h 后海马皮质脑电图活动减少。1mg/kg 暴露剂量不影响大鼠乙酰胆碱酯酶活性及睡眠周期；超过 2mg/kg 的暴露剂量，大鼠大脑和红细胞的乙酰胆碱酯酶活性降低，皮质脑电图显示觉醒模式[9]。

**(3)生殖毒性**

大鼠暴露于 3~1000mg/L 的杀螟威，狗暴露于 1~1000mg/L 的杀螟威，持续 12 周，没有临床中毒迹象。1000mg/L 剂量影响雌鼠和雄鼠的生长，但是对狗的生长无影响。

**(4)致突变性**

暂无数据。

## 【人类健康效应】

急性中毒症状：恶心、呕吐、腹部绞痛、腹泻、唾液过度分泌；头痛、头晕眼花、眩晕和无力；鼻液溢和胸闷；视力模糊、瞳孔缩小、流泪、睫状肌痉挛、眼部疼痛、瞳孔放大；心动过缓、心动过速、不同程度心肌梗死；肌肉不协调、说话含糊、肌肉自发性收缩；精神错乱、定向障碍和嗜睡；呼吸困难、呼吸道黏液过度分泌、口鼻起泡、脸色发白、肺啰音；大小便失禁、抽搐、昏迷；肌肉瘫痪、支气管强烈收缩狭窄[10]。

9 个志愿者左胳膊经皮暴露杀螟威（使用铝箔纸覆盖封闭），4h 之后脱离暴露。24h 之后，112mg/h 剂量引起受试者血浆胆碱酯酶活性下降 67%，血液杀螟威浓度为 0.012mg/L；70.8mg/h 剂量引起受试者血浆胆碱酯酶活性下降 53%，血液杀螟威浓度为 0.006mg/L。最低剂量水平暴露引起血浆胆碱酯酶活性下降 25%，红细胞胆碱酯酶活性下降 9%。心血管、神经和肾脏功能未出现变化[11]。

## 【危害分类与管制情况】

| 序号 | 毒性指标 | PPDB 分类 | PAN 分类 |
| --- | --- | --- | --- |
| 1 | 高毒 | 是 | 是 |
| 2 | 致癌性 | 无数据 | 无充分证据 |
| 3 | 内分泌干扰性 | 是 | 疑似 |
| 4 | 生殖发育毒性 | 无数据 | 无充分证据 |
| 5 | 胆碱酯酶抑制剂 | 是 | 是 |
| 6 | 神经毒性 | 是 | |
| 7 | 污染地下水 | — | 无充分证据 |
| 8 | 国际公约或优控名录 | 列入 PAN 名录 | |

注：PPDB 数据库由英国赫特福德郡大学农业与环境研究所开发；PAN 数据库来自北美农药行动网（PANNA）；"—"表示无此项。

## 【限值标准】

每日允许摄入量（ADI）为 $5 \times 10^{-4} \, mg/(kg\,bw \cdot d)$ [1]。

## 参 考 文 献

[1] PPDB: Pesticide Properties DataBase. http://sitem.herts.ac.uk/aeru/ppdb/en/Reports/223.htm [2015-08-06].

[2] Meylan W M, Howard P H. Computer estimation of the atmospheric gas-phase reaction rate of organic compounds with hydroxyl radicals and ozone. Chemosphere, 1993, 26(12): 2293-2299.

[3] Tomlin C D S. The Pesticide Manual: A World Compendium. 11th ed. Surrey: British Crop

Protection Council, 1997.

[4] Lyman W J, Reehl W F, Rosenblatt D H. Handbook of Chemical Property Estimation Methods. Washington DC: American Chemical Society, 1990.

[5] Sangster J. LOGKOW Databank. Sangster Res Lab Montreal Quebec, Canada. 1994.

[6] Franke C, Studinger G, Berger G, et al. The assessment of bioaccumulation. Chemosphere, 1994, 29: 1501-1514.

[7] Briggs G G. Theoretical and experimental relationships between soil adsorption, octanol-water partition-coefficients, water solubilities, bioconcentration factors, and the parachor. J Agric Food Chem, 1981, 29(5): 1050-1059.

[8] Swann R L, Laskowski D A, McCall P J, et al. A rapid method for the estimation of the environmental parameters octanol water partition-coefficient, soil sorption constant, water to air ratio, and water solubility. Res Rev, 1983, 85: 23.

[9] Gralewicz S, Komalczyk W, Górny R, et al. Brain electrical activity (EEG) after repetitive exposure to chlorphenvinphos an organophosphate anticholinesterase: I . Rabbit. Pol J Occup Med, 1990, 3 (1): 51-67.

[10] Gosselin R E, Smith R P, Hodge H C. Clinical Toxicology of Commercial Products. 5th ed. Baltimore: Williams and Wilkins, 1984: III -340.

[11] Hayes W J, Laws E R. Handbook of Pesticide Toxicology. Volume 2. Classes of Pesticides. New York: Academic Press, 1991: 1063.

# 杀线威(oxamyl)

## 【基本信息】

化学名称：*O*-甲基氨基甲酰基-1-二甲氨基甲酰-1-甲硫基甲醛肟

其他名称：草肟威

CAS 号：23135-22-0

分子式：$C_7H_{13}N_3O_3S$

相对分子质量：219.26

SMILES：O=C(C(=N\OC(=O)NC)\SC)N(C)C

类别：有机磷杀虫剂、杀线虫剂

结构式：

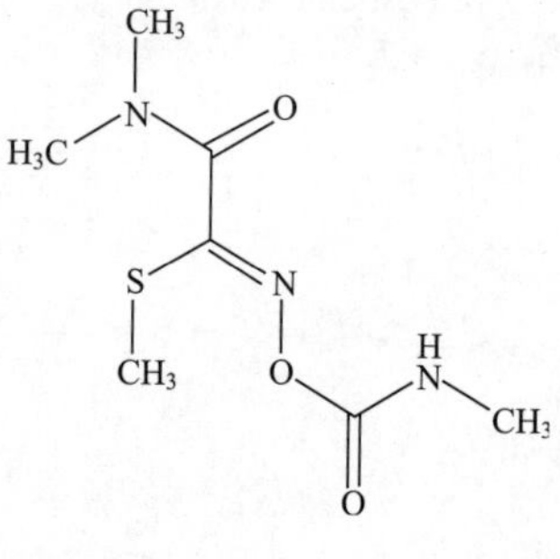

## 【理化性质】

白色结晶粉末，密度 1.31g/mL，熔点 99.3℃，饱和蒸气压 0.051mPa(25℃)。水溶解度为 148100mg/L(20℃)。有机溶剂溶解度(20℃)：正庚烷，10500mg/L；甲醇，250000mg/L；丙酮，250000mg/L；二甲苯，41300mg/L。辛醇/水分配系数 $lgK_{ow}=-0.44$，亨利常数为 $4.89×10^{-8}Pa \cdot m^3/mol(25℃)$。

## 【环境行为】

### (1)环境生物降解性

实验室条件下，土壤降解半衰期为 3~11.5d(平均 7d)，田间条件下为 11d。好氧条件下，砂壤土(pH=6.8)和砂土(pH=6.4)中降解半衰期分别为 11d 和 15d，在粉砂壤土(pH=4.7)中降解半衰期为 6d[1]。在 10℃、好氧条件下，砂壤土中的降解半衰期为 21~415d[2]。在潮湿的土壤中易矿化生成 $CO_2$，矿化半衰期为 23~46d[1]。

**(2)环境非生物降解性**

气态杀线威与羟基自由基反应的速率常数为 $2.3 \times 10^{-11} cm^3/(mol \cdot s)$ (25℃)，间接光解半衰期约为 7h[3]。25℃，pH 分别为 4.5、6.0、7.0 和 8.0 的条件下，水解半衰期分别为 300 周、17 周、1.6 周和 1.4d[4]。紫外线条件下，光解半衰期为 55.4h[5]。

**(3)环境生物蓄积性**

BCF=2，生物富集性弱[6]。

**(4)土壤吸附/移动性**

吸附分配系数 $K_d$ 为 0.09~0.44mL/g，$K_{oc}$ 为 8~39mL/g，提示杀线威在土壤中具有较强的移动性。实验数据表明 3~5 个月杀线威在粉砂壤土、砂壤土和细砂中的淋溶深度小于 38cm[7]。

## 【生态毒理学】

鸟类(山齿鹑)急性 $LD_{50}$=3.16mg/kg，鱼类(蓝鳃太阳鱼)96h $LC_{50}$=3.13mg/L、21d NOEC=0.5mg/L，溞类(大型溞)48h $EC_{50}$=0.319mg/L、21d NOEC=0.027mg/L，藻类(绿藻)72h $EC_{50}$=0.93mg/L、96h NOEC=0.5mg/L，蜜蜂经口 48h $LD_{50}$=0.38μg，蚯蚓 14d $LC_{50}$=112mg/kg[8]。

## 【毒理学】

**(1)一般毒性**

大鼠急性经口 $LD_{50}$=2.5mg/kg，大鼠急性经皮 $LD_{50}$>2000mg/kg，大鼠吸入 $LC_{50}$=0.056mg/m$^3$(4h)[8]。

**(2)神经毒性**

雄性大鼠急性经口暴露 0mg/kg、0.1mg/kg、1.0mg/kg 和 2.0mg/kg 杀线威，雌性大鼠急性经口暴露 0mg/kg、0.1mg/kg、0.75mg/kg 和 1.5mg/kg 杀线威。中、高剂量组雄鼠体重增加减少，高剂量组雌鼠体重增加减少，食物摄食量也减少，血液和大脑胆碱酯酶活性显著降低，平均减少 40%。低剂量组雌雄大鼠胆碱酯酶活性未显著降低。中、高剂量组雌雄大鼠，暴露 30~60min 出现中毒症状，中枢神经系统功能观察组合试验(FOB)指标和胆碱酯酶活性下降一致。症状主要表现为流泪、唾液分泌、步态异常、震颤、夹尾无反应、四肢张开、动作不协调、呼吸困难、前肢和后肢握力下降。低剂量组未出现与剂量相关的症状和 FOB 效应[9]。

**(3)生殖毒性**

怀孕的大鼠饲喂暴露 0mg/kg、0.2mg/kg、0.5mg/kg、0.8mg/kg 和 1.5mg/kg 杀线威，第 22 天取出胎盘和幼鼠，未发现死亡和畸形变化。0.8mg/(kg·d)剂量引起母体毒性，体重减少 21%，食物摄入量减少 10%，颤抖发生率增加，乙酰胆碱酯酶活性抑制。1.5mg/(kg·d)剂量组，大鼠体重增加 30%，食物摄入量减少 16%，出现腹泻、眼睛分泌物、唾液分泌、震动的毒性症状。暴露组胎鼠未出现畸形，0.5mg/kg 以上剂量组胎鼠体重显著降低[9]。

**(4)致癌性**

大鼠慢性暴露 24 个月未发现致癌性[10]。

## 【人类健康效应】

急性中毒可导致乙酰胆碱酯酶在神经末梢累积，诱发毒蕈碱样中毒症状，包括：①支气管分泌物增加、出汗、唾液分泌、流泪、瞳孔缩小、支气管狭窄、腹部绞痛(呕吐和腹泻)和心动过缓；②自发性肌肉收缩(严重中毒隔膜和呼吸肌收缩)和心动过速；③头痛、头晕、焦虑、精神错乱、抽搐、昏迷、呼吸中枢抑制[11]。

## 【危害分类与管制情况】

| 序号 | 毒性指标 | PPDB 分类 | PAN 分类 |
|---|---|---|---|
| 1 | 高毒 | 是 | 是 |
| 2 | 致癌性 | 否 | 不可能 |
| 3 | 内分泌干扰性 | 无数据 | 无充分证据 |
| 4 | 生殖发育毒性 | 无数据 | 无充分证据 |
| 5 | 胆碱酯酶抑制剂 | 是 | 是 |
| 6 | 神经毒性 | 是 | — |
| 7 | 国际公约或优控名录 | 列入 PAN 名录 | |

注：PPDB 数据库由英国赫特福德郡大学农业与环境研究所开发；PAN 数据库来自北美农药行动网(PANNA)；"—"表示无此项。

## 【限值标准】

每日允许摄入量 ADI=0.001mg/(kg bw·d)，急性参考剂量 ARfD=0.001mg/(kg bw·d)[9]。美国饮用水健康标准：污染物最高限量 MCL=200μg/L[12]。

# 参 考 文 献

[1] TOXNET(Toxicology Data Network). https://toxnet.nlm.nih.gov/cgi-bin/sis/search2/f?./temp/~dTTaRG:3:enex [2015-08-16].

[2] Smelt J H, Dekker A, Leistra M, et al. Conversion of 4 carbamoyloximes in soil samples from above and below the soil-water table. Pestic Sci, 1983, 14: 173-181.

[3] Meylan W M, Howard P H. Computer estimation of the atmospheric gas-phase reaction rate of organic compounds with hydroxyl radicals and ozone. Chemosphere, 1993, 26(12): 2293-2299.

[4] Chapman R A, Cole C M. Biochemical and chemical-transformations of phorate, phorate sulfoxide, and phorate sulfone in natural and sterile mineral and organic soil. Journal Econ Entomol, 1982, 75(1): 112-117.

[5] Chen Z M , Zabik M J, Leavitt R A. Comparative-study of thin-film photodegradative rates for 36 pesticides. Ind Eng Chem Prod Res Dev, 1984, 23: 5-11.

[6] Franke C, Studinger G, Berger G, et al. The assessment of bioaccumulation. Chemosphere, 1994, 29: 1501-1514.

[7] USEPA. Drinking Water Criteria Document for Oxamyl(Vydate). Washington DC: US Environ Prot Agency, Off Assist Adm Water, Report. 1992:77.

[8] PPDB: Pesticide Properties DataBase. http://sitem.herts.ac.uk/aeru/ppdb/en/Reports/498.htm [2015-08-17].

[9] USEPA, Office of Pesticide Programs. Amended Toxicology Chapter for the Registration Eligibility Decision Document—Oxamyl. 2003.

[10] California Environmental Protection Agency, Department of Pesticide Regulation. Toxicology Data Review Summaries. 2003.

[11] WHO. Environmental Health Criteria 64: Carbamate Pesticides. 1986.

[12] PAN Pesticides Database—Chemicals. http://www.pesticideinfo.org/Detail_Chemical.jsp? Rec_Id=PC35367[2015-08-20].

# 砷酸钙(calcium arsenate)

## 【基本信息】

化学名称：砷酸钙

其他名称：砒酸钙

CAS 号：7778-44-1

分子式：$As_2Ca_3O_8$

相对分子质量：398.07

SMILES：[As]([O–])([O–])(=O)[O–].[As](=O)([O–])([O–])[O–].[Ca+2].[Ca+2].[Ca+2]

类别：含砷化合物

结构式：

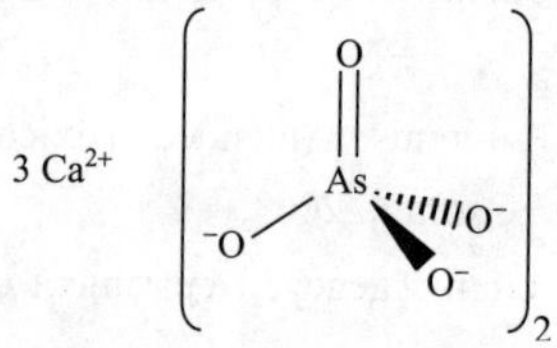

## 【理化性质】

白色固体，工业品由于含有杂质而呈红色。密度 3.26g/mL，熔化前分解。水溶解度(20℃)130mg/L，不溶于有机溶剂，溶于稀酸。

## 【环境行为】

(1)环境生物降解性

土壤降解半衰期超过 700d，不可生物降解。砷酸钙作为土壤消毒剂可以在土壤中长期存在，使用后 5~8a 仍可发挥作用，特别是在低降雨区[1]。

(2)环境非生物降解性

无信息。

(3)环境生物蓄积性

无信息。

(4)土壤吸附/移动性

无信息。

## 【生态毒理学】

蜜蜂经口 48h $LD_{50}$=1.4μg[2]。

## 【毒理学】

(1)一般毒性

大鼠急性经口 $LD_{50}$=20.0mg/kg，大鼠经皮 $LD_{50}$=2400mg/kg[2]。

(2)神经毒性

暂无数据。

(3)发育与生殖毒性

暂无数据。

(4)致癌性

50 只雄性 SD 大鼠分为受试组和对照组，气管内注射 0.4mg 砷酸钙(相当于砷 0.07mg)。注射 1 周内 25 只大鼠中 10 只死于肺坏死或肺炎，对照组无死亡。长期饲养后，受试的 15 只大鼠中，有 9 只发现恶化的肺肿瘤，7 只为支气管腺癌，2 只为细支气管/肺泡腺癌，存活期平均 470d[3]。

雄性叙利亚金黄地鼠气管内滴注三氧化二砷、砷酸钙或硫化砷，每周 1 次，连续 15 周，砷总暴露量为 3.75mg。给予三氧化二砷、砷酸钙和硫化砷的地鼠的死亡率分别为 60%、90%和 77%，死亡的主要原因为由砷引起的中毒性肺炎。三氧化二砷和硫化砷暴露组的肿瘤发生率和对照组无显著差异。然而，砷酸钙暴露组肿瘤发生率显著高于对照组[4]。

## 【人类健康效应】

砷化物对体内酶蛋白的巯基具有特殊亲和力，可与丙酮酸氧化酶的巯基结合成为复合体，使酶失去活性，影响细胞代谢，导致细胞死亡。代谢障碍首先危害神经细胞，引起中毒性神经衰弱症候群、多发性神经炎。进入血液的砷，由于损害了毛细血管，使腹腔脏器及肠系膜毛细血管严重充血，影响组织营养，引起肝、肾、心等器官损害，临床上以急性胃肠炎型多见。19 例患者在误食混入砷酸钙的食物后，迅速出现急性胃肠炎，有恶心、呕吐、上腹部疼痛、腹泻等症状。部分患者又出现肝、肾损害、中毒性神经炎等[5]。

## 【危害分类与管制情况】

| 序号 | 毒性指标 | PPDB 分类 | PAN 分类 |
|---|---|---|---|
| 1 | 高毒 | 是 | 是 |
| 2 | 致癌性 | 是 | 是 |
| 3 | 致突变性 | 是 | — |
| 4 | 内分泌干扰性 | 否 | 疑似 |
| 5 | 生殖发育毒性 | 无数据 | 是 |
| 6 | 胆碱酯酶抑制剂 | 否 | 否 |
| 7 | 神经毒性 | 是 | — |
| 8 | 呼吸道刺激性 | 无数据 | — |
| 9 | 皮肤刺激性 | 是 | — |
| 10 | 眼刺激性 | 是 | — |
| 11 | 国际公约或优控名录 | 列入 PAN 名录 | |

注：PPDB 数据库由英国赫特福德郡大学农业与环境研究所开发；PAN 数据库来自北美农药行动网（PANNA）；"—"表示无此项。

## 【限值标准】

每日允许摄入量 ADI=0.002mg/（kg bw·d）[6]。

## 参 考 文 献

[1] White-Stevens R. Pesticides in the Environment. Volume 1, Part 1, Part 2. New York: Marcel Dekker, 1971: 34.

[2] PPDB:Pesticide Properties DataBase. http://sitem.herts.ac.uk/aeru/ppdb/en/Reports/498.htm [2015-08-24].

[3] Ivankovic S, Eisenbrand G, Preussmann R. Lung-carcinoma induction in bd rats after a single intra-tracheal instillation of an arsenic-containing pesticide mixture formerly used in vineyards. J Intern Cancer, 1979, 24(6): 786-788.

[4] TOXNET（Toxicology Data Network）. https://toxnet.nlm.nih.gov/cgi-bin/sis/search2/f?./temp/~TZ3mno:2:enex [2015-08-25].

[5] 朱凤岐. 19 例急性砷酸钙中毒的临床报告. 工业卫生与职业病, 1999, (2):111-112.

[6] Seiler H G, Sigel H, Sigel A. Handbook on the Toxicity of Inorganic Compounds. New York: Marcel Dekker, 1988: 843.

# 生物苄呋菊酯(bioresmethrin)

## 【基本信息】

化学名称：(5-苄基-3-呋喃基)甲基-(1*R*,3*R*)-2,2-二甲基-3-(2-甲基-1-丙烯基)环丙烷羧酸酯

其他名称：生物苄呋菊酯，百列灭宁，右旋反式苄呋菊酯

**CAS 号**：28434-01-7

分子式：$C_{22}H_{26}O_3$

相对分子质量：338.44

**SMILES**：O=C(OCc1cc(oc1)Cc2ccccc2)C3C(\C=C(/C)C)C3(C)C

类别：拟除虫菊酯类杀虫剂

结构式：

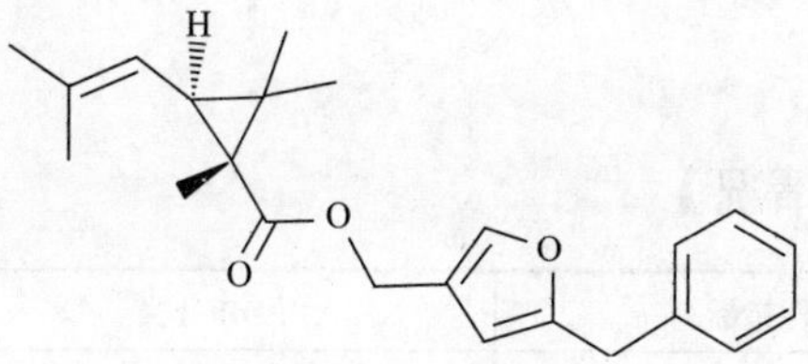

## 【理化性质】

白色固体,密度 1.05mg/L,熔点 32℃,沸腾前分解,饱和蒸气压 18.6mPa(25℃),水溶解度 0.3mg/L(20℃)。亨利常数为 0.563Pa·$m^3$/mol(25℃),辛醇/水分配系数 $\lg K_{ow} = 4.7(20℃)$。

## 【环境行为】

**(1)环境生物降解性**

土壤生物降解半衰期为 3d[1]。

**(2)环境非生物降解性**

紫外光下降解,碱性条件下快速水解[1]。

(3)环境生物蓄积性

BCF=3000，有潜在的生物蓄积性[1]。

(4)土壤吸附/移动性

$K_{oc}$=2255，土壤中可轻微移动[1]。

## 【生态毒理学】

鱼类(虹鳟鱼)96h $LC_{50}$=0.00062mg/L，溞类(大型溞)48h $EC_{50}$=0.0008mg/L，藻类 72h $EC_{50}$> 0.838mg/L，鸟类(原鸡)$LD_{50}$ > 10000mg/kg[1]。

## 【毒理学】

大鼠急性经口 $LD_{50}$>7070mg/kg，大鼠急性吸入 $LC_{50}$ =5.28mg/L，白兔经皮 $LD_{50}$> 2000mg/kg[1]。

## 【人类健康效应】

无相关信息。

## 【危害分类与管制情况】

| 序号 | 毒性指标 | PPDB 分类 | PAN 分类 |
| --- | --- | --- | --- |
| 1 | 高毒 | 否 | 轻微毒性 |
| 2 | 致癌性 | 否 | 可能致癌(美国EPA分类) |
| 3 | 致突变性 | 无数据 | |
| 4 | 内分泌干扰性 | 疑似 | 无充分证据 |
| 5 | 生殖发育毒性 | 否 | 无充分证据 |
| 6 | 胆碱酯酶抑制剂 | 否 | 否 |
| 7 | 神经毒性 | 否 | — |
| 8 | 呼吸道刺激性 | 是 | — |
| 9 | 皮肤刺激性 | 否 | — |
| 10 | 眼刺激性 | 否 | — |
| 11 | 污染地下水 | — | 无充分证据 |
| 12 | 国际公约与优控名录 | 列入 PAN 名录 | |

注：PPDB 数据库由英国赫特福德郡大学农业与环境研究所开发；PAN 数据库来自北美农药行动网(PANNA)；"—"表示无此项。

## 【限值标准】

每日允许摄入量 ADI=0.03mg/(kg bw · d)[1]。

## 参 考 文 献

[1] TOXNET（Toxicology Data Network）. https://toxnet.nlm.nih.gov/cgi-bin/sis/search2/f?./temp/~ QlLAJq:2:enex [2015-08-28].

# 十氯酮（chlordecone）

## 【基本信息】

化学名称：十氯五环[5.2.1.O(2,6).O(3,9).O(5,8)]癸-4-酮

其他名称：开蓬

**CAS 号**：143-50-0

分子式：$C_{10}Cl_{10}O$

相对分子质量：490.64

**SMILES**：ClC54C(=O)C1(Cl)C2(Cl)C5(Cl)C3(Cl)C4(Cl)C1(Cl)C2(Cl)C3(Cl)Cl

类别：有机氯类杀虫剂

结构式：

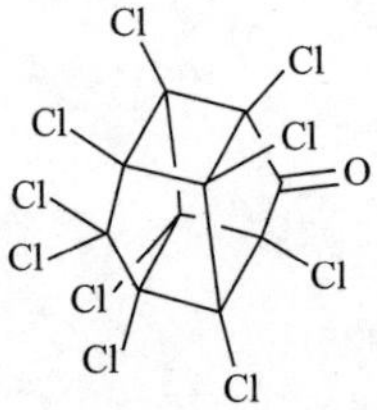

## 【理化性质】

黄褐色或白色结晶固体，密度 1.61g/mL，熔点前分解，沸腾前分解，饱和蒸气压 $3.5×10^{-5}$mPa(25℃)。水溶解度 3.0mg/L(20℃)，溶于丙酮、乙醇、乙酸、正己烷等有机溶剂，微溶于苯、石油醚、烃类溶剂。辛醇/水分配系数 $\lg K_{ow}$ = 4.5，亨利常数为 $2.53×10^{-3}$Pa·$m^3$/mol(25℃)。

## 【环境行为】

### (1)环境生物降解性

好氧条件下，土壤降解半衰期为 300d(田间试验)[1]；在渍水土壤中 56d 未发生降解[2]。活性污泥作接种物时，3d 降解率小于 0.1%。实验室淡水微宇宙试验结

果,河口沉积物中半衰期大于312d[3]。海水中1a后残留率为95%。

**(2)环境非生物降解性**

在环境中不发生水解反应[4]。在太阳光下可发生直接光解,在单线态氧的作用下可光解生成二氧化碳和氯化氢[5]。

**(3)环境生物蓄积性**

在鲈鲤、斑点鱼、牡蛎体内的BCF值为900~13500[3]。其他BCF值:呆鲦鱼,1100~2200[6];红鲈鲤,1548;草虾,698;蓝蟹,8.1[3];大西洋鲱鱼,2300~9750;大西洋银汉鱼,21700~60200[7]。在水生生物中生物富集性非常强。

**(4)土壤吸附/移动性**

吸附系数$K_{oc}$值为2500,在土壤中难移动[8]。

## 【生态毒理学】

鸟类(日本鹌鹑)急性$LD_{50}$=237mg/kg,鱼类(虹鳟鱼)96h $LC_{50}$=0.02mg/L,溞类(大型溞)48h $EC_{50}$=0.03mg/L、21d NOEC=0.011mg/L,水生甲壳类动物(糠虾)96h $LC_{50}$=0.010mg/kg,藻类72h $EC_{50}$=0.27mg/L,蚯蚓14d $LC_{50}$=105mg/kg[8]。

## 【毒理学】

**(1)一般毒性**

大鼠急性经口$LD_{50}$=91.3mg/kg,大鼠急性经皮$LD_{50}$ > 2000mg/kg bw[8]。

**(2)神经毒性**

具有明显的神经毒性,可造成试验动物神经递质(如$\alpha$-去甲肾上腺素能、多巴胺)活性的改变[9,10],影响神经系统中的ATP酶活性和钙离子平衡。大鼠单次经口暴露剂量为40mg/kg时,引起钙离子吸收下降[11];4~6周ICR雄性小鼠连续8次经口暴露剂量为25mg/(kg·d)的十氯酮,引起总结合蛋白、髓鞘、突触体钙离子浓度下降;24周龄的ICR小鼠经口暴露25mg/kg的十氯酮后,总结合蛋白和线粒体钙含量下降;连续10d每天经口暴露25mg/kg的十氯酮后,大鼠大脑调钙蛋白含量降低。体外试验结果也表明十氯酮能够改变神经元钙调节功能[12]。

**(3)生殖毒性**

雌性大鼠单次暴露50mg/kg十氯酮30~36d后,生育力下降,血清催乳素含量增加、促黄体素含量下降,说明十氯酮影响下丘脑垂体的功能。雌性CD-1小鼠连续4周(每周5d)暴露于0.25mg十氯酮,卵泡闭锁发生率显著增加[13]。

小鼠饲喂暴露0mg/kg、10mg/kg、30mg/kg和37.5mg/kg十氯酮,子代体重下

降，生育能力受损，组织学检查卵巢黄体几乎消失。在停止暴露 7 周后，尽管子代的质量小于对照组，但子代生育能力恢复正常。40mg/kg 的暴露剂量可导致雌性小鼠生殖能力完全丧失[14]。

### (4) 致突变性

大多数短期体外试验表明，十氯酮不具有致突变性。大鼠干细胞原代培养非编码 DNA 合成的测试，致突变结果为阴性[15,16]。用 2μg/mL、4μg/mL、6μg/mL 十氯酮处理 CHO(M3-1)细胞，可造成染色体断裂、双着丝染色体互换[17]。十氯酮在动物整体测试中并未表现出诱变性。浓度为 3.6mg/(kg·d) 和 11.4mg/(kg·d) 的剂量连续染毒 5d，并未导致雄性 SD 大鼠生殖细胞发生染色体断裂[18]。

### (5) 致癌性

对大鼠和小鼠有明显的致癌性，能使肝脏等其他器官产生恶性肿瘤[19]。

## 【人类健康效应】

IARC 分类为 2B 级致癌物。可影响人体神经系统，使人体产生颤抖、体重下降、眼球痉挛、胸膜炎、关节痛、肝大和精子减少等症状。人体吸收后主要富集在肝脏，通过胆汁缓慢代谢，经过粪便排出体外。震颤是人体十氯酮急性中毒的一个基本特征，症状与体征是其对神经系统的刺激作用所致，如头痛、眩晕、忧虑烦恼、情绪激动，也有呕吐、四肢软弱、双手震颤、失去时间和空间的定向，随后出现阵发痉挛[14]。

十氯酮生产工人健康调查结果显示，133 名员工中有 76 名出现紧张、颤抖、体重下降、眼肌阵挛、胸痛、关节疼痛以及精子减少的临床症状，出现症状的工人血液中十氯酮的平均浓度为 2.53mg/L，高于无症状工人(0.60mg/L)。多名出现症状的工人血浆胆碱酯酶活性增加，周围神经组织出现形态变化[14]。

1975 年美国弗吉尼亚州 Hopewell 工厂内 148 名十氯酮生产工人，有 76 人出现精子数量减少和精子活动率降低等现象。腓肠神经切片显示神经髓鞘轴突和无髓鞘轴突的数目相对减少，周围神经系统中的神经胶质细胞受损。一组慢性暴露于十氯酮的工人出现颤抖、迅速且不规则的眼球移动、肝大、精子减少等现象。血液和脂肪组织中十氯酮浓度降低时，症状会逐步消失。工人反复暴露于高浓度的十氯酮粉尘中时，产生紧张及颤抖、共济失调、胸痛、关节痛、红斑性皮肤病及体重下降等现象，部分工人出现精子减少现象[20]。

## 【危害分类与管制情况】

| 序号 | 毒性指标 | PPDB 分类 | PAN 分类 |
|---|---|---|---|
| 1 | 高毒 | 是 | 否 |
| 2 | 致癌性 | 2B，对人类是可能致癌物（IARC 分类） | 是 |
| 3 | 致突变性 | 无数据 | — |
| 4 | 内分泌干扰性 | 疑似 | 疑似 |
| 5 | 生殖发育毒性 | 疑似 | 是 |
| 6 | 胆碱酯酶抑制剂 | 否 | 否 |
| 7 | 神经毒性 | 疑似 | — |
| 8 | 呼吸道刺激性 | 是 | — |
| 9 | 皮肤刺激性 | 是 | — |
| 10 | 眼刺激性 | 是 | — |
| 11 | 国际公约或优控名录 | 列入 POPs 公约，列入 PAN 名录 | |

注：PPDB 数据库由英国赫特福德郡大学农业与环境研究所开发；PAN 数据库来自北美农药行动网（PANNA）；"—"表示无此项。

## 【限值标准】

暂无数据。

# 参 考 文 献

[1] Freitag D, Ballhorn L, Geyer H, et al. Environmental-hazard profile of organic-chemicals: an experimental-method for the assessment of the behavior of organic-chemicals in the ecosphere by means of simple laboratory tests with $^{14}$C labeled chemicals. Chemosphere, 1985, 14(10): 1589-1616.

[2] Huckins J N, Stalling D L, Petty J D, et al. Fate of kepone and mirex in the aquatic environment. J Agric Food Chem, 1982, 30(6): 1020-1027.

[3] TOXNET（Toxicology Data Network）. https://toxnet.nlm.nih.gov/cgi-bin/sis/search2/f?./temp/~kKuQOt:3:enex [2015-08-31].

[4] Lyman W J, Reehl W F, Rosenblatt D H. Handbook of Chemical Property Estimation Methods. Washington DC: American Chemical Society, 1990: 7-4, 7-5.

[5] Sanborn J R, Francis B M, Metcalf R L. The Degradation of Selected Pesticides in Soil. Cincinnati: NTIS, 1977: 272-353.

[6] Spehar R L. Effects of pollution on fresh-water fish. J Water Pollut Control Fed, 1982, 54(6):

877-922.

[7]　Roberts M H, Fisher D J. Uptake and clearance rates for kepone in 2 marine fish species. Arch Environ Contam Toxicol, 1985, 14(1): 1-6.

[8]　PPDB:Pesticide Properties DataBase. http://sitem.herts.ac.uk/aeru/ppdb/en/Reports/1293.htm [2015-08-31].

[9]　Brown H E, Salamanca S, Stewart G, et al. Chlordecone (kepone) on the night of proestrus inhibits female sexual-behavior in cdf-344 rats. Toxicol Appl Pharmacol, 1991, 110(1): 97-106.

[10]　Vaccari A, Saba P. The tyramine-labeled vesicular transporter for dopamine—a putative target of pesticides and neurotoxins. Euro J Pharmacol, 1995, 292(3-4):309-314.

[11]　ATSDR. Toxicological profile for mirex and chlordecone. Public Health Service, U.S. Department of Health and Human Services, Atlanta, GA. 1995.

[12]　Hoskins B, Ho I K. Chlordecone-induced alterations in content and sub-cellular distribution of calcium in mouse-brain. J Toxicol Environ Health, 1982, 9(4): 535-544.

[13]　Uphouse L, Mason G, Hunter V. Persistent vaginal estrus and serum hormones after chlordecone（kepone）treatment of adult female rats. Toxicol Appl Pharmacol, 1984, 72(2)）: 177-186.

[14]　WHO. Environmental Health Criteria Document No. 43: Chlordecone (143-50-0). 2004.

[15]　Probst G S, McMahon R E, Hill L E, et al. Chemically-induced unscheduled DNA synthesis in primary rat hepatocyte cultures — a comparison with bacterial mutagenicity using 218 compounds. Environ Mutagen, 1981, 3(1):11-32.

[16]　Williams G M. Classification of genotoxic and epigenetic hepatocarcinogens using liver culture assays. Ann NY Acad Sci, 1980, 349:273-282.

[17]　Galloway S M, Armstrong M J, Reuben C, et al. Chromosome-aberrations and sister chromatid exchanges in chinese-hamster ovary cells—evaluations of 108 chemicals. Environ Mol Mutagen, 1987, 10(Suppl. 10):1-175.

[18]　Simon G S, Egle J L, Dougherty R W, et al. Dominant lethal assay of chlordecone and its distribution in the male reproductive tissues of the rat. Toxicol Lett, 1986, 30(3): 237-245.

[19]　Sirica A E, Wilkerson C S, Wu L L, et al. Evaluation of chlordecone in a two-stage model of hepatocarcinogenesis—a significant sex difference in the hepatocellular-carcinoma incidence. Carcinogenesis, 1989, 10 (6): 1047-1054.

[20]　Klaassen C D. Casarett and Doull's Toxicology. The Basic Science of Poisons. 6th ed. New York: McGraw-Hill, 2001.

# 双甲脒(amitraz)

## 【基本信息】

化学名称：$N'$-(2,4-二甲基苯基)-$N$-{[(2,4-二甲基苯基)亚氨基]甲基}-$N'$-甲基亚甲氨基胺

其他名称：螨克，胺三氮螨，阿米德拉兹，果螨杀，杀伐螨

CAS 号：33089-61-1

分子式：$C_{19}H_{23}N_3$

相对分子质量：293.41

SMILES：N(=C/N(\C=N\c1ccc(cc1C)C)C)\c2ccc(cc2C)C

类别：甲脒类杀螨剂

结构式：

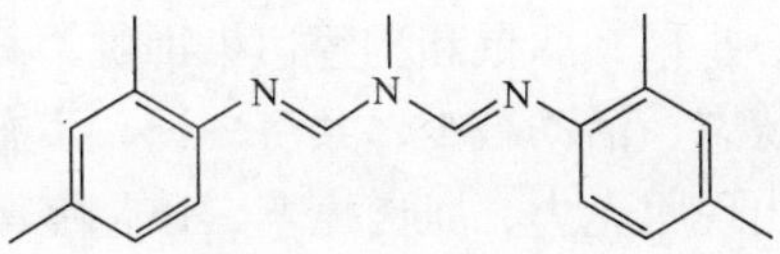

## 【理化性质】

白色或浅黄色固体，密度 1.13mg/L，熔点 87℃，沸腾前分解，饱和蒸气压 0.051mPa(25℃)，水溶解度 0.1mg/L(20℃)，溶于有机溶剂。辛醇/水分配系数 $\lg K_{ow}$ = 5.5(20℃)，亨利常数为 1.06Pa·$m^3$/mol(25℃)。

## 【环境行为】

**(1)环境生物降解性**

土壤好氧生物降解半衰期小于 1d[1]，$N$-(2,4-二甲苯基)-$N$-甲基甲脒和 2,4-二甲基甲酰苯胺是主要代谢产物[2]。

**(2)环境非生物降解性**

与羟基自由基反应的速率常数为 $1.3×10^{-10}cm^3$/(mol·s)(25℃)，大气中间接光解半衰期约为 0.95h[3]。双甲脒在酸性环境中水解较快，在25℃，pH 分别为 5、

7 和 9 的条件下，水解半衰期分别为 2.1h、22.1h 和 25.5h[4]．

（3）环境生物蓄积性

蓝鳃太阳鱼 BCF 值为 588~1838，提示双甲脒有较高的生物蓄积性[2]。

（4）土壤吸附/移动性

$K_{oc}$ 测定值为 1000~2000[1]，提示双甲脒土壤移动性弱。

## 【生态毒理学】

鱼类(虹鳟鱼)96h $LC_{50}$ =0.74mg/L，溞类(大型溞)48h $EC_{50}$ =0.035mg/L、21d NOEC=0.02mg/L，甲壳类(糠虾)96h $LC_{50}$ =4.7mg/L，藻类 72h $EC_{50}$=12mg/L，蚯蚓 14d $LC_{50}$ =1000mg/kg，蜜蜂接触 48h $LD_{50}$=50μg[5]。

## 【毒理学】

（1）一般毒性

大鼠急性经口 $LD_{50}$=800mg/kg，吸入 $LC_{50}$>65.0mg/L，兔子经皮 $LD_{50}$>200mg/kg[5]。

（2）神经毒性

给哺乳动物如大鼠、小鼠、豚鼠和狗经口染毒时，其中毒表现基本相似。染毒后动物首先出现抑制状态、活动减少、共济失调、步态蹒跚，偶尔出现兴奋和躁动。除此之外，狗还出现肌无力、肌肉痉挛、声带痉挛、直肠温度降低、心率变缓；猫中毒时出现呕吐等。动物出现死亡时间一般在染毒后 6~72h[1]。

（3）生殖毒性

双甲脒原药(含量>96%)经口染毒雄性大鼠 2 个月，灌胃剂量分别为 0mg/kg、10mg/kg 和 40mg/kg，每剂量组 5 只。结果显示：染毒大鼠与对照组相比，体重减轻有极显著差异($P<0.01$)，血清睾酮、黄体生成素无显著差异($P>0.05$)，卵泡刺激素高剂量组增高，有显著性差异($P<0.05$)。血清胆固醇含量无显著差异($P>0.05$)。睾丸组织匀浆酸性磷酸酶活性受试组增高，低剂量组有极显著差异($P<0.01$)[6]。

（4）致畸和致突变性

用孕鼠和孕兔分别进行致畸试验，剂量为 1mg/kg、5mg/kg、9mg/kg、15mg/kg、25mg/kg、44mg/kg 和 90mg/kg，观察指标为体重、黄体数、活胎数、吸收数、死胎数、胎仔外形、窝重、骨骼和内脏软组织切片。实验结果表明，双甲脒对受试胎鼠和胎兔的骨骼、内脏以及外形均没有导致畸形[7]。

细菌致突变试验：用鼠伤寒沙门氏菌株 TA98、TA100、TA1535、TA1537、TA1538 和大肠杆菌株 WP2 和 WP2 *uvrA* 作为诱变指示菌种，前者的试验条件中加或不加大鼠肝微粒体代谢系统而后者则完全不加代谢活化系统。试验结果表明双甲脒及其代谢产物 N-(2,4-二甲苯基)-N-甲基甲脒、2,4 二甲基甲酰苯胺和 4-氨基-3-甲苯甲酸没有致突变作用。

雄性小鼠分别经口注入双甲脒 72mg/kg 和 7.2mg/kg 染毒 60d，骨髓细胞微核试验结果显示无致突变作用。

（5）致癌性

用刚断奶昆明种雄性小鼠进行 78 周的诱癌试验，双甲脒的剂量分别为 200mg/kg、100mg/kg 和 10mg/kg，每周分别在小鼠背部皮下注射药物 1~2 次，持续一年，停药后再观察半年。在致癌试验过程中，观察到高剂量组动物表现兴奋、紧张、互相撕咬、死亡例数较其他组为高，中和低剂量组动物未出现中毒表现。双甲脒各剂量组动物的肿瘤发生率、肿瘤种类、例数以及肿瘤的首发期与对照组基本相似。但是，在 80 周小鼠喂饲致癌试验中，发现雌性小鼠每天摄入 84mg/kg 双甲脒，其淋巴肉瘤的发生率较对照组明显增高[7]。

给雄性和雌性小鼠喂饲含有 25mg/kg、100mg/kg 和 400mg/kg 的双甲脒共 104 周。400mg/kg 组雌性小鼠肝细胞瘤的发生率比对照组明显增高。综上所述，双甲脒可使雌性小鼠的肝细胞瘤和淋巴肉瘤的发生率增高。

## 【人类健康效应】

施药员喷雾 20%双甲脒乳剂，呼吸带空气中双甲脒浓度为 0.7~2.5μg/m³，皮肤平均污染量为 0.25μg/cm³(0.03~0.825μg/cm³)。在上述劳动条件下，连续喷雾 4~5d。施药员普遍主诉嗓子干痛，接触双甲脒的局部皮肤有发热和痒的感觉，停止喷药后，不治自愈。个别施药员喷药第 2 天腰部疹痒，用手抓后皮肤热而红，另有一名施药员感觉皮肤痒，用手抓后，局部皮肤出现红肿。上述现象一般在停止接触双甲脒 48~72h 恢复正常。将双甲脒涂敷在志愿受试者的皮肤上，有的受试者出现自主神经反应，有的出现局部皮肤刺激症状[8]。

## 【危害分类与管制情况】

| 序号 | 毒性指标 | PPDB 分类 | PAN 分类 |
|------|----------|-----------|----------|
| 1 | 高毒 | 否 | 中等毒性 |
| 2 | 致癌性 | 否 | 可能 |
| 3 | 致突变性 | 否 | — |
| 4 | 内分泌干扰性 | 疑似 | 疑似 |
| 5 | 生殖发育毒性 | 疑似 | 是 |

续表

| 序号 | 毒性指标 | PPDB 分类 | PAN 分类 |
|---|---|---|---|
| 6 | 胆碱酯酶抑制剂 | 否 | 否 |
| 7 | 神经毒性 | 是 | — |
| 8 | 呼吸道刺激性 | 否 | — |
| 9 | 皮肤刺激性 | 否 | — |
| 10 | 眼刺激性 | 否 | — |
| 11 | 国际公约与优控名录 | 列入 PAN 目录 | |

注：PPDB 数据库由英国赫特福德郡大学农业与环境研究所开发；PAN 数据库来自北美农药行动网（PANNA）；"—"表示无此项。

## 【限值标准】

每日允许摄入量 ADI=0.003mg/(kg bw·d)，急性参考剂量 ARfD=0.01mg/(kg bw·d)[5]。

## 参 考 文 献

[1] TOXNET (Toxicology Data Network). https://toxnet.nlm.nih.gov/newtoxnet/hsdb.htm [2015-09-06].

[2] USEPA. Reregistration Eligibility Decisions (REDs) Database on Amitraz. 2011.

[3] Meylan W M, Howard P H. Computer estimation of the atmospheric gas-phase reaction rate of organic compounds with hydroxyl radicals and ozone. Chemosphere, 1993, 26(12): 2293-2299.

[4] MacBean C. e-Pesticide Manual. 15th ed. Ver. 5.1. Alton: British Crop Protection Council, 2008—2010.

[5] PPDB:Pesticide Properties DataBase. http://sitem.herts.ac.uk/aeru/ppdb/en/Reports/30.htm [2015-09-08].

[6] 胡启之, 宋凌浩. 双甲脒的雄性大鼠生殖毒作用研究. 癌变.畸变:突变, 1995(4):246.

[7] 王淑洁, 徐根林, 黄明芳, 等. 双甲脒的毒性和致癌作用的研究. 职业医学, 1982, (2), 3-6.

[8] Report sponsored jointly by FAO and WHO: amitraz. Pesticide Residues in Food, 1984, 67:537-543.

# 双硫磷（temephos）

## 【基本信息】

化学名称：4,4′-双（$O,O$-二甲基硫代磷酰氧基）苯硫醚-$O,O′$-（硫代二-4,1-亚苯基）-$O,O,O′,O′$-四甲基硫代磷酸酯

其他名称：无

CAS 号：3383-96-8

分子式：$C_{16}H_{20}O_6P_2S_3$

相对分子质量：466.47

SMILES：S=P(OC)(OC)Oc2ccc(Sc1ccc(OP(=S)(OC)OC)cc1)cc2

类别：有机磷杀虫剂

结构式：

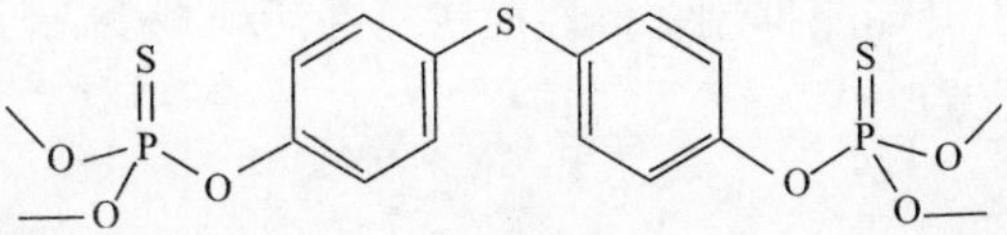

## 【理化性质】

深褐色黏稠性液体，密度 1.32mg/L，熔点 30.3℃，饱和蒸气压 0.0095mPa（25℃）。水溶解度为 0.001mg/L（20℃）。有机溶剂溶解度（20℃）：正己烷，9600mg/L。辛醇/水分配系数 lg$K_{ow}$=4.95（25℃），亨利常数为 $1.99×10^{-4}$Pa·$m^3$/mol（25℃）。

## 【环境行为】

**(1)环境生物降解性**

大多数文献报道双硫磷土壤降解半衰期为 2d；实验室 20℃条件下，土壤降解半衰期为 30d[1]。

**(2)环境非生物降解性**

在 20℃，pH 为 7 的条件下，水解半衰期为 10d[1]。

**(3)环境生物蓄积性**

鱼类 BCF=2300[2]，提示双硫磷生物蓄积性强。

**(4)土壤吸附/移动性**

在砂壤土、砂质壤土、粉壤土和壤土中的 $K_{oc}$ 值分别为 18250、16250、31800 和 22800，提示土壤移动性弱[3]。

## 【生态毒理学】

鱼类(虹鳟鱼)96h $LC_{50}$ >3.49mg/L，溞类(大型溞)48h $EC_{50}$ =0.00001mg/L，藻类 72h $EC_{50}$=1.4mg/L、96h NOEC=10mg/L，蚯蚓 14d $LC_{50}$ >1000mg/kg，蜜蜂接触 48h $LD_{50}$ > 1.55μg[1]。

## 【毒理学】

**(1)一般毒性**

大鼠急性经口 $LD_{50}$ =4204mg/kg，吸入 $LC_{50}$ =4.79mg/L，兔子经皮 $LD_{50}$>2181mg/kg，属低等毒性农药[1]。

**(2)神经毒性**

急性暴露造成胆碱酯酶抑制，毒性症状包括活动减少、呼吸困难、血泪症、流涎、肌肉痉挛、震颤[2]。

**(3)生殖毒性**

雄性和雌性大鼠饲喂暴露 500mg/kg 的双硫磷[约 25mg/(kg•d)]，产仔数和幼仔存活率无明显减少，先天性缺陷无明显增加[4]。三代繁殖研究发现，25mg/kg 或 125mg/kg 剂量的双硫磷对大鼠妊娠、生殖或哺乳未造成影响，畸胎发生率也未显著增加[5]。

**(4)致突变性**

鼠伤寒沙门氏菌株 TA98、TA100、TA1535、TA1537 和大肠杆菌株 WP2 *uvrA* 致突变试验结果显示双硫磷无致突变作用，中国仓鼠卵巢细胞(CHO，CCL61)致突变试验结果呈阴性[6]。

**(5)致癌性**

最高暴露剂量为 15mg/(kg•d)的 2a 慢性毒性研究发现，双硫磷无致癌作用[6]。

## 【人类健康效应】

双硫磷可导致人的胆碱酯酶抑制，高剂量暴露可引起过度刺激而造成恶心、头晕、混乱，甚至呼吸麻痹而死亡。

志愿者每天摄入 256mg 双硫磷持续 5d 或者每天摄入 64mg 持续 4 周，未出现中毒症状，血浆或红细胞胆碱酯酶活性也未受到影响[7]。

## 【危害分类与管制情况】

| 序号 | 毒性指标 | PPDB 分类 | PAN 分类 |
|---|---|---|---|
| 1 | 高毒 | 否 | 否 |
| 2 | 致癌性 | 否 | 未分类 |
| 3 | 致突变性 | 疑似 | — |
| 4 | 内分泌干扰性 | 无数据 | 无充分证据 |
| 5 | 生殖发育毒性 | 无数据 | 无充分证据 |
| 6 | 胆碱酯酶抑制剂 | 是 | 是 |
| 7 | 神经毒性 | 是 | — |
| 8 | 呼吸道刺激性 | 无数据 | — |
| 9 | 皮肤刺激性 | 否 | — |
| 10 | 眼刺激性 | 疑似 | — |
| 11 | 国际公约与优控名录 | 列入 PAN 名录 | |

注: PPDB 数据库由英国赫特福德郡大学农业与环境研究所开发; PAN 数据库来自北美农药行动网(PANNA); "—"表示无此项。

## 【限值标准】

每日允许摄入量 ADI=0.005mg/(kg bw · d)[8]。

## 参 考 文 献

[1] PPDB: Pesticide Properties DataBase. http://sitem.herts.ac.uk/aeru/ppdb/en/Reports/618.htm [2015-09-11].

[2] USEPA. Registration Eligibility Document for Temephos, Chemical No 059001, Docket ID: EPA-HQ-OPP-2009-0081, Document ID: EPA-HQ-OPP-2009-0081-0064. 2009.

[3] TOXNET (Toxicology Data Network). https://toxnet.nlm.nih.gov/newtoxnet/hsdb.htm [2015-09-11].

[4] Hayes W J. Pesticides Studied in Man. Baltimore/London: Williams and Wilkins, 1982: 377.

[5] Clayton G D, Clayton F E. Patty's Industrial Hygiene and Toxicology: Volume 2A, 2B, 2C: Toxicology. 3rd ed. New York: John Wiley and Sons, 1981—1982:4808.

[6] California Environmental Protection Agency, Department of Pesticide Regulation. Toxicology Data Review Summary for Temephos. 2009: 3383-96-8.

[7] Gosselin R E, Smith R P, Hodge H C. Clinical Toxicology of Commercial Products. 5th ed. Baltimore: Williams and Wilkins, 1984: Ⅱ-293.

[8] 张丽英, 陶传江. 农药每日允许摄入量手册. 北京: 化学工业出版社, 2015.

# 水胺硫磷(isocarbophos)

## 【基本信息】

化学名称：*O*-甲基-*O*-(邻异丙氧基羰基苯基)硫代磷酰胺

其他名称：羧胺磷

CAS 号：24353-61-5

分子式：$C_{11}H_{16}NO_4PS$

相对分子质量：289.29

SMILES：S=P(Oc1ccccc1C(=O)OC(C)C)(OC)N

类别：有机磷类杀虫剂

结构式：

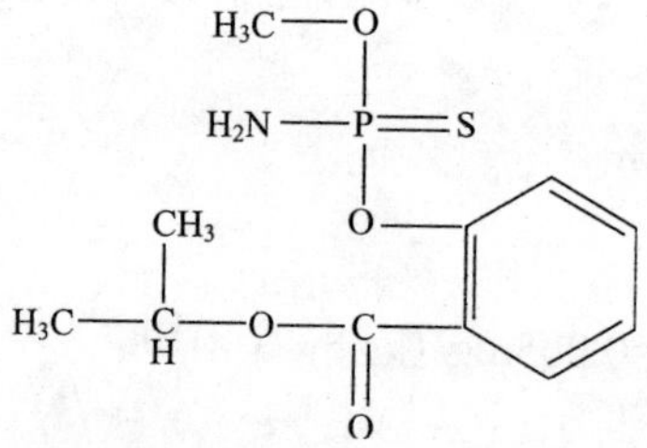

## 【理化性质】

纯品为无色结晶片，工业品为浅黄色至茶褐色黏稠液体，密度 1.28g/mL，水溶解度 70.1mg/L(20℃)，能溶于乙醚、苯、丙酮和乙酸乙酯。辛醇/水分配系数 $lgK_{ow}$ = 2.7(25℃)。

## 【环境行为】

**(1)环境生物降解性**

田间条件下，土壤降解半衰期为 3.3d[1]。

**(2)环境非生物降解性**

无资料。

**(3) 环境生物蓄积性**

基于 $\lg K_{ow}$（<3），预测生物蓄积性高[2]。

**(4) 土壤吸附/迁移性**

$K_{oc}=190$，具有中等移动性[2]。

## 【生态毒理学】

鸟类急性 $LD_{50}=0.75mg/kg$，溞类（大型溞）48h $EC_{50}=0.014mg/L$[2]。

## 【毒理学】

大鼠急性经口 $LD_{50}=50mg/kg$[2]。

## 【人类健康效应】

急性中毒多在 12h 内发病，口服立即发病。轻度：头痛、头昏、恶心、呕吐、多汗、无力、胸闷、视力模糊、胃口不佳等，全血胆碱酯酶活性一般降至正常值的 50%~70%；中度：除上述症状外还出现轻度呼吸困难、肌肉震颤、瞳孔缩小、精神恍惚、步态不稳、大汗、流涎、腹疼、腹泻。重者还会出现昏迷、抽搐、口吐白沫、大小便失禁、惊厥、呼吸麻痹。慢性暴露可引起癫痫发作、尿失禁、呼吸抑制和意识丧失[2]。

## 【危害分类与管制情况】

| 序号 | 毒性指标 | PPDB 分类 | PAN 分类 |
|---|---|---|---|
| 1 | 高毒 | 否 | 无充分证据 |
| 2 | 致癌性 | — | 无充分证据 |
| 3 | 内分泌干扰性 | — | 无充分证据 |
| 4 | 生殖发育毒性 | — | 无充分证据 |
| 5 | 胆碱酯酶抑制剂 | 是 | 是 |
| 6 | 神经毒性 | 是 | — |
| 7 | 呼吸道刺激性 | — | — |
| 8 | 皮肤刺激性 | — | — |
| 9 | 眼刺激性 | — | — |
| 10 | 国际公约与优控名录 | 列入 PAN 名录 | |

注：PPDB 数据库由英国赫特福德郡大学农业与环境研究所开发；PAN 数据库来自北美农药行动网（PANNA）；"—"表示无此项。

## 【限值标准】

每日允许摄入量 ADI=0.003mg/（kg bw · d）。

# 参 考 文 献

[1]　杨淑娟，郭建辉，蔡恩兴，等. 水胺硫磷在香蕉及土壤中的残留动态. 亚热带植物科学，2011, 40(4):59-62.

[2]　PPDB: Pesticide Properties DataBase. http://sitem.herts.ac.uk/aeru/ppdb/en/Reports/316.htm [2015-09-15].

# 四氟苯菊酯(transfluthrin)

## 【基本信息】

化学名称：2,3,5,6-四氟苄基(1*R*,3*S*)-3-(2,2-二氯乙烯基)-2,2-二甲基环丙烷羧酸酯

其他名称：无

CAS 号：118712-89-3

分子式：$C_{15}H_{12}Cl_2F_4O_2$

相对分子质量：371.15

SMILES：Cl/C(Cl)=C/C2C(C(=O)OCc1c(F)c(F)cc(F)c1F)C2(C)C

类别：拟除虫菊酯类卫生杀虫剂

结构式：

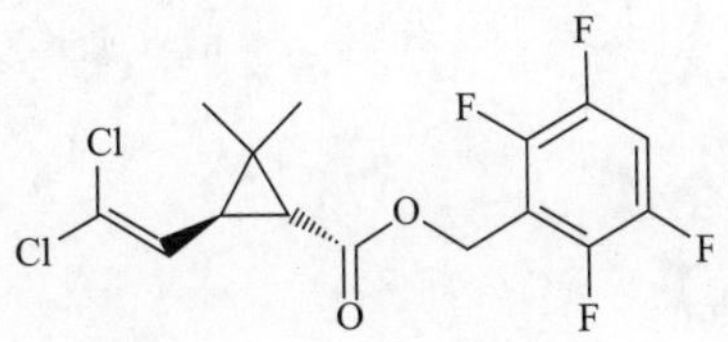

## 【理化性质】

无色晶体，熔点 32℃，沸点 242℃，水溶解度 0.057mg/L(20℃)。有机溶剂溶解度(20℃)：甲苯，200000mg/L；正己烷，200000mg/L；二氯甲烷，200000mg/L。辛醇/水分配系数 $\lg K_{ow}$ = 5.46(25℃)，亨利常数为 $2.67×10^{-4}$Pa·m$^3$/mol(25℃)。

## 【环境行为】

在 20℃、pH 为 7 的条件下，水解半衰期为 5d[1]。

## 【生态毒理学】

鸟类急性 $LD_{50}$ >1890mg/kg(山齿鹑)，鱼类(虹鳟鱼)96h $LC_{50}$ > 0.0007mg/L，溞类(大型溞)48h $EC_{50}$ > 0.0017mg/L，藻类 72h $EC_{50}$ > 0.1mg/L，蜜蜂接触 48h

$LD_{50} > 2.0\mu g$，蚯蚓 14d $LC_{50}$ =184mg/kg[1]。

## 【毒理学】

### (1)一般毒性

大鼠急性经口 $LD_{50}$>5000mg/kg，大鼠急性经皮 $LD_{50}$>5000mg/kg，大鼠急性吸入 $LC_{50}$=0.513mg/L[1]。

### (2)生殖发育毒性

通过对二代大鼠的研究，第一代大鼠饲喂剂量达到 1000mg/kg，未影响其繁殖力，且对第二代未产生影响[2]。

### (3)致突变性

大鼠体外和体内的测试表明，四氟苯菊酯不会对动物产生诱变性或破坏 DNS 序列[2]。

## 【人类健康效应】

属神经毒剂，接触部位皮肤感到刺痛，尤其在口、鼻周围，但无红斑。很少引起全身性中毒。接触量大时会引起头痛、头昏、恶心、呕吐、双手颤抖、全身抽搐或惊厥、昏迷、休克。

## 【危害分类与管制情况】

| 序号 | 毒性指标 | PPDB 分类 | PAN 分类 |
|---|---|---|---|
| 1 | 高毒 | 是 | 否 |
| 2 | 致癌性 | 可能 | 无充分证据 |
| 3 | 内分泌干扰性 | — | 无充分证据 |
| 4 | 生殖发育毒性 | 否 | 无充分证据 |
| 5 | 胆碱酯酶抑制剂 | 否 | 否 |
| 6 | 皮肤刺激性 | 是 | — |
| 7 | 眼刺激性 | 是 | — |
| 8 | 国际公约与优控名录 | — | |

注：PPDB 数据库由英国赫特福德郡大学农业与环境研究所开发；PAN 数据库来自北美农药行动网(PANNA)；"—"表示无此项。

## 【限值标准】

暂无数据资料。

# 参 考 文 献

[1]　PPDB:Pesticide Properties DataBase. http://sitem.herts.ac.uk/aeru/ppdb/en/Reports/1282.htm [2015-09-18].

[2]　周小柳, 霍天雄, 唐忠锋, 等. 四氟苯菊酯的合成与毒理学及生物学特征. 中华卫生杀虫药械, 2008, 14(8):4.

# 四氯化碳(carbon tetrachloride)

## 【基本信息】

化学名称：四氯化碳

其他名称：无

**CAS 号**：56-23-5

分子式：CCl$_4$

相对分子质量：153.8

**SMILES**：C(Cl)(Cl)(Cl)Cl

类别：有机氯类杀虫剂、熏蒸剂

结构式：

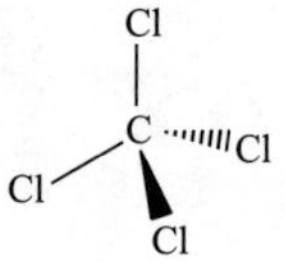

## 【理化性质】

清澈无色的挥发性液体，熔点–23℃，水溶解度 793mg/L(20℃)，与苯、乙酸乙酯、氯仿、乙醇均互溶。辛醇/水分配系数 lg$K_{ow}$=2.64(25℃)，亨利常数为2786.4Pa·m$^3$/mol(25℃)。

## 【环境行为】

**(1)环境生物降解性**

典型条件下，好氧降解半衰期为 5d[1]。厌氧降解半衰期为 3~7d，转变为氯仿和二硫化碳[2]。

**(2)环境非生物降解性**

25℃时在水中的水解半衰期是 7000a[3]。对流层中不会直接光解，但在高能量辐射(195~254nm)条件下，可在平流层发现降解[4,5]。四氯化碳在对流层可以稳定30~50a。

**(3)环境生物蓄积性**

BCF 为 3.2~7.4[6]。鳟鱼、虹鳟鱼和蓝鳃太阳鱼的 BCF 为 17.4~52.5[7-10]，表明在水生生物体内生物富集性弱。

**(4)土壤吸附/移动性**

$K_{oc}$ 值为 71[11]、110[1]，表明在土壤中具有中等移动性。在地下水中突破采样的延迟因子为 1.44~1.8[2]。

**(5)大气中迁移性**

大气中，可与光化学反应产生的羟基自由基反应，半衰期是 366a[12]或者大于330a[13]。

## 【生态毒理学】

鱼类(呆鲦鱼)96h $LC_{50}$> 43mg/L，溞类(大型溞)48h $EC_{50}$ >29mg/L，藻类 72h $EC_{50}$ >0.217mg/L,蚯蚓 14d $LC_{50}$ >160mg/kg[1]。

## 【毒理学】

**(1)一般毒性**

大鼠急性经口 $LD_{50}$=2817mg/kg[1]。

**(2)神经毒性**

四氯化碳暴露能够降低小鼠的学习记忆能力，造成小鼠海马锥体细胞树突棘和突触的形态改变及数量丢失，并且对神经系统的影响具有剂量相关性及长时程增强(LTP)效应[14]。

**(3)生殖发育毒性**

在大鼠妊娠后期单次暴露 150mg 的四氯化碳，胎鼠死亡率增加，死亡原因可能是外周循环衰竭、胎盘循环障碍[15]。

胚胎期 6~15d 的胎鼠每天暴露浓度为 1890mg/m³ 和 6300mg/m³ 的四氯化碳 7h，显示发育迟缓[15]。

四氯化碳可造成大鼠产生睾丸毒性、肝损伤。吸入暴露四氯化碳 200mg/L 和 400mg/L，25 周后，雄性大鼠导致生殖细胞变性同时伴随着肝毒性和高死亡率。在 1.5mg/kg 的剂量水平下，大鼠体内也观察到了睾丸损伤、睾丸萎缩、睾丸和精囊质量减少、精子发生异常[16]。

四氯化碳具有雌激素的特性，可以改变男性的生育能力[16]。

**(4)致突变性**

四氯化碳能够引起酿酒酵母菌株 D7 细胞发生突变[17]，未引起大鼠肝上皮细胞染色体损伤和非常规 DNA 合成[15]。

小鼠腹腔注射 5mg/kg、15mg/kg、25mg/kg 四氯化碳，精子有明显的畸变效应，小鼠股骨骨髓 PCE 细胞的微核率和精子畸变率明显高于对照组，提示四氯化碳对小鼠生殖细胞和血红细胞有遗传毒性作用[18]。

**(5)致癌性**

雄性大鼠经口给予 47mg/kg、79mg/kg 四氯化碳，雌性大鼠给予 80~160mg/kg 的四氯化碳共 28 周，肝细胞癌和肿瘤性结节发生率明显。大鼠或下属皮下或肌肉注射四氯化碳可诱发肝癌。小鼠每天经口饲喂 250mg/kg 或 2500mg/kg 的四氯化碳，28 周后肝细胞癌发生率增高。经口每天给雌性大鼠四氯化碳 100mg/kg，雄性大鼠 150mg/kg，每周 5d，共 28 周，以后再观察 32 周，肝肿瘤性结节增多，并发生少量肝癌。

# 【人类健康效应】

四氧化碳是典型的肝毒物质，各种接触方式所致的急性中毒都以消化系统，尤其是肝损害的症状和体征为最主要的临床表现。急性中毒临床主要表现为肝、中枢神经和肾损害。其潜伏期长短取决于接触剂量和方式，为数分钟至数天不等，一般 1~3d，肝肾损害可迟至起病 7d 后才出现。例如，国内报道经呼吸道中毒的 5 例潜伏期在数分钟至 1h 之间，3 例口服中毒者在 20min 内[19,20]。人类对四氯化碳的个体耐受性差别颇大，单次口服致死量为 2~40mL。神经系统受累表现常为急性中毒的首发症状，以嗜睡、头昏、头痛、乏力、失眠、近事遗忘、四肢感觉异常、步态异常、四肢意向性震颤等为多，严重者可有抽搐、意识障碍和尿失禁，接触极大剂量的可致麻醉或猝死[21]。

急性中毒者的病理改变主要在肝脏，也累及神经系统和肾。有报道称急性中毒时体内四氯化碳含量以胰腺最高，其次为大脑、延髓、小脑、睾丸和肺等，肝和肾较低[22]。短期接触极大量四氯化碳致中枢神经系统抑制而猝死者，可见脑组织中四氯化碳含量显著增高而肝肾无明显改变。急性中毒除肝肾病变外也可有心肌炎、支气管肺炎、肺水肿、睾丸和附睾炎、大脑中毒性退行性改变以及肾上腺皮质脂肪变性等。慢性接触四氯化碳的病变主要在肝脏。

一项连续 6a 对 191 名四氯化碳生产工人的观察发现有头昏、头痛、食欲缺乏、失眠、心悸、肢体发麻、咽充血、鼻炎、齿龈炎、肝大及肝区疼痛等情况。另一项对 131 名接触低浓度四氯化碳，工龄 4a 的工人的调查，发现有神经衰弱症候群和呼吸道、消化道及皮肤的刺激症状、轻度早期肝肾损害迹象以及一定程度的听神经损害[23]。

## 【危害分类与管制情况】

| 序号 | 毒性指标 | PPDB 分类 | PAN 分类 |
|------|----------|-----------|----------|
| 1 | 高毒 | 否 | 否 |
| 2 | 致癌性 | 是 | 是 |
| 3 | 致突变性 | — | — |
| 4 | 内分泌干扰性 | — | 无充分证据 |
| 5 | 生殖发育毒性 | 疑似 | 无充分证据 |
| 6 | 胆碱酯酶抑制剂 | 是 | 否 |
| 7 | 神经毒性 | 是 | — |
| 8 | 呼吸道刺激性 | 是 | — |
| 9 | 皮肤刺激性 | 疑似 | — |
| 10 | 眼刺激性 | 是 | — |
| 11 | 国际公约与优控名录 | — | |

注：PPDB 数据库由英国赫特福德郡大学农业与环境研究所开发；PAN 数据库来自北美农药行动网（PANNA）；"—"表示无此项。

## 【限值标准】

美国饮用水标准：污染物最高限量 MCL=5μg/L，急性参考剂量 ARfD=0.70 μg/(kg · d)。WHO 规定的水质基准为 4.0μg/L。

## 参 考 文 献

[1] PPDB: Pesticide Properties DataBase. http://sitem.herts.ac.uk/aeru/ppdb/en/Reports/1350.htm [2015-09-26].

[2] TOXNET(Toxicology Data Network). https://toxnet.nlm.nih.gov/newtoxnet/hsdb. htm [2015-09-26].

[3] Mabey W, Mill T. Critical-review of hydrolysis of organic-compounds in water under environmental-conditions. J Phys Chem Ref Data, 1978, 7: 383-415.

[4] Molina M J, Rowland F S. Predicted present stratospheric abundances of chlorine species from photodissociation of carbon tetrachloride. Geophys Res Lett, 1974, 1:309-312.

[5] Davis D D, Schmidt J F, Neeley C M, et al. Effect of wavelength in gas-phase photolysis of carbon-tetrachloride at 253.7, 184.9, 147.0, and 106.7 nm. J Phys Chem, 1975, 79: 11-17.

[6] Chemicals Inspection and Testing Institute. Biodegradation and Bioaccumulation Data of Existing Chemicals Based on the CSCL Japan. Japan Chemical Industry Ecology-Toxicology and Information Center, 1992.

[7]　Neely W B , Branson D R, Blau G E. Partition-coefficient to measure bioconcentration potential of organic chemicals in fish. Environ Sci Technol, 1974, 8: 1113-1115.

[8]　Veith G D, DeFoe D L, Bergstedt B V. Measuring and estimating the bioconcentration factor of chemicals in fish. J Fish Res Board Can, 1979, 36: 1040-1048.

[9]　Saito S, Miyamoto M, Takimoto Y, et al. Effect of metabolism on bioconcentration of geometric isomers of *d*-phenothrin in fish. Chemosphere, 1992, 24(1): 81-87.

[10]　Barrows M E, Petrocelli S R, Macek K J, et al. Dyn Exp Hazard Assess Toxic Chem Ann Arbor. MI: Ann Arbor Science, 1980:379-392.

[11]　Sabljic A. Predictions of the nature and strength of soil sorption of organic pollutants by molecular topology. J Agric Food Chem, 1984, 32(2): 243-246.

[12]　Atkinson R. J Phys Chem Ref Data. Monograph No. I , 1989.

[13]　Cox R A, Derwent R G, Eggleton A E J, et al. Photochemical oxidation of halocarbons in the troposphere. Atmos Environ, 1976, 10(4): 305-308.

[14]　张凯波. 四氯化碳长期暴露对小鼠海马锥体细胞树突棘和突触的影响. 郑州: 河南大学硕士学位论文, 2014.

[15]　IARC. Monographs on the Evaluation of the Carcinogenic Risk of Chemicals to Humans. Geneva: World Health Organization, International Agency for Research on Cancer, 1979.

[16]　Thomas J A, Korach K S, McLachlan J A. Endocrine Toxicology. New York: Raven Press,1985: 294.

[17]　USEPA. Office of Drinking Water. Criteria Document (Final Draft): Carbon Tetrachloride. 1982: I -3.

[18]　叶亚新, 金进, 郭璇, 等. 四氯化碳对雄性小鼠的遗传毒性. 环境与健康杂志, 2004, 21(6):376-378.

[19]　陈秉炯, 张文经. 对四氯化碳中毒诊断标准的刍议. 中国职业医学, 1989, (3):39-41.

[20]　沈镭, 薛惠平. 急性四氯化碳中毒引起严重肝肾功能障碍二例. 中国职业医学, 1998, (3):32.

[21]　韦建国, 刘丽珠. 四氯化碳中毒致急性肝功能衰竭死亡 1 例报告. 中国工业医学杂志, 1994, (4): 200.

[22]　Tombolini A, Cingolani M. Fatal accidental ingestion of carbon tetrachloride, a postmortem distribution study. J Forensic Sci, 1996,41(1):16.

[23]　郑伟如. 四氯化碳中毒的临床. 中国职业医学, 1989(5):49-52.

# 四螨嗪(clofentezine)

## 【基本信息】

化学名称：3,6-双(2-氯苯基)-1,2,4,5-四嗪

其他名称：阿波罗

CAS 号：74115-24-5

分子式：$C_{14}H_8Cl_2N_4$

相对分子质量：303.15

SMILES：Clc3ccccc3c1nnc(nn1)c2c(Cl)cccc2

类别：四嗪类杀螨剂

结构式：

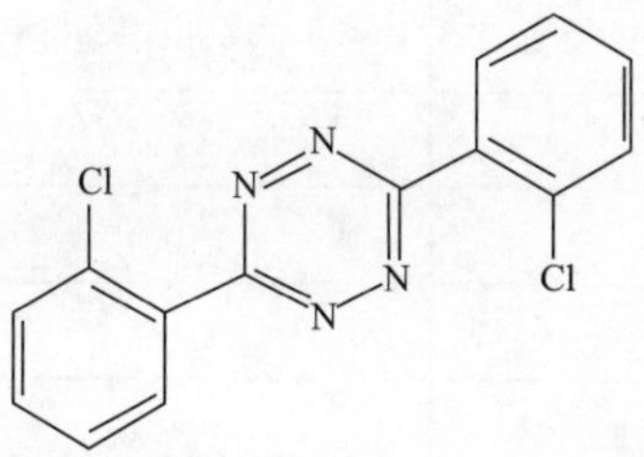

## 【理化性质】

洋红色晶体，熔点 183℃，沸腾前分解，水溶解度 0.002mg/L(20℃)。有机溶剂溶解度(20℃)：二甲苯，5000mg/L；乙醇，490mg/L；丙酮，9300mg/L；乙酸乙酯，5670mg/L。辛醇/水分配系数 $\lg K_{ow} = 3.1(25℃)$。

## 【环境行为】

四螨嗪在湖南长沙、江苏苏州和广西南宁土壤中的半衰期均为 8.3~9.0d[1]。

## 【生态毒理学】

鸟类(绿头鸭)急性 $LD_{50}$ >3000mg/kg，鱼类(虹鳟鱼)96h $LC_{50}$ >0.015mg/L、

21d NOEC=0.007mg/L，溞类（大型溞）48h EC$_{50}$>0.0008mg/L、21d NOEC =0.025mg/L，底栖动物（摇蚊）28d NOEC=0.5mg/L，藻类72h EC$_{50}$=0.32mg/L，蜜蜂经口48h LD$_{50}$>252.6μg、接触48h LD$_{50}$>84.5μg，蚯蚓14d LC$_{50}$>215mg/kg、21d NOEC =2.7mg/kg[2]。

## 【毒理学】

大鼠急性经口LD$_{50}$>5200mg/kg，大鼠急性经皮LD$_{50}$>2100mg/kg，大鼠急性吸入LC$_{50}$=1.51mg/L[2]。

## 【人类健康效应】

暂无数据。

## 【危害分类与管制情况】

| 序号 | 毒性指标 | PPDB 分类 | PAN 分类 |
| --- | --- | --- | --- |
| 1 | 高毒 | 否 | 否 |
| 2 | 致癌性 | 疑似 | 可能 |
| 3 | 内分泌干扰性 | 否 | 疑似 |
| 4 | 生殖发育毒性 | 疑似 | 无充分证据 |
| 5 | 胆碱酯酶抑制剂 | 否 | 否 |
| 6 | 神经毒性 | 否 | — |
| 7 | 呼吸道刺激性 | — | — |
| 8 | 皮肤刺激性 | 是 | — |
| 9 | 眼刺激性 | 是 | — |
| 10 | 国际公约与优控名录 | — | |

注：PPDB 数据库由英国赫特福德郡大学农业与环境研究所开发；PAN 数据库来自北美农药行动网（PANNA）；"—"表示无此项。

## 【限值标准】

每日允许摄入量 ADI=0.02mg/（kg bw·d）[2]。

# 参 考 文 献

[1] 王冬兰, 简秋, 李拥兵, 等. 四螨嗪在柑橘和土壤中的残留.江苏农业学报, 2012, 8(6): 1439-1443.

[2] PPDB: Pesticide Properties DataBase. http://sitem.herts.ac.uk/aeru/ppdb/en/Reports/167.htm [2015-09-30].

# 速灭磷(mevinphos)

## 【基本信息】

化学名称：2-甲氧羧基-1-甲基乙烯基二甲基磷酸酯

其他名称：磷君

**CAS 号**：7786-34-7

分子式：$C_7H_{13}O_6P$

相对分子质量：224.1

**SMILES**：O=P(O/C(=C/C(=O)OC)C)(OC)OC

类别：有机磷类杀虫剂、杀螨剂

结构式：

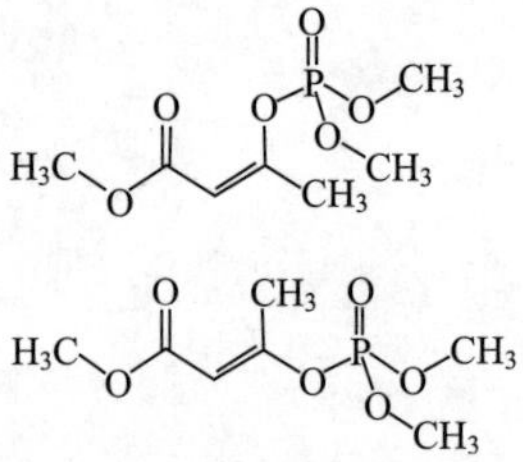

## 【理化性质】

无色液体，熔点 21℃，水溶解度 600000mg/L(20℃)，可与丙酮混溶。辛醇/水分配系数 $\lg K_{ow} = 0.127(25℃)$，亨利常数为 $6.30 \times 10^{-6} Pa \cdot m^3/mol(25℃)$。

## 【环境行为】

### (1)环境生物降解性

实验室条件下，速灭磷在壤土中 1d 内降解 95%[1]，另一个研究表明土壤降解半衰期一般是 2~12h[2]。

### (2)环境非生物降解性

化学水解是影响降解的主要因素。速灭磷在水中的半衰期是 2 周，在 12 周完全降解[2]。pH 为 11 时水解半衰期为 24h，pH 为 3~5 时大于 100d[2]。在环境温度下，pH 为 6、7 和 9 时水解半衰期分别为 120d、35d 和 3d[3]。顺式异构体水解速率比反式异构体快。在 70℃、pH 为 6 的乙醇-缓冲溶液(20∶80)中，反式异构体的水解半衰期为 3.7h，顺式异构体为 4.5h[1]。在 33~36℃，暴露于大于 290nm(最大强度在 300nm)辐射条件下，薄层中的速灭磷光解半衰期为 23.8h[4]。

**(3)环境生物蓄积性**

$\lg K_{ow}$=-0.24[5]，BCF=0.4[6]，表明其在水生生物中没有蓄积性[7]。

**(4)土壤吸附/移动性**

$K_{oc}$=44[1]。砂质壤土(1.6% OC)中分配系数($K_d$)和 $K_{oc}$ 分别为 1.1[8]和 68(SRC)。在有机土壤(43.7% OC, pH=6.1)中 Freundlich 吸附常数和指数(1/$n$)分别为 19 和 0.95[9]。在普兰菲尔德砂(0.40% OC, pH=7)中，用 200mL 水淋洗，速灭磷几乎完全(98.4%)被淋出；在有机土壤(43.7% OC, pH=6.1)中 80.4%被淋出，另外 9.4%由第二次 200mL 等分的水淋出[9]。在 20 个不同有机质、黏粒含量及 pH 的土壤中测得 Freundlich 吸附常数 $K_f$ 和指数(1/$n$)及分配系数 ($K_d$)分别为 0.01~55.81、0.37~1.40 和 0.81~ 29.1[1]。影响土壤吸附最重要的参数是土壤的黏粒含量[1]。

**(5)大气中迁移性**

在大气中，速灭磷主要以气态存在[10]，与羟基自由基反应的间接光解半衰期是 4.5h，可与大气中臭氧反应的半衰期为 24.2h。

## 【生态毒理学】

鸟类(绿头鸭)急性 $LD_{50}$>4.63mg/kg，鱼类(虹鳟鱼)96h $LC_{50}$=0.012mg/L，溞类(蚤状溞)48h $EC_{50}$=0.00016mg/L，藻类 72h $EC_{50}$>71mg/L[11]。

## 【毒理学】

**(1)一般毒性**

大鼠急性经口 $LD_{50}$=3.5mg/kg，大鼠急性经皮 $LD_{50}$=4.0mg/kg，大鼠急性吸入 $LC_{50}$=7.3mg/L[11]。

速灭磷急性暴露，动物迅速出现厌食、流涎、抽搐、全身肌束震颤、共济失调、强直、呼吸急促等中毒症状，最后死于呼吸衰竭。数分钟内开始出现死亡，一般发生在 12h 以内。尸检可见支气管、肺内广泛充血，有明显片状出血。肝充血、部分肝细胞肿胀并发生脂肪变，肾脏充血、肾小管上皮细胞肿胀并有坏死，管腔内有蛋白样液体及管型。以上症状由速灭磷抑制了胆碱酯酶(ChE)，使乙酰胆碱蓄积，引起副交感神经过度兴奋所致。

### (2)神经毒性

研究发现，速灭磷一次染毒的鼠猴(squirrel monkey)，染毒剂量达 0.05mg/kg 以上时，在无周围神经中毒症状的情况下，出现大脑海马的诱发电位抑制，提示速灭磷可能对中枢神经系统有一定影响。但用母鸡进行的试验未见速灭磷有致迟发性神经毒性作用[12]。

### (3)致突变性

大鼠三代繁殖试验中，除 1.2mg/(kg·d)组大鼠的泌乳指数减小外，没有发现有其他的致畸作用。

### (4)致癌性

以工业品速灭磷 0.37mg/kg 长期喂养大鼠，未发现有致癌作用[1]。

## 【人类健康效应】

急性中毒患者常于接触后 1~2h 出现中毒症状，主要表现为头痛、视力模糊、无力、痉挛、腹泻、胸痛或胸闷。严重的暴露症状包括出汗、瞳孔收缩、分泌唾液、流眼泪、呼吸困难、抽搐[13]。

20 名男性志愿者连续口服速灭磷 1.0mg/d、1.5mg/d、2.0mg/d、2.5mg/d 共 30d，在此期间每周两次测定胆碱酯酶活性变化。结果表明，2.5mg/d 组的血液胆碱酯酶活性平均降低 20%~25%，其他各组均无明显影响。据此认为，每日 2.5mg 剂量为"最小的早期中毒剂量"[14]。有人在摄入 28g 速灭磷后，在 1~14min 之内死亡[15]。

志愿者每日摄入 25mg/kg 速灭磷 28d 后，测定其周围神经功能，与对照组比较，发现接触者运动神经慢纤维传导速度降低 7%，38%的 Acihnes 腱反射力增加，未发现有神经肌接头传递功能的改变[16]。

Gunther 观察了事故或自杀中接触速灭磷与其他农药人员的外周血染色体，发现在急性中毒的患者中，短暂性染色体异常(染色体断裂)增加，这些可修复的常染色体突变可能会有长远影响[17]。

## 【危害分类与管制情况】

| 序号 | 毒性指标 | PPDB 分类 | PAN 分类 |
| --- | --- | --- | --- |
| 1 | 高毒 | 是 | 是 |
| 2 | 致癌性 | 否 | 无充分证据 |
| 3 | 致突变性 | — | — |
| 4 | 内分泌干扰性 | 是 | 无充分证据 |
| 5 | 生殖发育毒性 | — | 无充分证据 |

续表

| 序号 | 毒性指标 | PPDB 分类 | PAN 分类 |
|------|----------|-----------|----------|
| 6 | 胆碱酯酶抑制剂 | 是 | 是 |
| 7 | 神经毒性 | 是 | — |
| 8 | 呼吸道刺激性 | 是 | — |
| 9 | 皮肤刺激性 | 是 | — |
| 10 | 眼刺激性 | 是 | — |
| 11 | 污染地下水 | — | 可能 |
| 12 | 国际公约与优控名录 | 列入 PAN 名录 | |

注：PPDB 数据库由英国赫特福德郡大学农业与环境研究所开发；PAN 数据库来自北美农药行动网(PANNA)；"—"表示无此项。

## 【限值标准】

每日允许摄入量 ADI=0.0008mg/(kg bw・d)，急性参考剂量 ARfD=0.003 mg/(kg bw・d)[11]。

# 参 考 文 献

[1] TOXNET(Toxicology Data Network). https://toxnet.nlm.nih.gov/newtoxnet/hsdb.htm [2015-10-04].

[2] Sharom M S, Miles J R W, Harris C R, et al. Persistence of 12 insecticides in water. Water Res, 1980, 14(8): 1089-1093.

[3] Worthing C R, Walker S B. The Pesticide Manual. 8th ed. Suffolk: Lavenham Press, 1987.

[4] Chen Z M, Zabik M J, Leavitt R. Comparative-study of thin-film photodegradative rates for 36 pesticides. Ind Eng Chem Prod Res Dev, 1984, 23(1): 5-11.

[5] Meylan W M, Howard P H. Atom fragment contribution method for estimating octanol-water partition-coefficients. J Pharm Sci, 1995, 84(1): 83-92.

[6] Lyman W J, Reehl W F, Rosenblatt D H. Handbook of Chemical Property Estimation Methods. New York: McGraw-Hill ,1982.

[7] Beynon K I, Hutson D H, Wright A N. The metabolism and degradation of vinyl phosphate insecticides. Res Rev, 1973, 47: 55-142.

[8] Sanders P F, Seiber J N. Organophosphorus pesticide volatilization. ACS Symposium Series, 1984: 279-295.

[9] Sharom M S, Miles J R W, Harris C R, et al. Behavior of 12 insecticides in soil and aqueous suspensions of soil and sediment. Water Res, 1980, 14(8): 1095-1100.

[10] Bidleman T F. Atmospheric processes—wet and dry deposition of organic-compounds are controlled by their vapor particle partitioning. Environ Sci Technol, 1988, 22(4): 361-367.

[11] PPDB: Pesticide Properties DataBase. http://sitem.herts.ac.uk/aeru/ppdb/en/Reports/471.htm [2015-10-05].

[12] Notoff I L. WHO Pesticide Residues Series. 1973, 2: 388.

[13] American Conference of Governmental Industrial Hygienists, Inc. Documentation of the Threshold Limit Values and Biological Exposure Indices. Volumes I , II , III . 6th ed. Cincinnati: ACGIH, 1991: 1045.

[14] Rider J A, Puletti E J, Swader J I. Minimal oral toxicity level for mevinphos in man. Toxicol Appl Pharmaeol, 1975, 32(1): 97-100.

[15] Lokan R, James R. Rapid death by mevinphos poisoning while under observation. Forensic Sci Int, 1983, 22 (2-3): 179-182.

[16] Verberk M M et al. Effects on nervous function in volunteers ingesting mevinphos for one month. Toxicol Appl Pharmaeol, 1977, 42 (2): 351-358.

[17] Kawar N S, Batista G C, Gunther F A. Pesticide stability in cold-stored plant parts, soils, and dairy products, and in cold-stored extractives solutions. Residue Rev, 1973, 48(0): 45-77.

# 特丁硫磷（terbufos）

## 【基本信息】

化学名称：*O,O*-二乙基-*S*-特丁硫基甲基二硫代磷酸酯

其他名称：特丁三九一一，特丁甲拌磷，抗得安，叔丁磷

CAS 号：13071-79-9

分子式：$C_9H_{21}O_2PS_3$

相对分子质量：288.43

SMILES：S=P(OCC)(SCSC(C)(C)C)OCC

类别：有机磷杀虫剂

结构式：

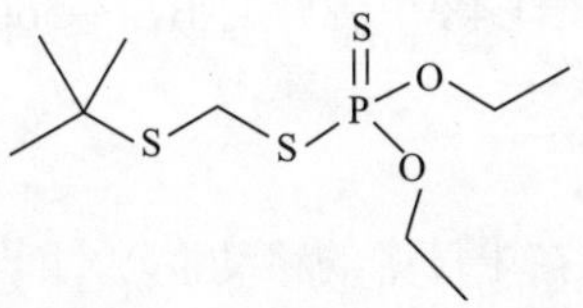

## 【理化性质】

浅黄色液体，密度 1.11g/mL，熔点-29.2℃，饱和蒸气压 34.6mPa(25℃)。水溶解度 4.5mg/L(20℃)，丙酮溶解度 300000mg/L(20℃)。辛醇/水分配系数 $\lg K_{ow}$ = 4.51(pH=7，20℃)，亨利常数为 2.7Pa·$m^3$/mol(25℃)。

## 【环境行为】

### (1)环境生物降解性

实验室条件下，20℃土壤降解半衰期(DT$_{50}$)为 5d，，典型条件下土壤 DT$_{50}$为 8d [1]。

未处理土壤和特丁硫磷预处理土壤中添加特丁硫磷，14d 和 28d 后两种处理方式中特丁硫磷的残留率分别为 65%和 20%[2]。4 周后，六种不同类型土壤(不同 pH、有机质及形态)中分别有 18.5%、16.3%、13.4%、13.1%、14.5%和 12.2%的 $^{14}C$ 标记特丁硫磷代谢为 $^{14}CO_2$[3]。在一组预处理土壤和未处理样品的对比研究中，

1 周后分别有 12.5% 和 9.7% $^{14}C$ 标记特丁硫磷代谢为 $^{14}CO_2$[4]。特丁硫磷在天然/灭菌砂壤土、天然/灭菌腐殖土中降解速率常数分别为 $0.041d^{-1}$、$0.008d^{-1}$、$0.054d^{-1}$、和 $0.014d^{-1}$，对应的半衰期分别为 16.9d、86.6d、12.8d 和 66.5d[5]，表明生物降解是特丁硫磷重要的归趋途径。特丁硫磷和特丁磷砜在场地 A（粉质黏壤土：20%砂粒、50%粉粒以及 30%黏粒）中的半衰期分别为 12d 和 39d，在场地 B（粉质黏壤土：30%砂粒、20%粉粒和 50%黏粒）中的半衰期分别为 11d 和 19d[6]。生物降解主要代谢产物为特丁磷砜和特丁磷亚砜[2-6]。

**(2)环境非生物降解性**

特丁硫磷的水解作用对 pH 不敏感。20℃、pH 为 7 条件下，水解半衰期为 6.5d[1]。20℃、pH 为 8.8 时，水解半衰期为 3d[7]。自然光下，在去离子水以及 pH 分别为 5、7、9 的缓冲溶液中的水解半衰期分别为 0.940h、1.35h、1.12h 和 1.05h[8]。

25℃时，大气中特丁硫磷与光化学产生的羟基自由基之间的反应速率常数估值为 $2.4 \times 10^{-10} cm^3/(mol \cdot s)$，间接光解半衰期约为 1.6h[9]。不含有吸收波长大于 290nm 光线的官能团，在太阳光下不发生直接光解。

**(3)环境生物蓄积性**

BCF=286[1]；根据 $\lg K_{ow} = 4.48$[10]估算的 BCF=560[11]，表明特丁硫磷在水生生物体内有较强的生物蓄积性[12]。

**(4)土壤吸附/迁移性**

$K_{oc}$ 值为 500~5000[13-15]，在土壤中的移动性较弱或仅具有轻微的移动性[16]。

## 【生态毒理学】

对鸟类（绿头鸭）急性 $LD_{50} = 185mg/kg$，鱼类（蓝鳃太阳鱼）96h $LC_{50} = 0.004mg/L$，溞类（大型溞）48h $EC_{50} = 0.00031mg/L$，水生甲壳动物（糠虾）96h $LC_{50} = 0.00022mg/L$，蜜蜂接触 48h $LD_{50} = 4.1\mu g$，蚯蚓 14d $LC_{50} = 4mg/kg$[1]。

## 【毒理学】

**(1)一般毒性**

大鼠急性经口 $LD_{50} = 1.3mg/kg$（剧毒），兔子经皮 $LD_{50} = 1.0mg/kg$ bw，大鼠吸入 $LC_{50} = 0.0061mg/L$[1]。

**(2)神经毒性**

40mg/kg 剂量下，特丁硫磷未导致母鸡的延迟神经毒性[17]。

**(3)发育与生殖毒性**

三代大鼠的生殖毒性研究发现，与对照组相比，子代大鼠的死亡率均有所增加，饲喂暴露的 NOAEL 值为 0.25mg/kg[17]。

**(4)致突变性**

大多数体内和体外致突变试验均为阴性结果[17]。

## 【人类健康效应】

特丁硫磷主要是通过皮肤、呼吸道及消化道进入体内导致中毒。主要临床表现有头晕、头痛、乏力、恶心、呕吐、流涎等症状；部分可出现瞳孔缩小、腹痛、呼吸不畅、吞咽困难、心悸；重者可出现皮肤较湿冷、昏迷、肌肉震颤或全身阵发性抽搐[18]。特丁硫磷通过抑制人体的胆碱酯酶活性导致人体中毒，轻度中毒者胆碱酯酶活性尚可在正常范围，较重者呈不同程度降低[19]。

特丁硫磷的职业暴露可通过在其生产或使用的工作场所中吸入和皮肤接触发生。检测数据表明，普通人群可能通过食物摄入特丁硫磷。在四个农耕季节在洗过的农民的连体工作服上均检测到特丁硫磷的残留[17]。儿童可能通过接触父母受污染的衣服发生特丁硫磷的二次暴露[20]。

11 名农民在种植玉米时使用特丁硫磷产品，经口暴露平均估值为 72μg/h，呼吸暴露平均估值为 11μg/h(2.8~27.4μg/h)。暴露持续时间约为 7.4h。在尿液中未检出烷基磷酸酯，未出现明显的红细胞乙酰胆碱酯酶活性抑制现象。假设每天工作 8h，吸收率为 100%，呼吸速率为 $10m^3/d$，呼吸剂量为 11μg/h 时，人体特丁硫磷暴露值约为 $0.009mg/m^3$，因而人类特丁硫磷 NOAEL ≥$0.009mg/m^{3[7]}$。

## 【危害分类与管制情况】

| 序号 | 毒性指标 | PPDB 分类 | PAN 分类 |
| --- | --- | --- | --- |
| 1 | 高毒 | 是 | 是 |
| 2 | 致癌性 | 否 | 不太可能(E, USEPA 分类) |
| 3 | 内分泌干扰性 | — | 疑似 |
| 4 | 生殖发育毒性 | — | 疑似 |
| 5 | 胆碱酯酶抑制剂 | 是 | 是 |
| 6 | 神经毒性 | 是 | — |
| 7 | 呼吸道刺激性 | — | 是 |
| 8 | 皮肤刺激性 | 是 | — |

续表

| 序号 | 毒性指标 | PPDB 分类 | PAN 分类 |
|---|---|---|---|
| 9 | 眼刺激性 | 是 | — |
| 10 | 污染地下水 | — | 疑似 |
| 11 | 国际公约与优控名录 | 列入 PAN 名录 | |

注: PPDB 数据库由英国赫特福德郡大学农业与环境研究所开发; PAN 数据库来自北美农药行动网(PANNA);
"—"表示无此项。

## 【限值标准】

每日允许摄入量 ADI=0.0006mg/(kg bw·d),急性参考剂量 ARfD=0.002 mg/(kg bw·d)[1]。美国饮用水健康标准:急性参考剂量 ARfD=0.05μg/(kg·d),美国饮用水等效浓度为 2.00μg/L,加拿大饮用水标准最大允许浓度 MAC=1.00μg/L[21]。

## 参 考 文 献

[1] PPDB:Pesticide Properties DataBase. http://sitem.herts.ac.uk/aeru/ppdb/en/Reports/621.htm [2015-10-18].

[2] Dzantor E K, Felsot A S. Effects of conditioning, cross-conditioning, and microbial-growth on development of enhanced biodegradation of insecticides in soil. J Environ Sci Health, 1989, 24(6): 569-597.

[3] Racke K D, Coats J R. Comparative degradation of organo-phosphorus insecticides in soil—specificity of enhanced microbial-degradation. J Agric Food Chem, 1988, 36(1): 193-199.

[4] Racke K D, Coats J R. Enhanced biodegradation of insecticides in midwestern corn soils. ACS Symp Ser, 1990, 426: 68-81.

[5] Chapman R A, Tu C M, Harris C R, et al. Biochemical and chemical-transformations of terbufos, terbufos sulfoxide, and terbufos sulfone in natural and sterile, mineral and organic soil. J Econ Entomol, 1982, 75(6): 955-960.

[6] Ahmad N ,Walgenbach D D, Sutter G R. Comparative disappearance of fonofos, phorate and terbufos soil residues under similar south-dakota field conditions. Bull Environ Contam Toxicol, 1979, 23(3): 423-429.

[7] Bingham E, Cohrssen B, Powell C H. Patty's Toxicology. Volumes 1-9. 5th ed. New York: John Wiley and Sons, 2001.

[8] Lee C M , Anderson B, Elzerman A W. Photochemical oxidation of terbufos. Environ Toxicol Chem, 1999, 18(7): 1349-1353.

[9] Meylan W M, Howard P H. Computer estimation of the atmospheric gas-phase reaction rate of organic compounds with hydroxyl radicals and ozone. Chemosphere, 1993, 26(12): 2293-2299.

[10] Hansch C, Leo A, Hoekman D. Exploring QSAR: Hydrophobic, Electronic, and Steric

Constants. Washington DC: American Chemical Society, 1995: 65.

[11] Meylan W, Howard P H, Boethling R, et al. Improved method for estimating bioconcentration/ bioaccumulation factor from octanol/water partition coefficient.Environ Toxicol Chem, 1999, 18(4): 664-672.

[12] Meylan W M, Howard P H. Atom fragment contribution method for estimating octanol-water partition-coefficients. J Pharm Sci, 1995, 84(1): 83-92.

[13] Larson S J, Capel P D, Goolsby D A, et al. Relations between pesticide use and riverine flux in the mississippi river basin. Chemosphere, 1995, 31(5): 3305-3321.

[14] Sabljic A, Giisten H, Verhaar H, et al. Qsar modeling of soil sorption-improvements and systematics of log k-oc vs log k-ow correlations. Chemosphere, 1995, 31(11-12): 4489-4514.

[15] Richards R P, Baker D B. Pesticide concentration patterns in agricultural drainage networks in the lake erie basin. Environ Toxicol Chem, 1993, 12(1): 13-26.

[16] Swann R L, Laskowski D A, McCall P J, et al. A rapid method for the estimation of the environmental parameters octanol water partition-coefficient, soil sorption constant, water to air ratio, and water solubility. Res Rev, 1983, 85: 17-28.

[17] TOXNET(Toxicology Data Network).http://toxnet.nlm.nih.gov/cgi-bin/sis/search2/f?./temp/~ 113tXr:3[2015-10-22].

[18] 韦建华. 职业性急性特丁硫磷中毒 18 例报告. 中国职业医学, 2007, 34(2):123-124.

[19] 霍起森, 张劲夫, 刘永宏, 等. 特丁磷中毒死亡 1 例. 中国法医学杂志, 2011, 26(3):249-250.

[20] IPCS. Poisons Information Monograph G001: Organophosphorus Pesticides. 1998.

[21] PAN Pesticides Database—Chemicals. http://www.pesticideinfo.org/Detail_Chemical.jsp? Rec_ Id=PC35580[2015-10-25].

# 涕灭威(aldicarb)

## 【基本信息】

化学名称：2-甲基-2-(甲硫基)丙醛-$O$-[(甲基氨基)甲酰基]肟

其他名称：铁灭克，temik，sanacarb

CAS 号：116-06-3

分子式：$C_7H_{14}N_2O_2S$

相对分子质量：190.26

SMILES：O=C(O\N=C\C(SC)(C)C)NC

类别：氨基甲酸酯类杀虫剂/杀线虫剂

结构式：

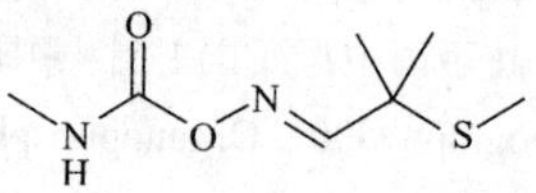

## 【理化性质】

白色晶体，密度 1.2g/mL，熔点 99℃，沸腾前分解，饱和蒸气压 3.87mPa(25℃)。水溶解度 4930mg/L(20℃)。辛醇/水分配系数 $\lg K_{ow} = 1.15$(pH=7, 20℃)，亨利常数为 $1.25×10^{-5}$atm·m³/mol(25℃)。

## 【环境行为】

### (1)环境生物降解性

实验室条件下，20℃土壤降解半衰期(DT$_{50}$)为 2.4d，田间试验土壤 DT$_{50}$ 为 2d，大多数文献报道土壤 DT$_{50}$ 为 1~60d[1]。

好氧条件下，涕灭威分子中的硫原子首先被氧化为亚砜，再被氧化为砜。厌氧条件下，涕灭威还原为相应的醛和腈[2]。好氧培养下，30cm 以内的表层土壤中，涕灭威的矿化半衰期为 20~361d，20~183cm 亚表层土壤中半衰期为 131~233d(厌氧：223~1130d)[3]。好氧土壤中检测到的降解产物包括涕灭威亚砜、涕灭威砜以及它们相应的肟、涕灭威亚砜腈；厌氧条件下，未检测到涕灭威砜及其降解产物[3]。厌氧条件下，在 pH 为 5.2、6.0 的灭菌及非灭菌地下水中 60~65d 未发生降解；在 pH 为 7.6 的曝气地下水中 40d 未发生降解（无/有过石灰筛的条件下）[4]。在未过滤的厌氧地下水以及以石灰修复并去除微生物的厌氧地下水中，半衰期分别为 62d 和 433d[5]。涕灭威亚砜、涕灭威砜降解更快，好氧条件下，半衰期分别为 10~47d（亚砜）、4~32d（砜）。厌氧条件下，半衰期分别为 25~32d（亚砜）、26~109d（砜）[5]。涕灭威在预先以卡巴呋喃处理的土壤中降解更快。在施用 1d 后，在未处理的土壤中有 68% 的涕灭威残留，而在提前 1~13 周以卡巴呋喃预处理 4 次的土壤中，仅有 16% 的残留[6]。

**(2) 环境非生物降解性**

除浓碱性介质外，涕灭威的水解对 pH 不敏感。20℃、pH 为 7 条件下，水解半衰期为 189d[1]。

25℃时，大气中气态涕灭威与光化学产生的羟基自由基之间的反应速率常数估值为 $9.2 \times 10^{-12} cm^3/(mol \cdot s)$，间接光解半衰期约为 42h[7]。在水溶液（pH=3.5）中与羟基自由基的反应速率常数为 $8.1 \times 10^9 L/(mol \cdot s)$[8]，水中间接光解半衰期为 100d[9]。酸和碱均可催化涕灭威水解[10]。涕灭威可能被氧化为涕灭威亚砜[11]，而一些氧化可能是因为生物降解。以 254nm 光源照射时，乙腈中的涕灭威可能发生光解[12]，涕灭威分子中不含有吸收波长大于 290nm 的生色团，所以不发生直接光解[13]。

**(3) 环境生物蓄积性**

BCF=42[1]；根据 $\lg K_{ow}$ 估测的鱼体 BCF 值为 3[14]，在水生生物体内生物富集性弱[15]。涕灭威在植物/土壤间（即植物的地上部分和地下部分）平均生物富集比对数值为 –0.92~0.263[16]。

**(4) 土壤吸附/移动性**

英国数据库中 1993 年报道的 $K_{oc}$ 值为 7~80[17]。也有研究者报道 $K_{oc}$ 测定值为 30[18] 和 32[19]。在 Valois 砂（30.1% 砂粒、55.2% 粉粒、14.7% 黏粒、1.64% 有机碳）中，$K_{oc}$ 值为 22[20]，表明涕灭威在土壤中具有非常强的移动性[21]。另一方面，涕灭威及其代谢物在土壤中可快速降解，因而一定程度上限制了它们的移动性和淋溶性[22,23]。

## 【生态毒理学】

鸟类（绿头鸭）急性 $LD_{50}$ =3.4mg/kg，鱼类（虹鳟鱼）96h $LC_{50}$ =0.56mg/L、21d NOEC=1.37mg/L，溞类（大型溞）48h $EC_{50}$ =0.42mg/L、21d NOEC=0.035mg/L，底栖动物（摇蚊）96h $LC_{50}$=0.004mg/L，蜜蜂接触 48h $LD_{50}$ >0.28μg，蚯蚓 14d $LC_{50}$ =65mg/kg[1]。

## 【毒理学】

（1）一般毒性

大鼠急性经口 $LD_{50}=0.93mg/kg$（剧毒），吸入 $LC_{50}=0.004mg/L$，兔子经皮 $LD_{50}=20mg/kg$[1]。

（2）神经毒性

经口暴露下，分别以最大耐受剂量、脑和血胆碱酯酶抑制、神经行为端点评估三类指标对涕灭威的神经毒性进行表征。断奶前的大鼠对涕灭威的敏感性是成年大鼠的 2 倍，而不同鼠龄的大鼠之间没有明显差异（最大耐受剂量）。成年大鼠和幼鼠间的大脑乙酰胆碱酯酶抑制类似，幼鼠表现出更轻的毒性效应（神经行为）。涕灭威对 PND17 大鼠并未产生任何活动抑制（肌肉活动）。对于所有鼠龄的大鼠，涕灭威引起的乙酰胆碱酯酶抑制短时间内可恢复，大多数行为改变24h可复原[24]。

幼鸡涕灭威口服剂量为 0.2mg/（kg bw·d）培养 7d，测定其大脑乙酰胆碱酯酶（AChE）、神经毒素酶（NTE）、肝脏和血浆胆碱酯酶、羧酸酯酶的活性。大脑乙酰胆碱酯酶、血浆胆碱酯酶、血浆羧酸酯酶以及肝脏羧酸酯酶活性受到抑制[18]。

（3）发育和生殖毒性

怀孕 18d 的大鼠饲喂暴露浓度分别为 0.001mg/kg、0.01mg/kg、0.10mg/kg 的涕灭威，胎鼠乙酰胆碱酯酶活性的抑制程度较母体更严重，表明涕灭威可穿透胎盘影响胎儿，且比未怀孕的大鼠清除更慢。涕灭威同时可影响乙酰胆碱酯酶同工酶的分布，且在胎儿和母体中影响程度不同，这也可归因于药代动力学效应[25]。

在一项三代研究中，以 1.0mg/kg 和 2.0mg/kg 食物浓度饲喂 90d，结果表明交配时，未见与处理相关的标准繁殖指数的不良变化。在子代中也未观察到与处理相关的不良反应。在另一项三代研究中，交配前分别以 4mg/kg、6mg/kg、14mg/kg 食物浓度饲喂 100d，除了最高浓度组中生长率下降外，没有其他繁殖相关的不良效应[26]。

（4）致突变性

涕灭威对细菌没有致突变性，但是对哺乳动物细胞具有致突变效应，可诱发大鼠骨髓细胞染色体畸变[27]。

一项胎盘宿主中介性仓鼠细胞试验结果显示，在培养的胎儿细胞中未见形态学变化，另外开展的骨髓红细胞微核试验也是阴性结果[28]。

## 【人类健康效应】

涕灭威及其毒性代谢产物（亚砜和砜）对普通人群的暴露途径主要是通过食物

或地下水。摄入污染的食物可导致涕灭威及其代谢产物的中毒效应。由于涕灭威的急性毒性较高，如果保护措施不到位的话，职业暴露所产生的吸入和皮肤接触对工人很危险。由于不当使用或缺乏保护措施，一些工人偶然暴露的事故已经发生。涕灭威在胃肠道中可有效吸收，而通过皮肤的吸收度较低，容易通过灰尘进入呼吸道被人体吸收。通过代谢转化为亚砜和砜(两者均有毒)，通过水解为肟和腈解毒。涕灭威及其代谢物主要通过尿液快速排泄，一小部分也通过胆道消除，然后进入肝脏循环。长期暴露时，涕灭威不在体内蓄积。涕灭威的体外胆碱酯酶活性抑制是自发可逆的，半衰期为 30~40min。神经突触和肌神经接点中的乙酰胆碱酯酶抑制是公认的涕灭威对人体仅有的效应，类似于有机磷农药的作用。治疗手段为服用阿托品[29]。

男性志愿者分别服用 0.025mg/kg bw、0.05mg/kg bw、0.1mg/kg bw 和 0.25mg/kg bw 的涕灭威水溶液。在服用 2h 后，两组最高浓度剂量组观察到急性中毒症状，血胆碱酯酶活性在所有浓度组均受到抑制。服用阿托品后 6h，临床症状和胆碱酯酶抑制消失。服药 8h 后，约 10%剂量的涕灭威通过尿液排泄[26]。

另一项人类志愿者研究结果表明，口服剂量 0.1mg/kg bw 可引起轻微、短暂的临床毒性症状[26]。

## 【危害分类与管制情况】

| 序号 | 毒性指标 | PPDB 分类 | PAN 分类 |
| --- | --- | --- | --- |
| 1 | 高毒 | 是 | 是 |
| 2 | 致突变性 | 否 | — |
| 3 | 致癌性 | 否 | 未分类 |
| 4 | 内分泌干扰性 | 是 | 可疑 |
| 5 | 生殖发育毒性 | 可疑 | 无充分证据 |
| 6 | 胆碱酯酶抑制剂 | 是 | 是 |
| 7 | 神经毒性 | 是 | — |
| 8 | 呼吸道刺激性 | 否 | — |
| 9 | 皮肤刺激性 | 否 | — |
| 10 | 眼刺激性 | 否 | — |
| 11 | 污染地下水 | — | 是 |
| 12 | 国际公约与优控名录 | 列入 PIC、PAN 名录 | |

注：PPDB 数据库由英国赫特福德郡大学农业与环境研究所开发；PAN 数据库来自北美农药行动网(PANNA)；"—"表示无此项。

## 【限值标准】

每日允许摄入量(ADI)为 0.003mg/(kg bw ·d),急性参考剂量(ARfD)为 0.003 mg/(kg bw · d)[1]。美国饮用水健康标准:RfD=1.00μg/(kg · d),美国饮用水等效浓度为 35.0μg/L,加拿大饮用水标准最大允许浓度 MAC=3.00μg/L[30]。

## 参 考 文 献

[1] PPDB: Pesticide Properties DataBase. http://sitem.herts.ac.uk/aeru/ppdb/en/Reports/621.htm [2015-11-02].

[2] Wolfe N L, Macalady D L. New perspectives in aquatic redox chemistry-abiotic transformations of pollutants in groundwater and sediments. J Contam Hydrol, 1992, 9(1-2):17-34.

[3] Ou L T, Sture K, Edvardsson V, et al. Aerobic and anaerobic degradation of aldicarb in soils. J Agric Food Chem, 1985, 33(1): 72-78.

[4] Delfino J J, Miles C J. Aerobic and anaerobic degradation of organic contaminants in florida groundwater. Soil Crop Sci Soc Florida Proc, 1985, 44: 9-14.

[5] Miles C J, Delfino J J. Fate of aldicarb, aldicarb sulfoxide, and aldicarb sulfone in floridan groundwater. J Agric Food Chem, 1985, 33(3): 455-460.

[6] Harris C R, Chapman R A, Harris C, et al. Biodegradation of pesticides in soil—rapid induction of carbamate degrading factors after carbofuran treatment. J Environ Health, 1984, 19(1): 1-11.

[7] Meylan W M, Howard P H. Computer estimation of the atmospheric gas-phase reaction rate of organic compounds with hydroxyl radicals and ozone. Chemosphere, 1993, 26(12): 2293-2299.

[8] Haag W R, Yao C C D. Rate constants for reaction of hydroxyl radicals with several drinking-water contaminants. Environ Sci Technol, 1992, 26(5): 1005-1013.

[9] Mill T, Hendry D G, Richardson H. Free-radical oxidants in natural-waters. Science, 1980, 207(4433): 886-887.

[10] Bank S, Tyrrell J R. Kinetics and mechanism of alkaline and acidic hydrolysis of aldicarb. J Agric Food Chem, 1984, 32(6): 1223-1232.

[11] Smelt J H, Dekker A, Leistra M, et al. Conversion rates of aldicarb and its oxidation-products in soils. 3. aldicarb. Pestic Sci, 1978, 9(4): 293-300.

[12] Freeman P K, McCarthy K D. Photochemistry of oxime carbamates .1. phototransformations of aldicarb. J Agric Food Chem, 1984, 32(4): 873-877.

[13] Lyman W J, Reehl W F, Rosenblatt D H. Handbook of Chemical Property Estimation Methods. Washington DC: American Chemical Society, 1990:8-12.

[14] Hansch C, Leo A, Hoekman D. Exploring QSAR: Hydrophobic, Electronic, and Steric Constants. Washington DC: American Chemical Society, 1995: 35.

[15] Franke C, Studinger G, Berger G,et al. The assessment of bioaccumulation. Chemosphere, 1994,

29(7): 1501-1514.

[16] Dowdy D L, McKone T E. Predicting plant uptake of organic chemicals from soil or air using octanol/water and octanol/air partition ratios and a molecular connectivity index. Environ Toxicol Chem, 1997, 16(12): 2448-2456.

[17] Worrall F Wooff D A, Seheult A H. New approaches to assessing the risk of groundwater contamination by pesticides. J Geol Soc London, 2000, 157: 877-884.

[18] PPDB: Pesticide Properties DataBase. https://toxnet.nlm.nih.gov/newtoxnet/hsdb.htm [2015-11-10].

[19] Sabljic A, Güsten H, Verhaar H, et al. Qsar modeling of soil sorption-improvements and systematics of log $k$-oc vs log $k$-ow correlations. Chemosphere, 1995, 31(11-12): 4489-4514.

[20] Guo L, Wagenet R J, Jury W A. Adsorption effects on kinetics of aldicarb degradation: equilibrium model and application to incubation and transport experiments. Soil Sci Soc Am J, 1999, 63 (6) : 1637-1644.

[21] Swann R L, Laskowski D A, McCall P J, et al. A rapid method for the estimation of the environmental parameters octanol water partition-coefficient, soil sorption constant, water to air ratio, and water solubility. Res Rev, 1983, 85: 17-28.

[22] Coppedge J R, Bull D L, Ridgway R L. Movement and persistence of aldicarb in certain soils. Arch Environ Contam Toxicol, 1977, 5(2): 129-141.

[23] Jones R L, Hornsby A G, Suresh P, et al. Degradation and movement of aldicarb residues in florida citrus soils. Pestic Sci, 1988, 23(4): 307-325.

[24] Moser V C. Comparison of aldicarb and methamidophos neurotoxicity at different ages in the rat: behavioral and biochemical parameters. Toxicol Appl Pharmacol, 1999, 157 (2): 94-106.

[25] Hayes W J, Laws E R. Handbook of Pesticide Toxicology. Volume 3. Classes of Pesticides. New York: Academic Press, 1991.

[26] WHO/FAO. Pesticide Data Sheet (PDS) 53: Aldicarb. http://www.inchem.org/pages/pds.html [2013-08-22].

[27] IARC. Monographs on the Evaluation of the Carcinogenic Risk of Chemicals to Humans. Geneva: World Health Organization, International Agency for Research on Cancer, 1979.

[28] National Research Council. Drinking Water and Health. Volume 5. Washington DC: National Academy Press, 1983: 11.

[29] World Health Organization. Environmental Health Criteria 121: Aldicarb. 1991:11-13.

[30] PAN Pesticides Database—Chemicals. http://www.pesticideinfo.org/Detail_Chemical.jsp? Rec_ Id=PC37663[2015-11-15].

# 线虫磷(fensulfothion)

## 【基本信息】

化学名称：*O,O*-二乙基-*O*-[4-(甲基亚磺酰基)苯基]硫代磷酸酯

其他名称：丰索磷，4-(甲基硫代)苯基磷酸二乙酯，砜线磷，亚砜线磷，蒮硫松，苯胺磷，daconit，dasanit，desanit

CAS 号：115-90-2

分子式：$C_{11}H_{17}O_4PS_2$

相对分子质量：308.35

SMILES：S=P(Oc1ccc(cc1)S(=O)C)(OCC)OCC

类别：有机磷类杀虫剂/杀线虫剂

结构式：

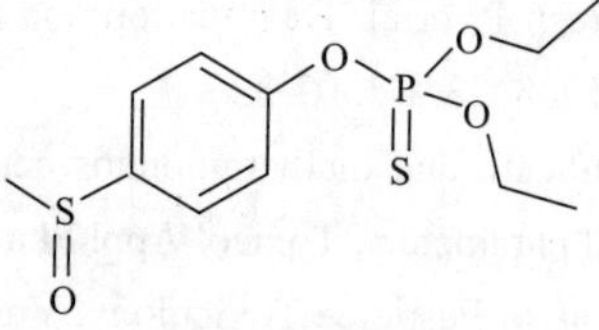

## 【理化性质】

黄色或棕色液体，密度 1.20g/mL，熔点 25℃，饱和蒸气压 6.7mPa(25℃)，水溶解度 1540mg/L(20℃)。辛醇/水分配系数 $\lg K_{ow} = 2.23(20℃)$。

## 【环境行为】

### (1)环境生物降解性

实验室条件下，20℃土壤降解半衰期($DT_{50}$) 为 14d，典型条件下土壤 $DT_{50}=30d$，大多数文献报道土壤 $DT_{50}$ 为 14~180d[1]。

大量土壤细菌(诺卡菌属和节杆菌属)可降解线虫磷，水解和氧化产物包括：4-甲基硫基苯酚(4-methylmercaptophenol, MMP)、4-甲基亚磺酰基苯酚(4-methylsulfinylphenol, MSP)以及 4-甲基磺酰基苯酚(4-methylsulfonylphenol, MSO$_2$P)[2]。诺卡氏菌可使苯环羟基化，形成具取代基的邻苯二酚；随后，MMP C2

和 C3 裂解形成 2-羟基-5-甲基巯基己二烯二酸半醛，相应地，亚磺酰基类似物来源于 MSP[2]。MSO$_2$P 羟基化形成 4-甲基磺酰基邻苯二酚，邻位环断裂生成 3-甲基磺酰基己二烯二酸[2]。克雷伯氏肺炎菌分散液中加入线虫磷培养时，可生成线虫磷亚砜[2]。

线虫磷在灭菌砂壤土(有机质含量 2.9%)和有机土(有机质含量 48.7%)中的半衰期超过 24 周，而在未灭菌的土壤中半衰期等于或小于 1 周，表明微生物作用是其重要的降解途径[1]。田间使用量为 50mg/kg 时，在第一年使用的 120d 后，线虫磷含量降低至 5mg/kg。而在第二年使用时，使用后 60d，仅有少于 0.2mg/kg 的线虫磷残留在土壤中，这主要是由微生物的适应性造成的。与降解有关的微生物主要为假单胞菌[1]。

**(2)环境非生物降解性**

大气中，与羟基自由基反应的速率常数为 $1.5 \times 10^{-10}$cm$^3$/(mol·s)(25℃)，间接光解半衰期约为 2.5h[3]。20℃、pH 为 7 条件下，水解半衰期为 72.5d[1]。25℃、蒸馏水中线虫磷在 pH 为 8.0、7.0、6.0、4.5 条件下的水解半衰期分别为 58 周、87 周、77 周、69 周[4]。20℃时，线虫磷在灭菌的天然水中的水解半衰期为 16 周[1]。

**(3)环境生物蓄积性**

根据 $\lg K_{ow}$=2.23，BCF 的估算值为 29[5]，在水生生物体内富集性弱[6]。

**(4)土壤吸附/移动性**

$K_{oc}$=91[1]。线虫磷施用于土壤后，淋溶深度不超过 15cm，施用 150d 后，仍处于最初施用的区域[1]。也有报道称线虫磷的 $K_{oc}$ 值为 300[7]，表明线虫磷在土壤中具有中等移动性。

## 【生态毒理学】

鸟类(日本鹌鹑)急性 LD$_{50}$=1.2mg/kg，鱼类(蓝鳃太阳鱼)96h LC$_{50}$ =0.072mg/L，蜜蜂急性 48h LD$_{50}$ =0.337μg[1]。

## 【毒理学】

**(1)一般毒性**

大鼠急性经口 LD$_{50}$=2.2mg/kg(剧毒)，吸入 LC$_{50}$ =0.113mg/L，急性经皮 LD$_{50}$ =3.0mg/kg bw[1]。

**(2)神经毒性**

小鸡经口或腹腔内注射 0.005~0.05mg/kg 的线虫磷，未出现共济失调，未引起延迟神经反应[8]。

小鸡饲喂暴露 0mg/kg、1mg/kg、5mg/kg、20mg/kg、100mg/kg 线虫磷 30d，暴露结束后再饲养 30d，神经组织学检查未见脱髓鞘现象。100mg/kg 组一半的受试动物死亡，存活动物表现出临床中毒症状。30d 后，血液乙酰胆碱酯酶受到抑制，4 周后恢复正常，未见延迟神经损伤症状[8]。

**(3) 生殖毒性**

标准 3 代繁育研究结果表明，当暴露浓度为 5mg/kg 时，一些雌性小鼠在交配前死亡，除子代第三代有轻微的哺乳指数减小之外，未见其他生殖、妊娠、哺乳指数的效应[9]。

**(4) 致突变性**

无致突变性[8]。

## 【人类健康效应】

中毒症状包括：①恶心、呕吐、腹部绞痛、腹泻、流涎；②头痛、头晕眼花、眩晕和无力；③吸入暴露中，流鼻涕、胸闷的感觉很常见；④视力模糊、瞳孔缩小、睫状肌痉挛、眼部疼痛、瞳孔放大；⑤肌肉不协调、说话含糊、肌肉自发性收缩和抽搐(特别是舌头和眼睑)；⑥精神错乱、定向障碍和嗜睡；⑦呼吸困难、过度分泌呼吸道黏液、口鼻起沫、黄萎病、肺啰音、高血压(可能由窒息引起)；⑧运动失调、大小便失禁、抽搐、昏迷；⑨死亡主要是由于呼吸障碍引起的呼吸抑制、呼吸肌瘫痪、强烈的支气管收缩，或者三者共同作用[9]。

一个 65 岁的男子误食线虫磷，在住院治疗 69d 后，产生了一定程度的神经损伤，主要表现为混乱和模糊[8]。

## 【危害分类与管制情况】

| 序号 | 毒性指标 | PPDB 分类 | PAN 分类 |
|---|---|---|---|
| 1 | 高毒 | 是 | 是 |
| 2 | 致癌性 | — | 无充分证据 |
| 3 | 内分泌干扰性 | — | 无有效证据 |
| 4 | 生殖发育毒性 | — | 无有效证据 |
| 5 | 胆碱酯酶抑制剂 | 是 | 是 |
| 6 | 神经毒性 | 是 | — |
| 7 | 呼吸道刺激性 | 否 | |
| 8 | 皮肤刺激性 | 否 | |
| 9 | 污染地下水 | — | 可能 |
| 10 | 国际公约与优控名录 | 列入 WHO 淘汰名录、列入 PAN 名录 | |

注：PPDB 数据库由英国赫特福德郡大学农业与环境研究所开发；PAN 数据库来自北美农药行动网(PANNA)；"—"表示无此项。

## 【限值标准】

每日允许摄入量(ADI) = 0.003mg/(kg bw · d)[1]。

## 参 考 文 献

[1] PPDB: Pesticide Properties DataBase. http://sitem.herts.ac.uk/aeru/ppdb/en/Reports/1292.htm [2015-11-15].

[2] Menzie C M. Metabolism of Pesticides, Special Scientific Report, Wildlife .1980: 232.

[3] Meylan W M, Howard P H. Estimating octanol-air partition coefficients with octanol-water partition coefficients and Henry's law constants. Chemosphere, 1993, 26: 2293-2299.

[4] Chapman R A, Cole C M. Observations on the influence of water and soil pH on the persistence of insecticides. J Environ Sci Health B, 1982, 17: 487.

[5] Hansch C, Leo A, Hoekman D. Exploring QSAR: Hydrophobic, Electronic, and Steric constants. Washington DC: American Chemical Society, 1995.

[6] Franke C, Studinger G, Berger G, et al. The assessment of bioaccumulation. Chemosphere, 1994, 29: 1501-1514.

[7] Augustijn-Beckers P W M, Hornsby A G, Wauchope R D. SCS/ARS/CES Pesticide Properties Database for Environmental Decisionmaking II . Additional Compounds. Rev Environ Contam Toxicol, 1994, 137: 1-82.

[8] TOXNET (Toxicology Data Network).http://toxnet.nlm.nih.gov/cgi-bin/sis/search2/f?./temp/~aCIvVt:3 [2015-11-15].

[9] Willis G A. Prolonged coma from organophosphate poisoning responsive to pralidoxime therapy. Vet Hum Toxicol, 1982, 24(Suppl): 37-39.

# 消螨通（dinobuton）

## 【基本信息】

化学名称：2-仲丁基-4,6-二硝基苯基异丙基碳酸酯

其他名称：辛消螨通，敌螨通，dessin，drawinol，dinofen

CAS 号：973-21-7

分子式：$C_{14}H_{18}N_2O_7$

相对分子质量：326.30

SMILES：O=C(Oc1c(cc(cc1C(C)CC)[N+]([O–])=O)[N+]([O–])=O)OC(C)C

类别：硝基酚类杀螨剂、杀真菌剂

结构式：

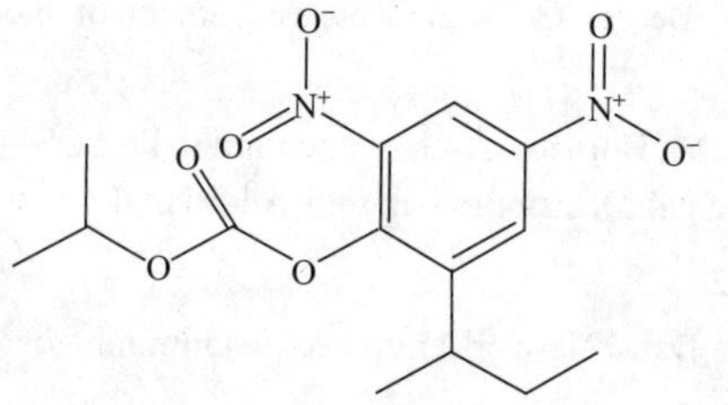

## 【理化性质】

淡黄色晶体，密度 0.9g/mL，熔点 61.5℃，饱和蒸气压 1mPa（25℃）。水溶解度 3.97mg/L（20℃）。辛醇/水分配系数 $\lg K_{ow} = 3.94$（20℃，pH=7），亨利常数为 $1.64 \times 10^{-3}$Pa·m³/mol（25℃）。

## 【环境行为】

### (1)环境生物降解性

消螨通在牛瘤胃液中可快速代谢，代谢产物为 2-氨基-6-仲丁基-4-硝基酚和 2,4-二氨基-6-仲丁基苯酚，后者是消螨通在牛瘤胃中的最终代谢产物[1]。

### (2)环境非生物降解性

大气中，与羟基自由基反应的速率常数为 $7.3 \times 10^{-12}$cm³/(mol·s)（25℃），间接光解半衰期约为 2d[2]。蒽醌可以增强消螨通的光降解[1]。豆子叶片喷洒鱼藤酮

和消螨通，然后暴露于阳光下 1h；鱼藤酮浓度分别为 0ppm（1ppm=$10^{-6}$）、10ppm、100ppm 时，消螨通的残留率分别为 80.8%、67.2%和 29.9%，表明鱼藤酮可作为消螨通的光敏剂[1]。豆叶上的消螨通暴露于阳光后形成了一些降解产物，包括地乐酚、一种未知的酯类和两种未知的酚类化合物[3]。消螨通在碱性条件下分解为地乐酚[4]。

**（3）环境生物蓄积性**

根据 lg$K_{ow}$=3.94[5]估算的 BCF 值为 580，提示在水生生物体内生物富集性强。

**（4）土壤吸附/迁移性**

$K_{oc}$ 估值为 6800，提示其在土壤中不可移动[1]。

## 【生态毒理学】

鸟类（原鸡）急性 $LD_{50}$ =150mg/kg，鱼类（虹鳟鱼）96h $LC_{50}$ =0.014mg/L，蜜蜂 48h $LD_{50}$ > 50μg[1]。

## 【毒理学】

**（1）一般毒性**

大鼠急性经口 $LD_{50}$=140mg/kg，短期饲喂 NOAEL=4.5mg/kg [1]。

**（2）神经毒性**

暂无可用数据。

**（3）生殖毒性**

暂无可用数据。

**（4）致突变性**

暂无可用数据。

## 【人类健康效应】

暴露于消螨通的 70 名女性温室工人非特异性的免疫指数分析结果表明，消螨通暴露增加了皮肤表面的微生物传播，传播的程度与暴露时长相关。暴露 2a 的工人，中性粒细胞的吞噬功能显著降低，暴露超过 5a 的工人，外周血淋巴细胞的胚细胞变形增加 47%~52%。随着暴露时间的增加，疾病发病率增加。暴露 1~5a 的工人中，变态反应性皮肤病发病率高；而支气管哮喘、肝脏和肾脏疾病在暴露 5a 以上的工人中发病率高[6]。

果园工人在消螨通喷雾期间，可通过呼吸和皮肤途径暴露于消螨通，暴露浓度分别为 0.02mg/h 和 31.0mg/h[7]。

## 【危害分类与管制情况】

| 序号 | 毒性指标 | PPDB 分类 | PAN 分类 |
|---|---|---|---|
| 1 | 高毒 | 否 | 否 |
| 2 | 致癌性 | 否 | 无充分证据 |
| 3 | 内分泌干扰性 | 无数据 | 无充分证据 |
| 4 | 生殖发育毒性 | 无数据 | 无充分证据 |
| 5 | 胆碱酯酶抑制剂 | 否 | 否 |
| 6 | 神经毒性 | 否 | — |
| 7 | 呼吸道刺激性 | 无数据 | |
| 8 | 皮肤刺激性 | 无数据 | |
| 9 | 眼刺激性 | 无数据 | |
| 10 | 国际公约或优控名录 | — | |

注:PPDB 数据库由英国赫特福德郡大学农业与环境研究所开发;PAN 数据库来自北美农药行动网(PANNA);"—"表示无此项。

## 【限值标准】

暂无可用数据。

## 参 考 文 献

[1] PPDB:Pesticide Properties DataBase. http://sitem.herts.ac.uk/aeru/ppdb/en/Reports/249.htm [2015-11-15].

[2] Meylan W M, Howard P H. Estimating octanol-air partition coefficients with octanol-water partition coefficients and Henry's law constants. Chemosphere, 1993, 26: 2293-2299.

[3] Matsuo H, Casida J E. Photodegradation of two dinitrophenolic pesticide chemicals, dinobuton and dinoseb, applied to bean leaves. Bull Environ Contam Toxicol 1970, 5: 72-78.

[4] Berg G L, Sine C, Meister R T, et al. Farm Chemicals Handbook. Willoughby: Meister Publishing Company, 1994: 126.

[5] Meylan W M, Howard P H. Atom/fragment contribution method for estimating octanol-water partition coefficients. J Pharm Sci, 1995,84: 83-92.

[6] TOXNET (Toxicology Data Network). http://toxnet.nlm.nih.gov/cgi-bin/sis/search2/f?./temp/~aCIvVt:3[2015-11-15].

[7] Wolfe H R. Air Pollut Pest and Agric Processes. Cleveland: CRC Press, 1976.

# 辛硫磷(phoxim)

## 【基本信息】

化学名称：*O,O*-二乙基-*O*-*α*-氰基苯叉胺基硫代磷酸酯

其他名称：肟硫磷，腈肟磷，倍腈松，baythion，volaton

CAS 号：14816-18-3

分子式：$C_{12}H_{15}N_2O_3PS$

相对分子质量：298.3

SMILES：N#C/C(=N\OP(=S)(OCC)OCC)c1ccccc1

类别：有机磷类杀虫剂

结构式：

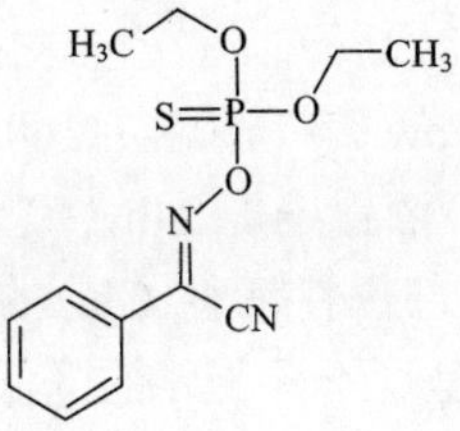

## 【理化性质】

黄色液体，密度 1.18g/mL，熔点 5℃，蒸馏时分解，饱和蒸气压 2.1mPa(25℃)。水溶解度为 1.5mg/L(20℃)。有机溶剂溶解度(20℃)：二甲苯，250000mg/L；二氯甲烷，250000mg/L；丙酮，250000mg/L；庚烷，136000mg/L。辛醇/水分配系数 $\lg K_{ow}=$ 3.38，亨利常数为 0.418Pa·$m^3$/mol。

## 【环境行为】

(1)环境生物降解性

好氧条件下土壤降解半衰期为 6d。

(2)环境非生物降解性

20℃、pH 为 7 时水解半衰期为 7.2d；22℃、pH 为 4 时，水解半衰期为 26.7d；

pH 为 9 时，水解半衰期为 3.1d [1]。

**(3)环境生物蓄积性**

BCF 为 1610，具有潜在生物蓄积性[1]。

**(4)土壤吸附/移动性**

$K_{oc}$=686，在土壤中具有中等移动性[2]。

## 【生态毒理学】

鱼类(蓝鳃太阳鱼)96h $LC_{50}$=0.22mg/L，溞类(大型溞)48h $EC_{50}$= 0.00081mg/L，蚯蚓 48h $LD_{50}$ >40.4mg/kg[1]。

## 【毒理学】

**(1)一般毒性**

大鼠急性经口 $LD_{50}$>2000mg/kg，经皮 $LD_{50}$>5000mg/kg bw，吸入 $LC_{50}$=4.0mg/L，大鼠短期饲喂暴露 NOAEL=15mg/kg [1]。

**(2)神经毒性**

大鼠经氰戊菊酯(20mg/kg bw )、辛硫磷(160mg/kg bw)、氰戊菊酯+辛硫磷(180mg/kg bw，1∶8 等毒配比)灌胃染毒 24h，氰戊菊酯组、氰戊菊酯+辛硫磷组大鼠大脑皮层、海马、纹状体等部位谷氨酸(Glu)的免疫阳性细胞(IRC)数目减少，阳性细胞面积比和积分光密度呈现不同程度的降低，而 GABA 的 IRC 各观察参数值均呈现不同程度的升高；氰戊菊酯组与氰戊菊酯+辛硫磷组各参数值之间未见显著性差异；与对照组相比，单独辛硫磷组各观察参数值也未见显著性变化。本次研究结果提示，在对 Glu 和 GABA 作用的影响上，拟除虫菊酯和有机磷之间无协同作用[3]。

**(3)生殖毒性**

大鼠经口暴露 24.5mg/kg bw 和 73.5mg/kg bw 的辛硫磷 60d，睾丸精子生成量低于对照组。与对照组相比，精子的运动活力参数(曲线运动速度、直线运动速度、鞭打频率)和运动方式参数(直线性和前向性)均有所降低，且具有剂量依赖关系[4]。

**(4)致突变性**

雄性小鼠暴露于 5.84mg/kg bw、11.69mg/kg bw、23.38mg/kg bw、46.75mg/kg bw 辛硫磷，各剂量组精子畸形率、骨髓细胞微核率均高于对照组，并呈剂量-反应关系，提示辛硫磷具有致突变作用[5]。

## 【人类健康效应】

急性辛硫磷中毒可致重度多器官损害，患者服用辛硫磷 30mL，服用 30min 后开始头晕、心悸、多汗；随后出现神志朦胧、频繁抽搐、巩膜黄染、失明、瞳孔中度散大、光反射消失、心音稍弱、肺散步湿啰音；最终诱发中毒性脑病、脑内灶状出血、中毒性心肌炎[6]。

一名 19 岁女性，口服辛硫磷约 100mL，半小时后出现神志不清、多汗、口吐白沫，送至当地医院予以洗胃、导泻、阿托品、解磷定及对症支持治疗，9h 后神志转清。胆碱酯酶一直处于 1000U/L 左右（正常值 3700～13200U/L）。中毒后第 4 天出现肌颤，无抽搐及呼吸困难，给予反复洗胃、适量阿托品、氯磷定及对症支持治疗，每天检测胆碱酯酶，中毒第 21 天时，胆碱酯酶恢复正常（4114U/L）。

一名 51 岁女性，口服辛硫磷约 120mL，1h 后送至当地医院，入院时神志清楚、多汗、口吐白沫、双肺可闻及湿性啰音。入院后予以洗胃、导泻、阿托品、氯磷定等治疗。入院期间无意识障碍及心跳呼吸骤停，胆碱酯酶一直处于 68～376U/L，于中毒第 21 天自动出院，经随访中毒第 41 天胆碱酯酶恢复正常（4031U/L）。辛硫磷在体内代谢产生最多的是二乙基磷酸，约占 50%，其他为辛硫磷羟酸等，其中后者在体内的含量将影响胆碱酯酶的复活速度[7]。

## 【危害分类与管制情况】

| 序号 | 毒性指标 | PPDB 分类 | PAN 分类 |
|------|----------|-----------|----------|
| 1 | 高毒 | 无数据 | 否 |
| 2 | 致癌性 | 无数据 | 无充分证据 |
| 3 | 内分泌干扰性 | 无数据 | 无充分证据 |
| 4 | 生殖发育毒性 | 疑似 | 无充分证据 |
| 5 | 胆碱酯酶抑制剂 | 是 | 是 |
| 6 | 神经毒性 | 是 | — |
| 7 | 呼吸道刺激性 | 疑似 | — |
| 8 | 皮肤刺激性 | 是 | — |
| 9 | 眼刺激性 | 否 | — |
| 10 | 国际公约或优控名录 | 列入 PAN 名录 | |

注：PPDB 数据库由英国赫特福德郡大学农业与环境研究所开发；PAN 数据库来自北美农药行动网（PANNA）；"—"表示无此项。

## 【限值标准】

每日允许摄入量(ADI)为 0.004mg/(kg bw·d)[1]。

# 参 考 文 献

[1] PPDB: Pesticide Properties DataBase. http://sitem.herts.ac.uk/aeru/ppdb/en/Reports/524.htm [2015-11-17].

[2] PAN Pesticides Database—Chemicals. http://www.pesticideinfo.org/Detail_Chemical.jsp? Rec_Id=PC38095[2015-11-17].

[3] 王心如, 吴建平, 肖杭, 等. 氰戊菊酯和辛硫磷对大鼠中枢谷氨酸及 γ-氨基丁酸免疫阳性细胞的影响. 卫生研究, 2000, 29(1): 1-3.

[4] 詹宁育, 王沭沂, 王心如, 等. 辛硫磷对大鼠精子生成量和精子运动能力的影响. 卫生研究, 2000, 29(1): 4-6.

[5] 刘秀芳, 宁艳花, 屠霞, 等. 辛硫磷对雄性小鼠生殖细胞毒性作用的实验研究. 宁夏医学院学报, 2006, 28(5): 412-414.

[6] 张天平, 梁延成, 李荣新, 等. 急性辛硫磷中水致重度多器官损害 1 例. 医师进修杂志, 1991, 9: 49.

[7] 扈琳, 高恒波, 田英平, 等. 急性辛硫磷中毒致血清胆碱酯酶持续低水平 2 例. 临床荟萃, 2007, 22(7): 513.

# 溴虫腈(chlorfenapyr)

## 【基本信息】

化学名称：4-溴-2-(4-氯苯基)-1-乙氧基甲基-5-三氟甲基-1$H$-吡咯-3-腈

其他名称：除尽，虫螨腈，吡咯胺，溴虫氰，pirate，alert，stalker，sunfire，citrex，intrepid

CAS 号：122453-73-0

分子式：$C_{15}H_{11}BrClF_3N_2O$

相对分子质量：407.62

SMILES：Clc2ccc(c1c(C#N)c(Br)c(n1COCC)C(F)(F)F)cc2

类别：吡咯类杀虫剂、杀螨剂

结构式：

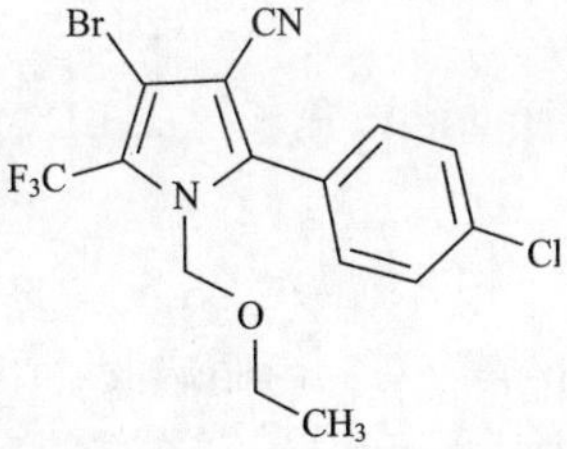

## 【理化性质】

白色粉末状固体，密度 1.53g/mL，熔点 101℃，饱和蒸气压 $9.81 \times 10^{-3}$mPa(25℃)。水溶解度为 0.112mg/L(20℃)。有机溶剂溶解度(20℃)：正己烷，8900mg/L；甲醇，70900mg/L；甲苯，754000mg/L；二氯甲烷，1410000mg/L。辛醇/水分配系数 lg$K_{ow}$ = 4.83，亨利常数为 $5.81 \times 10^{-4}$Pa·m³/mol。

## 【环境行为】

### (1)环境生物降解性

土壤降解半衰期为 230~250d，在沉积物中降解半衰期为 250d[1]。

**(2)环境非生物降解性**

大气中，与羟基自由基反应的速率常数为 $1.4×10^{-11}cm^3/(mol \cdot s)(25℃)$，间接光解半衰期约为 $1.2d^{[2]}$。水解半衰期大于 $30d^{[1]}$。在新鲜灭菌水中的光解半衰期为 $5~7d^{[1]}$。

**(3)环境生物蓄积性**

蓝鳃太阳鱼 BCF 为 83~114，体内代谢半衰期为 $3~4d^{[1]}$，表示水生生物体内潜在生物富集性为中等。

**(4)土壤吸附/移动性**

基于 $lgK_{ow}$ 值 4.83 估算的 $K_{oc}$ 值为 $10000^{[3]}$，在土壤中不可移动。

## 【生态毒理学】

鸟类(山齿鹑)急性 $LD_{50}$ =10mg/kg，鱼类(虹鳟鱼)96h $LC_{50}$= 0.007mg/L，溞类(大型溞)48h $EC_{50}$= 0.0061mg/L，蜜蜂 48h $LD_{50}$>0.12μg$^{[3]}$。

## 【毒理学】

**(1)一般毒性**

大鼠急性经口 $LD_{50}$= 441mg/kg，兔子经皮 $LD_{50}$ >2000mg/kg bw，大鼠吸入 $LC_{50}$ =1.9mg/L$^{[3]}$。

**(2)神经毒性**

大鼠染毒 52 周，恢复 16 周，对髓磷脂病变、平均体重下降、体重增量、进食效率、绝对食物消耗量和水消耗量等参数，溴虫腈的 LOAEL 值为 13.6mg/(kg·d)，NOAEL 为 2.6mg/(kg·d)$^{[4]}$。

大鼠通过胃内插管单次给予 0mg/kg、45mg/kg、90mg/kg、180mg/kg 溴虫腈的暴露，给药后观察 2 周。以功能性观察试验组合和肌动活动测量中的反应对大鼠进行评估。此外，每组中取 5 只大鼠进行神经病理学损伤研究。结果表明，大鼠体重、食物消耗量、神经行为观察、死后组织检查等方面未见剂量相关效应。基于处理当天的大鼠嗜睡情况，LOAEL 为 90mg/kg，NOAEL 为 45mg/kg$^{[4]}$。

**(3)发育和生殖毒性**

处于妊娠 7~19d 的兔子给予 0mg/(kg·d)、5mg/(kg·d)、15mg/(kg·d)、30mg/(kg·d) 的溴虫腈暴露，基于给药期间的体重减少，孕期全身毒性效应的 LOAEL 为 15mg/(kg·d)，NOAEL 为 5mg/(kg·d)。所有剂量组均未见发育毒性证据，子代发育毒性的 NOAEL > 30mg/(kg·d)$^{[4]}$。

大鼠连续两代持续通过饲喂给予 0mg/kg、60mg/kg、300mg/kg、600mg/kg[即

0mg/(kg・d)、5mg/(kg・d)、22mg/(kg・d)、44mg/(kg・d)]的溴虫腈暴露，根据对交配前亲代体重增加的影响，亲代 LOAEL 为 22mg/(kg・d)(300mg/kg)，NOAEL 为 5mg/(kg・d)(60mg/kg)。根据对哺乳期体重增加的影响，生殖毒性的 LOAEL 为 22mg/(kg・d)(300mg/kg)，NOAEL 为 5mg/(kg・d)(60mg/kg)[4]。

**(4)致突变性**

50μg/皿的溴虫腈暴露未致细菌发生致突变效应[5]。哺乳动物细胞(中国仓鼠卵巢细胞)诱变试验中，最高浓度为 250μg/mL 时，未见致突变效应[5]。

## 【人类健康效应】

溴虫腈具有中度但可逆的眼睛刺激性，不具有皮肤刺激性[6]。以 Xenobiotic Detection Systems 公司(北卡罗来纳州，美国)开发的 E-CALUX 试验系统对人类卵巢癌细胞进行评估，溴虫腈具有抗雌激素活性[7]。

溴虫腈的职业暴露可能通过使用/生产的工作场所中由皮肤接触产生。普通人群可能通过在溴虫腈的施用处摄入食物和皮肤接触产生暴露[8]。

## 【危害分类与管制情况】

| 序号 | 毒性指标 | PPDB 分类 | PAN 分类 |
|---|---|---|---|
| 1 | 高毒 | 否 | 否 |
| 2 | 致癌性 | 疑似 | 可能 |
| 3 | 内分泌干扰性 | 疑似 | 无充分证据 |
| 4 | 生殖发育毒性 | 疑似 | 无充分证据 |
| 5 | 胆碱酯酶抑制剂 | 否 | 否 |
| 6 | 神经毒性 | 否 | — |
| 7 | 呼吸道刺激性 | 否 | — |
| 8 | 皮肤刺激性 | 否 | — |
| 9 | 眼刺激性 | 疑似 | — |
| 10 | 国际公约或优控名录 | — | |

注：PPDB 数据库由英国赫特福德郡大学农业与环境研究所开发；PAN 数据库来自北美农药行动网(PANNA)；"—"表示无此项。

## 【限值标准】

每日允许摄入量(ADI)为 0.015mg/(kg bw・d)，急性参考剂量(ARfD)为

0.015mg/(kg bw · d)<sup>[3]</sup>。

# 参 考 文 献

[1] Rand G M. Fate and effects of the insecticide-miticide chlorfenapyr in outdoor aquatic microcosms. Ecotoxicol Environ Saf, 2004, 58: 50-60.

[2] Meylan W M, Howard P H. Estimating octanol-air partition coefficients with octanol-water partition coefficients and Henry's law constants. Chemosphere, 1993, 26: 2293-2299.

[3] PPDB: Pesticide Properties DataBase. http://sitem.herts.ac.uk/aeru/ppdb/en/Reports/136.htm [2015-11-19].

[4] USEPA/Office of Pesticide Programs. Chlorfenapyr Fact Sheet. http://www.epa.gov/opprd001/factsheets/[2015-11-19].

[5] California Environmental Protection Agency, Department of Pesticide Regulation. Toxicology Data Review Summaries. http://www.cdpr.ca.gov/docs/toxsums/toxsumlist.htm[2015-11-19].

[6] Krieger R. Handbook of Pesticide Toxicology. San Diego: Academic Press, 2001.

[7] Kojima M, Kojima M, Fukunaga K, et al. Evaluation of estrogenic activities of pesticides using an in vitro reporter gene assay. Int J Environ Health Res, 2005, 15 (4): 271-280.

[8] TOXNET(Toxicology Data Network). http://toxnet.nlm.nih.gov/cgi-bin/sis/search2/f?./temp/~aCIvVt:3 [2015-11-19].

# 溴硫磷（bromophos）

## 【基本信息】

化学名称：4-溴-2,5-二氯苯基二甲基硫逐磷酸酯

其他名称：溴磷松

CAS 号：2104-96-3

分子式：$C_8H_8BrCl_2O_3PS$

相对分子质量：366

SMILES：Clc1cc(OP(=S)(OC)OC)c(Cl)cc1Br

类别：广谱性触杀、胃毒性有机磷杀虫剂

结构式：

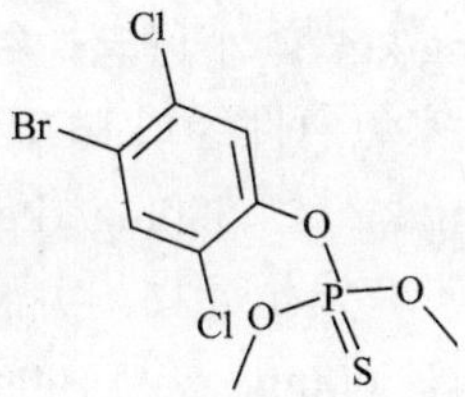

## 【理化性质】

黄色晶体，熔点 53℃，沸点 140~142℃(0.01mmHg)，饱和蒸气压 $1.707×10^7Pa(25℃)$。在水中溶解度为 40mg/L(20℃)。有机溶剂溶解度(20℃)：丙酮，1090g/L；二氯甲烷，1120g/L；甲醇，100g/L；二甲苯，900g/L。辛醇/水分配系数为 $\lg K_{ow} = 5.21$，亨利常数为 20.8Pa·m3/mol(25℃)。

## 【环境行为】

**(1)环境生物降解性**

好氧条件下土壤降解半衰期为 22d 。活性污泥接种后 3h、6h 及 9h 分别降解 6.6%、25.7%及 33.1%[1]。

**(2)环境非生物降解性**

在 pH 为 5、7、9 的条件下，光解速率常数分别为 0.00576d$^{-1}$、0.0127d$^{-1}$ 和

$0.438d^{-1}$，相对应的半衰期分别为 167.5d、54.82d 和 1.61d。在大于 290nm 的光照下，土壤中的半衰期为 48.3d，而对照组为 80d[1]。25℃时，在海水中的降解半衰期为 23d（避光条件）和 2d（自然光条件）[2]。

**（3）环境生物蓄积性**

孔雀鱼 BCF 为 39800~44670，生物富集性极高[1]。

**（4）土壤吸附/迁移性**

$K_{oc}$ 为 16000（$\lg K_{ow} = 5.21$），提示在土壤中不移动[3]。

## 【生态毒理学】

鸟类急性 $LD_{50}>200mg/kg$[1]，鱼类：虹鳟鱼 $LC_{50}=0.05~0.5mg/L$[4]、孔雀鱼 $LC_{50}=0.5mg/L$[4]，蚯蚓 14d $LC_{50}>85mg/kg$，藻类 72h $EC_{50}=0.23mg/L$。

## 【毒理学】

**（1）一般毒性**

大鼠急性经口 $LD_{50}=4000mg/kg$[5]，小鼠急性经口 $LD_{50}=2829~5850mg/kg$，豚鼠急性经口 $LD_{50}=1500mg/kg$，家兔急性经口 $LD_{50}=720mg/kg$[6]。

给予大鼠饲喂暴露 10000mg/kg［约 500mg/(kg·d)］剂量的溴硫磷后，连续暴露 100d，在整个试验期内大鼠没有发生死亡。实验组大鼠表现出生长缓慢、肝脏和肾脏损伤。给予大鼠饮食暴露 500mg/kg 或 100mg/kg，连续摄食暴露 6 周，胆碱酯酶活性降低，30mg/L 及 10mg/L 处理组并未发现该症状。

给予狗饲喂暴露 38.4mg/(kg·d)，出现摄食量、体重降低，血浆、红细胞和脑中的胆碱酯酶活性降低，同时还出现发情频率降低。狗饮食暴露溴硫磷 9.6mg/(kg·d)，连续暴露 1a，红细胞和血浆胆碱酯酶活性降低，而暴露浓度为 2.4mg/(kg·d)仅出现血浆胆碱酯酶活性降低。0.6mg/(kg·d)实验组未观测到症状[6]。

**（2）发育与生殖毒性**

怀孕小鼠在妊娠的第 6、8、10 和 12 天每日口服溴硫磷。在第 18 天时处死试验小鼠，着床率并没有显著影响，而着床后流产率显著增加[5]。

**（3）致突变性**

雄性 CFLP 小鼠腹腔注射 73.2mg/kg 或 183mg/kg 溴硫磷，24h 或 48h 后，染色体畸变的发病率呈剂量-反应关系。畸变类型主要有间隙、突变和无着丝粒片段。

## 【人类健康效应】

溴硫磷急性毒性较低，中毒五周后可能引发迟发型神经毒性。中毒症状与其他有机磷农药相似[6]，毒性反应包括厌食、腹痛、恶心、呕吐、腹泻、尿失禁、眼睛病变、虚弱、呼吸困难、支气管痉挛、流泪、唾液分泌增多、出汗、心动过缓、低血压或高血压所致的窒息、发绀、舌、脸、颈部肌肉抽搐，可能进展为惊厥。中枢神经系统症状包括不安、焦虑、头晕、嗜睡、震颤、共济失调、抑郁、昏迷，严重者可因呼吸系统或心血管系统衰弱导致死亡[7]。

一名 52 岁的妇女摄入 20mL 的 38%的溴硫磷 1h 后出现极度瞳缩、流涎、蠕动亢进和肌肉颤动。与大部分有机磷农药不同的症状是红细胞乙酰胆碱酯酶活性只是轻微下降而血清中的丁酰胆碱酯酶活性迅速下降。研究者还评估了摄食超过 1g 溴硫磷的 25 例病例，最常见的症状是瞳孔缩小、蠕动亢进、唾液分泌增多、躁动、恶心、呕吐和抽搐，9 例患者无症状[8]。

## 【危害分类与管制情况】

| 序号 | 毒性指标 | PPDB 分类 | PAN 分类 |
|---|---|---|---|
| 1 | 高毒 | — | 否 |
| 2 | 致癌性 | 否 | 疑似 |
| 3 | 内分泌干扰性 | — | 疑似 |
| 4 | 生殖发育毒性 | — | 疑似 |
| 5 | 胆碱酯酶抑制剂 | 是 | 是 |
| 6 | 呼吸道刺激性 | 否 | — |
| 7 | 皮肤刺激性 | 否 | — |
| 8 | 眼刺激性 | 否 | — |
| 9 | 污染地下水 | — | 疑似 |
| 10 | 国际公约或优控名录 | 列入 PAN 名录 | |

注：PPDB 数据库由英国赫特福德郡大学农业与环境研究所开发；PAN 数据库来自北美农药行动网（PANNA）；"—"表示无此项。

## 【限值标准】

每日允许摄入量（ADI）为 0.04mg/kg[9]。

# 参 考 文 献

[1] PPDB: Pesticide Properties DataBase. http://sitem.herts.ac.uk/aeru/ppdb/en/Reports/51.htm [2015-11-19].

[2] Lartiges S B, Garrigues P P. Degradation kinetics of organophosphorus and organonitrogen pesticides in different waters under various environmental conditions. Environ Sci Technol, 1995, 29: 1246-1254.

[3] Hansch C, Leo A. Hoekman D. Exploring QSAR: Hydrophobic, Electronic, and Steric Constants. Washington DC: American Chemical Society, 1995.

[4] Hartley D, Kidd H. The Agrochemicals Handbook. London: The Royal Society of Chemistry, 1987.

[5] TOXNET (Toxicology Data Network). http://toxnet.nlm.nih.gov/cgi-bin/sis/search2/f?./temp/~aCIvVt:3 [2015-11-19] .

[6] Hayes W J, Laws E R. Handbook of Pesticide Toxicology. Classes of Pesticides. New York: Academic Press, 1991.

[7] Reynolds J E F, Prasad A B. Martindale—The Extra Pharmacopoeia. London: The Pharmaceutical Press, 1982.

[8] Koppel C J, Thomsen T, Heinemeyer G, et al. Acute poisoning with bromofosmethyl (bromophos). Toxicol Clin Toxicol, 1991: 29 (2): 203-207.

[9] USEPA, Office of Pesticide Programs. Health Effects Div RfD/ADI Tracking Report.1986.

# 溴氰菊酯(deltamethrin)

## 【基本信息 】

化学名称：右旋顺式-2,2-二甲基-3-(2,2-二溴乙烯基)环丙烷羧酸-(*S*)-α-氰基-3-苯氧基苄酯

其他名称：敌杀死，凯安保，凯素灵，天马，谷虫净，增效百虫灵

CAS 号：52918-63-5

分子式：$C_{22}H_{19}Br_2NO_3$

相对分子质量：505.24

SMILES：Br/C(Br)=C/[C@H]3[C@@H](C(=O)O[C@H](C#N) c2cccc(Oc1ccccc1)c2)C3(C)C

类别：拟除虫菊酯类杀虫剂

结构式：

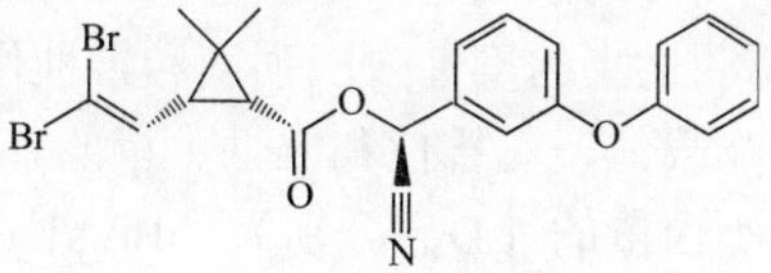

## 【理化性质】

无色结晶，熔点 101℃，蒸气压 $1.24 \times 10^{-5}$ mPa(25℃)，密度 0.55g/cm³ (25℃)，水溶解度 0.2μg/L(20℃)。有机溶剂溶解度(20℃)：丙酮，450g/L；二甲苯，175g/L；甲醇，8.15g/L；正庚烷，2.47g/L。辛醇/水分配系数 $\lg K_{ow} = 4.6$ (25℃)，亨利常数为 0.031 Pa · m³/mol(25℃)。

## 【环境行为】

### (1)环境生物降解性

实验室条件下，20℃土壤降解半衰期($DT_{50}$)为 26d、$DT_{90}$=87d，典型条件下土壤 $DT_{50}$=13d、$DT_{90}$=60d。田间条件下，降解半衰期为 21d[1]。

### (2)环境非生物降解性

水中光解半衰期为 48d。pH 为 7、20℃条件下不发生水解；25℃、pH 为 8

和 pH 为 9 时，水解半衰期分别为 31d 和 2.5d[1]。

### (3)环境生物蓄积性

虹鳟鱼 lgBCF 值为 2.62~2.7[1]，水溞 BCF 为 200~1300[1]，具有一定的潜在生物蓄积性。

### (4)土壤吸附/移动性

土壤及底泥 $K_{oc}$ 值为 79000~16300000，在土壤中不具有移动性[2]。

## 【生态毒理学】

鸟类(山齿鹑)急性 $LD_{50}$ =2250mg/kg，鱼类(虹鳟)96h $LC_{50}$ =0.00026mg/L、21d NOEC<0.000032mg/L ，溞类（大型溞）48h $EC_{50}$=0.00056mg/L 、 21d NOEC= 0.0000041mg/L，藻类 72h $EC_{50}$ =9.1mg/L[1]。

## 【毒理学】

### (1)一般毒性

大鼠急性经口 $LD_{50}$ =87mg/kg，经皮 $LD_{50}$ > 2000mg/kg，吸入 $LC_{50}$ =0.6mg/L。

溴氰菊酯是一种毒性极强的杀虫剂，但由于它具有在生物体内转化和排泄十分迅速的特点，因而对不同生物的毒性效应强度和毒性作用时间存在差异。用聚乙烯油 200 作为溴氰菊酯载体，对雄性和雌性大鼠的 $LD_{50}$ 分别为 67mg/kg 和 86mg/kg；对雄性、雌性小白鼠的 $LD_{50}$ 分别为 21mg/kg、19mg/kg；只将载体换成芝麻油其他条件不变的情况下，对雄性、雌性大白鼠的 $LD_{50}$ 则出现较大变化，分别为 129mg/kg 和 139mg/kg；通过皮下注射方式，雄性、雌性大白鼠 $LD_{50}$ 分别为 209mg/kg 和 186mg/kg；通过静脉注射，$LD_{50}$ 均为 3.3mg/kg。家兔急性经皮 $LD_{50}$>2000mg/kg；2.5%乳油涂于家兔皮肤，见轻微刺激作用，引起鳞状上皮脱落；0.1%的乳油无刺激作用[3]。

利用灌胃的方式对小鼠每天染毒 1 次，连续 5d，结果发现小鼠肝脏的脏体比出现明显升高，且肝脏出现病变，因此溴氰菊酯会导致动物肝脏受损。溴氰菊酯亚慢性染毒，动物主要表现为生长缓慢、体重减轻，并可见肝大及肝脏、中枢神经和周围神经的病理损害。最大无作用剂量(NOAEL)存在着种属差异，大鼠为 50pg/kg，小鼠为 100pg/kg，狗为 40pg/kg 。对大鼠和狗 90d 经口染毒，最大剂量为 10mg/kg 时，大鼠除在第 42 天对噪声刺激反应亢进外，未见其他中毒表现，病理检查也无异常。狗在染毒初期曾出现流涎、呕吐、水样便以及震颤、头和四肢不随意运动等中毒表现，从第 35 天起上述症状逐渐减轻。病理检查脏器、中枢和周围神经组织均未见异常[4]。

### (2)神经毒性

大鼠溴氰菊酯染毒 24h、48h 及 5d，脑海马和皮层神经细胞凋亡率明显提高，影响中枢神经系统正常发育[5]。

### (3)生殖毒性

受孕早中期的大鼠溴氰菊酯染毒研究表明，孕鼠的流产率和胚胎致畸率与溴氰菊酯剂量有明显的相关性，仔鼠身体机能也受到显著影响，说明溴氰菊酯具有一定的发育毒性。拟除虫菊酯类农药对雌性大鼠具有生殖毒性，并能通过胎盘屏障转运，对胚胎发育产生有害影响[6]。母鼠妊娠期接触溴氰菊酯可影响仔鼠脑内一氧化氮合酶(NOS)活性，并引起其子代生长发育及神经行为发育迟缓[7]。在小鼠妊娠的第 7~16 天经口摄入溴氰菊酯，孕鼠体重增长率有明显下降趋势，但对受精卵着床数、胎鼠死亡率及体重无明显影响。当剂量加大至孕鼠出现明显中毒时，胎鼠也无明显致畸表现[8]。

### (4)致突变性

溴氰菊酯有一定的致突变性，一定剂量下可引起骨髓嗜多染红细胞微核率和睾丸精母细胞染色体畸变率增加[9]，能抑制骨髓细胞增殖，并诱发染色体损伤[10]；20mg/L 以上的溴氰菊酯处理 C6/36 细胞可以诱发细胞形态学改变，表现为细胞呈多形性、胞间有间隙、胞质内充满颗粒，随染毒浓度的升高，胞质出现空泡、染色质凝成粗大颗粒或无结构大块、大片细胞脱落、崩解、死亡[6]。

## 【人类健康效应】

溴氰菊酯中毒主要表现为皮肤刺激和神经系统症状。皮肤吸收先有局部刺激症状，面部出现烧灼感。口服中毒则以恶心、呕吐、腹痛等为首发症状。职业性接触皮肤常有红斑、丘疹表现。轻度中毒表现为头痛、头昏、乏力、食欲缺乏、肌肉跳动。严重中毒者表现为流涎、视力模糊、肌肉纤维震颤，甚至抽搐及昏迷。死亡原因多为抽搐大发作和昏迷[11]。20 世纪 80 年代以来，包括我国在内的一些东南亚与亚非国家，利用溴氰菊酯高效杀虫的特性，以 $15mg/m^2$ 的浓度浸泡蚊帐，防治蚊子传播疾病的发生，尤其是降低疟疾的发病率取得了满意的效果。在该使用浓度下，人群中除个别出现过敏现象(包括鼻腔不适感和皮肤痒)，未见有明显中毒的报道[9]。

对 199 名拟除虫菊酯杀虫剂分装车间工人进行健康检查时发现，空气中溴氰菊酯平均浓度为 $0.005~0.012mg/m^3$，接触 0.5~4.5 个月时，2/3 受检者出现面部烧灼、刺痒或紧麻感，1/3 有喷嚏流涕、皮肤出现红色粟粒样丘疹。另有头昏、无力和恶心等全身症状[12]。1989 年国内对棉农进行流行病学调查时发现，棉农急性拟除虫菊酯中毒的患病率为 0.32%。325 例溴氰菊酯中毒病例中 158 名为生产性中毒，轻度中毒者除出现面部烧灼样异常感觉外，还有头痛、头晕、乏力恶心、食欲缺乏、精神萎靡和肌束震颤等，6 例重度中毒者可出现频繁的抽搐及意识障碍，实验室检查可在尿中检出二溴乙烯二甲基环丙烷羧酶(Br2A)[13]。

## 【危害分类与管制情况】

| 序号 | 毒性指标 | PPDB 分类 | PAN 分类 |
|---|---|---|---|
| 1 | 高毒 | — | 否 |
| 2 | 致癌性 | 否 | 否 |
| 3 | 内分泌干扰性 | 是 | 疑似 |
| 4 | 生殖发育毒性 | 疑似 | 疑似 |
| 5 | 胆碱酯酶抑制剂 | 否 | 否 |
| 6 | 神经毒性 | 是 | — |
| 7 | 呼吸道刺激性 | 否 | — |
| 8 | 皮肤刺激性 | 否 | — |
| 9 | 眼刺激性 | 否 | — |
| 10 | 污染地下水 | — | 疑似 |
| PPDB 毒性概况 | | IARC 三级致癌物 | |

注：PPDB 数据库由英国赫特福德郡大学农业与环境研究所开发；PAN 数据库来自北美农药行动网(PANNA)；"—"表示无此项。

## 【限值标准】

每日允许摄入量(ADI) 为 0.01mg/(kg bw·d)，急性参考剂量(ARfD)为 0.01mg/(kg bw·d)。

## 参 考 文 献

[1] PPDB: Pesticide Properties DataBase. http://sitem.herts.ac.uk/aeru/ppdb/en/Reports/205.htm [2015-11-19].

[2] MacBean C. e-Pesticide Manual. 15th ed. Ver. 5.1. Alton: British Crop Protection Council, 2008—2010.

[3] 戴修道, 张正东, 周德灏, 等. 溴氰菊酯的毒性研究进展. 中国公共卫生, 1993: 9(5)225-227.

[4] 李祖资, 张满成, 吴旭光, 等.溴氰菊酯浸泡蚊帐防制蚊媒及其防疟效果研究//溴氰菊酯浸泡蚊帐防制嗜人按蚊、中华按蚊及防疟效果的三年现场试验. 广州: 广东省医药情报研究所, 1988.

[5] 李涛, 石年, 陈亮, 等. 溴氰菊酯对发育大鼠脑 NOS 活性及神经行为的影响探讨. 卫生毒理学杂志, 2002, 16(4) : 206-209.

[6] 郭联杰, 吕瑞珍. 氰戊菊酯急性、亚急性毒性和致畸、致突变性研究. 卫生研究, 1989, (18) : 7-10.

[7] 李涛, 石年, 徐汉宫, 等. 溴氰菊酯对大鼠神经细胞胞内游离钙浓度及凋亡的影响. 中华劳动卫生职业病杂志, 2002: 6:31-33.

[8] Remi G, 王振君. 溴氰菊酯对高等脊椎动物的毒性. 世界农药, 1984, 6(5) : 54.

[9] 梁丽燕, 陈润涛. 溴氰菊酯毒性和致突变性的研究. 中国职业医学, 2000, 02: 31-33.

[10] 李小燕, 陈贤均, 汪晖. 快杀灵与敌杀死对小鼠骨髓细胞增殖抑制和染色体诱变效应.癌变. 畸变. 突变, 2003,15(1) : 46-49.

[11] 郑伟华, 赵建庄, 马德英, 等. 溴氰菊酯的毒性和致突变性的研究进展. 北京农学院学报. 2004, 01: 77-80.

[12] 何凤生, 王少光, 刘利辉. 急性拟除虫菊酯中毒临床表现及诊断.中国工业医学杂志, 1989, 2(1):18.

[13] 何凤生, 邓海. 棉农喷洒溴氰菊酯后正中神经兴奋性的变化. 卫生研究, 1990, 19(4): 37.

# 氧乐果(omethoate)

## 【基本信息】

化学名称：*O,O*-二甲基-*S*-(甲基氨基甲酰基甲基)硫代磷酸酯

其他名称：氧化乐果，蚧毕丰乳油，高渗氧乐果乳油，氧乐果乳油，氧化乐果乳油

CAS 号：1113-02-6

分子式：$C_5H_{12}NO_4PS$

相对分子质量：213.19

SMILES：O=C(NC)CSP(=O)(OC)OC

类别：内吸性有机磷杀虫、杀螨剂

结构式：

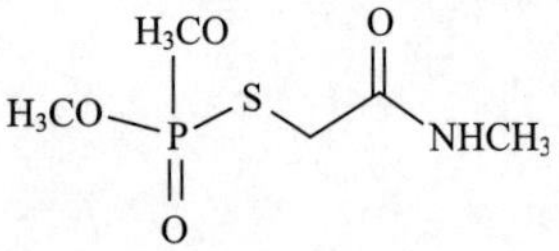

## 【理化性质】

无色液体，密度 1.32g/mL，熔点 –28℃，沸点 135℃，饱和蒸气压 3.3mPa(25℃)。水溶解度 10000mg/L(20℃)，与有机溶剂丙酮、甲醇混溶。辛醇/水分配系数 $\lg K_{ow}$ = –0.74(pH=7，20℃)。

## 【环境行为】

### (1)环境生物降解性

有氧条件下，与乐果相似，在土壤中主要发生生物降解，并在土壤中快速代谢为 $CO_2$[1]。生物降解也是水中氧乐果发生降解的重要过程[1]。

### (2)环境非生物降解性

大气中，与羟基自由基反应的速率常数为 $2.6×10^{-11}cm^3/(mol·s)$[2]。在碱性介质中比酸性介质中水解更迅速， 水解半衰期分别为：22℃下 102d(pH=4)、

17d(pH=7)与28h(pH=9)[1]。24℃、pH为7时水解半衰期为26d[1]。

**(3)环境生物蓄积性**

BCF=3[2]，不易生物富集。

**(4)土壤吸附/迁移性**

$K_{oc}$=9.4[3]，在土壤中有较强的移动性，但代谢物具有较弱的淋溶特性[3]。

## 【生态毒理学】

鸟类(山齿鹑)急性$LD_{50}$=9.9mg/kg，鱼类(虹鳟鱼)96h $LC_{50}$=9.1mg/L，溞类(大型溞)48h $EC_{50}$=0.022mg/L，蜜蜂经口 48h $LD_{50}$=0.048μg，蚯蚓 14d $LC_{50}$=46mg/kg[1]。

## 【毒理学】

**(1)一般毒性**

大鼠急性经口 $LD_{50}$=50mg/kg，短期饲喂 NOAEL =0.5mg/kg，具有眼刺激性[1]。

**(2)神经毒性**

大鼠给予 90mg/kg 的氧乐果，暴露 14d，出现共济失调，未发现有机磷中毒迟发性神经病变或抑制神经病靶标酯酶。总血铜水平和血浆游离铜水平略有增加[4]。

**(3)发育与生殖毒性**

在大鼠孕期 6～15d 时，灌胃给予氧乐果 0mg/kg、0.3mg/kg、1.0mg/kg 和 3.0mg/kg 的剂量。孕期 20d 处死大鼠，观察胎儿的骨骼和组织的异常性。3.0mg/kg 剂量组胎儿和胎盘质量低于对照组。其他参数无影响，对胎儿无致畸作用[5]。

**(4)致突变性**

采用鼠伤寒沙门氏菌菌株 TA1535、TA100、TA98 和 TA1537 研究氧乐果的致突变性，TA1535、TA100、TA98 是氧乐果诱变菌株，TA1537 无诱变活性[6]。

酿酒酵母 D7 的基因转化和有丝分裂重组试验结果显示，氧乐果具有致突变性[7]。

## 【人类健康效应】

毒性反应包括厌食、腹痛、恶心、呕吐、腹泻、尿失禁、眼睛的变化、虚弱、呼吸困难、支气管痉挛、流泪、唾液分泌增多、出汗、心动过缓、低血压或高血压所致的窒息、发绀、眼睑、舌、脸、颈部等肌肉抽搐，可能发展为惊厥。中枢神经系统症状包括不安、焦虑、头晕、嗜睡、震颤、共济失调、抑郁、混乱和昏迷。死亡可能发生于呼吸系统或心血管系统的抑制。神经病变较为罕见[8]。

一名 25 岁的男性是因摄入约 100mL 氧乐果意图自杀被送入医院，入院时清醒、流涎、轻度出汗、恶心呕吐、四肢无力。心电图显示缓慢性心律失常，治疗后恢复正常[9]。

## 【危害分类与管制情况】

| 序号 | 毒性指标 | PPDB 分类 | PAN 分类 |
|------|----------|-----------|----------|
| 1 | 高毒 | 是 | 是 |
| 2 | 致癌性 | 否 | 疑似 |
| 3 | 内分泌干扰性 | — | 疑似 |
| 4 | 生殖发育毒性 | 否 | 疑似 |
| 5 | 胆碱酯酶抑制剂 | 是 | 是 |
| 6 | 神经毒性 | 是 | — |
| 7 | 皮肤刺激性 | 是 | — |
| 8 | 眼刺激性 | 否 | — |
| 9 | 国际公约或优控名录 | 列入 PAN 名录 | |

注：PPDB 数据库由英国赫特福德郡大学农业与环境研究所开发；PAN 数据库来自北美农药行动网（PANNA）；"—"表示无此项。

## 【限值标准】

ADI ＝ 0.0003mg/(kg bw · d)，ARfD ＝ 0.002mg/(kg bw · d)，AOEL ＝ 0.0003mg/(kg bw · d)[1]。

## 参 考 文 献

[1] PPDB: Pesticide Properties DataBase. http://sitem.herts.ac.uk/aeru/ppdb/en/Reports/492.htm [2015-11-19].

[2] Meylan W M, Howard P H. Estimating octanol-air partition coefficients with octanol-water partition coefficients and Henry's law constants. Chemosphere, 1993, 26: 2293-2299.

[3] Tomlin C D S. The Pesticide Manual: A World Compendium. 11th ed. Surrey: British Crop Protection Council, 1997.

[4] Lotti M, Caroldi S, Moretto A. Blood copper in organophosphate-induced delayed polyneuropathy. Toxicol Lett, 1988, 41(2): 175-180.

[5] FAO, WHO. WHO Pesticide Residues Series: 5-Omethoate. 1975.

[6]  FAO, WHO. Pesticide Residues in Food. Evaluations—Omethoate. 1982.

[7]  FAO, WHO. Pesticide Residues in Food. Evaluations Part II Toxicology—Omethoate. 1985.

[8]  Reynolds J E F, Prasad A B. Martindale—The Extra Pharmacopoeia. Surrey: British Crop Protection Council, 1997.

[9]  TOXNET (Toxicology Data Network). http://toxnet.nlm.nih.gov/cgi-bin/sis/search2/f?./temp/~aCIvVt:3[2015-11-19].

# 乙拌磷(disulfoton)

## 【基本信息】

化学名称：*O,O*-二乙基-*S*-[2-(乙硫基)乙基]二硫代磷酸酯

其他名称：敌死通

CAS 号：298-04-4

分子式：$C_8H_{19}O_2PS_3$

相对分子质量：274.41

SMILES：S=P(OCC)(SCCSCC)OCC

类别：有机磷杀虫剂

结构式：

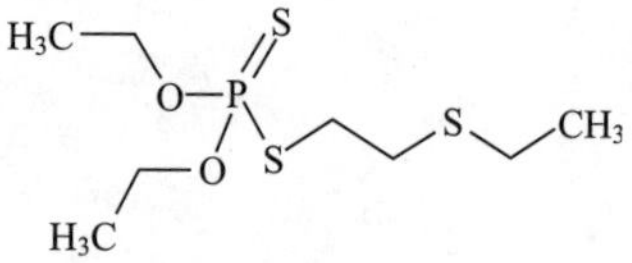

## 【理化性质】

黄色油状，密度 1.14g/mL，熔点–25℃，饱和蒸气压 7.2mPa(25℃)。水溶解度 25mg/L(20℃)，与有机溶剂正己烷、二氯甲烷、异丙醇、甲苯混溶。辛醇/水分配系数 $\lg K_{ow}$ = 3.95(pH=7, 20℃)。

## 【环境行为】

**(1)环境生物降解性**

土壤降解半衰期($DT_{50}$)为 30d，具有中等持久性[1]。在土壤微生物作用下降解为亚砜和砜硫醚[1]。高地的乙拌磷可迅速氧化，但被水淹过的土壤中乙拌磷氧化更快。在无菌土壤中降解很少，表明未经灭菌的土壤中主要发生生物降解[2]。也有报道称乙拌磷在无菌土壤和加葡萄糖的土壤中分解[2]。

**(2)环境非生物降解性**

大气中，与羟基自由基反应的速率常数为 $1.3 \times 10^{-10}$ $cm^3/(mol \cdot s)$ [3]。在酸性

和中性介质中相对稳定。pH 为 7、20℃条件下，水解半衰期为 300d[1]，但在 40℃条件下水解较快[4]。在 pH 为 7.9 的莱茵河水中水解半衰期为 170d [2]。

**(3)环境生物蓄积性**

鲤鱼中 BCF 约为 450 [2]，在水生生物中具有一定的生物富集性。

**(4)土壤吸附/迁移性**

$K_{oc}$ 测定值为 642~1780 [5]。土壤薄层中 $R_f$ 值为 0.01[1, 2]，在土壤中移动性弱或几乎不移动。

## 【生态毒理学】

鸟类(山齿鹑)急性 $LD_{50}$ =39mg/kg，鱼类(蓝鳃太阳鱼)96h $LC_{50}$ =0.039mg/L、21d NOEC =0.22mg/L(虹鳟鱼)，溞类(大型溞)48h $EC_{50}$ =0.013mg/L、21d NOEC= 0.00004mg/L，蜜蜂 48h $LD_{50}$ =4.1μg，蚯蚓 14d $LC_{50}$ =180mg/kg[1]。

## 【毒理学】

**(1)一般毒性**

大鼠急性经口 $LD_{50}$=2.6mg/kg、急性经皮 $LD_{50}$=3.6mg/kg、吸入 $LC_{50}$=0.015mg/L[1]。

**(2)神经毒性**

大鼠饲喂暴露 0.5mg/(kg·d) 乙拌磷 90d 后，乙酰胆碱酯酶活性受到明显抑制(低于对照组 59%~74%)。饲喂暴露 2.5mg/(kg·d)乙拌磷 2 个月可导致大鼠和小鼠脊髓和脑干组织渗透性增加[1]。

**(3)发育与生殖毒性**

SD 大鼠通过饮食摄入乙拌磷 1mg/kg、3mg/kg 和 9mg/kg，所有的母代(F0 代)发生泪腺炎，中、高剂量组(3mg/kg 和 9mg/kg)后代数量减少。F0 代的 NOAEL 为 3mg/kg(高剂量水平体重降低，一些 F0 代雌鼠发生震颤)。生殖毒性 NOAEL 为 1mg/kg(3mg/kg 和 9mg/kg 时 F2b 代幼仔减少，9mg/kg 时表现为精子数减少并减少交配)。后代胆碱酯酶 NOAEL 为 1mg/kg(3mg/kg 时脑胆碱酯酶活性降低 24%~32%，9mg/kg 脑胆碱酯酶活性降低 50%~59%)[6]。

**(4)致突变性**

在 0mg/(kg·d)、0.1mg/(kg·d)、0.3mg/(kg·d)、1.0mg/(kg·d)的暴露剂量下，对大鼠无致畸作用[6]。

## 【人类健康效应】

中毒后恶心常是首发症状，随后出现呕吐、腹痛、腹泻、流涎(流口水)，可出现亚低温症状。吸入暴露乙拌磷常出现头痛、头晕、眩晕、乏力及胸闷。眼部暴露还可出现视力模糊、瞳孔缩小、睫状肌痉挛、眼痛等症状[7]。此外，中毒症状还包括心动过缓或过速、不同程度的心房房室传导阻滞以及心律失常、肌肉协调能力丧失、讲话含糊不清、肌束震颤和肌肉抽搐(特别是舌、眼睑)、极度疲软、精神错乱、定向障碍、嗜睡、呼吸困难、过度分泌唾液和呼吸道黏液、口鼻起泡、发绀、肺部啰音、高血压[7]。

一名75岁妇女摄入大量乙拌磷，入院时血浆中总硫代磷酸酯(乙拌磷代谢产物)浓度为1095ng/mL，洗胃后浓度逐渐下降至505ng/mL。然而，入院20h后浓度开始再次增加，56h达到浓度峰值(1322ng/mL)。血浆浓度再次升高是由于从胃中的残余颗粒吸收有机磷[8]。

职业暴露可通过生产或使用乙拌磷车间的灰尘吸入、皮肤接触等方式进入人体，或摄入乙拌磷污染的水和食物。

## 【危害分类与管制情况】

| 序号 | 毒性指标 | PPDB 分类 | PAN 分类 |
|---|---|---|---|
| 1 | 高毒 | — | 是 |
| 2 | 致癌性 | 否 | 否 |
| 3 | 内分泌干扰性 | — | 可疑 |
| 4 | 生殖发育毒性 | 可疑 | 可疑 |
| 5 | 胆碱酯酶抑制剂 | 是 | 是 |
| 6 | 神经毒性 | 是 | — |
| 7 | 地下水污染 | — | 潜在 |
| 8 | 国际公约或优控名录 | 列入 PAN 名录 | |

注：PPDB 数据库由英国赫特福德郡大学农业与环境研究所开发；PAN 数据库来自北美农药行动网(PANNA)；"—"表示无此项。

## 【限值标准】

ADI = 0.0003mg/(kg bw · d)；ARfD = 0.003mg/(kg bw · d)[1]。

# 参 考 文 献

[1] PPDB: Pesticide Properties DataBase. http://sitem.herts.ac.uk/aeru/ppdb/en/Reports/257.htm [2015-11-22].

[2] TOXNET (Toxicology Data Network). http://toxnet.nlm.nih.gov/cgi-bin/sis/search2/f?./temp/~ aCIvVt:3[2015-11-22].

[3] Meylan W M, Howard P H. Estimating octanol-air partition coefficients with octanol-water partition coefficients and Henry's law constants. Chemosphere, 1993, 26: 2293-2299.

[4] USEPA. Environmental Fate and Effects Preliminary Assessment. 1998.

[5] Hamaker J W, Thompson J M. Organic Chemicals in the Soil Environment. New York: Marcel Dekker, 1972.

[6] Bingham E, Cohrssen B, Powell C H. Patty's Toxicology. New York: John Wiley and Sons, 2001.

[7] Gosselin R E, Smith R P, Hodge H C. Clinical Toxicology of Commercial Products. Baltimore: Williams and Wilkins, 1984.

[8] Futagami K, Otsubo K, Nakao Y, et al. Acute organophosphate poisoning after disulfoton ingestion. J Toxicol Clin Toxicol, 1995, 33(2): 151-155.

# 乙硫磷(ethion)

## 【基本信息】

化学名称：*O,O,O',O'*-四乙基-*S,S'*-亚甲基双(二硫代磷酸酯)

其他名称：益赛昂、易赛昂、乙赛昂、蚜螨立死

CAS 号：563-12-2

分子式：$C_9H_{22}O_4P_2S_4$

相对分子质量：384.48

SMILES：S=P(SCSP(=S)(OCC)OCC)(OCC)OCC

类别：有机磷类杀虫剂

结构式：

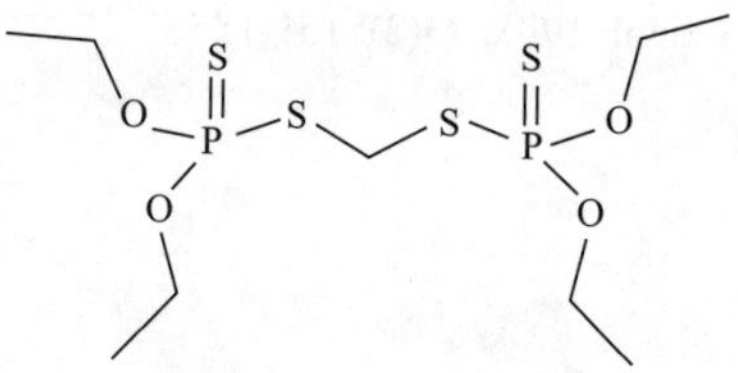

## 【理化性质】

白色至琥珀色液体，熔点–12℃，沸点 165℃，饱和蒸气压 0.20mPa(25℃)，密度 1.22g/mL(20℃)，水溶解度 2mg/L(20℃)，辛醇/水分配系数 lg $K_{ow}$=5.07(25℃)，亨利常数为 0.0385 Pa·m³/mol(25℃)。

## 【环境行为】

### (1)环境生物降解性

实验室条件下，20℃土壤降解半衰期(DT50)为150d，典型条件下土壤 DT50=90d。热带土壤 DT50=9~16d，温带砂质土壤 DT50=49~56d，有机土壤 DT50=168d[1]。

### (2)环境非生物降解性

20℃、pH 为 7 条件下，水解半衰期约为 146d[1]。30℃时，pH 为 4.9、8、10 条件下水解半衰期分别为 20.8 周、8.9 周和 1d[2]。25℃时，pH 为 4.5、5、6、7、

8 条件下水解半衰期分别为 99、63、58、25 及 8.4 周[2]。

**(3)环境生物蓄积性**

BCF=1600，在水生生物体内生物富集性强[2]。

**(4)土壤吸附/移动性**

4 种不同土壤 $K_{ow}$ =15435，在土壤中不移动[2]。

## 【生态毒理学】

水生甲壳动物(钩虾)96h $LC_{50}$ =1.8μg/L，鱼类 96h $LC_{50}$ =720μg/L(鳟鱼)、96h $LC_{50}$ =500μg/L(虹鳟)、96h $LC_{50}$ =720μg/L(黑头呆鱼)、96h $LC_{50}$ =7600μg/L(斑点叉尾鮰)、96h $LC_{50}$ =210μg/L(蓝鳃太阳鱼)、96h $LC_{50}$ =173μg/L(大口黑鲈)[3]。鸟类(日本鹌鹑)5d $LD_{50}$ >5000mg/kg[4]。

## 【毒理学】

**(1)一般毒性**

大鼠急性经口 $LD_{50}$ =208mg/kg[5]，家兔急性经皮 $LC_{50}$ =915mg/kg[6]，大鼠吸入 $LC_{50}$ 为 0.45mg/L[1]。

**(2)神经毒性**

暂无数据。

**(3)生殖毒性**

暂无数据。

**(4)致突变性**

暂无数据。

## 【人类健康效应】

乙硫磷可增加姐妹染色单体互换率[2]。

中毒后恶心常是首发症状，随后出现呕吐、腹痛、腹泻、流涎(流口水)，可出现亚低温症状。吸入暴露乙硫磷常出现头痛、头晕、眩晕、乏力及胸闷。眼部暴露还可出现视力模糊、瞳孔缩小、睫状肌痉挛、眼痛等症状[2]。此外，中毒症状还包括心动过缓或过速、不同程度的心房房室传导阻滞以及心律失常、肌肉协调能力丧失、讲话含糊不清、肌束震颤和肌肉抽搐(特别是舌、眼睑)、极度疲软、精神错乱、定向障碍、嗜睡、呼吸困难、过度分泌唾液和呼吸道黏液、口鼻起泡、发绀、肺部啰音、高血压[7]。

## 【危害分类与管制情况】

| 序号 | 毒性指标 | PPDB 分类 | PAN 分类 |
|:---:|:---:|:---:|:---:|
| 1 | 高毒 | 是 | 是 |
| 2 | 致癌性 | 否 | 否 |
| 3 | 内分泌干扰性 | — | 疑似 |
| 4 | 生殖发育毒性 | 可疑 | 疑似 |
| 5 | 胆碱酯酶抑制剂 | 是 | 是 |
| 6 | 神经毒性 | 是 | — |
| 7 | 污染地下水 | — | 疑似 |
| 8 | 国际公约或优控名录 | 列入 PAN 名录 | |

注：PPDB 数据库由英国赫特福德郡大学农业与环境研究所开发；PAN 数据库来自北美农药行动网（PANNA）；"—"表示无此项。

## 【限值标准】

$$ADI = 0.002mg/(kg\,bw \cdot d)；ARfD = 0.015mg/(kg\,bw \cdot d)^{[1]}。$$

## 参 考 文 献

[1] PPDB: Pesticide Properties DataBase. http://sitem.herts.ac.uk/aeru/ppdb/en/Reports/276.htm [2015-11-22].

[2] TOXNET（Toxicology Data Network）. http://toxnet.nlm.nih.gov/cgi-bin/sis/search2/f?./temp/~ aCIvVt:3[2015-11-22].

[3] U.S. Department of Interior, Fish and Wildlife Service. Handbook of Acute Toxicity of Chemicals to Fish and Aquatic Invertebrates. Resource Publication No.137. Washington DC: U.S. Government Printing Office, 1980.

[4] U.S. Department of the Interior, Fish and Wildlife Service, Bureau of Sports Fisheries and Wildlife. Lethal Dietary Toxicities of Environmental Pollutants to Birds. Special Scientific Report—Wildlife No. 191. Washington DC: U.S. Government Printing Office, 1975.

[5] Tomlin C D S. The Pesticide Manual: A World Compendium. 10th ed. Surrey: The British Crop Protection Council, 1994.

[6] Worthing C R, Walker S B. The Pesticide Manual: A World Compendium. 7th ed. Suffolk: The Lavenham Press Limited, 1983.

[7] Gosselin R E, Smith R P, Hodge H C. Clinical Toxicology of Commercial Products. 5th ed. Baltimore: Williams and Wilkins, 1984.

# 乙酰甲胺磷（acephate）

## 【基本信息】

化学名称：$O,S$-二甲基乙酰基硫代磷酰胺酯

其他名称：杀虫灵乳油

CAS 号：30560-19-1

分子式：$C_4H_{10}NO_3PS$

相对分子质量：183.16

SMILES：O=C(NP(=O)(OC)SC)C

类别：有机磷杀虫剂

结构式：

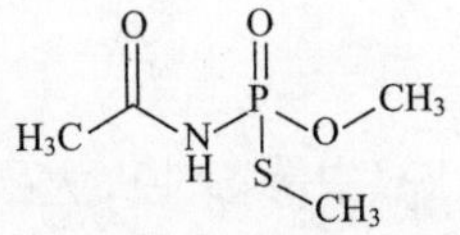

## 【理化性质】

白色晶体，密度 1.35g/mL，熔点 89℃，沸腾前分解，饱和蒸气压 0.226mPa（25℃）。水溶解度为 790000mg/L（20℃）。有机溶剂溶解度（20℃）：丙酮，151000mg/L；乙醇，100000mg/L；乙酸乙酯，35000mg/L；己烷，100mg/L。辛醇/水分配系数 $\lg K_{ow} = -0.85$，亨利常数为 $5.15 \times 10^{-8} Pa \cdot m^3/mol$。

## 【环境行为】

### (1)环境生物降解性

好氧条件下，土壤降解半衰期（$DT_{50}$）小于 3d，腐殖质土中降解半衰期为 6~13d[1]。

### (2)环境非生物降解性

大气中，气态乙酰甲胺磷与光化学产生的羟基自由基反应的速率常数估算值为 $1.1 \times 10^{-11} cm^3/(mol \cdot s)$（25℃），间接光解半衰期约为 34h[2]。20℃，pH 分别为 4.0、8.2 时，水解率分别为 2.4%、22.1%；30℃时，水解率分别为 4.5%、82.2%。

乙酰甲胺磷浓度为 8.94mg/L 的磷酸盐缓冲溶液 (pH=7.0)，在自然光照射下，直接光解半衰期为 35d [1]，水中光解半衰期为 2d (pH=7.0) [3]。

**(3) 环境生物蓄积性**

BCF 估测值为 10，在藻类、蛤蜊、螃蟹、大型溞及鱼类中不具生物富集性[4]。

**(4) 土壤吸附/移动性**

$K_{oc}$=4.7 [1]，提示其在土壤中移动性非常强。

## 【生态毒理学】

鸟类 (山齿鹑) 急性 $LD_{50}$ =350mg/kg，鱼类 (蓝鳃太阳鱼) 96h $LC_{50}$ =110mg/L、21d NOEC= 4.70mg/L，溞类 (大型溞) 48h $EC_{50}$ =67.2mg/L，21d NOEC= 43mg/L，甲壳纲类 96h $EC_{50}$= 7.3mg/L，藻类 (绿藻) 72h $EC_{50}$ =980mg/L，蜜蜂接触 48h $LD_{50}$ = 1.2μg，蚯蚓 14d $LC_{50}$ > 22974mg/kg[3]。

## 【毒理学】

**(1) 一般毒性**

大鼠急性经口 $LD_{50}$=945mg/kg (中等毒性)，大鼠急性经皮 $LD_{50}$> 10000mg/kg，大鼠吸入 $LC_{50}$=15.0mg/L[3]。

**(2) 神经毒性**

在体外对人红细胞膜和大鼠大脑皮层突触体膜乙酰胆碱酯酶活性均有不同程度的抑制作用；对大鼠全血乙酰胆碱酯酶活性有抑制作用[5]。

**(3) 生殖发育毒性**

对雄性小鼠的生殖系统具有毒性作用，可致小鼠精子数量减少和精子运动能力下降[6]。

**(4) 致癌性**

可诱发雌性大鼠出现肝细胞癌和腺癌[7]。

## 【人类健康效应】

对人体可能具有致癌性 (C 类)[7]。

毒性症状包括厌食、腹部绞痛、恶心、呕吐、腹泻、尿失禁、眼睛的变化、虚弱、呼吸困难、支气管痉挛、流泪、唾液分泌和出汗增加、心动过缓、低血压或高血压导致窒息、黄萎病、抽搐、中枢神经系统症状 (包括烦躁、焦虑、头晕、嗜睡、震颤、共济失调、抑郁、混乱和昏迷)。呼吸系统和心血管系统抑制可能发生死亡[4]。

## 【危害分类与管制情况】

| 序号 | 毒性指标 | PPDB 分类 | PAN 分类 |
|------|----------|-----------|----------|
| 1 | 高毒 | 否 | 否 |
| 2 | 致癌性 | 可能 | 可能 |
| 3 | 致突变性 | 否 | — |
| 4 | 内分泌干扰性 | 是 | 疑似 |
| 5 | 生殖发育毒性 | — | 无充分证据 |
| 6 | 胆碱酯酶抑制剂 | 是 | 是 |
| 7 | 神经毒性 | 是 | — |
| 8 | 皮肤刺激性 | 可能 | — |
| 9 | 眼刺激性 | — | — |
| 10 | 污染地下水 | | 可能 |
| 11 | 国际公约与优控名录 | 列入 PAN 名录 | |

注：PPDB 数据库由英国赫特福德郡大学农业与环境研究所开发；PAN 数据库来自北美农药行动网（PANNA）；"—"表示无此项。

## 【限值标准】

ADI = 0.03mg/（kg bw • d）；ARfD = 0.1mg/（kg bw • d）。

## 参 考 文 献

[1] USEPA. Organophosphate Pesticide Tolerance Reassessment and Reregistration. Acephate. Revised Environmental Fate and Effects Assessment. EFED Acephate Environmental Fate RED Chapter. Washington DC: USPEA, 2007.

[2] Meylan W M, Howard P H. Estimating octanol-air partition coefficients with octanol-water partition coefficients and Henry's law constants. Chemosphere, 1993, 26: 2293-2299.

[3] PPDB: Pesticide Properties DataBase. http://sitem.herts.ac.uk/aeru/ppdb/en/Reports/9.htm [2015-11-22].

[4] TOXNET (Toxicology Data Network). http://toxnet.nlm.nih.gov/cgi-bin/sis/search2/f?./temp/~aCIvVt:3[2015-11-22].

[5] 周丽, 张义喜, 石年. 甲胺磷与乙酰甲胺磷对乙酰胆碱酯酶毒效应的比较. 中华劳动卫生职业病杂志, 2002, 20(6): 405-408.

[6] 宁艳花, 刘秀芳, 郭凤英, 等. 乙酰甲胺磷致雄性大鼠生殖毒性作用. 中国公共卫生, 2008, 24(10): 1233-1234.

[7] U.S. Environmental Protection Agency's Integrated Risk Information System (IRIS). Summary on Acephate. 2000.

# 异艾氏剂（isodrin）

## 【基本信息】

化学名称：1,2,3,4,10,10-六氯-1,4,4a,5,8,8a-六氢-1,4,5,8-二亚甲基萘

其他名称：异艾氏剂粉剂

CAS 号：465-73-6

分子式：$C_{12}H_8Cl_6$

相对分子质量：364.91

SMILES：C1([C@@]2([C@@H]3[C@@H]([C@@H]4C=C[C@H]3C4)[C@]1(Cl)C(=C2Cl)Cl)Cl)(Cl)Cl

类别：有机氯杀虫剂

结构式：

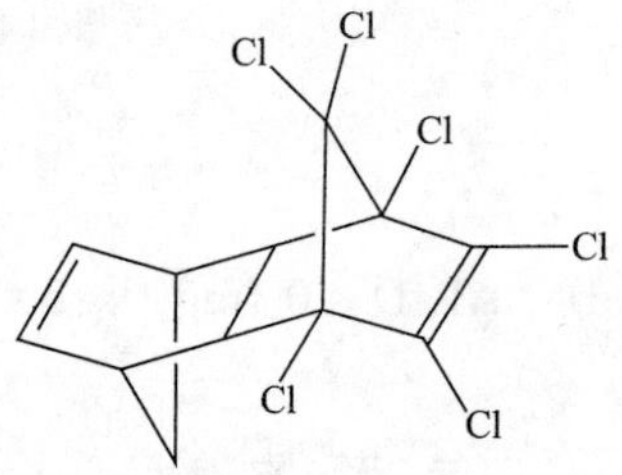

## 【理化性质】

白色晶状固体。熔点 240.6℃，沸腾前分解，饱和蒸气压 5.866mPa（25℃）。水溶解度 0.014mg/L（20℃），溶于有机溶剂。辛醇/水分配系数 $\lg K_{ow} = 6.75$，亨利常数为 39.21Pa·$m^3$/mol。

## 【环境行为】

**(1)环境生物降解性**

土壤中降解缓慢，具有持久性[1]。

**(2)环境非生物降解性**

大气中，气态异艾氏剂与光化学产生的羟基自由基和臭氧自由基反应而发生分解；根据速率常数 $6.7×10^{-11}cm^3$/(mol·s)[2]和 $2×10^{-17}cm^3$/(mol·s)（25℃）[3]，估测

间接光解半衰期分别为 0.2d 和 0.057d。

**（3）环境生物蓄积性**

BCF 估测值为 $2.1 \times 10^4$，软体动物、金圆腹雅罗鱼、绿藻中 BCF 分别为 4571、3890、12260[3]，在水生生物中富集性非常强。

**（4）土壤吸附/移动性**

$K_{oc}=1.1 \times 10^5$，在土壤中不可移动，异构体 $K_{oc}=400 \sim 2.8 \times 10^4$[3]。

## 【生态毒理学】

鱼类（蓝鳃太阳鱼）96h $LC_{50}=0.012$mg/L，溞类（大型溞）48h $EC_{50}=1.0$mg/L[1]。

## 【毒理学】

**（1）一般毒性**

大鼠急性经口 $LD_{50}=7.0$mg/kg（高毒），大鼠经皮 $LD_{50}=23.0$mg/kg bw[1]。

**（2）神经毒性**

无数据。

**（3）生殖发育毒性**

无数据。

**（4）致癌性**

无数据。

## 【人类健康效应】

临床症状包括全身乏力、头痛、恶心、呕吐、头昏眼花、震颤、阵挛、惊厥、呼吸骤停、可能发生昏迷死亡；在急性期，白细胞增多、血压升高、心动过速、心律失常、代谢性酸中毒、发热，可能是由交感神经系统的过度活跃引起的；睡眠紊乱、记忆障碍、脑节律障碍持续数月[3]。

## 【危害分类与管制情况】

| 序号 | 毒性指标 | PPDB 分类 | PAN 分类 |
| --- | --- | --- | --- |
| 1 | 高毒 | 是 | 无充分证据 |
| 2 | 致癌性 | — | 无充分证据 |
| 3 | 致突变性 | — | — |
| 4 | 内分泌干扰性 | 是 | 无充分证据 |

续表

| 序号 | 毒性指标 | PPDB 分类 | PAN 分类 |
|------|----------|-----------|----------|
| 5 | 生殖发育毒性 | 是 | 无充分证据 |
| 6 | 胆碱酯酶抑制剂 | 否 | 否 |
| 7 | 神经毒性 | 是 | — |
| 8 | 呼吸道刺激性 | 是 | — |
| 9 | 皮肤刺激性 | 是 | — |
| 10 | 眼刺激性 | 是 | — |
| 11 | 国际公约与优控名录 | WHO 淘汰品种 | |

注：PPDB 数据库由英国赫特福德郡大学农业与环境研究所开发；PAN 数据库来自北美农药行动网（PANNA）；"—"表示无此项。

## 【限值标准】

暂无数据。

# 参 考 文 献

[1] PPDB: Pesticide Properties DataBase. http://sitem.herts.ac.uk/aeru/ppdb/en/Reports/1535.htm [2015-11-22].

[2] Meylan W M, Howard P H. Estimating octanol-air partition coefficents with octanol-water partition coefficients and Henry's law constants. Chemosphere, 1993, 26: 2293-2299.

[3] TOXNET (Toxicology Data Network). http://toxnet.nlm.nih.gov/cgi-bin/sis/search2/f?./temp/~aCIvVt:3[2015-11-22].

# 异狄氏剂（endrin）

## 【基本信息】

化学名称：1,2,3,4,10,10-六氯-6,7-环氧-1,4,4a,5,6,7,8,8a-八氢-1,4-挂-5,8-挂-二甲撑萘

其他名称：无

**CAS 号**：72-20-8

分子式：$C_{12}H_8Cl_6O$

相对分子质量：380.91

**SMILES**：Cl\C1=C (/Cl) C2 (Cl) C3C4CC (C3C1 (Cl) C2 (Cl) Cl) C5OC45

类别：有机氯农药

结构式：

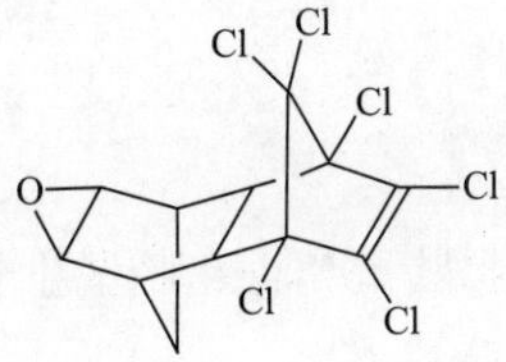

## 【理化性质】

白色晶体，密度 1.84g/mL，熔点 200℃，饱和蒸气压 $2.0×10^{-7}$mPa(25℃)。水溶解度 0.24mg/L(20℃)，溶于有机溶剂。辛醇/水分配系数 $\lg K_{ow}=3.2$，亨利常数为 $1.48×10^{-4}$Pa·$m^3$/mol。

## 【环境行为】

**(1)环境生物降解性**

好氧条件下，土壤降解半衰期($DT_{50}$)为 4~12a[1]。

**(2)环境非生物降解性**

大气中，气态异狄氏剂与光化学产生的羟基自由基反应而发生分解；根据速率常数 $9.2×10^{-12}cm^3$/(mol·s)(25℃)，大气中间接光解半衰期是 2d[2]。pH 为 7.0 条件下，水解半衰期为 12.8a[1]。异狄氏剂可以直接光解，在 10 月和 6 月太阳光

下暴露 12d 分别降解 30%和 65%[1]。

**(3)环境生物蓄积性**

鱼类 BCF 估测值为 1335~10000，在水生生物中富集性强[1]。

**(4)土壤吸附/移动性**

$K_{oc}$=11420 [1]，在土壤中不移动。

## 【生态毒理学】

鸟类(山齿鹑)急性 $LD_{50}$=5.6mg/kg，鱼类(蓝鳃太阳鱼)96h $LC_{50}$=0.00073mg/L，溞类(大型溞)48h $EC_{50}$=0.0042g/L、21d NOEC =43mg/L，蜜蜂接触 48h $LD_{50}$ > 0.46μg ，蚯蚓 14d $LC_{50}$ > 66mg/kg[3]。

## 【毒理学】

**(1)一般毒性**

大鼠急性经口 $LD_{50}$> 7.5mg/kg(中等毒性)，大鼠急性经皮 $LD_{50}$ 为 5.0mg/kg[3]。

**(2)神经毒性**

具有神经毒性[3]。

**(3)生殖发育毒性**

具有生殖发育毒性，可引起胎鼠死亡和胎鼠生长抑制[3]。

**(4)致癌性**

无致癌性[4]。

## 【人类健康效应】

对人体无致癌性(D 类)[4]。

临床症状包括全身乏力、头痛、恶心、呕吐、头昏眼花、震颤、阵挛、惊厥、呼吸骤停、可能发生昏迷死亡；在急性期，白细胞增多、血压升高、心动过速、心律失常、代谢性酸中毒、发热，可能是由交感神经系统的过度活跃引起的；睡眠紊乱、记忆障碍、脑节律障碍持续数月[1]。

## 【危害分类与管制情况】

| 序号 | 毒性指标 | PPDB 分类 | PAN 分类 |
|---|---|---|---|
| 1 | 高毒 | 是 | 是 |
| 2 | 致癌性 | 可能 | 未分类 |
| 3 | 致突变性 | — | — |
| 4 | 内分泌干扰性 | 疑似 | 疑似 |
| 5 | 生殖发育毒性 | 疑似 | 是 |
| 6 | 胆碱酯酶抑制剂 | 否 | 否 |
| 7 | 神经毒性 | 是 | — |
| 8 | 皮肤刺激性 | 否 | — |
| 9 | 眼刺激性 | 否 | — |
| 10 | 污染地下水 | — | 无证据 |
| 11 | PAN 名录 | — | 是 |
| 12 | 国际公约与优控名录 | 列入 PAN 名录、POPs 公约名录，WHO 指定的淘汰品种 | |

注：PPDB 数据库由英国赫特福德郡大学农业与环境研究所开发；PAN 数据库来自北美农药行动网(PANNA)；"—"表示无此项。

## 【限值标准】

每日允许摄入量(ADI) = 0.0002mg/(kg bw · d)。

## 参 考 文 献

[1]　TOXNET(Toxicology Data Network). http://toxnet.nlm.nih.gov/cgi-bin/sis/search2/f?./temp/~aCIvVt:3[2015-12-01].

[2]　Meylan W M, Howard P H. Estimating octanol-air partition coefficients with octanol-water partition coefficients and Henry's law constants. Chemosphere, 1993, 26: 2293-2299.

[3]　PPDB: Pesticide Properties DataBase. http://sitem.herts.ac.uk/aeru/ppdb/en/Reports/266.htm [2015-12-01].

[4]　U.S. Environmental Protection Agency's Integrated Risk Information System (IRIS). Summary on Endrin. 2000.

# 异柳磷(isofenphos)

## 【基本信息】

化学名称：*O*-乙基-*O*-(2-异丙氧基羰基苯基)-*N*-异丙基硫代磷酸酰酯
其他名称：乙基异柳磷
CAS 号：25311-71-1
分子式：$C_{15}H_{24}NO_4PS$
相对分子质量：345.39
SMILES：c1(c(O[P@@](NC(C)C)(OCC)=S)cccc1)C(OC(C)C)=O
类别：有机磷杀虫剂
结构式：

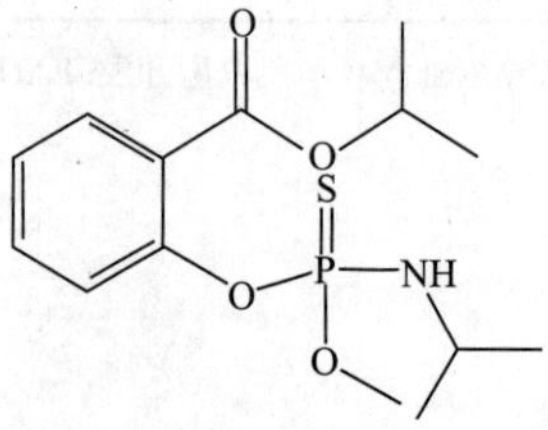

## 【理化性质】

无色油状液体，熔点–12℃，沸点 120℃，饱和蒸气压 0.53mPa(25℃)。水溶解度 24mg/L(20℃)，丙醇、甲苯和二氯甲烷溶解度均为 200000mg/L(20℃)。辛醇/水分配系数 lg$K_{ow}$=4.04，亨利常数为 0.0042Pa·m³/mol(25℃)。

## 【环境行为】

**(1)环境生物降解性**
好氧条件下，生物降解半衰期为 352d[1]。
**(2)环境非生物降解性**
大气中，气态异柳磷与光化学产生的羟基自由基反应发生分解；根据速率常数 $2.75×10^{-10}$cm³/(mol·s)[2]，估测大气中间接光解半衰期为 1.4h。pH 为 5、7 时在水中稳定，pH 为 9 时水解半衰期为 131d[1]。

**(3) 环境生物蓄积性**

鱼组织 BCF 值为 94.5~469[1]，在水生生物体内具有一定生物富集性。

**(4) 土壤吸附/移动性**

$K_{oc}$ 值为 633~1474[1]，提示其在土壤中移动性弱。

## 【生态毒理学】

鸟类(山齿鹑)急性 $LD_{50} > 13mg/kg$，鱼类(蓝鳃太阳鱼)96h $LC_{50} = 1.8mg/L$、21d NOEC $= 0.066mg/L$，溞类(大型溞)48h $EC_{50} = 0.0039mg/L$，藻类(绿藻)72h $EC_{50} = 6.8mg/L$，蜜蜂接触 48h $LD_{50} > 0.61\mu g$，蚯蚓 14d $LC_{50} > 404mg/kg$[3]。

## 【毒理学】

**(1) 一般毒性**

大鼠急性经口 $LD_{50} > 28mg/kg$，兔子急性经皮 $LD_{50} > 162mg/kg$，大鼠急性吸入 $LC_{50} = 0.2mg/L$[3]。

**(2) 神经毒性**

具有迟发性神经毒性[4]。

**(3) 生殖发育毒性**

无数据。

**(4) 致癌性**

致癌性 E 类，无致癌性[5]。

## 【人类健康效应】

引发多发性神经病[6]，与人类髓系白血病相关[7]。

## 【危害分类与管制情况】

| 序号 | 毒性指标 | PPDB 分类 | PAN 分类 |
| --- | --- | --- | --- |
| 1 | 高毒 | 是 | 是 |
| 2 | 致癌性 | 否 | 否 |
| 3 | 致突变性 | 否 | — |
| 4 | 内分泌干扰性 | — | 无充分证据 |
| 5 | 生殖发育毒性 | 疑似 | 无充分证据 |

续表

| 序号 | 毒性指标 | PPDB 分类 | PAN 分类 |
|---|---|---|---|
| 6 | 胆碱酯酶抑制剂 | 是 | 是 |
| 7 | 神经毒性 | 是 | — |
| 8 | 呼吸道刺激性 | 否 | — |
| 9 | 皮肤刺激性 | 是 | — |
| 10 | 眼刺激性 | 是 | — |
| 11 | 污染地下水 | — | 无充分证据 |
| 12 | 国际公约与优控名录 | 列入 PAN 名录，WHO 指定的淘汰农药品种 | |

注：PPDB 数据库由英国赫特福德郡大学农业与环境研究所开发；PAN 数据库来自北美农药行动网（PANNA）；"—"表示无此项。

## 【限值标准】

每日允许摄入量ADI）= 0.001mg/（kg bw · d）。

## 参 考 文 献

[1] USEPA. Environmental Fate and Preliminary Effects Document for Isofenphos. http://www. epa.gov/pesticides/op/isofen phos/isoefed.pdf. [2015-12-11].

[2] Meylan W M, Howard P H. Estimating octanol-air partition coefficients with octanol-water partition coefficients and Henry's law constants. Chemosphere, 1993, 26: 2293-2299.

[3] PPDB: Pesticide Properties DataBase. http://sitem.herts.ac.uk/aeru/ppdb/en/Reports/406.htm [2015-12-11].

[4] TOXNET（Toxicology Data Network）. http://toxnet.nlm.nih.gov/cgi-bin/sis/search2/f?./temp/~ aCIvVt:3[2015-12-11].

[5] USEPA, Office of Pesticide Programs, Health Effects Division, et al. Chemicals Evaluated for Carcinogenic Potential. 2006.

[6] Zoppellari R, Borron S W, Chieregato A, et al. Isofenphos poisoning: prolonged intoxication after intramuscular injection. J Toxicol Clin Toxicol, 1997, 35 (4): 401-404.

[7] Boros L G, Williams R D. Isofenphos induced metabolic changes in K562 myeloid blast cells. Leuk Res, 2001, 25 (10): 883-890.

# 益棉磷(azinphos-ethyl)

## 【基本信息】

化学名称：*O,O*-二乙基-*S*-[(4-氧代-1,2,3-苯并三氮杂苯-3(4*H*)-基)甲基]二硫代磷酸酯

其他名称：乙基保棉磷

CAS 号：2642-71-9

分子式：$C_{12}H_{16}N_3O_3PS_2$

相对分子质量：345.38

SMILES：S=P(OCC)(OCC)SCN1\N=N/c2ccccc2C1=O

类别：有机磷杀虫剂

结构式：

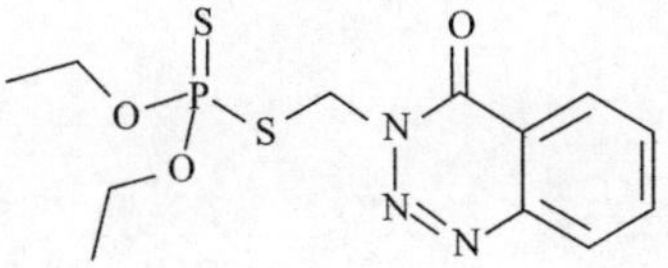

## 【理化性质】

无色针状结晶，熔点 50℃，沸点 111℃，饱和蒸气压 0.32mPa(25℃)。水溶解度为 4.5mg/L(20℃)。有机溶剂溶解度(20℃)：正己烷，3500mg/L；异丙醇，35000mg/L；二氯甲烷，1000000mg/L；甲苯，1000000mg/L。辛醇/水分配系数 $\lg K_{ow}=$ 1.28，亨利常数为 $3.05 \times 10^{-6} Pa \cdot m^3/mol(25℃)$。

## 【环境行为】

**(1)环境生物降解性**

土壤需氧降解半衰期为 50d[1]。好氧条件下，海水(pH=8.1)、河水(pH=7.3)和过滤河水(pH=7.3)中的生物降解半衰期分别是 58d、65d 和 36d[2]。

**(2)环境非生物降解性**

大气中，气态益棉磷与光化学产生的羟基自由基反应而发生分解；根据速率

常数 $1.9 \times 10^{-10} cm^3/(mol \cdot s)$[3]，估测大气中间接光解半衰期为 2h。pH 为 6.1、7 时在水中稳定，pH 为 9 时水解半衰期为 173d[2]。

**(3) 环境生物蓄积性**

BCF=80[2]，在水生生物中具有弱生物富集性。

**(4) 土壤吸附/移动性**

$K_{oc}$=170[4]，提示其在土壤中移动性中等。

## 【生态毒理学】

鸟类(山齿鹑)急性 $LD_{50}$ >12.5mg/kg，鱼类(蓝鳃太阳鱼)96h $LC_{50}$ =0.08mg/L，溞类(大型溞)48h $EC_{50}$ =0.0002mg/L，藻类(绿藻)72h $EC_{50}$ =6.8mg/L，蜜蜂接触 48h $LD_{50}$ >1.39μg[1]。

## 【毒理学】

**(1) 一般毒性**

大鼠急性经口 $LD_{50}$=12mg/kg，大鼠急性经皮 $LD_{50}$=500mg/kg，大鼠急性吸入 $LC_{50}$= 0.15mg/L[1]。

**(2) 神经毒性**

具有神经毒性[1]。

**(3) 生殖发育毒性**

无数据。

**(4) 致癌性**

无致癌性[5]。

## 【人类健康效应】

中毒症状包括：头痛、乏力、记忆减退、疲劳、睡眠不安、食欲缺乏、失去方向、心理障碍、眼球震颤、手颤抖、其他神经系统疾病(有神经炎、麻痹和瘫痪的可能)。

## 【危害分类与管制情况】

| 序号 | 毒性指标 | PPDB 分类 | PAN 分类 |
|---|---|---|---|
| 1 | 高毒 | 是 | 是 |
| 2 | 致癌性 | 否 | 无充分证据 |
| 3 | 致突变性 | — | — |
| 4 | 内分泌干扰性 | — | 无充分证据 |
| 5 | 生殖发育毒性 | 否 | 无充分证据 |
| 6 | 胆碱酯酶抑制剂 | 是 | 是 |
| 7 | 神经毒性 | 是 | — |
| 8 | 呼吸道刺激性 | 否 | — |
| 9 | 皮肤刺激性 | 否 | — |
| 10 | 眼刺激性 | 否 | — |
| 11 | 污染地下水 | — | 无充分证据 |
| 12 | 国际公约与优控名录 | 列入 PAN 名录 | |

注：PPDB 数据库由英国赫特福德郡大学农业与环境研究所开发；PAN 数据库来自北美农药行动网（PANNA）；"—"表示无此项。

## 【限值标准】

每日允许摄入量（ADI）= 0.03mg/（kg bw · d）[1]。

# 参 考 文 献

[1] PPDB: Pesticide Properties DataBase. http://sitem.herts.ac.uk/aeru/ppdb/en/Reports/50.htm [2015-12-11].

[2] TOXNET (Toxicology Data Network). http://toxnet.nlm.nih.gov/cgi-bin/sis/search2/f?./temp/~aCIvVt:3[2015-12-11].

[3] Meylan W M, Howard P H. Estimating octanol-air partition coefficients with octanol-water partition coefficients and Henry's law constants. Chemosphere, 1993, 26: 2293-2299.

[4] USEPA. Estimation Program Interface (EPI) Suite. Ver. 4.1. http://www.epa.gov/oppt/exposure/pubs/episuitedl.htm[2015-12-11].

[5] Hayes W J, Laws E R. Handbook of Pesticide Toxicology. New York: Academic Press, 1991.

# 印楝素（azadirachtin）

## 【基本信息】

化学名称：—

其他名称：—

**CAS 号**：11141-17-6

分子式：$C_{35}H_{44}O_{16}$

相对分子质量：720.72

**SMILES**: O=C(OC)[C@@]1(O)OC[C@]82[C@@H](OC(=O)/C(=C/C)C)C[C@@H](OC(=O)C)[C@@]7(C(=O)OC)CO[C@@H]([C@@H](O)[C@](C)([C@H]12)[C@]64O[C@]6([C@@H]3[C@@]5(O)/C=C\O[C@H]5O[C@H]4C3)C)[C@@H]78

类别：植物源杀虫剂

结构式：

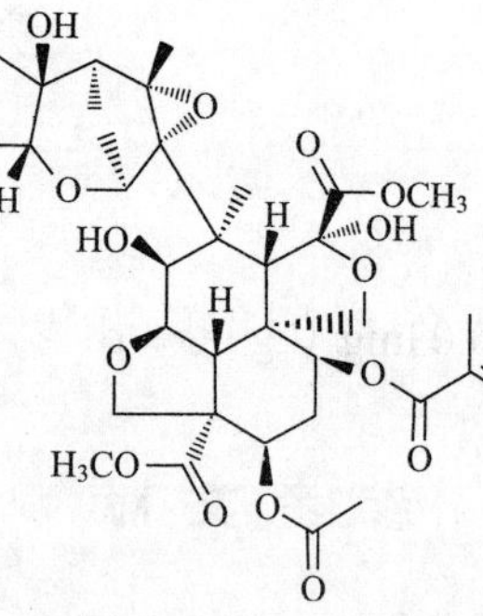

## 【理化性质】

白色非结晶物质，沸点 792℃，水溶解度 260mg/L，亨利常数 $3.05×10^{-6}$ Pa·$m^3$/mol（25℃）。

## 【环境行为】

### (1)环境生物降解性

好氧条件下，加热加压处理后的土壤（15℃）和未处理土壤（25℃）中的生物降解半衰期分别是43.9d和19.8d[1]；去除微生物后生物降解半衰期分别是91.2d（15℃）

和 31.5d(25℃)[2]。PAN 数据库提供的好氧降解半衰期为 13d[3]。

**（2）环境非生物降解性**

大气中，气态印楝素与光化学产生的羟基自由基反应而发生分解；根据速率常数 $8.3×10^{-17}cm^3/(mol·s)$[4]，估测大气中间接光解半衰期为 0.14d。pH 为 4~6 的溶液中比较稳定，而在强酸、碱、水溶液以及热甲醇溶液中分解较快[5]。

**（3）环境生物蓄积性**

BCF 值为 1.3[6]，在水生生物中富集性弱。

**（4）土壤吸附/移动性**

$K_{oc}=93$[6]、7.00[3]，提示其在土壤中移动性强。

## 【生态毒理学】

溞类（大型溞）48h $EC_{50}$ =17μg/L、21d NOEC =0.432μg/L[7]，无脊椎动物（蜉蝣）1h $LC_{50}$ =1.12mg/L[1]。

## 【毒理学】

**（1）一般毒性**

大鼠急性经口 $LD_{50}$ >5000mg/kg，兔子急性经皮 $LD_{50}$ >2000mg/kg[2]。

**（2）神经毒性**

具有神经毒性[8]。

**（3）生殖发育毒性**

印楝素能降低昆虫的血细胞数量、血淋巴蛋白质含量、血淋巴海藻糖和金属阳离子浓度、脂肪体中 DNA 和 RNA 含量，抑制昆虫中肠酯酶和脂肪体中蛋白酶、淀粉酶、脂肪酶、磷酸酶和葡萄糖酶的活性，降低昆虫的取食率和对食物的转化利用率，影响昆虫的正常呼吸节律；降低昆虫雌虫卵巢、输卵管、受精囊中蛋白质、糖原和脂类的含量及一些酶的活性，对雄虫生殖系统有影响，使昆虫的脑、咽侧体、心侧体、前胸腺、脂肪体等发生病变；影响昆虫体内激素平衡，从而干扰昆虫生长发育[9]。

**（4）致癌性**

无数据。

## 【人类健康效应】

中毒症状包括：腹泻、恶心、全身不舒服、呕吐、嗜睡、呼吸急促、中性粒细胞增多、癫痫、昏迷，引起肝脏脂肪酸渗透、近端肾小管和线粒体损伤，还会引起脑水肿[10]。

## 【危害分类与管制情况】

| 序号 | 毒性指标 | PPDB 分类 | PAN 分类 |
|---|---|---|---|
| 1 | 高毒 | 无数据 | 否 |
| 2 | 致癌性 | 无数据 | 无充分证据 |
| 3 | 致突变性 | 无数据 | — |
| 4 | 内分泌干扰性 | 无数据 | 疑似 |
| 5 | 生殖发育毒性 | 无数据 | 无充分证据 |
| 6 | 胆碱酯酶抑制剂 | 无数据 | 否 |
| 7 | 神经毒性 | 无数据 | — |
| 8 | 皮肤刺激性 | 无数据 | — |
| 9 | 眼刺激性 | 无数据 | — |
| 10 | 国际公约与优控名录 | — | |

注：PPDB 数据库由英国赫特福德郡大学农业与环境研究所开发；PAN 数据库来自北美农药行动网（PANNA）；
"—"表示无此项。

## 【限值标准】

暂无数据。

## 参 考 文 献

[1] PPDB: Pesticide Properties DataBase. http://sitem.herts.ac.uk/aeru/ppdb/en/Reports/249.htm [2015-12-11].

[2] TOXNET(Toxicology Data Network). http://toxnet.nlm.nih.gov/cgi-bin/sis/search2/f?./temp/~aCIvVt:3[2015-12-11].

[3] PAN Pesticides Database—Chemicals. http://www.pesticideinfo.org/Detail_Chemical.jsp? Rec_Id=PC35467[2015-12-11].

[4] Meylan W M, Howard P H. Estimating octanol-air partition coefficients with octanol-water partition coefficients and Henry's law constants. Chemosphere, 1993, 26: 2293-2299.

[5] 赵淑英,谭卫红,宋湛谦.印楝素的稳定性研究. 福建林学院学报, 2005, 25(3): 247-250.

[6] Tomlin C D S. The Pesticide Manual: A World Compendium. 11th ed., Surrey: British Crop Protection Council, 1997.

[7] 刘青, 李扬, 何芳, 等. 印楝素对大型溞生存、生长和繁殖的毒性效应. 大连海洋大学学报, 2013, 28(2): 121-126.

[8]　Chandra P, Khuda-Bukhsh A R. Genotoxic effects of cadmium chloride and azadirachtin treated singly and in combination in fish. Ecotoxicol Environ Saf, 2004, 58 (2): 194-201.

[9]　程东美, 张志祥, 田永清,等. 印棟杀虫作用机理. 植物保护, 2007, 33(4): 11-15.

[10] Krieger R. Handbook of Pesticide Toxicology. San Diego: Academic Press, 2001.

# 茚虫威(indoxacarb)

## 【基本信息】

化学名称：7-氯-2,3,4a,5-四氢-2-[甲氧基羰基(4-三氟甲氧基苯基)氨基甲酰基]茚并[1,2-e][1,3,4]恶二嗪-4a-羧酸甲脂

其他名称：安打，安美

CAS 号：173584-44-6

分子式：$C_{22}H_{17}ClF_3N_3O_7$

相对分子质量：527.83

SMILES：FC(F)(F)Oc1ccc(cc1)N(C(=O)OC)C(=O)N3/N=C4/c2c(cc(Cl)cc2)C[C@@]4(OC3)C(=O)OC

类别：恶二嗪类杀虫剂

结构式：

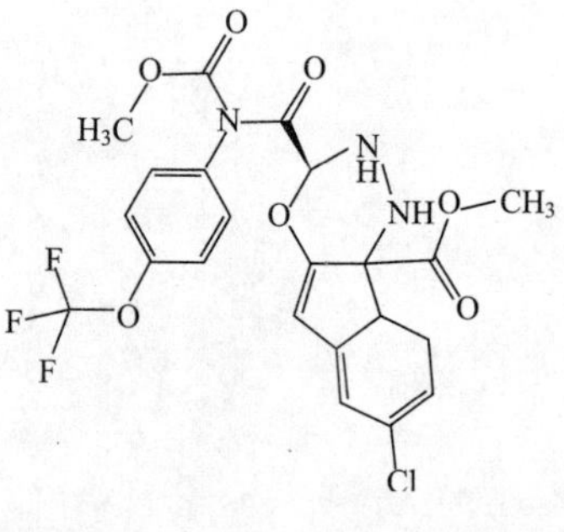

## 【理化性质】

固体，密度 1.44g/mL，熔点 88.1℃，饱和蒸气压 0.006mPa(25℃)。水溶解度为 0.2mg/L(20℃)。有机溶剂溶解度(20℃)：乙酸乙酯，160000mg/L；丙酮，250000mg/L；庚烷，1720mg/L；二甲苯，117000mg/L。辛醇/水分配系数 $\lg K_{ow} = 4.65$(pH=7, 20℃)，亨利常数为 $6.6 \times 10^{-10}$Pa·$m^3$/mol(估测值)。

## 【环境行为】

### (1)环境生物降解性

实验室条件下，土壤降解半衰期为 2~11d；田间条件下，土壤降解半衰期为

$10\sim27d$[1]。

**(2)环境非生物降解性**

在 pH 分别为 5、7 和 9 的条件下，水解半衰期为$>30d$、$38d$ 和 $1d$[2]。

**(3)环境生物蓄积性**

BCF 估测值为 2000[2]，表明其在水生生物体内的潜在蓄积性强。

**(4)土壤吸附/移动性**

吸附系数 $K_{oc}$ 估算值为 8100[2]，表明其在土壤中移动性弱。

**(5)大气中迁移性**

亨利常数为 $6.6\times10^{-10}Pa \cdot m^3/mol$[2]，不会从土壤或水体表面挥发。

## 【生态毒理学】

鸟类(山齿鹑)急性 $LD_{50}=98mg/kg$，鱼类(虹鳟鱼)96h $LC_{50}=0.65mg/L$、$NOEC=0.15mg/L$，溞类(大型溞)48h $EC_{50}=0.6mg/L$、$NOEC=0.042mg/L$，蜜蜂接触 48h $LD_{50}=0.094\mu g$、经口 48h $LD_{50}=0.26\mu g$，蚯蚓 14d $LC_{50}>625mg/kg$[1]。

## 【毒理学】

**(1)一般毒性**

大鼠急性经口 $LD_{50}=268mg/kg$，大鼠急性经皮 $LD_{50}>5000mg/kg$，大鼠急性吸入 $LC_{50}>5.5mg/L$(中等毒性)[1]。

将 96 只 SD 大鼠随机分为对照组和低、中、高剂量组(雌性和雄性染毒剂量分别为 0.92mg/kg、3.68mg/kg、14.7mg/kg 和 1.04mg/kg、4.18mg/kg、16.7mg/kg)，连续经口灌胃染毒90d。与对照组比较，高剂量组大鼠红细胞计数、红细胞比容、血红蛋白含量均降低；雌鼠丙氨酸氨基转移酶活性增高；大部分雄鼠尿胆原呈阳性。高剂量组及雄性中剂量组大鼠肝、脾脏器系数增高。高剂量组大鼠脾脏明显肿大，质地较硬，颜色较深。高剂量组大鼠和中剂量 2 只雌鼠脾脏红髓髓窦高度扩张并充满大量红细胞，髓质内含铁血黄素沉积明显。提示脾脏可能是茚虫威毒作用的主要靶器官[3]。

**(2)神经毒性**

雌性和雄性大鼠分别给予 0mg/kg、10mg/kg、25mg/kg、50mg/kg、100mg/kg 和 0mg/kg、10mg/kg、50mg/kg、100mg/kg、200mg/kg 的茚虫威暴露。100mg/kg 组雌鼠出现共济失调、乏力和震颤的症状,200mg/kg 组雄鼠、50mg/kg 和 100mg/kg 组雌鼠体重下降。200mg/kg 高剂量组出现死亡，死亡原因为中枢神经系统紊乱(临床症状为步态异常、头部倾斜)[4]。

## (3) 发育与生殖毒性

对大鼠进行试验，发现在 100ppm 时，雌鼠的繁殖力和生育指数轻微下降。对雌鼠按 0mg/kg、10mg/kg、100mg/kg、500mg/kg、1000mg/kg 进行给药，雌鼠的体重和进食量都显著降低，500mg/kg 和 1000mg/kg 剂量组，胎儿体重显著降低[4]。

## (4) 致突变性

对仓鼠卵巢细胞致突变试验结果发现，3.1μg/mL、6.3μg/mL、12.5μg/mL、25μg/mL、100μg/mL 和 250μg/mL 剂量组(培养 5h)均没有发现突变现象[4]，表明茚虫威无致突变作用。

## 【人类健康效应】

致癌性：对人类不造成致癌性(D 类)[5]。

职业暴露途径为生产和使用过程中吸入和皮肤接触，普通人群可能通过吸入周围空气、食物和饮用水的摄入以及皮肤接触到含有茚虫威的产品[6]。

## 【危害分类与管制情况】

| 序号 | 毒性指标 | PPDB 分类 | PAN 分类 |
|---|---|---|---|
| 1 | 高毒 | 否 | 否 |
| 2 | 致癌性 | 否 | 否 |
| 3 | 致突变性 | 无数据 | — |
| 4 | 内分泌干扰性 | 疑似 | 无充分证据 |
| 5 | 生殖发育毒性 | 疑似 | 无充分证据 |
| 6 | 胆碱酯酶抑制剂 | 否 | 否 |
| 7 | 神经毒性 | 是 | — |
| 8 | 呼吸道刺激性 | 否 | — |
| 9 | 皮肤刺激性 | 是 | — |
| 10 | 眼刺激性 | 是 | — |
| 11 | 国际公约或优控名录 | — | |

注：PPDB 数据库由英国赫特福德郡大学农业与环境研究所开发；PAN 数据库来自北美农药行动网(PANNA)；"—"表示无此项。

## 【限值标准】

每日允许摄入量(ADI)为 0.006mg/(kg bw · d)，急性参考剂量(ARfD)为

0.125mg/（kg bw·d），操作者允许接触水平（AOEL）为 0.004mg/（kg bw·d）。

# 参 考 文 献

[1] PPDB: Pesticide Properties DataBase. http://sitem.herts.ac.uk/aeru/ppdb/en/Reports/399.htm [2015-12-11].

[2] Tomlin C D S. The Pesticide Manual: A World Compendium. 13th ed. Surrey: British Crop Protection Council, 2003.

[3] 陈坚峰, 张丽娜, 胡楚源, 等. 茚虫威对大鼠的亚慢性毒性. 中国工业医学杂志, 2014, 1: 44-45.

[4] California Environmental Protection Agency, Department of Pesticide Regulation. Toxicology Data Review Summaries. http://www.cdpr.ca.gov/docs/toxsums/toxsumlist.htm [2015-12-11].

[5] USEPA Office of Pesticide Programs, Health Effects Division, Science Information Management Branch. Chemicals Evaluated for Carcinogenic Potential. 2006.

[6] USEPA Office of Prevention, Pesticides, and Toxic Substances. Pesticide Fact Sheet: Indoxacarb. http://www.epa.gov/opprd001/factsheets/indoxacarb.pdf [2004-09-22].

# 蝇毒磷(coumaphos)

## 【基本信息】

化学名称：$O,O$-二乙基-$O$-(3-氯-4-甲基香豆素-7-基)硫逐磷酸酯

其他名称：蝇毒硫磷，asuntol, baymix, muscatox, perizin, resitox, coral

CAS 号：56-72-4

分子式：$C_{14}H_{16}ClO_5PS$

相对分子质量：362.77

SMILES：S=P(OCC)(OCC)Oc2ccc\1c(OC(=O)C(/Cl)=C/1C)c2

类别：有机磷类杀虫剂

结构式：

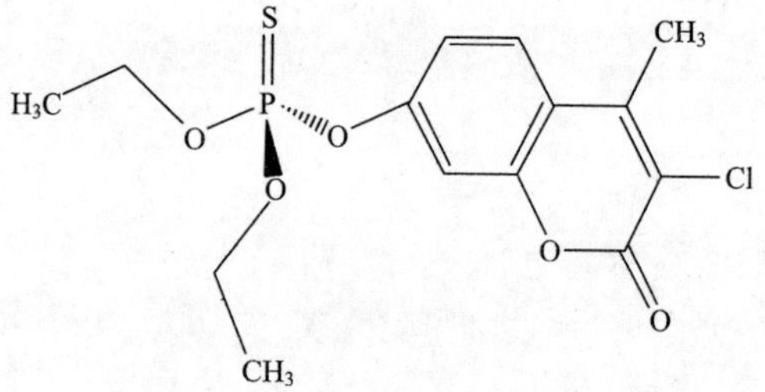

## 【理化性质】

无色晶体，密度 1.474g/mL，熔点 95℃，饱和蒸气压 0.013mPa(20℃)，水溶解度 1.5mg/L(20℃)，微溶于有机溶剂。

## 【环境行为】

(1)环境生物降解性

好氧条件下，在砂壤土中的生物降解缓慢，半衰期约为 300d，在粉质壤土中的降解半衰期约为 200d，主要降解产物为 3-氯-4-甲基-7-羟基香豆素[1]。

(2)环境非生物降解性

大气中，与光化学反应产生的羟基自由基反应的速率常数为 $1.0×10^{-10}cm^3/(mol \cdot s)$

（25℃），间接光解半衰期约为 3.4h；与臭氧反应的速率常数为 $1.9×10^{-17}cm^3/(mol·s)$（25℃），间接光解半衰期约为 14h [2]。在土壤表面的光解半衰期为 23.8d [3]。

**（3）生物蓄积性**

BCF=110（高体雅罗鱼）[1]、540（蓝鳃太阳鱼）[1]、470（藻类）[1]，在水生生物体内具有较高的生物富集性。

**（4）土壤吸附/移动性**

4 种土壤中的 $K_{oc}$ 值为 5778 ~ 21120 [3]，在土壤中移动性弱。

## 【生态毒理学】

鱼类 96h $LC_{50}$=340μg/L（蓝鳃鱼），96h $LC_{50}$=840μg/L（水渠鲶鱼），鸟类急性 $LD_{50}$=4.3mg/kg（北美鹑），急性 $LD_{50}$=29.8mg/kg（绿头鸭）。

## 【毒理学】

**（1）一般毒性**

大鼠急性经口 $LD_{50}$=13mg/kg，大鼠经皮 $LD_{50}$= 860mg/kg，小鼠急性经口 $LD_{50}$= 28mg/kg。

**（2）神经毒性**

按每只 50 ~ 500mg/kg 或每天 100mg/kg 的剂量对母鸡投药，母鸡出现体重减少、共济失调，严重的出现瘫痪和死亡[1]。

**（3）生殖毒性**

母牛在孕期不同阶段给予蝇毒磷暴露，胚胎死亡率未增加，未出现致畸现象[1]。

**（4）致癌性**

蝇毒磷对 F344 大鼠和 B6C3F1 小鼠无致癌作用[4]。

## 【人类健康效应】

急性中毒多在 12h 内发病，口服即刻发病。轻度：头痛、恶心、呕吐、多汗、无力、胸闷、视力模糊、胃口不佳等，全血胆碱酯酶活性一般降低至正常值的 50%~70%。中度：除上述症状外，还出现轻度呼吸困难、肌肉震颤、瞳孔缩小、精神恍惚、步态不稳、大汗、流涎、腹疼、腹泻。重者还会出现昏迷、抽搐、呼吸困难、口吐白沫、大小便失禁、惊厥、呼吸麻痹。

## 【危害分类与管制情况】

| 序号 | 毒性指标 | PPDB 分类 | PAN 分类 |
|---|---|---|---|
| 1 | 高毒 | — | 是 |
| 2 | 致癌性 | — | 否 |
| 3 | 内分泌干扰性 | — | 无充分证据 |
| 4 | 生殖发育毒性 | — | 无充分证据 |
| 5 | 胆碱酯酶抑制 | — | 是 |
| 6 | 国际公约或优控名录 | 列入 PAN 名录 | |

注：PPDB 数据库由英国赫特福德郡大学农业与环境研究所开发；PAN 数据库来自北美农药行动网（PANNA）；"—"表示无此项。

## 【限值标准】

暂无数据。

# 参 考 文 献

[1] TOXNET(Toxicology Data Network). http://toxnet.nlm.nih.gov/cgi-bin/sis/search2/f?./temp/~aCIvVt:3[2015-12-12].

[2] USEPA, Estimation Program Interface (EPI) Suite. Ver.4.1.http://www.epa.gov/oppt/exposure/pubs/episuitedl.htm[2015-12-12].

[3] MacBean C. e-Pesticide Manual. 15th ed. Ver. 5.1. Alton: British Crop Protection Council, 2008—2010.

[4] NCI. Toxicology and Carcinogenesis Studies of Coumaphos P.Ⅶ Report No. 96. 1979.

# 右旋苯醚氰菊酯（*d*-cyphenothrin）

## 【基本信息】

化学名称：右旋反式-2,2-二甲基-3-(2-甲基-1-丙烯基)环丙烷羧酸-(+)α-氰基-3-苯氧基苄基酯

其他名称：速灭灵，*d*-phenothrin

CAS 号：39515-40-7

分子式：C$_{24}$H$_{25}$NO$_3$

相对分子质量：375.47

SMILES：N#CC(OC(=O)C1C(/C=C(/C)C)C1(C)C)c3cccc(Oc2ccccc2)c3

类别：菊酯类杀虫剂

结构式：

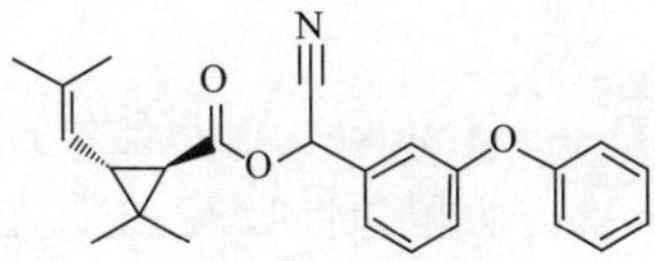

## 【理化性质】

黄色黏稠液体，密度 1.08g/mL，沸点 154℃，饱和蒸气压 0.12mPa(25℃)。水溶解度为 0.01mg/L(20℃)。有机溶剂溶解度(20℃)：正己烷，48400mg/L；甲醇，92700mg/L；二甲苯，500000mg/L。辛醇/水分配系数 lg$K_{ow}$ = 6.62。

## 【环境行为】

**(1)环境生物降解性**

好氧条件下，土壤降解半衰期为 12d，其代谢过程包括水解和氧化。

**(2)环境非生物降解性**

25℃，pH 为 5、7、9 条件下，(环丙基-1-$^{14}$C)-反式苯醚氰菊酯的水解半衰期分别为 301d、495d 和 120d，(苄基-1-$^{14}$C)-反式苯醚氰菊酯的水解半衰期分别为 301d、578d 和 91d。大气中与羟基自由基反应的速率常数为 $1.6×10^{-6}$cm$^3$/(mol·s)，

间接光解半衰期约为 4h；与臭氧反应的速率常数为 $4.3 \times 10^{-16} cm^3/(mol \cdot s)$，间接光解半衰期约 38min(25℃)，主要光解产物为环丙烷羧酸。

**(3)环境生物蓄积性**

基于 $lgK_{ow}$ 的 BCF 预测值为 230，在水生生物体内具有一定的生物蓄积可能性。

**(4)土壤吸附/移动性**

吸附系数 $K_{oc}$=9224，在土壤中移动性较弱。

**(5)大气中迁移性**

大气中间接光解半衰期约 38min(25℃)，不具有远距离迁移性。

## 【生态毒理学】

鸟类(山齿鹑)急性 $LD_{50}$>5620mg/kg，鱼类(虹鳟鱼)96h $LC_{50}$ 为 0.00034mg/L、21d NOEC 为 0.000056mg/L，溞类(大型溞)48h $EC_{50}$ 为 0.00043mg/L、21d NOEC 为 0.00009mg/L，蜜蜂接触 48h $LD_{50}$ 为 2.0μg [1]。

## 【毒理学】

大鼠(雄性)急性经口 $LD_{50}$=318mg/kg，大鼠(雌性)急性经口 $LD_{50}$=419mg/kg，大鼠急性经皮 $LD_{50}$=5000mg/kg，大鼠急性吸入 $LC_{50}$>1850mg/L[1]。

Wistar 大鼠经皮暴露右旋苯醚氰菊酯，高剂量组涂药剂量为 7500mg/kg，涂药期间出现轻度呼吸加快、反应迟钝，冲洗后症状减轻，24h 完全恢复，局剖无刺激反应，2 周内无死亡。5000mg/kg 剂量组未出现局部或全身反应。实验结果表明右旋苯醚氰菊酯最小致死剂量大于 7500mg/kg，最大无作用剂量为 5000mg/kg [2]。

Wistar 大鼠吸入暴露 $0mg/m^3$、$1000mg/m^3$、$5000mg/m^3$、$10000mg/m^3$ 右旋苯醚氰菊酯，急性实验中毒时间为 4h，亚急性实验每日中毒 2h，连续中毒 6 周，各剂量组动物染毒 4h 无任何中毒反应，中毒后 2 周无死亡。本品对大鼠 $LC_{50}$ 大于 $10000mg/m^3$。呼吸道亚急性毒性：染毒各剂量组未见到大白鼠呼吸困难、反应迟钝、眼结膜炎症及口、鼻分泌物等异常表现。各剂量染毒组大白鼠均有相近程度的体重增长，与对照组相比无显著性差异，对大鼠生长无影响。大鼠血清谷丙转氨酶与尿素氮含量虽有波动，但不呈递增或递减趋势，也无剂量-反应关系。染毒组与对照组无显著性差异。白细胞计数与血红蛋白含量相差很小，均在正常范围之内。对照组与各剂量染毒组间脏器系数无显著性差异。解剖后未见肝、肺、脑有实质病灶[2]。

## 【人类健康效应】

中毒症状：人接触部位皮肤感到刺痛，但无红斑，尤其在口、鼻周围。很少引起全身性中毒。接触量大时也会引起头痛、头昏、恶心、呕吐、双手颤抖，重者出现抽搐或惊厥、昏迷、休克。

右旋苯醚氰菊酯粉剂用于 8 位男志愿者的头发，以 32mg/人〔相当于 0.44~0.67mg/(kg・d)〕的剂量，每 3d 用 3 次，使用 1h 后冲洗干净。人体并无显著的皮肤刺激、临床症状及血液参数的变化。血液中右旋苯醚氰菊酯未检出[2]。

## 【危害分类与管制情况】

| 序号 | 毒性指标 | PPDB 分类 | PAN 分类 |
|------|----------|-----------|----------|
| 1 | 高毒 | 否 | 否 |
| 2 | 致癌性 | 否 | 不可能 |
| 3 | 内分泌干扰性 | 疑似 | 无充分证据 |
| 4 | 生殖发育毒性 | 无数据 | 无充分证据 |
| 5 | 胆碱酯酶抑制剂 | 否 | 否 |
| 6 | 神经毒性 | 否 | — |
| 7 | 呼吸道刺激性 | 疑似 | — |
| 8 | 皮肤刺激性 | 否 | — |
| 9 | 眼刺激性 | 疑似 | — |
| 10 | 国际公约或优控名录 | 无 | |

注：PPDB 数据库由英国赫特福德郡大学农业与环境研究所开发；PAN 数据库来自北美农药行动网（PANNA）；"—"表示无此项。

## 【限值标准】

暂无数据。

## 参 考 文 献

[1] PPDB: Pesticide Properties DataBase. http://sitem.herts.ac.uk/aeru/ppdb/en/Reports/1181.htm [2015-12-12].
[2] 姜文玲, 张静. 卫生用药——速灭灵的安全性评价. 职业与健康, 1995, 5(61): 51-52.

# 右旋反式烯丙菊酯(*d-trans*-allethrin)

## 【基本信息】

化学名称：（*RS*)-3-烯丙基-2-甲基-4-氧代环戊-2-烯基（1*R*,3*R*)-2,2-二甲基-3-(2-甲基-1-丙烯基)环丙烷羧酸酯

其他名称：无

**CAS** 号：584-79-2

分子式：$C_{19}H_{26}O_3$

相对分子质量：302.41

**SMILES**：O=C2\C(=C(\C)C(OC(=O)C1C(/C=C(/C)C)C1(C)C)C2)C\C=C

类别：拟除虫菊酯类杀虫剂

结构式：

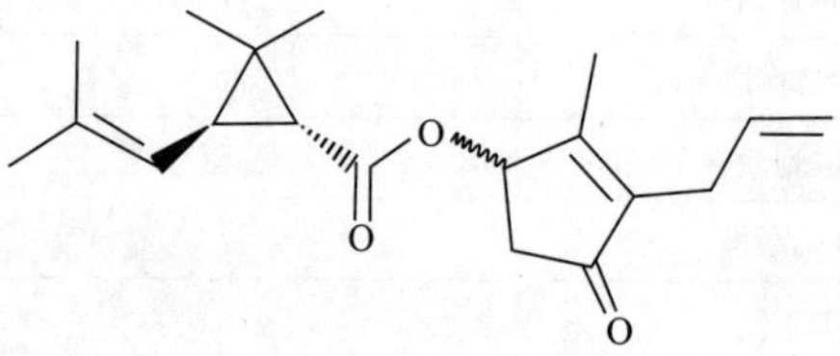

## 【理化性质】

浅棕色液体，密度 1.01g/mL，沸点 281.5℃，饱和蒸气压 0.78mPa(25℃)。水溶解度为 0.0001mg/L(20℃)。有机溶剂溶解度(20℃)：正己烷，655000mg/L；可与丙酮和乙醇互溶。辛醇/水分配系数 lg$K_{ow}$ = 4.96(pH=7, 20℃)。

## 【环境行为】

**(1)环境生物降解性**

土壤生物降解半衰期为 32d，具有中等持久性[1]。

**(2)环境非生物降解性**

紫外光下降解。20℃，pH 为 5~7 的条件下稳定，pH 为 9 的条件下水解半衰期为 4.3d[1]。

**(3)环境生物蓄积性**

BCF 估计值为 1897，有潜在的生物蓄积性[1]。

**(4)土壤吸附/移动性**

$K_{oc}$ 估测值为 9500[1]，测定值为 1410[2]，在土壤中移动性弱。

## 【生态毒理学】

鱼类(虹鳟鱼)96h $LC_{50}$>19mg/L，溞类(大型溞)48h $EC_{50}$>0.021mg/L，蜜蜂接触 48h $LD_{50}$=3.4μg，鸟类(山齿鹑)$LD_{50}$ > 2030mg/kg[1]。

## 【毒理学】

**(1)一般毒性**

大鼠急性经口 $LD_{50}$=685mg/kg，大鼠急性吸入 $LC_{50}$>3.88mg/L，大鼠经皮 $LD_{50}$>2660mg/kg[1]。

大鼠饲喂暴露 0mg/(kg·d)(对照)、2.33mg/(kg·d)、9.66mg/(kg·d)和38.66mg/(kg·d)右旋反式烯丙菊酯 6 个月，实验过程中各组动物未见明显毒性反应，体重无明显改变，中、高剂量组动物白细胞(WBC)比例降低，高剂量组动物淋巴细胞比例降低，其他 7 个血常规指标基本正常；血液生化检查除中、高剂量组动物清/球蛋白比升高外，其他 8 个指标并无明显改变。高剂量组部分动物脏器(心、肝、脾、肺、肾、脑)有不同程度的病理表现，中剂量组部分动物脏器(肝、脾、肺、脑)有不同程度的异常表现；高剂量组动物卵巢脏器系数升高。说明一定剂量的右旋反式烯丙菊酯对 SD 大鼠 WBC、血蛋白有一定的影响，可引起部分脏器的病理改变。慢性(6 个月)经口毒性的 NOAEL 为2.33mg/(kg·d)[3]。

**(2)神经毒性**

无资料。

**(3)发育与生殖毒性**

大鼠两代繁殖毒性试验结果显示，70mg/(kg·d)右旋反式烯丙菊酯对亲代、子代大鼠的交配成功率、受孕率、活产率、出生存活率及哺育成活率等繁殖生殖发育功能未引起明显影响[4]。

**(4)致突变性**

Ames 试验结果呈阴性[5]。

## 【人类健康效应】

致癌性：可能对人类具有致癌性。

中毒症状：对声音和触觉敏感、面部异常感觉、刺痛感、麻木、头痛、恶心、呕吐、腹泻、疲劳、过度流涎，严重的情况下可能发生肺部水肿和肌肉抽搐[2]。

## 【危害分类与管制情况】

| 序号 | 毒性指标 | PPDB 分类 | PAN 分类 |
|---|---|---|---|
| 1 | 高毒 | 否 | 否 |
| 2 | 致癌性 | 可能 | 可能 |
| 3 | 致突变性 | 无数据 | — |
| 4 | 内分泌干扰性 | 是 | 疑似 |
| 5 | 生殖发育毒性 | 无数据 | 无充分证据 |
| 6 | 胆碱酯酶抑制剂 | 否 | 否 |
| 7 | 神经毒性 | 否 | — |
| 8 | 呼吸道刺激性 | 疑似 | — |
| 9 | 皮肤刺激性 | 疑似 | — |
| 10 | 眼刺激性 | 是 | — |
| 11 | 污染地下水 | — | 可能 |
| 12 | 国际公约或优控名录 | — | |

注：PPDB 数据库由英国赫特福德郡大学农业与环境研究所开发；PAN 数据库来自北美农药行动网（PANNA）；"—"表示无此项。

## 【限值标准】

暂无数据。

# 参 考 文 献

[1] PPDB: Pesticide Properties DataBase. http://sitem.herts.ac.uk/aeru/ppdb/en/Reports/22.htm [2015-12-12].

[2] PAN Pesticides Database—Chemicals. http://www.pesticideinfo.org/Detail_Chemical.jsp? Rec_Id=PC36207[2015-12-12].

[3] 黄建勋，李红艳，梁丽燕，等. 右旋反式烯丙菊酯慢性经口毒性实验研究. 中国职业医学，2003, 30(4): 9-11.

[4] 谢广云, 崔涛, 孙金秀. 右旋反式烯丙菊酯大鼠两代繁殖毒性试验研究. 经济发展方式转变与自主创新——第十二届中国科学技术协会年会(第三卷), 2010.

[5] 唐小江, 陈润涛. *S*-生物丙烯菊酯的毒性和致敏作用. 中国预防医学杂志, 2001, 1: 35-36.

# 右旋烯丙菊酯（*d*-allethrin）

## 【基本信息】

化学名称：(*R,S*)-3-烯丙基-2 甲基-4-氧代环戊-2-烯基-(1*R*)-顺,反二菊酸酯

其他名称：强力毕那命、阿斯、威扑、武士、拜高、榄菊、华力

CAS 号：42534-61-2

分子式：$C_{19}H_{26}O_3$

相对分子质量：302.41

SMILES：C\C(=C\[C@@H]1C([C@@H]1C(O[C@@H]1C(=C(C(C1)=O)CC=C)C)=O)(C)C)C

分类：拟除虫菊酯类杀虫剂

结构式：

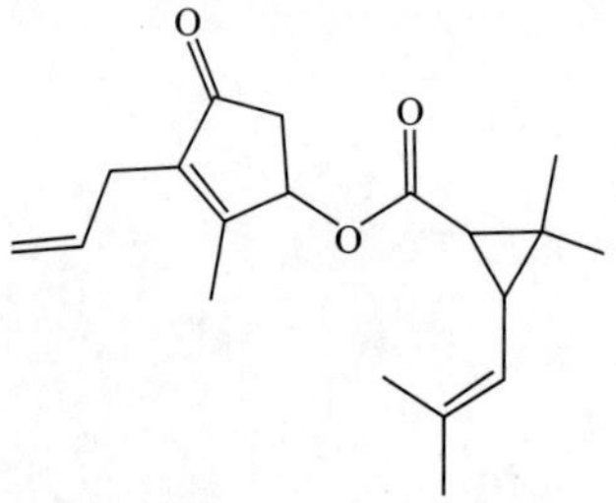

## 【理化性质】

原药为黄色油状液体，微有芳香味，沸点 153℃/53.3Pa，密度 1.005～1.015g/mL（20℃），饱和蒸气压 $1.2×10^{-4}$mmHg（30℃），几乎不溶于水，能与乙醇、四氯化碳、乙烷、煤油、硝基甲烷、石油醚、1,2-二氯甲烷、二甲苯等有机溶剂混溶。

## 【环境行为】

对光不稳定，紫外光下分解。弱酸介质中稳定，碱性介质中易水解[1]。

## 【生态毒理学】

鸟类(野鸭和鹌鹑)急性经口 $LD_{50} > 5620mg/kg$[1]。

## 【毒理学】

受孕雌鼠饲喂暴露 4mg/kg、20mg/kg、40mg/kg 右旋烯丙菊酯原药，结果显示右旋烯丙菊酯原药对孕鼠无母体毒性、无胚胎毒性、无致畸作用，其 NOAEL 为 $40mg/(kg \cdot d)$[2]。

## 【人类健康效应】

属于神经毒剂，接触部分皮肤感到刺痛，但无红斑，尤其口鼻周围。很少引起全身性中毒。接触量大时也会引起头痛、头昏、恶心呕吐、双手颤抖，重者出现抽搐或惊厥、昏迷、休克[1]。

## 【危害分类与管制情况】

暂无相关信息。

## 【限值标准】

暂无数据。

# 参 考 文 献

[1] 化学品数据库. 右旋烯丙菊酯. http:www.basechem.org/chemical/5122[2016-9-6].
[2] 杨慧芳, 徐根林, 程秀荣. 右旋烯丙菊酯原药对大鼠的致畸作用. 毒理学杂志, 2008, 22(4): 301-302.

# 治螟磷(sulfotep)

## 【基本信息】

化学名称：*O*, *O*, *O*, *O*-四乙基二硫代焦磷酸酯

其他名称：硫特普, 苏化 203, bladafum, STEPP

CAS 号：3689-24-5

分子式：$C_8H_{20}O_5P_2S_2$

相对分子质量：322.3

SMILES：S=P(OP(=S)(OCC)OCC)(OCC)OCC

类别：有机磷类杀虫剂

结构式：

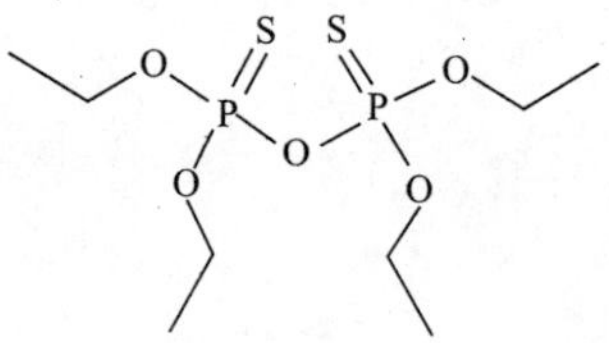

## 【理化性质】

浅黄色液体，密度 1.2g/mL，熔点小于 25℃，饱和蒸气压 14mPa(25℃)。水溶解度 10mg/L(20℃)，可与丙酮、二甲苯、甲醇混合。辛醇/水分配系数 $\lg K_{ow} = 3.99$(pH=7, 20℃)。

## 【环境行为】

### (1)环境非生物降解性

大气中，气态治螟磷与光化学反应产生的羟基自由基反应的速率常数为 $1.8 \times 10^{-10} cm^3/(mol \cdot s)$ (25℃)，间接光解半衰期约为 2h[1]。在纯水中不发生光解，当向纯水中添加 10mg/L 和 100mg/L 的腐殖酸时，光解半衰期分别为 38.4h 和 12.4h[2]。

### (2)环境生物蓄积性

基于 $\lg K_{ow} = 3.99$ 的 BCF 预测值为 240[3]，表明其在水生生物体内具有潜在生物富集性。

**(3)土壤吸附/移动性**

基于 $\lg K_{ow}$ =3.99 的吸附系数 $K_{oc}$ 预测值为 3500[3]，表明其在土壤中移动性较弱。

**(4)大气中迁移性**

蒸气压为 $1.05 \times 10^{-4}$ mmHg[3]，水中溶解度为 30mg/L[4]，推算其亨利常数为 $4.4 \times 10^{-6}$ Pa·$m^3$/mol，表明治螟磷可从水体表面挥发[2]，也有可能从潮湿的土壤表面挥发，但不会从干燥的土壤表面挥发。在河流水体中的挥发半衰期为 28d，湖泊水体中的挥发半衰期为 206d[2]，在池塘水体中的挥发半衰期为 68 个月[5]。

## 【生态毒理学】

鸟类(野鸡)急性 $LD_{50}$ ＝25mg/kg，鱼类(虹鳟鱼)96h $LC_{50}$ ＝0.00361mg/L，溞类(大型溞)48h $LC_{50}$ ＝0.002mg/L[1]。

## 【毒理学】

**(1)一般毒性**

大鼠急性经口 $LD_{50}$ >5mg/kg，大鼠急性经皮 $LD_{50}$ ＝65mg/kg，大鼠急性吸入 $LC_{50}$ ＝0.05mg/L[1]。

**(2)神经毒性**

对狗进行为期 13 周的给药(0mg/kg、0.5mg/kg、3mg/kg、15mg/kg、75mg/kg)，75mg/kg 剂量组，狗的进食量和体重都显著下降。3mg/kg 以上剂量组，血浆胆碱酯酶活性受到抑制；15mg/kg 以上剂量组，红细胞胆碱酯酶活性受到抑制；15mg/kg 剂量组，偶尔发生腹泻和呕吐；75mg/kg 剂量组，普遍出现腹泻和呕吐[6]。

**(3)发育与生殖毒性**

对孕期大鼠[0.1mg/(kg·d)、0.3mg/(kg·d)或 1.0mg/(kg·d)]和兔子[0.1mg/(kg·d)、1.0mg/(kg·d)或 3.0mg/(kg·d)]进行给药，均没有发现胚胎中毒和致畸效应[6]。

**(4)致突变性**

对大鼠或小鼠给予 0mg/kg、2mg/kg、10mg/kg 和 50mg/kg 治螟磷暴露，无致癌性或其他不良反应出现[6]。

## 【人类健康效应】

中毒症状为头痛、恶心、腹泻、呕吐、咳嗽、头晕、出汗、乏力、腹痛、焦虑、肌肉酸痛、胸闷、嗜睡、烦躁、呼吸急促和过度流涎[6]。喷洒治螟磷对皮肤会造成损害，日本爱媛县柑橘种植农民有 77%感染过接触性皮炎[2]。

## 【危害分类与管制情况】

| 序号 | 毒性指标 | PPDB 分类 | PAN 分类 |
|---|---|---|---|
| 1 | 高毒 | 否 | 是 |
| 2 | 致癌性 | 否 | 疑似 |
| 3 | 内分泌干扰性 | 无数据 | 疑似 |
| 4 | 生殖发育毒性 | 无数据 | 无充分证据 |
| 5 | 胆碱酯酶抑制剂 | 是 | 是 |
| 6 | 神经毒性 | 是 | — |
| 7 | 呼吸道刺激性 | 无数据 | — |
| 8 | 皮肤刺激性 | 无数据 | — |
| 9 | 眼刺激性 | 否 | — |
| 10 | 国际公约或优控名录 | 列入 PAN 名录 | |

注：PPDB 数据库由英国赫特福德郡大学农业与环境研究所开发；PAN 数据库来自北美农药行动网（PANNA）；"—"表示无此项。

## 【限值标准】

每日允许摄入量（ADI）＝ 0.001mg/（kg bw · d）[7]。

## 参 考 文 献

[1] Meylan W M, Howard P H. Estimating octanol-air partition coefficients with octanol-water partition coefficients and Henry's law constants. Chemosphere, 1993, 26: 2293-2299.

[2] TOXNET(Toxicology Data Network). http://toxnet.nlm.nih.gov/cgi-bin/sis/search2/f?./temp/~aCIvVt:3[2015-12-12].

[3] Tomlin C D S. The Pesticide Manual: A World Compendium. 11th ed., Surrey: British Crop Protection Council, 1997.

[4] Yalkowsky S H, Dannenfelser R M. The AQUASOL Database of Aqueous Solubility. Ver 5. Tucson: Univ AZ, College of Pharmacy, 1992.

[5] USEPA. EXAMS Ⅱ Computer Simulation. 1987.

[6] Bingham E, Cohrssen B, Powell C H. Patty's Toxicology. Volumes 1-9. 5th ed. New York: John Wiley and Sons, 2001.

[7] PPDB: Pesticide Properties DataBase. http://sitem.herts.ac.uk/aeru/ppdb/en/Reports/604.htm [2015-12-12].